U0296671

化妆品植物原料

一手册一

XINBIAN
HUAZHUANGPIN ZHIWU YUANLIAO SHOUCE

王建新　主编

化学工业出版社
·北京·

内 容 提 要

本书按化妆品植物原料的主要功能（涉及皮肤疾患的防治、皮肤外观的改善、皮肤状态的调理、毛发用化妆品、口腔卫生用品、其他功能）分类，介绍了经原国家食品药品监督管理总局允许在化妆品中使用的760种植物原料的名称及分布、有效成分和提取方法、药典标准、药效作用、副作用、在化妆品中的应用等内容。

本书可供化妆品研究人员、化妆品生产厂家、天然植物加工企业、中草药研究人员及相关专业的人员参考。

图书在版编目（CIP）数据

新编化妆品植物原料手册/王建新主编. —北京：化学工业出版社，2020.6（2023.1 重印）
ISBN 978-7-122-36358-9

Ⅰ.①新…　Ⅱ.①王…　Ⅲ.①化妆品-植物-原料-手册　Ⅳ.①TQ658-62

中国版本图书馆 CIP 数据核字（2020）第 036253 号

责任编辑：张　艳　　　　　　　　　　　装帧设计：王晓宇
责任校对：王　静

出版发行：化学工业出版社（北京市东城区青年湖南街 13 号　邮政编码 100011）
印　　装：北京虎彩文化传播有限公司
710mm×1000mm　1/16　印张 26¼　字数 579 千字　2023 年 1 月北京第 1 版第 2 次印刷

购书咨询：010-64518888　　　　　　　　售后服务：010-64518899
网　　址：http://www.cip.com.cn

本书编写人员名单

主编：

　　王建新

编者：

　　周　忠

　　严　冲

　　王建国

　　陈艳君

　　孙　婧

前言

　　本书依据原国家食品药品监督管理总局（以下简称"国家食药总局"）2015 年发布的《已使用化妆品原料名称目录》中所引的植物品种，参照 2015 年版《中华人民共和国药典》（以下简称《中国药典》）、美国《International Cosmetic Ingredient Dictionary and Handbook》（2016 年版），择其中应用部位明确、效果明显并且数据比较翔实的品种汇编而成。

　　安全而有效是化妆品植物原料选择的不二法门。安全性的评判主要依据的是国家食药总局的文件和美国化妆品协会（CTFA）的 2016 年版本文件。如果上述文件中都将该植物列为化妆品可使用原料，并且没有外用副作用报道，为节省篇幅则省略相关说明。上述三点中有一点不符合，则在该条处作简单提示。

　　有效就要做到"精准"化，在化妆品方面也要如精准医学一样。化妆品植物原料的选择、开发和生产也要精细、标准。本书除了强调原料的原产地外，对植物利用的部位也进行了细分。这样能充分利用有效部位，以利于有效成分的浓度集中，以提高疗效。

　　植物提取物成分复杂，但更需要重视的是提取物产品的质量。本书根据《中国药典》给出了各原料植物药需检测的关键成分标准。对无药典标准的原料，则依据文献提供一特征成分以供参考。

　　本书重点介绍与化妆品相关的药效作用和在化妆品中的应用，努力以数据来展现病理学、生物化学、分子生物学、分析检验化学、化妆品功能检测等在化妆品科学方向的应用研究成果，检测所采用的方法大部分已在行业内普遍采用，可作参考。植物提取物均具多重功能，因此将某植物安排列入某章节，并不代表它的全部，仅是在此功能方面，它的应用研究较多或较新一些而已。

　　江南大学周忠参编了其中的 88 个品种，江南大学严冲参编了其中的 84 个品种，九江学院王建国参编了其中的 72 个品种，江南大学陈艳君参编了其中的 60 个品种，广东食品药品职业学院孙婧参编了其中的 60 个品种，其余由江南大学王建新编写和最后总成。

　　本书涉及专业面广，疏漏或不到之处，敬请指正。

江南大学
王建新
2020 年 8 月

目录

第六节　毛细血管扩张的抑制

第七节　皮肤屏障功能的提升

第八节　抗菌和防腐

第二章　皮肤外观的改善

第一节　紧肤

第二节　毛孔收缩

第三节　皮肤的美白

第四章　毛发用化妆品

第一节　生发

第六章　其他功能

第一节　乳化

第二节　渗透

第三节　香料和香疗

第四节　抑臭

第五节　除虫螨

第一章
皮肤疾患的防治

第一节　抗炎

化妆品用抗炎剂用于预防和控制皮肤炎症。

炎症是机体对各种损伤所产生的以防御为主的反应，是一项基本的病理过程。皮肤受炎症的折磨越多、时间越长，皮肤的老化越严重。

皮肤炎症产生的原因有很多，有物理性的损伤，如温差的剧变（热与冷）、紫外线辐射，机械性的外伤，化学品的损伤，微生物或寄生虫侵袭等，甚至风沙的刮蚀也会引起皮肤炎症。化妆品则更关心皮肤细胞层面的微细炎症的防治，而不仅仅是肉眼看得见的伤口。

有多种方法可以用来评判一种抗炎剂的抗炎效果。本书一般引用的是研究中采用的常规方法，如对白介素生成的抑制、小鼠耳廓肿胀的抑制、大鼠足趾肿胀的抑制、环氧合酶活性的抑制、金属蛋白酶（MMP）活性的抑制、过氧化物酶激活受体（PPAR）的活化等。

1. 奥古曼树

奥古曼树（*Aucoumea klaineana*）为橄榄科奥克榄属高大乔木，分布于中非和西非如加蓬、喀麦隆等国家。化妆品采用奥古曼树树脂提取物。

有效成分和提取方法

奥古曼树树脂含挥发油，主要成分是 δ-3-蒈烯，占挥发油的 70% 以上，其余有对伞花烃、苧烯、异松油烯和 α-松油醇等；非挥发性物质为酚类物质。奥古曼树树脂可经水蒸气蒸馏得其精油，树脂也可以水、酒精等为溶剂，按常规方法提取，然后浓缩至干为膏状。

δ-3-蒈烯的结构式

在化妆品中的应用

奥古曼树树脂提取物对磷脂酶的活性有抑制，0.5% 浓度时的抑制率为 25%。磷脂酶参与细胞跨膜信息传递，是机体炎症、过敏介质产生的关键酶，对其产生抑制可预防相关皮肤疾患的产生，有抗炎和抗敏作用；提取物 0.5% 浓度时对弹性蛋白酶活性的抑制率为 72%，可用作化妆品抗衰抗皱剂。

2. 菝葜

灰菝葜（*Smilax aristolochiaefolia*）和有用菝葜（*S. utilis*）为菝葜科菝葜属草本植物，前者主产于中国、韩国、日本及菲律宾等地，后者产于中南美洲。二者成分相似，化妆品采用它们根的提取物，以灰菝葜为主。

有效成分和提取方法

灰菝葜根茎含若干以薯蓣皂苷元为主要苷元所衍生的皂苷，称为菝葜皂苷；还含生物碱、酚类、氨基酸、有机酸和糖类成分。灰菝葜根茎可以水、酒精等为溶剂，按常规方法提取，然后将提取液浓缩至干。如灰菝葜用水提取的得率为 15.5%，用 50% 酒精提取的得率为 14.2%。

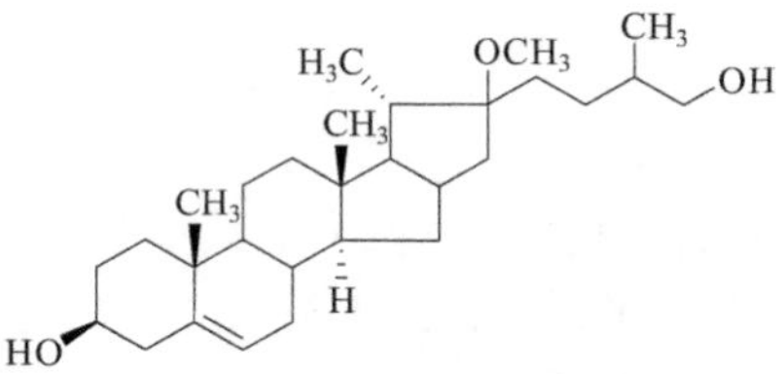

菝葜皂苷的结构式

在化妆品中的应用

灰菝葜根茎的甲醇提取物对白色念珠菌有较好的抑制作用，但对其他常见菌作用不大。提取物对若干金属蛋白酶的活性有抑制，如 0.001% 对金属蛋白酶-1 活性的抑制率为 50%，金属蛋白酶活性活跃是皮肤炎症的一种表示，可用作抗炎剂；提取物 0.05% 对黑色素细胞生成黑色素的抑制率为 67%，可用作皮肤美白剂；提取物还有皮肤调理作用。

3. 白鹤灵芝

白鹤灵芝（*Rhinacanthus communis*）为爵床科白鹤灵芝属植物，主产于广西、广东、云南等地深山，因其功效有如灵芝，又花白色、唇形，生在叶腋或枝顶，形成群展飞翔的白鹤，故名"白鹤灵芝"，是印度、中南半岛和菲律宾等地较常用的草药。化妆品采用其全草提取物。

有效成分和提取方法

白鹤灵芝全草含植物甾醇，如羽扇豆醇、谷甾醇、豆甾醇等及其糖苷，含黄酮化合物如芦丁、汉黄芩素等；特征化合物是白鹤灵芝素，为萘醌类结构。阴干全草可以水、含水酒精等为溶剂，按常规方法提取，然后浓缩至干为膏状。

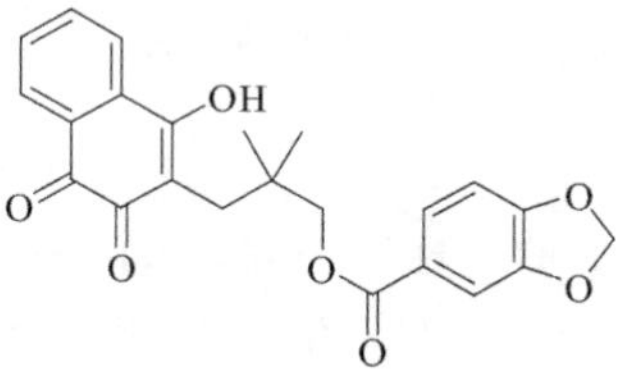

白鹤灵芝素 D 的结构式

在化妆品中的应用

白鹤灵芝水提取物有抗真菌作用，可用于真菌感染的湿疹或体癣的防治；浓度 20mg/mL 涂敷时可减少小鼠的搔抓行为，抑制率为 25.8%，显示有止痒作用。提取物有抗氧化性，用作皮肤调理剂。

4. 白前

白前（*Cynanchum stauntonii*）为萝藦科鹅绒藤属植物，主产于我国浙江、江苏、安徽等省。化妆品采用其干燥的根提取物。

有效成分和提取方法

白前含三萜皂苷、甾醇、酚类、糖、蛋白质等成分。三萜皂苷为齐墩果酸、华北白前醇等；甾醇为 β-谷甾醇等；酚类有 2,4-二羟基苯乙酮、间二苯酚、4-羟基-3-甲氧基苯乙酮、4-羟基苯乙酮等。另含特殊甾体化合物即 C_{21}-甾苷化合物如白前苷元及其苷，是白前的特征成分。白前根可以水、酒精等为溶剂，按常规方法加热回流提取，然后将提取物浓缩至干。

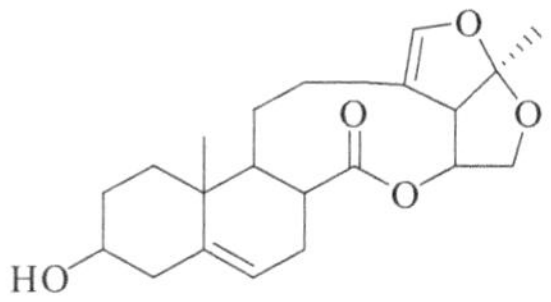

白前苷元的结构式

安全性

国家食药总局将白前提取物作为化妆品原料，未见外用不安全的报道。

在化妆品中的应用

白前是我国传统中药。白前根 75% 酒精提取物对二甲苯致小鼠耳肿的抑制率为 24.3%，有抗炎性，可用作化妆品的抗炎助剂，有镇痛效果；提取物也有一定的抗氧化作用。

5. 半枝莲

半枝莲（*Scutellaria barbata*）属唇形科黄芩属草本植物，主产于我国河南、湖北、安徽、浙江等地区，以河南产量最大。化妆品采用其干燥全草的提取物。

有效成分和提取方法

黄酮化合物是半枝莲主要成分之一。半枝莲中有野黄芩苷、红花素、黄芩素、汉黄芩素等十几种化合物。野黄芩苷是《中国药典》规定检测含量的成分；另含生物碱，其中二萜类生物碱的含量为 0.01%，有半枝莲碱等；含甾醇类化合物，有 β-谷甾醇及其糖苷等；其余有香豆酸、原儿茶酸、熊果酸等。半枝莲可以水、酒精等为溶剂，按常规方法提取。如以水煮提取黄酮化合物得率为 9.2%；甲醇回流提取，黄酮化合物得率为 4.5%。

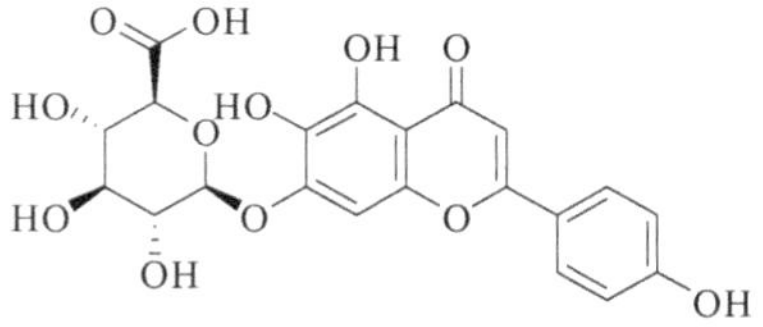

野黄芩苷的结构式

安全性

国家食药总局将半枝莲提取物作为化妆品原料，未见其外用不安全的报道。

在化妆品中的应用

半枝莲精油有抗菌性，对金黄色葡萄球菌、大肠杆菌、绿脓杆菌、表皮葡萄球菌、白色念珠菌的最低抑菌浓度（MIC）分别为 1.53mg/mL、3.06mg/mL、6.12mg/mL、0.77mg/mL 和 24.5mg/mL；半枝莲 70％酒精的提取物对金黄色葡萄球菌、大肠杆菌、绿脓杆菌、枯草杆菌和白色念珠菌的 MIC 为 1.6％、3.1％、6.3％、1.6％和 3.1％。半枝莲提取物有很好的抗炎性，动物试验表明半枝莲提取物对发炎的不同阶段均具抗炎性；水提取物对黄嘌呤氧化酶活性抑制的 IC_{50} 为 $66\mu g/mL$，并有抗氧化性，可用作化妆品的抗氧化剂。

6. 扁浒苔

扁浒苔（*Enteromorpha compressa*）为石莼科浒苔属的一种绿藻，我国大连有产出，也见于日本、越南沿海。化妆品采用其全藻提取物。

有效成分和提取方法

扁浒苔含蛋白质很高，达 8％，其中甘氨酸、丝氨酸、谷氨酸、精氨酸含量均较高，它们共占总氨基酸含量的 47.8％～58.9％。另含多糖成分。晒干的扁浒苔可以水、酒精等为溶剂，按常规方法提取，最后浓缩至干。

在化妆品中的应用

扁浒苔丁二醇提取物 0.01％对白介素 IL-1α 生成的抑制率为 47％、0.1％对细胞凋亡的抑制率为 29.5％，有抗炎和护肤作用，可用于对痤疮的防治。酒精提取物 $200\mu g/mL$ 对自由基 1,1-二苯基-2-三硝基苯肼（DPPH）的消除率为 55.7％，可用作抗氧化剂。提取物还有缓解皮肤过敏的作用。

7. 滨海刺芹

滨海刺芹（*Eryngium maritimum*）又名海冬青，属伞形科刺芹属植物，原产于欧洲海岸。化妆品采用其全草和愈伤组织的提取物。

有效成分和提取方法

滨海刺芹富含酚类和多酚类物质，其中香芹酚的含量最高，其余有绿原酸、没食子酸、阿魏酸等；含多量黄酮化合物，如儿茶素、表儿茶素、柚皮素等。滨海刺芹可以水和酒精为溶剂，按常规方法提取，然后浓缩至干为膏状。采用 80％酒精提取的得率约为 1％。

香芹酚的结构式

在化妆品中的应用

滨海刺芹是当地的传统草药，用于镇痛和消炎。小鼠试验滨海刺芹酒精提取物 $200mg/kg$ 对 p-苯醌诱发小鼠搔痒的抑制率为 55.8％，对角叉菜引发小鼠足趾肿胀、环氧合酶-1 活性均有抑制；10mg/mL 的叶提取物对自由基 DPPH 的消除率为 84.2%，对皮肤有抗氧化抗炎的调理作用。

8. 菜蓟

菜蓟（*Cynara scolymus*）又名朝鲜蓟，为菊科菜蓟属蔬菜植物。菜蓟原产于地中海西部和中部地区，现已广泛种植，我国台湾有较大面积种植。化妆品采用其叶提取物。

有效成分和提取方法

菜蓟叶含丰富的维生素 A 和维生素 C，另有菜蓟素（特征成分）、天门冬酰胺、菊糖、黄酮类化合物和酚酸类成分。黄酮类化合物有木犀草素、洋蓟酸等，酚酸类成分为绿原酸、咖啡酸等。菜蓟可以水、酒精等为溶剂，按常规方法提取，然后浓缩至干为膏状。干叶如以酒精为溶剂提取，得率约为 24%，乙酸乙酯提取的得率约为 12%。

菜蓟素的结构式

在化妆品中的应用

菜蓟 30% 酒精提取物 3mg/mL 对转录因子（NF-κB）活化的抑制率为 95.3%，转录因子（NF-κB）活化是发生炎症的标志之一，对 NF-κB 细胞的抑制提高了皮肤免疫细胞的功能，可用作抗炎剂；水提取物 0.1% 对组胺释放的抑制率为 60.9%，可抑制皮肤过敏；菜蓟提取物也可用作促进生发剂、抗菌剂、抗氧化剂和皮肤调理剂。

9. 侧孢毛旱地菊

侧孢毛旱地菊（*Baccharis genistelloides*）为菊科植物，主产于南美洲的阿根廷、秘鲁和巴西。化妆品采用其干燥全草提取物。

有效成分和提取方法

侧孢毛旱地菊的有效成分以黄酮类化合物为主，有半齿泽兰素、6-甲氧基芫花素、5-羟基-3′,4′,6,7-四甲氧基黄酮等，另有匙叶桉油烯醇、反-植醇等。侧孢毛旱地菊可以水、酒精等为溶剂，按常规方法提取，然后浓缩至干为膏状，如甲醇提取的得率约为 7.6%。

在化妆品中的应用

侧孢毛旱地菊在南美洲是传统的草药。提取物 0.5% 对金属蛋白酶-2 活性的抑制率为 87.1%、对金属蛋白酶-9 活性的抑制率为 93.2%，MMP 活性活跃是皮肤炎症的一种表示，提取物可用作抗炎护肤剂；提取物 1% 涂敷对小鼠毛发生长的促进率为 45%，可用作生发剂。

10. 大花田菁

大花田菁（*Sesbania grandiflora*）是豆科田菁属一年生小乔木，广泛分布于南亚，我国台湾、广东、广西、云南有栽培。化妆品采用其花提取物。

有效成分和提取方法

大花田菁花的已知化学成分是多酚化合物如黄酮化合物，其中主要的是芦丁和槲皮素。大花田菁花可以水、酒精等为溶剂，按常规方法提取，然后将提取液浓缩至干。干花以50%酒精提取，提取得率约为20%。

在化妆品中的应用

大花田菁花50%酒精提取物对致龋齿菌变异链球菌的抑菌直径为18.3mm，可用于口腔卫生制品；提取物对其他常见菌如金黄色葡萄球菌等也有抑制作用；盐酸水溶液提取物在剂量200mg/kg对TNF-α生成的抑制率为51.85%，有抗炎性，用于湿疮湿疹及溃疡的防治；提取物还可用作皮肤调理剂和生发助剂。

11. 番泻

番泻（*Cassia senna*）、狭叶番泻（*C. angustifolia*）和意大利番泻（*C. italica*）为豆科决明属矮小灌木，主产于印度、埃及和苏丹等地，现我国云南、广东也有栽培。化妆品主要采用其叶提取物。

有效成分和提取方法

番泻叶含蒽醌类化合物番泻苷和若干衍生物，是它的特征成分。另有大黄酸、大黄酚及其葡萄糖苷，并有痕量芦荟大黄素或大黄素葡萄糖苷；其余有植物甾醇如β-谷甾醇、豆甾醇；黄酮类成分有山奈酚-3-芸香糖苷；三萜皂苷有α-香树脂醇等。其余两个番泻也是以番泻苷为主要成分。番泻叶可以水、酒精等为溶剂，按常规方法提取，然后浓缩至干为膏状。如干番泻叶以酒精提取，得率约为18%。

番泻苷的结构式

在化妆品中的应用

番泻叶提取物0.001%对金属蛋白酶-1的抑制率为40%，意大利番泻叶提取物对角叉菜致足趾浮肿的抑制率为31%，提取物对透明质酸酶的活性也有抑制，可用作抗炎剂；提取物5μg/mL对成纤维细胞增殖的促进率为22%，20μg/mL对一型胶原蛋白生成的促进率为68%，有抗皱作用；提取物还可用作抗氧化剂和调理剂。

12. 繁缕

繁缕（*Stellaria media*）系石竹科草本植物，广布于世界温至寒带地区，我国各地均有产出，但变种很多，化妆品采用其全草的提取物。

有效成分和提取方法

繁缕全草富含黄酮化合物，有荭草素、异荭草素、牡荆素、异牡荆素、芹菜素、木犀草素、染料木素等；含酚酸类成分，有香草酸、对羟基苯甲酸、阿魏酸、咖啡酸、绿原酸等；另有大黄素、大黄素甲醚、β-谷甾醇、胡萝卜苷等物质。繁缕可以水、酒精等为溶剂，按常规方法提取，然后将提取液浓缩至干。

在化妆品中的应用

繁缕30%酒精提取物0.05%对过氧化物酶激活受体活化的促进率为252%，$10\mu g/mL$对脂氧合酶-5活性的抑制率为99%，均反映了其良好的抗炎能力；提取物还可用作皮肤调理剂和抗氧化剂。

13. 沟鹿角菜

沟鹿角菜（*Pelvetia canaliculata*）为沟鹿角菜科的一种褐藻，主要生长在大西洋东海岸，从葡萄牙延伸至挪威，常用作猪饲料。化妆品采用其全藻的提取物。

有效成分和提取方法

沟鹿角菜富含多糖成分，有褐藻聚糖、岩藻多糖，另含岩藻甾醇、蛋白质、甘露醇等。沟鹿角菜可以水、酒精等为溶剂，按常规方法提取，然后浓缩至干为膏状。

在化妆品中的应用

沟鹿角菜沸水提取物4%对磷脂酶A-2活性的抑制率为81%、2%对环合氧化酶-5活性的抑制率为88%。磷脂酶A-2是机体炎症、过敏介质产生的关键酶，因此提取物对其活性有抑制，表示对炎症性过敏有抑制作用；70%酒精提取物0.5%对胶原蛋白生成的促进率为24%，有活肤调理作用。提取物还有美白皮肤功能。

14. 枸橘

枸橘（*Poncirus trifoliata*）又名枳，为芸香科枳属植物，是中国独有的树种，在黄河流域以南地区多有栽培。化妆品采用枸橘果的提取物。

有效成分和提取方法

枸橘果含黄酮化合物，主要是枸橘苷、橙皮苷、野漆树苷等，枸橘苷是特有成分。另有植物甾醇等。枸橘果可以水、酒精等为溶剂，按常规方法提取，然后浓缩至干为膏状。

枸橘苷的结构式

枸橘果酒精提取物 $20\mu g/mL$ 对 LPS（脂多糖）诱发前列腺素 E-2 生成的抑制率为 67%，对白介素 IL-6 生成的抑制率为 75.2%，对白介素 IL-1β 生成的抑制率为 32.3%，可用作抗炎剂；30%酒精提取物 100mg/kg 对致敏剂 DNFB 诱发过敏的抑制率为 21.1%，对皮肤过敏有防治作用。

15. 骨碎补

海州骨碎补（*Davallia mariesii*）为水龙骨科骨碎补属植物，分布于我国华南各地。另一植物名称为槲蕨（*Drynaria fortunei*）的，也可称为骨碎补，它们的作用相似。化妆品主要采用的是它们干燥的根茎提取物。

有效成分和提取方法 |

海州骨碎补中主要活性物质为柚皮苷，也是《中国药典》规定检测含量的成分。另外还含有甲基丁香酚、β-谷甾醇、原儿茶酸、新北美圣草苷、骨碎双氢黄酮苷、环木菠萝甾醇醋酸酯、豆甾醇、菜油甾醇等。可用水或有机溶剂提取骨碎补，最常用的是采用 50%左右酒精浸渍提取。骨碎补提取物常以总黄酮作质量指标。如以 70%酒精提取，得率约为 21%。

在化妆品中的应用 |

骨碎补是我国常用于治疗骨损伤的植物药，对成纤维细胞的分裂代数增加 20.2%，寿命延长 38.1%，可用作抗衰调理剂；骨碎补酒精提取物 1mg/mL 对前列腺素 E-2 生成的抑制率为 75.6%，有明显的抑制皮肤炎症作用，可用作抗炎剂，并有抑制过敏的作用；提取物还可用作抑臭剂和皮肤美白剂。

16. 黑枣

黑枣（*Diospyros lotus*）为柿科落叶乔木，也名君迁子，分布于我国北至辽宁、西至甘肃、东至江苏、南至云南的广大地区。化妆品主要采用其果实和叶的提取物。

有效成分和提取方法 |

黑枣果实含鞣质；黑枣叶含杨梅皮苷等；本植物还含萘醌类成分，如 7-甲基胡桃叶醌、君迁子醌、异柿属素等特征成分，还含三萜类成分如白桦脂醇、白桦脂酸、蒲公英赛醇、蛇麻脂醇、熊果酸、β-谷甾醇等。黑枣可以水或酒精提取后再浓缩至干。风干的黑枣叶用水煮提取，得率为 9.75%。

君迁子醌的结构式

安全性 |

国家食药总局将黑枣果实作为化妆品原料，未见其外用不安全的报道。

在化妆品中的应用 |

黑枣为传统中药。黑枣叶水提取物 $100\mu g/mL$ 对白介素 IL-1β 生成的抑制率为 41.8%，对前列腺素 E-2 生成的抑制率为 32.9%，对游离组胺分泌的抑制率为 26.7%，可用作抗炎剂，并有抑制过敏作用；叶提取物 $100\mu g/mL$ 对自由基 DPPH 的消除率为 81.6%，有强烈的抗氧化性；提取物还可用于皮肤美白和减肥。

17. 黄细心

黄细心（*Boerhavia diffusa*）为紫茉莉科黄细心属多年生蔓性草本植物，分布于我国台湾、广东、广西、四川、贵州、云南等地。化妆品采用其根的提取物。

有效成分和提取方法

黄细心根含植物甾醇，如 β-谷甾醇、豆甾二烯醇等；含三萜皂苷，如熊果酸；含 β-蜕皮素以及特征成分黄细心酮等。提取物可以水、酒精等为溶剂，按常规方法提取，最后将提取液浓缩至干。

黄细心酮的结构式

在化妆品中的应用

黄细心根酒精提取物 0.01% 对白介素 IL-8 生成的抑制率为 52.4%，对白介素 IL-6 生成的抑制率为 33.2%，水提取物 0.5% 对花生四烯酸诱发前列腺素 E-2 生成的抑制率为 30%，有抗炎性，可用作抗炎剂；提取物有抗氧化和调理作用。

18. 锦灯笼

锦灯笼（*Physalis alkekengi franchetii*）为茄科酸浆属草本植物，又名酸浆，全国大部分地区均有分布，以东北、华北产量大和品质好。同属植物毛酸浆（*P. pubescens*）于湖北有产。锦灯笼和毛酸浆为药食两用植物，化妆品采用其干燥宿萼或果实的提取物。

有效成分和提取方法

锦灯笼果含有甾体类化合物酸浆苦素及其异构体；含甾醇类，有酸浆甾醇和 β-谷甾醇；含生物碱类，有 3α-顺芷酸莨菪酯、3α-顺芷酸莨菪酯 N-氧化物等；含黄酮类化合物，有木犀草苷、木犀草素和槲皮素及其糖苷等，其中木犀草苷是《中国药典》规定检测含量的成分，含量不得低于 0.1%；含类胡萝卜素，有 α-胡萝卜素、β-胡萝卜素等；其余还含有咖啡酸、桂皮酸、阿魏酸等酚酸类成分。锦灯笼果可以水、酒精等为溶剂，按常规方法提取，最后将提取液浓缩至干，为膏状物质。

木犀草苷的结构式

在化妆品中的应用

锦灯笼甲醇提取物 20μg/mL 对白介素 IL-6 生成的抑制率为 26.5％、60μg/mL 对 TNF-α 生成的抑制率为 56.1％，对金属蛋白酶的活性、二甲苯致小鼠耳廓肿胀均有抑制，可用作抗炎剂；80％酒精提取物对酪氨酸酶活性的抑制率为 43.1％；提取物还可用作抗氧化剂和抗菌剂。

19. 辣根

辣根（*Cochlearia armoracia*）为十字花科辣根属调味品蔬菜，原产欧洲东部和土耳其，我国种植已有多年历史。化妆品采用辣根的根提取物。

有效成分和提取方法

辣根的根含有丰富的硫氰酸和异硫氰酸酯类化合物，如异硫氰酸烯丙酯、硫氰酸烯丙酯、异硫氰酸甲酯、异硫氰酸丁酯、异硫氰酸戊烯酯等，这些成分构成辣根的特殊辣味。非挥发成分含柯桠素、大黄酚等多种蒽醌类。辣根可以水、酒精等为溶剂，按常规方法提取，然后浓缩至干为膏状。

在化妆品中的应用

50％酒精辣根提取物 0.5％对金黄色葡萄球菌和大肠杆菌的抑制率都为 99.9％，可用作抗菌剂；50％酒精辣根提取物 70μg/mL 完全抑制金属蛋白酶-1 的活性，对皮肤的炎症反应有治疗效果，对其他慢性皮肤病或瘙痒等有防治效果。50％酒精辣根提取物 0.07％对弹性蛋白酶活性的抑制率为 37％，有抗皱作用；提取物还有美白皮肤和抗氧化作用。

20. 南非钩麻

南非钩麻（*Harpagophytum procumbens*）又名爪钩草，为胡麻科草本植物，主产于南非共和国和纳米比亚。化妆品采用其根的提取物。

有效成分和提取方法

南非钩麻根含环烯醚萜类化合物钩果草苷、哈巴俄苷等，是它的特征成分。其余有黄酮化合物如山奈酚和木犀草素、酚酸类化合物绿原酸和羟基肉桂酸、三萜皂苷化合物如齐墩果酸和熊果酸、甾醇化合物如 β-谷甾醇和豆甾醇。南非钩麻根可以水、酒精等为溶剂，按常规方法提取，然后浓缩至干为膏状。

钩果草苷的结构式

在化妆品中的应用

南非钩麻根甲醇提取物剂量 400μg/kg 对小鼠试验环氧合酶-2 的抑制率为 46％、酒精提取物剂量 800mg/kg 对角叉菜致大鼠足趾肿胀的抑制率为 97.6％，可用作化妆品的抗炎剂；甲醇提取物对自由基 DPPH 的消除 IC_{50} 为 19.84μg/mL，可用作抗氧化剂。

21. 乳香

乳香为卡氏乳香树（*Boswellia carterli*）和齿叶乳香树（*B. serrata*）的干燥胶树脂。卡氏乳香树生长于热带沿海山地，如索马里、埃塞俄比亚、阿拉伯半岛南部等地；齿叶乳香树原产于印度，又名印度乳香。我国并无乳香树生长，但使用乳香的历史久远。化妆品采用乳香树皮提取物、乳香树叶细胞培养物、干燥的胶树脂、胶树脂提取物、挥发油等。

有效成分和提取方法

乳香含有二十多种挥发油成分。乳香的非挥发成分十分复杂，主要化学成分是五环三萜类化合物，有 α-乳香酸、β-乳香酸等，是乳香的特有成分；还含有阿拉伯糖、木糖、半乳糖、毛地黄毒糖、鼠李糖、糖醛酸、β-谷甾醇和鞣酐等。乳香挥发油可采用水蒸气蒸馏法提取。乳香提取物可采用酒精等为溶剂提取，酒精的浓度越大，提取得率越高。优质乳香用 95％的酒精回流提取，得率为 50％左右。

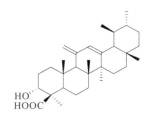

乳香酸的结构式

在化妆品中的应用

乳香挥发油可用于调配高档化妆品香精。乳香提取物 0.05％对过氧化物酶激活受体（PPAR）的活化促进率为 54％，PPAR 有抗细胞凋亡作用，可以保证足够数量的活角朊细胞来参与伤口表皮的重新形成和迁移，在皮肤损伤愈合过程中起着重要作用，具抗炎作用；提取物 5μg/mL 对半胱天冬蛋白酶活化的抑制率为 74.7％，半胱天冬蛋白酶是使细胞凋亡的核心酶，对它的抑制意味着延长细胞的生命，可在防老化妆品中应用；提取物尚可用作皮肤美白剂、皮肤红血丝防治剂、抗菌剂、生发剂和油性皮肤的调理剂等。

22. 三七

三七（*Panax notoginseng*）为五加科人参属植物，仅见于我国和日本，主产于我国的云南和广西。化妆品采用三七的叶/茎提取物、根提取物、根粉或全草的提取物，以根的提取物最重要。

有效成分和提取方法

三七根的代表成分是三七总皂苷，三七总皂苷主要含人参皂苷 Rb_1、Rb_2 等和三七皂苷 R^1、R^2 等 20 余种皂苷成分，其中人参皂苷 Rb_1、人参皂苷 Rg_1 是三七总皂苷中含量最高的两个成分，而三七皂苷 R^1 也是《中国药典》规定检测含量的成分；黄酮类成分主要为三七黄酮 B、三七黄酮苷、槲皮素等。三七根可以水、酒精等为溶剂，按常规方法提取，然后将提取液浓缩至干。以水为溶剂提取的得率为 10％～11％；50％酒精的得率约为 9％；95％酒精的得率约为 8％。

三七皂苷 R^1 的结构式

在化妆品中的应用

三七根甲醇提取物对白介素 IL-1β 分泌的抑制率为 88%，对若干其他白介素也有程度不同的抑制，具抗炎性，可用于皮肤炎症的防治；50% 酒精提取物 100μg/mL 对 B-16 黑色素细胞活性的促进率为 19.9%，可增加黑色素的生成量，并能促进头发生长，可用于乌发类和生发类制品；三七根提取物还有抗氧化、活肤抗衰和调理的作用。

23. 石胡荽

石胡荽（*Centipeda cunninghamii*）是菊科石胡荽属植物，主产于澳大利亚穆里河两岸地区，化妆品采用其全草提取物。我国也有以石胡荽命名的植物，但与此差别大，不能使用。

有效成分和提取方法

石胡荽的主要成分是百里香酚；还含黄酮化合物，有 6-甲氧基-5,7,2′,4′-四羟基黄酮醇的葡萄糖苷；另含酚酸类化合物，有庚烯二酸的咖啡酰基衍生物、4,5-二咖啡酰基庚烯二酸等。石胡荽可以水、酒精等为溶剂，按常规方法提取，然后浓缩至干为膏状。如干草以 45% 酒精室温浸渍，提取得率为 6%～7%。

在化妆品中的应用

石胡荽 45% 酒精提取物对前列腺素 E-2 生成的抑制率为 72%，前列腺素 E-2 是花生四烯酸的代谢产物，它的升高预示皮肤炎症的发生，可用于皮肤炎症的防治；75% 酒精提取物对含氧自由基有消除作用，1g 干药相当于 366.8μmol/L 的水溶性维生素 E，可用作化妆品的抗氧化调理剂。

24. 松果菊

松果菊是菊科松果菊属，有许多亚种和变种，化妆品可采用的品种仅是狭叶松果菊（*Echinacea angustifolia*）、苍白松果菊（*E. pallida*）和紫松果菊（*E. purpurea*），它们原产于北美，近年我国多地均有引种栽培。它们的组成、性能很相似，化妆品用其地上部分的提取物，以紫松果菊应用最多。

有效成分和提取方法

松果菊含有多种化学成分，有咖啡酸及其衍生物，如菊苣酸、迷迭香酸糖苷等；有多糖，如木糖葡聚糖；另有黄酮类、挥发油、烷基酰胺类化合物。松果菊可以水、酒精等为溶剂，按常规方法提取，然后浓缩至干为膏状。

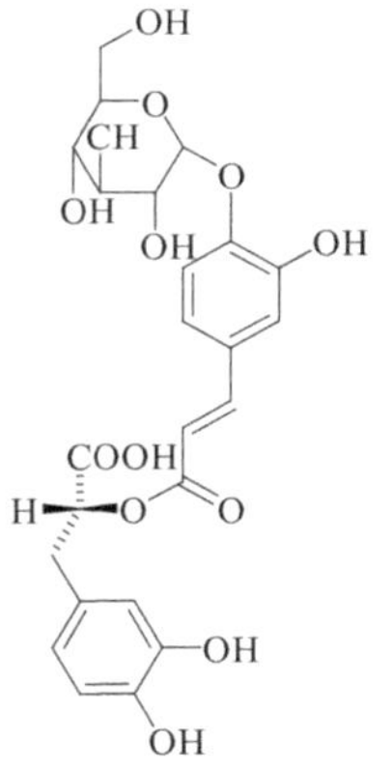

迷迭香酸糖苷的结构式

在化妆品中的应用

70%酒精松果菊提取物200μg/mL对白介素IL-1β生成的抑制率为44.1%，对LPS诱发NO生成的抑制率为46.1%，750μg/mL对E-2生成的抑制率为52%，有广泛的抗炎作用，可用于痤疮类皮肤疾患的防治；200μg/mL提取物提高血管内皮细胞的增殖率，可用于红血丝的防治；提取物还可用作抗氧化剂、皮肤保湿剂、过敏抑制剂和皮肤调理剂。

25. 西番莲

西番莲是西番莲科西番莲属藤本植物，该属植物有500多种，原产于南美洲。在我国则主要分布在台湾、广东、福建、广西、浙江、四川、云南等省区。化妆品可采用鸡蛋果的果和果皮（Passiflora edulis，也称西番莲）、粉色西番莲全草（P. incarnate）、翅茎西番莲的果（P. alata）、大果西番莲的果（P. quadrangularis）和燕子尾（P. henryi，也称圆叶西番莲）的提取物。以西番莲的应用最常见。

有效成分和提取方法

西番莲果含多种黄酮类化合物，有牡荆素、芹菜素及其衍生物；有哈尔满、哈尔酚、骆驼蓬碱、骆驼蓬酚、骆驼蓬灵等吲哚类生物碱。欧洲药典将牡荆素作为检测含量的成分，含量不得小于2.0%。西番莲果可以水、酒精等为溶剂，按常规方法提取，然后浓缩至干为膏状。如新鲜的西番莲果水煮提取，得率为6.8%。

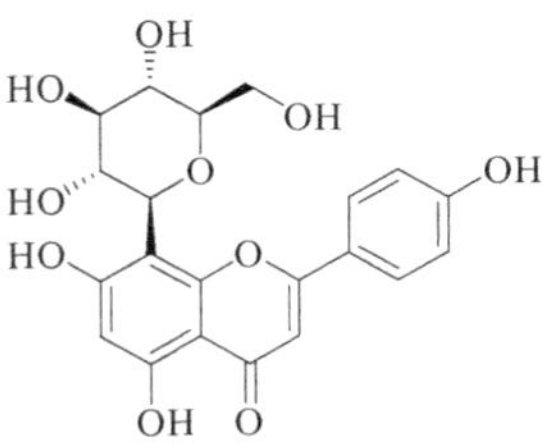

牡荆素的结构式

西番莲果提取物 2mg/mL 对内皮素释放的抑制率为 46%，结合它的抗氧化性，可用作化妆品的增白剂，对皮肤色素沉着有防治作用；西番莲果提取物 12mg/mL 对金属蛋白酶-2 活性的抑制率为 94%，也可抑制前列腺素 E-2 的生成，可用作抗炎剂；提取物可增强血管强度，减少红血丝的产生；提取物对多种自由基有消除作用，也可抑制对脂质的过氧化，用作皮肤和头发的调理剂。

26. 野梧桐

野梧桐（*Mallotus japonicus*）为大戟科野桐属落叶灌木或小乔木，分布于日本和我国的江苏、浙江、福建、台湾等地。化妆品主要采用其树皮的提取物。

有效成分和提取方法 ┃

野梧桐树皮主要含岩白菜素和以岩白菜素为核心的没食子酰基岩白菜素类的没食子酸鞣质。野梧桐树皮可以水、酒精等为溶剂，按常规方法提取，然后浓缩至干为膏状。如用水煮提取，得率约为 12%。

在化妆品中的应用 ┃

野梧桐树皮 70% 酒精提取物 2% 涂敷对皮炎症状的抑制率为 27%，剂量 10mg/kg 对角叉菜致大鼠足趾肿胀的抑制率为 12.5%，对金属蛋白酶活性也有抑制作用，可用作抗炎剂。50% 酒精提取物 25μg/mL 对 B-16 黑色素细胞生成黑色素的抑制率为 47%，可用作皮肤美白剂。提取物还有抗氧化、增强皮肤细胞新陈代谢和促进生发功能。

27. 一枝黄花

一枝黄花（*Solidago decurrens*）和毛果一枝黄花（*S. virgaurea*）为菊科一枝黄花属草本植物，产于我国新疆阿尔泰山及天山地区，在俄罗斯高加索、蒙古及欧洲有广泛分布；一枝黄花原产于中国华东、中南及西南等地。化妆品采用其全草的提取物。

有效成分和提取方法 ┃

毛果一枝黄花全草富含黄酮化合物，主要为山奈酚、槲皮素、异鼠李素及其糖苷；所含皂苷多为远志皂苷类似结构，如一枝黄花皂苷等；另有若干酚酸成分，如咖啡酸、阿魏酸、绿原酸。毛果一枝黄花可以水、酒精等为溶剂，按常规方法提取，然后将提取液浓缩至干。如干草用水煮，提取得率约为 30%，酒精室温浸渍提取的得率为 21%。

安全性 ┃

国家食药总局和 CTFA（美国化妆品协会）都将毛果一枝黄花提取物作为化妆品原料，国家食药总局还把一枝黄花列入，未见其外用不安全的报道。

在化妆品中的应用 ┃

毛果一枝黄花的水煮提取物有抗菌性，对金黄色葡萄球菌、绿脓杆菌、大肠杆菌、枯草杆菌、白色念珠菌、酵母菌、皮肤真菌特别是须毛癣菌均有抑制作用，对枯草杆菌的作用最强，MIC 为 1.8mg/mL，可用作抗菌剂；酒精提取物对金属蛋白酶-3 活性的抑制率为 60%，30% 酒精提取物 0.05% 对过氧化物酶激活受体的活化促进提高一倍，显示有多方面的抗炎性能，可用作抗炎剂；提取物还有抗氧化作用。

28. 印度楝

印度楝（*Melia azadirachta* 或 *Azadirachta indica*）为楝科落叶乔木，主产于印度、巴基斯坦至东非地区，是南亚地区的传统草药，我国云南等地有引种。印度楝全株均可入药，化妆品可采用其树皮、叶、花和籽的提取物。

有效成分和提取方法

印度楝树皮含多种特征成分，如印楝素、印苦楝次素、印楝甾醇、印楝酚、印楝黄素等。含黄酮类化合物，如山奈酚、槲皮素、杨梅黄酮及其糖苷和儿茶素、表儿茶素等；含香豆素类化合物，如莨菪亭等；含甾体化合物，如 β-谷甾醇和豆甾醇、单宁酸。印楝籽油中含多种饱和及不饱和脂肪酸，还含有磷酯类化合物，如磷脂酰乙醇胺、磷脂酰肌醇、卵磷脂和心磷脂等。印度楝树可以水、酒精等为溶剂，按常规方法提取，然后浓缩至干为膏状。其干叶如经 30% 酒精室温浸渍一周，提取得率约为 8%。

在化妆品中的应用

印度楝树皮 50% 丁二醇提取物 $10\mu g/mL$ 对白介素 IL-6 生成的抑制率为 64.9%，叶 50% 丁二醇提取物 1.0% 对环氧合酶-2 活性的抑制率为 59.1%，有抗炎作用，可用于增强皮肤的屏障功能。树皮酒精提取物 0.1% 对透明质酸酶活性的抑制率为 95.4%，可用作保湿剂。树皮甲醇提取物 $100\mu g/mL$ 对变异链球菌的抑制率在 80% 以上，可用作牙齿防垢剂。提取物还有抗菌、抗炎、抗氧化、皮肤美白和生发促进作用。

29. 樟树

樟树（*Cinnamomum camphora*）又叫香樟，为樟科常绿大乔木，是我国南方重要的特种经济树种，樟树根、果、枝、叶入药，化妆品采用其树皮和树叶的提取物。

有效成分和提取方法

樟树皮含挥发油，以莰烯、蒎烯、桉叶油素、芳樟醇、樟脑、萜品烯、橙花醇和黄樟油素为主成分，另有不挥发成分香樟内酯。可以用水蒸气蒸馏法制取樟树挥发油，提取物可以水、酒精等为溶剂，按常规方法提取，然后浓缩至干为膏状。如干樟树叶以甲醇热浸，提取得率为 8.84%。

在化妆品中的应用

樟树叶甲醇提取物 $120\mu g/mL$ 对 IgE（免疫球蛋白）生成的抑制率为 35.8%，樟树叶乙酸乙酯提取物 $100\mu g/mL$ 对白介素-6 生成的抑制率为 68.9%，显示对湿疹或特应性皮炎有防治作用。樟树籽水提取物 $1\mu g/mL$ 对 5α-还原酶活性的抑制率为 63.2%，叶和树皮的提取物也有类似作用，可用作生发剂。提取物还有抗菌和抗氧化作用。

30. 紫云英

紫云英（*Astragalus sinicus*）是豆科黄芪属的草本植物，广泛分布于我国的长江地区。化妆品采用其全草的提取物。

有效成分和提取方法

紫云英叶含胡芦巴碱、胆碱、腺嘌呤、脂肪、蛋白质、淀粉、多种维生素、组氨酸、精氨酸、丙二酸、刀豆氨酸等。紫云英可以水、酒精等为溶剂，按常规方法提取，然后浓缩至干为膏状。

在化妆品中的应用

紫云英甲醇/二氯甲烷提取物 20μg/mL 对环氧合酶-2 活性的抑制率为 41.8%，对前列腺素 E-2 生成的抑制率为 68.8%，酒精提取物 0.005% 对金属蛋白酶-3 活性的抑制率为 41%，可用作抗炎剂。水提取物 6.25mg/mL 对酪氨酸酶活性的抑制率为 61.8%，为皮肤美白剂。提取物还有抗衰抗皱、抗氧化、抑臭和抗菌作用。

第二节　皮肤伤口的愈合

创伤愈合是指皮肤组织出现伤损后的愈复过程，其中包括各种组织的再生和肉芽组织增生、瘢痕组织形成至脱除等的复杂过程。我们最关心的是伤口愈合的速度以及所留瘢痕的影响。理想的结果是愈合速度快、瘢痕面积小并且最终与原皮肤的外观无异。而愈合速度与瘢痕面积有对应关系。

1. 穿心莲

穿心莲（*Andrographis paniculata*）为爵床科穿心莲属草本植物，原产于印度尼西亚、菲律宾、印度、斯里兰卡、泰国等热带地区，我国长江以南温暖地区如广东、广西、福建等省有栽培。化妆品采用其干燥全草的提取物。

有效成分和提取方法

穿心莲叶主要含二萜内酯化合物如穿心莲乙素，即穿心莲内酯含 1.5% 以上，是穿心莲的主要成分，也是《中国药典》规定检测含量的成分。其余有穿心莲丙素、穿心莲甲素等；另含若干黄酮化合物、甾醇皂苷、糖类及缩合鞣质等酚类物质。穿心莲可用传统的方法以水或酒精等为溶剂提取后浓缩至干。如以水提取，得率约为 14%；以 70% 酒精提取，得率约为 4%。

穿心莲内酯的结构式

在化妆品中的应用

提取物 0.1mg/mL 对皮肤伤口的愈合促进率为 10.5%，50% 酒精提取物 50μg/mL 对 NO 生成的抑制率为 91.8%，25μg/mL 提取物对Ⅳ型胶原蛋白生成的促进率为 17.2%，可用作抗炎剂和伤口愈合剂，有收敛作用，并且伤疤色泽较浅；提取物有抗菌性，可用于治疗痤疮和抑制头皮屑；提取物 10μg/mL 对小鼠毛发毛囊母细胞的增殖促进率为 106%，有促进生发作用；提取物尚可用作皮肤美白剂、抗氧化剂和保湿剂。

2. 海金沙

海金沙（*Lygodium japonicum*）系海金沙科海金沙属多年生蕨类植物，主产于我国广东、江苏、浙江、湖南、湖北、四川、陕西及甘肃等地。海金沙草全草、根或者干燥成熟孢子均可入药，化妆品采用它们的干燥品，以海金沙孢子的应用为多。

有效成分和提取方法

海金沙中含有三萜化合物，如何帕烯等，何帕烯类成分是蕨类植物的典型化合物；含有黄酮类化合物，如田蓟苷、山奈酚及其糖苷、蒙花苷等；含有甾醇，如 β-谷甾醇和胡萝卜苷；另含有海金沙多糖。海金沙可以水、酒精等为溶剂，按常规方法提取，最后浓缩至干。海金沙孢子用 50% 乙醇室温提取，得率为 7.2%。

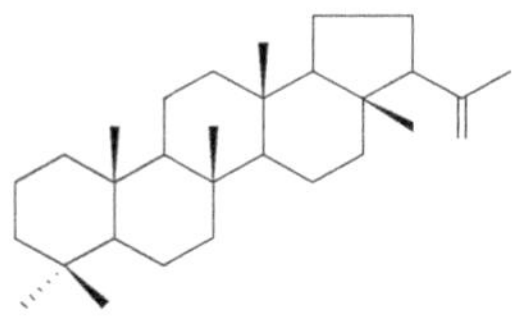

何帕烯的结构式

在化妆品中的应用

海金沙提取物 2.0mg/mL 体外对睾酮 5α-还原酶的抑制率为 66.7%，有促进生发的功能；提取物对粉刺致病菌丙酸痤疮杆菌的抑制 MIC 为 0.4mg/mL，可用于痤疮的防治；提取物 0.005% 对胸腺素-β10 的生成促进率为 25%，有利于血管的新生、内皮细胞的游走和增殖以及创伤的愈合，也有利于抑制红血丝的生成；海金沙提取物也可用作化妆品的自由基俘获剂、抗菌剂和保湿剂。

3. 黑芝麻

黑芝麻（*Sesamum indicum*）即芝麻，为脂麻科芝麻属一年生草本植物，在世界各地都有种植。芝麻是我国四大食用油料作物之一，主产地为山东、河南等省。化妆品主要采用其种子提取物。

有效成分和提取方法

芝麻籽除含蛋白质、脂肪外，还含有木酚素类化合物，如芝麻素、表芝麻素、芝麻素酚、芝麻林素、芝麻林素酚等。芝麻中含量较多的木酚素为芝麻素和芝麻林素，前者含量为 0.2%~0.5%，而后者为 0.1%~0.3%。木酚素类化合物占约 1%，其余有 β-谷甾醇、卵磷脂等。β-谷甾醇是《中国药典》规定检测的成分。芝麻可采用水、色拉油、酒精等为溶剂，按常规方法提取；也可将芝麻脱脂后用水、酒精等溶剂提取，最后浓缩至干。化妆品一般采用后一种方法。

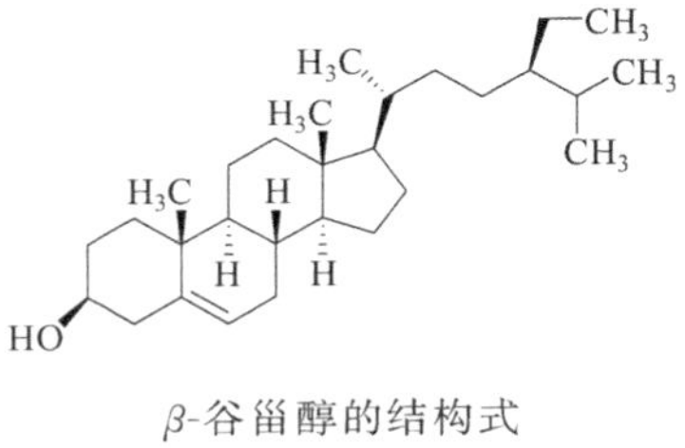

β-谷甾醇的结构式

在化妆品中的应用

芝麻油是化妆品中常用的基础油性原料。芝麻水提取物 20μg/mL 对酪氨酸酶的抑制率为 95.3%，结合其抗氧化性，可用于皮肤的美白；芝麻酒精提取物 10mg/mL 对谷胱甘肽生成的促进率为 28%，对表皮成纤维细胞的增殖也有促进作用，有调理、润滑和活肤功能；30% 酒精提取物对过氧化物酶激活受体（PPAR）的活化促进率为 38%，PPAR 的活化可以保证足够数量的活角朊细胞来参与伤口表皮的重新形成和迁移，在皮肤损伤愈合过程中起重要作用，芝麻提取物对 PPAR 的活化表明它具有抗炎功能。

4. 活血丹

活血丹（*Glechoma longituba*）和欧活血丹（*G. hederacea*）为唇形科活血丹属草本植物。活血丹在全国各地均有分布，欧活血丹原产北欧、西欧、中欧各国，我国产于新疆。二者性能相似，化妆品采用它们全草的提取物。

有效成分和提取方法

欧活血丹含有倍半萜化合物欧亚活血丹呋喃、欧亚活血丹内酯；含有三萜化合物，如齐墩果酸、乌索酸等；生物碱有欧活血丹碱；含酚酸化合物，如咖啡酸、阿魏酸；另含有多种黄酮化合物，如芹菜素及其糖苷等。活血丹也含有欧亚活血丹呋喃、欧亚活血丹内酯等。欧活血丹全草可以水、酒精等为溶剂，按常规方法提取，然后浓缩至干为膏状。如干草用 50% 酒精回流提取，得率约为 24%。

安全性

国家食药总局和 CTFA 都将欧活血丹提取物作为化妆品原料，国家食药总局还将活血丹提取物列入，未见其外用不安全的报道。

在化妆品中的应用

活血丹甲醇提取物 0.01% 对 SLS 诱发白介素 IL-6 生成的抑制率为 60.2%，提取物 20μg/mL 对脂氧合酶活性的抑制率为 75.8%，显示提取物有抗炎性；提取物 0.1% 对细胞增殖的促进率为 18.7%，也可促进胶原蛋白的生成，可用于愈伤制品加速伤口的愈合、瘢痕面积的缩小，5% 涂敷于伤口，瘢痕面积的缩小率约为 60%。欧活血丹 50% 酒精提取物对游离组胺释放的抑制率为 69%，对皮肤过敏有缓和和消除作用；提取物还可用作保湿调理剂、抗菌剂、抗衰抗皱剂和抗氧化剂。

5. 连翘

连翘（*Forsythia suspensa*）为木犀科连翘属植物。连翘主要分布于我国山西、陕西、山东、河南。化妆品主要采用其干燥的果实提取物。

有效成分和提取方法

连翘中主要有木脂素类、黄酮类、苯乙烷类及其苷类、三萜类、单萜类等化学成分。木脂素类成分主要有连翘苷、连翘苷元、连翘酯苷等，连翘苷是《中国药典》规定检测含量的成分，含量不得少于 0.15%；苯乙烷类成分有连翘酚，连翘酯苷 A、连翘酯苷 B、连翘酯苷 C、连翘酯苷 D、连翘酯苷 E 等；另含三萜类化合物白桦脂酸、熊果酸、齐墩果酸等。连翘可以水、酒精为溶剂按常规方法提取，然后浓缩至干。如以 95% 酒精提取，得率为 0.74%。

连翘苷的结构式

在化妆品中的应用

连翘 60% 酒精提取物 100mg/mL 对血管内皮生长因子的形成促进提高约 1.5 倍，可加速皮肤伤口的愈合；连翘提取物有较广谱的抗氧化性，对多种自由基都有消除作用；50% 酒精提取物对游离组胺释放的抑制率为 80.3%，有抑制皮肤过敏作用；连翘 75% 酒精提取物对大肠杆菌、枯草杆菌、金黄色葡萄球菌、绿脓杆菌和白色念珠菌的 MIC 分别为 1.3mg/mL、1.2mg/mL、0.5mg/mL、0.8mg/mL 和 0.7mg/mL，连翘高压过热水提取物对痤疮丙酸杆菌的 MIC 为 0.4mg/mL，可用于痤疮类疾患的防治；提取物还有抗炎、抗衰抗皱和保湿调理的作用。

6. 疗伤绒毛花

疗伤绒毛花（*Anthyllis vulneraria*）为豆科绒毛花属多年生草本。原产欧洲北部，自爱尔兰至芬兰有分布。化妆品采用其花的提取物。

有效成分和提取方法

疗伤绒毛花主要含黄酮化合物，如槲皮素、山奈酚、异鼠李素、鼠李黄素、鼠李亭、漆黄素等。可以水、酒精等为溶剂，按常规方法提取，然后浓缩至干为膏状。

在化妆品中的应用

疗伤绒毛花是北欧常用的草药，物如其名，用以疗伤。疗伤绒毛花 50% 酒精提取物 3% 对成纤维细胞的增殖促进率为 23%，5% 对 LPS（脂多糖）诱发白介素生成的抑制率为 38.6%，可用于皮肤小伤口的愈合，也有调理皮肤的作用。

7. 木槿

锦葵科木槿属植物种类极多，其中木槿（*Hibiscus syriacus*）原产自我国中部和印度；朱槿（*H. rosa-sinensis*）又名扶桑，主产于我国广西；甲胄木槿（*H. militaris*）原产于美国；大麻槿（*H. cannabinus*）产于南部非洲；木芙蓉（*H. mutabilis*）又称芙蓉，主产自我国湖南。化妆品可采用的是木槿树皮、朱槿花/叶、甲胄木槿花、木芙蓉的花以及大麻槿梗的提取物。

有效成分和提取方法

木槿树皮含白桦脂醇、皂草苷、黄酮化合物如紫杉叶素苷、芹菜苷等。大麻槿梗中有若干木脂素化合物如苎麻素等。朱槿花主要含黄酮化合物，有矢车菊素及其糖苷、槲皮素及其糖苷、山奈酚-3-木糖基葡萄糖苷等，其余有 β-扶桑甾醇及环肽生物碱。朱槿叶和茎含蒲公英赛醇乙酸酯和 β-谷甾醇等。木芙蓉叶在《中国药典》规定的芦丁含量不得小于

0.07％。木槿属植物可以水、酒精等为溶剂，按常规方法提取，然后浓缩至干为膏状。如干木槿树皮用80％酒精提取，得率约为13％。

在化妆品中的应用

木槿树皮提取物0.5％对纤维芽细胞增殖的促进率为50％，0.1mg/mL对Ⅰ型胶原蛋白生成的促进率为43.6％，0.1mg/mL对Ⅳ型胶原蛋白生成的促进率为52.6％，有利于皮肤伤口的愈合；木芙蓉花水提取物也有类似作用，但不及木槿树皮提取物的效果。朱槿花含红色素，它随pH的变化而变化，可用作化妆品色素；朱槿叶石油醚提取物1％涂敷对大鼠毛发长度生长速度的促进率为25％，可用作生发剂。提取物还有抗氧化、美白皮肤和保湿作用。

8. 木香

木香为菊科植物木香（*Aucklandia lappa*）的干燥根，原产印度，我国云南、四川均有规模栽培。以木香之名混用的还有云木香（*Saussurea lappa*），化妆品都采用其干燥的根部和根的提取物。

有效成分和提取方法

木香含有挥发油，倍半萜类化合物居多，其中以桉叶烷型的化合物为主，有特征的是去氢木香内酯、木香烃内酯、木香酸等，木香烃内酯是《中国药典》要求检测木香质量的成分。非挥发成分有三萜类化合物α-香树脂醇等，甾体类化合物有孕甾烯醇酮、谷甾醇等，配糖体为木香内酯葡萄糖苷、木脂素苷和胡萝卜苷等。可采用水蒸气蒸馏法制取木香挥发油。可采用水、酒精等为溶剂，按常规方法回流提取，最后浓缩至干。有机溶剂的提取效率较高，干燥木香根用80％甲醇水溶液提取，得率约为3.4％。

木香烃内酯的结构式

安全性

国家食药总局和CTFA都将云木香提取物作为化妆品原料，国家食药总局还把木香列入，未见外用不安全的报道。

在化妆品中的应用

木香挥发油是一种价值很高的香料，用于香水的制作。提取物0.005％对Ⅰ型胶原蛋白生成的促进率为16.2％，提取物1.0％对表皮细胞组织蛋白酶D的活化促进率为34％，显示它可促进皮肤细胞的新陈代谢的活性，有抗皱抗衰作用；30％酒精提取物5％对PPAR活性促进率为20％，PPAR活性的增强是皮肤损伤愈合中的重要因素。提取物还有抗氧化、抗炎和抗菌作用。

9. 欧樱草

欧樱草（*Primula vulgaris*）为报春花科报春花属草本植物，主产于欧洲至西伯利亚，化妆品采用其全草提取物。

有效成分和提取方法

欧樱草的主要有效成分是皂苷类化合物，但结构尚不明了。欧樱草可以水、酒精等为溶剂，按常规方法提取，然后浓缩至干为膏状。

在化妆品中的应用

欧樱草全草 30% 酒精提取物 0.05% 对过氧化物酶激活受体（PPAR）的活化促进率为 193%，PPAR 有抗细胞凋亡作用，可以保证足够数量的活角朊细胞来参与伤口表皮的重新形成和迁移，在皮肤损伤愈合过程中起着重要作用，可用作抗炎剂；30% 酒精提取物 5μg/mL 对超氧自由基的消除率为 45%，有抗氧化调理作用。

10. 蒲公英

蒲公英（*Taraxacum mongolicum*）、华蒲公英（*T. sinicum*）和欧蒲公英（*T. officinale*）为菊科蒲公英属草本植物。蒲公英主产于我国东北；华蒲公英即碱地蒲公英可见于我国大陆各地；欧蒲公英产于我国新疆、中亚、欧洲和美洲。三者性能相似，化妆品采用其干燥全草的提取物。

有效成分和提取方法

蒲公英中富含酚酸类等物质，如绿原酸及其衍生物、咖啡酸、阿魏酸等，而《中国药典》仅检测其中的咖啡酸含量；含有黄酮类，为槲皮素；含有三萜类化合物，如蒲公英醇、蒲公英甾醇，蒲公英醇是蒲公英的特征化合物；其余还含有胡萝卜素、胆碱、果胶等。蒲公英可以水、酒精等为溶剂，按常规方法提取，提取液最后浓缩至干。如蒲公英全草以 60% 酒精提取，得率为 21.0%。

咖啡酸的结构式

在化妆品中的应用

蒲公英提取物具有广谱杀菌和抑菌作用，对金黄色葡萄球菌、伤寒杆菌、痢疾杆菌等有抑制作用，如对金黄色葡萄球菌的 MIC 为 0.16mg/mL，可用作抗菌剂。蒲公英 60% 酒精提取物 100mg/mL 对血管内皮生长因子生长的促进率为 83.5%，0.625% 对纤维芽细胞的增殖促进率为 21%，结合其较广谱的对自由基的消除力，可加速伤口的愈合，并缩小癍痕面积；提取物有抗炎性，100μg/mL 对 5α-还原酶活性的抑制率为 60%，可用于预防皮肤炎症如粉刺类，对雄性激素偏高所致粉刺效果更好。

11. 牵牛

裂叶牵牛（*Ipomoea hederacea*）和圆叶牵牛（*I. purpurea*）为旋花科牵牛属缠绕藤本植物。裂叶牵牛在我国各地均有分布；圆叶牵牛主产于我国新疆阿勒泰地区，两者性能相似。化妆品主要采用其籽的提取物。

有效成分和提取方法 |--

牵牛种子含牵牛子苷、牵牛子酸及没食子酸、顺芷酸、尼里酸等，另含生物碱如麦角醇、裸麦角碱和野麦碱等；牵牛子含油量为17.5%，其脂肪油含有大量人体必需的不饱和脂肪酸，其主要成分为油酸、亚油酸和亚麻酸。提取物可以水、酒精、1,3-丁二醇等为溶剂，按常规方法提取，然后浓缩至干为膏状。

在化妆品中的应用 |--

纤维芽细胞培养中裂叶牵牛籽50%酒精提取物可使胸腺素-β10值提高38%，将有利于血管的新生和促进、内皮细胞的游走和接着，可促进创伤的愈合；皮肤涂敷牵牛籽30%酒精提取物可降低经皮水分蒸发速度，可用作化妆品的保湿剂。

12. 麝香草

麝香草（*Thymus vulgaris*）为唇形科百里香属多年生灌木状草本植物。主要分布在地中海沿岸和小亚细亚，且多集中分布在比较干旱的地区，也广布我国各地，且以西南地区最多。化妆品采用其干燥全草提取物。

有效成分和提取方法 |--

麝香草的挥发油有百里香酚（又名麝香草脑）、香荆芥酚等。麝香草脑在全草中挥发油成分分量最大，盛花期含量最大，达0.8%～1.5%。提取物含三萜皂苷类化合物，如熊果酸、齐墩果酸等；含酚酸类化合物，如咖啡酸、绿原酸，并与黄酮类化合物如木犀草素并存。可以水蒸气蒸馏法制取麝香草挥发油，提取物可以水、酒精等为溶剂，按常规方法提取，然后将提取液浓缩至干。如以酒精为溶剂提取的话，得率约为15%。

麝香草脑的结构式

在化妆品中的应用 |--

麝香草50%酒精提取物对环AMP磷酸二酯酶活性的IC_{50}为95.6μg/mL，提取物0.063%对精氨酸酶活性的促进率为21%，结合其对胶原蛋白生成的促进、对成纤维细胞增殖的促进，显示其具有抗炎和加速愈合伤口、减少瘢痕的作用。90%酒精提取物对血管内皮细胞增殖的抑制率为64%，对皮肤红血丝有防治作用。提取物还有抗菌、驱虫、祛头屑、皮肤美白、防治灰发、香味料和抗氧化作用。

13. 土连翘

土连翘（*Hypericum patulum*）为茜草科土连翘属植物，化妆品采用其全草提取物。

有效成分和提取方法 |--

土连翘树皮含东莨菪素、马栗树皮苷、6-甲基茜素等；叶的主要成分是咕吨酮类衍生物。可以水或酒精等为溶剂，按常规方法加热提取，最后将提取液浓缩至干。干叶以甲醇提取得率约为9%。

安全性 ▌--

国家食药总局将土连翘提取物作为化妆品原料，未见其外用不安全的报道。

在化妆品中的应用 ▌--

土连翘叶 80% 酒精提取物 10mg/mL 对 LPS 诱发前列腺素 E-2 生成的抑制率为 29.7%；甲醇提取物 10% 涂敷伤口，可加速愈合 7.1%，并且瘢痕状况良好，可用于皮肤伤口的愈合。叶提取物有抗氧化性，对自由基 DPPH 的消除每克生药相当于 1.43mmol/L 的水溶性维生素 E，可用作抗氧化剂。酒精提取物对 5α-还原酶活性有抑制作用，可用作生发助剂。

14. 燕麦

燕麦（*Avena sativa*）为禾本科燕麦属一年生草本植物。我国是燕麦生产的主要国家之一。糙伏毛燕麦（*A. strigosa*）主要产于欧洲和南美，其性能与燕麦差别不大。化妆品可采用的原料一般是燕麦麸、燕麦粉、叶等的提取物。

有效成分和提取方法 ▌-----------------------------------

燕麦麸含 β-葡聚糖 5%～13%，蛋白质含量一般为 11.19%～19.85%，还含有燕麦油脂，多数为不饱和脂肪酸。而在不饱和脂肪酸中，亚油酸的含量最大，占 35%～52%。此外还含有燕麦蒽酰胺、类黄酮化合物、维生素 E、植酸类化合物、甾醇、ω-羟基脂肪酸、磷脂酰胆碱等。燕麦类提取物可以水、酒精等为溶剂，按常规方法提取，然后浓缩至干为膏状。如燕麦粉用 80% 酒精提取，得率约为 2.4%。

在化妆品中的应用 ▌------------------------------------

燕麦具多量抗氧化物质，具有清除自由基、抗氧化功效；提取物 5% 对转化生长因子-β 的表达促进率为 198.6%，可以影响多种细胞的生长与分化、抑制细胞凋亡及免疫功能的调节等，可用作皮肤和头发的调理剂；提取物 1% 涂敷皮肤伤口愈合促进率为 37.7%，可减少瘢痕。

15. 油菜

油菜（*Brassica campestris*）和欧洲油菜（*Brassica napus*）是十字花科芸薹属植物，都是主要油料作物。油菜在我国普遍种植；欧洲油菜原产欧洲，现在世界各地都有栽种。两者性能相似，化妆品采用的是它们的花、叶、籽油和不皂化物。

有效成分和提取方法 ▌-----------------------------------

油菜籽油一般含花生酸 0.4%～1.0%、油酸 14%～19%、亚油酸 12%～24%、芥酸 31%～55%、亚麻酸 1%～10%；另含有不皂化物如芥子苷、植物甾醇、鞣质等成分。油菜花含较多的胡萝卜素类化合物。油菜籽直接冷榨可得菜籽油，提取物可以水、酒精等为溶剂，按常规方法提取，然后浓缩至干为膏状，成分主要是不皂化物。

在化妆品中的应用 ▌------------------------------------

油菜和欧洲油菜籽油是化妆品的重要油脂油料。油菜籽酒精提取物 $10\mu g/mL$ 对胶原蛋白生成的促进率为 10.9%，欧洲油菜花 30% 酒精提取物 $500\mu g/mL$ 对胶原蛋白生成的促进率为 60%，有活肤抗衰作用；欧洲油菜花 30% 酒精提取物 1mg/mL 对金属蛋白酶-1 活性的抑制率为 54.6%，对白介素 IL-1α 生成的抑制率为 44.7%，因此提取物 1mg/mL 对伤口愈合速度可加快 45.6%，用于皮肤创伤的治疗；提取物还有抗菌、保湿和抗氧化调理作用。

16. 柚

柚（*Citrus grandis*）、葡萄柚（*C. paradisi*）和克莱门柚（*C. clementina*）为芸香科柑橘属植物。柚又名化州柚，主产于广东化州；葡萄柚原产于拉丁美洲巴巴多斯群岛，现在我国浙江、广东、四川等省有种植；克莱门柚主产于意大利和西班牙。这三种柚亲缘关系密切，化妆品主要采用它们的果、果皮、叶、籽等的提取物，以果皮的提取物为主。

有效成分和提取方法 ▎---

柚皮含挥发油，其中柠烯含量最为丰富，它占精油总量的 90% 以上。柚皮中含有黄酮类化合物，含量为 1%～6%，主要是二氢黄酮类化合物，如柚皮苷、柚皮芸香苷等，其中柚皮苷占 80% 以上，柚皮苷也是《中国药典》规定检测含量的成分；含有类柠檬苦素如柠檬苦素等；天然色素为脂溶性的类胡萝卜素和水溶性的黄色色素。可采用水蒸气蒸馏法制取柚皮挥发油；柚皮提取物可采用水或酒精溶液作溶剂，按常规方法提取。以 50% 酒精溶液提取的较多。

柚皮苷的结构式

在化妆品中的应用 ▎---

三种柚皮的挥发油都可用作香原料，有驱虫抗菌作用。水可提取物 5% 对转化生长因子-β 表达的促进率可提高三倍多，可全面提升皮层细胞活力，增加皮肤的柔润度，也可加速皮肤伤口的愈合；柚皮 50% 酒精提取物 0.1% 对芳香化酶的活化促进率为 40%，芳香化酶的活性与雌激素的水平呈正比关系，在局部区域涂敷提取物有利于提高雌性激素的含量，这对丰乳产品很重要；提取物还可用作皮肤美白剂、抗氧化剂、皮肤保湿剂、祛臭剂和皮肤抗炎收敛剂。

第三节　渗出性收敛

此类制品可以减少皮肤细微损伤处液体或血液的渗出（如剃须制品等），称为渗出性收敛剂。

1. 甘蓝

甘蓝是十字花科芸薹属植物，是温带大多数国家的主要蔬菜之一。化妆品可用的是花椰菜（*Brassica oleracea botrytis*），又称花菜、卷心菜（*B. oleracea capitata*），在我国广为栽培；抱子甘蓝（*B. oleracea gemmifera*）主产于荷兰、比利时、南欧和北美；意大利甘蓝（*B. oleracea Italica*）原产于欧洲；羽衣甘蓝（*B. oleracea acephala*）主产于北非。这五种甘蓝性能相似，它们叶的提取物均可在化妆品中应用。

有效成分和提取方法

甘蓝叶含多量胡萝卜素类成分，有 β-胡萝卜素、叶黄素等，另有葡萄糖芸薹素、绿原酸、黄酮醇、花色苷、吲哚-3-乙醛、异硫氰酸烯丙酯、苯己基异硫氰酸盐、维生素 K、维生素 U 等。意大利甘蓝另有莱菔硫烷和吲哚-3-甲醇。甘蓝可以水、酒精等为溶剂，按常规方法提取，然后浓缩至干为膏状。以干花菜叶为例，10 倍量的 99.5%酒精室温浸渍 1 日，浓缩至干的得率约为 20%。

在化妆品中的应用

100mg/L 花椰菜 70%酒精提取物对胶原蛋白生成促进率为 58.4%，50mg/L 对成纤维细胞增殖的促进率为 38.3%，有活肤抗衰作用；$1\mu g/mL$ 抱子甘蓝提取物对 LPS 诱发 NO 生成的抑制率为 43.9%，有抗炎和收敛作用；提取物还可用作抗氧化剂、皮肤美白剂和生发剂。

2. 短柄野芝麻

短柄野芝麻（*Lamium album*）为唇形科野芝麻属草本植物，原产于欧洲和西亚，也野生分布于我国新疆北部、甘肃、山西及内蒙古。化妆品采用其花、叶或全草提取物。

有效成分和提取方法

全草含皂苷、鞣质、咖啡酸和多种氨基酸。特征成分是若干环烯醚萜苷类化合物，如芝麻糖苷、野芝麻新苷、7-去乙酰野芝麻苷、山栀子苷 A、山栀苷甲酯等。短柄野芝麻全草可以水、酒精等为溶剂，按常规方法提取，然后浓缩至干为膏状。

野芝麻新苷的结构式

在化妆品中的应用

水提取物对自由基 DPPH 的消除 IC_{50} 为 $280\mu g/mL$，对羟基自由基的消除 IC_{50} 为 $530\mu g/mL$，有较广谱的抗氧化性，可用作化妆品抗氧化调理剂；提取物 0.1%对透明质酸酶活性的抑制率为 50%，对角叉菜致大鼠足趾浮肿和前列腺素的生成均有抑制，有抗炎和收敛作用。

3. 非洲吊灯树

非洲吊灯树（*Kigelia africana*）为紫葳科吊灯树属植物，原产于热带非洲，我国华南、云南等地有栽培，当地人称吊瓜树。化妆品采用其果的提取物。

有效成分和提取方法 ┣--

非洲吊灯树果含多种非苷环烯醚萜，如 10-脱氧杜仲醇、7-羟基-10-脱氧杜仲醇、7-羟基杜仲酸、筋骨草醇、桃叶珊瑚苷衍生物等；有酚酸化合物，如咖啡酸、6-咖啡酰筋骨草醇等；另有植物甾醇，如 β-谷甾醇。非洲吊灯树果可以水、酒精等为溶剂，按常规方法提取，然后浓缩至干为膏状。

在化妆品中的应用 ┣--

非洲吊灯树提取物 7.34μg/mL 对环氧合酶-1 的活性抑制率为 97％，1％对白介素-1α 生成的抑制率为 92.7％，有很好的抗炎收敛性，可用作抗炎剂；果提取物 1％对胶原蛋白生成的促进率为 30％，有抗皱调理作用。

4. 茴芹

茴芹（*Pimpinella anisum*）为伞形科茴芹属草本植物。茴芹原产于埃及，现种植遍及全世界，我国新疆部分地区有栽培，化妆品主要采用其籽提取物。

有效成分和提取方法 ┣--

茴芹籽含挥发油，主要成分是大茴香脑，占 90％以上，其余是龙蒿醇、α-花侧柏烯、α-雪松烯、β-红没药烯等。可以水蒸气蒸馏法制取茴芹籽挥发油，挥发油得率在 2.5％左右。提取物可以水、酒精等为溶剂，按常规方法提取，然后浓缩至干为膏状。

在化妆品中的应用 ┣--

茴芹籽多用于调味，精油可用作香原料。籽 70％酒精提取物 1.23μg/mL 对过氧化物酶激活受体（PPAR）的活化促进率为 110％，具抗炎收敛功能；籽水提取物 20mg/mL 对脂质过氧化的抑制率为 99％，对其他自由基也有消除作用，可用作抗氧化剂；茴芹籽精油和提取物对金黄色葡萄球菌、蜡状芽孢杆菌、大肠杆菌、普通变形杆菌和绿脓杆菌都具抗菌性。茴芹籽精油在测试管中加入 0.25mg，对屋尘螨和粉尘螨的杀灭率均为 100％，可用作驱虫剂和抗菌剂。

5. 留兰香

留兰香（*Mentha viridis*）为唇形科草本植物，在欧洲、北美洲和我国河北、广东、江苏等地大规模栽培。化妆品采用其全草提取物。

有效成分和提取方法 ┣--

留兰香含挥发油，主要成分是香芹酮；非挥发成分以酚酸为主，有咖啡酸、对羟基苯甲酸、阿魏酸、对香豆酸，另有黄酮化合物如芹菜素、木犀草素、矢车菊素、飞燕草素等。可以水蒸气蒸馏法制取留兰香挥发油，提取物可以水、酒精等为溶剂，按常规方法提取，然后浓缩至干为膏状。干叶如用 30％酒精提取，得率为 32.0％。

在化妆品中的应用 ┣--

留兰香挥发油是一种香料。留兰香酒精提取物 0.05％对过氧化物酶激活受体（PPAR-δ）活性提高 2.3 倍、PPAR-γ 的活性提高 1.7 倍，PPAR 有抗细胞凋亡作用，可以保证足够数量的活角朊细胞来参与伤口表皮的重新形成和迁移，在皮肤损伤愈合过程中起着重要作用，用作收敛剂；沸水提取物 600μg/mL 对组胺游离释放的抑制率为 39.5％，有抗过敏作用；提取物还有抗氧化、抗皱和保湿作用。

6. 三白草

三白草（*Saururus chinensis*）为三白草科草本植物，分布于东亚、东南亚和南亚地区，主产于我国的江苏、浙江、湖南、广东等地，我国长江流域以南各省均有分布。化妆品采用其干燥全草、花、根和叶/茎的提取物。

有效成分和提取方法 ┃┄┄┄┄┄┄┄┄┄┄┄┄┄┄┄┄┄┄┄┄┄┄┄┄┄┄┄┄┄┄┄┄┄┄┄

三白草含多种黄酮类化合物，如槲皮素、槲皮苷、异槲皮苷、金丝桃苷、芦丁和扁蓄苷、槲皮素-3-葡萄糖苷等；含有木脂素类化合物，如三白草酮、三白脂素-8、三白脂素-7以及更多的糖苷衍生物，三白草酮是《中国药典》规定检测含量的成分。三白草可以水、酒精等为溶剂，按常规方法提取，然后将提取液浓缩至干。如以甲醇提取，得率约为5.2%；用50%酒精提取，得率约为6.2%。

在化妆品中的应用 ┃┄┄┄┄┄┄┄┄┄┄┄┄┄┄┄┄┄┄┄┄┄┄┄┄┄┄┄┄┄┄┄┄┄┄┄┄┄

50%酒精提取物0.1%对血纤维蛋白溶酶的抑制率为36.5%、乙酸乙酯提取物25μg/mL对白介素-8生成的抑制率为19.7%，显示对接触性皮炎有防治作用，可用于粉刺防治，有收敛作用，并可减少皮脂的分泌、消除色泽沉积和愈合创口；酒精提取物25μg/mL对齿垢形成菌中的变异链球菌的抑制率为38.8%，可用作齿垢抑制剂。提取物还可用作皮肤美白剂和抗氧化剂。

第四节　痤疮的防治

痤疮（粉刺）是一种由多因素引起的常见的慢性毛囊、皮脂腺炎症性皮肤病。其病因除与内分泌失调、免疫功能下降、皮脂腺分泌过多和毛囊角化过度等因素有关外，还与厌氧菌痤疮丙酸杆菌和表皮葡萄球菌、金黄色葡萄球菌等需氧菌的混合感染密切相关。对上述原因有防治功能的植物提取物，均可用于痤疮的防治。

对内分泌失调或雄性激素偏高的痤疮抑制剂可通过对 5α-还原酶活性的抑制、对雄性激素受体活性的抑制等方法来评判；对感染性粉刺的防治可测定其对痤疮丙酸杆菌、金黄色葡萄球菌等的抑制率来评判。

1. 白柳

白柳（*Salix alba*）和黑柳（*S. nigra*）属杨柳科柳属落叶乔木。白柳原产于新疆、甘肃、青海地区，现主要分布于长江流域及华南各地。黑柳产于北美洲。化妆品主要采用的是干燥的白柳和黑柳树皮提取物。

有效成分和提取方法 ┃┄┄┄┄┄┄┄┄┄┄┄┄┄┄┄┄┄┄┄┄┄┄┄┄┄┄┄┄┄┄┄┄┄┄┄┄┄

白柳和黑柳树皮的主要成分是水杨苷，其余有黄酮化合物和一些酚类成分。水杨苷的含量可作白柳树皮提取物质量的指标。白柳和黑柳树皮可以水、乙醇等为溶剂，按常规方法提取，然后浓缩至干。以水为溶剂提取的得率约为10%，50%酒精提取的得率约为15%。

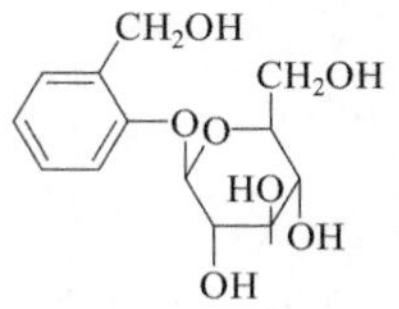

水杨苷的结构式

在化妆品中的应用

白柳树皮50%酒精的提取物对痤疮丙酸杆菌有强烈的抑制，1.0%时的抑制率在99%以上；在低浓度时对三种常见金属蛋白酶活性也均有强烈的抑制作用，金属蛋白酶的活化与皮肤的炎症和老化有直接关系，可用于粉刺的防治；提取物对超氧自由基等的强烈消除，对 B-16 黑色素细胞活性也有很好的抑制，效果大大优于熊果苷，有美白皮肤作用；黑柳树皮水提取物 $10\mu g/mL$ 对纤维芽细胞的增殖促进率为 22.4%，有活肤抗衰作用；提取物还可用作头发和皮肤的调理剂、除臭剂和除屑剂。

2. 百脉根

百脉根（*Lotus corniculatus*）为蝶形花科多年生草本植物，目前在世界各地广泛种植，是一种优良饲草，分布于我国四川、云南及陕西、甘肃、湖北、湖南、广西、西藏等地。化妆品采用其花和籽的提取物。

有效成分和提取方法

百脉根花富含黄酮化合物，而且以异黄酮为主，有芒柄花黄素、鹰嘴豆芽素 A、异鼠李素以及山柰酚和槲皮素及其糖苷。百脉根籽则以鞣质和木脂素类相关成分为主，有莽草酸、没食子酸、对羟基苯甲酸、阿魏酸、儿茶素、表儿茶素和黄烷-3,4 二醇类化合物。百脉根可以水、酒精等为溶剂，按常规方法提取，然后浓缩至干为膏状。百脉根种子用甲醇提取，得率为 4.2%。

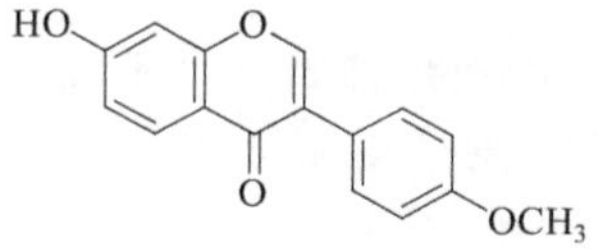

芒柄花黄素结构式

在化妆品中的应用

百脉根花70%酒精的提取物对痤疮丙酸杆菌有抑制，1.0%时抑菌圈直径为10.2mm，可用于粉刺的防治；提取物对多种自由基均有消除作用，表皮细胞培养对透明质酸的生成有促进作用，可用作保湿性的皮肤调理剂。

3. 冰岛地衣

冰岛地衣（*Cetraria islandica*）为梅衣科岛衣属植物，主产于临近北极的地区如冰岛、北欧和北美洲，化妆品采用其全草提取物。

有效成分和提取方法

　　冰岛地衣含冰岛衣酸、原地衣硬酸、氧代四氢呋喃-3-羧酸等与地衣酸类似的化合物，另有地衣多糖，由吡喃甘露糖和半乳吡喃糖相连而成的特殊结构多糖。干燥冰岛地衣可以水、酒精等为溶剂，按常规方法提取，然后浓缩至干为膏状。如以水提取的得率约为5.5％，50％酒精提取的得率约为9.5％。

冰岛衣酸的结构式

在化妆品中的应用

　　冰岛地衣中的地衣酸类成分有抗菌性，对金黄色葡萄球菌、痤疮丙酸杆菌等有抑制；冰岛地衣0.1％对TNF-α的抑制率为83％，对5α-还原酶活性的抑制率为82％；提取物50μg/mL对胶原蛋白生成的促进率为32.5％，综上显示可用于痤疮类皮肤疾患的防治。提取物还可用作调理剂、抗菌剂、抗炎剂和抑臭剂。

4. 苍术

　　苍术（*Atractylodes lancea*）、北苍术（*A. chinensis*）、关苍术（*A. japonica*）为菊科苍术属植物。苍术即茅苍术，分布于我国华东地区；北苍术分布于我国华北及以北地区；关苍术主产于我国东北。这三种苍术性能相似，化妆品主要采用它们干燥的根提取物，以苍术为主。

有效成分和提取方法

　　苍术根茎含挥发油5％～9％，主要成分为β-桉叶醇和茅术醇，其次是苍术酮、苍术素等，苍术素是《中国药典》规定检测含量的成分。北苍术根茎含挥发油约为5.4％，主要成分为β-桉叶醇、苍术酮、茅术醇、橄香醇等。苍术还含有倍半萜内酯、倍半萜糖苷、多聚糖以及少量的黄酮类成分。苍术挥发油可采用直接水蒸气蒸馏法制取。苍术提取物可以水、酒精等为溶剂，按常规方法提取，然后浓缩至干为膏状。

苍术素的结构式

在化妆品中的应用

　　苍术挥发油是用于香精的重要香料，对金黄色葡萄球菌、白色念珠菌和绿脓杆菌的MIC分别为1.56μg/mL、6.25μg/mL和1.56μg/mL，有显著的抑菌效果，也是很好的防腐剂，结合提取物一系列的抗炎数据，在粉刺制品中加入苍术提取物，对防治感染性粉刺尤佳。苍术的水提取物对酪氨酸酶有抑制作用，因此结合它的抗氧化性，可用作美白化妆品的辅助成分；对荧光素酶的活化和对芳香化酶的活化显示，苍术提取物有抗衰作用；苍术提取物有良好的对脂肪细胞分解的促进作用，可用于减肥类化妆品。

5. 丁香

丁香（*Eugenia caryophyllata*）为桃金娘科植物，主产地有马来西亚和印度尼西亚。化妆品采用丁香树的花蕾、果和叶的提取物。丁香花蕾俗称公丁香，丁香果俗称母丁香，应用以公丁香为主。

有效成分和提取方法

丁香花蕾含挥发油即丁香油，油中主要为丁香油酚、乙酰丁香油酚及少量 α-丁香烃与 β-丁香烃、葎草烯、胡椒酚、α-依兰烯等。花蕾中的非挥发成分有黄酮化合物，为鼠李素和山奈酚及其糖苷，另有三萜化合物齐墩果酸、番樱桃素、番樱桃素亭和异番樱桃素亭等。《中国药典》标准是丁香油中丁香酚的含量不得少于 11.0%。可以水蒸气蒸馏法制取丁香花蕾挥发油。提取物可以水、酒精等为溶剂，按常规方法提取，然后浓缩至干为膏状。如丁香干花用 95% 酒精提取，得率约为 3%。

在化妆品中的应用

丁香花蕾精油是常用的香料。丁香叶的水煎剂对常见化脓性感染金黄色葡萄球菌、白色葡萄球菌、变形杆菌和绿脓杆菌等有明显的抑制作用；丁香叶精油对糠秕马拉色菌也有显著的抑制作用。花蕾精油 0.5% 对 5α-还原酶活性的抑制率为 79%，对因雄性激素偏高而引起的皮肤疾患有很好的防治作用，结合它的抗菌性以及抗炎性，可用于祛粉刺制品；丁香花蕾提取物 $8\mu g/mL$ 对角质层细胞的增殖促进率为 28.1%，1% 对胶原蛋白酶活性有完全抑制，可用作抗衰抗皱剂；提取物还可用作抗氧化剂、抗牙周炎剂和减肥剂。

6. 粉萆薢

粉萆薢（*Dioscorea hypoglauca*）为薯蓣科多年生草本植物粉背薯蓣的根茎，分布于我国河南以南地区。粉萆薢在中药中与其他萆薢均统称为萆薢并可互用，但化妆品仅以粉萆薢为原料，用其干燥根的提取物。

有效成分和提取方法

粉萆薢主要含甾体皂苷和甾体皂苷元，种类有 40 余种。甾体皂苷中以薯蓣皂苷最重要，含量 1%～2%，几乎是所有萆薢的共有成分，另外还有雅姆皂苷元，其余成分有蒲公英赛醇、有机酸等。粉萆薢可以水、酒精等为溶剂，按常规方法加热提取，然后将提取液浓缩至干。以甲醇提取为例，甲醇回流提取的得率约为 11%。

安全性

国家食药总局将粉萆薢提取物作为化妆品原料，未见外用不安全的报道。

在化妆品中的应用

粉萆薢提取物中的薯蓣皂苷有雌激素样作用，对 5α-还原酶有抑制效果，结合对粉刺杆菌的抑制作用，可用于因雄性激素偏高而产生的皮肤疾患如粉刺的防治；提取物对 B-16

黑色素细胞的 $IC_{50}<100\mu g/mL$，可用作皮肤美白剂；涂敷粉萆薢 30％ 酒精的提取物，经皮水分蒸发降低 50％，可用作保湿剂；提取物还有抑臭和减肥作用。

7. 藁本

藁本（*Ligusticum sinense*）、辽藁本（*L. jeholense*）和极细当归（*Angelica tenuissima*）为伞形科藁本属植物，前者主产于我国西南地区，后两者的主产地是我国东北和朝鲜。极细当归又名细叶藁本（*L. tenuissimum*），三者性能相似，化妆品采用它们干燥根茎的提取物。

有效成分和提取方法

藁本内含挥发油，其中主要成分是 3-丁基苯酞和蛇床酞内酯等，含非挥发成分，有内酯化合物如藁本酚、藁本酮、佛手柑内酯、藁本内酯、藁本内酯二聚体等；含甾醇化合物，有孕甾烯醇酮、β-谷甾醇；含酚酸化合物，有阿魏酸，而《中国药典》也仅将阿魏酸作为含量指标检测成分。可用水蒸气蒸馏法提取藁本挥发油。藁本可以水、酒精为溶剂，按常规方法提取，最后将提取液浓缩至粉状。水提取的得率可达 20％，80％ 酒精提取的得率约为 25％。

阿魏酸的结构式

在化妆品中的应用

藁本提取物 $10\mu g/mL$ 对过氧化物酶激活受体（PPAR-α）活性的促进率为 11％，过氧化物酶激活受体有抗细胞凋亡作用，可以保证足够数量的角朊细胞来参与伤口表皮的重新形成和迁移，在皮肤损伤愈合过程中起着重要作用，结合其抗炎性和对皮肤真菌的抑制作用，对皮肤疵疥、酒齄、粉刺、瘙痒都有疗效；提取物 $1.0mg/mL$ 涂敷皮肤使角质层的含水量提高 80％，可用于保湿类调理化妆品。极细当归 80％ 酒精提取物 $10\mu g/mL$ 对 LPS 诱发白介素 IL-1β 生成的抑制率为 22.2％，对金属蛋白酶-1 活性的抑制率为 63.4％，也显示很好的抗炎性。

8. 贯众

绵马鳞毛蕨（*Dryopteris crassirhizoma* 或 *Cyrtomium fortunei*）和欧洲鳞毛蕨（*D. filix-mas*）系鳞毛蕨科鳞毛蕨属蕨类植物。绵马鳞毛蕨俗称贯众，除野生于我国大部分地区外，也见于朝鲜和日本；欧洲鳞毛蕨主要分布于欧洲，也广泛分布于我国新疆。二者相似，化妆品主要采用它们根的提取物。

有效成分和提取方法

贯众根含绵马酸、绿三叉蕨素、白三叉蕨素、黄三叉蕨酸、双花母草素、异双花母草素等成分。欧洲鳞毛蕨也以绵马酸为主要成分。贯众根可以水、酒精等为溶剂，按常规方法提取，然后将提取液浓缩至干。70％ 酒精提取的得率为 12.9％。

在化妆品中的应用

贯众水提取物对痤疮丙酸杆菌的 MIC 为 $4\mu g/mL$，甲醇提取物 $50\mu g/mL$ 对前列腺 E-2

生成的抑制率为 45.7%，对 LPS 诱发 NO 生成的抑制率为 67.3%，可用于痤疮类疾患的防治；欧洲鳞毛蕨和贯众提取物对大肠杆菌、金黄色葡萄球菌、枯草杆菌和酵母都有抑制作用，可用作防腐剂；贯众酒精提取物对脚癣菌的 MIC 为 $3\mu g/mL$，70% 酒精提取物对致牙周炎菌如变异链球菌、牙龈卟啉单胞菌和中间普氏菌的 MIC 分别为 $0.25mg/mL$、$0.5mg/mL$ 和 $1.0mg/mL$，可用于相关制品；提取物还可用作抗氧化剂和皮肤美白剂。

9. 厚朴

厚朴（*Magnolia officinalis*）和木兰（*M. obovata*）为木兰科木兰属植物，木兰又名和厚朴，两者性能相似。我国云南多地长期有栽培，安徽、浙江、江西、福建、湖北、湖南、广东、广西和贵州等地有分布。化妆品采用其树皮的提取物。

有效成分和提取方法 ┃---

厚朴的主要有效成分是其酚类特征物质，为和厚朴酚、厚朴酚与异厚朴酚。和厚朴酚和厚朴酚是《中国药典》规定检测的成分，二者总含量不得小于 2%；另含有生物碱，如 N-降荷叶碱、罗默碱、番荔枝碱、鹅掌楸碱等。厚朴树皮可以水、酒精等为溶剂，按常规方法提取，然后浓缩至干为膏状。如用水室温浸渍提取，得率为 12.1%；用 50% 酒精提取的得率为 13.9%。

厚朴酚的结构式

在化妆品中的应用 ┃---

厚朴树皮提取物中的主要成分厚朴酚与和厚朴酚具有明显抗真菌作用，对须癣毛癣菌、絮状表皮癣菌、白色念珠菌的 MIC 均为 $5\sim100\mu g/mL$，厚朴酚及和厚朴酚对 5 种口腔致龋菌如变形链球菌具有很强的抑制作用，MIC 低至 $3.9\mu g/mL$。此外，厚朴酚与和厚朴酚对痤疮丙酸杆菌和颗粒丙酸杆菌也具有强的抗菌活性，其 MIC 分别为 $9\mu g/mL$ 和 $3\sim4\mu g/mL$，和厚朴酚对金黄色葡萄球菌、大肠杆菌、链球菌抑菌质量浓度在 $10\mu g/mL$ 以内。厚朴提取物有强烈的抗菌作用，可用作抗菌剂，结合其抗炎性，可用于粉刺的防治；厚朴树皮 70% 酒精提取物对金黄色葡萄球菌、大肠杆菌、绿脓杆菌、白色念珠菌和黑色蒂状菌的 MIC 分别是 0.05%、0.5%、0.2%、0.1% 和 1.0%，可用作化妆品防腐剂；厚朴提取物 $100\mu g/mL$ 对弹性蛋白酶活性的抑制率为 51.8%，有抗皱作用；提取物还可用作抗氧化剂、抗炎剂和抑臭剂。

10. 积雪草

积雪草（*Centella asiatica*）为伞形科植物积雪草的全草。积雪草原产于印度，现广泛分布于世界热带、亚热带区，在我国主要分布于南方，是我国传统用于创伤愈合的中草药。化妆品采用其干燥全草、花、花期全草、愈伤组织、叶的提取物。

有效成分和提取方法 ┃---

积雪草全草含积雪草酸、积雪草苷、羟基积雪草苷、白桦脂酸等。积雪草苷为主要的特征成分，也是《中国药典》规定检测含量的成分。积雪草可以水、酒精等为溶剂，按常规方法提取，最后浓缩至粉状。

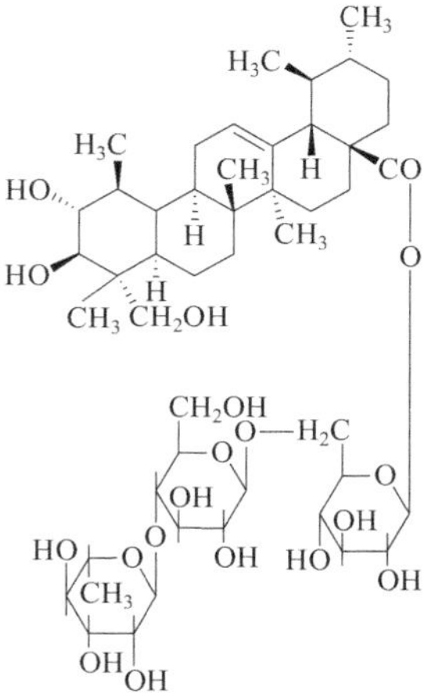

积雪草苷的结构式

在化妆品中的应用

积雪草中主要成分积雪草苷对瘢痕成纤维细胞活力有促进作用，结合其抗炎性、抗氧化性，积雪草提取物在化妆品中的应用主要是去瘢痕，与磷脂类物质协同效果较好，对消除青春痘有较明显的作用；60%酒精提取物 $100\mu g/mL$ 对白介素 IL-1β 生成的抑制率为 67.5%，对其他炎症因子也有相应的抑制作用，有较广谱的抗炎性；提取物 $20\mu g/mL$ 对透明质酸生成的促进率为 49%，$33\mu g/mL$ 对水通道蛋白-9 生成的促进率为 31.3%，可用作保湿剂；提取物有促进生发、抑制红血丝、美白皮肤等作用。

11. 苦参

苦参（Sophora flavescins）为豆科多年生落叶亚灌木植物苦参的根，全国各地均产，以山西、湖北、河南、河北产量较大。化妆品主要采用其干燥根茎的提取物。

有效成分和提取方法

苦参根含多种生物碱（1%～2.5%），是苦参的主要药效成分，以 d-苦参碱及 d-氧化苦参碱为主，两者含量之比因产地不同差别很大，如我国东北产苦参中氧化苦参碱含量较多，而《中国药典》将苦参碱作为规定检测含量成分。另含黄酮类化合物有苦参素、异苦参素等。苦参提取物可以水、酒精等为溶剂，以酒精为多，热浸法提取，最后将提取液浓缩至干，得率一般在 20% 左右；50%酒精提取的得率一般在 12% 左右。

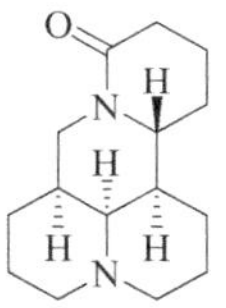

苦参碱的结构式

苦参提取物有较广谱的抑菌性能，MIC 均在 $25\sim50ng/mL$，可用于清洁类化妆品中，对各类皮肤病均可清热燥湿，有杀菌去痒作用，用于洗发类制品有助于祛除头屑；甲醇提取物对 β-半乳糖苷酶的 IC_{50} 为 $152\mu g/mL$，$1\mu g/mL$ 对 5α-还原酶活性的抑制率为 18.2%，显示其能提升雌激素水平，对因睾丸激素升高而引发的粉刺有治疗作用；50% 酒精提取物对谷胱甘肽生成的促进率为 128.3%，$10\mu g/mL$ 对神经酰胺生成的促进率提高约 2 倍，$20\mu g/mL$ 对胶原蛋白生成的促进率为 55%，可用作皮肤抗老抗皱剂；提取物还可用作抗氧化剂、减肥剂和保湿剂等。

12. 拉瑞阿

极叉开拉瑞阿（*Larrea divaricata*）、墨西哥拉瑞阿（*L. mexicana*）和三指拉瑞阿（*L. tridentata*）为蒺藜科拉瑞阿属灌木，前者主产于南美洲的阿根廷，后两者主产于北美洲西部美国和墨西哥交界沙漠处。三者作用相似，化妆品采用它们叶的提取物。

有效成分和提取方法 ┃

三种拉瑞阿的主要成分都是木脂素类成分，都含去甲二氢愈创木脂酸；另含若干黄酮类化合物。拉瑞阿全草可以水、酒精等为溶剂，按常规方法提取，然后浓缩至干为膏状。如极叉开拉瑞阿干全草用甲醇提取，得率为 10% 左右。

去甲二氢愈创木脂酸的结构式

在化妆品中的应用 ┃

极叉开拉瑞阿甲醇提取物对大肠杆菌、金黄色葡萄球菌和绿脓杆菌抑制作用强烈，可用作抗菌剂；提取物剂量 $200mg/kg$ 对角叉菜致大鼠足趾肿胀的抑制率为 83%，对白介素 IL-6 的生成也有强烈抑制作用，有抗炎作用，可用于痤疮的防治；提取物对自由基 DPPH 的消除 IC_{50} 为 $20\mu g/mL$，$0.25\mu g/mL$ 对脂质过氧化抑制率为 81%，可用作抗氧剂。

13. 芒果

芒果（*Mangifera indica*）为漆树科植物杧果的果实，原产于南亚地区，在我国南方各省均有种植，栽培最多的是海南、广西和云南。芒果的叶、果肉、果汁、果皮、籽、籽脂均有作用，化妆品一般采用的是烘干或晒干的芒果果肉脯。

有效成分和提取方法 ┃

芒果果实含糖类成分，有蔗糖、葡萄糖、果糖、葡聚糖、阿聚糖、聚半乳糖醛酸等；含维生素成分，有维生素 C、维生素 B_1、维生素 B_2、胡萝卜素、叶酸等；含三萜皂苷，为杧果酮酸、异杧果醇酸、阿波酮酸、阿波醇酸等；含黄酮化合物，有槲皮素、异槲皮苷、芒果苷等；含多酚类化合物有没食子酸、间双没食子酸、没食子鞣质、并没食子酸等。干芒果果脯可以酒精、异丙醇、1,3-丁二醇、丙二醇等为溶剂，按常规方法提取，提取液滤清后减压浓缩至干；如以 80% 酒精室温浸渍，提取得率约为 2.9%。芒果籽可冷榨得油，用 50% 酒精提取得率约为 11.6%。

芒果苷的结构式

安全性

国家食药总局和 CTFA 都将芒果的上述提取物作为化妆品原料。但芒果特别是不完全成熟的芒果含有某些醛酸等物质，可能对皮肤黏膜有一定刺激作用而致"芒果皮炎"，属于一种过敏性接触性皮肤炎。

在化妆品中的应用

芒果肉脯甲醇提取物 0.1% 对雄性激素系列的 5α-还原酶活性的抑制率为 79.8%，表明它对于因雄性激素偏高而引发的皮肤疾患如粉刺等有防治作用；肉脯 50% 酒精提取物 10μg/mL 对金属蛋白酶-1 活性的抑制率为 50%，对金属蛋白酶-2 活性的抑制率为 55%，显示有抗炎性，这也有助于粉刺的愈合过程；芒果籽 50% 酒精提取物 0.01% 对小鼠毛发生长的抑制率为 39.1%，可用作抑毛剂；芒果提取物还可用作保湿剂、皮肤美白剂和抗氧化剂等。

14. 秘鲁拉坦尼

秘鲁拉坦尼（Krameria triandra）也名娜檀，为远志科灌木植物，主产于秘鲁和玻利维亚交界地区。化妆品采用其根提取物。

有效成分和提取方法

秘鲁拉坦尼根主要含拉坦尼鞣酸，它的性质与儿茶鞣酸非常相似；另有 N-甲基酪氨酸、原花青素、若干丙烯苯并呋喃类的新木脂素类物质。秘鲁拉坦尼根可以水、酒精等为溶剂，按常规方法提取，然后浓缩至干为膏状。如其干根用酒精室温浸渍一周，提取的得率为 6.9%。

在化妆品中的应用

秘鲁拉坦尼根提取物对金黄色葡萄球菌、表皮葡萄球菌、绿脓杆菌、须癣菌、白色念珠菌和痤疮丙酸杆菌的 MIC 为 6.1μg/mL、8.0μg/mL、6.0μg/mL、128.0μg/mL、62.5μg/mL 和 4.0μg/mL，对大肠杆菌等的抑制效果稍差，可用作抗菌剂；提取物对二甲苯致小鼠耳朵浮肿的抑制率为 75%，有抗炎作用，可用于粉刺等的防治；氯仿提取物对脂肪过氧化的 IC_{50} 为 3.7μg/mL，可用作抗氧化剂；提取物还有皮肤美白、抗衰和保湿功能。

15. 漆树

漆树（Rhus verniciflua）和野漆树（R. succedanea）为漆树科漆树属高大的落叶阔乔木。我国漆树资源居世界首位，华北和长江以南主产漆树和野漆树。化妆品只采用其果/皮提取物。

有效成分和提取方法

野漆树果与种子含并没食子酸和脂肪酸，如棕榈酸、硬脂酸、油酸、亚油酸和花生酸，还含黄酮类成分如槲皮素、扁柏双黄酮、贝壳杉双黄酮、野漆树双黄酮等。漆树果可以水、酒精等为溶剂，按常规方法提取，然后将提取液浓缩至干。如干野漆树果用酒精提取的得率为 8.3%。

在化妆品中的应用

漆树果 50%酒精提取物对微生物的抑菌圈直径为白色念珠菌 19mm，大肠杆菌 23mm，金黄色葡萄球菌 23mm，枯草杆菌 22mm，变异链球菌 21mm，表皮葡萄球菌 28mm，痤疮丙酸杆菌 25mm；30%丙二醇提取物 3.0%对 5α-还原酶活性的抑制率为 40.9%，可用于因睾丸激素偏高而致痤疮的防治。漆树果酒精提取物 10μg/mL 对人毛发乳头细胞增殖的促进率为 67.1%，200μg/mL 涂敷对小鼠毛发生长的促进率为 34.5%，可用于生发制品。野漆树果甲醇提取物 3μg/mL 对白介素 IL-1B 生成的抑制率为 76.2%，可用作抗炎剂；提取物还有抗氧化等作用。

16. 桑

桑（*Morus alba*）、黑桑（*M. nigra*）和鸡桑（*M. bombycis*）是桑科植物，前两者广泛分布于北温带，我国大部分地区有栽培，鸡桑在日本和我国是野生桑树。化妆品可采用其叶、根皮（桑白皮）等的提取物。

有效成分和提取方法

桑叶的化学成分主要有黄酮及黄酮苷类，如桑黄素、桑皮黄素、芸香苷、槲皮素、异槲皮苷、槲皮素 3-三葡糖苷等化合物，前两者为桑树中特有成分，但《中国药典》仅以芸香苷为检测含量的成分；其余有多酚类化合物芪类如四羟基芪、生物碱和植物甾醇。桑叶、树皮和根可采用水、50%酒精和酒精作溶剂，按常规方法提取，然后将提取液浓缩至干。干桑叶以水为溶剂提取的得率约为 30%，50%酒精提取的得率约为 35%。

芸香苷的结构式

在化妆品中的应用

桑叶酒精提取物 10μg/mL 对神经酰胺生成的促进率为 45%，50μg/mL 对谷胱甘肽生成促进率为 10.1%，桑白皮 50%酒精提取物对胶原蛋白生成的促进率为 160%，对皮肤的赋活柔润有作用，兼之对弹性蛋白酶的抑制，表明有抗老抗皱的作用；桑叶水提取物 10μg/mL 对透明质酸生成的促进率为 71.2%，可用作保湿剂；桑叶提取物 0.1%对芳香化酶的活化率为 18.8%，可局部提升雌激素水平，对于因雄性激素偏高而引发的痤疮炎症有很好的防治作用，结合其抗炎性，桑叶提取物可从多方面防治痤疮；提取物还可用作抗炎收敛剂、皮肤美白剂、抗氧化剂和抗菌抑臭剂。

鸡桑和黑桑提取物的作用较桑叶提取物更好。

17. 桑寄生

桑寄生（*Taxillus chinensis*）为桑寄生科草本植物，寄生于构、槐、榆、木棉、朴等树上，主要产于我国福建、台湾等地区。桑寄生也寄生于其他树种，但一般不被认同。化妆品采用其干燥全草的提取物。

有效成分和提取方法 |

桑寄生枝、叶含广寄生苷即萹蓄苷，其他有黄酮类化合物如槲皮素、槲皮苷、儿茶素等。现已知黄酮类化合物是桑寄生的主要有效成分。桑寄生可以水、酒精等为溶剂，按常规方法提取。

广寄生苷的结构式

安全性 |

国家食药总局将桑寄生提取物作为化妆品原料，未见其外用不安全的报道。

在化妆品中的应用 |

桑寄生 50% 酒精的提取物对脂肪酸合成酶的 IC_{50} 为 $0.48\mu g/mL$，作用强烈，有望在降低脂肪的含量和减肥产品中使用；70% 酒精提取物 $0.1mg/mL$ 对自由基 DPPH 的消除率为 90.63%，可消除其他自由基，提高 SOD 的活性，加强清除超氧化物自由基的能力，使过氧化脂质含量降低，保护生物膜，对动脉粥样硬化起到预防和治疗作用；提取物还可用作抗炎剂。

18. 石竹

石竹（*Dianthus chinensis*）和康乃馨（*D. caryophyllus*）为石竹科草本植物，康乃馨又名香石竹，与石竹普遍见于欧亚温带地区，在我国各地均有栽培。化妆品采用其花、叶的提取物。

有效成分和提取方法 |

石竹含皂苷、黄酮化合物、挥发油等，挥发油中主要为丁香酚、苯乙醇、苯甲酸苄酯、水杨酸苄酯、水杨酸甲酯等。以皂苷和黄酮化合物为主要药效成分。康乃馨的挥发成分与石竹相似。可以水蒸气蒸馏法制取它们的挥发油，提取物可以水、酒精等为溶剂，按常规方法提取，最后浓缩至干。

石竹皂苷苷元的结构式

在化妆品中的应用

石竹 50% 酒精提取物 2mg/mL 可完全抑制白血球细胞接着，显示极强的抗炎性，可用于防治皮炎和预防皮肤过敏；石竹水提取物对痤疮丙酸杆菌 MIC 为 0.4mg/mL，可用于粉刺的防治；康乃馨提取物也有抗菌性，浓度在 20mg/mL 时对表皮葡萄球菌和白色念珠菌有抑制，但对金黄色葡萄球菌、大肠杆菌和绿脓杆菌无效果。提取物另可用作皮肤保湿剂和调理剂。

19. 仙人掌

仙人掌是仙人掌科植物，在全世界共有 84 属 2000 余种。化妆品可采用的是如下几种：仙人掌（*Opuntia dillenii*）花/茎的提取物，在我国广西沿海沙滩、云南、四川等地有野生或种植；扭刺仙人掌（*O. streptacantha*）茎/叶提取物，主产于墨西哥；胭脂仙人掌（*O. coccinellifera*）果/花提取物，原产于墨西哥；仙桃仙人掌（*O. Ficus-indica*）花/果/茎提取物，原产于墨西哥；仙人果（*O. Tuna*）花/茎/果提取物，原产于牙买加。

有效成分和提取方法

仙人掌含生物碱，为主要活性成分，有墨斯卡灵及其衍生物、大麦芽碱等；含甾醇，主要以 β-谷甾醇为主；含维生素类成分，为维生素 B_1、维生素 B_2、维生素 C、烟碱等；含黄酮类，主要有异鼠李黄素、槲皮素、异槲皮素、山柰酚的糖苷；含有的多糖为黏液质，是一种阿拉伯半乳聚糖；其余含特征成分仙人掌醇、仙人掌苷；另外仙人掌还是 SOD 丰富的来源。仙人掌可以水、酒精等为溶剂，按常规方法提取，然后将提取液浓缩至粉状。

仙人掌苷的结构式

在化妆品中的应用

仙人掌提取物具抗菌性，对革兰氏阳性菌有高度抑制效果，对革兰氏阴性菌的效果稍差，而对黑根霉、黑曲霉等真菌的效果则很小。仙人掌 50% 酒精提取物对雄性激素受体活性的抑制率为 98.8%，结合其抗炎性，对由于雄性激素偏高而引发的粉刺有防治效果；扭刺仙人掌 50% 酒精提取物 100μg/mL 对表皮生长因子生成的促进率为 19%，对表皮角质细胞的增殖促进率为 14.1%，有活肤抗衰作用；仙人掌果汁 0.003% 对透明质酸生成的促进率为 15.4%，有保湿作用；提取物还有抗氧化、调理和防晒等作用。

20. 绣球

绣球（*Hydrangea macrophylla*）和粗齿绣球（*H. serrata*）为虎耳草科绣球属植物。

绣球和粗齿绣球原产于中国及日本，二者性能类似，化妆品采用绣球和粗齿绣球叶的提取物。

有效成分和提取方法

绣球叶含香豆精类化合物，有 3-苯基二氢异香豆素、八仙花酚、甘茶叶素、甘茶酚等，另有绣球内酯和芪类化合物。粗齿绣球也含甘茶叶素等二氢异香豆素样化合物，同时含酚酸物质如对香豆酸、咖啡酸、没食子酸等。绣球可以水、酒精等为溶剂，按常规方法提取，然后浓缩至干为膏状。如绣球干叶用 95% 酒精提取，得率约为 9%。

在化妆品中的应用

70% 酒精粗齿绣球提取物对痤疮丙酸杆菌的 MIC 为 $5\mu g/mL$，$0.5\mu g/mL$ 对环氧合酶-2 活性的抑制率为 35.5%，对痤疮类皮肤疾患有防治和抗炎作用；粗齿绣球提取物 $25\mu g/mL$ 对神经酰胺生成的促进率为 65.1%，对 IV 型胶原蛋白生成的促进率为 29.6%，可用作化妆品的抗衰活肤剂；提取物对自由基均有强烈的消除，绣球提取物 $3.3\mu g/mL$ 对黑色素细胞生成黑色素的抑制率为 82%，为皮肤增白剂；提取物还可用作保湿剂、防晒剂和皮肤调理剂。

21. 锈线菊

锈线菊（*Spiraea salicifolia*）和榆锈线菊（*S. ulmaria*）为蔷薇科锈线菊属草本植物。二者都产于俄罗斯、土耳其、蒙古以及中国。化妆品可采用其花和叶的提取物。

有效成分和提取方法

榆锈线菊全草除含阿司匹林外，含黄酮化合物如芸香苷、金丝桃苷、白珠木苷等；有生物碱如锈线菊因碱，尚有内酯成分锈线菊苷。榆锈线菊全草可以水、酒精、1,3-丁二醇等为溶剂，按常规方法提取，然后将提取液浓缩至干。

在化妆品中的应用

榆锈线菊 50% 酒精提取物 0.75% 对 5α-还原酶活性的抑制率为 64%，丁二醇提取物 5.0% 对痤疮丙酸杆菌的抑制率为 92.0%，对雄性激素分泌有抑制作用，对因雄性激素偏高而引起的粉刺等疾患有防治作用。提取物对超氧自由基的消除 IC_{50} 为 $0.4mg/mL$，对其他自由基也有强烈消除，可用作抗氧化剂。提取物还有皮肤美白和减肥作用。

22. 油橄榄

油橄榄（*Olea europea*）为木犀科植物，主要生长在地中海沿岸国家，现我国福建、广东、广西、云南均有规模种植。油橄榄的树皮、茎、叶、果实、籽仁和果壳的提取物均可用于化妆品。

有效成分和提取方法

油橄榄果实含油率高达 30%，油脂中结合的脂肪酸主要为不饱和酸，其中油酸占 55%～83%，亚油酸占 3.5%～20%，亚麻酸为 1.5% 左右；含植物甾醇有胆固醇、菜籽甾醇、豆甾醇、β-谷甾醇等。从油橄榄果、茎和叶的混合物中分离得到的化学成分有木脂素类、黄酮类、香豆素类、裂环烯醚萜类、有机酸类及皂苷化合物。其中以木脂素类、黄酮类和裂环烯醚萜类在该属植物中的分布最为广泛，最具有代表性。如裂环烯醚萜类化合物有橄榄苦苷；皂苷化合物有齐墩果酸等；黄酮类有儿茶酚衍生物。油橄榄果可直接压榨得油；油橄榄叶可以水、酒精等为溶剂，按常规方法提取，然后将提取液浓缩至干，以50％酒精提取得率为10％～12％。

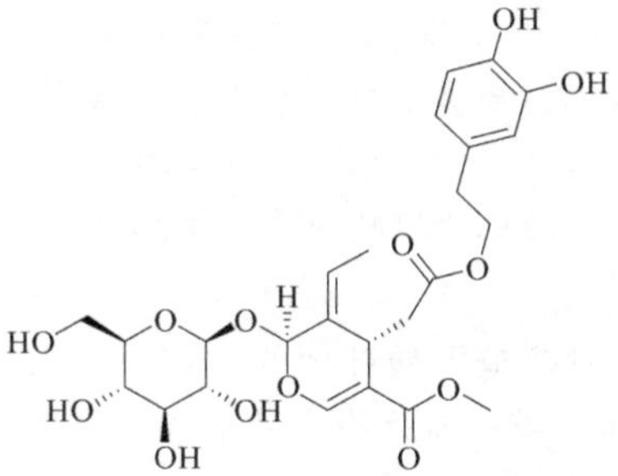

橄榄苦苷的结构式

在化妆品中的应用

油橄榄果油是重要的化妆品基础用油。油橄榄叶50％酒精提取物1％对痤疮丙酸杆菌的抑制率为99.5％，结合其抗炎性，可用于痤疮的防治。叶50％酒精提取物500μg/mL对巨噬细胞的活性提高33.5倍，在皮层中巨噬细胞的一个作用是吞噬黑色素；提取物0.5％对B-16黑色素细胞生成黑色素的抑制率为48％，提取物对皮肤有增白作用，可用于美白化妆品。提取物还有活肤抗衰、抑制过敏、抗氧化和生发促进作用。

23. 知母

知母（*Anemarrhena asphodeloides*）又名地参，为百合科植物知母的干燥根茎，分布于中国、朝鲜和蒙古，主产于我国华北和东北的西部地区。化妆品主要采用其干燥根部的提取物。

有效成分和提取方法

知母以皂苷为主要活性成分，含量约为6％，分别为知母皂苷、知母宁、新芰脱皂苷元等，知母皂苷B$_2$是《中国药典》规定检测含量的成分；另含双苯吡酮类（芒果苷、异芒果苷）、木脂素类、多糖类（知母多糖A～D）、有机酸类（烟酸、鞭酸等）等。知母可采用水、酒精等为溶剂，按常规方法提取，最后浓缩至干为粉状制品，以总皂苷含量作规格标准。以水回流提取，得率约为18％；以甲醇为溶剂回流提取，得率约为21％。

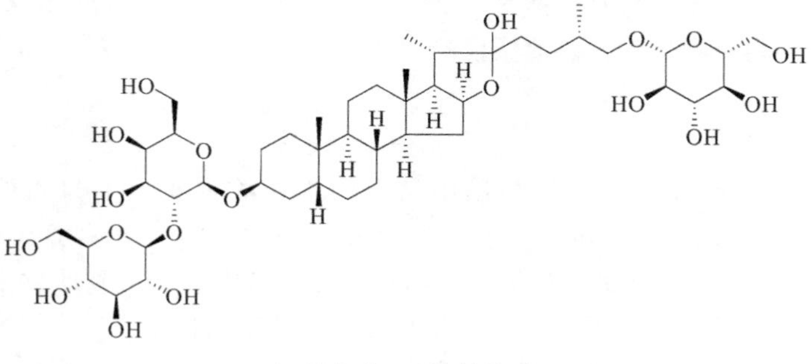

知母皂苷 B$_2$ 的结构式

在化妆品中的应用 ▎┈┈┈

知母提取物对金黄色葡萄球菌、白色葡萄球菌、绿脓杆菌、大肠杆菌、伤寒杆菌、甲型链球菌均有明显抑菌作用；其水煎剂对某些常见的致病性皮肤癣菌有抑制作用，可用于洗涤用品、化妆品、湿巾、牙膏等日用品的抗菌剂。知母水提取物对痤疮丙酸杆菌抑制的 MIC 约是三氯生的十倍、对前列腺素 E-2（PGE_2）生成的 IC_{50} 为 $377\mu g/mL$，甲醇提取物对 β-半乳糖苷酶活性的 IC_{50} 为 $384.6\mu g/mL$，因此可用于皮炎如痤疮的防治。提取物还可用作皮肤调理剂、抗氧化剂和减肥剂。

第五节　过敏抑制

皮肤过敏是皮肤神经接受元受到刺激时的过度反应。过敏有先天性的遗传原因，也有皮肤的保护组织处于不良状态、干燥性皮肤、与刺激性物质的接触等。过敏的病理原因有：组胺的过量释放、神经末梢的异型或分叉过多、慢性的神经末梢伤损等。

从化妆品的角度来看，除了在化妆品原料的选择方面小心留意、避免刺激性材料外，还应选择适当的皮肤过敏抑制剂。评判皮肤过敏抑制剂效果的常见方法有：抑制血清免疫球蛋白（IgE）细胞的活性、抑制组胺的释放、抑制 β-己糖胺酶的活性等。

1. 艾叶

艾叶（*Artemisia argyi*）为菊科蒿属多年生野生草本植物，又名艾草，广布于北半球的温带地区，主要分布于中国、蒙古、朝鲜、日本和俄罗斯。同属植物北艾（*A. vulgaris*）主要分布在我国西北地区。化妆品采用其干燥全草提取物。

有效成分和提取方法 ▎┈┈┈┈┈┈┈┈┈┈┈┈┈┈┈┈┈┈┈┈┈┈┈┈┈┈┈┈┈┈┈┈┈┈┈┈┈┈┈

艾叶含挥发油约 0.020%，主要有：蒿醇、萜品烯醇、葛缕醇、2-甲基丁醇、2-己烯醛、α-侧柏烯、桉叶素等，《中国药典》仅要求对桉叶素的含量进行检测。艾蒿含黄酮类成分主要有槲皮素和柚皮素等；含多糖类成分，主要是酸性多糖；含三萜类成分有 α-香树脂醇及 β-香树脂醇及其乙酸酯、无羁萜、羽扇烯酮等。采用直接水蒸气蒸馏法可制取艾蒿精油；可采用水或酒精溶液作溶剂按常规方法制取艾叶提取物。

桉叶素的结构式

安全性 ▎┈┈┈

国家食药总局和 CTFA 都将北艾叶提取物作为化妆品原料；国家食药总局还将艾叶提取物列入，艾叶挥发油对皮肤有轻度刺激性，可引起发热、潮红等，未见其外用不安全的报道。

在化妆品中的应用 ▎┈┈┈┈┈┈┈┈┈┈┈┈┈┈┈┈┈┈┈┈┈┈┈┈┈┈┈┈┈┈┈┈┈┈┈┈┈┈┈

北艾挥发油有驱蚊作用。艾叶提取物或精油都有广谱的抗菌性，对齿周病菌如具核梭杆菌、牙龈卟啉单胞菌、变异链球菌、产黑色素拟杆菌的 MIC 为 0.5mg/mL，可以用作化妆品和口腔卫生用品的防腐剂和抗菌剂；艾叶提取物 $100\mu g/mL$ 对组胺的游离释放的抑制率为 36.7%，可缓解皮肤过敏；提取物尚可用作抗氧化剂、抗皱剂、生发剂和保湿剂。

2. 白花春黄菊

白花春黄菊（*Anthemis nobilis*）为菊科春菊属多年生或一年生草本植物，主要分布在西欧，我国在新疆北部和西部种植。摩洛哥春黄菊（*Ormenis mixta*）性质与白花春黄菊相似。化妆品采用它们花的提取物。

有效成分和提取方法

白花春黄菊全草精油含洋甘菊薁、金合欢烯、α-红没药醇（占总挥发油的 9.55%）、红没药氧化物 A（占 8.95%）等萜类化合物，α-红没药醇是主要成分。非挥发性成分有多种黄酮类化合物、咖啡酸、糖类、多种氨基酸等营养物质。可用水蒸气蒸馏法制取白花春黄菊精油；提取物可以水、酒精等为溶剂，按常规方法提取，然后将提取液浓缩至干。如以 50%酒精回流提取，得率约为 7%～8%。

α-红没药醇的结构式

在化妆品中的应用

白花春黄菊精油有抗菌性。与等浓度的标准抗菌剂氯霉素和酮康唑相比，精油显示弱的抑制作用，但对表皮葡萄球菌的抑制最强，MIC 为 0.125mg/mL；1%的提取物对蛀牙菌（牙龈卟啉单胞菌和戈登链球菌的混合物）的抑制率为 52%，可用于口腔卫生用品。提取物对白介素 IL-6 和 IL-8 的生成有抑制，表现为抗炎作用。提取物的抗菌性和它的抗炎性相结合，可用于防治粉刺一类的皮肤疾病，对皮肤还有调理作用。70%酒精提取物 $100\mu g/mL$ 对 β-氨基己糖苷酶活性的抑制率为 60.8%，0.1%对前列腺素 E-2 生成的抑制率为 38.7%，显示对炎症型过敏的抑制作用。提取物对巨噬细胞的活性有极强的激活作用，在皮层中巨噬细胞的另一个作用是吞噬黑色素，提取物对皮肤有增白作用。

3. 白桦

白桦（*Betula alba*）、亚洲白桦（*B. platyphylla*）和垂枝桦（*B. pendula*）是桦木科桦木属的落叶乔木。白桦别名桦树，主要分布在日本、朝鲜、俄罗斯和中国。亚洲白桦的分布与白桦相同；垂枝桦又名欧洲白桦，产于欧洲。化妆品主要采用这三者的树皮、叶、嫩芽、树液的提取物，以白桦为主。

有效成分和提取方法

白桦皮含挥发油，含有三萜类（桦木醇）、内酯类、酚类等，其中多酚类成分有阿魏酸、木质素、儿茶素和表儿茶素等。桦木醇和软木脂之和占干外皮提取物的 60%以上，是其中的主要成分。白桦提取物的活性与内含的桦木醇有关，桦木醇也是《中国药典》列入检测的成分。白桦树皮、白桦树叶可用水或浓度不等的酒精水溶液提取，然后浓缩至干后使用。干燥白桦叶用 50% 酒精提取，得率约为 13%；树皮用 70% 酒精提取，得率约为 8.5%；树皮用 95% 的乙醇回流，提取物中的主要有效成分是白桦三萜类化合物。

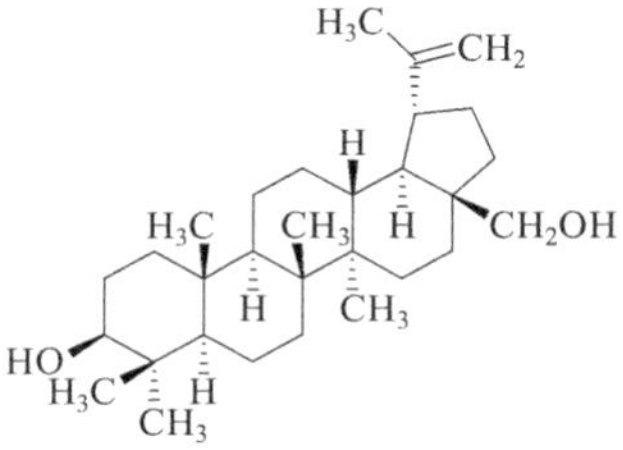

桦木醇的结构式

在化妆品中的应用

亚洲白桦树皮 60% 酒精提取物 $10\mu g/mL$ 对组胺游离释放的抑制率为 89.1%，有抗过敏的作用；白桦树皮酒精提取物对弹性蛋白酶的 IC_{50} 为 $9.1\mu g/mL$，抗衰的作用较强，并有促进皮肤新陈代谢的功能；白桦树皮酒精提取物 $50\mu g/mL$ 对金属蛋白酶-3 的抑制率为 28%，与其他成分配合用于调理皮肤、柔滑皮肤、预防皲裂、改善肤色、保湿、防晒等护肤品。白桦树皮和白桦叶的提取物均有抗真菌活性，对痤疮丙酸杆菌也有较好的抑制作用。

4. 柽柳

柽柳（*Tamarix chinensis*）为柽柳科落叶乔木，野生于中国各地。化妆品采用柽柳枝叶的提取物。

有效成分和提取方法

干燥柽柳嫩枝叶中含多种黄酮化合物，有柽柳黄素、异鼠李素等；有三萜类成分柽柳酚、柽柳酮等，是柽柳的特征成分；另有 β-谷甾醇、胡萝卜苷等。柽柳常用水和酒精作溶剂，用常规方法提取，最后浓缩至干。

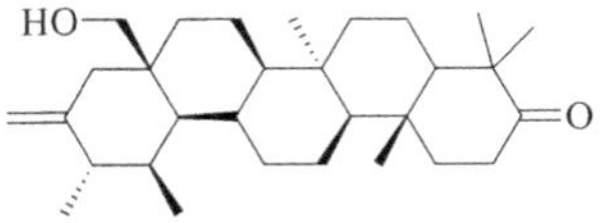

柽柳酮的结构式

在化妆品中的应用

柽柳 50% 酒精提取物 $0.1mg/mL$ 对组胺游离释放的抑制率为 93.4%，0.0125% 时即对透明质酸酶的活性完全抑制，有良好的抗过敏能力；提取物 0.033% 对酪氨酸酶活性的抑制率为 40.6%，有美白皮肤作用；对超氧自由基的消除 IC_{50} 为 $0.4\mu g/mL$；以 5% 涂敷 30% 酒精溶液提取物，可减少经皮水分蒸发 51.6%，可用作保湿调理剂。

5. 莼菜

莼菜（*Brasenia schreberi*）系睡莲科植物，茎叶入药。它主要生长在中国、日本、韩国等亚洲国家有沼泽的地区。我国很早作药食两用，化妆品采用其叶提取物。

莼菜含有丰富的植物蛋白和多种氨基酸，蛋白质总量为干重的31.2%；含多种黄酮类化合物和结构少见的莼菜多糖。莼菜可以水、酒精等为溶剂，按常规方法提取，然后浓缩至干为膏状。如用热水提取的得率约为10%，50%酒精的得率约为25%，酒精的得率约为12%。

在化妆品中的应用▎

50%酒精提取物对葡糖基转移酶的IC_{50}为$1.7\mu g/mL$，对它的抑制可看作对变异链球菌的抑制，可抑制齿垢的形成，莼菜提取物可用于口腔卫生用品。水提取物0.1%可完全抑制组胺生成释放，为皮肤过敏抑制剂；提取物$100\mu g/mL$对弹性蛋白酶活性的抑制率为31.7%，对胶原蛋白生成的促进率为70%，可用作活肤抗皱剂。

6. 淡竹叶

淡竹叶（*Lophatherum gracile*）为禾本科植物，主产我国浙江、安徽、湖南、四川、湖北、广东和江西。化妆品主要采用的是其干燥全草提取物。应注意的是本植物是淡竹叶的茎叶，而不是淡竹的茎叶。

有效成分和提取方法▎

三萜化合物是淡竹叶的主要成分，有无羁萜、芦竹素、白茅素、蒲公英萜醇、苣荬素及其糖苷等；植物甾醇有β-谷甾醇、豆甾醇、菜油甾醇等；黄酮化合物为牡荆素；生物碱有胸腺嘧啶、腺嘌呤等。淡竹叶可以水、酒精、1,3-丁二醇等为溶剂，按常规方法加热提取，最后将提取液浓缩至干。如以50%酒精室温浸渍提取，得率为2.8%。

无羁萜的结构式

安全性▎

国家食药总局将淡竹叶提取物作为化妆品原料，口服低毒，未见外用不安全的报道。

在化妆品中的应用▎

淡竹叶提取物有抗菌性，对常见菌均有一定的抑制作用，淡竹叶甲醇提取物对致头屑菌糠秕孢子菌有抑制，浓度0.5%时的抑菌圈直径为7mm。提取物$500\mu g/mL$涂敷皮肤，瘙痒的搔扰频率下降了28.8%，有抗过敏和抗炎作用；提取物$60\mu g/mL$对酪氨酸酶的抑制率为78%，可用作皮肤美白剂；提取物还有抗氧化和调理作用。

7. 地肤子

地肤子（*Kochia scoparia*）是藜科植物地肤的干燥成熟果实。地肤子主产我国河北、山西、山东、河南等地，各地多有栽培。化妆品采用其干燥果实的粉碎物和提取物。

有效成分和提取方法

　　地肤子主要含三萜皂苷、生物碱、黄酮类和脂肪油等成分。三萜皂苷主要是齐墩果酸及其糖苷，是地肤子的主要活性物质，地肤子皂苷 Ic 是《中国药典》规定检测含量的成分。另有植物甾醇如菜油甾醇、豆甾醇和 β-谷甾醇，以 β-谷甾醇为主。地肤子可以水、酒精等为溶剂，按常规方法加热回流提取，然后将提取液浓缩至干。以 70％酒精提取得率约为 13％，以甲醇为溶剂提取的得率约为 10％。

地肤子皂苷 Ic 的结构式

在化妆品中的应用

　　地肤子提取物剂量 50mg/kg 对组胺游离释放的抑制率 30.4％，剂量 200mg/kg 对血清免疫球蛋白 E（IgE）生成的抑制率为 58.1％，可多方面抑制过敏；提取物 10μg/mL 对金属蛋白酶-1 的抑制率为 65.8％，并且对过氧化物酶激活受体（PPAR）有活化作用，有抗炎性；提取物对细菌、癣菌等都有不错的抑制作用，可用于防治皮癣等皮肤疾患；提取物尚可用作抗氧化剂、油性皮肤调理剂和减肥剂。

8. 粉团扇藻

　　粉团扇藻（*Padina pavonica*）为网地藻科粉团扇属的褐藻，也称地中海褐藻，主产于北大西洋和地中海沿岸。化妆品采用其全藻的提取物。

有效成分和提取方法

　　粉团扇藻富含多种色素，除常见的 β-胡萝卜素和叶绿素外，还有岩藻黄质、墨角藻黄醇、叶黄呋喃素、硅藻黄质、堇菜黄质、百合黄素、玉米黄素等。粉团扇藻可以水、酒精等为溶剂，按常规方法提取，然后浓缩至干为膏状。

在化妆品中的应用

　　粉团扇藻的酒精提取物对白色念珠菌、绿脓杆菌、大肠杆菌有中等程度的抑制作用，可用作抗菌助剂。粉团扇藻酒精提取物 5μg/mL 对脑内啡的生成促进率为 21％，脑内啡为大脑分泌的具有镇痛作用的氨基酸，因此提取物有抑制过敏的作用；提取物还可用作化妆品色素。

9. 橄榄

　　橄榄（*Canarium album*）、爪哇橄榄（*C. commune*）和吕宋橄榄（*C. luzonicum*）是橄榄科橄榄属植物，橄榄产于我国、日本和马来半岛；吕宋橄榄产地为菲律宾，爪哇橄榄出自印度尼西亚。化妆品主要采用橄榄果、叶等的提取物。

有效成分和提取方法 |--------

　　橄榄是中国知名的水果，干果中含邻甲基酚、间甲基酚、对甲基酚、香芹酚及麝香草酚，另含维生素 C、香树脂醇等；种子含脂肪油约 20%。橄榄叶有若干酚类物质。橄榄各部位可以水、酒精等为溶剂，按常规方法提取，然后浓缩至干为膏状。如干燥橄榄叶以水为溶剂，提取得率约为 29%。

安全性 |--------

　　国家食药总局和 CTFA 都将吕宋橄榄提取物作为化妆品原料，国家食药总局还将橄榄提取物作为化妆品原料，未见其外用不安全的报道。

在化妆品中的应用 |--------

　　橄榄叶提取物对 β-己糖胺酶活性的 IC_{50} 为 $356.6\mu g/mL$，β-己糖胺酶活性与皮肤过敏有着对应关系，使用橄榄叶提取物可缓和和消除皮肤过敏；橄榄叶水提取物对透明质酸酶活性的 IC_{50} 为 $238.2\mu g/mL$，可用作抗炎剂；橄榄叶提取物还可用作抗氧化剂。吕宋橄榄果提取物 1% 涂敷对小鼠毛发生长的促进率为 68.3%，可用作生发剂。

10. 贯叶连翘

　　贯叶连翘（*Hypericum perforatum*）又称贯叶金丝桃，和小连翘（*H. erectum*）属藤黄科金丝桃属多年生草本植物，广泛分布于世界各地，在我国也有广泛分布。化妆品用其干燥全草提取物。

有效成分和提取方法 |--------

　　贯叶连翘全草含苯并二蒽酮类化合物如金丝桃素、伪金丝桃素等；黄酮类有山柰酚、木犀草素、杨梅素、槲皮素、槲皮苷、异槲皮苷、金丝桃苷、穗花杉双黄酮、芦丁等，原花色素类约占干燥植物的 12%；酚酸有咖啡酸、绿原酸、苦马酸、阿魏酸、异阿魏酸及龙胆酸等。其中，金丝桃苷是《中国药典》规定检测的成分，含量不得小于 0.1%。连翘可以水、酒精等为溶剂，按常规方法提取，然后浓缩至干为膏状。如干贯叶连翘全草用 60% 酒精回流提取，提取得率约为 30%。

金丝桃苷的结构式

在化妆品中的应用 |--------

　　贯叶连翘 50% 酒精提取物 1.0% 对花粉过敏原的抑制率为 81.8%，小连翘提取物 0.1% 对组胺游离释放的抑制率为 77.2%，对皮肤过敏有防治作用；贯叶连翘提取物 $50\mu g/mL$ 对弹性蛋白酶的抑制率为 80%，对真皮细胞的增殖促进率为 57%，可增强皮肤细胞新陈代谢，有活肤抗皱抗衰作用；贯叶连翘提取物 0.05% 对干燥棒状杆菌抑菌率为 97%~100%，可用于除臭用品；提取物还有抗炎、抗氧化、保湿、减肥和皮肤美白作用。

11. 合欢

合欢（*Albizia julibrissin*）为豆科植物。原产于东亚和西南亚，我国主产于湖北、江苏、浙江等地。化妆品采用合欢的树皮、枝叶和花的提取物，以合欢皮为主。

有效成分和提取方法

合欢皮主要含有三萜（齐墩果烷型）、生物碱和黄酮类化合物等，黄酮类化合物以槲皮素及其衍生物为主，《中国药典》仅对合欢皮中槲皮素的含量进行规定检测。将干燥合欢皮粉碎，可用水、乙醇、丙二醇或 1,3-丁二醇作溶剂，按常规方法提取，然后浓缩至干。

槲皮素的结构式

在化妆品中的应用

合欢皮 50% 酒精提取物 1.0mg/mL 对组胺游离释放量的抑制率为 90.8%，是十分高效的组胺抑制过敏剂；水提取物对金黄色葡萄球菌、绿脓杆菌、大肠杆菌和痢疾杆菌都有强烈的抑制作用，MIC 分别为 15.62mg/mL、15.62mg/mL、125mg/mL、31.25mg/mL，可用作抗菌剂；涂敷 30% 酒精的提取物，可降低经皮水分蒸发 60%，有保湿功能；提取物还可用于皮肤美白、皮肤调理、抗氧化和抗炎等制品。

12. 黑孢块菌

黑孢块菌（*Tuber melanosporum*）为块菌属的一种食用真菌，原产于法国、意大利、西班牙等国，现各国纷纷引种栽培，我国也已引种成功。化妆品采用其子实体的提取物。

有效成分和提取方法

黑孢块菌含挥发成分，主要是 2-甲基丙醇、2-甲基丙醛、2-甲基丁醇、2-甲基丁醛、二甲硫醚；含有丰富的蛋白质，除色氨酸外，所有人体必需氨基酸俱全；其余含有块菌多糖、磷脂、黑色素等。黑孢块菌可以水、酒精等为溶剂，按常规方法提取，然后将提取液浓缩至干。如干品用热水浸渍，提取得率为 5%。

在化妆品中的应用

黑孢块菌提取物对自由基 DPPH 的消除 IC_{50} 为 0.45%，可用作抗氧化剂；水提取物 0.01% 对组胺游离释放的抑制率为 96%，为高效过敏抑制剂；水提取物涂敷后可明显降低水分的蒸发，保湿能力与浓度相同的甘油一样，可用作皮肤保湿剂；提取物还有活血和抗炎作用。

13. 红毛丹

红毛丹（*Nephelium lappaceum*）为无患子科韶子属多年生常绿果树，现泰国、马来西亚、菲律宾、越南等地有规模栽培，我国仅海南、广东和台湾有少量栽培。红毛丹果实是著名的热带水果，化妆品主要采用其果皮的提取物。

有效成分和提取方法

红毛丹果皮富含多酚类化合物，已知结构的是并没食子酸、鞣云实素和老鹳草素。红毛丹果皮可以水、酒精等为溶剂，按常规方法提取，然后浓缩至干为膏状。如其干燥果皮用沸水提取的得率为 13.2%，用酒精提取的得率为 17.8%。

在化妆品中的应用

红毛丹果皮 50% 酒精提取物 0.1% 可完全抑制组胺游离释放，是高效的组胺型过敏的抑制剂；提取物 100μg/mL 对胶原蛋白生成的促进率为 77.2%，结合它较广谱的对自由基的消除作用，可用作活肤抗衰剂；提取物还可用作抗菌剂、皮肤美白剂、抗炎剂和防脱发助剂。

14. 花生

花生（*Arachis hypogaea*）属豆科落花生属，又名落花生，广植于世界各地，我国亦多栽培，以山东省种植面积最大，是我国主要的油料作物和经济作物之一。化妆品主要采用其嫩芽、种仁和外种皮提取物。

有效成分和提取方法

花生种仁内脂肪含量为 44%～45%，蛋白质含量为 24%～36%，糖含量为 20% 左右，并含有维生素 B_1、维生素 B_2、维生素 B_5 等多种维生素，特别是含有多种人体必需的氨基酸，还含脂肪酸，主要为油酸和亚油酸。花生衣含有黄酮类化合物，如原花色素、焦性儿茶酚、D-(＋)-儿茶素和二聚原花色苷元，含量较集中的是白藜芦醇，另外为无色矢车菊素和无色飞燕草素等。花生种仁经压榨等方法可制取花生油；落花生种皮可采用水、酒精等为溶剂，按常规方法提取，最后浓缩至粉状。如干燥花生种皮以水煮提取，得率约为 10%。

白藜芦醇的结构式

在化妆品中的应用

花生油是化妆品的主要基础油性原料。现代药理研究表明花生衣提取物有止血作用，临床报道对多种出血症有明显的止血效果；花生衣水提取物 0.01% 对透明质酸酶的抑制率为 88.3%，可间接增加皮肤透明质酸的含量，可在保湿化妆品中应用；花生衣水提取物 0.25% 可完全抑制花粉过敏变应原的活化，对花粉过敏有抑制作用，可用作抗过敏剂；提取物还有抗衰抗皱、抗氧化、抗炎等作用。

15. 黄芩

黄芩（*Scutellaria baicalensis*）、盔状黄芩（*S. galericulata*）和高山黄芩（*S. alpina*）为唇形科黄芩属草本植物。前两种黄芩主产于我国长江以北大部分地区如东北、内蒙古、河北等地，高山黄芩原产于欧洲山区。化妆品采用黄芩的干燥根提取物、全草提取物，以黄芩根提取物为主。

有效成分和提取方法

黄芩根的化学成分主要是黄酮类化合物，特有成分有黄芩苷、汉黄芩苷、汉黄芩素、黄芩素等，黄芩苷是《中国药典》规定检测含量的成分之一。甾醇有 β-谷甾醇、豆甾醇、菜油甾醇等。黄芩可以水、酒精等为溶剂，按常规方法提取，然后将提取液浓缩至干。如以 50％的酒精提取，得率约为 3.4％。

在化妆品中的应用

黄芩提取物 0.6mg/mL 对组胺释放的抑制率为 75.6％，表明其对释放组胺型过敏有防治能力；黄芩水提取物有较广谱的抗菌性，浓度在 20mg/mL 时对致齿垢菌如变异链球菌和远缘链球菌的抑制率都在 95％以上，可用于口腔卫生制品；70％酒精提取物对枯草杆菌、金黄色葡萄球菌、大肠杆菌、绿脓杆菌、白色念珠菌和黑色弗状菌的 MIC 分别是 0.025％、0.025％、0.1％、0.2％、0.5％和 0.5％，可用作抗菌剂；黄芩提取物对荧光素酶的活化和对 NF-κB 细胞活性的抑制说明，黄芩提取物对抑制皮炎、增强皮肤的抵抗力有作用，具抗炎性，并能提高皮肤免疫功能；黄芩提取物对弹性蛋白酶的抑制和对干扰素分泌的促进，以及清除多种自由基的作用，三者结合反映了黄芩提取物具增加皮肤的新陈代谢、增加皮肤弹性和抗皱的作用，可用于抗衰化妆品；黄芩提取物对神经酰胺生成的促进表明，它可改善皮脂的组成，使皮肤更具柔润性；并有抑制皮脂分泌、皮肤保湿和促进毛发生长的作用。高山黄芩提取物 50μg/g 对毛发生长的促进率为 25％，也有促进毛发生长和防脱发的作用。

16. 黄芪

膜荚黄芪（*Astragalus membranaceus*）为豆科多年生草本，主要分布于我国华北地区。同科植物胶黄芪（*A. gummifer*）、蒙古黄芪（*A. membranaceus mongholicus*）和扁茎黄芪（*A. complanatus*）与膜荚黄芪性能相似，经常混称为黄芪。黄芪根、叶、籽、愈伤组织的提取物均可作为化妆品原料，化妆品主要采用其干燥根茎的提取物。

有效成分和提取方法

黄芪含有黄芪多糖、黄芪皂苷、黄酮类化合物、多种氨基酸、微量元素、胡萝卜素、叶酸、β-谷甾醇、亚油酸及亚麻酸等，这些活性成分均与其药效有关，而黄芪多糖和黄芪皂苷是黄芪的主要成分。黄芪皂苷中的黄芪甲苷，是黄芪特有成分，也是《中国药典》规定检测含量的成分。黄芪可采用水、酒精等为溶剂，按常规方法提取，最后浓缩至粉剂。水提取得率最高，可达 11.2％，30％酒精提取率为 10.3％，50％酒精提取率为 9.6％，70％酒精提取率为 5.5％。

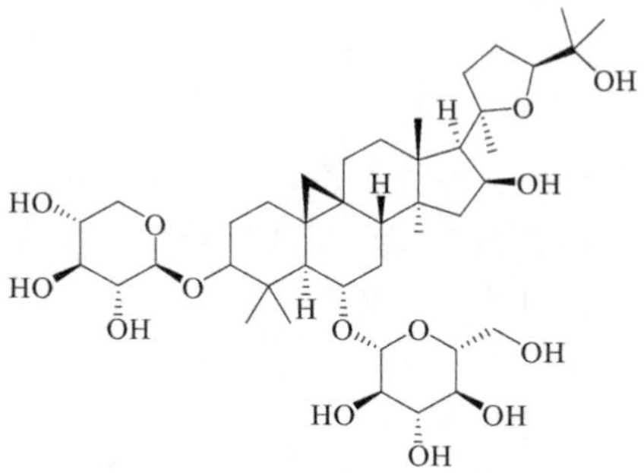

黄芪甲苷的结构式

在化妆品中的应用

黄芪 70％酒精提取物对游离组胺释放的 IC_{50} 为 292μg/mL，具抑制过敏的作用；100μg/mL 提取物对胶原蛋白生成的促进率为 41％，5μg/mL 提取物对人角质形成细胞的增殖促进率为 61％，可在抗衰抗皱化妆品中应用；在 40MJ 的 UV 照射下蒙古黄芪水提取物 100μg/mL 对细胞凋亡的抑制率为 42.1％，可用作防晒护肤剂；提取物还可用作抗氧化剂、保湿剂、抗炎剂和皮肤调理剂。

17. 姜花

姜花（*Hedychium coronarium*）和草果药（*H. spicatum*）为姜科姜花属多年生草本植物。姜花原产于印度，现也产于我国南方和东南亚；草果药又名疏穗姜花，产于我国云、贵、川、藏等地，两者性能相似，化妆品主要采用其根提取物。

有效成分和提取方法

姜花根除含挥发油外，非挥发成分有姜花素、姜花酮的若干衍生物，如 7-羟基姜花酮等，这些也是上述姜花的特征成分。另有皂苷类、生物碱类和黄酮化合物如白杨素等。提取物可以水、酒精等为溶剂，按常规方法提取，然后浓缩至干为膏状。如新鲜姜花根茎用甲醇回流提取的得率为 1.5％，干根茎用 50％酒精室温浸渍提取的得率为 6.3％。

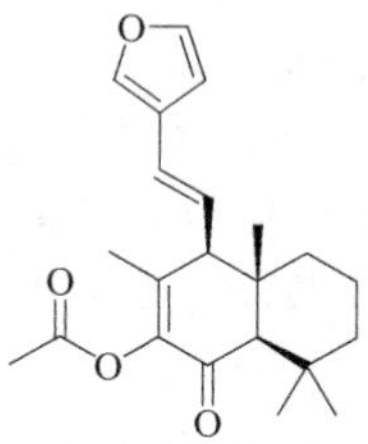

姜花酮的结构式

在化妆品中的应用

姜花根 50％酒精提取物对透明质酸酶的 IC_{50} 为 230μg/mL，对游离组胺释放的 IC_{50} 为 31μg/mL，可用作皮肤过敏抑制剂；草果药根提取物 0.2％对白介素 IL-8 生成的抑制率为 68.4％，姜花提取物对 NO 合成酶的 IC_{50} 为 45μg/mL，有抗炎作用；提取物对致牙周病菌如具核梭杆菌的 MIC 为 0.05%，具很好的防治作用；提取物还可用作抗氧化剂和皮肤调理剂。

18. 菊花

菊花（*Chrysanthemum morifolium*）、毛华菊（*C. sinense*）、小白菊（*C. parthenium*）和甘菊（*C. boreale*）为菊科菊属多年生草本植物。菊花和毛华菊主产于我国浙江、安徽、河南等省；小白菊几乎在全国都有分布；甘菊也称北野菊，主产于朝鲜。四者性能相近，化妆品中主要采用它们的花提取物。

有效成分和提取方法

菊花的花中含挥发油，主要成分为单萜、倍半萜类及其含氧衍生物，如龙脑、樟脑、菊花酮等；含黄酮类化合物，如香叶木素、芹菜素、木犀草素、槲皮素等；另含氨基酸、绿原酸、(-)3,5-O-二咖啡酰基奎宁酸和微量元素等，其中 (-)3,5-O-二咖啡酰基奎宁酸是《中国药典》规定检测含量的成分之一。采用水蒸气蒸馏法可制取菊花挥发油，收率为 0.2%；可以水、酒精或酒精水溶液等溶剂制取干菊花的提取物。

(-)3,5-O-二咖啡酰基奎宁酸

在化妆品中的应用

菊花提取物 0.1mg/mL 对白血球细胞接着的抑制率为 38%，表明对皮炎有防治作用，另对皮肤的诱导性过敏试验也有抑制作用；菊花 70% 酒精提取物 $10\mu\text{g/mL}$ 对头发毛乳头细胞增殖的促进率为 34.2%，可用作生发助剂。提取物还具有抗菌、抗氧化、皮肤调理等生物活性。

19. 辣椒

辣椒（*Capsicum annum*）和小米椒（*C. frutescens*）为茄科植物，主产于我国西北、西南、华南地区。辣椒的品种极多，其辣度和色泽也有很大不同，这里介绍的辣椒俗称为红辣椒，即干燥了以后呈红色、并且长度在 5cm 左右的品种。化妆品主要采用它们干燥果实的提取物。

有效成分和提取方法

辣椒中含有色素如辣椒红素、辣椒玉红素和胡萝卜素等。辣椒素是辣椒中的主要辣味成分，也称为辣椒碱，占辣椒所含辣味物质的 69%，辣椒中含有多种辣椒素同系物，如：二氢辣椒素、降二氢辣椒素等。辣椒素和二氢辣椒素是《中国药典》规定检测含量的成分，两者总的含量不得小于 0.16%。辣椒提取物的制作，一般采用浓度较高的酒精按常规方法加热回流提取，浓缩后成为油树脂类物质。如干辣椒采用 95% 酒精提取，得率为 2.6%。

辣椒素的结构式

安全性

国家食药总局和CTFA都将辣椒提取物作为化妆品原料。但皮肤与鲜辣椒接触能引起刺激或接触性皮炎；吸入辣椒可引起过敏性牙槽炎；辣椒对眼和黏膜有很强的刺激作用。

在化妆品中的应用

辣椒50%酒精提取物0.6%对表皮成纤维细胞的增殖促进率为17%，可刺激皮肤的生长，特别是真皮和表皮，施用后可增厚皮层；小米椒50%酒精提取物0.005%对胸腺素β10的生成促进率为48%，有利于血管的新生和促进、内皮细胞的游走和接着，促进创伤的愈合；辣椒酒精提取物1%对干细胞因子接着的抑制率为75%，对皮肤神经纤维有刺激和治疗作用，对过敏性皮肤也有治疗和调理功能；辣椒提取物对化学物质引起的疼痛有止痛作用，但对机械性疼痛无效，是一种选择性的疼痛阻断剂；提取物还有活血、抗菌、抗氧化、促进生发、防治脱发等作用。

20. 蓝桉

蓝桉（*Eucalyptus globulus*）和柠檬桉（*E. citriodora*）系桃金娘科桉属乔木，原产于澳大利亚东南角的塔斯马尼亚岛，在我国主要分布于广东、广西、云南和四川等地。化妆品主要采用其干燥叶的提取物。

有效成分和提取方法

蓝桉叶挥发油的主要成分是1,8-桉叶素、蒎烯、香橙烯等。非挥发成分有芸香苷、槲皮苷、槲皮素、L-(＋)-高丝氨酸、桉树素、桉醛等。可以水蒸气蒸馏法制取蓝桉油，提取物可以水、酒精等为溶剂，按常规方法提取浓缩至干。如用50%酒精室温浸渍，提取的得率约为8%。

在化妆品中的应用

蓝桉叶的提取物对革兰氏阳性菌、破伤风杆菌、白色念珠菌、金黄色葡萄球菌都有抑制作用，可用作杀菌剂；蓝桉油涂敷肤感清凉，是配制清凉油、风油精等的主要原料。叶50%酒精提取物200μg/mL可完全抑制游离组胺释放，可用作抗过敏剂；丁二醇提取物0.001%对神经酰胺生成的促进率为57.7%，可用作皮肤调理剂；提取物还有抗炎、保湿、促进生发、皮肤美白和减肥作用。

21. 裂蹄木层孔菌

裂蹄木层孔菌（*Phellinus linteus*）为多孔菌科木层孔菌属的一种药用真菌，生长于杨、栎、漆、丁香等树木的枯立木树干上，可见于我国大部地区。我国木层孔菌属有几十个种，但裂蹄木层孔菌是其中来源稀少的品种。化妆品采用其干燥子实体的提取物。

有效成分和提取方法

裂蹄木层孔菌子实体除特征成分桑黄素外，富含多糖和蛋白多糖。多糖为水溶性甘露聚糖。酸性蛋白多糖由多糖和蛋白质组成，其中多糖包括甘露糖、半乳糖、葡萄糖、阿拉伯糖和木糖等组分；蛋白质包括天门冬氨酸、谷氨酸、丙氨酸、甘氨酸和丝氨酸等组分。裂蹄木层孔菌子实体可以水、酒精等为溶剂，按常规方法提取，然后浓缩至干为膏状。如其干品以水煮提取的得率为 4.3%。

桑黄素的结构式

在化妆品中的应用

裂蹄木层孔菌子实体水提取物 0.1mg/mL 可完全抑制游离组胺释放，可用作组胺型的抗过敏剂；皮肤涂敷 30% 酒精的提取物，角质层的含水量提高 2.5 倍，可用作皮肤保湿剂；酒精提取物 125μg/mL 对自由基 ABTS 的消除率为 99%，对 DPPH 的消除率为 78.2%，对超氧自由基的消除率为 97.3%，可用作高效抗氧化剂；提取物还有抗炎、抗菌和美白皮肤的作用。

22. 葎草

葎草（*Humulus lupulus*）为桑科植物葎草属多年生缠绕草本植物，其雌花序称为"啤酒花"。世界种植啤酒花的主要地区为欧洲、北美洲以及大洋洲的澳大利亚和新西兰。我国种植啤酒花的地区位于北纬 40°～50°，分布在东北、华北、新疆及山东。化妆品主要采用其花部位的提取物。

有效成分和提取方法

啤酒花的主要成分有 α-酸、β-酸、多酚物质（酚酸类化合物、黄酮醇类化合物、儿茶酸类化合物和原花色素类化合物）和其他一些树脂类成分。啤酒花中的 α-酸主要由 5 种同系物组成，其差异表现在侧链 R 上，以葎草酮（Humulone）的含量最高。β-酸也是由 5 种同系物所组成的，主要为蛇麻酮（Lupulone）。可以水蒸气蒸馏法制取啤酒花精油，啤酒花浸膏可以水、酒精等为溶剂，按常规方法提取，然后浓缩至干为膏状。如以 30% 酒精室温浸渍提取，得率约为 12%。

在化妆品中的应用

啤酒花 50% 酒精提取物 400μg/mL 对弹性蛋白酶的抑制率为 76.6%，0.01% 对神经酰胺生成的促进率提高一倍，结合其抗氧化性表明，可用于防止皮肤老化和抗皱的化妆品；提取物 1% 对游离组胺释放的抑制率为 49.8%，100μg/mL 对神经突起伸长的抑制率为 95.9%，对抑制皮肤过敏、维护敏感型皮肤有防治作用；提取物尚可用作抗菌剂、紧肤剂、保湿剂、抑臭剂、抗炎剂等。

23. 美国薄荷

美国薄荷（*Monarda didyma*）又名香蜂草，为唇形科美国薄荷属芳香草本植物，原产于北美洲。化妆品采用其叶的提取物。

有效成分和提取方法

美国薄荷叶含挥发油，成分主要是百里香酚、香芹酚、对伞花烃、2,5-二羟基对伞花烃、柠檬烯、芳樟醇等。已知的非挥发成分以黄酮化合物为主，有金丝桃苷、槲皮苷、木犀草素、槲皮素、芦丁等。可以水蒸气蒸馏法制取美国薄荷挥发油，可以水、酒精等为溶剂，按常规方法提取，然后浓缩至干为膏状。如其干叶用甲醇回流提取，得率约为15%。

在化妆品中的应用

美国薄荷精油是化妆品用和食品用香料，100mg/mL 对自由基 DPPH 的消除率为90%，有抗氧化作用。50%酒精提取物 2.5%对花粉过敏变应原的抑制率为 30.6%，可用作抗过敏剂。

24. 墨旱莲

墨旱莲（*Eclipta prostrata*）又名鳢肠，为菊科植物鳢肠的全草。墨旱莲主产于我国江苏、浙江、江西、湖北、广东。化妆品采用其干燥全草提取物、叶粉、叶提取物、茎提取物、叶挥发油、叶蜡等。

有效成分和提取方法

墨旱莲所含生物碱有烟碱等，全草含烟碱约 0.08%；含黄酮类化合物，有木犀草素、槲皮素、木犀草素-7-葡萄糖苷及异黄酮苷类；含皂苷，有旱莲草苷、刺囊酸及其糖苷、β-香树脂醇等，全草含总皂苷 1.32%；含植物甾醇，有豆甾醇等。其余有多种噻吩化合物、噻嗯化合物，还有蟛蜞菊内酯、去甲基蟛蜞菊内酯等成分。蟛蜞菊内酯是《中国药典》规定的墨旱莲指标性成分。墨旱莲可以水、酒精等为溶剂，按常规方法提取，最后将提取物浓缩至干。干墨旱莲地上部分用酒精室温浸渍，提取得率为 5.8%；用 80℃水浸渍，提取得率约为 17%。

蟛蜞菊内酯的结构式

在化妆品中的应用

墨旱莲 50%酒精提取物 500μg/mL 涂敷皮肤，可使搔挠频度下降 32.3%，有抗过敏作用；皮肤涂敷墨旱莲提取物 0.01%，角质层的含水量可提高 3 倍，有保湿性，对防治干性皮肤的瘙痒有效果；50%酒精提取物 2mg/mL 对 5α-还原酶的抑制率为 75.2%；甲醇提取物 5μg/mL 对血管内皮生长因子生成的促进率为 22.2%，1μg/mL 对人毛囊毛乳头细胞增殖的促进率为 10%，可用于因雄性激素偏高而引起的头发脱落、粉刺等疾患，可刺激生发；提取物还可用作抗氧化剂、减肥剂和抗皱剂。

25. 欧蓍草

欧蓍草（*Achillea millefolium*）为菊科植物蓍或西南蓍草的全草。原产于欧亚大陆，现在我国东北、华北等地有种植。化妆品采用其干燥花期全草提取物、非花期全草提取物、欧蓍草花提取物和欧蓍草挥发油。

有效成分和提取方法

挥发油是欧蓍草的重要成分。花蕾或盛开的花中挥发油最多，叶中次之，茎则极少。挥发油中特别重要的成分是薁。一般以挥发油和薁的含量作为判定本品质量的标准。花和叶中富含黄酮苷类化合物如芹菜苷元-7-D-葡萄糖苷和木犀草素-7-D-葡萄糖苷；叶中还含薁素、莰烯醇和北通水苏碱等。用水蒸气蒸馏法可制取欧蓍草挥发油。欧蓍草提取物可采用水、酒精溶液等为溶剂，按常规方法提取。干燥非花期全草用50%酒精提取得率为7%。

薁的结构式

在化妆品中的应用

欧蓍草提取物因薁类化合物的多量存在而具很好的抑制过敏作用，薁类化合物外用有抑制神经细胞兴奋的作用，有抗变态反应和抗过敏作用，也可用作皮肤刺激的抑制剂。欧蓍草提取物具强烈抗菌性能，结合它的抗炎作用，可用于粉刺的防治；欧蓍草提取物对弹性蛋白酶的抑制，兼之对表皮角质细胞的增殖作用，具有恢复皮肤纤维组织的弹性、平衡及加快皮肤细胞新陈代谢的功能，可在抗皱化妆品中应用；提取物尚可用作皮肤美白剂、抗氧化剂和保湿剂。欧蓍草挥发油可用于香精的调配。

26. 菩提树

菩提树（*Ficus religiosa*）为桑科榕树树种，我国分布在山东、江苏、浙江、安徽、四川等地。化妆品主要采用其干燥树皮的提取物。

有效成分和提取方法

菩提树树皮含4%~8.7%的鞣质，此外含有羊毛甾醇、β-谷甾醇、β-谷甾醇-D-葡萄糖苷、豆甾醇、树脂和痕量的生物碱等。菩提树皮可以酒精等为溶剂，按常规方法加热提取，最后将提取液浓缩至干。如以热水浸渍，提取得率为8.0%，以酒精提取的得率为2.0%。

安全性

国家食药总局将菩提树提取物作为化妆品原料，未见其外用不安全的报道。

在化妆品中的应用

菩提树皮热水提取物100μg/mL对组胺游离释放的抑制率为99%，50%酒精提取物2.5%对螨过敏原的抑制率为91.3%，可用作皮肤过敏抑制剂。70%酒精提取物5μg/mL对半胱天冬蛋白酶活性的抑制率为76.8%，半胱天冬蛋白酶是细胞凋亡的核心分子，对它抑制即意味着延长细胞的生命，可用于抗衰化妆品。菩提树皮水提取物对枯草芽孢杆菌、痤疮丙酸杆菌、腐生葡萄球菌和金黄色葡萄球菌有很好的抑制作用，也对大肠杆菌、绿脓杆菌、白色念珠菌、黑色蒴状菌等有抑制作用；结合其抗炎性，对5α-还原酶活性的抑制，提取物可用于睾丸激素偏高而致的痤疮防治；提取物还有抗氧化、促进生发、抑臭等

27. 秦艽

秦艽（*Gentiana macrophylla*）和麻花秦艽（*G. straminea*）为龙胆科植物，二者可以互用，秦艽主产于我国陕西、甘肃等省，化妆品采用它们干燥根的提取物。

有效成分和提取方法 ┃---

秦艽的化学成分主要是裂环环烯醚萜苷类如龙胆苦苷、獐牙菜苦苷、獐牙菜苷等；另有黄酮类，如异牡荆苷、苦参酮、苦参酚等；含甾醇化合物，有 β-谷甾醇、胡萝卜甾醇、豆甾醇及其糖苷；含三萜皂苷类，有 α-香树脂醇、齐墩果酸等；还有特征性成分生物碱如秦艽甲素等。龙胆苦苷是《中国药典》规定检测含量的成分。秦艽可以水、酒精等为溶剂，按常规方法加热提取，最后将提取液浓缩至干。以 50％酒精为溶剂提取的得率为 12％～13％；以水为溶剂提取的得率约为 6％。

龙胆苦苷的结构式

在化妆品中的应用 ┃---

秦艽 90％酒精提取物有抗菌性，对大肠杆菌、绿脓杆菌、金黄色葡萄球菌、白色念珠菌和黑色荫状菌的 MIC 分别为 $500\mu g/mL$、$300\mu g/mL$、$40\mu g/mL$、$1500\mu g/mL$ 和 $150\mu g/mL$，可用作防腐剂。酒精提取物对由 LPS 引起的 IgE 生成的抑制率为 93％，免疫球蛋白 IgE 是人体中的一种抗体，可以引起 I 型超敏反应，提取物对它强烈的抑制显示可用于高敏感皮肤的防治；提取物还有抗炎和抗氧化调理作用。

28. 瞿麦

瞿麦（*Dianthus superbus*）为石竹科石竹属草本植物，主产于我国河北、河南、辽宁、湖北、江苏、浙江等地。化妆品应用其干燥全草提取物。

有效成分和提取方法 ┃---

瞿麦的化学成分主要为黄酮类如花色苷，另含三萜皂苷类如石竹皂苷，还含多量的抗炎成分如大黄素、大黄素甲醚等。瞿麦可用水、酒精为溶剂按常规方法提取，然后将提取液浓缩至干。对总有效成分提取较好的溶剂是 50％的酒精水溶液。用 70％乙醇回流提取，所得产品中皂苷类物质含量较高。

大黄素的结构式

国家食药总局将瞿麦提取物作为化妆品原料，未见其外用不安全的报道。

在化妆品中的应用

瞿麦30%酒精提取物0.01%涂敷，可使皮肤角质层含水量提高一倍；瞿麦50%酒精提取物0.001%对皮肤过敏的抑制率为79%，特对抑制皮肤干燥而致的过敏有效。提取物还有抗氧化、痤疮防治和促进生发等作用。

29. 娑罗双树

娑罗双树（*Shorea robusta*）和狭翅娑罗双树（*S. stenoptera*）为龙脑香科娑罗双属常绿乔木，前者主产于印度及邻近地区，后者产于棉兰老岛，两者性能相似。化妆品采用它们树皮或树脂的提取物。

有效成分和提取方法

娑罗双树的油树脂含挥发成分，主要是大牻牛儿烯D和β-石竹烯，其余有α-古巴烯、α-石竹烯、石竹烯氧化物、绿化白千层烯、γ-杜松烯和蓝桉醇等。可以水蒸气蒸馏法制取娑罗双树挥发油，提取物可以水、酒精等为溶剂，按常规方法提取，然后将提取液浓缩至干。如干树皮用水煮提取，得率为12.5%；以酒精提取，得率为4.0%。

在化妆品中的应用

娑罗双树树皮酒精提取物100μg/mL对组胺游离释放的抑制率为99%，是组胺型皮肤过敏的强烈抑制剂；沸水提取物0.5mg/mL对5α-还原酶活性的抑制率大于90%，有生发促进功能；沸水提取物1.0μg/mL对酪氨酸酶活性的抑制率为73%，作用强烈，可用作皮肤美白剂。提取物还有抗氧化、抗菌和防晒作用。

30. 万寿菊

万寿菊（*Tagetes erecta*）和小万寿菊（*T. minuta*）为菊科万寿菊属草本植物。万寿菊在我国各地均有栽培，主产地在广东和云南；小万寿菊主产地在南美洲。化妆品可采用它们全草和花的提取物。

有效成分和提取方法

万寿菊和小万寿菊的成分相似，二者花的主要挥发成分均为万寿菊酮、罗勒烯酮和芋烯。叶中也均含有叶黄素及其衍生物、黄酮化合物如槲皮万寿菊素等。可以水蒸气蒸馏法制取万寿菊挥发油，挥发油得率在1.5%以上。提取物可以水、酒精等为溶剂，按常规方法提取，然后将提取液浓缩至干。如万寿菊干花用乙酸乙酯提取的得率为7.5%，甲醇提取的得率为15.1%。

在化妆品中的应用

小万寿菊花80%甲醇提取物对β-氨基己糖苷酶活性的IC_{50}为72.8μg/mL，对LPS诱发NO生成的IC_{50}为222.3μg/mL，可用作抗过敏剂缓解皮肤过敏。万寿菊花50%丙酮提取物10μg/mL对大鼠毛发毛囊细胞增殖的促进率提高一倍，可用作生发剂。万寿菊叶甲醇提取物0.001%对B-16黑色素细胞生成黑色素的抑制率为75%，有美白皮肤作用。提取物还可用作抗菌剂、驱螨剂和抗氧化剂。

31. 王不留行

王不留行（*Vaccaria segetalis*）为石竹科草本植物麦蓝菜的干燥成熟种子，麦蓝菜主产于我国河北、山东、辽宁、黑龙江等地，以河北产量最大。化妆品采用的是其干燥种子的提取物。

有效成分和提取方法 ▌

王不留行种子含三萜皂苷，均为由棉根皂苷元衍生的多糖苷，是其中的主要特征成分之一；又含黄酮类化合物，有王不留行黄酮苷、异肥皂草苷等，王不留行黄酮苷是《中国药典》规定检测含量的成分；还含环肽、生物碱、植酸钙镁、磷脂、豆甾醇等。王不留行可以水、乙醇等为溶剂，按常规方法提取，然后将提取液浓缩至干。

王不留行黄酮苷的结构式

安全性 ▌

国家食药总局将王不留行提取物作为化妆品原料，未见其外用不安全的报道。

在化妆品中的应用 ▌

王不留行 50% 酒精提取物 1.0mg/mL 对组胺游离释放的抑制率为 99.7%，对由于过量组胺释放而导致的皮肤过敏有缓和和消除作用，可用于抗过敏的化妆品，并有抗炎作用；王不留行水提取物 2.0mg/mL 对 DPPH 等自由基的消除率为 73%，提取物 481μg/mL 对超氧自由基的消除率为 73.4%，可用作抗氧化剂。

32. 西伯利亚落叶松

西伯利亚落叶松（*Larix sibirica*）为松科落叶松属植物，主产于西伯利亚地区和我国的新疆。化妆品采用其木质部的提取物。

有效成分和提取方法 ▌

西伯利亚落叶松木质部的主要有效成分是黄酮类化合物，以花旗松素及其糖苷为主；另有木脂素等。落叶松可以水或酒精等为溶剂提取，然后浓缩至干。50% 酒精提取的得率为 2%。

在化妆品中的应用 ▌

西伯利亚落叶松木质部酒精提取物 10μg/mL 对 β-氨基己糖苷酶活性的抑制率为 48.5%，对组胺游离释放的抑制率为 33.0%，对 LPS 诱发前列腺素 E-2 生成的抑制率为 52.3%，可用作多方位的皮肤过敏抑制剂。50% 酒精提取物对 B-16 黑色素细胞生成黑色素的抑制率为 62.3％，有美白皮肤作用。提取物还是强烈的抗氧化剂和抗菌剂，对痤疮有防治作用。

33. 夏香薄荷

夏香薄荷（*Satureja hortensis*）为唇形科香薄荷属一年生草本植物。原产于加拿大，现在广泛种植于南欧各国。化妆品采用它们叶的提取物。

有效成分和提取方法 |

夏香薄荷叶含挥发成分，主要是香芹酚，在 45％ 以上，其余为对伞花烃、红没药醇等；非挥发成分有维生素 A、维生素 B_6、硫胺素、迷迭香酸及其他酚酸等。可以水蒸气蒸馏法制取夏香薄荷挥发油，提取物可以水、酒精等为溶剂，按常规方法提取，然后将提取液浓缩至干。如夏香薄荷干叶以酒精提取，得率约为 15％。

在化妆品中的应用 |

夏香薄荷叶酒精提取物 10mg/mL 对谷胱甘肽生成的促进率为 50％，50％酒精提取物对弹性蛋白酶活性的抑制率为 46％，可用作活肤抗皱剂。50％酒精提取物对游离组胺释放的抑制率为 77％，是皮肤过敏抑制剂。提取物还有皮肤美白、抗氧化、抗炎、抗菌、用作香料和减肥作用。

34. 腰果

腰果树（*Anacardium occidentale*）为漆树科腰果属常绿乔木植物，在莫桑比克、坦桑尼亚、印度、巴西等国种植最多，中国海南和云南也有种植。化妆品采用腰果树皮或叶提取物和腰果籽油。

有效成分和提取方法 |

腰果树树皮含酚类成分，有没食子酸、对香豆酸、鞣花酸、原儿茶酸、对羟基苯甲酸、表儿茶酚、表没食子儿茶素没食子酸酯等；另有黄酮类化合物黄烷-3-醇、原花青素、原花青素苷、矢车菊素、矮牵牛素、芍药花青素、杨梅素及其糖苷、槲皮素及其糖苷等。腰果籽中含脂肪 43.85％、碳水化合物 30.19％、蛋白质 18.22％，另有维生素 A、维生素 B_1 和维生素 B_2。提取物可以水、酒精等为溶剂，按常规方法提取，然后浓缩至干为膏状。如腰果籽用 50％的酒精加热浸渍，可得提取物约为 10％。

在化妆品中的应用 |

腰果籽油可用作化妆品基础护肤用油。腰果树皮 50％酒精提取物对透明质酸酶的 IC_{50} 为 84μg/mL，可有效抑制透明质酸的分解，因而有皮肤保湿作用。树皮 80％酒精提取物 200μg/mL 对游离组胺释放的抑制率为 98％，作用强烈，可用作过敏抑制剂。提取物还有皮肤美白、抗氧化和促进生发的作用。

35. 益智

益智（*Alpinia oxyphylla*）为姜科植物益智的果实，主产于我国海南和邻近地区，化妆品采用其干燥果子的提取物。

有效成分和提取方法 |

益智含有挥发油，成分有桉油精、姜烯、姜醇、α-香附酮等；益智代表性的成分是益智酮和益智醇；含黄酮化合物为杨芽黄酮和白杨素等；并有 β-谷甾醇存在。益智挥发油可采用传统的水蒸气蒸馏法提取；益智提取物可采用水或乙醇的水溶液作提取剂，按常规方法制作。如以水浸渍提取，得率为 6.1％；酒精提取得率约为 4％。

益智酮的结构式

在化妆品中的应用

益智仁水提取物对免疫球蛋白 E 介导的过敏性反应有抑制作用，可抑制过敏物质组胺的释放，可用作抗过敏剂；95％酒精提取物 0.5％可使血管内皮生长因子生成量提高近两倍，可使毛发刚性增强、变粗，可用于生发制品；酒精提取物对酪氨酸酶活性的 IC_{50} 为 $50\mu g/mL$，可用于皮肤美白。提取物还有抗炎、抗氧化和抑臭作用。

36. 愈创木

愈创木（*Guaiacum officinale*）是蒺藜科愈创木属小型树种，主产于南美洲和北美洲。化妆品采用其全株的提取物。

有效成分和提取方法

愈创木含挥发油，主要成分是愈创木醇和布黎醇；非挥发成分以五味子素类木脂素为主，茎皮和叶都含若干五味子素类木脂素；另含二氢愈创木脂酸、多种三萜皂苷及其葡萄糖、阿拉伯糖、鼠李糖的糖苷。

在化妆品中的应用

愈创木挥发油对大肠杆菌、绿脓杆菌、枯草杆菌、金黄色葡萄球菌、黑色莓状菌和白色念珠菌均有抑制作用，可用作抗菌剂。脱脂愈创木 60％酒精提取物 $5\mu g/mL$ 对白细胞三烯生成的抑制率为 94.4％，作用强烈，可用作抗过敏剂。提取物还有抗氧化、抗炎、美白皮肤和香料作用。

37. 月见草

月见草（*Oenothera biennis*）为柳叶菜科月见草属草本植物，主要分布于我国的西南、华东、华中、东北等地，其茎叶、花、种子均可入药，化妆品主要采用其干燥的种子提取物。

有效成分和提取方法

月见草种子含油 20％～30％，油中 70％为亚油酸，其中 8％～9％为人体必需的 γ-亚麻酸，其余为硬脂酸、软脂酸、油酸、月桂酸、豆蔻酸、花生酸、辛酸、癸酸、山萮酸等有机酸。γ-亚麻酸是月见草种子的主要有效成分，是《中国药典》对月见草油规定检测的成分。月见草种子可以酒精等为溶剂，按常规方法加热回流提取，然后浓缩至干。如月见草种子以 50％酒精为溶剂提取，得率约为 6％；月见草茎叶以酒精为溶剂提取，得率约为 5％。

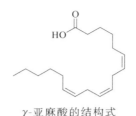

γ-亚麻酸的结构式

在化妆品中的应用

月见草籽 30% 酒精提取物 $5\mu g/mL$ 对超氧自由基的消除率为 79%，对其他自由基也有良好消除作用，可用于化妆品的抗氧化和抗衰；籽 50% 酒精提取物 $200\mu g/mL$ 对免疫球蛋白 IgE 生成的抑制率为 56%，对 β-氨基己糖苷酶的活性也有抑制作用，水提取物 $10\mu g/mL$ 对前列腺素 E-2 生成的抑制率为 36%，显示有多方位的抑制皮肤过敏作用。提取物有强烈抑臭作用，可用于口臭和体臭的防治。

38. 泽兰

泽兰（*Lycopus lucidus*）为唇形科多年生草本植物，也称地笋，在我国大部分地区均有分布，主要产于黑龙江、吉林、辽宁、河北等地，花期采收。化妆品采用其全草提取物。泽兰的同名植物甚多，需注意甄别。一般认为，生长期稍长的泽兰药效更好。

有效成分和提取方法

泽兰含有三萜皂苷如白桦脂酸、熊果酸、乙酰熊果酸、齐墩果酸等；含甾醇化合物有 β-谷甾醇、胆甾酸、胡萝卜苷等，其中熊果酸是《中国药典》规定检测含量的成分；含黄酮苷类有木犀草素-7-O-葡萄糖醛苷；含酚酸类有原儿茶酸、咖啡酸、迷迭香酸等；另有香茶菜素、亚油酸、亚麻酸、原儿茶醛等成分。泽兰可以水、酒精等为溶剂，按常规方法提取，然后将提取液浓缩至干。以水在 70℃ 时温浸提取的得率约为 10%。

安全性

国家食药总局将泽兰提取物作为化妆品原料，未见其外用不安全的报道。

在化妆品中的应用

泽兰水提取物 $10\mu g/mL$ 对组胺释放的抑制率为 22.6%、对 IgE 细胞也有抑制作用，表明提取物对组胺型过敏有抑制作用。酒精提取物 0.1% 对前列腺素生成的抑制率为 36.7%，甲醇提取物 $3\mu g/mL$ 对 LPS 诱发 NO 生成的抑制率为 98%，有较广谱的抗炎性。提取物还可用作抗氧化、抗菌和美白皮肤的添加剂。

39. 紫茉莉

紫茉莉（*Mirabilis jalapa*）为紫茉莉科紫茉莉属多年生草本花卉，原产南美洲热带地区，现我国各地均有栽培，以供观赏。化妆品采用其花期全草的提取物。

有效成分和提取方法

紫茉莉根含氨基酸、有机酸及大量淀粉，活性成分有大黄酚、生物碱葫芦巴碱、豆甾醇等。紫茉莉花含多种甜菜黄素等黄色素。紫茉莉可以水、酒精等为溶剂，按常规方法提取，然后浓缩至干为膏状。如干叶用 95％酒精回流提取，得率为 14％。

在化妆品中的应用 |

紫茉莉酒精提取物 0.6％对神经生长因子表达的抑制率为 32％，3％对辣椒素受体（TRPV1）活性的抑制率为 11.2％，可用于抗皮肤过敏，对敏感性皮肤有防治作用。95％酒精提取物 0.3％涂敷可使皮肤角质层含水量增加 14.3％，可用作保湿剂。提取物还有抗氧化和抗炎作用。

第六节　毛细血管扩张的抑制

毛细血管扩张又称红血丝，分布于两颊或其他部位。在皮肤敏感的初期脸部红、痒、肿，在皮肤外面可以清晰地看到一条条的红血丝。产生的原因，一是局部长期使用皮质类激素药物，引起毛细血管扩张，导致皮肤变薄、萎缩等；二是居住高寒地区或受过冻伤，致使血液循环受阻，血管壁淤滞使面部呈现一条条红血丝；三是经过美容换肤后，由于长期削角质，使没有受到保护的真皮层暴露于外部，接受强烈紫外线的照射所致；四是敏感皮肤一般角质层薄，对外界的阳光、药草、化妆品、气温（冷热）等都比较敏感，导致末梢血管时紧时松，呈现反复淤血状态，造成血管迂回扩张，形成红血丝。

化妆品可以通过对毛细血管的紧缩、对血管内皮细胞的增殖和固化、对血管紧张素转化酶活性的抑制等来对毛细血管扩张进行抑制和防治。

1. 大黄

掌叶大黄（*Rheum palmatum*）、药用大黄（*R. officinale*）、唐古特大黄（*R. tanguticum*）和波叶大黄（*R. undulatum*）为蓼科植物，均主要分布于我国西北地区。四者性能相近，在中药中均可作大黄使用，其中掌叶大黄是最主要的。化妆品采用它们根的提取物。

有效成分和提取方法 |

大黄根茎主要含蒽醌类成分，蒽醌类成分含量的高低可作为评判大黄质量好坏的指标。游离蒽醌类有大黄酸、大黄素、大黄酚、芦荟大黄素和大黄素甲醚等，大黄酚是《中国药典》规定检测含量的成分之一；结合性蒽醌有双蒽酮苷、番泻苷；其余还含芪类成分、鞣质、儿茶素、没食子酸等。大黄可用水、酒精等为溶剂，按常规方法提取，最后将提取液浓缩至干。以 50％的酒精提取，提取率为 35％～40％。

大黄酚的结构式

在化妆品中的应用 |

大黄提取物 1.0mg/mL 对血管内皮细胞的增殖率为 55％，可用于固化毛细血管，减少红血丝的生成；提取物对多种自由基有良好的消除能力；对金属蛋白酶活性和对氮氧化物

（NO）生成有抑制，可用作抗炎剂；提取物 0.1％对组胺释放的抑制率为 32.1％，有抑制过敏作用；大黄提取物还可用作调理剂、抗菌剂和抑臭剂。大黄的水提取物对毛发的生长有促进作用，而 50％酒精的提取物则为抑制作用。

2. 垂盆草

垂盆草（*Sedum sarmentosum*）为景天科草本植物，为历版《中国药典》收载的常用中药之一。垂盆草分布于东亚和东南亚，主产于我国各地，化妆品采用其干燥全草提取物。

有效成分和提取方法

垂盆草主要含有黄酮化合物，如苜蓿素、木犀草素、甘草素、甘草苷、异甘草素、异鼠李素等及其糖苷；甾醇类有 β-谷甾醇、胡萝卜苷等；含生物碱有 N-甲基异石榴皮碱、二氢-N-甲基异石榴皮碱等；氰苷类成分有垂盆草苷，是垂盆草的特征成分，也是《中国药典》要求检测的成分。垂盆草一般以酒精为溶剂，浸渍或加热回流提取，最后将提取液浓缩至干为一浸膏状产品。

垂盆草苷的结构式

在化妆品中的应用

提取物 400μg/mL 可完全抑制血管紧张素转化酶的活性，血管紧张素转化酶的偏高将使血压增高而导致出血，因此对此酶的抑制可防治红血丝等疾患；提取物 0.1％对 B-16 黑色素细胞活性的抑制率为 35.2％，可用作皮肤美白剂；提取物还可用作保湿调理剂、抗炎剂、抗菌剂和抗氧化剂。

3. 枸杞

枸杞（*Lycium chinense*）为茄科植物，与其同科植物宁夏枸杞（*Lycium barbarum*）的性能相同，可以互用。枸杞也称地骨皮，在我国主要产于河北和宁夏，日本、朝鲜、欧洲及北美地区也有分布。化妆品采用枸杞果实、果汁、花、叶、茎和根提取物，以果实即枸杞子的提取物为主。

有效成分和提取方法

枸杞子有生物碱如甜菜碱、颠茄碱、天仙子胺、枸杞胺等，枸杞子中的甜菜碱和枸杞多糖是《中国药典》规定检测的成分；甾醇类主要是羊毛甾醇、β-谷甾醇等；黄酮类主要有槲皮素、异槲皮素、山柰酚及其糖苷；枸杞子中含有包括人体所必需的 8 种氨基酸在内的 20 余种氨基酸，其中以天门冬氨酸、谷氨酸、丙氨酸和脯氨酸含量最高，此外还有烟氨酸、牛磺酸、γ-氨基丁酸等。牛磺酸通常存在于动物体中，枸杞子是含有牛磺酸成分的唯一被报道的植物体；香豆素类化合物有莨菪亭；枸杞多糖是其特有成分。枸杞子和根均可以水、酒精等为溶剂，按常规方法提取，回收溶剂至干后成浸膏状物质。如 75％酒精提宁夏枸杞，得率超过 50%。

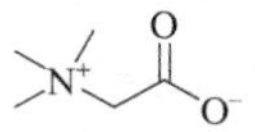

甜菜碱的结构式

在化妆品中的应用

枸杞子提取物 1.0mg/mL 对血管内皮细胞的增殖促进率为 19%，具加强毛细血管强度、防治出血的功效，可在预防红血丝的护肤品中使用；提取物具抗氧化性，对多种自由基有消除作用，对超氧自由基和单线态氧的消除作用明显，是一特点鲜明的抗氧化剂；枸杞子酒精提取物 5% 对酪氨酸酶活性促进率为 150%，效果明显，可用于需要增加黑色素的化妆品，如晒黑型制品和乌发产品，但枸杞子乙酸乙酯的提取物表现为对酪氨酸酶活性的抑制；提取物 10μg/mL 可促进脂肪分解，可用于调理改善油性皮肤和减肥产品；提取物还可用作保湿剂、生发剂。

4. 胡黄连

胡黄连（*Picrorhiza scrophulariiflora*）为玄参科草本植物，仅分布于我国云南、西藏，是国家 II 级重点保护野生植物。化妆品采用其干燥根茎的提取物。

有效成分和提取方法

胡黄连内含成分复杂，主要含环烯醚萜糖苷，有胡黄连苷 I、胡黄连苷 II、胡黄连素、胡黄连苦苷等。胡黄连苷 I 和 II 被认为是胡黄连的特征成分，也是《中国药典》规定检测含量的成分；含有甾醇如海绿甾苷、羊毛甾醇类物质；含酚酸类，如香荚兰酸、桂皮酸、阿魏酸等。胡黄连可以水、酒精等为溶剂，按常规方法加热回流提取，然后将提取液浓缩至干。

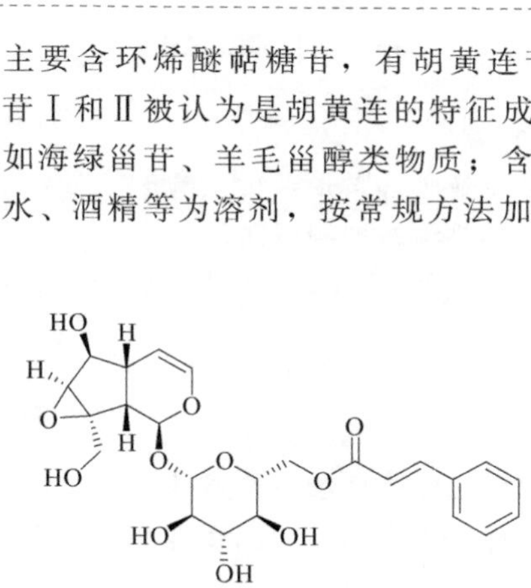

胡黄连苷 I 的结构式

安全性

国家食药总局将胡黄连提取物作为化妆品原料，未见其外用不安全的报道。

在化妆品中的应用

胡黄连提取物有强烈的抗菌性，尤其对癣菌的作用性强，可用作化妆品的抗菌剂；水提取物 3.2μg/mL 对血管紧张素转化酶活性的抑制率为 68%，可防治皮肤红血丝；50% 酒精提取物 1% 对纤维芽细胞增殖的促进率为 23%，有活肤调理作用；提取物涂敷皮肤可降低经皮水分蒸发 50%，有保湿性；提取物还可用作抗氧化剂、抗炎剂和皮肤美白剂。

5. 九里香

调料九里香（*Murraya koenigii*）和九里香（*M. exotica*）为芸香科九里香属香料作物，前者产于我国台湾、福建、广东、海南和广西五省区，后者主产于印度。化妆品主要采用它们叶/茎的提取物。

有效成分和提取方法

调料九里香叶含挥发油，成分主要是α-蒎烯、3-蒈烯、β-松油烯、石竹烯、罗勒烯、对伞花烃等，有生物碱如咔巴唑生物碱。九里香叶的挥发成分中含量较高的是乙酸香叶酯、香叶醛和橙花醛，并有多种黄酮化合物和香豆精类成分存在。可以水蒸气蒸馏法制取调料九里香和九里香的挥发油，提取物可以水、酒精等为溶剂，按常规方法提取，然后浓缩至干为膏状。

在化妆品中的应用

调料九里香和九里香精油可用作香料。调料九里香叶的甲醇提取物或叶油有较广谱的抗菌性，可用作防腐剂，对较难抑制的须（毛发）癣菌、白色念珠菌的 MIC 分别为 $40\mu g/mL$ 和 $80\mu g/mL$，作用明显。调料九里香叶 50% 酒精的提取物 $1mg/mL$ 可完全抑制血管紧张素转化酶的活性，对皮肤红血丝有很好的防治作用；九里香 30% 酒精提取物 0.05% 对过氧化物酶激活受体（PPAR）的活化促进率为 16%，可用于口腔炎症护理；提取物还有抗氧化、调理、保湿等作用。

6. 罗汉柏

罗汉柏（*Thujopsis dolabrata*）为柏科罗汉柏属常绿植物，原产自日本的本州岛及九州岛，我国南方多地均有引种。化妆品主要采用其叶和树皮的提取物。

有效成分和提取方法

罗汉柏叶含挥发油，主要成分是蒎烯；含日柏酚及其相关化合物，如β-欧侧柏酚、β-罗汉柏素和γ-欧侧柏酚，以β-欧侧柏酚为主。可以水蒸气蒸馏法制取罗汉柏挥发油；提取物可以水、酒精等为溶剂，按常规方法提取，然后将提取液浓缩至干。如干燥树皮以酒精室温浸渍，提取得率为 12%。

在化妆品中的应用

罗汉柏树皮的酒精提取物对金黄色葡萄球菌、大肠杆菌、糠秕孢子菌、变异链球菌有良好的抑制作用，可作抗菌剂用于祛头屑、龋齿防治等产品；罗汉柏精油对螨虫有杀灭作用，试验管中用入 $0.125mg$，对屋尘螨和粉尘螨的杀灭率为 100%，可用作除螨剂；水提取物 $3.2\mu g/mL$ 对血管紧张素转化酶活性抑制率为 24%，能减少血管紧张素的生成，并增加缓激肽的活性，可减少红血丝的发生；罗汉柏提取物尚可用作皮肤美白剂和抗炎剂。

7. 蔷薇

蔷薇（*Rosa multiflora*，即野蔷薇）、百叶蔷薇（*R. centifolia*，即洋蔷薇）、法国蔷薇（*R. gallica*）、狗牙蔷薇（*R. canina*）和锈红蔷薇（*R. rubiginosa*）都是蔷薇科蔷薇属植物，蔷薇和狗牙蔷薇主产于西亚，百叶蔷薇产于东亚，法国蔷薇和锈红蔷薇产于欧洲。化妆品主要用其干花、花油、花蜡、果、根、籽的提取物，其中以野蔷薇果和花提取物的应用最多。

有效成分和提取方法

蔷薇花含挥发油0.02%～0.03%，是一种香料，蔷薇花已知的非挥发性成分为紫云英苷，是一种黄酮化合物。果的提取物中含黄酮化合物山柰酚的衍生物。蔷薇花挥发油可以水蒸气蒸馏法或溶剂提取法进行制作。蔷薇花非挥发成分的提取可以水、酒精等为溶剂，按常规方法操作，最后浓缩至膏状物质。如蔷薇干果以40%酒精提取的得率约为10%。

紫云英苷的结构式

在化妆品中的应用

蔷薇花挥发油可用于低档香精的调配。花提取物$10\mu g/mL$对血管内皮细胞呈增殖活性，增加171%，说明可增强血管的强度，结合其抗炎性能，可预防皮肤红血丝；0.01%花提取物对神经酰胺、谷胱甘肽、胶原蛋白等的生成都有促进作用，浓度在0.01%～0.1%时即对弹性蛋白酶、胶原蛋白酶的活性有抑制，可用于抗衰化妆品，有抗皱柔肤作用；蔷薇果提取物在大鼠毛乳头细胞培养中显示对毛乳头细胞的很好的增殖活性，对5α-还原酶的活性有抑制，可用于生发制品，对非雄性激素过高而引起的脱发有防治作用；狗牙蔷薇果提取物对水通道蛋白的生成有促进，适合对唇部保湿；提取物还可用作抗氧化剂和乌发剂。

8. 酸橙

酸橙（*Citrus aurantium*）、苦橙（*C. aurantium amara*）和库拉索苦橙（*C. aurantium currassuviensis*）系芸香科柑橘属植物，原产于中国，主要分布于我国秦岭以南各地。酸橙和苦橙在国外也广有种植，苦橙是酸橙移植欧洲的变种。以酸橙命名的品种较多，品种不同，差异很大。其干燥未成熟果实和幼果在临床上分别作为常用中药枳壳和枳实使用，化妆品采用其叶、新鲜或干燥的果实、果皮、枝叶等的提取物。

有效成分和提取方法

酸橙果实含有挥发油、辛弗林、N-甲基酪胺以及黄酮类化合物等成分。对成熟鲜果汁成分分析表明，其氨基酸和维生素C的含量均高于温州蜜柑和南柑，有较高的营养和药用价值。黄酮类化合物有橙皮苷、新橙皮苷、川陈皮素、柚皮苷、红橘素、柚皮素等，以橙皮苷、新橙皮苷、川陈皮素为其特征成分。酸橙可采用水、碱性水、酒精水溶液或酒精作为溶剂，按常规方法提取。如其幼果干果皮以50%酒精提取，得率约为25%。

在化妆品中的应用

酸橙果50%酒精提取物1.6%对毛细血管的收缩率为9%，可作为血管强化剂以防止毛细管出血和毛细管过度扩张，对防止皮肤紫斑和红血丝有效果；酸橙果提取物0.1%对荧光素酶的活化促进率为35.5%，以及对白介素IL-6等的生成有抑制，提取物有抗炎性，可以用于预防粉刺及青春痘的发生；果皮提取物 0.01％对神经酰胺生成的促进提高约 2 倍，还可用作皮肤调理剂；提取物还有抗氧化、美白皮肤等作用。

酸橙和苦橙精油用作香料，有抗菌性，如对致头屑菌糠秕马拉色菌的抑制作用明显。

9. 五味子

五味子（*Schisandra chinensis*）也称北五味子，与南五味子（*S. sphenanthera*）均为木兰科多年生落叶藤本植物，我国东北三省是北五味子的主产区；南五味子产于我国西南地区。化妆品采用这两种五味子成熟果实及其种子的提取物，以北五味子为主。

有效成分和提取方法

北五味子主要含木脂素类成分，如五味子醇甲、五味子醇乙、五味子酯甲、五味子甲素等，《中国药典》规定北五味子中五味子醇甲的含量≥0.4％，而南五味子中的含量仅为 0.018％。五味子可以水、酒精等为溶剂，按常规方法提取，最后浓缩至干。北五味子用水作溶剂，提取的得率为 15.5％，甲醇提取的得率为 18.8％。

五味子醇甲的结构式

在化妆品中的应用

北五味子水提取物有使毛细血管紧缩和固化的作用，从而可减少红血丝，同时也可提高皮肤抗过敏和抗炎的能力。北五味子提取物有较好的抗菌和抑菌作用，在化妆品中用入，有防腐功能；北五味子提取物对多种氧自由基有很强烈的消除作用，结合它对弹性蛋白酶的抑制，有抗衰和调理作用。南五味子也有抗菌作用，可用于痤疮的防治和皮肤调理。

10. 问荆

问荆（*Equisetum arvense*）为木贼科木贼属植物，广泛分布于世界各地，在中国主要分布在东北、西南及华北等北温带和北寒带地区，海拔在 600～3200m 范围内。化妆品主要采用其干燥全草提取物。

有效成分和提取方法

问荆含酚酸类化合物，有对羟基苯甲酸、香草酸、原儿茶酸、没食子酸、对羟基肉桂酸、阿魏酸、咖啡酸、乌头酸等；含黄酮类化合物，有柑橘素、二氢山柰素、二氢槲皮素、6-氯芹菜素等；含糖苷类化合物，有问荆苷 A、问荆苷 B、问荆苷 C；此外，还有尿苷、次黄苷、色氨酸、胸苷、松柏苷、问荆碱等成分。一般认为，问荆中的主要成分是黄酮类化合物。问荆可以水、酒精等为溶剂，按常规方法提取，最后浓缩至干。以水提取的得率为 20％～22％；以 50％酒精提取的得率为 16％～18％；以酒精提取的得率为

$14\% \sim 16\%$。

问荆苷 A 的结构式

在化妆品中的应用

问荆 50%酒精提取物 1.6%对毛细血管的收缩率为 11%，可强化血管，防止毛细血管出血和毛细管过度扩张，防止皮肤的紫斑。80%酒精提取物 0.1%对皮脂分泌的抑制率为 28.1%，对油性皮肤有防治和调理作用。50%酒精提取物 $200\mu g/mL$ 对胶原蛋白生成的促进率为 45%，对干扰素-γ、腺嘌呤核苷三磷酸的生成都有促进作用，可用作活肤抗衰剂。提取物还可用作保湿剂、抗氧化剂、抗炎剂、祛头屑剂和抑臭剂。

11. 香橙

香橙（*Citrus Junos*）为芸香科柑橘属常绿小乔木，原产于中国，现分布在中国、韩国和日本等国，也称蟹橙、日本柚子。化妆品采用香橙果、果皮、籽的提取物，主要是果皮提取物。

有效成分和提取方法

香橙果皮含挥发油，主要为牻牛儿醛、柠檬烯等；含黄酮化合物柚皮素及其糖苷、橙皮苷，另有胡萝卜素、辛弗林、N-甲基酪胺、橙皮油素、柠檬苦素；含香豆素类化合物伞形酮、9-羟基-4-甲氧基补骨脂素等。可以水、酒精等为溶剂，按常规方法提取，然后浓缩至干为膏状。

在化妆品中的应用

香橙果皮 50%酒精提取物 $10\mu g/mL$ 对血管内皮细胞的增殖促进率为 39.5%，可用于对红血丝类疾患的防治。果皮 50%酒精提取物 $100\mu g/mL$ 对毛乳头细胞增殖促进率为 69%，可用于促进生发制品。籽 70%酒精提取物对自由基 ABTS 的消除 IC_{50} 为 $1245\mu g/mL$，对自由基 DPPH 的消除 IC_{50} 为 $6257\mu g/mL$，有抗氧化作用。提取物还有保湿、减肥和抑制体臭的作用。

12. 鱼腥草

鱼腥草（*Houttuynia cordata*）是三白草科蕺菜属多年生草本植物，分布于亚洲东部和东南部，主产于我国长江以南各省。化妆品采用其干燥全草提取物和花期花/叶/茎提取物。

有效成分和提取方法

鱼腥草挥发油中含抗菌成分鱼腥草素、甲基正壬基酮、蕺菜碱等，《中国药典》仅对甲基正壬基酮的含量规定检测。花、叶、果中的黄酮类相同，都含黄酮类化合物如槲皮素、槲皮苷、异槲皮苷等。可以水蒸气蒸馏法制取鱼腥草挥发油，提取物可以水、酒精等为溶剂，按常规方法提取，然后浓缩至干为膏状。

甲基正壬基酮的结构式

在化妆品中的应用

鱼腥草 96%酒精提取物 10μg/mL 对血管紧张素 ACE 的抑制率为 23%，有助于抑制血管的过分扩张，对皮肤紫斑、红血丝等症状有预防作用。酒精提取物 1mg/mL 前列腺素 E-2 的抑制率为 70.7%，0.1%对游离组胺释放的抑制率为 20.2%，0.025%对神经细胞的生长抑制率为 20%，可防止皮肤瘙痒和皮肤过敏。提取物还可用于抗衰老、防晒、美白、抗炎、抗氧化和促进生发。

第七节　皮肤屏障功能的提升

皮肤的屏障功能可分成两类，一是物理屏障，维护皮肤皮脂膜、角质层角蛋白的完整性；二是免疫屏障，提升皮肤防卫功能。前者可以通过角质层细胞的增殖、中间丝相关蛋白生成、外皮蛋白生成等来测定；后者可以通过防卫素等的生成来判断。

1. 地黄

地黄（*Rehmannia glutinosa*）和中国地黄（*R. chinensis*）为玄参科植物，是中国的特有草药，主产我国河南、湖北等地。地黄的后加工不同，有生地和熟地两种。秋季采挖，除去芦头、须根，为鲜生地；生地加黄酒蒸至黑润，为熟地黄。化妆品主要采用的是生地，熟地次之。文中所说地黄即为生地，如是熟地将予以注明。

有效成分和提取方法

环烯醚萜苷是地黄的主要成分，有梓醇、地黄苷 A、地黄苷 D 等；植物甾醇有 β-谷甾醇、菜油甾醇和麦角甾苷；生物碱有腺苷，糖类化合物有甘露醇、水苏糖、棉子糖、甘露三糖、毛蕊花糖及地黄多糖。但《中国药典》仅将梓醇作为其含量检测的成分之一，含量不得小于 0.2%。地黄可以水、酒精等为溶剂，可室温浸渍或加热回流提取，最后将提取液浓缩至干。以 50%酒精回流提取，得率为 15%。

梓醇的结构式

在化妆品中的应用

地黄提取物 10μg/mL 对胆固醇的生成促进率为 18.9%，可改变皮脂的组成，结合它的抗氧化性和在低湿度环境下的吸湿能力，可在抑制油性、柔肤和润肤化妆品中用入；提取物 0.1%对组织蛋白酶 D 活性促进率为 18%，0.2%时对 β-防卫素生成的促进率提高 2

倍，都显示它的可防治皮肤炎症、提高皮肤的屏障功能；提取物 0.5％对免疫球蛋白 IgE 生成的抑制率为 11％，对抑制过敏有效；提取物 25μg/mL 对胶原蛋白Ⅳ型生成促进率为 75.4％，可用作皮肤新陈代谢促进和抗衰剂；提取物还有抗氧化、减肥、促进生发和乌发的功能。

2. 番荔枝

番荔枝（*Annona squamosa*）、毛叶番荔枝（*A. cherimolia*）为番荔枝科番荔枝属小乔木植物，原产美洲热带，我国福建、广东、广西、云南、海南等地有引种栽培。化妆品主要采用的是它们果/籽的提取物。

有效成分和提取方法 ┃--

番荔枝果实含蛋白质 2.34％、脂肪 0.30％、糖类 20.42％及维生素 C。番荔枝种子含油 25.5％，另含生物碱如番荔枝碱、番荔枝宁等，还有皂苷、植物甾醇等成分。番荔枝果实可以水、酒精等为溶剂，按常规方法提取，然后浓缩至干为膏状。

在化妆品中的应用 ┃--

番荔枝果实提取物 0.5％对套膜蛋白生成的促进率为 13％，套膜蛋白的增加可促进角蛋白膜蛋白的形成，提高皮肤的屏障功能；提取物 0.5％对胶原蛋白生成的促进率为 24％，可增强皮肤细胞新陈代谢，有活肤作用，可用于抗衰化妆品；籽 70％酒精提取物 1％对 LPS 诱发 NO 生成的抑制率为 28.6％，有抗炎性；提取物还有抗菌作用，对枯草杆菌、蜡状芽孢杆菌、金黄色葡萄球菌、大肠杆菌和绿脓杆菌的 MIC 分别为 125μg/mL、125μg/mL、250μg/mL、500μg/mL 和 1000μg/mL。

3. 胡萝卜

胡萝卜（*Daucus carota sativa*）和野胡萝卜（*D. carota*）是伞形科胡萝卜属两年生草本植物。胡萝卜原产于地中海沿岸，现我国栽培甚为普遍；野胡萝卜是一种中药，野生于荒滩路旁，中国和欧洲均有分布。化妆品一般采用它们根、叶、籽的提取物。

有效成分和提取方法 ┃--

胡萝卜根富含类胡萝卜素衍生物，有 α-胡萝卜素、β-胡萝卜素、γ-胡萝卜素、ε-胡萝卜素、番茄红素、六氢番茄红素等，其余有维生素 B_1、维生素 B_2，黄酮化合物为花色素类物质。胡萝卜籽油含胡萝卜醇、细辛脑、萜烯、倍半萜化合物、油酸、亚油酸等。干胡萝卜根常以酒精的水溶液为溶剂，加热提取，最后浓缩至膏状。用溶剂萃取法或水蒸气蒸馏可制备胡萝卜籽挥发油。干胡萝卜叶用 50％酒精提取物的得率约为 30％。

β-胡萝卜素的结构式

在化妆品中的应用 ┃--

胡萝卜籽油可用作化妆品香料或配制肤用按摩油。胡萝卜根和叶的提取物都具强烈的抗氧化性，对单线态氧也有消除作用，可作为辅助抗氧化剂用于化妆品；胡萝卜根提取物0.1%对β-防卫素的生成提高3倍，β-防卫素在人体内的作用为提高免疫系统功能、促进上皮组织的修复、抗菌；野胡萝卜叶提取物0.025%可完全抑制胶原蛋白酶活性，可用作活肤抗衰剂；提取物还可用作皮肤美白剂、抗炎剂和保湿剂。

4. 花椒

秦椒（*Zanthoxylum piperitum*）、花椒（*Z. bungeanum*）、竹叶花椒（*Z. alatum*）和川椒（*Z. piasezkii*）都是芸香科花椒属常绿灌木。秦椒、川椒和花椒原产地是中国、日本和朝鲜，竹叶花椒的原产地是印度。化妆品主要采用的是它们果籽的提取物，以秦椒为主。

有效成分和提取方法 ▌

花椒果籽含挥发油，主要是4-松油烯醇，其次是辣薄荷酮，另有芳樟醇、香桧烯、柠檬烯、邻-聚伞花素等，花椒果籽的挥发油随产地不同变化较大。非挥发成分主要是黄酮化合物，有儿茶素、表儿茶素、槲皮素、金丝桃苷等，另有3-咖啡酰奎宁酸、4-咖啡酰奎宁酸、原花青素 B_1、原花青素 B_2、原花青素 B_4 等。上述花椒提取物可以水、酒精等为溶剂，按常规方法提取，然后将提取液浓缩至干。如秦椒加以水提取，得率为10.8%；以酒精浸渍，提取得率为8%。

安全性 ▌

国家食药总局和CTFA将上述前三种花椒提取物作为化妆品原料，未见它们外用不安全的报道。

在化妆品中的应用 ▌

水提取物12μg/mL对角质层细胞的增殖促进率为69.2%，50%酒精提取物5μg/mL对表皮细胞增殖的促进率为8.5%，有增强皮肤新陈代谢、抗皱作用；丁二醇提取物0.1%对中间丝相关蛋白表达的促进率为168.1%，中间丝相关蛋白的促进与皮肤功能亢进相关，可提高皮肤的屏障功能。提取物另可用作皮肤美白剂、抗炎剂和体臭抑制剂。

5. 金钱草

金钱草（*Lysimachia christinae*）为报春花科珍珠菜属草本植物，主要分布于我国长江流域，以四川为主产地。化妆品采用其干燥全草提取物。

有效成分和提取方法 ▌

黄酮类化合物是金钱草的主要成分，有槲皮素、异槲皮素、山奈素及其糖苷等，槲皮素是《中国药典》规定检测含量的成分之一，槲皮素和山奈素的总量不得低于0.1%；生物碱有尿嘧啶、环腺苷酸（cAMP）、环鸟苷酸（cGMP）、胆碱等。金钱草提取物可以水、酒精等为溶剂，按常规方法提取，将提取液浓缩至干。

安全性 ▌

国家食药总局将金钱草提取物作为化妆品原料，未见其外用不安全的报道。

在化妆品中的应用 ▌

金钱草提取物对金黄色葡萄球菌、白喉杆菌和肺炎双球菌有良好的抑制作用；金钱草总黄酮0.1mg/mL对脂氧合酶-5活性的抑制率为53.7%，能增强巨噬细胞的吞噬功能，提高细胞免疫力，并有抗炎和提高皮肤屏障的功能；70%酒精提取物 $200\mu g/mL$ 对自由基 DPPH 的消除率为 61%，可用作抗氧化剂。

6. 金樱子

金樱子（*Rosa laevigata*）是蔷薇科蔷薇属植物金樱子的果实。金樱子主要分布于我国黄河以南广大地区，金樱子的根、叶、花、果均可入药，化妆品主要采用其成熟干燥果的提取物。

有效成分和提取方法

金樱子含有多酚类化合物如金樱子素 A、金樱子素 B、金樱子素 C、金樱子素 D 和原花青素等多种成分；含植物甾醇如 β-谷甾醇、胡萝卜苷等；含丰富的三萜皂苷，有齐墩果酸、乌苏酸及其衍生物等，总皂苷含量约为 17.12%；还富含维生素 C、还原糖、多糖等。金樱子可以水、酒精等为溶剂，按常规方法提取，然后将提取液浓缩至干。

金樱子素的结构式

在化妆品中的应用

50%丁二醇提取物 $40\mu g/mL$ 对转化生长因子-β 的表达提高一倍，结合其他抗炎数据，显示有愈合伤口、抑制炎症、提高皮肤免疫细胞的功能；水提取物 $1.0mg/mL$ 对超氧自由基的消除率为 73%；50%酒精提取物 $0.1mg/mL$ 对单线态氧的消除率为 38.6%，具强烈的消除多种自由基的能力，可用作抗氧化剂；金樱子提取物对金黄色葡萄球菌、大肠杆菌、绿脓杆菌等均有抑制作用，可用作防腐剂；提取物还可用作生发剂和皮肤美白剂。

7. 绿豆

绿豆（*Phaseolus radiatus*）为豆科豇豆属绿豆的种子，作为粮食作物在全国各地都有种植，化妆品采用其全草、根、分生组织、芽、干燥成熟的种子等的提取物，以种子提取物为主。

有效成分和提取方法

绿豆种子含蛋白质、蛋白肽、植物甾醇、黄酮类化合物、磷脂、糖类、维生素等，另有香豆素、生物碱、皂苷等成分。蛋白质主要为球蛋白，其组成中富含赖氨酸、亮氨酸、苏氨酸，但蛋氨酸、色氨酸、酪氨酸比较少；蛋白肽即绿豆肽；植物甾醇为 β-谷甾醇；黄酮类化合物有牡荆素等；磷脂中有磷脂酰胆碱、磷脂酰乙醇胺、磷脂酰肌醇、磷脂酰甘油、磷脂酰丝氨酸和磷脂酸等；维生素有维生素 B_1、维生素 B_2、胡萝卜素、菸碱酸、叶酸等；绿豆可以水、酒精、丙二醇、1,3-丁二醇等为溶剂，浸渍提取，然后将提取液浓缩至干。以酒精提取为例，得率约为 6%。

在化妆品中的应用

绿豆 50% 酒精提取物 0.005% 对胸腺肽-β10 生成的促进率为 31%，显示提取物能提高皮肤的免疫屏障功能；30% 丁二醇提取物 1% 对巨噬细胞活化的促进率为 22%，在皮层中巨噬细胞的另一作用是吞噬黑色素，因此绿豆提取物对皮肤有增白作用；提取物还有抑制过敏、活肤抗衰和抗氧化作用。

8. 马尾藻

普通马尾藻（*Sargassum vulgare*）、钝马尾藻（*S. muticum*）、微劳马尾藻（*S. fulvellum*）和悬疣马尾藻（*S. Filipendula*）为马尾藻属大型褐藻。普通马尾藻产于我国广西北海，钝马尾藻广泛分布于大西洋西海岸，微劳马尾藻分布于日本沿海，悬疣马尾藻分布于北冰洋。化妆品采用它们干燥全藻的提取物。

有效成分和提取方法

上述马尾藻的主要成分都是多糖化合物海藻酸钠。另有一种聚间苯三酚的复合物如马尾藻多酚存在。马尾藻可以水、酒精等为溶剂，按常规方法提取，然后将提取液浓缩至干。

在化妆品中的应用

钝马尾藻 50% 酒精提取物 0.02% 对胶原蛋白生成的促进率为 60%；水提取物 2% 对角质细胞的增殖促进率为 30%，有活肤调理作用。微劳马尾藻 70% 酒精提取物 5mg/mL 对透明质酸酶活性的抑制率为 27%，有保湿作用；微劳马尾藻酒精提取物 400μg/mL 对黑色素细胞生成黑色素的抑制率为 61%，可用作皮肤美白剂。钝马尾藻 60% 酒精提取物对免疫球蛋白 E(IgE) 生成的 IC_{50} 为 25μg/mL，可显著提高皮肤的屏障功能，缓解皮肤过敏。马尾藻提取物都有皮肤调理和抗氧化作用。

9. 墨角藻

墨角藻（*Fucus vesiculosus*）和齿缘墨角藻（*F. serratus*）是欧洲和美洲沿海常见的墨角藻属褐藻，二者性能相似，化妆品采用它们干燥藻体的提取物。

有效成分和提取方法

墨角藻的主要成分是岩藻多糖类多糖成分，另有黏液质、藻胶、甘露糖醇、β-胡萝卜素、玉米黄质、褐藻多酚等。墨角藻可以水、酒精等为溶剂，按常规方法提取，然后浓缩至干为膏状。

在化妆品中的应用

墨角藻 50% 酒精提取物 0.1% 对中间丝相关蛋白生成的促进率提高 23 倍，对外皮蛋白生成的促进率提高 20 倍，表示可显著提高皮肤的屏障防护功能。水提取物 1mg/mL 对金属蛋白酶-1 活性的抑制率为 56.4%，有抗炎作用。提取物还有紧肤、血管强化、抗氧化等作用。

10. 芡实

芡实（*Euryale ferox*）为睡莲科芡属植物芡的成熟种仁。原产于我国和东南亚各地，广泛分布于我国南方各地，化妆品采用其种仁的提取物。

有效成分和提取方法 ▌

芡实种仁以淀粉为主，活性成分以生育酚、氨基酸、葡糖基甾醇类以及脑苷脂类等化合物为主。芡实可以水、酒精等为溶剂，按常规方法提取，然后将提取液浓缩至干。

在化妆品中的应用 ▌

芡实种仁70%酒精提取物对自由基 DPPH 的消除 IC_{50} 为 $5.6\mu g/mL$，对脂质过氧化的 IC_{50} 为 $2.2\mu g/mL$，作用强烈，可用作抗氧化剂；种仁 CO_2 超临界提取物 $100\mu g/mL$ 对 PPAR-α（过氧化物酶激活受体）活性的促进率为 49.1%，对中间丝相关蛋白的生成率提高一倍，提高皮肤的屏障功能，对敏感性皮肤有护理作用。

11. 沙漠蔷薇

沙漠蔷薇（*Adenium obesum*）是夹竹桃科沙漠蔷薇属植物，主产于非洲撒哈拉沙漠到苏丹地区。化妆品采用其叶细胞提取物。

有效成分和提取方法 ▌

沙漠蔷薇叶细胞主要含黄酮类化合物，有柚皮苷、儿茶素等，另含鞣质、白藜芦醇等多酚类成分。沙漠蔷薇叶细胞提取物可以水、酒精等为溶剂，按常规方法提取，最后将提取液浓缩至干。

在化妆品中的应用 ▌

沙漠蔷薇叶细胞10%酒精提取物0.04%对皮肤屏障功能提高的促进率为42%；70%酒精提取物 $100\mu g/mL$ 对自由基 DPPH 的消除率为 62.3%，对 LPS 诱发 NO 生成的抑制率为 57.7%、对弹性蛋白酶活性的抑制率为 47.5%，也能促进透明质酸合成酶的活性，可用作多功能性的护肤调理剂。

12. 山金车花

山金车花（*Arnica Montana*）为菊科植物，又名蒙大拿山金车花，原产于欧洲北部和中部高地，现多分布在北美洲西北部。同属植物卡密松山金车花（*A. chamissonis*）主产于比利时和北美洲。化妆品采用山金车花和卡密松山金车花提取物。

有效成分和提取方法 ▌

山金车花除挥发油外，山金车素、山金车烯二醇和山金车二醇是它的特征成分，又含槲皮素及其葡萄糖醛酸的糖苷、山奈酚葡萄糖醛酸的糖苷、3,5-二咖啡酰奎宁酸等酚类物质，另有类胡萝卜素、麝香草酚等。卡密松山金车花含倍半萜内酯。山金车花可以水、酒精、1,3-丁二醇等为溶剂，按常规方法提取，然后浓缩至干为膏状。如山金车干花用75%酒精室温浸渍，提取得率约为10%。

安全性 ▌

国家食药总局和 CTFA 都将山金车花和卡密松山金车花提取物作为化妆品原料。含有山金车花提取物的化妆品不可用于伤损皮肤，若出现皮肤过敏的现象，应立即停止使用。

在化妆品中的应用 ▌

山金车花50%酒精提取物0.025%对β-抵御素生成的促进率为80%，可增强自身免疫能力；50％丁二醇提取物 0.1％对组织蛋白酶活性的促进率为 15％，60μg/mL 对胶原蛋白生成的促进率为 130％，可增强皮肤细胞新陈代谢，有活肤抗皱作用；70％酒精提取物对自由基 DPPH 的消除 IC_{50} 为 20.5μg/mL，对其他自由基也有强烈消除作用，可用作抗氧化剂；提取物尚可用作保湿剂、抑臭剂、皮肤美白剂和抗炎剂。

13. 铁力木

铁力木（*Mesua ferrea*）为藤黄科铁力木属常绿乔木，主产于东南亚和南亚，我国云南、广东、广西有种植。化妆品主要采用其籽的提取物。

有效成分和提取方法

铁力木种子含油量达 74％～79％。此外尚含铁力木素、铁力木苦素、铁力木酸、铁力木双黄酮、曼密苹果素、铁力木精、曼密苹果精等。铁力木种子可直接压榨出油，也可以水、酒精等为溶剂，按常规方法提取，然后浓缩至干为膏状。如干籽用 70％酒精提取，得率约为 70％。

在化妆品中的应用

铁力木籽 70％酒精提取物 0.001％对表皮细胞的增殖促进率为 39％，0.005％对套膜蛋白生成的促进率为 41％，可促进角蛋白膜蛋白的形成，提高皮肤的屏障功能。籽的己烷提取物有抗菌性，对金黄色葡萄球菌、表皮葡萄球菌、痤疮丙酸杆菌、绿脓杆菌、白色念珠菌的 MIC 均小于 10μg/mL，可用于痤疮类疾患的防治。

14. 小麦

小麦（*Triticum vulgare*）和普通小麦（*T. aestivum*）为禾本科小麦属植物，是世界上总产量第二的粮食作物，仅次于玉米，世界各地均有种植，中国是小麦的主产地之一。有一些变异或杂交的品种如一粒小麦（*T. monococcum*）和圆柱小麦（*T. vulgare turgidum*），与小麦性能相似。化妆品采用的是它们干燥种子部分如麦麸、胚芽、胚乳的提取物、小麦幼芽的提取物等。

有效成分和提取方法

小麦种子含淀粉 53％～70％，蛋白质约 11％，糖类 2％～7％，糊精 2％～10％，脂肪约 1.6％，粗纤维约 2％，还含少量谷甾醇、卵磷脂、尿囊素、精氨酸、淀粉酶、麦芽糖酶、蛋白质酶及微量维生素 E 等。小麦的种子有三大组成部分：胚乳、胚芽及麸皮。小麦胚乳占麦粒质量的 83％，它大部分都是淀粉，占 70％～72％，其余主要为小麦谷蛋白。麸皮是胚乳的多层外纤维外衣，麸皮除纤维外，还含蛋白质、维生素（含油酸、亚油酸、棕榈酸）、硬脂酸的甘油酯、谷甾醇、卵磷脂、尿囊素、精氨酸和矿物质。它提供麦谷 80％的烟酸，以及相当数量的其他维生素 B。小麦胚芽位于麦粒的底部，仅占麦粒质量的 2.5％，但却是营养最丰富的部分。它饱含维生素 E、维生素 B、蛋白质、矿物质，还有亚麻酸（占不饱和脂肪酸的 9％）、亚油酸（55％）、油酸（17％）等多种不饱和脂肪酸，甾体化合物有麦角甾烯醇。小麦幼芽富含黄酮类化合物如芹黄素及其苷类、木犀草素及其苷类等。小麦胚芽油经冷压方式精制而成。麦麸可以水、酒精等为溶剂，按常规方法提取，然后将提取液浓缩至干。如小麦麸以甲醇回流 3h，提取得率为 0.7％。阴干了的小麦幼芽用水提取，得率约为 8.9％。

小麦胚芽油 1mg/mL 对纤维芽细胞的增殖促进率为 51.9％，100μg/mL 对胶原蛋白酶的抑制率为 78％，所含的营养物质可增强人体新陈代谢、调整神经系统功能，能起到使皮肤细嫩光滑，抑制、延缓皱纹产生的作用。小麦胚芽 50％酒精提取物 0.1％对 β-防卫素的生成率提高两倍，可提高皮肤的屏障功能。麦麸 50％酒精提取物对 5α-还原酶活性的抑制率为 23.5％，有促进生发和防治脱发的作用。小麦胚芽水提取物 1％对皮肤毛孔有 6.2％的收缩作用，可用作紧肤剂。提取物还有抗氧化和调理作用。

15. 薰衣草

薰衣草（*Lavandula angustifolia*）、杂薰衣草（*L. hybrida*）、宽窄叶杂交薰衣草（*L. intermedia*）、穗状薰衣草（*L. spica*）和法国薰衣草（*L. stoechas*）为唇形科薰衣草属草本植物，原产于地中海沿岸国家，现在我国新疆和西北地区有规模种植，穗状薰衣草产于西班牙，法国薰衣草产于地中海沿岸地区。化妆品采用它们花期全草的挥发油和提取物，以薰衣草为主。

有效成分和提取方法 ▌--

薰衣草花含芳香油，鲜花含油率为 0.8％，干花含油率在 1.5％左右，主要成分为乙酸芳樟酯、丁酸芳樟酯及香豆素等。薰衣草花非挥发成分有酚酸类如迷迭香酸和咖啡酸，有黄酮化合物，为木犀草素及其苷等。可以水蒸气蒸馏法制取薰衣草精油；提取物可用酒精等为溶剂，按常规方法加热提取，然后将提取液浓缩至干，如以 50％酒精提取的得率为 8％～9％，以酒精提取的得率为 6％～7％。

在化妆品中的应用 ▌--

薰衣草精油是一种重要的香原料，广泛用于化妆品香精的调配；薰衣草精油具有强烈的抗菌性，对癣菌也有很好的抑制；提取物 100μg/mL 对套膜蛋白生成促进率为 27.4％，水提取物 12.5μg/mL 对紧密连接蛋白生成的促进率为 10％，可提高皮肤的屏障功能，结合其抗氧化性和对细胞糖化反应的抑制，可用作抗衰调理剂；提取物 10μg/mL 对水通道蛋白-3 生成的促进率为空白样的三倍，有优异的保湿能力；提取物还有抗炎和美白皮肤作用。

16. 盐生杜氏藻

盐生杜氏藻（*Dunaliella salina*）是绿藻类杜氏藻属海藻，简称盐藻，生长于南极地带。化妆品采用其全藻的提取物。

有效成分和提取方法 ▌--

盐生杜氏藻含 β-胡萝卜素 8％～12％、维生素 C 4％～5％、蛋白质 30％～40％、脂肪 8％～10％，同时含有 α-胡萝卜素和 γ-胡萝卜素。另有多糖类成分。盐生杜氏藻可以水或酒精提取，然后浓缩至干。

在化妆品中的应用 ▌--

盐生杜氏藻 70％酒精提取物 100μg/mL 对热休克蛋白 47 生成的促进率为 75.7％，可提高皮肤的屏障功能，对表皮细胞的增殖也有促进作用，可用于护肤品，尤适合气温较高地区人群。提取物还有着色和抗炎作用。

17. 榆树

春榆（*Ulmus davidiana*）和家榆（*U. campestris*）是榆科榆属落叶乔木。春榆主要在北半球的温带地区生长，我国主要分布于中原及以北地区；家榆主要分布于西欧。化妆品采用家榆树皮、春榆根的提取物。

有效成分和提取方法

春榆树皮含 β-谷甾醇、豆甾醇等多种植物甾醇，含有儿茶素、儿茶素的多种糖苷以及与儿茶素相关的鞣质，另有木脂素、树胶、脂肪油、植物醇等成分。家榆树皮可以水、酒精等为溶剂，按常规方法提取，然后将提取液浓缩至干。以 50％酒精提取得率为 8％。

在化妆品中的应用

提取物 $100\mu g/mL$ 对 β-己糖胺酶生成的抑制率为 57％，这是比组胺更精确地反映抑制过敏的一个指标，可用作皮肤过敏抑制剂；50％酒精提取物 $100\mu g/mL$ 的用入均能抑制多种化学品或药品对表皮成纤维细胞的伤害并提高它们的生存能力；提取物还可用作抗氧化调理剂、抗炎剂和晒黑剂。

18. 越橘

狭叶越橘（*Vaccinium angustifolium*，也称蓝莓）、大果越橘（*V. macrocarpon*）、欧洲越橘（*V. myrtillus*）、越橘（*V. vitis-idaea*）和笃斯越橘（*Vaccinium uliginosum*）为杜鹃花科越橘属植物。狭叶越橘和大果越橘主产于美国北部和加拿大，我国东北有种植；欧洲越橘主产于欧洲；越橘和笃斯越橘分布在我国东北、朝鲜等地。它们性能相近，化妆品可采用其果、籽、叶的提取物。

有效成分和提取方法

狭叶越橘果富含黄烷-3-醇和以黄烷-3-醇衍生的原青花素低聚物、儿茶素、表儿茶素等，另含黄酮类化合物如槲皮素及其糖苷；狭叶越橘的叶也含有黄烷-3-醇、原青花素低聚物、儿茶素、表儿茶素等，另有高含量的绿原酸、熊果苷等。可以水、酒精等为溶剂，按常规方法提取，然后将提取液浓缩至干。如欧洲越橘叶用沸水提取，得率约为 25％；用80％酒精提取，得率约为 17％。

黄烷-3-醇的结构式

在化妆品中的应用

越橘叶提取物 0.5％对胶原蛋白酶活性的抑制率为 91.5％，提取物 0.01％对弹性蛋白酶的抑制率为 31.2％，可减缓弹性蛋白和胶原蛋白纤维的降解，可维持皮肤弹性，结合其抗氧化性，可用作化妆品抗皱抗老剂；越橘叶提取物 $150\mu g/mL$ 对水通道蛋白-3 表达的促进率为 14％，对皮肤有保湿作用；欧洲越橘叶 90％酒精提取物 0.5％对基因 ABCA12 表达的促进率为 70.4％，显示可促进皮肤机械屏障功能的修复；欧洲越橘叶提取物 0.05％对组胺游离的抑制率为 89.2％，可用作皮肤过敏抑制剂；越橘叶水提取物提取物 3.13μg/mL 可将雌激素样水平提高 32％，对改善女性肤质有益；提取物还可用作皮肤美白剂和皮肤调理剂。

19. 芝麻菜

芝麻菜（*Eruca sativa*）是十字花科芝麻菜属植物，也称芸芥，野生在中国西部和北部，是我国西北干旱和半干旱地区重要油料作物。化妆品采用其叶的提取物。

有效成分和提取方法

芝麻菜叶含芥子油苷类成分，有若干异硫氰酸酯化合物。可采用水、酒精等为溶剂，按常规方法提取，最后浓缩至干。

在化妆品中的应用

芝麻菜叶酒精提取物 40μg/mL 对角化中间丝聚合蛋白生成的促进率为 42％，加强了皮肤的屏障功能。叶酒精提取物 20μg/mL 对过氧化物酶激活受体（PPAR-α）活性的促进率为 67.6％，PPAR-α 上调表明有保湿和抗皮肤干化的作用，可减少皮屑或头屑的生成。提取物还有促进生发的作用。

第八节　抗菌和防腐

人体的皮肤、消化道和呼吸道内都存在着大量的细菌。一项最新研究表明，人体的皮肤表面大约生长着约 250 种细菌，仅人体前臂上就生长着 182 种细菌，共分为 91 类，其中 8％的细菌没有被科学家正式记载。在正常条件下，人体体表以及与外界相通的腔道存在的对人体健康无损害的各种细菌，称为正常菌群或正常菌丛，如表皮葡萄球菌、痤疮丙酸杆菌等是皮肤主要的常住优势菌；还有一部分菌群是暂时着落于皮肤上的，经过一定时期后，可从皮肤上消失，称之为皮肤暂住菌，包括金黄色葡萄球菌、革兰氏阴性菌及一些产色素微球菌等。这些菌群共同构成了皮肤局部的微生态环境，各菌群之间存在着共生或拮抗作用，而且皮肤本身有维持微生态平衡的能力。如果皮肤局部环境和菌群之间处于不协调状态，即微生态失衡，有些常住菌和暂住菌将片面发展，造成皮肤的病理损伤。抗菌剂的作用是抑制皮肤表面细菌的非正常发展。另外对一些外来入侵菌如癣菌类真菌的防治也在本节介绍。

在化妆品中，防腐剂的作用是保护产品，使之免受微生物污染，延长产品的货架寿命；确保产品的安全性，防止消费者因使用受微生物污染的产品而引起可能的感染。

1. 白毛茛

白毛茛（*Hydrastis Canadensis*）为毛茛科多年生草本植物，原产于加拿大和美国东部地区，是美洲传统草药。现在多地有种植。化妆品采用其干燥根的提取物。

有效成分和提取方法

白毛茛根含多种生物碱，是其主要药效成分，有白毛茛碱、北美黄连次碱、小檗碱、氢化小檗碱等，白毛茛碱是特征成分之一；另含植物甾醇如胡萝卜苷、绿原酸、黄酮化合物如木犀草素的苷等。白毛茛根可以水、含水酒精等为溶剂，按常规方法提取，然后浓缩至干为膏状。50%酒精提取的得率为22%，水提取的得率为16%。

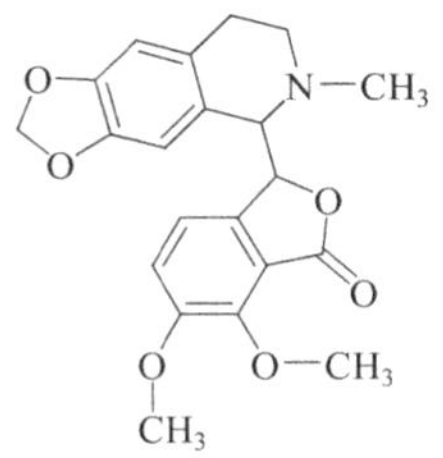

白毛茛碱的结构式

在化妆品中的应用

白毛茛根提取物有广谱的抗菌性，对金黄色葡萄球菌、白色念珠菌、绿脓杆菌的 MIC 分别是 1mg/mL、0.5mg/mL 和 2.0mg/mL，可用作洗手液、洗面奶等中的抗菌剂，对痤疮、湿疹、癣和其他发炎症状有防治作用；可促进脂肪分解，50%酒精提取物在 100μg/mL 时提高分解速度6倍。

2. 臭椿

臭椿（*Ailanthus altissima*）属苦木科落叶乔木，为中国本土树种，除黑龙江、吉林和海南外，全国各地均有分布。化妆品采用臭椿的树皮提取物。

有效成分和提取方法

臭椿树皮有生物碱如铁屎米酮氮氧化物、铁屎米酮等；苦木苦味素类物质有臭椿苦内酯、乙酰臭椿苦内酯等以及苦木苦味素的多种糖苷；另含甾醇类化合物如豆甾醇和醌类成分。其中臭椿苦内酯的含量较多，为特征成分。干燥臭椿树皮可以水、酒精等为溶剂，按常规方法提取，然后将提取液浓缩至干。

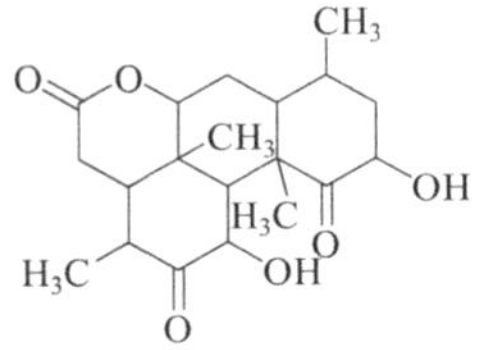

臭椿苦内酯的结构式

在化妆品中的应用

臭椿树皮水提取物对金黄色葡萄球菌、绿脓杆菌和大肠杆菌的 MIC 分别为 0.001g/mL、0.00625g/mL 和 0.1g（生药）/mL，但对白色念珠菌无效，可用作抗菌剂和防腐剂；提取物对透明质酸酶活性的 IC_{50} 为 0.06%，有抗炎、抗过敏和保湿作用；提取物还可用作抗氧化剂、皮肤美白剂和皮肤调理剂。

3. 川木香

川木香 [*Vladimiria souliei*（Franch.）Ling] 和灰毛川木香 [*V. souliei*（Franch.）

Ling var. *cinerea* Ling] 为菊科川木香属植物，主要分布于我国四川西部和西藏东部等地，两者性能相同，化妆品采用其干燥根的提取物。

有效成分和提取方法

川木香根含挥发油，主要成分有木香烃内酯、去氢木香内酯、川木香内酯、丁香酚以及倍半萜类成分，川木香内酯是其中含量最大的成分，约为1%。其余非挥发性成分有厚朴酚、豆甾醇、胡萝卜苷、β-香树脂醇、乙酸羽扇豆醇酯、胆甾醇、菊糖等。用水蒸气蒸馏法可制取川木香挥发油；可以水、酒精等为溶剂，按常规方法加热提取，最后浓缩为膏状物质。

木香烃内酯的结构式

安全性

国家食药总局将川木香和灰毛川木香根提取物作为化妆品原料，未见它们外用不安全的报道。

在化妆品中的应用

川木香挥发油是香精调制的重要原料。川木香挥发油对金黄色葡萄球菌、绿脓杆菌有抑制作用，对皮肤真菌如许兰氏黄癣菌、许兰氏黄癣菌蒙古变种、犬小芽孢菌、共心性皮内癣菌、红色发癣菌、絮状表皮癣菌、趾间发癣菌、足跖发癣菌、铁锈色小芽孢菌也有抑制作用，可作抗炎剂和抗菌剂，另可用作皮肤美白剂。

4. 刺山柑

刺山柑（*Capparis spinosa*）为白花菜科山柑属植物，又名野西瓜、菠里克果（维名），主要分布于我国新疆、甘肃、西藏等地区，国外则主要分布于中东地区和地中海国家。化妆品采用其果提取物。

有效成分和提取方法

刺山柑果实含有丰富的甾体类化合物，如胆甾醇、谷甾醇、Δ-7-燕麦甾醇、豆甾醇、β-谷甾醇、β-胡萝卜苷；磷脂类有磷酸酰肌脂、卵磷脂、磷脂酰乙醇胺、磷脂酸、N-酰磷脂酰乙醇胺等。刺山柑可以水、酒精等为溶剂，按常规方法提取，然后浓缩至干为膏状。

在化妆品中的应用

刺山柑果提取物对微生物特别是癣菌有较广谱的强烈抑制，它们的MIC分别为：犬小孢子菌 $15\mu g/mL$、须癣毛癣菌 $25\mu g/mL$、紫色毛癣菌 $5\mu g/mL$；酒精和水提取物对革兰阳性菌（蜡状芽孢杆菌、金黄色葡萄球菌）和真菌（黄曲霉菌、白色念珠菌）有一定的抑制作用，可用于相关皮肤疾患防治，也可用作抗菌剂和防腐剂。刺山柑果的水提液对大鼠蛋清性足跖肿胀有明显的抑制作用，有显著的抗炎消肿作用。

5. 粗糙帽果

粗糙帽果（*Mitracarpus scaber*）为茜草科盖裂果属一年草本植物，主产于尼日利亚等国家，是当地的传统草药。化妆品采用其全草的提取物。

有效成分和提取方法

粗糙帽果全草含鞣质、没食子酸及其衍生物、3,4,5-三甲氧基苯乙酮、芦丁、山柰酚芸香苷、补骨脂素等，以及生物碱、醌类成分等，特征成分是 Harounoside。粗糙帽果可以水、酒精等为溶剂，按常规方法提取，然后浓缩至干为膏状。干燥全草用 95% 酒精提取的得率为 11%。

Harounoside 的结构式

在化妆品中的应用

粗糙帽果叶的甲醇提取物有选择性的抗菌性，对金黄色葡萄球菌、白色念珠菌的 MIC 分别为 31.25mg/mL 和 62.50mg/mL，对绿脓杆菌和大肠杆菌也有抑制效果，可用作抗菌剂；提取物 0.05% 对酪氨酸酶活性的抑制率为 93%，为皮肤美白剂；甲醇提取物对自由基 DPPH 的消除 IC_{50} 为 41.64μg/mL，可用作抗氧化剂和调理剂。

6. 大蒜

大蒜（*Allium sativum*）、小根蒜（*A. macrostemon*）和薤（*A. chinesis*）为百合科葱属多年生宿根草本植物。中国是世界大蒜的主要产区之一，产量占世界总产量的 40% 左右，主要产地有河南省等地。小根蒜又名薤白，和薤均野生于全国各地。三者类似，在化妆品中主要采用其鳞茎提取物。

有效成分和提取方法

大蒜鳞茎含硫化合物，目前认为是大蒜的主要活性物质，主要有蒜氨酸、大蒜素、二烯丙基三硫等，大蒜素是《中国药典》规定检测含量的成分；另含多种苷类成分，主要有硫苷，如葫蒜素、黄酮苷、甾体苷、抗坏血酸、核黄素、硫胺素、维生素 A、尼克酸和少量氨基酸苷。大蒜鳞茎可用水、浓度不等的酒精水溶液提取处理，制成大蒜提取物和大蒜精油等制品。用 99% 的酒精提取，得率为 2%～3%。

$$CH_2=CH-CH_2-S(O)-S-CH_2-CH=CH_2$$

大蒜素的结构式

安全性

国家食药总局和 CTFA 都将大蒜和薤提取物作为化妆品原料，国家食药总局还将小根

蒜列入，未见它们外用不安全的报道

在化妆品中的应用 ▌--

大蒜提取物对化脓菌（葡萄球菌、绿脓杆菌等）有强烈的抑制作用，结合其对过氧化物酶激活受体的活化、对金属蛋白酶和透明质酸酶的抑制，显示对皮肤病有很好的抗炎性能，可在防治痤疮的化妆品中使用；大蒜提取物有相当不错的 SOD 样活性，提取物 0.1% 对自由基 DPPH 的消除率为 92%，有抗氧化作用；提取物 0.1% 对表皮细胞的增殖促进率为 32%，具有皮肤抗衰老的功效；提取物 0.01% 可促进胶原纤维团的收缩率 10%，可用于紧肤产品。大蒜提取物还有皮肤美白和生发功效。

7. 非洲楝

非洲楝（*Khaya senegalensis*）为楝科非洲楝属高大树木，原产于非洲热带地区和马达加斯加，树皮是非洲当地传统的食用草药。现我国福建、台湾、广东、广西及海南等地有栽培。化妆品采用其树皮提取物。

有效成分和提取方法 ▌--

非洲楝树皮富含若干苦味素如柠檬苦素类化合物，另有多种黄酮化合物如儿茶素、原儿茶素等；酚类物质如羟基芪类成分、羟基肉桂酸衍生物、羟基香豆素类衍生物。非洲楝树皮可以水、酒精等为溶剂，按常规方法提取，然后浓缩至干为膏状。

在化妆品中的应用 ▌--

非洲楝树皮提取物有选择性的抗菌作用，对金黄色葡萄球菌、痢疾杆菌和霉菌有强烈的抑制，但对大肠杆菌无作用，可用作抗菌剂；醇提取物对自由基 DPPH 消除的 IC_{50} 为 $86\mu g/mL$，水提取物 $30\mu g/mL$ 对胶原蛋白生成的促进率为 54%，是抗衰抗氧化的调理剂。

8. 凤尾草

凤尾草（*Pteris cretica*）为凤尾蕨科凤尾蕨属，是一种蕨类植物。凤尾草分布于我国华东、中南、西南及山西、陕西等地。化妆品采用其干燥全草的提取物。

有效成分和提取方法 ▌--

全草含黄酮类、甾醇、氨基酸、内酯或酯类、酚性成分。黄酮化合物是凤尾草的主要成分，黄酮及黄酮苷类有芹菜素及其糖苷、木犀草素及其糖苷等，以木犀草素及其衍生物居多，如野漆树苷，可用作检测其质量的标准；其余有倍半萜苷、多元酸、对映贝壳杉烷型二萜、酚类、氨基酸等。凤尾草可以水、酒精为溶剂，加热回流提取，然后将提取液浓缩至干。水提取的得率为 5.3%，50% 酒精提取的得率为 7.1%。

野漆树苷的结构式

安全性

国家食药总局将凤尾草提取物作为化妆品原料，暂未见其外用不安全的报道。

在化妆品中的应用

凤尾草提取物对金黄色葡萄球菌、枯草芽孢杆菌、大肠杆菌、黑曲霉和青霉的最低抑制浓度分别为 5.8mg/mL、7.1mg/mL、9.7mg/mL、8.9mg/mL、10.6mg/mL，作用与青霉素相似，可用于化妆品的防腐和抗菌；提取物 0.01％对 B-16 黑色素细胞活性的抑制率为 40％，具有美白皮肤功效；提取物 0.01％对 5α-还原酶活性的抑制率为 86％，有促进生发作用；提取物还可用作抗氧化剂和抗炎剂。

9. 甘松

甘松（*Nardostachys chinensis*）为败酱科植物，主要分布于我国四川西北部。它的同属植物匙叶甘松（*N. jatamansi*）与甘松性能相似，两者可以互用。化妆品主要采用它干燥根茎的提取物。

有效成分和提取方法

甘松主要含挥发油，成分复杂，主要有马兜铃烯酮、甘松新酮、土青木香酮、异甘松香酮、甘松香醇、白菖烯醇等，甘松新酮是《中国药典》规定检测含量的成分。非挥发的三萜类化合物有 β-谷甾醇、齐墩果酸等。甘松根可用水蒸气蒸馏法提取挥发油，得率约为 2.5％。提取物可以水、酒精等为溶剂制取，如采用 95％酒精提取，得率约为 17％。

甘松新酮的结构式

在化妆品中的应用

甘松挥发油气息强烈，可用于食用风味料和香精的调配；甘松挥发油具广谱的抗菌性，可用于与此相关产品，如用于指甲油等可抑制癣菌等。提取物 3.3mg/mL 对 5α-还原酶活性的抑制率为 45.4％；在大鼠背部涂敷浓度 5％的甘松 50％酒精提取物，大鼠毛发生长速度提高了 9.5％，有刺激毛发生长的作用，对头屑的产生也有抑制效果。提取物还可用作抗氧化剂、抗皱剂和调理剂。

10. 光滑果榆绿木

光滑果榆绿木（*Anogeissus leiocarpus*）为使君子科高大木本植物，常见于西非的热带地区如尼日利亚，化妆品采用其树皮提取物。

有效成分和提取方法

树皮中主要含多酚化合物如没食子酸、鞣花鞣质、二甲基鞣花酸、二甲基鞣花酸木糖苷等；含黄酮化合物如二氢杨梅素、花旗松素等；有茋类化合物赤松素及其衍生物。光滑果榆绿木树皮提取物可以水、酒精等为溶剂，按常规方法提取，然后浓缩至干为膏状。

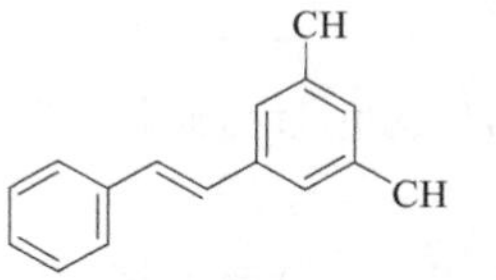

赤松素的结构式

在化妆品中的应用

酒精提取物对自由基 DPPH 的消除 IC_{50} 为 $348\mu g/mL$，对羟基自由基的消除 IC_{50} 为 $187\mu g/mL$，可用作抗氧化护肤剂；95％酒精提取物对黑色苇状菌、烟色苇状菌、红色毛发癣菌和白色念珠菌的 MIC 分别为 $0.05\mu g/mL$、$0.03\mu g/mL$、$0.05\mu g/mL$ 和 $250\mu g/mL$，对其他微生物也显强烈抑制，可用作抗菌剂，尤其适用于与多肽原料的配合。

11. 海棠果

海棠果（*Calophyllum inophyllum*）为藤黄科红厚壳属常绿乔木，主产于热带地区，也称为胡桐。同科同属植物洋胡桐（*C. tacamahaca*），种植于东南亚，我国分布于台湾、广东和广西各省区。化妆品主要采用它们的籽油。

有效成分和提取方法

海棠果种子油含多量油脂，此外，籽油、果实、叶中含多种香豆素衍生物，有海棠果素、红厚壳内酯、红厚壳酸和 4-烷基香豆素，油中并含海棠果苯酚与红厚壳苯酚等。海棠果种子榨油可直供制肥皂、润滑油和医药用。也可以水、酒精等为溶剂，按常规方法提取，然后浓缩至干为膏状。

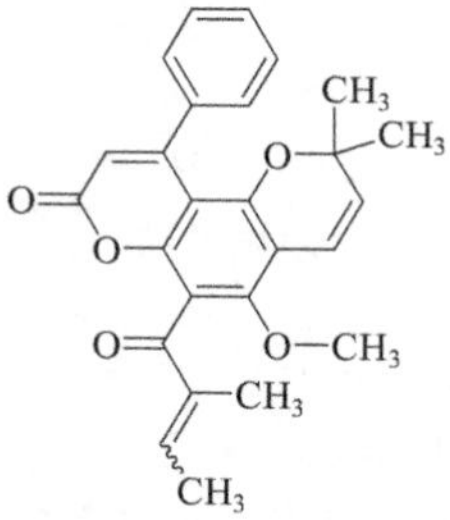

海棠果素的结构式

在化妆品中的应用

海棠果籽油和洋胡桐籽油可用作化妆品用基础油脂；50％酒精籽提取物 0.005％对金属蛋白酶-9 活性的抑制率为 42％，有抗炎作用，可用于对皮肤炎症的治疗，并有抑制过敏作用；提取物还有抗氧化调理的效果。

12. 黄花蒿

黄花蒿（*Artemisia annua*）又名青蒿，为菊科蒿属植物，广泛分布于我国辽宁以南广大地区，是产出量非常大的一种蒿草。化妆品用其干燥全草提取物、挥发油等。

有效成分和提取方法

青蒿中含青蒿素、青蒿甲素、青蒿乙素、青蒿丙素、青蒿丁素、青蒿戊素、青蒿酸、青蒿酸甲酯、青蒿醇和多种黄酮化合物等，青蒿素是青蒿的主要活性成分，也是《中国药典》规定检测含量的成分；并含挥发油，主要为蒿酮、异青蒿酮、枯茗醛、1,8-桉油精、丁香烯等。水蒸气蒸馏法用于制取青蒿挥发油，得率约为 0.5％；青蒿提取物采用水或浓度不等的酒精水溶液按常规方法提取，然后将提取液浓缩至干。

青蒿素的结构式

在化妆品中的应用

青蒿提取物有广谱的抗菌性，青蒿 70％酒精的提取物对金黄色葡萄球菌和大肠杆菌的 MIC 分别是 3.1％ 和 6.3％。青蒿挥发油在 0.25％ 浓度时，对所有皮肤癣菌有抑菌作用，在 1％ 浓度时，对所有皮肤癣菌有杀灭作用，对粉刺也有防治作用；提取物 $500 \mu g/mL$ 对胶原蛋白等的生成促进率为 53％，对成纤维细胞增殖的促进率为 55.3％，有抗衰和活肤性能，对痤疮的愈合也有协助效果；提取物还有保湿、抗氧化和抗炎作用。

13. 簕竹

印度簕竹（*B. arundinacea*）主产于印度；龙头竹（*Bambusa vulgaris*）又名泰山竹，主要分布在我国华南地区；它们属禾本科簕竹属植物。化妆品采用它们茎叶的提取物。

有效成分和提取方法

叶中含有大量的黄酮化合物，有荭草苷、异荭草苷、牡荆苷和异牡荆苷等；含三萜类物质芦竹素、白芳素等；含酚酸物质氯原酸、咖啡酸和阿魏酸等。可以水、酒精等为溶剂，按常规方法提取，然后浓缩至干为膏状。如将阴干的印度簕竹叶粉碎，用甲醇回流提取，提取液浓缩至干，得率约为 10％。

在化妆品中的应用

龙头竹叶 80％酒精提取物对大肠杆菌、黑色霉状菌和绿脓杆菌的 MIC 分别为 0.5％、1％ 和 1％，可用作抗菌剂和防腐剂；印度簕竹叶 50％酒精提取物 0.001％对神经酰胺生成的促进率为 72％，可调理皮肤状况并有保湿作用；龙头竹茎叶水提取物 1％对透明质酸合成酶活性的促进提高 4 倍，也有显著的保湿效果；提取物还有抗氧化、抗炎等作用。

14. 冷杉

欧洲冷杉（*Abies alba*）、香脂冷杉（*A. balsamea*）和西伯利亚冷杉（*A. sibirica*）都为松科冷杉属常绿植物。欧洲冷杉产于北欧，香脂冷杉产于加拿大，西伯利亚冷杉产于俄罗斯。三者类似，化妆品采用的是它们的叶、树干等的提取物或挥发油。

有效成分和提取方法

冷杉油品种不同，但挥发油成分差别细微，主要含 α-蒎烯和 β-蒎烯、苧烯、月桂烯、癸醛、龙脑酯、莰烯等。树干的提取物中含黄酮类化合物。可以水蒸气蒸馏法制取冷杉挥发油，提取物可以水、酒精等为溶剂，按常规方法提取，然后将提取液浓缩至干。如干燥冷杉树皮以甲醇回流提取，得率约 13%。

在化妆品中的应用

冷杉油香气清冽，是香精调配的常用香原料；西伯利亚冷杉油对大肠杆菌、绿脓杆菌、金黄色葡萄球菌、黑色莆状菌和白色念珠菌的 MIC 分别为 0.3%、1.0%、0.3%、0.3% 和 0.3%，可用作抗菌剂；脱脂西伯利亚冷杉心材 95% 丙酮提取物对超氧自由基的消除 IC_{50} 为 $0.015\mu g/mL$，是强烈抗氧剂。

15. 罗布麻

罗布麻（*Apocynum venetum*）为夹竹桃科茶叶花属作物，多年生野生草本韧皮纤维植物，罗布麻主产于我国新疆和甘肃。化妆品采用罗布麻全草提取物。

有效成分和提取方法

罗布麻叶含黄酮类化合物如芸香苷、槲皮素、异槲皮苷、新异芸香苷、儿茶素等，另有蒽酯、谷氨酸、丙氨酸、缬氨酸，氯化钾等。罗布麻可以水、酒精等为溶剂，按常规方法提取，然后浓缩至干为膏状。

在化妆品中的应用

罗布麻水提取物对变异链球菌、大肠杆菌、金黄色葡萄球菌、表皮葡萄球菌、绿脓杆菌有抑制，罗布麻酒精提取物对变异链球菌的抑制可达 75%，远大于水提取物，可作一廉价的抗菌剂；酒精提取物 $10\mu g/mL$ 对神经酰胺生成的促进率为 14%，神经酰胺是皮层内多机能的生化成分，有活肤调理保湿作用，结合它的抗氧性，可用于抗衰化妆品。

16. 蔓生百部

蔓生百部（*Stemonae japonica*）和直立百部（*S. sessiliflia*）为百部科植物，分布于我国江苏、安徽、浙江、江西、福建、湖北、湖南等省，二者性能相似，经常统称为百部，但以蔓生百部为主。化妆品采用的是它们干燥块根的提取物。

有效成分和提取方法

蔓生百部主要含生物碱，有百部碱、次百部碱、异次百部碱、原百部碱、蔓生百部碱等，百部碱是特征成分；另有 β-谷甾醇、豆甾醇、绿原酸、栀子苷和藏红花素等成分。百部可以水、酒精等为溶剂，按常规方法提取，然后将提取液浓缩至干。如 95% 酒精提取，得率约 15% 左右。

在化妆品中的应用

百部提取物有抗菌作用。其 75% 酒精的提取物对金黄色葡萄球菌、石膏样毛癣菌、红色毛癣菌、黑曲霉菌和白色念珠菌的 MIC 分别是 2.5%、0.039%、0.039%、0.156% 和 0.312%；百部水浸液（1∶3）对多种皮肤真菌显抑制作用，此液 20% 浓度时能抑制星奴卡菌生长，40% 浓度时能抑制堇色毛癣菌、许兰黄癣菌、奥杜益小芽孢癣菌和羊毛样小芽孢癣菌生长。百部提取物对面部蠕形螨病有较强的抑制作用，可用于相关的洗涤类制品；提取物有 SOD 样作用，对超氧自由基有较好的消除，表明有抗氧化调理作用。

17. 牡荆

牡荆（*Vitex negundo cannabifolia*）、黄荆（*V. negundo*）和穗花牡荆（*V. agnus-castus*）为马鞭草科牡荆属植物，牡荆和黄荆广泛分布于我国长江流域及南部各省区；穗花牡荆主产于欧洲。三者作用相似，化妆品可采用它们干燥全草的提取物。

有效成分和提取方法

牡荆叶有效成分主要是黄酮化合物，有木犀草素、穗花牡荆苷、异荭草素等及其糖苷，穗花牡荆苷是特征成分。提取物可以水、酒精等为溶剂，按常规方法提取，最后浓缩至干。如干燥牡荆叶以水煮提取，得率为 16.1%；用酒精回流提取，得率为 7.0%。

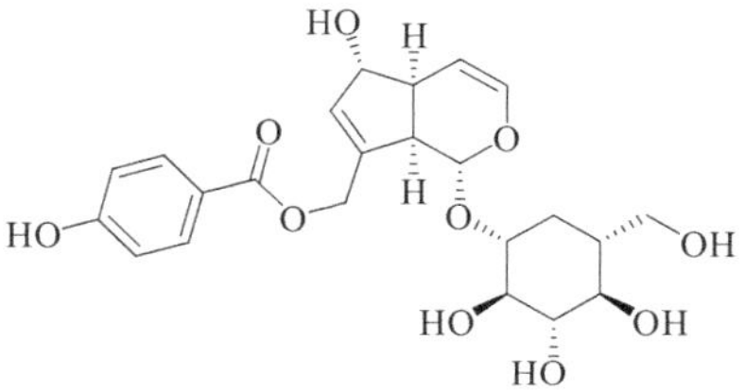

穗花牡荆苷的结构式

在化妆品中的应用

牡荆茎叶水煎剂有抗菌作用，在体外对金黄色葡萄球菌、大肠杆菌、绿脓杆菌、须癣毛癣菌、白色念珠菌的 MIC 均在 $250\sim500\mu g/mL$，可用作天然的抗菌剂；50% 酒精提取物对自由基 DPPH 的消除 IC_{50} 为 $50.53\mu g/mL$，对其他自由基也有良好的消除，可用作抗氧化调理剂；提取物还有美白皮肤、调理皮肤、促进生发和消除炎症等作用。

18. 扫帚叶澳洲茶

扫帚叶澳洲茶（*Leptospermum scoparium*）为桃金娘科澳洲茶属常绿小灌木，主产于新西兰和澳大利亚东海岸，我国以观赏植物种植。化妆品采用其叶油和提取物。

有效成分和提取方法

扫帚叶澳洲茶含挥发成分，主要有纤精酮、纤精醇、异纤精酮、四甲基异丁酰基环己三酮、杜松萜二烯、δ-紫穗槐烯等；非挥发成分已知的是若干黄酮化合物，如 5,7-二甲氧基黄酮、5,7-二甲氧基-6-甲基黄酮等。可以水蒸气蒸馏法制取挥发油，提取物可以水、酒精等为溶剂，按常规方法提取，然后浓缩至干为膏状。

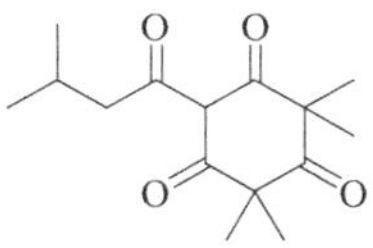

纤精酮的结构式

在化妆品中的应用

扫帚叶澳洲茶挥发油对金黄色葡萄球菌、大肠杆菌、绿脓杆菌和白色念珠菌的 MBC

（最低杀菌浓度）分别为 0.039％、1.25％、1.25％和 0.31％。其甲醇提取物对大肠杆菌、金黄色葡萄球菌、绿脓杆菌、白色念珠菌、须癣菌、黑色弗状菌和痤疮丙酸杆菌的 MBC 分别为 10％、0.67％、10％、3.3％、0.1％、2％和 0.14％。挥发油对螨虫等有杀灭作用，在 60cm³ 的测试箱中加入 1mg，杀灭率超过 90％，可用作抗菌剂、可驱虫剂。

19. 山香

山香（*Hyptis suaveolens*）为唇形科山香属灌木类植物，原产地为热带美洲，现广布于全世界热带地区。中国分布地区有广东、海南、香港、广西、福建和台湾，以全草入药。化妆品主要采用其籽油。

有效成分和提取方法

山香含挥发油，成分有双环大牻牛儿烯、γ-松油醇、石竹烯、桧萜、1,8-桉叶素、匙叶桉油烯醇、柠檬烯等。已知的非挥发成分有没食子酸和并没食子酸，有生物碱和黄酮化合物存在。可以水蒸气蒸馏法制取挥发油，挥发油得率为 0.2％。提取物可以水、酒精等为溶剂，按常规方法提取，然后浓缩至干为膏状。

在化妆品中的应用

山香籽油可用作香料。山香精油对金黄色葡萄球菌、蜡状芽孢杆菌、大肠杆菌、绿脓杆菌和白色念珠菌均有很好的抑制，可用作抗菌剂。山香精油对自由基 DPPH 的消除 IC_{50} 为 3.72mg/mL，有抗氧化性。

20. 芍药

芍药（*Paeonia albiflora*）为毛茛科芍药属植物，我国多地主产。一般认为，芍药野生品的根直接干燥就是赤芍，而栽培品的根去皮水煮后即为白芍。其同科植物川赤芍（*P. veitchii*）与芍药性能相似，化妆品采用它们干燥根茎、花、全草等的提取物，以根提取物为主。

有效成分和提取方法

芍药根含萜类化合物如芍药苷、氧化芍药苷等，其中芍药苷含量最大，是芍药主要成分，也是《中国药典》规定检测含量的成分，如野生芍药根（赤芍）中芍药苷含量大于6％；还含植物甾醇、鞣质等。芍药根可以水、酒精等为溶剂，按常规方法提取，然后将提取液浓缩至干。如水煮提取的得率约为 7.5％，以 50％酒精提取得率约为 30％，用 50％丁二醇提取的得率为 5.1％。

芍药苷的结构式

安全性

国家食药总局和 CTFA 都将芍药根提取物作为化妆品原料，国家食药总局还将川赤芍根的提取物列入，未见它们外用不安全的报道。

在化妆品中的应用

芍药提取物具强烈的抗菌性，对多种癣菌有抑制作用，可用于皮肤癣的防治；1%的浓度对蛀齿菌抑制率为 100%，对致头屑菌也有抑制，可应用于相关产品；水提取物 0.001% 对前列腺素 E-2 生成的抑制率为 92.6%，是作用较广泛的抗炎剂和过敏的抑制剂；提取物 $400\mu g/mL$ 对弹性蛋白酶的抑制率为 60%，$20\mu g/mL$ 对纤维芽细胞的活性促进率为 18%，具活肤抗衰调理功能；提取物尚可用作保湿剂、抗氧化剂、抑臭剂和晒黑剂。

21. 使君子

使君子（*Quisqualis indica*）是使君子科使君子属攀援状灌木，分布于中国、印度、缅甸、菲律宾等地。化妆品采用其干燥成熟果的提取物。

有效成分和提取方法

使君子果中含生物碱如 N-甲基烟酸内盐、脯氨酸、葫芦巴碱等，葫芦巴碱是《中国药典》规定检测的成分，胡芦巴碱不得少于 0.20%；另含有植物甾醇及其糖苷。提取物可以水、酒精等为溶剂，按常规方法提取，最后将提取液浓缩至干。

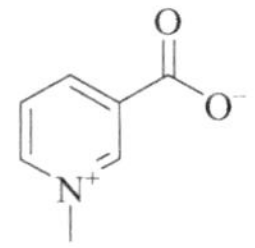

葫芦巴碱的结构式

在化妆品中的应用

使君子果水提取物在体外对堇色毛癣菌、同心性毛癣菌、许兰氏黄癣菌、奥杜盎氏小芽孢癣菌、铁锈色小芽孢癣菌、羊毛状小芽孢癣菌、腹股沟表皮癣菌、星形奴卡氏菌等皮肤真菌有不同程度的抑制作用，可用于对湿疹皮炎的防治。

22. 松萝

须松萝（*Usnea barbata*）和光滑松萝（*U. barbata glabrescens*）为梅衣科松萝属地衣类生物，在世界各地均有分布，为野生动物食料，也可作为饲料，两者性能相似。化妆品采用它们全株的提取物。

有效成分和提取方法

须松萝含多种地衣酸，其中以松萝酸为主要成分，其余有袋衣酸、袋衣甾酸、兜衣酸等；另有多糖成分存在，统称为地衣多糖或地衣聚糖。须松萝可以水、酒精等为溶剂，按常规方法提取，然后将提取液浓缩至干。

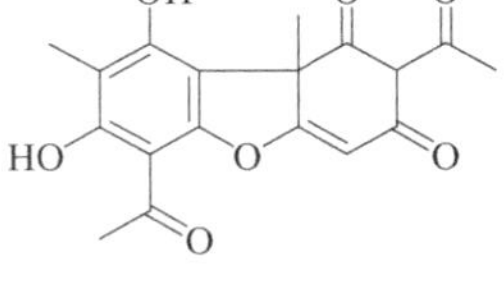

松萝酸的结构式

安全性

国家食药总局和 CTFA 都将须松萝提取物作为化妆品原料，国家食药总局还将光滑松萝列入，未见其外用不安全的报道。

在化妆品中的应用

须松萝甲醇提取物对枯草杆菌和金黄色葡萄球菌的 MIC 都为 0.1mg/mL；丙酮提取物对大肠杆菌和绿脓杆菌的 MIC 分别为 0.5mg/mL 和 5.0mg/mL，可用作抗菌剂；水提取物 0.1% 对胶原蛋白生成的促进率为 20%，有活肤调理作用；提取物 78μg/mL 对前列腺素 E-2 生成的抑制率为 63.6%，可用作抗炎剂；提取物还有抗氧化和美白皮肤的作用。

23. 尾穗苋

尾穗苋（*Amaranthus caudatus*）为苋科苋属植物，原产于热带地区，在我国多地均有野生或栽培，化妆品主要采用它们籽的提取物。

有效成分和提取方法

尾穗苋的籽除含卵磷脂外，已明了的化合物有原儿茶酸、对羟基苯乙酸、咖啡酸、香豆酸、阿魏酸、水杨酸等，并有生物碱存在。苋菜籽含丰富的胡萝卜素。尾穗苋籽可以水、酒精等为溶剂，按常规方法提取，然后浓缩至干为膏状。如尾穗苋籽用酒精室温浸渍，提取得率为 0.3%。

在化妆品中的应用

尾穗苋籽水提取物对大肠杆菌、金黄色葡萄球菌、绿脓杆菌、痤疮丙酸杆菌、白色念珠菌、黑色弗状菌等有较强的抑制作用，可用作洗面奶或洗手液中的抗菌剂。籽酒精提取物 0.01% 对酪氨酸酶活性的抑制率为 57%，可用于皮肤美白制品；提取物还有抗氧化调理作用。

24. 狭叶青蒿

狭叶青蒿（*Artemisia dracunculus*）也称龙蒿，为菊科龙蒿属多年生半灌木草本植物。龙蒿主产于东北亚、蒙古、俄罗斯和东欧，在我国大部分地区均有分布，尤以北部及西北部较多。化妆品采用其干燥全草、叶/茎、根、籽的提取物。

有效成分和提取方法

龙蒿的主要有效成分为龙蒿油，主要含有龙蒿脑 60%～70%，并有茵陈酮、罗勒烯、β-蒎烯、水芹烯、对甲氧基肉桂醛和叶酸等。但龙蒿的产地不同，龙蒿油成分的变化较大。此外，龙蒿还含有丰富的脂肪酸，如二十二碳四烯酸、二十二碳多烯酸、亚油酸、亚麻酸、月桂酸、芥酸等。龙蒿可以水、酒精等为溶剂，按常规方法提取，然后浓缩至干为膏状；从干龙蒿全草以水蒸气法制取精油，得率为 1%～2%。

龙蒿脑的结构式

在化妆品中的应用

龙蒿精油是一种天然香料；龙蒿油具有很强的抑菌效果，有望用作天然防腐剂；酒精提取物 200μg/mL 对 NF-κB 细胞的活性的抑制率为 31%，NF-κB 细胞的活化是发生炎症的标志之一，结合提取物其他抗炎数据，可用于防治粉刺；提取物 0.1mg/mL 对 β-氨基己糖苷酶的抑制率为 57.9%，可用作抗过敏剂；提取物还可用作皮肤美白剂和抗衰防皱剂。

25. 香柠檬

香柠檬（*Citrus aurantium bergamia*）是芸香科柑橘属小乔木，原产于意大利，现主产于意大利和科特迪瓦。化妆品采用香柠檬果、叶油和提取物。

有效成分和提取方法

香柠檬含挥发油，主要含苎烯、乙酸芳樟酯、芳樟醇、α-松油醇、橙花醇、二氢莳萝醇、柠檬醛、香柠檬酚、邻氨基苯甲酸甲酯等。香柠檬油由果实的果皮经压榨而得，为绿至绿黄色澄清液体，具新鲜香柠檬果皮香气。

在化妆品中的应用

香柠檬油主要用于日用和食品香精。香柠檬油和提取物有抗菌性，对痤疮丙酸杆菌有抑制作用，对油性皮肤所致痤疮有防治作用。香柠檬油 0.1% 对糖化反应的抑制率为 38%，香柠檬果的水提取物 50μg/mL 对胶原蛋白酶的抑制率为 17.8%，有抗衰调理作用。但高浓度香柠檬油与皮肤接触会致过敏、光敏或皮肤色素沉着。

26. 香橼

普通香橼（*Citrus medica vulgaris*）和香橼（*C. wilsonii* 或 *C. medica limonum*）为芸香科柑橘属常绿小乔木。主产于浙江、江苏、广东、广西等地。化妆品主要采用的是它们的果实、果皮、花/叶等的提取物。

有效成分和提取方法

香橼成熟果实含橙皮苷、柠檬酸、苹果酸、粟胶、鞣质、维生素及挥发油等。果实含油 0.3%～0.7%，果皮含油 6.5%～9%，其成分为 d-柠檬烯、柠檬醛、水芹烯和柠檬油素。香橼果皮经冷榨、蒸馏、浸提等方法可制取香橼皮油或香橼油。果皮或果实也可采用水、酒精等为溶剂，按常规方法制取相应的提取物。

安全性

国家食药总局和 CTFA 将普通香橼作为化妆品原料，中国卫生部还将香橼列入，未见外用不安全的报道。

在化妆品中的应用

香橼果皮精油对黑曲霉、酿酒酵母、大肠杆菌、金黄色葡萄球菌、枯草杆菌的 MIC 分别为 0.31mg/mL、0.63mg/mL、1.25mg/mL、1.25mg/mL 和 1.25mg/mL，可用作抗菌剂和防腐剂；精油 10mg/mL 对自由基 DPPH 的消除率为 26.1%，对羟基自由基消除的 IC_{50} 为 0.32mg/mL，对双氧水消除的 IC_{50} 为 0.148mg/mL，可用作抗氧化剂。香橼干果酒精提取物对透明质酸酶的活性有抑制，有保湿作用。

27. 洋葱

洋葱（*Allium cepa*）为百合科葱属植物草本植物。洋葱在我国分布很广，是我国主栽蔬菜之一。化妆品采用的是它们的鳞茎提取物。

有效成分和提取方法

洋葱含挥发油，挥发油中富含蒜素、硫醇、三硫化物等；含黄酮类化合物如槲皮素及其苷；另含咖啡酸、芥子酸、桂皮酸、柠檬酸盐、多糖、甾体皂苷类和多种氨基酸。洋葱鳞茎可以水、酒精等为溶剂，按常规方法提取，然后浓缩至干为膏状。干燥的洋葱鳞茎用99.5%酒精室温浸渍，提取得率约为16%。

在化妆品中的应用

洋葱鳞茎水提取物 $20\mu g/mL$ 对胶原蛋白生成的促进率为14.7%，$50\mu g/mL$ 对胶原蛋白酶活性的抑制率为18.4%，99.5%酒精提取物 $100\mu g/mL$ 对谷胱甘肽生成的促进率为18%，可用作化妆品的抗衰剂。洋葱的挥发性成分等对白喉杆菌、结核杆菌、痢疾杆菌、葡萄球菌及链球菌有抑菌作用，在试管内对多种皮肤真菌、痤疮丙酸杆菌也有抑制作用，可用作抗菌剂。提取物尚可用作皮肤调理剂和减肥剂。

28. 依兰花

依兰花（*Cananga odorata*）为番荔枝科依兰属植物，主产于菲律宾和马来西亚，在我国台湾、福建、广东、广西均有种植。化妆品采用其花油、花蜡和花提取物。

有效成分和提取方法

依兰花油含挥发油，有安息香酸、麝子油醇、牻牛儿醇、芫荽油醇、乙酸苯酯、丁香酚、黄樟脑、杜松萜烯和松油萜等。花提取物的非挥发成分有生物碱如依兰碱、O-甲基芒籽碱、鹅掌楸碱等，另有 γ-桉油醇、原儿茶酸。可以水蒸气蒸馏法制取依兰花挥发油，提取物可以水、酒精为溶剂，按常规方法提取，然后将提取液浓缩至干。

在化妆品中的应用

依兰花精油是一种香料；有抗菌性，对枯草杆菌、金黄色葡萄球菌、大肠杆菌、绿脓杆菌、黑色蒴状菌、白色念珠菌均有强烈的抑制作用，可用作抗菌剂。但过度使用依兰花精油可能会导致头痛和呕吐，也可能会刺激敏感性皮肤，皮肤发炎或患湿疹者应避免使用。依兰花提取物可用作皮肤调理剂。

第二章
皮肤外观的改善

第一节　紧肤

以收紧皮肤或收敛肌肤为目的的护肤品称为紧肤化妆品。

皮肤松弛是皮肤老化的第一症状，原因有蛋白纤维与蛋白纤维之间或与其他纤维的结合力下降、细胞与细胞之间连接力退化、皮肤经历脂肪堆积过多而后皮下脂肪又流失令皮肤失去支持而松垂等。最根本的原因是皮层细胞的能力不够、新生细胞补充不足、老化细胞去除不力。对角质形成细胞增殖的促进、对纤维芽细胞增殖等的促进、对胶原蛋白纤维凝胶团的收缩作用等可以作为紧肤和收敛的评判方法。

1. 白松露菌

白松露菌（*Tuber magnatum*）为野生真菌类，松露的一种，只生长在意大利北部和中部的山区，是食用菌。化妆品采用其子实体的提取物。

有效成分和提取方法 ┃

白松露菌子实体含丰富的蛋白质、氨基酸、不饱和脂肪酸、腺苷、鞘脂类化合物如脑苷脂和神经酰胺等，含高浓度的多酚类物质，为湿品的 0.01％。白松露菌子实体以水提取，提取得率约为 1.5％。但产品一般以其水溶液的形式出售，其中至少含 2％的 1,2-己二醇作防腐剂。

在化妆品中的应用 ┃

白松露菌水提取物对成纤维细胞和角质细胞的增殖都有促进作用，0.5％时分别增殖 25％和 37％，使皮肤紧致而有弹性，有调理抗衰作用；可抑制黑色素细胞生成黑色素，0.5％时抑制率为 23％，用作皮肤美白剂。

2. 猕猴桃

中华猕猴桃（*Actinidia chinensis*）、刺毛猕猴桃（*A. chinensis sitosa*）、软枣猕猴桃（*A. arguta*）、美味猕猴桃（*A. deliciosa*）、硬毛猕猴桃（*A. chinensis hispida*）和葛枣猕猴桃（*A. polygama*）为猕猴桃科猕猴桃属植物，原产于我国南方，后移植至新西兰、意大利等国。六者在成分方面区别不大，在这里统称为猕猴桃。化妆品主要采用其果或籽的提取物。

有效成分和提取方法 ┃

猕猴桃是维生素 C 之王，每 100g 猕猴桃鲜果，含维生素 C 100～420mg；含有黄酮化合物如儿茶素、表儿茶素、原花青素 B_2、原花青素 B_3、原花青素 B_4 及原花青素的二聚体、槲皮素、山柰素等多酚类物质，以槲皮素含量最大；另含皂苷类成分如 2α-羟基齐墩果酸等；含甾类化合物如 β-谷甾醇等。猕猴桃果仁油的脂肪酸中不饱和脂肪酸达 80％（质量分数）以上，其中以 α-亚麻酸和亚油酸为主。猕猴桃干果一般采用酒精、丙二醇或 1,3-丁二醇为溶剂提取。如用 80％的甲醇浸渍提取，得率约为 5％；用 70％酒精提取得率约为 2.8％。

在化妆品中的应用 ┃--

猕猴桃 50％酒精提取物 0.003％对胶原蛋白凝胶的收缩率为 15％，可用于紧肤化妆品；猕猴桃中含有特别多的果酸，果酸能够抑制角质细胞内聚力及黑色素沉淀，促进它们的有丝分裂，可有效地祛除过度的角质层或淡化黑斑，在改善和调理干性或油性肌肤组织上也有显著的功效；对皮肤有美白作用；提取物 0.2mg/mL 对 I 型胶原蛋白的生成促进率为 32％，0.01％对胆甾醇的生物合成促进率为 16％，表明能改善分泌皮脂的组成，起柔润肌肤的作用。提取物还可用作清除自由基剂和保湿调理剂。

3. 牡丹

牡丹（*Paeonia suffruticosa*）属毛茛科芍药属灌木，全国各地都有种植，主产于我国河南、河北、山东、四川等地。中药牡丹皮为牡丹的干燥根皮。化妆品采用牡丹枝/花/叶的提取物、愈伤组织提取物、干燥根皮的提取物等，以根皮提取物为主。

有效成分和提取方法 ┃--

牡丹皮含酚类、萜类、苷类、甾醇生物碱、植物甾醇、鞣质和挥发油等化学成分，其中主要特征和活性成分有牡丹皮原苷（酶解后生成牡丹皮酚和丹皮酚苷）、丹皮酚（2-羟基-4-甲氧基苯乙酮）、丹皮多糖、芍药苷、芍药酚等，丹皮酚是《中国药典》规定检测含量的成分。牡丹根皮可以水、酒精等为溶剂，按常规方法加热提取或室温浸渍，然后将提取液浓缩至干。如用 95％的酒精提取，得约 3％的提取物。

丹皮酚的结构式

在化妆品中的应用 ┃--

牡丹皮 50％丁二醇提取物对胶原蛋白纤维凝胶的收缩率为 9％，提取物对皮肤的真皮层有收敛作用，结合其对脂肪酶活性抑制的减肥作用，可用于紧肤和祛除眼袋的化妆品；50％酒精提取物可将 β-防卫素的生成提高 3 倍，提取物还对金属蛋白酶和白介素等有抑制，显示提取物有良好的抗炎性，结合其抗菌性，可用于粉刺的防治等；提取物对弹性蛋白酶有抑制作用，对组织蛋白酶有激活作用，并可促进成纤维细胞等的增殖，结合它优秀的抗氧化性，可用于抗衰化妆品；提取物还可用作皮肤增白剂、保湿剂、调理剂和除臭剂。

4. 牛蒡

牛蒡（*Arctium lappa*）、五月牛蒡（*A. majus*）和小牛蒡（*A. minus*）为菊科牛蒡属植物。牛蒡原产于我国，现我国大部分地区都有种植；五月牛蒡现主产于日本；小牛蒡主产于欧洲。化妆品采用的是它们全草、籽、叶、根等的提取物，以牛蒡籽的提取物应用为主。

有效成分和提取方法

牛蒡子含化学成分复杂，主要有木脂素类、脂肪油、糖、蛋白质、挥发油，此外含酚类成分、脂肪酸及少量的生物碱、甾醇、类胡萝卜素、维生素 B 及醛类、多炔类物质。牛蒡子苷是牛蒡的特征性成分，属木脂素类化合物，牛蒡子苷经水解得牛蒡子素。牛蒡子苷是《中国药典》规定检测含量的成分。牛蒡子脂肪油为棕榈酸、硬脂酸、油酸和亚麻红油酸的甘油酯。牛蒡子的提取方法有多种，可以直接用水、浓度不同的酒精水溶液等提取；也可以将牛蒡子经脱脂后，再用酒精提取，以制取较高含量的牛蒡子苷。

牛蒡子苷的结构式

在化妆品中的应用

牛蒡子水提取物 0.01％对胶原蛋白纤维凝胶的收缩率为 10％，可以收敛肌肤和缩小毛孔，用作紧肤剂；牛蒡子 30％酒精提取物对 NF-κB 受体活化的抑制率为 49.3％，对过氧化物酶激活受体有活化作用及对金属蛋白酶的抑制，显示有抗炎性，并能促进皮肤伤口的愈合，结合它的抑菌作用，可用于皮肤炎症的防治，适用于如粉刺类制品；牛蒡子 40％丁二醇提取物 1.0％对组织蛋白酶 D 活化的促进率为 84％，表现为抗衰活性，可用于抗老化妆品；牛蒡子提取物还有抗菌化、抗氧、抑制过敏等作用。牛蒡根提取物均有调理作用。

5. 山茱萸

山茱萸（*Cornus officinalis*）为山茱萸科植物山茱萸的干燥成熟果肉。主产于我国浙江、安徽。秋末冬初果皮变红时采收果实，用文火烘或置沸水中略烫后，及时除去果核，干燥。化妆品主要采用其干燥果肉提取物。

有效成分和提取方法

山茱萸果含环烯醚萜苷马钱苷、莫诺苷、獐牙菜苷等，其中马钱苷的含量最高，《中国药典》标准之一是马钱苷的含量不得少于 0.60％；含三萜皂苷熊果酸、齐墩果酸、香树脂醇等，其中熊果酸的含量最高，也是《中国药典》规定检测含量的成分，熊果酸的含量不得少于 0.20％，其余有 β-谷甾醇、亚油酸、维生素 E、亚麻酸甲酯、没食子酸等成分。山茱萸可以水、酒精等为溶剂，按常规方法加热提取，最后将提取液浓缩至干。如干山茱萸果肉以水在 80℃加热提取，得率约为 30％。

马钱苷的结构式

在化妆品中的应用 ▌- -

　　山茱萸 50％丁二醇提取物 5μg/mL 对角质形成细胞增殖的促进率为 55％，并可促进胶原蛋白的生成，具紧肤和活肤作用；山茱萸热水提取物 0.5mg/mL 对脂肪分解的促进率为 15.9％，优于降肾上腺素（浓度 0.05μg/mL 时，促进率 8.5％）的效果，可用于减肥化妆品。提取物对超氧自由基、羟基自由基等均有消除作用，是很好的化妆品用抗氧化剂；山茱萸 50％酒精提取物 1％对巨噬细胞的活化促进率为 25％，巨噬细胞可吞噬黑色素，因此有淡化皮肤色泽的作用。提取物还有促进生发、缓解过敏等作用。

6. 仙鹤草

　　仙鹤草（*Agrimonia pilosa*）和欧龙牙草（*A. eupatoria*）为蔷薇科龙牙草属多年生草本植物。仙鹤草也称为龙牙草。仙鹤草在中国大部分地区均有分布，主产于浙江、江苏、湖北、黑龙江等地；欧龙牙草生长于美国、加拿大及欧洲，我国许多地区也有分布。两者性能相似，化妆品采用其干燥全草提取物。

有效成分和提取方法 ▌- -

　　仙鹤草全草含有挥发油，含量最多的是 6,10,14-三甲基-2-十五烷酮，占总挥发油的 19.19％；其次为 α-没药醇，占 12.5％。非挥发成分有仙鹤草素、仙鹤草内酯、鞣质、甾醇、有机酸、仙鹤草酚（A、B、C、D、E）、皂苷、黄酮类和糖苷类等化合物。其中仙鹤草酚 B 是《中国药典》规定定性检测的成分。欧龙牙草全草也含 4 种仙鹤草素、仙鹤草内酯等。仙鹤草可以水、酒精、1,3-丁二醇等为溶剂，按常规方法提取，然后浓缩至干为膏状。如以 95％酒精提取，得率约为 4％。

仙鹤草酚 B 的结构式

在化妆品中的应用 ▌- -

　　仙鹤草 50％酒精提取物 0.2μg/mL 对脂肪酶活性的抑制率为 52.1％，酒精提取物 0.1％对皮肤的紧致收敛率为 35.7％，可用于紧肤类制品；仙鹤草酒精提取物 0.05％对弹性蛋白酶活性的抑制率为 62.2％，50μg/mL 对胶原蛋白酶活性的抑制率为 63.8％，100μg/mL 对Ⅰ型胶原蛋白生成的促进率为 69.8％，可提高皮肤新陈代谢并缓解皱纹的生成；仙鹤草 50％酒精提取物 1.0％对花粉过敏的抑制率大于 90％，对 β-己糖胺酶活性也有抑制；提取物还可用于抗氧化、保湿、抗炎和抗菌制品。

7. 香菇

　　香菇（*Cortinellus shiitake* 或 *Lentinus edodes*）为菌科植物香菇的子实体，寄生于栗、

柯、槲等树干上，现通常都用人工培养，我国多地均有种植。化妆品采用其子实体干品的提取物。

有效成分和提取方法

香菇含氨基酸组氨酸、谷氨酸、丙氨酸、亮氨酸、苯丙氨酸、缬氨酸、天门冬氨酸、天门冬素等，其中谷氨酸含量最高，为 $1\%\sim7.5\%$；含蛋白质白蛋白、谷蛋白、醇溶蛋白，三者之比为 100∶63∶2；含甾醇，有麦角甾醇、菌甾醇等，香菇中的麦角甾醇，无论用日光或紫外线照晒，皆可转变为维生素 D_2；另含生物碱，有胆碱、腺嘌呤等。香菇可以水、酒精、1,3-丁二醇等为溶剂，按常规方法加热提取，然后将提取液浓缩至干。以提取溶剂 50%酒精为例，提取得率为 $7\%\sim8\%$。

香菇麦角甾醇的结构式

在化妆品中的应用

香菇水提取物 0.01% 对胶原纤维团的收缩率为 10%，有紧肤收敛效果。水提取物 $5\mu g/mL$ 对腺嘌呤核苷三磷酸生成的促进率为 7.4%，50%酒精提取物 $25\mu g/mL$ 对纤聚蛋白增长的促进率为 22.8%，对皮层细胞有激活作用，可用于抗衰防皱调理制品。提取物还有美白皮肤作用。

8. 茵陈蒿

茵陈为菊科植物滨蒿（*Artemisia scoparia*）或茵陈蒿（*Artemisia capillaris*）的干燥地上部分。这两种植物性能相似。化妆品用其全草、叶的提取物。

有效成分和提取方法

茵陈蒿含有大量挥发油，油中主要为 α-蒎烯、茵陈二炔酮、茵陈烯酮、茵陈醇等；非挥发成分主要有滨蒿内酯（6,7-二甲氧基香豆素）、绿原酸、咖啡酸、茵陈色原酮、甲基茵陈色原酮等化合物，茵陈二炔酮是特征成分。滨蒿的主要成分是绿原酸，含量接近 2%，《中国药典》将滨蒿内酯和绿原酸都规定为检测含量的成分。茵陈精油可采用水蒸气蒸馏法制取，提取物可以水、酒精等为溶剂，按常规方法提取，然后浓缩至干为膏状。如干燥茵陈蒿用 50%的酒精回流提取，得率约为 15.0%。

滨蒿内酯的结构式

安全性

国家食药总局将茵陈蒿和滨蒿提取物作为化妆品原料，而 CTFA 仅将茵陈蒿提取物作为化妆品原料。未见它们外用不安全的报道。

在化妆品中的应用

茵陈蒿和滨蒿提取物可以作为抗菌药物添加到各类化妆品中，抑制细菌、真菌的生长，不仅延长了化妆品的保质期，对一些皮肤病具有治疗效果，建议用量为0.02%；在预防体臭的用品中也可使用茵陈蒿提取物；$5\mu g/mL$茵陈蒿提取物对B-16黑色素细胞活性的抑制效果与$200\mu g/mL$的熊果苷相同，结合其抗氧化性，可用作化妆品美白剂；提取物对蛋白质有凝聚收缩作用，半收缩浓度AC_{50}为$58\mu g/mL$，对皮肤有紧致作用；提取物还可用作生发剂、抗炎剂、调理剂和减肥剂。

9. 紫苏

紫苏（*Perilla ocymoides*）和白苏（*P. frutescens*）为唇形科一年生草本植物。在我国华北、华中、华南、西南及台湾均有野生种和栽培种。化妆品主要采用它们全草、叶、幼芽、愈伤组织、花和籽的提取物，以紫苏提取物的应用为主。

有效成分和提取方法

紫苏含有挥发油，主要成分是左旋紫苏醛，其余为左旋紫苏烯、紫苏酮、异紫苏酮、香薷酮等。非挥发成分中的黄酮化合物有紫苏苷和木犀草素等；紫苏苷属花青素类混合色素，含2%～3%，主要成分为紫苏素和紫苏宁；酚酸类成分有咖啡酸和迷迭香酸等；其余为类胡萝卜素等。《中国药典》仅将左旋紫苏醛作为检测含量的成分。紫苏叶可以水、酒精等为溶剂，按常规方法提取，最后浓缩至干。以水为溶剂的提取率为20%；50%酒精的提取率为19%，而95%酒精提取率为5%～6%。

左旋紫苏醛的结构式

在化妆品中的应用

紫苏挥发油的抑菌、防腐能力明显优于尼泊金乙酯和苯甲酸，而且具有用量小、安全性高、不受pH制约等优点，并兼有防腐和香味的双重效果，可用作广谱、高效、天然的食品、化妆品及药品的防腐剂。在表皮细胞培养中，紫苏提取物对神经酰胺和胶原蛋白Ⅳ的生成等有促进作用，$10\mu g/mL$增殖79.8%，显示可改善皮肤的柔润状况，有活肤调理作用；紫苏提取物对胶原蛋白纤维凝胶呈收缩作用，0.01%时体积收缩23%，具收敛功能，可改善皮层的松弛度；紫苏提取物对雄性激素系统的5α-还原酶有抑制，0.1%时抑制47%，并对人毛乳头细胞有增殖作用，$1\mu g/mL$增殖35%，可用于防治因雄性激素失调而引发的脱发并促进生发；紫苏提取物对蛋氨酸酶有抑制，结合紫苏提取物的抗菌性，可减轻体臭的程度；紫苏提取物对透明质酸酶有抑制作用，也可抑制组胺释放，有抗炎和抗过敏作用；紫苏提取物还可用于抗氧化剂、红血丝防护剂、皮肤增白剂和减肥剂。

第二节 毛孔收缩

角质层粗厚、毛孔松弛和老化、皮肤干性化或油性化等都会导致皮肤毛孔的粗大。毛孔收缩剂用于收敛毛孔直径尺寸，可采用显微技术来测定。

1. 兵豆

兵豆（*Lens esculenta*）为豆科植物，种子可食，在印度称为食用扁豆，主要种植于地中海地区和亚洲南部与西部。我国所产兵豆不是此种。化妆品主要采用其种子的提取物。

有效成分和提取方法

兵豆种子含亚油酸、油酸等不饱和脂肪酸，另有多种维生素如维生素 A、维生素 B_1、维生素 B_2、维生素 B_3、维生素 B_5、维生素 B_6、维生素 B_{12}、维生素 B_{15}、维生素 B_{17}、维生素 C、维生素 K，胆碱、叶酸、辅酶 Q10、木脂素等，种皮富含儿茶素及其糖苷、表儿茶素、棓儿茶素和原花青素。兵豆种子可以水、酒精等为溶剂，按常规方法提取，然后浓缩至干为膏状。

在化妆品中的应用

兵豆水提取物 1％对谷氨酰胺转氨酶 1 表达的促进率为 34％，对外皮蛋白表达的促进率为 27％；0.25％时对Ⅰ型胶原蛋白生成的促进率为 69％，结合它的抗氧化性，有活肤作用，可用于抗衰调理化妆品。提取物 0.1％对 5α-还原酶活性的抑制率为 43.9％，有抑制皮脂分泌效果；提取物 1mg/mL 对毛孔的收缩率为 33.6％。

2. 车前草

车前草（*Plantago asiatica*）、平车前（*P. depressa*）、大车前（*P. major*）、大叶车前（*P. lanceolata*）和卵叶车前（*P. ovata*）是车前草科车前属草本植物，前四种车前主产于我国河南省，卵叶车前产于欧洲，五者性能相似，但以车前草最为重要。化妆品采用它们干燥全草和籽的提取物。

有效成分和提取方法

车前草籽含有的大量黏液质车前子胶，属多糖类成分，其中含有 L-阿拉伯糖、D-半乳糖、D-葡萄糖、D-甘露糖、L-鼠李糖、D-葡萄糖酸及少量 D-木糖和岩藻糖；含黄酮化合物，有木犀草素、高车前苷、车前苷等；环烯醚萜类成分有大车前苷、桃叶珊瑚苷、京尼平苷酸等，《中国药典》将大车前苷作为检测的成分；三萜类化合物有熊果酸、乌苏酸等；甾醇有 β-谷甾醇、β-谷甾醇棕榈酸酯等主要成分。车前草和籽可以水、酒精等为溶剂，按常规方法提取，然后将提取液浓缩至干。如干燥车前草全草用酒精提取，得率约为 10％；车前草籽以水为溶剂提取的得率约为 3.5％，酒精提取的得率约为 5.2％。

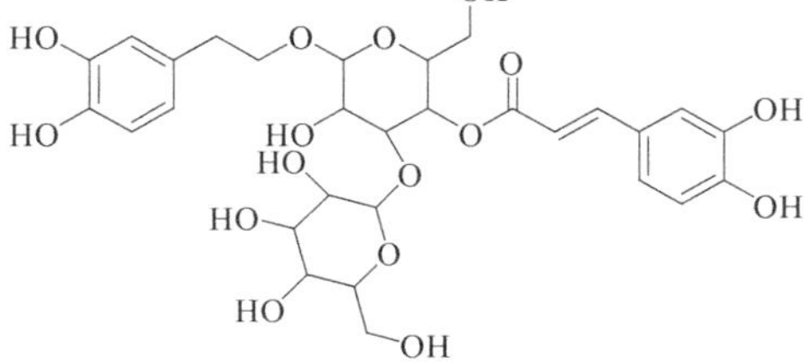

大车前苷的结构式

国家食药总局和CTFA都将车前草、大车前、大叶车前和卵叶车前提取物作为化妆品原料，国家食药总局还将平车前列入，未见它们外用不安全的报道。

在化妆品中的应用 ▐

车前草提取物对若干自由基有很好的清除作用，籽提取物0.5%对自由基DPPH的消除率为83.9%，与车前草提取物对两个脂氧合酶的抑制作用相一致，有抗氧化性，可用作化妆品的抗氧化剂；车前草提取物对组织蛋白酶的活化有促进作用，组织蛋白酶活性的降低与皮肤疾患的发生有关，与车前草抗炎作用一致；籽提取物0.5%对免疫球蛋白IgE生成抑制率为46%，可抑制Ⅰ型皮肤超敏反应；提取物对β-半乳糖苷酶活性的IC_{50}为663.6μg/mL，此意味着可以提高局部雌激素的水平；提取物6mg/mL经涂敷后对皮肤毛孔收缩率为73.7%，有明显作用，可用于毛孔收缩制品；车前草提取物也可用于皮肤美白剂、皮肤调理剂和抑制体臭剂。

3. 刺柏

刺柏（*Juniperus formosana*）、酸刺柏（*Juniperus oxycedrus*）、欧刺柏（*J. communis*）和墨西哥刺柏（*J. mexicana*）为柏科刺柏属多年生常青植物。刺柏主产于中国，酸刺柏和欧刺柏现广泛分布在地中海沿岸地区，我国多地引种栽培；墨西哥刺柏主产于美国西南地区和墨西哥，四者性能相近。化妆品采用它们木质部、果等的挥发油和提取物。

有效成分和提取方法 ▐

酸刺柏果油含挥发成分，主要是α-蒎烯、β-月桂烯、水芹烯和柠檬烯；木质部挥发成分有δ-杜松萜烯、罗汉柏烯、依兰油烯、β-石竹烯、愈创木酚和木焦油醇。刺柏木质部非挥发成分主要是黄酮化合物，另有顺式半日花三烯酸甲酯、南洋杉酸甲酯、顺式樱柏酸等。可以水蒸气蒸馏法制取刺柏挥发油，提取物可以水、酒精等为溶剂，按常规方法提取，然后浓缩至干为膏状。如欧刺柏树皮用甲醇回流提取，得率约为18%；欧刺柏干果用50%酒精提取，得率为2.74%。

安全性 ▐

国家食药总局和CTFA将后四种刺柏提取物作为化妆品原料，国家食药总局还将刺柏列入，未见它们外用不安全的报道。

在化妆品中的应用 ▐

欧刺柏和墨西哥刺柏精油可用作化妆品香料。酸刺柏精油有抗菌性，它是制造药用软膏的主要原料，是治疗慢性及湿疹性皮肤疾病的成分之一，也可抑制头屑的生成；酸刺柏果提取物0.5%对Ⅳ型胶原蛋白生成的促进率为20%，0.001%对层粘连蛋白生成的促进率为17%，可用于活肤抗衰化妆品；欧刺柏50%酒精提取物6mg/mL涂敷对皮肤毛孔的收缩率为64.3%，可用作毛孔收缩剂；欧刺柏果提取物0.5%对肿瘤坏死因子-α产生的抑制率为44.8%，1mg/mL对前列腺素E-2分泌的抑制率为55%，有抗炎作用；提取物还有保湿、抗氧化调理和减肥的作用。

4. 东北红豆杉

东北红豆杉（*Taxus cuspidata*）是红豆杉科红豆杉属常绿乔木或灌木，主要分布在我国长白山地区、日本和朝鲜。化妆品主要采用其叶的提取物。

有效成分和提取方法

东北红豆杉叶含紫杉素 A、紫杉素 H、紫杉素 K、紫杉素 L，是其特征成分；另有尖叶土杉甾醇、蜕皮甾酮、β-谷甾醇、金松双黄酮、槲皮素、山柰酚等。东北红豆杉叶可以水、酒精等为溶剂，按常规方法提取，然后将提取液浓缩至干。

紫杉素的结构式

在化妆品中的应用

东北红豆杉叶 70% 酒精提取物 5% 涂敷对巨大毛皮脂腺孔面积的收缩率为 12.2%，可用作皮肤毛孔收敛剂；提取物 1mg/mL 对单线态氧的消除率为 41.1%，对其他自由基也有消除作用，可用作抗氧化剂；提取物 $100\mu g/mL$ 对 5α-还原酶活性的抑制率为 96%，可促进生发和抑制脱发；提取物还有保湿和调理作用。

5. 防风

防风（*Saposhnikovia divaricate*）为伞形科多年生草本植物，主要分布于我国的东北、河北、四川。化妆品采用其干燥根的提取物。

有效成分和提取方法

防风根含很多香豆素类化合物如香柑内酯、补骨脂、欧前胡素、东莨菪素等；含色原酮类化合物如 5-*O*-甲基维斯阿米醇苷（亥茅酚）、乙酰亥茅酚、当归酰亥茅酚等，5-*O*-甲基维斯阿米醇苷是《中国药典》规定检测含量的成分；含有 3 种多糖、D-甘露醇、木蜡酸、胡萝卜苷、β-谷甾醇等。防风可以水或酒精为溶剂，按常规方法提取，然后浓缩至干。如以水提取，得率在 7.7% 左右。可采用水蒸气蒸馏法提取防风挥发油。

5-*O*-甲基维斯阿米醇苷的结构式

在化妆品中的应用

防风 50% 酒精提取物 $600\mu g/mL$ 皮肤涂敷，对毛孔的收缩率为 65.65%，是紧肤用添加剂；提取物 $200\mu g/mL$ 对白介素 IL-1β 生成的抑制率为 43%，对 LPS 诱发 NO 生成的抑制率为 17%，有抗炎性，有外用镇痛作用；提取物 2mg/mL 对脂肪水解的促进率为 38%，比降肾上腺素有效，为安全有效的脂肪水解促进剂，可用于减肥产品；防风提取物有极好的吸湿能力，可用于干性皮肤的防治和调理；提取物还有抗菌、驱虫和抗氧化作用。

6. 粉防己

粉防己（*Stephania tetrandra*）又名汉防己，为防己科植物，主产于我国浙江、安徽、湖北、湖南等地。化妆品采用其干燥根部的提取物。

有效成分和提取方法

粉防己含多种生物碱，是主要活性成分，其中主要为异喹啉生物碱如粉防己碱、去甲基粉防己碱、小檗胺等。其中以粉防己碱含量最大，约1%，是《中国药典》规定检测含量的成分；另有黄酮类化合物、多酚类成分、有机酸和挥发油等。粉防己可以水、酸性水、酒精等为溶剂，按常规方法提取，最后浓缩至干。以甲醇提取为例，如上操作的得率约为5.6%。

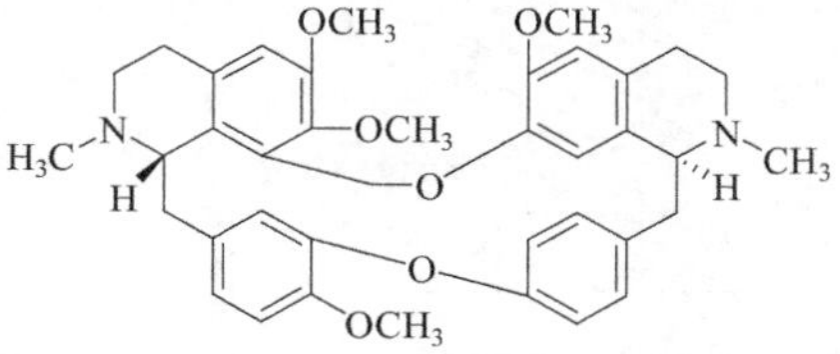

粉防己碱的结构式

在化妆品中的应用

粉防己提取物具有广谱抗炎作用，对炎症反应的各个环节均有不同程度的抑制作用，可用作化妆品的抗炎剂；粉防己提取物可增加血流量，结合其对睾丸激素的分泌抑制，显示其有促进头发生长的作用，已广泛用于生发制品；大鼠背部涂敷粉防己提取物，对其汗腺孔直径的收缩率为73.25%，显示对毛孔有很好的收敛作用，可用于紧肤类化妆品；提取物还有抗氧化、协助减肥的作用。

7. 茯苓

茯苓（*Poria cocos*）系多孔菌科卧孔菌属（或茯苓属）真菌茯苓的干燥菌核，产地主要分布在我国云南、贵州等地。化妆品采用其干燥菌核提取物。

有效成分和提取方法

茯苓的主要化学成分为多糖，如β-茯苓聚糖、茯苓次聚糖、羧甲基茯苓多糖等；从茯苓中分离出约40种三萜，有羊毛甾-8-烯型三萜类化合物、齐墩果酸、β-香树脂醇乙酸酯、茯苓酸、松苓酸、齿孔酸、松苓新酸等；另有麦角甾醇、卵磷脂、腺嘌呤、胆碱等。茯苓可以水等为溶剂，经冷浸、热浸、水煮等方法提取，最后将提取物浓缩至干。如以水为溶剂冷浸提取的得率约为5%，热水提取得率为11.0%，50%酒精提取得率为12.3%。

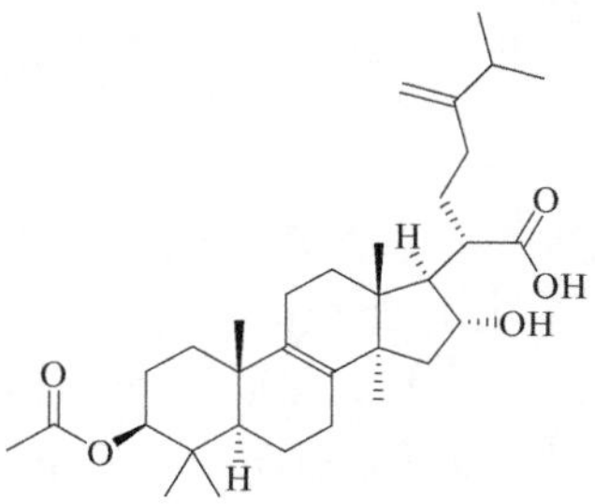

茯苓酸

茯苓水提取物0.01%对整合素促进的增殖率为9%，整合素可体现纤维芽细胞的增殖情况以及细胞间、纤维蛋白间粘连状况，整合素的增殖可使纤维芽细胞包裹的胶原蛋白的直径和体积缩小，从而有收缩效果，如提取物6mg/mL对大鼠毛孔的收缩率为49.6%，可用于紧肤、和缩小毛孔的化妆品；提取物对胶原蛋白、ATP等的生成都有促进作用，是皮肤抗皱抗衰剂；提取物还可用作保湿剂、抗菌剂、抗齿垢剂、抗炎剂和皮肤调理剂。

8. 桔梗

桔梗（*Platycodon grandiflorum*）为桔梗科多年生草本植物，广泛分布在东亚地区，主产于我国安徽、河南、湖北、辽宁等地。化妆品采用其干燥根的提取物。

有效成分和提取方法 ┃

桔梗主要活性物质为桔梗总皂苷，有桔梗皂苷A、桔梗皂苷C、桔梗皂苷D、桔梗皂苷D_2、桔梗皂苷D_3等，其中的苷元为桔梗皂苷元、远志酸、桔梗酸等，其中桔梗皂苷D是《中国药典》规定检测含量的成分；桔梗根多聚糖中含有大量的菊糖和桔梗聚糖；黄酮类以芹菜素-7-*O*-葡萄糖苷为主，还含有木犀草素、芹菜素等；甾醇类中含菠菜甾醇、α-菠菜甾醇及其葡萄糖苷。桔梗根可以水、酒精等为溶剂，按常规方法提取，然后将提取液浓缩至干。以50%酒精水溶液室温浸渍一周为例，滤出后浓缩至干，得率为30%；热水提取的得率约为12%。

桔梗皂苷D的结构式

在化妆品中的应用 ┃

桔梗水提取物1%涂敷可使皮肤毛孔收缩7.5%，可以用作紧肤剂；50%酒精提取物2mg/mL可完全抑制白血球细胞接着，水提取物0.1%对前列腺素E-2生成的抑制率为32.6%，均显示较强的抗炎作用，可用作化妆品的抗炎剂，并有抑制过敏的效果；桔梗50%酒精提取物1%对组织蛋白酶的活化率为23%，可增强皮肤细胞新陈代谢，有抗衰作用，结合它优秀的消除自由基的能力，可用于抗氧化抗衰化妆品；提取物还可以用作生发剂、减肥剂、美白助剂和保湿剂。

9. 昆诺阿藜

昆诺阿藜（*Chenopodium quinoa*）是苋科藜属的谷类植物，又名奎藜，为南美洲高地特有，又称印第安麦、灰米。化妆品采用昆诺阿藜全草和籽油及其提取物。

有效成分和提取方法

昆诺阿藜籽含有充分的人体必需氨基酸以及丰富的 ω-3 不饱和脂肪酸，此外的有效成分有齐墩果酸、三羟基齐墩果酸、常春藤皂苷、美商陆酸和 β-香树脂醇及其糖苷等。昆诺阿藜籽提取物可以水、酒精等为溶剂，按常规方法提取，然后浓缩至干为膏状。如用 95% 酒精室温浸渍，得率约为 2%。

在化妆品中的应用

昆诺阿藜籽水提取物对 5α-还原酶活性的抑制率为 48.2%，1mg/mL 涂敷皮肤对毛孔的收缩率为 38.6%，对脂溢性皮肤粗糙有防治和紧致作用；籽水提取物 5% 对转化生长因子-β 生成的促进率可提高一倍多，可预防炎症的发生；提取物尚可用作保湿剂、红血丝防治剂、皮肤美白剂和皮肤功能调理剂。

10. 迷迭香

迷迭香（*Rosmarinus officinalis*）系唇形科迷迭香属香料植物，现主要种植在欧洲和北非，在我国贵州、福建等地已有规模栽培。化妆品采用其全草、花、叶等的提取物。

有效成分和提取方法

迷迭香挥发油的主要成分有桉叶素、龙脑和樟脑，要求挥发油含量在 1.5% 以上；含多酚类化合物成分主要为迷迭香酚、表迷迭香酚、异迷迭香酚、迷迭香酸、迷迭香二酚、迷迭香醌、鼠尾草酚等。可以水蒸气蒸馏法制取迷迭香挥发油。可以水、酒精等为溶剂，按常规方法制作迷迭香提取物，最后浓缩至干。如其干叶用水温浸提取，得率约为 15%；50% 酒精提取得率在 3%～4%。

迷迭香酸的结构式

在化妆品中的应用

迷迭香 50% 酒精提取物 6mg/mL 涂敷皮肤，汗腺孔的直径收缩率为 76.71%，可用作紧肤毛孔收敛剂；迷迭香精油香气清新，具有杀菌、杀虫、消炎等活性，对红蜘蛛、蚊子及其虫卵有很强的杀伤力，可用于驱蚊剂；迷迭香提取物具极好的抗氧化性能，在一系列的细胞培养试验中，显示对纤维芽细胞等的增殖作用，对弹性蛋白酶、胶原蛋白酶的抑制以及抗氧化性等，具活肤抗衰作用，可在抗老化的化妆品中使用；90% 酒精提取物 48μg/mL 对转化生长因子-β 的生成的促进率提高一倍，转化生长因子-β 是一种多功能蛋白质，可以影响多种真皮细胞的生长、分化、细胞凋亡及免疫调节，可治疗伤口愈合，可用作抗炎剂。

11. 南美牛奶藤

南美牛奶藤（*Marsdenia cundurango*）为萝藦科藤蔓植物，原产于南美的安第斯山脉，化妆品采用其根和茎皮的提取物。

有效成分和提取方法

南美牛奶藤茎皮的特征成分是孕甾酯苷构型的若干牛奶藤甾苷；此外尚有酚酸化合物如绿原酸、咖啡酸、环多醇、牛弥菜醇和香兰素。南美牛奶藤可以水、酒精等为溶剂，按常规方法提取，然后浓缩至干为膏状。如干藤用二氯甲烷脱脂后，用酒精浸渍提取的得率为10.0%。

在化妆品中的应用

南美牛奶藤是南美的传统草药，用于调理、收敛和抗炎。南美牛奶藤50%酒精提取物6mg/mL涂敷对皮肤毛孔的收缩率为73.6%，可用作毛孔收缩剂；甲醇提取物对血清免疫球蛋白E（IgE）生成的抑制率为34%，有抗炎和抗过敏作用；提取物还可用作抗氧化剂。

12. 葡萄

葡萄（*Vitis vinifera*）为葡萄科落叶藤本植物，是世界最古老的植物之一。原产于欧美和中亚，现在我国长江流域以北各地均有产，主要产于新疆、甘肃、山西、河北等地。化妆品可采用葡萄果、果皮、籽、叶、根等的提取物。

有效成分和提取方法

葡萄果含糖量高达10%～30%，以葡萄糖为主，另有果酸、多种维生素和花青素。葡萄皮含矢车菊素、芍药素、飞燕草素、锦葵花素及其糖苷。葡萄籽中含有脂肪、胆碱、泛酸、维生素 B_1、维生素 B_2 和粗蛋白等，另有最主要的成分原花青素。葡萄各部位可以水、酒精、丙二醇、1,3-丁二醇等为溶剂，按常规方法提取，然后将提取液浓缩至干。如阴干了的葡萄叶用50%的酒精提取，得率在6%。

在化妆品中的应用

葡萄籽50%酒精提取物6mg/mL涂敷，对皮肤毛孔口直径的收缩率为59.38%，有收敛和紧肤效果。籽70%酒精提取物5μg/mL对半胱天冬蛋白酶-8活性的抑制率为43.1%，半胱天冬蛋白酶是导致细胞凋亡的核心分子，因此对它的抑制即意味着延长细胞的生命，也增强了皮肤的活性；籽提取物具消除自由基的作用，对胶原蛋白酶、弹性蛋白酶等的抑制以及对氮氧化物生成的抑制，从多方面显示了葡萄籽提取物的抑制衰老的能力，可以用于抗衰化妆品；葡萄叶50%酒精提取物1%对水通道蛋白-3生成的促进率提高十多倍，可用作保湿剂；提取物还有抑制过敏、抗炎、防晒、抗菌等作用。

13. 水飞蓟

水飞蓟（*Silybum marianum*）属于菊科草本植物，克什米尔山区是水飞蓟的源生地，现在欧洲、美洲及澳洲多个地区都有种植，我国陕西、河北、江苏等地有大量栽培。化妆品采用其干燥全草、果和籽的提取物，以籽为主。

有效成分和提取方法

水飞蓟种子主要含黄酮醇类化合物，其主要的成分是水飞蓟宾、水飞蓟亭、水飞蓟醇、水飞蓟宁、脱氢水飞蓟宾等，其中水飞蓟宾的作用最主要，含量也高，占3%～4%，是《中国药典》规定检测含量的成分。其余还有5,7-二羟基黄酮醇、花旗松素、β-谷甾醇、肉豆蔻酸等。水飞蓟可以水、酒精等为溶剂，按常规方法提取，最后浓缩至干。如其干果皮以 80％酒精浸渍，提取得率为 3.5％。

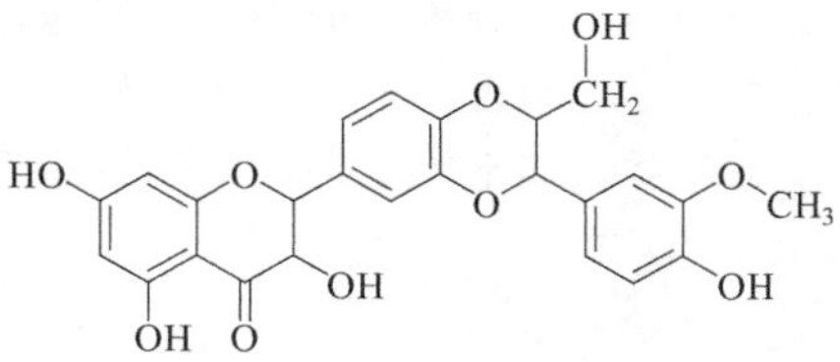

水飞蓟宾的结构式

在化妆品中的应用

水飞蓟酒精提取物 0.001％涂敷大鼠皮肤，皮脂腺直径缩小 29.5％，可用作皮肤毛孔收缩剂。水飞蓟提取物可捕获氧自由基，具有很强的抗氧化性，其抗氧化性是维生素 E 的 10 倍；50％酒精提取物 1μg/mL 对弹性蛋白酶的抑制率为 82％，可在抗皱抗衰化妆品中使用；提取物对经皮渗透有促进作用，可用作助渗剂与其他活性物配伍使用。

14. 土茯苓

土茯苓（*Smilax glabra*）为百合科植物光叶菝葜的根茎，主产于我国广东、湖南、湖北、浙江、四川等地。化妆品采用其干燥根茎提取物。

有效成分和提取方法

黄酮类化合物是土茯苓根主要成分之一，有落新妇苷、异黄杞苷、异落新妇苷、柚皮素等成分，其中落新妇苷含量最高，也是《中国药典》规定检测含量的成分；另有皂苷类成分如菝葜皂苷、提果皂苷元、薯蓣皂苷元等；其余有琥珀酸、胡萝卜苷、白藜芦醇、β-谷甾醇、土茯苓多糖等。土茯苓干燥根茎可用水、酒精等为溶剂，按常规方法回流提取，提取液浓缩至干。如以 70％酒精提取，得率为 11.9％。

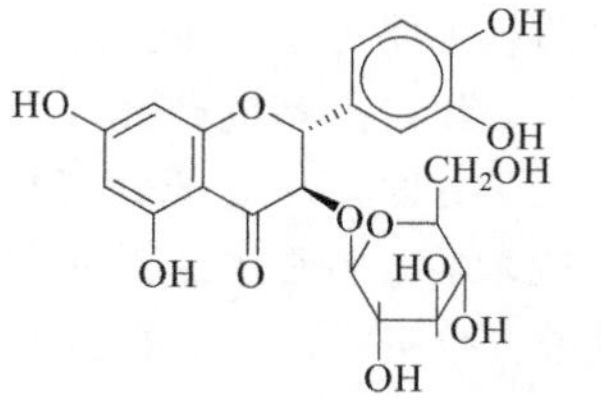

落新妇苷的结构式

在化妆品中的应用

土茯苓酒精提取物 6mg/mL 涂敷大鼠背部皮肤，对毛孔的收缩率为 76％，可用于紧致皮肤类制品。70％酒精提取物对金黄色葡萄球菌、大肠杆菌、绿脓杆菌、白色念珠菌和黑色莳状菌的 MIC 分别为 0.5％、0.1％、0.1％、0.5％和 0.5％，对一些皮肤癣菌也有抑制作用，可用作抗菌剂。50％酒精提取物 0.1％对组织蛋白酶的活化促进率为 36％，显示该提取物可增强皮肤细胞新陈代谢，加强皮肤的抵抗力。提取物还有抗氧化和抗炎功能，是一理想的粉刺防治添加剂。

15. 委陵菜

委陵菜（*Potentilla chinensis*）、鹅绒委陵菜（*P. anserina*）和洋委陵菜（*P. erecta*）为蔷薇科委陵菜属多年生草本植物。前两种委陵菜主产于我国安徽、山东和辽宁，也见于日本和朝鲜；洋委陵菜主产于欧洲、西亚和北非。化妆品仅采用它们干燥的全草或根提取物。

有效成分和提取方法

委陵菜含三萜皂苷，是委陵菜的主要成分，有委陵菜酸、乌苏酸、2α-羟基乌苏酸、2α-羟基齐墩果酸、熊果酸、丝石竹皂苷元等；黄酮化合物有 $5,7,4'$-三羟基黄酮、D-儿茶素等；甾醇化合物有 β-谷甾醇、胡萝卜苷等。洋委陵菜也以委陵菜酸、齐墩果酸为主要成分。委陵菜可以水、酒精等为溶剂，按常规方法提取。如委陵菜以水为溶剂提取，得率约为 7.2%；以酒精为溶剂，提取得率约为 3%。

委陵菜酸的结构式

在化妆品中的应用

委陵菜提取物 0.5% 对皮肤毛孔的收缩率为 5.8%，对皮肤皮脂分泌的抑制率为 15%，可用作紧肤剂并抑制油性皮肤；提取物 $5\mu g/mL$ 对半胱天冬蛋白酶活性的抑制率为 56.9%，水提取物 1% 对胶原蛋白生成的促进率为 7%，有活肤抗衰作用；提取物对黑色素细胞活性的 IC_{50} 为 $32\mu g/mL$，适用于皮肤的美白；提取物还有保湿、抗炎和抑臭作用。

16. 香蜂花

香蜂花（*Melissa officinalis*）为唇形科香蜂花属多年生草本植物，原产于南欧地中海沿岸，现在亚热带地区如我国台湾均有种植。化妆品主要采用香蜂花全草提取物。

有效成分和提取方法

香蜂花叶含挥发成分，主要成分是香茅醛、香茅醇、柠檬醛、香叶醇、丁香酚、桧萜、石竹烯、氧化石竹烯等。非挥发成分以酚酸化合物为主，有迷迭香酸、咖啡酸，另有鞣质存在。可以水蒸气蒸馏法制取香蜂花挥发油，提取物可以水、酒精等为溶剂，按常规方法提取，然后浓缩至干为膏状。干叶如以酒精提取，得率约为 4%。

在化妆品中的应用

香蜂花 30% 丁二醇提取物 0.2% 涂敷对皮肤毛孔的缩小率为 10.5%，水提取物 $12.5\mu g/mL$ 对紧密连接蛋白生成的促进率为 5.4%，可用于紧肤制品。香蜂花 50% 丁二醇提取物 1% 对水通道蛋白-3 生成的促进率提高两倍，涂敷 50% 酒精提取物可使角质层的含水量提高 3.4 倍，可用作保湿剂。水提取物 $600\mu g/mL$ 对组胺游离释放的抑制率为

53.5％，可用于皮肤过敏抑制。提取物还有抗氧化、抗衰、抗炎、抗菌、除螨等作用。

17. 长塑黄麻

长塑黄麻（*Corchorus olitorius*）为椴树科黄麻属韧皮纤维作物，原产自印度，现在我国长江流域以南各省有栽培。化妆品采用其叶的提取物。

有效成分和提取方法

长塑黄麻叶含黄酮类化合物如金丝桃苷、槲皮素苷、山奈酚的糖苷等，另含金鸡纳酸、绿原酸、咖啡酸等。长塑黄麻可以水、酒精等为溶剂，按常规方法提取，然后浓缩至干为膏状。长塑黄麻干叶以 99％酒精提取得率为 1.6％。

在化妆品中的应用

长塑黄麻水提取物 3％涂敷皮肤，可使毛孔直径缩小 13.2％，可用作毛孔收缩剂。50％酒精提取物 0.15％涂敷皮肤，可使角质层含水量提高一倍，有皮肤保湿作用，可用于干性皮肤的防治。99％酒精提取物 0.08％对脂氧合酶活性的抑制率为 98.65％，0.01％对 LPS 诱发 NO 生成的抑制率为 61％，显示提取物有抗炎性。提取物还有抗菌、活肤抗衰等作用。

第三节　皮肤的美白

皮肤美白剂是使肤色淡化、亮化所采用的化妆品助剂。

皮肤色泽深化的原因是黑色素在皮层过量聚集。产生的原因众多，如遗传因素；内分泌失调，如服用避孕药的妇女肤色有加深；紫外线和阳光的照射；自由基的作用；空气污染和水质污染等。本节仅限于对黑色素细胞活性的抑制。

表皮黑色素沉着及其生化过程可分为下列 10 个步骤：黑色素母细胞的迁移；黑色素母细胞分化成为黑色素细胞；黑色素细胞的有丝分裂；酪氨酸酶合成色素；黑色素体基质合成；酪氨酸酶输送；黑色素体形成；黑素体黑素化；黑色素的转移；黑色素体的降解，黑素随角质层的脱落而丢失。其中一个或数个步骤发生紊乱即可使皮肤出现白化、白斑或肤色黑化、黑斑。

对黑色素细胞有丝分裂的抑制、酪氨酸酶活性的抑制、黑色素转移的抑制等均是美白皮肤的有效方法。

1. 白花蛇舌草

白花蛇舌草（*Oldenlandia diffusa*）为茜草科耳草属植物，广泛分布于亚热带地区，我国华南、华东地区均有生长。化妆品采用其干燥全草、根或果的提取物，以全草提取物为主。

有效成分和提取方法

白花蛇舌草主要含蒽醌类化合物，有 2-甲基-3-羟基蒽醌、2-甲基-3-甲氧基蒽醌、2-甲基-3-羟基-4-甲氧基蒽醌等；另有三萜皂苷化合物如熊果酸、齐墩果酸等，齐墩果酸是《中国药典》要求检测的成分；含黄酮和黄酮醇苷类，主要为槲皮素和山奈酚的糖苷；含甾醇类有 β-谷甾醇、豆甾醇等。白花蛇舌草可以水、酒精等为溶剂，按常规方法提取，最后将提取液浓缩至干为膏状。如以 30％酒精室温浸渍提取，得率约为 15％。

齐墩果酸的结构式

在化妆品中的应用

白花蛇舌草提取物有很好的抗菌性，可用作化妆品的抗菌剂；白花蛇舌草酒精提取物对 B-16 黑色素细胞活性的抑制强烈，浓度 $25\mu g/mL$ 的抑制率 79%，说明是其中黄酮化合物对皮肤有美白效果，结合它的抗氧化性，可用于增白化妆品；提取物 $16\mu g/mL$ 对 5α-还原酶活性的抑制率为 50%，显示对脂溢性脱发有防治作用；皮肤涂敷 1% 白花蛇舌草酒精提取物，皮肤水分含量提高 20.4%，可用作皮肤保湿剂。白花蛇舌草提取物还可用作调理剂、抗炎剂和减肥剂。

2. 白蜡树

白蜡树（*Fraxinus chinensis*）木犀科梣属植物，它干燥的树皮称为秦皮。秦皮还取自苦枥白蜡树（*F. rhynchophylla*）、宿柱白蜡树（*F. stylosa*）和尖叶秦皮（*F. szaboana*），这四者性能相似。上述白蜡树主产于我国华北地区，化妆品主要采用它们树皮、叶和心材的提取物，以树皮的提取物为主。欧洲白蜡树（*F. excelsior*）原产于欧洲大陆，采用其树皮和叶的提取物；花白蜡树（*F. ornus*）见于中东，采用其籽的提取物。

有效成分和提取方法

白蜡树皮含有若干香豆素类化合物，有秦皮甲素、秦皮乙素、梣皮苷、梣皮素；其余有毛柳苷、松脂醇-4,4′-二-*O*-β-D-葡萄糖苷、芥子醛、白桦脂酸和甘露醇等。秦皮甲素是白蜡树皮的主要活性成分，也是《中国药典》规定检测含量的成分之一，正常的白蜡树皮中秦皮甲素的含量不得少于 1.36%。秦皮可采用水、乙醇等为溶剂，按常规方法提取，最后浓缩至干，50% 乙醇提取的得率约为 0.25%，95% 乙醇提取的得率约为 0.5%。

秦皮甲素的结构式

安全性

国家食药总局和 CTFA 都将上述白蜡树树皮提取物作为化妆品原料，国家食药总局还将其他三种白蜡树作为原料。未见它们外用不安全的报道。

在化妆品中的应用

秦皮提取物对皮肤有多重调理作用，对 DPPH 等自由基有很好的消除作用，对油脂的抗氧化能力与 BHT 相当，优于维生素 E，因此可用作化妆品的抗氧化剂；秦皮 70% 酒精提取物对黑色素细胞等的 IC_{50} 为 0.01％，数据表明它抑制能力很强，可以用于美白类化妆品；角质层含水量的测定显示，秦皮 50％乙醇的提取物的保湿能力强，优于芦荟的水提取物，可用于干性皮肤的防治用品；0.2mg/mL 的秦皮提取物对前列腺素 E-2 生成的抑制为 86％，显示有良好的抗炎作用；0.5％的提取物对免疫球蛋白 IgE 的抑制率为 20％，表现对皮肤I型超敏反应的抑制。花白蜡树籽提取物用于抗炎；欧洲白蜡树提取物用于皮肤调理。

3. 白兰

白兰（*Michelia alba*）和黄兰（*M. champaca*）均为木兰科含笑花属乔木，白兰种植于我国华东、华南多地，黄兰原产于喜马拉雅山及我国云南南部，现广东、广西、福建等省区均有栽植。化妆品采用它们花的提取物。

有效成分和提取方法

白兰花中含挥发油，主成分为甲基丁酸甲酯，另含芳樟醇、顺-氧化芳樟醇、甲基异丁香酚、沉香醇、甲基丁香酚。可以溶剂浸渍法制取白兰花浸膏和净油，白兰鲜叶挥发油可以水蒸气蒸馏法制取，得率约为 0.7％；黄兰花的产油率约为 0.5％。提取物可以水、酒精等为溶剂，按常规方法提取，然后浓缩至干为膏状。如干白兰花用酒精回流提取，得率约为 30％。

在化妆品中的应用

白兰和黄兰花油、白兰叶油是日用香料，白兰花油尤为珍贵。50％酒精白兰花提取物对表皮角质细胞增殖的活性促进率为 14.9％，有活肤作用；50％酒精白兰花提取物对自由基 DPPH 的消除 IC_{50} 为 31.8μg/mL，对其他自由基也有良好消除，可用作抗氧化剂；黄兰花 50％酒精提取物 0.1mg/mL 对酪氨酸酶活性的抑制率为 85.1％，有美白皮肤作用；提取物还可用作抗炎剂。

4. 白蔹

白蔹（*Ampelopsis japonica*）为葡萄科蛇葡萄属植物，主产于我国河南、安徽、江西和湖北，化妆品采用其干燥根的提取物。

有效成分和提取方法

白蔹根含有白蔹素、大黄素甲醚、大黄酚、大黄素、富马酸、没食子酸等成分，白蔹素是白蔹中特征成分，有若干个衍生物，均为多酚类化合物。白蔹根可采用水、酒精等为溶剂，按常规方法提取，最后浓缩至干。白蔹根以热水提取，得率约为 30％；以 30％酒精提取的得率约为 11％。

白蔹素的结构式

白蔹提取物有强烈的抗菌性和抗炎性，对化脓性皮肤感染有效，可用于治疗粉刺等化妆品的制作；白蔹 50％酒精提取物对黑色素细胞的 IC_{50} 为 $6.4\mu g/mL$，作用强烈，是一种很好的美白添加剂；白蔹提取物对 5α-还原酶的抑制作用表明，它对因雄性激素旺盛而引起的脱发有防治作用，也可在生发产品中使用；提取物可促进皮肤皮脂的分泌，0.001% 时分泌率提高 44%，对干性皮肤有防治作用；提取物还可用作抗氧化剂。

5. 白鲜

白鲜（*Dictamnus dasycarpus*）为芸香科白鲜属多年生草本植物。白鲜主产于我国长江以北地区，化妆品用其干燥的根皮提取物。

有效成分和提取方法 ▌

白鲜含有生物碱类如白鲜碱，另有柠檬苦素类、香豆素类和黄酮类、甾体类、倍半萜和倍半萜苷类及多糖化合物等成分，《中国药典》将黄柏酮含量检测作为白鲜质量的标准，含量不得小于 0.15%。白鲜皮可用水或浓度不同的酒精溶液提取，然后浓缩至干。溶剂不同，内含的成分差别较大。白鲜皮提取物为棕色粉末。以 95% 乙醇回流提取的白鲜皮提取物以生物碱和黄酮类化合物为主；以水为溶剂的以白鲜多糖为主。

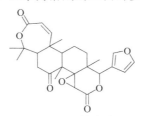

黄柏酮的结构式

在化妆品中的应用 ▌

白鲜皮的水浸剂对多种皮肤真菌均有不同程度的抑菌作用，用于皮癣的防治；低浓度对黑色素细胞活性具抑制性，$10\mu g/mL$ 时抑制率为 26%，可用于美白类护肤品；$10\mu g/mL$ 时对组胺游离释放的抑制率为 73.4%，可用作过敏抑制剂；提取物还可用作抗炎剂、抗氧化剂、抗炎剂，对皮肤有多重调理作用。

6. 扁柏

扁柏（*Chamaecyparis funebris* 或 *Cupressus funebris*）和日本扁柏（*Chamaecyparis obtusa*）为柏科扁柏属植物。扁柏在我国华南多地均有种植，日本扁柏原产于日本，生长于海拔1300m 至 2800m 的地区，目前已在我国南方多地引种栽培；二者性能相似，化妆品采用它们枝叶的挥发油和提取物。

有效成分和提取方法 ▌

日本扁柏的枝、叶及心材均含有精油成分，主要成分为乙酸松油醇酯、乙酸异龙脑酯、侧柏烯、苎烯、扁柏酚、扁柏硫醇、D-红藻酸等，扁柏酚是特征成分；心材含扁柏脂素，并有许多酚类成分。可以水蒸气蒸馏法制取扁柏挥发油，提取物可以水、酒精等为溶剂，按常规方法提取，然后浓缩至干为膏状。

安全性

国家食药总局和CTFA将日本扁柏提取物作为化妆品原料，国家食药总局还将扁柏提取物列入，未见它们外用不安全的报道。

在化妆品中的应用

扁柏和日本扁柏精油有抗菌性，对金黄色葡萄球菌、大肠杆菌等有强烈的抑制，可用作抗菌剂。扁柏95％酒精提取物对 B-16 黑色素细胞黑色素生成的 IC_{50} 为 0.1％、日本扁柏10％乙酸乙酯的己烷提取物 12.5μg/mL 对 B-16 黑色素细胞活性的抑制率为 75％，都有美白皮肤作用。扁柏95％酒精提取物在 UVA 6.3J/cm² 的照射下 0.01％的浓度对 MMP-1 活性的抑制率为 63.2％，有抗炎作用；日本扁柏水提取物 0.1％对透明质酸酶活性的促进率为 82％，有保湿功能。提取物还都有抗氧化作用。

7. 扁蓄

扁蓄（*Polygonum aviculare*）为蓼科草本植物，主要分布在我国的西北和西南地区，特别是福建省，气候适宜，常年生长。化妆品采用其干燥全草提取物。

有效成分和提取方法

黄酮类化合物是扁蓄的主要成分，有扁蓄苷、槲皮素（占 0.1％）、山奈酚、槲皮苷、黄芪苷、杨梅树皮苷等，而《中国药典》仅规定槲皮素为检测含量的成分；酚酸类有咖啡酸、绿原酸、对-香豆酸等；所含氨基酸的种类比较齐全，其中有 8 种人体所必需的氨基酸，精氨酸和丝氨酸的含量比较高；脂肪酸以不饱和脂肪酸为主，亚油酸、亚麻酸占总脂肪酸的 50％以上。扁蓄可以水、酒精等为溶剂，按常规方法提取，然后将提取液浓缩至干。

在化妆品中的应用

扁蓄提取物 5μg/mL 对酪氨酸酶活性的抑制率为 57％，适用于美白和抑制色斑的化妆品；同样，很低浓度的扁蓄提取物对多种自由基有强烈的消除作用，这都是内含黄酮化合物的原因，可用作化妆品的抗氧化剂；扁蓄提取物能很好地提高皮肤含水量，是化妆品的保湿调理剂；扁蓄提取物具抗炎性，对痤疮丙酸杆菌的抑制 MIC 为 0.2mg/mL，可防治粉刺等皮肤疾患；提取物还可预防脂溢性脱发和刺激生发。

8. 刺槐

刺槐（*Robinia pseudoacacia*）为豆科刺槐属落叶乔木，原生于北美洲，现被广泛引种到亚洲、欧洲等地，国内多地种植。化妆品采用其茎叶的提取物。

有效成分和提取方法

叶含丰富的黄酮化合物，有刺槐苷、刺槐素、芹菜素及其糖苷，以特征成分刺槐素最为集中。另含刺槐多糖、鞣质等。可以水、酒精等为溶剂，按常规方法提取，最后将提取液浓缩至干。

刺槐素的结构式

在化妆品中的应用

刺槐酒精提取物 1.0％对酪氨酸酶活性的抑制率为 95％，可用于皮肤美白类制品；80％甲醇提取物对自由基 DPPH 的消除 IC_{50} 为 2.4mg/mL，有抗氧化调理作用。

9. 构树

构树（*Broussonetia papyrifera*）和小构树（*B. kazinoki*）为桑科构树属落叶灌木。构树主要分布在我国秦岭的南北坡与黄河、长江的上游地区，小构树见于日本和中国的华南和华东地区。两者性能接近，化妆品主要采用它们根皮的提取物。

有效成分和提取方法

构树根皮的内含成分很复杂，除构树宁 A 和构树宁 B 外，还含有黄酮类化合物、香豆素类衍生物、三萜皂苷等。黄酮类化合物的含量较高，是主要的活性成分，有槲皮素、异双查尔酮、5,7,2′,4′-四羟基香叶基黄酮等。构树和小构树根皮和枝叶可以水和酒精为溶剂，按常规方法提取，最后浓缩至干。干燥构树根皮用 50％酒精提取，得率约为 10％；小构树根皮用酒精提取得率为 6.7％。

构树宁 A 的结构式

在化妆品中的应用

构树根皮酒精提取物对酪氨酸酶活性 IC_{50} 为 396μg/mL，50μg/mL 小构树提取物对黑色素细胞生成黑色素的抑制率为 42％，可用于美白化妆品；小构树提取物对大肠杆菌、变形杆菌、绿脓杆菌及金黄色葡萄球菌均有一定的抑菌作用；提取物还可用作抗氧化剂、调理剂和抗炎剂。

10. 光果甘草

光果甘草（*Glycyrrhiza glabra*）为豆科植物，原产于南欧和印度，现在我国新疆、东北、华北、西北各省区都有种植，化妆品应用其根、茎、叶、愈伤组织、分生组织等的提取物，主要是根提取物。

有效成分和提取方法

光果甘草的黄酮类成分有光甘草定、光甘草素等五种，光甘草定在其中所占比例最大，约为 11％，是光果甘草的主要有效成分，它含量的高低可作为光果甘草质量的评判标准。另含有三萜类化合物如 11-去氧甘草次酸乙酸酯甲酯等。光果甘草可采用水、酒精等为溶剂，按常规方法提取，最后浓缩为膏状。如用 80％的甲醇溶液进行提取，得率约为 4.1％。

光甘草定的结构式

在化妆品中的应用

光果甘草提取物对黑色素细胞活性的 IC_{50} 为 0.02%，提取物 $0.4mg/mL$ 对酪氨酸酶活性的抑制率为 40%，在增白型或亮肤型护肤品中使用；提取物 $10.0\mu g/mL$ 对水通道蛋白-3 生成的促进率为 14.9%，有保湿作用；光果甘草提取物有强烈抗菌作用，对金黄色葡萄球菌和白色念球菌的最低抑菌浓度分别为 $70\mu g/mL$ 和 $27.5\mu g/mL$，对表皮葡萄球菌的抑制作用更强；光果甘草 95% 酒精提取物对牙周炎致病菌如粘放线菌、直肠弯曲菌、具核梭杆菌、牙龈卟啉单胞菌、变异链球菌和血链球菌的 MIC 分别为 $15.6\mu g/mL$、$15.6\mu g/mL$、$15.6\mu g/mL$、$7.8\mu g/mL$、$15.6\mu g/mL$ 和 $7.8\mu g/mL$，可用作口腔牙周炎防治剂；酒精提取物对致粉刺菌痤疮丙酸杆菌的 MIC 为 $600\mu g/mL$，可用于防治痤疮；提取物还有抗炎、抗氧化、抑制皮脂分泌等作用。

11. 海水仙

海水仙（*Pancratium maritimum*）为石蒜科泛囊藻属球茎植物，原产于地中海沿岸地区，化妆品采用其全草提取物。

有效成分和提取方法

海水仙全草主要有效成分是黄酮化合物，有甘草素、异甘草素、山奈酚及其糖苷、6,8-二甲基芹菜苷元等，另有多酚化合物如没食子酸及其衍生物。全草提取物可以水、酒精等为溶剂，按常规方法提取，然后浓缩至干为膏状。

6,8-二甲基芹菜苷元的结构式

在化妆品中的应用

海水仙 70% 酒精提取物 $200\mu g/mL$ 对酪氨酸酶活性的抑制率为 67.8%，可用作皮肤美白剂；对自由基 DPPH 有消除，每克 80% 甲醇提取物相当于 $375mg$ 的 Trolox，有很强的抗氧化效果。

12. 黑杨

黑杨（*Populus nigra*）和欧洲山杨（*P. tremuloides*）是杨柳科杨属的落叶乔木。黑杨分布在西亚、欧洲、中亚、高加索、巴尔干以及我国新疆等地；欧洲山杨原产于美国西部，分布于高加索、西伯利亚、欧洲以及我国新疆等地，它们都是饲料作物。化妆品主要采用它们树皮或叶的提取物。

有效成分和提取方法

黑杨和欧洲山杨树叶富含氨基酸，氨基酸的含量和种类比燕麦还好，主要有赖氨酸、缬氨酸、精氨酸、亮氨酸等。黑杨的嫩叶中富含黄酮化合物如白杨素、乔松素、乔松酮等。黑杨和欧洲山杨可以水、酒精等为溶剂，按常规方法提取，然后浓缩至干为膏状。如欧洲山杨树皮以甲醇回流提取，得率为 11.6%。

在化妆品中的应用

黑杨 30% 丁二醇的提取物 0.1% 对胶原蛋白生成的促进率为 32%，有活肤抗衰作用；对自由基 DPPH 的消除 IC_{50} 为 0.0012%，欧洲山杨树皮提取物 $500\mu g/mL$ 对羟基自由基的消除率为 91%，可用作抗氧化剂；黑杨嫩叶酒精的提取物对 B-16 黑色素细胞生成黑色素的 IC_{50} 为 $27\mu g/mL$，是皮肤美白剂，也可用于对黑眼圈的防治。

13. 虎杖

虎杖（*Polygonum cuspidatum*）为蓼科蓼属多年生灌木状草本植物，主要分布于我国长江以南各地和陕西、湖北及四川等地。化妆品采用其干燥全草和根茎提取物，以根茎提取物为主。

有效成分和提取方法

虎杖含蒽醌及蒽醌苷化合物，主要有大黄素及其衍生物；含黄酮类如儿茶素、槲皮素及其糖苷、木犀草素葡萄糖苷和芹菜黄素；含芪类，主要是白藜芦醇和白藜芦醇苷；此外，虎杖中含有一种分子量约 6000 的多糖。虎杖中的功能成分主要为蒽醌类化合物和黄酮类化合物，而《中国药典》也仅规定检测大黄素的含量。虎杖根可以水、酒精、1,3-丁二醇等为溶剂，按常规方法提取，然后将提取液浓缩至干。

在化妆品中的应用

虎杖水提取物 $500\mu g/mL$ 对 B-16 黑色素细胞生成黑色素的抑制率为 92.7%，提取物 1% 对巨噬细胞活性的促进率为 16%，虎杖提取物通过两个方面来减少黑色素的含量，可用于美白类化妆品；提取物 0.5% 对免疫球蛋白 IgE 生成的抑制率为 38%，对 β-氨基己糖苷酶活性的 IC_{50} 为 $56.43\mu g/mL$，可以防治 I 型超敏反应；虎杖水煎剂在体外对金黄色葡萄球菌、白色葡萄球菌、大肠杆菌、变形杆菌、绿脓杆菌、白色念珠菌等均有抑制作用，可用作抗菌剂；提取物尚可用作抗皱活肤调理剂、抗氧化剂、抗炎剂、生发剂和减肥剂。

14. 家独行菜

家独行菜（*Lepidium sativum*）是十字花科独行菜属一年生草本植物，主要分布于非洲北部及亚洲西部，作为食用蔬菜广泛种植，在我国主产于新疆伊犁地区。化妆品采用其芽提取物。

有效成分和提取方法

家独行菜含多种黄酮类化合物，主要是槲皮素及其糖苷、山奈酚糖苷等，植物甾醇有 β-谷甾醇、菜油甾醇等，另含生物碱独行菜碱，是它的特征成分。提取物可以水、酒精等为溶剂，按常规方法提取，最后将提取液浓缩至干。如干芽经酒精提取，得率为 10%。

独行菜碱的结构式

家独行菜芽酒精提取物200μg/mL对酪氨酸酶活性的抑制率为41.7%，对B-16黑色素细胞生成黑色素的IC_{50}为521μg/mL，可作皮肤美白剂；提取物还有抗氧化和皮肤保湿作用。

15. 卷柏

卷柏（*Selaginella tamariscina*）和垫状卷柏（*S. pulvinata*）都为卷柏科卷柏属植物。卷柏和垫状卷柏主产于我国四川、云南、西藏、广东和广西，这两种卷柏性能相似，化妆品用的是它们干燥全株的提取物。

有效成分和提取方法 ┃

卷柏以双黄酮化合物为主，是卷柏的主要成分，有穗花杉双黄酮、扁柏双黄酮、银杏双黄酮、白果双黄酮、柳杉双黄酮等几十个成分，穗花杉双黄酮是《中国药典》规定检测含量的成分，不得小于0.3%；其余有芹菜素、咖啡酸、阿魏酸、香荚兰酸、丁香酸、鸟苷、腺苷、熊果苷等成分。卷柏可以水、酒精为溶剂，按常规方法提取，然后浓缩至干。如以50%的酒精为溶剂，提取的得率约为10%；而以水作溶剂提取的话，得率接近30%。

穗花杉双黄酮的结构式

安全性 ┃

国家食药总局和CTFA都将卷柏提取物作为化妆品原料，国家食药总局还把垫状卷柏列入，未见其外用不安全的报道。

在化妆品中的应用 ┃

50%酒精提取物10μg/mL对B-16黑色素细胞活性的抑制率为82%，可以用于祛除皮肤色斑的化妆品；卷柏30%酒精的提取物涂敷后可降低经皮水分蒸发60%，是优秀的保湿剂，能力优于芦荟；兖州卷柏提取物500μg/mL对痤疮丙酸杆菌有强烈的抑制，用于痤疮的防治；提取物还有促进脂肪生成、抗氧化和抗炎的作用。

16. 栝楼

栝楼（*Trichosanthes kirilowii*）和双边栝楼（*T. rosthornii*）是葫芦科栝楼属的一种多年生缠绕性藤本植物，前者主要分布于山东、河南等地，后者主产于广东、广西和四川。这两种栝楼性能相似，化妆品主要采用其干燥根、果提取物、籽提取物等，以果提取物为主。

有效成分和提取方法 |

栝楼含三萜皂苷如3,29-二苯甲酰基栝楼仁三醇、栝楼仁二醇、异栝楼仁二醇等大量的四环三萜和五环三萜类化合物，3,29-二苯甲酰基栝楼仁三醇是《中国药典》规定检测含量的成分；其余还有植物甾醇、生物碱、香草醛、11-甲氧基-去甲-洋蓍宁、蒙坦尼酸、蜂蜜酸、香草酸、莨菪素等成分。栝楼根可以水、酒精为溶剂，按常规方法提取。如用甲醇回流提取，得率为8.2%。

3,29-二苯甲酰基栝楼仁三醇的结构式

在化妆品中的应用 |

栝楼50%酒精提取物对B-16黑色素细胞活性的IC_{50}为0.16%，对酪氨酸酶的抑制较熊果苷好，可取代熊果苷用于美白类化妆品；50%酒精提取物1.0%对组织蛋白酶的活化率提高一倍多，对胶原蛋白酶的活性也有抑制作用，显示可增强皮肤细胞新陈代谢，有抗衰作用；水提取物0.5%对组胺游离释放的抑制率为31%，可抑制过敏；提取物还有抗氧化、抗炎和促进头发生长的作用。

17. 梨

梨树为蔷薇科梨属果树，化妆品可采用的是西洋梨（*Pyrus communis*）的果、花、籽的提取物，以及白梨（*P. bretschneideri*）的果汁和山梨（*P. sorbus*）芽的提取物。上述梨树在中国都有种植。

有效成分和提取方法 |

梨的果实含维生素C、维生素B_1、维生素B_2、维生素B_5等。梨花也含上述维生素类成分，另含多量的多酚类物质，以熊果苷为主。可以水或酒精等为溶剂提取，然后浓缩至干。如鲜西洋梨花以70%酒精提取，得率约为2%。

在化妆品中的应用 |

西洋梨花70%酒精提取物$100\mu g/mL$对B-16黑色素细胞生成黑色素的抑制率为42%，对酪氨酸酶活性的IC_{50}为$299\mu g/mL$，有增白皮肤的作用。西洋梨花水提取物$10\mu g/mL$在SDS作用下对成纤维细胞增殖的促进率为73%，可用作护肤调理剂；水提取物$10\mu g/mL$对β-氨基己糖苷酶活性的抑制率为69%，有抗过敏效果。花提取物还有抗氧化、保湿的作用。白梨果汁和山梨芽都是皮肤调理剂。

18. 马蹄莲

马蹄莲（*Zantedeschia aethiopica*）为一年生天南星科马蹄莲属草本植物之一，产于我国北京、江苏、福建、台湾、四川、云南及秦岭山区，化妆品采用其地上部分的提取物。

有效成分和提取方法

马蹄莲全草富含植物甾醇如 β-谷甾醇、豆甾醇和菜籽甾醇等，另含木脂素、三萜类化合物。提取物可以水、酒精等为溶剂，按常规方法提取，最后将提取液浓缩至干。

在化妆品中的应用

马蹄莲 30% 酒精提取物 0.01% 涂敷皮肤，经皮水分蒸发速度降低 52%，可用作保湿调理剂；全草 50% 丁二醇提取物 $50\mu g/mL$ 对 B-16 黑色素细胞生成黑色素的抑制率为 88.2%，有比熊果苷更好的美白皮肤效果。

19. 茅瓜

茅瓜 （Melothria heterophylla） 为葫芦科茅瓜属植物，分布于亚洲的热带地区，我国产于西南部、南部至东南部。化妆品主要采用其根提取物。

有效成分和提取方法

茅瓜根含二十四烷酸、二十三烷酸和山萮酸等，氨基酸有瓜氨酸、精氨酸、赖氨酸、γ-氨基丁酸、天冬氨酸、谷氨酸等，另有甾醇如 Δ-7-豆甾烯醇，有葫芦箭毒素 B 存在。茅瓜根可以水、酒精等为溶剂，按常规方法提取，然后浓缩至干为膏状。如干燥块根以 50% 酒精提取，得率约为 8%。

在化妆品中的应用

茅瓜根 95% 酒精提取物对自由基 DPPH 的消除 IC_{50} 为 $13\mu g/mL$，对黄嘌呤氧化酶活性的 IC_{50} 为 $20\mu g/mL$，可用作抗氧化剂；50% 酒精提取物 $4.0\mu g/mL$ 对 B-16 黑色素细胞生成黑色素的抑制率为 50%，可用作皮肤美白剂；提取物还有抗炎作用。

20. 茅莓

茅莓 （Rubus parvifolius） 属蔷薇科悬钩子属植物，我国大部分地区都有野生发现，化妆品采用其果提取物。

有效成分和提取方法

茅莓果含有机酸类如柠檬酸、苹果酸等；含维生素 C；含高浓度的花青素类多酚物质。一般采用茅莓干果，以酒精等为溶剂，按常规方法提取，然后浓缩至干为膏状。

在化妆品中的应用

茅莓干果 70% 酒精提取物 $200\mu g/mL$ 对 B-16 黑色素细胞生成黑色素的抑制率为 69.1%，可用作皮肤美白剂；茅莓干果 70% 酒精提取物 $25\mu g/mL$ 对自由基 DPPH 的消除率为 80.7%，对其他自由基也有消除作用，有抗氧化调理功能；提取物还有抗炎作用。

21. 玫瑰茄

玫瑰茄 （Hibiscus sabdariffa） 为锦葵科木槿属一年生草本植物。玫瑰茄主要分布于印度、东南亚、非洲和南美等国家和地区，目前，我国云南、福建、广东、广西等地已大面积种植。化妆品可采用玫瑰茄花萼和叶的提取物，以花萼为主。

有效成分和提取方法

玫瑰茄花萼有机酸含量高达 15%～30%，主要有草酸、苹果酸、琥珀酸、原儿茶酸、木槿酸等，其中草酸和琥珀酸占总酸含量的 75% 以上；花青素含量高达 2%，主要是飞燕草素-3-接骨木二糖苷和矢车菊素-3-接骨木二糖苷；类黄酮类物质为 3,5,7,8,3',4'-六羟基黄酮、槲皮素、玫瑰茄红和木槿苷等。玫瑰茄花萼可以水、酒精等为溶剂，按常规方法提取，然后浓缩至干为膏状。如干花萼以酒精提取，得率约为 10%。

在化妆品中的应用 ▌

玫瑰茄花萼 50% 酒精提取物 250 $\mu g/mL$ 对酪氨酸酶的抑制率为 84%，结合它强烈的抗氧化性，可用作化妆品的增白剂，对皮肤色素沉着有防治作用；乙酸乙酯花萼提取物 6.25 mg/mL 对环氧合酶-1 活性的抑制率为 78.1%，叶水的提取物 5% 对金属蛋白酶-9 活性的抑制率为 34%，有抗炎作用；提取物还可用作皮肤保湿剂。

22. 明党参

明党参（*Changium smyrnioides*）为伞形科单种属草本植物，仅产于我国的江苏、安徽、浙江、江西。化妆品采用其根的提取物。

有效成分和提取方法 ▌

明党参含丰富的天门冬酰胺、天门冬氨酸和精氨酸，另有多种维生素（E、C、B）、β-谷甾醇、胡萝卜苷、豆甾醇、5-羟基-8-甲氧基补骨脂素、香草酸和卵磷脂等成分。明党参可以水、酒精等为溶剂，按常规方法提取，然后将提取液浓缩至干。如水煮提取，得率约为 28.6%。

安全性 ▌

国家食药总局将明党参提取物作为化妆品原料，未见外用不安全的报道。

在化妆品中的应用 ▌

明党参是我国特有名贵的药材。根 70% 酒精提取物 100 $\mu g/mL$ 对酪氨酸酶活性的抑制率为 63.7%，可用作皮肤美白剂；根 70% 酒精提取物 20 $\mu g/mL$ 对表皮细胞的增殖促进率为 17.3%，有活肤抗衰作用；提取物还有抗氧化功能。

23. 木瓜

光皮木瓜（*Chaenomeles sinensis*）和日本木瓜（*C. japonica*）为蔷薇科木瓜属植物，前者主产地是我国华中地区，后者主产于日本，两者用途大致相同。化妆品采用的是它们新鲜或干燥果片、愈伤组织的提取物，以光皮木瓜为主。

有效成分和提取方法 ▌

木瓜果的主要成分是三萜类化合物，如乙酰熊果酸、乙酰坡模醇酸、齐墩果酸、白桦脂酸等，以齐墩果酸的含量最高，齐墩果酸也是《中国药典》规定检测含量的成分之一；含有多种有机果酸和氨基酸，其中有人体必需的氨基酸，如缬氨酸、亮氨酸、赖氨酸、苯丙氨酸等。木瓜新鲜汁液中含多种蛋白酶，如超氧化物歧化酶、木瓜酶等。木瓜果可经榨汁，取清液使用，也可以干片为原料，采用浓度不同的酒精溶液、丙二醇溶液或 1,3-丁二醇溶液按常规方法提取，如 50% 酒精提取的得率约为 3%。

在化妆品中的应用 ▌

木瓜提取物有适用面较广的抗氧化性能，效果与其他植物提取物相比属于中等，可用作化妆品抗氧化助剂；提取物 0.1g 生药％对驱动蛋白活性的抑制率为 23.1％，这显示能降低黑色素细胞的有丝分裂，可防治雀斑，提取物对黑色素细胞的抑制较好，可用于美白化妆品；提取物 0.001％对 5α-还原酶活性的抑制率为 52％，对因雄性激素偏高而引起的脱发有很好的防治作用，可用于生发、粉刺制品；50％酒精的提取物对金黄色葡萄球菌、溶血性链球菌和变异链球菌的 MIC 分别为 1.5mg/mL、0.4mg/mL 和 1.6mg/mL，可用于口腔卫生用品防治蛀牙；木瓜提取物还有活肤、调理、抗敏、抗炎、抑制皮脂分泌、收敛等作用。

24. 女萎

女萎（*Clematis apiifolia*）为毛茛科铁线莲属植物，分布于我国安徽南部、江苏、浙江、福建和台湾。化妆品采用其全草的提取物。

有效成分和提取方法

全草含黄酮化合物槲皮素、有机酸、植物甾醇及少量生物碱。女萎干燥全草可以水、酒精等为溶剂，按常规方法提取，然后浓缩至干为膏状。以甲醇提取得率为 13％。

安全性

国家食药总局将女萎提取物作为化妆品原料，未见其外用不安全的报道。

在化妆品中的应用

女萎 80％酒精提取物 $200\mu g/mL$ 对 B-16 黑色素细胞生成黑色素的抑制率为 68.6％，可用作皮肤美白剂；70％酒精提取物 $40\mu g/mL$ 对自由基 DPPH 的消除率为 62.1％，对其他自由基也有良好的抑制，可用作抗氧化剂；甲醇提取物 $20\mu g/mL$ 对 LPS 诱发 NO 生成的抑制率为 70％，有抗炎作用。

25. 佩兰

佩兰（*Eupatorium fortunei*）是菊科泽兰属植物佩兰的干燥地上部分，又名兰草。分布于我国河北、陕西、山东、江苏等地，是一味传统中药，化妆品采用其干燥的地上茎叶部分提取物。

有效成分和提取方法

佩兰含挥发性物质，含量较高的成分是蒎烯、月桂烯、对伞花烃、芳樟醇、α-雪松醇、β-石竹烯、（一）-石竹烯氧化物等。非挥发成分含有 9-羟基百里香酚及其酯类、香豆精、香豆酸、黄酮类化合物等，9-羟基百里香酚是佩兰特有的成分。佩兰可以水、酒精等为溶剂，按常规方法提取，然后浓缩至干为膏状。用水煮提取的话，得率约为 3.9％。

9-羟基百里香酚的结构式

在化妆品中的应用

佩兰提取物有强烈广谱的抑菌性，可用作抗菌剂；佩兰 50％酒精提取物 0.025％可完全抑制酪氨酸酶的活性，可用作化妆品的美白剂；水提取物 $50\mu g/mL$ 对金属蛋白酶-9 活性的抑制率为 77.9％，显示有足够的抗炎性；水提取物 50μg/mL 对胶原蛋白酶活性的抑制率为 54.5％，表明提取物有活肤、抗衰、调理的作用。

26. 蒲桃

蒲桃（*Eugenia jambos* 或 *Syzygium jambos*）是桃金娘科蒲桃属常绿乔木，原产于印度、马来群岛及我国的海南岛，集中分布于亚洲热带地区。化妆品采用蒲桃叶的提取物。

有效成分和提取方法

蒲桃果实的可食用率高达 80％ 以上，并含有丰富的维生素、蛋白质和碳水化合物。果味酸甜多汁，具有特殊的玫瑰香气，颇受人们欢迎。叶的成分以多酚化合物为主，有杨梅黄素、槲皮素及其糖苷、鞣花酸、鞣花单宁类成分如长梗马铃素、木麻黄鞣宁等。蒲桃可以水、酒精等为溶剂，按常规方法提取，然后浓缩至干为膏状。如蒲桃叶用甲醇室温浸渍提取，得率约为 6％。

在化妆品中的应用

蒲桃叶 50％ 酒精提取物 1.0mg/mL 对 B-16 黑色素细胞生成黑色素的抑制率为 89.5％，可用作皮肤美白剂；叶甲醇提取物 10μg/mL 对脂质过氧化的抑制率为 98.8％，对超氧自由基的消除率为 90.0％，作用强烈，可用作抗氧化剂；水提取物对 5α-还原酶活性的 IC_{50} 为 1.55mg/mL，对粉刺类疾患有防治作用。

27. 三叶鬼针草

三叶鬼针草（*Bidens pilosa*）为菊科鬼针草属一年生草本植物，国内外均有分布。为我国民间常用草药，化妆品采用全草提取物。

有效成分和提取方法

三叶鬼针草全草主含黄酮化合物，有金丝桃苷、槲皮素、金鸡菊查耳酮等；酚酸类化合物有原儿茶酸、没食子酸、绿原酸、咖啡酸、水杨酸等；以及氨基酸、香豆精、生物碱、蒽醌苷、糖、胡萝卜素和维生素等。三叶鬼针草可以水、酒精为溶剂，按常规方法提取，然后浓缩至干为膏状。如新鲜三叶鬼针草全草用 70％ 酒精室温浸渍提取，得率约为 5％。

在化妆品中的应用

三叶鬼针草 50％ 酒精提取物对 B-16 黑色素细胞活性的 IC_{50} 为 3.1μg/mL，作用强烈，可用作化妆品的皮肤美白剂。70％ 酒精提取物对自由基 DPPH 的消除 IC_{50} 为 80.93μg/mL、水提取物对超氧自由基的消除 IC_{50} 为 125μg/mL，有抗氧化护理作用。

28. 山嵛菜

山嵛菜（*Wasabia japonica*）的籽又称芥末，为十字花科山嵛菜属的多年生草本植物，主产地是日本，我国在东北等地有引种。化妆品只采用其根的提取物。

有效成分和提取方法

山嵛菜根含异硫氰酸盐成分，如 6-甲基硫己基异硫氰酸盐、7-甲基硫庚基异硫氰酸盐、8-甲基硫辛基异硫氰酸盐；还含黄酮成分，主要有异牡荆苷、异肥皂草苷、芹菜素、木犀草素和异荭草素等。山嵛菜根可以水、酒精等为溶剂，按常规方法提取，然后将提取液浓缩至干。

在化妆品中的应用

山崳菜根 50％酒精提取物 160μg/mL 对黑色素细胞生成黑色素的抑制率为 65％，可用于皮肤美白制品；20％酒精提取物对超氧自由基的消除 IC_{50} 为 5.9mg/mL，可用作抗氧化剂；50％酒精提取物对 β-氨基己糖苷酶的活性有抑制，对皮肤炎症而致的过敏有缓解效果。

29. 蛇婆子

蛇婆子（*Waltheria Indica*）为梧桐科蛇婆子属灌木样植物，广布于全球热带地区，我国分布于福建、台湾、广东、海南、广西、云南等地。化妆品采用其叶的提取物。

有效成分和提取方法

蛇婆子叶含肽类生物碱，包括若干蛇婆子碱。另含丰富黄酮化合物如山奈酚、槲皮素的葡萄糖苷、鼠李糖等的糖苷。蛇婆子叶可以水、酒精等为溶剂，按常规方法提取，然后将提取液浓缩至干。如以 70％酒精浸渍提取，得率约为 10％。

在化妆品中的应用

蛇婆子叶水提取物 0.1％对超氧自由基的消除率为 100％，0.03％对自由基 DPPH 的消除率为 88％，有广谱的抗氧性。70％酒精提取物对 B-16 黑色素细胞生成黑色素的抑制率为 59％，对酪氨酸酶活性的 IC_{50} 为 0.08％，作用强烈，可用作皮肤美白剂。水提取物还能抑制胶原蛋白酶、弹性蛋白酶活性，有活肤抗皱作用。

30. 石榴

石榴（*Punica granatum*）属于石榴科石榴属落叶灌木或小乔木，石榴主要分布在亚热带及温带地区，在我国南北各地区均有种植。化妆品可采用石榴树皮、石榴果、果皮、石榴籽和石榴花等的提取物，应用最多的石榴果皮。

有效成分和提取方法

石榴皮含鞣质 10.4％～21.3％、鞣花酸和没食子酸 4.0％，以及苹果酸、果胶、草酸钙、异槲皮苷和石榴皮碱。鞣花酸和没食子酸是石榴皮的主要有效成分，而鞣花酸是《中国药典》规定检测含量的成分。石榴皮还含有多种人体所需的氨基酸如谷氨酸、脯氨酸、缬氨酸、组氨酸等。石榴可以水、酒精等为溶剂，按常规方法提取，最后将提取物浓缩至干。如干燥石榴果皮以 50％酒精回流提取，得率约为 40％。

鞣花酸的结构式

在化妆品中的应用

石榴皮水提取物 0.5％对 B-16 黑色素细胞活性的抑制率为 90％，是很好的化妆品美白添加剂；石榴皮 50％酒精提取物 8.0μg/mL 对弹性蛋白酶活性的抑制率为 80％，提取物

0.005％对胶原蛋白生成的促进率为17.6％，可以起到延缓衰老、抗皱的效果；石榴皮50％酒精提取物50μg/mL对游离组胺释放的抑制率为85％，有抗皮肤过敏作用；提取物还有促进生发、抗氧化、抗炎、抗菌等作用。

31. 酸模

小酸模（*Rumex acetosella*）、皱叶酸模（*R. crispus*）和西酸模（*R. occidentalis*）是蓼科酸模属草本植物。小酸模在我国南北各省区均有分布，皱叶酸模主产于我国新疆和中亚地区，而西酸模主产于北美洲。它们性能相似，化妆品主要采用它们根/叶/茎/花或全草的提取物。

有效成分和提取方法

小酸模根中含有蒽醌化合物如大黄酚、大黄素、大黄酚蒽酮、大黄素蒽酮、芦荟大黄素和酸模素，另有黄酮化合物如牡荆素、金丝桃苷等。其他两种酸模也以蒽醌化合物为主要成分。小酸模可以水、酒精等为溶剂，按常规方法提取，然后将提取液浓缩至干。如小酸模叶用70％丙酮提取的得率约为10％。

在化妆品中的应用

小酸模根80％酒精提取物100μg/mL对超氧自由基的消除率为64.0％，对自由基DPPH的消除率为72.2％，可用作抗氧化剂。小酸模70％酒精提取物对黑色素细胞生成黑色素的IC_{50}为110μg/mL，西酸模水提取物1％对酪氨酸酶活性的抑制率为80％，可用作皮肤美白剂。皱叶酸模70％酒精提取物5％对烟酸甲酯诱发皮肤红斑的抑制率为35％，有抗皮肤过敏功能。提取物还有抗炎作用。

32. 锁阳

锁阳（*Cynomorium songaricum*）是多年生、全寄生种子植物，多寄生于蒺藜科白刺属植物根部，是锁阳科锁阳属的单科单属单种植物。主产于我国甘肃、青海、内蒙古、新疆、宁夏等地，生长在荒漠草原、草原化荒漠地带。化妆品采用其干燥全草的提取物。

有效成分和提取方法

锁阳含黄酮类化合物，有（＋）-儿茶素、（－）-儿茶素、柑橘素及其糖苷；含三萜类皂苷熊果酸、乙酰熊果酸等，熊果酸是《中国药典》规定检测含量的成分，锁阳的质量以熊果酸的含量为标准。含鞣质类为缩合型的儿茶素类鞣质，全株含鞣质约21％；锁阳多糖是均一的酸性杂多糖；甾醇有β-谷甾醇、胡萝卜苷；含15种氨基酸，其中天门冬氨酸含量较高。锁阳可以水、酒精为溶剂，按常规方法提取，最后将提取液浓缩至干。如锁阳用75％酒精提取，得率约为20％。

熊果酸的结构式

　　中国卫生部食药总局将锁阳提取物作为化妆品原料，未见其外用不安全的报道。

在化妆品中的应用 ┃- -

　　锁阳酒精提取物 0.1％对酪氨酸酶活性的抑制率为 54％，可用于增白类化妆品；锁阳热水提取物 0.01％对超氧自由基的消除率为 45％，对其他自由基也有很好的消除能力，可用作抗氧化剂；锁阳 75％酒精提取物 0.1mg/mL 对 5α-还原酶活性的抑制率为 55％，对因睾酮水平较高而引起的脱发和头发生长缓慢有促进生发的作用。

33. 土贝母

　　土贝母（*Bolbostemma paniculatum*）为葫芦科植物，产地有我国河南、陕西、山西、河北等。化妆品采用其干燥块茎的提取物。

有效成分和提取方法 ┃- -

　　土贝母含有三萜皂苷，如土贝母苷甲、土贝母苷乙和土贝母苷丙，土贝母苷甲是《中国药典》规定检测含量的成分，不得少于 1.0％。另含甾醇类化合物为 β-谷甾醇、豆甾三烯-3-醇及其糖苷；其余的成分为胞嘧啶、腺苷、葫芦素 B、胡萝卜苷、尿囊素、大黄素、麦芽酚等。土贝母可以水、酒精等为溶剂，按常规方法提取，最后浓缩至干。

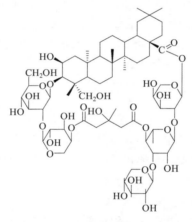

土贝母苷甲的结构式

　　国家食药总局将土贝母提取物作为化妆品原料，未见外用不安全的报道。

在化妆品中的应用 ┃- -

　　土贝母 50％酒精提取物对黑色素细胞生成黑色素的 IC_{50} 为 32μg/mL，作用强烈，可用于增白化妆品；土贝母苷甲剂量在 0.11μg/耳对 TPA 致鼠耳肿胀的抑制率为 83％，可用作抗炎剂防治疣症。提取物还有抗氧化作用。

34. 肖乳香

　　肖乳香（*Schinus terebinthifolius*）为漆树科肖乳香属灌木或小乔木，主要分布于南美洲，我国在南方引入栽培了肖乳香。化妆品主要采用其籽油和提取物。

有效成分和提取方法

肖乳香籽含挥发成分，主要是 α-水芹烯。肖乳香籽含有没食子酸、没食子酸甲酯、五没食子酰葡萄糖等多酚化合物。肖乳香籽可以水蒸气蒸馏法制取挥发油，提取物可以水、酒精等为溶剂，按常规方法提取，然后将提取液浓缩至干。

在化妆品中的应用

肖乳香籽乙酸乙酯提取物 $50\mu g/mL$ 对组胺游离释放的抑制率为 59.9%，有抗皮肤过敏作用。肖乳香籽酒精提取物 $50\mu g/mL$ 对 B-16 黑色素细胞生成黑色素的抑制率为 49%，对酪氨酸酶活性的抑制率为 89%，优于熊果苷，可用作皮肤美白剂。肖乳香籽水提取物 0.01% 涂敷，可使皮肤含水量提高一倍，可用作保湿剂。提取物还有抗氧化调理、抗衰活肤和抗炎作用。

35. 旋覆花

旋覆花（*Inula japonica*）为菊科旋覆花属植物，主要分布于中国、韩国和日本等地。化妆品主要采用它们花的提取物。同属植物欧亚旋覆花（*Inula britanica*）也可以类似的方法在化妆品中应用。

有效成分和提取方法

旋覆花的化学成分主要为黄酮，有槲皮素、槲皮素二甲醚、异槲皮素、山奈酚、藤黄菌素、毛地黄黄酮及其糖苷类等；含倍半萜内酯类如旋覆花内酯、旋覆花佛术内酯等，旋覆花内酯是特有成分。旋覆花可以水、酒精等为溶剂，按常规方法提取，然后浓缩至干为膏状。

旋覆花内酯的结构式

安全性

国家食药总局和 CTFA 都将旋覆花提取物作为化妆品原料，未见其外用不安全的报道。

在化妆品中的应用

旋覆花酒精提取物 $500\mu g/mL$ 可完全抑制酪氨酸酶活性，对黄褐斑、雀斑、晒黑斑和类固醇引起的黑皮病有极好的抑制作用，可用作皮肤美白剂；皮肤涂敷旋覆花水提取物 0.01%，可使皮肤角质层含水量提高 3 倍，用作保湿剂，能有效地防止、减轻或改善皮肤的干燥、粗糙、皲裂、瘙痒及皮屑，能很好地防止头发的干燥、疏松、开裂，赋予头发光泽；提取物还有促进毛发的生长和减肥作用。

36. 睡茄

睡茄（*Withania somnifera*）为茄科睡茄属植物，主要生长在印度、南非、巴基斯坦等地，化妆品可采用其根的提取物。

有效成分和提取方法

睡茄根的主要成分是生物碱，最重要的是睡茄碱，其余有醉茄碱、睡茄宁、莨菪碱、古柯液碱、假睡茄碱和假莨菪碱等；另含睡茄内酯和若干甾类化合物。睡茄可以水、酒精等为溶剂，按常规方法提取，然后将提取液浓缩至干。

在化妆品中的应用

睡茄根水提取物 0.1% 对花生四烯酸诱发鼠耳肿胀的抑制率为 36.2%，1.0% 对金属蛋白酶-1 活性的抑制率为 40%，可用于皮肤炎症的防治。根水提取物 0.5% 对成纤维细胞的增殖促进率为 46%，60% 酒精提取物对超氧自由基的消除率为 58%，可用作抗衰活肤剂。睡茄根甲醇提取物 0.001% 对 B-16 黑色素细胞活性的抑制率为 76%，作用强烈，有皮肤美白作用。

37. 熊果

熊果（*Arctostaphylos uva-ursi*）为杜鹃花科熊果属植物。熊果广泛分布在北半球的高纬度地区和低纬度的高海拔山区，我国分布区域为东北、湖北、内蒙古和新疆等地区。化妆品采用熊果全草、叶的提取物。

有效成分和提取方法

熊果叶含有熊果苷、熊果酸等，熊果苷有 α 和 β 两种构型，以 β-熊果苷含量居多。熊果叶可采用水或酒精水溶液作溶剂，按常规方法提取和制备。如干燥熊果叶以 50% 酒精室温浸渍，提取得率约为 15%。

α-熊果苷　　　　　　　β-熊果苷

在化妆品中的应用

熊果叶水提取物 $50\mu g/mL$ 对酪氨酸酶活性的抑制率为 43%，叶内含熊果苷，对黑色素细胞有漂白样作用，广泛用作化妆品的美白添加剂。熊果叶 70% 酒精提取物对半胱天冬蛋白酶的抑制率为 73.0%，半胱天冬蛋白酶是使细胞凋亡的生物酶，对它具抑制作用即意味着延长细胞的生命，提取物有抗老功能。提取物还有抗氧化、抗炎和保湿作用。

38. 旋复花异囊菊

旋复花异囊菊（*Heterotheca inuloides*）为菊科异囊菊属草本植物，大量生长于墨西哥和相邻地区，化妆品采用旋复花异囊菊花的提取物。

有效成分和提取方法

旋复花异囊菊花的特征成分是 α-去二氢菖蒲烯型的衍生物，如 3-羟基-α-去二氢菖蒲烯、7-羟基-α-去二氢菖蒲烯和 7-羟基-α-菖蒲烯。另含多量黄酮化合物，有高良姜素、山奈酚、槲皮素、异槲皮素及其糖苷和芦丁。旋复花异囊菊可以水、酒精等为溶剂，按常规方法提取，然后浓缩至干为膏状。如干花用 50％酒精在 50℃温浸 1h，提取的得率约为 9.3％。

在化妆品中的应用

旋复花异囊菊花 50％酒精提取物 100μg/mL 对酪氨酸酶活性的抑制率为 78％，可用作化妆品的增白剂。花甲醇提取物 10μg/mL 对脂质过氧化的抑制率为 98.1％，对自由基也有消除作用，有强烈的抗氧性化。提取物也可用作抗炎剂和抗菌剂。

39. 雪松

雪松（*Cedrus deodara*）和北非雪松（*C. atlantica*）为松科雪松属常绿树木。雪松又名喜马拉雅山雪松，原产于喜马拉雅山西部自阿富汗至印度高山地区，现在长江流域各大城市都有栽培；北非雪松也名大西洋雪松，主产于非洲西北部。化妆品采用这两种雪松心材、树皮的提取物。

有效成分和提取方法

雪松含挥发成分，主要成分是杜松萜烯、雪松烯；含许多二萜类化合物如脱氢松香酸、7,15-二羟基脱氢松香酸、15-羟基脱氢松香酸、雪松醇、7,18-二羟基雪松醇等，另有 β-谷甾醇的糖苷和柚皮素等。雪松醇是其特征成分。可以水蒸气蒸馏法制取雪松挥发油。提取物可以水、酒精等为溶剂，按常规方法提取，然后浓缩至干为膏状。如干雪松树皮用80％酒精提取，得率约为 3.0％。

雪松醇的提取物

在化妆品中的应用

0.01％雪松提取物可完全抑制胶原蛋白酶活性，可减缓胶原蛋白纤维的降解，以维持皮肤弹性，可用于抗衰化妆品；雪松树皮 80％酒精提取物对酪氨酸酶活性的 IC_{50} 为 0.1μg/mL，是很好的皮肤美白剂。北非雪松树皮油有抗菌性，对金黄色葡萄球菌、大肠杆菌、绿脓杆菌等有强烈的抑制，各自的 MIC 均在 1mg/mL 以下；对胰岛素样生长激素-1 的生成有促进，还有保湿和止痛作用。

40. 野菊花

野菊花（*Chrysanthemum indicum*）和紫花毛山菊（*C. zawadskii*）为菊科菊属多年生草本植物，野菊花也名金黄洋甘菊，几乎野生于我国全境，印度、日本、朝鲜和俄罗斯的也有分布；紫花毛山菊也称紫花野菊，主产于朝鲜，两者相似。化妆品中采用它们干花、花期全草及其愈伤组织的提取物，以花提取物应用最多。

有效成分和提取方法

野菊花的花中含挥发油、黄酮类化合物、氨基酸、绿原酸等，黄酮类化合物中有蒙花苷、木犀草素、芹菜素和麦黄酮等，蒙花苷是含量较多的特征成分。野菊花挥发油可以水蒸气蒸馏法制取，提取物可以水、酒精等为溶剂，按常规方法提取，然后将提取液浓缩至干。如紫花毛山菊花用 70％酒精提取得率约为 18％。

蒙花苷的结构式

在化妆品中的应用

野菊花水煎提取物对金黄色葡萄球菌、表皮葡萄球菌、绿脓杆菌的 MIC 分别是 3.125mg 生药/mL、3.125mg 生药/mL 和 50mg 生药/mL，可用作抗菌剂。紫花毛山菊 80％酒精提取物对白色念珠菌、痤疮丙酸杆菌有较强烈的抑制。野菊花 70％酒精提取物 25μg/mL 对黑色素细胞活性的抑制率为 54.9％，对酪氨酸酶活性的 IC_{50} 为 94.1μg/mL，有美白皮肤作用；紫花毛山菊 70％酒精提取物 50μg/mL 对成纤维细胞增殖的促进率为 86％，对胶原蛋白酶活性的抑制率为 39％，有活肤抗皱作用。提取物还有抗过敏、抗氧化、抗炎的作用。

41. 梓树

梓树（*Catalpa ovata*）为紫葳科梓树属落叶乔木，原产于我国，分布于长江流域及以北地区，以果实、树白皮和根白皮入药。化妆品采用梓树皮和叶提取物。

有效成分和提取方法

梓树皮醇提取物中检测到了酚类、黄酮类、蒽醌、萜类、强心苷类等化学物质，酸水液中检测到了生物碱，石油醚提取物主要含有甾体、萜类等，已知化合物有阿魏酸、异阿魏酸和对香豆酸。梓树树皮提取物可以水、酒精等为溶剂，按常规方法提取，然后浓缩至干为膏状。以 50％酒精提取的得率为 21.2％。

在化妆品中的应用

梓树皮 50％酒精提取物 1.0％可完全抑制 B-16 黑色素细胞生成黑色素，作用强烈，可用于皮肤美白。梓树皮甲醇提取物 0.1％对 5α-还原酶活性的抑制率为 84％，对因雄性激素偏高而引起的脱发等疾患有很好的防治作用，可用于生发、粉刺制品；树皮水提取物 0.01％对自由基 DPPH 的消除率为 64.1％、0.1％对黄嘌呤氧化酶活性的抑制率为 90.2％，可用作抗氧化剂。提取物还有抗炎、抗菌、抗过敏作用。

42. 紫花地丁

紫花地丁（*Viola yedoensis*）为堇菜科草本植物，主要分布于我国江苏、安徽和浙江等地，化妆品采用其干燥的带根全草提取物。

有效成分和提取方法

紫花地丁的主要成分是黄酮类化合物，有芹菜素、木犀草素及其糖苷化合物等，其中以芹菜素及其糖苷为主；另有酚性成分如菊苣苷、七叶内酯、早开堇菜苷；尚含皂苷、植物甾醇、鞣质等。紫花地丁可以水、酒精等为溶剂，按常规方法提取，然后将提取液浓缩至干。

芹菜素的结构式

在化妆品中的应用 ┃--

紫花地丁水提取物 0.01％对组胺释放的抑制率为 23.4％，结合其若干抗炎性能和抗氧化性能，可用于过敏性皮炎的防治。提取物对金黄色葡萄球菌和大肠杆菌的 MIC 均为 39μg/mL，有不错的广谱抑菌和杀菌性，可用于与此相关的化妆品；紫花地丁 50％酒精提取物对 B-16 黑色素细胞生成黑色素的 IC_{50} 为 10μg/mL，作用强烈，可用于美白类化妆品。

第四节　防晒

防晒化妆品是保护皮肤或头发免受光伤害的日用品。

抵达地表的太阳光由紫外线和可见光两部分组成，紫外线对皮肤的伤害远远地大于可见光。按波长对紫外线进行分类，将波长 200～280nm 的区域称为 UVC 区，或称短波紫外线段、杀菌段等，C 段紫外线能量最高，对皮肤的伤害最大，但由于大气层的阻隔，除高原外，阳光的 C 段紫外线很少到达地面。波长 280～350nm 的区域称为 UVB 区，或称中波紫外线段、晒红段等，B 区光子的能量较高，经照射皮肤会出现红斑、赤晕、水肿、肤色深化、角质层异常紧密，向干性皮肤转化。波长 350～450nm 的区域称为 UVA 区，或称长波紫外线段、晒黑段等，A 区光线波长大、能量低而高衍射，能深入到较深处的皮肤，透射能力可达真皮层。

对 UVB 和 UVA 进行阻隔的化妆品称为防晒化妆品，只对 UVB 进行阻隔的化妆品称为晒黑化妆品。晒黑化妆品见第五节。

1. 巴拉圭茶

巴拉圭茶（*Ilex paraguarensis*）为冬青科冬青属常绿灌木，野生巴拉圭茶树广泛分布于阿根廷、智利、秘鲁和巴西，是南美人的日常饮料，化妆品采用其叶的提取物。

有效成分和提取方法 ┃--

巴拉圭茶主要活性成分是黄嘌呤生物碱（咖啡因、茶碱、可可碱），含量为 0.7％～2％，其余有皂苷如熊果酸及其糖苷衍生物；含酚酸化合物如咖啡酸、绿原酸、3,4-二咖啡酰奎宁酸等；含黄酮类成分如山柰酚、芦丁和槲皮素。巴拉圭茶可以水、酒精等为溶剂，按常规方法提取，然后浓缩至干为膏状。如干叶用酒精提取，得率约为 8％。

在化妆品中的应用 ┃--

巴拉圭茶提取物对 UVB 和 UVA 有很好的屏蔽作用，乳剂中用入 10％，SPF 值可接近

70，可用作化妆品的防晒剂；提取物对单线态氧及其他自由基都有高效的消除能力，可用作抗氧化剂；是皮肤和头发的调理剂；因含多量黄嘌呤类生物碱，抑制脂肪酶活性，可用于减肥制品。

2. 百合

百合（*Lilium lancifolium*）、白花百合（*L. candidum*）和日本百合（*L. japonicum*）是百合科百合属多年生草本植物。百合又称卷丹，我国大部地区有产；白花百合主要分布于地中海东部地区，也称欧洲百合；日本百合主产于日本。化妆品主要采用它们干燥肉质鳞茎的提取物，以白花百合为主。

有效成分和提取方法 ┠-----------------------------------

白花百合鳞茎富含氨基酸，除苏氨酸等少数几个外，其他人体必需氨基酸基本齐全；含特征生物碱如假白榄内酰胺、假乙基白榄内酰胺等；有皂苷如螺旋甾烷醇、呋甾皂苷等存在；另有黄酮化合物异鼠李素、山柰酚及其糖苷。干燥肉质鳞茎可以水、酒精、丁二醇等为溶剂，按常规方法提取，然后浓缩至干为膏状。

假白榄内酰胺的结构式

在化妆品中的应用 ┠-----------------------------------

白花百合提取物在低浓度时对纤维芽细胞的增殖、弹性蛋白的生成、组织蛋白酶的活性均有促进作用；在 $10J/cm^2$ UVA 和 $40J/cm^2$ UVB 照射下对成纤维细胞的凋亡有 53% 的强烈抑制，可用作防晒剂；还可增强皮肤细胞新陈代谢，有抗衰、保湿、调理作用。

3. 报春花

报春花（*Primula veris*）和锡金报春花（*P. sikkimensis*）为报春花科报春花属花卉植物。报春花又名黄花九轮草，在我国大多数地区都有发现，但原产于新疆西北部海拔 1500～2000m 处；锡金报春花主产于我国西藏东部及南部和邻近地区。化妆品主要采用它们花的提取物。

有效成分和提取方法 ┠-----------------------------------

报春花和锡金报春花的成分都以黄酮化合物为主，有槲皮素、山柰酚、樱黄素、$2'$-羟基黄酮和芹菜素及其糖苷等，另有报春花根苷、樱草苷、β-谷甾醇、二十六醇等。报春花等可以水、酒精等为溶剂，按常规方法提取，然后浓缩至干为膏状。如报春花用水提取的得率约为 19%；锡金报春花用 50% 酒精提取的得率约为 6%。

在化妆品中的应用 ┠-----------------------------------

报春花 50% 酒精加盐酸的提取物有抗菌性，0.5% 对金黄色葡萄球菌、表皮葡萄球菌、绿脓杆菌、大肠杆菌有抑制作用；锡金报春花 50% 酒精提取物浓度在 1% 时，对痤疮丙酸杆菌的抑制率为 32.5％，可用于痤疮的防治。报春花水提取物对 UVA 和 UVB 都有强烈吸收，对 B-16 黑色素细胞生成黑色素的抑制率为 11.5％，可用于防晒亮肤型护肤品。报春花水提取物 500μg/mL 对脂肪酶活性的抑制率为 97.8％，可用于减肥。报春花提取物对表皮细胞的增殖有很好的促进作用，可用于活肤抗衰化妆品。提取物还可用作保湿剂和抗炎剂。

4. 蓖麻

蓖麻（*Ricinus communis*）是大戟科多年生草本植物，蓖麻油是由蓖麻籽经榨取或浸提而得的油料。我国富产蓖麻油，产量位居世界第三，主要产地集中在新疆与东北地区。蓖麻油是世界上 10 大油料和 4 大不可食用的油料作物之一。化妆品仅采用蓖麻籽和根的提取物。

有效成分和提取方法

蓖麻油在自然界是羟价最高的油脂，主要含蓖麻油酸、油酸、亚油酸、硬脂酸，主成分为三蓖麻醇酸甘油酯，而蓖麻油酸是《中国药典》规定检测含量的成分。蓖麻籽直接压榨出油。蓖麻根可以水或酒精等为溶剂，按常规方法提取，然后浓缩至干。干蓖麻根用 80％酒精提取，得率为 4.2％。

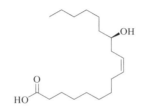

蓖麻油酸的结构式

在化妆品中的应用

蓖麻油具有良好的保湿性、颜料分散性，抗氧化力强、温和、无刺激性，与其他树脂相容性好，在乙醇中溶解度适宜，并且由于蓖麻油相对密度大、黏度高、凝固点低，由蓖麻油配制的产品，其黏性和软硬度受温度影响很小，适宜用作化妆品原料，并有调理作用。化妆品级蓖麻油可作为唇膏的主要基质，也可用于霜膏、乳液、指甲油及护发类化妆品中；还可制作透明皂、液体钾皂（用蓖麻油制作的肥皂有透明感）。在紫外-可见光谱图上，蓖麻油在 400～550nm 处其相对透射率随波长的增加而迅速上升，在 550nm 处其相对透射率达到 80％，而在 980nm 处出现透射谷，其相对透射率约为 65％，这说明蓖麻油对紫外光有很好的吸收，对近红外光相比较有好的吸收。护肤类产品选用蓖麻油作为基质原料，防晒效果将明显增强。压榨法制取的蓖麻油对免疫球蛋白 IgE 的生成有抑制作用，浓度 100μg/mL 的抑制率为 25％。蓖麻油可柔化肌肤，温和保湿同时嫩柔肌肤，具有非常温和镇静的效果，特别适合疲劳、压力大的人或异常敏感的肌肤，可以有效减少肌肤敏感的情形，也适合用在烈日灼伤后肌肤。也可用于治疗伤口感染和皮肤病，帮助软化鸡眼和硬皮，也可防止产生伤疤，并有益于干裂的发质。蓖麻根 80％酒精提取物对 B-16 黑色素细胞活性的 IC_{50} 为 1.24μg/mL，可用作皮肤美白剂。

5. 椴树

椴树（*Tilia cordata*，也名欧洲椴树）、普通椴树（*T.Vulgaris*）、阔叶椴（*T. platyphyllos*）和银毛椴（*T. tomentosa*）为椴树科椴树属落叶乔木。上述椴树在欧洲和西亚多地有种植，在我国多地有引种。化妆品采用椴树花、木质部分的提取物，以花为主。

有效成分和提取方法 ┃--

欧洲椴树花含有多量的黄酮化合物，有椴树苷、儿茶素、表儿茶素、没食子儿茶素、表没食子儿茶素、原花青素等，是主要的成分。还含三萜皂苷如 β-香树脂醇乙酸酯、香树脂醇乙酸酯、β-香树脂醇；其余有 β-谷甾醇、棕榈酸等成分。椴树花可以水、酒精等为溶剂，按常规方法提取，然后浓缩至干，一般以酒精提取的为多，提取物的性能也好。以 95％酒精提取的得率约为 3％。

椴树苷的结构式

在化妆品中的应用 ┃--

以 UVB 照射大鼠背部皮肤，涂敷椴树花 50％酒精提取物，可使皮层厚度降低 4.7％，可用于防晒护肤品。提取物 $500\mu g/mL$ 对酪氨酸酶的抑制率为 41.5％，具有皮肤美白的作用；提取物 $5\mu g/mL$ 对半胱天冬蛋白酶活性的抑制率为 43.7％，对弹性蛋白酶的 IC_{50} 为 $4.4\mu g/mL$，可增强皮肤细胞新陈代谢，有抗衰作用；阔叶椴花 50％提取物 $200\mu g/mL$ 对蛋氨酸酶活性的抑制率为 32％，有抑制体臭作用；提取物还有保湿、抗炎和抗菌等作用。

6. 黄葵

黄葵（*Hibiscus abelmoschus*）和咖啡黄葵（*H. esculentus*）为锦葵科秋葵属一年生的草本植物。咖啡黄葵又名黄秋葵，原产于热带非洲，现主产于美国南方，在日本和我国福建、台湾也有种植，果作蔬菜食用。化妆品采用它们果实和籽的提取物。

有效成分和提取方法 ┃--

咖啡黄葵果中含有蛋白质 15.78％、总糖 9.48％、多糖 1.1％、脂肪 14.36％和黄酮化合物 1.48％，黄酮化合物为槲皮素的糖苷和（一）-表儿茶酚没食子酸。种子含咖啡碱，含量达 1％左右；籽油的脂肪酸以棕榈酸、油酸和亚油酸为主，不饱和脂肪酸占 54％以上。可以水、酒精等为溶剂，按常规方法提取，然后浓缩至干为膏状。咖啡黄葵以水提取，得率约为 10%。

在化妆品中的应用

咖啡黄葵籽油脂可用作化妆品基础油性原料。咖啡黄葵水提取物 $18.75\mu g/mL$ 对胶原蛋白生成的促进率为 23.1%，$75\mu g/mL$ 对自由基 DPPH 的消除率为 92.3%，有活肤抗衰调理作用；皮肤涂敷黄葵水提取物 $100\mu g/mL$，在 UVB $20mJ/cm^2$ 的 6h 照射下，皮肤弹性较空白样好 65%，有防晒功能；涂敷咖啡黄葵水提取物对经皮水分蒸发的抑制率为 28.2%，有保湿作用；提取物还可用作抗炎剂。

7. 假马齿苋

假马齿苋（*Bacopa monniera*）是玄参科假马齿苋属植物，在我国主要分布于福建、台湾、广东、云南和四川等地。化妆品采用其全草提取物。

有效成分和提取方法

假马齿苋的主要化学成分是以酸枣仁苷元和伪酸枣仁苷元作为苷元的达玛烷型三萜皂苷，如假马齿苋皂苷 A 和假马齿苋皂苷 B，共有皂苷化合物 70 多个。干假马齿苋可以水、酒精等为溶剂，按常规方法提取，然后浓缩至干为膏状。如先用己烷脱脂后，在室温用酒精萃提 3 次，提取得率为 0.8%。

在化妆品中的应用

假马齿苋 50% 酒精提取物 1% 对纤维芽细胞增殖的促进率为 55%，对自由基 DPPH 的消除 IC_{50} 为 $75\mu g/mL$，有活肤抗衰作用；酒精提取物对环氧合酶-1 的 IC_{50} 为 $15.66\mu g/mL$，对环氧合酶-2 的 IC_{50} 为 $1.22\mu g/mL$，$100\mu g/mL$ 对 TNF-α 生成的抑制率为 43.6%，可用作抗炎剂；酒精提取物在 UVA-UVB（190～400nm）都有强烈吸收，有防晒功能；提取物还有美白皮肤的作用。

8. 款冬

款冬（*Tussilago farfara*）为菊科款冬属多年生草本植物。款冬花家野兼有，野生于我国甘肃、宁夏、新疆等地。化妆品可采用其花和叶的提取物，以花提取物为主。

有效成分和提取方法

款冬花含款冬酮、三萜皂苷类，如款冬二醇及其异构体山金车二醇、巴尔三萜醇、异巴尔三萜醇，上述都是款冬花的特殊成分，而款冬酮是《中国药典》规定检测含量的成分；含黄酮类化合物如芦丁、金丝桃苷等；生物碱类为款冬花碱等；有机酸类有绿原酸、咖啡酸等。款冬花可以水、酒精等为溶剂，按常规方法提取，然后浓缩至干为膏状。如干燥款冬花以 50% 酒精提取，得率为 3.9%

款冬酮的结构式

在 5.0J/cm² UVA 直射下对纤维芽细胞进行培养，款冬花 30％丁二醇提取物 1.25％对细胞凋亡的抑制率为 25.4％，有良好的抵御紫外线的能力，可用于防晒类化妆品；50％酒精提取物 0.05％对胶原蛋白Ⅳ型生成的促进率为 17％，0.01％对层粘连蛋白生成的促进率为 10％，结合它对超氧等自由基的消除，款冬花提取物具抗皱、抗衰作用，可在防老化化妆品中使用；80％酒精提取物 10μg/mL 对透明质酸的生成促进率为 75.9％，是有效的保湿剂。提取物还可用作杀菌剂和抗炎剂。

9. 辣蓼

辣蓼（*Polygonum hydropiper*）蓼科蓼属植物，也名水蓼，广泛分布于中国南方，朝鲜半岛、日本也有。化妆品采用其全草提取物。

有效成分和提取方法

辣蓼全草含挥发油，其中含水蓼二醛等辣味物质；不挥发成分以黄酮化合物为主，如槲皮素及其糖苷、异槲皮素、芦丁等。辣蓼的嫩芽含的辣味物质少，而黄酮化合物含量高。提取物可以水、酒精等为溶剂，按常规方法提取，最后将提取液浓缩至干。如干嫩芽经 50％酒精提取，得率为 8％。

在化妆品中的应用

在 UVB 400mJ/cm² 的照射下，50％酒精辣蓼嫩芽提取物对细胞凋亡的抑制率为 75.9％，可用作防晒剂保护皮肤；50％酒精辣蓼嫩芽提取物 50μg/mL 对胶原蛋白酶活性的抑制率为 32％，100μg/mL 对弹性蛋白酶活性的抑制率为 47％，有延缓皮肤老化的作用；50％丁二醇提取物 100μg/mL 对金属蛋白酶-9 活性的抑制率为 83％，可用作抗炎剂。

10. 罗勒

罗勒（*Ocimum basilicum*）和圣罗勒（*O. sanctum*）为唇形科罗勒属一年生草本植物。罗勒原生于亚洲热带地区，也主产于我国云南、河南、安徽、四川等地；圣罗勒产于我国广东、海南。二者相似，化妆品可采用干燥全草、花期全草、叶等的提取物。

有效成分和提取方法

罗勒含挥发油 0.02％～0.04％，主要成分为罗勒烯、1,8-桉叶素、芳樟醇、甲基胡椒酚等；非挥发成分有 β-谷甾醇、胡萝卜苷、豆甾醇及其糖苷；黄酮有山奈酚、芹菜素、槲皮素及其苷类；酚酸有迷迭香酸等。可用水蒸气蒸馏法制取罗勒精油。罗勒提取物可以水、酒精等为溶剂，按常规方法提取，最后将提取液浓缩至干。干罗勒叶用 50％酒精提取的得率为 24.3％。

安全性

国家食药总局和 CTFA 都将上述罗勒提取物作为化妆品原料。有报道称罗勒精油对敏感的肌肤有刺激性，但未见其提取物外用不安全的报道。

在化妆品中的应用

在大鼠紫外线照射最小红斑量测定试验中，鼠背涂敷 0.05％的罗勒全草水提取物，并与空白样作对照，空白样产生最小红斑量的光强为 0.666J/cm²，而涂敷罗勒水提取物的光强为 0.998J/cm²，水提取物显示了较好的光屏蔽作用，可用于防晒化妆品；罗勒干叶粉碎物、罗勒精油可作为香味料使用；罗勒精油和罗勒提取物有广谱和强烈的抑菌效果，对金黄色葡萄球菌、枯草芽孢杆菌和黑曲霉的 MIC 分别为 1.3mg/mL、1.4mg/mL 和 3.2mg/mL，对头屑生成菌糠秕孢子菌也有较好的抑制性，可配合使用于祛头屑洗发水；全草 30%丁二醇提取物 1%涂敷对毛发再生的促进率为 67.5%，可用作生发剂；提取物尚可用作抗氧化剂、抗衰老剂、保湿剂、过敏抑制剂和减肥剂。

11. 沙棘

沙棘（*Hippophae rhamnoides*）为胡颓子科酸刺属灌木或小乔木，别名醋柳，我国是沙棘资源最丰富的国家，四川、西藏和云南等地是沙棘的主要分布区。沙棘的果、叶、根、籽、茎均有药用，化妆品主要采用的是沙棘的果实提取物。

有效成分和提取方法 ┃--

沙棘果含维生素，有维生素 A、维生素 B_1、维生素 B_2、维生素 B_{12}、维生素 E-α、维生素 E-δ、维生素 F、维生素 K_1、维生素 P 等；沙棘果和叶中都含有黄酮类化合物，是主要成分，其中主要有槲皮素、异鼠李素、山奈酚及其苷类、杨梅酮、芦丁等，其中异鼠李素是《中国药典》规定检测含量的成分，含量不得少于 0.1%；三萜皂苷有熊果酸、齐墩果酸等；甾醇有谷甾醇及其糖苷、豆甾醇、洋地黄苷等；含多酚类化合物如绿原酸、五倍子酸、儿茶酸等；含脂类物质有卵磷脂、脑磷脂和 20 余种脂肪酸。将沙棘果组织粉碎，挤出液汁，冷冻干燥或浓缩至干，然后再以水、酒精、丙二醇等为溶剂提取，提取液浓缩至干。按上述方法，以水为溶剂提取的话，得率约为 5%（以沙棘果计），50%酒精的提取得率约为 4.5%。

异鼠李素的结构式

在化妆品中的应用 ┃--

50%酒精提取物 5.0%涂敷皮肤，在紫外照射下对胶原蛋白交联化的抑制率为 72.1%，对皮层增厚的抑制率为 25.8%，可用于防晒制品保护皮肤。沙棘果 50%酒精提取物 0.005%对胸腺素 β10 生成的促进率为 33%，对金属蛋白酶-1 活性的 IC_{50} 为 0.38%，有增加免疫功能、抗炎的作用；提取物还有抗氧化、皮肤美白、减肥等作用。

12. 山姜

山姜（*Alpinia japonica*）、华山姜（*A. chinensis*）和艳山姜（*A. speciosa*）为姜科山姜属多年生草本植物，三种山姜性能相似，都分布于我国华南地区。化妆品采用其干燥根部或叶的提取物。

有效成分和提取方法 ┃--

山姜根茎含挥发油，主要成分是肉桂酸酯类、单萜烯、倍半萜烯及其含氧衍生物，其中肉桂酸甲酯占挥发油总量的 94.54%。非挥发成分有双苯庚烷类黄酮类化合物。可以水蒸气蒸馏法蒸馏制取山姜挥发油；提取物可将干燥根茎粉碎后用浓度不等的低碳醇（如乙醇）溶液热提数小时，提取液滤清后回收溶剂成粉状产品。如以甲醇回流，提取得率为 5.88%。

肉桂酸甲酯的结构式

安全性

国家食药总局和 CTFA 都将艳山姜作为化妆品原料，国家食药总局还将山姜和华山姜提取物列入，未见其外用不安全的报道。

在化妆品中的应用

山姜甲醇提取物对大肠杆菌、金黄色葡萄球菌有抑制，抑制能力比姜黄提取物稍差。山姜酒精提取物对 UVB 有较强的吸收，用作防晒添加剂；山姜 50% 酒精提取物涂敷可降低经皮水分蒸发近 50%，可用作保湿调理剂。艳山姜叶 80% 酒精提取物 0.01% 对弹性蛋白酶活性的抑制率为 75.8%，可用于抗皱护肤品；艳山姜根酒精提取物 0.5mg/mL 对酪氨酸酶活性的抑制率为 78%，有皮肤美白作用。山姜挥发油可作为皂用香精的常用定香剂。

13. 山奈

山奈（*Kaempferia galanga*）为姜科山奈属植物，原产于热带地区，我国主产于广西、广东两省区，山奈根是常用的香料和食物调味料。化妆品采用其根、根茎的提取物，以根提取物为主。

有效成分和提取方法

山奈挥发油的成分有肉桂酸乙酯、对甲氧基肉桂酸、对甲氧基肉桂酸乙酯、肉桂酸异丙酯等成分，其中对甲氧基肉桂酸乙酯含量最高，对甲氧基肉桂酸乙酯也是《中国药典》规定检测含量的成分；非挥发成分有山奈素、苦山奈萜醇和吉马酮等。可以水蒸气蒸馏法制取山奈挥发油，提取物可以水、酒精等为溶剂，按常规方法提取，然后浓缩至干为膏状。

对甲氧基肉桂酸乙酯的结构式

在化妆品中的应用

山奈根提取物有很好的防晒效果，酒精浓度越高，提取物的防晒效果越好。山奈根提取物中的对甲氧基肉桂酸乙酯等成分在 280～320nm 区域有宽而强的吸收。山奈提取物和巴松 1789 按质量比 1:1 和 0.05:3 配制成的己二酸二异丙酯的溶液，经紫外光和夏天正午的太阳光照射测试，对 UVA 有很好的防晒效果，SPF 值可在 5～60，且山奈提取物中的防晒成分对巴松 1789 光稳定性有提高，对皮肤无刺激。山柰提取物还可用作皮肤增白剂、抗氧化剂、抗菌剂和香料。

14. 肾茶

肾茶（*Orthosiphon Stamineus*）为唇形科肾茶属植物，野生于东南亚的热带地区，我国产于广西、广东、云南、福建、台湾等地。化妆品主要采用其叶提取物。

有效成分和提取方法 ┃

肾茶叶含挥发油，主要成分是 β-石竹烯、α-葎草烯和 β-榄香烯。非挥发成分有酚酸化合物如迷迭香酸、咖啡酸；黄酮化合物有甜橙黄酮、半齿泽兰素、三裂鼠尾草素等；三萜皂苷有齐墩果酸、熊果酸等，另有 β-谷甾醇。可以水蒸气蒸馏法制取肾茶叶挥发油，提取物可以水、酒精等为溶剂，按常规方法提取，然后浓缩至干为膏状。如干叶以水煮提取，得率为 12.0%。

在化妆品中的应用 ┃

肾茶 50% 酒精提取物 $100\mu g/mL$ 在 UVB $100mJ/cm^2$ 的照射下，对表皮角质层细胞和真皮纤维芽细胞凋亡的抑制率均是 20%，可用作防晒剂。沸水提取物 $1.0mg/mL$ 对 5α-还原酶活性的抑制率大于 90%，对因雄性激素偏高而引起的疾患有很好的防治作用，可用于生发、粉刺等制品；提取物尚可用作抗氧化调理剂和抗炎剂。

15. 透骨草

透骨草（*Speranskia tuberculata* 或 *Phryma leptostachya*）为药大戟科植物的全草。透骨草分布在我国东部、西北部和北部，而药材用透骨草主产于山东、河南和江苏。化妆品采用其干燥全草。应注意的是，透骨草有多个变种，透骨草的基源十分混乱，同名异物现象极为严重，如分布更广的风仙透骨草等等并不列入化妆品可用范围。

有效成分和提取方法 ┃

透骨草含生物碱、黄酮类化合物、甾醇、酚酸类化合物等。生物碱有若干吡啶-2,6-(1H，3H) 二酮生物碱、胸腺嘧啶和尿嘧啶等；黄酮类化合物有香叶木素、木犀草素等，总黄酮的含量为 1.42%；甾醇为谷甾醇；酚酸类化合物有香草酸、阿魏酸、对香豆酸等。透骨草可以水、酒精等为溶剂，按常规操作进行。以 70% 酒精为提取溶剂提取的得率约为 13%，水提取的得率为 7.3%。

吡啶-2,6-(1H，3H) 二酮生物碱的结构式

在化妆品中的应用 ┃

透骨草 70% 酒精提取物 $10\mu g/mL$ 在 $70mJ/cm^2$ UVB 照射下对角质层细胞增殖的促进率为 10.5%，有防晒和护肤作用。70% 酒精提取物 $200\mu g/mL$ 对 LPS 诱发 NO 生成的抑制

率为 75％，10μg/mL 对透明质酸酶活性的抑制率为 61.3％，有抗炎性，对皮肤炎症有防治作用。提取物还有抗氧化和抗菌作用。

16. 向日葵

向日葵（*Helianthus annuus*）是菊科向日葵属油料作物，主要分布于北美洲东南部，在我国东北、西北、内蒙古等地被广泛种植。向日葵籽、籽饼、茎/叶、花、嫩芽的提取物；籽粉、籽油、籽蜡、籽脂均可用作化妆品原料。

有效成分和提取方法

向日葵的籽仁中含脂肪 30％～45％，最多的可达 60％，其中的亚油酸占 70％。葵花子油中还含有较多的维生素 E，每百克中含 100～120mg，有维生素 B₃、β-谷甾醇、磷脂和丰富的胡萝卜素，含量超过花生油、麻油和豆油；向日葵花中含有绿原酸等成分；向日葵叶中含贝壳杉烯酸、植物醇等。向日葵油可用冷榨等方法制取。向日葵提取物则以酒精或酒精的水溶液作溶剂提取，然后将提取液浓缩至干。

在化妆品中的应用

向日葵籽油是化妆品的重要基础油性原料，有润滑皮肤作用。向日葵嫩芽 50％丁二醇提取物 100μg/mL 在紫外光照下对纤维芽细胞凋亡的抑制率为 62.3％，有良好的防晒和护肤护发作用。向日葵籽 30％酒精提取物 0.05％对过氧化物酶激活受体（PPAR）的活化促进率为 73％，PPAR 的上调可以保证足够数量的活角朊细胞来参与伤口表皮的重新形成和迁移，有皮肤愈伤和抗炎的作用。向日葵花 30％酒精提取物 0.01％涂敷，经皮水分蒸发降低一半，有保湿功效。提取物还可用作皮肤美白剂、过敏缓和剂和减肥剂。

17. 岩高兰

岩高兰（*Empetrum nigrum*）为岩高兰科岩高兰属灌木，分布于我国东北大兴安岭周边地区，属稀有植物。化妆品采用其果、茎、叶的提取物。

有效成分和提取方法

岩高兰果富含果酸成分。叶含齐墩果酸、3-羰基齐墩果酸、鞣酸、β-谷甾醇等。岩高兰可以水、甲醇或乙醇为溶剂提取，然后浓缩至干。干叶用 80％酒精提取的得率为 3.34％。

在化妆品中的应用

岩高兰叶甲醇提取物对表皮葡萄球菌、枯草芽孢杆菌、绿脓杆菌的 MIC 分别为 500μg/mL、250μg/mL 和 1000μg/mL，可用作抗菌剂。叶 80％酒精提取物 50μg/mL 在 10Gy 的 γ-射线照射下对皮肤细胞凋亡的抑制率为 51.6％，有抗辐射护肤作用。叶 80％酒精提取物对自由基 DPPH 的消除 IC_{50} 为 32.6μg/mL，有抗氧化作用。提取物还有抗 I 型超敏反应、抗炎和活肤抗皱的作用。岩高兰果汁可用作去角质层剂。

18. 赝靛

赝靛（*Baptisia tinctoria*）即野生靛蓝，为豆科多年生草本植物，原产于北美洲东部地区。化妆品采用其根的提取物。

有效成分和提取方法 ▎--

赝靛根含有异黄酮、黄酮、生物碱、香豆素和多糖。异黄酮有染料木素，黄酮化合物为芹黄素，生物碱有野靛苦苷、野靛苷和野靛碱等。赝靛根可以水、酒精等为溶剂，按常规方法提取，然后浓缩至干为膏状。如以 95％酒精提取的得率为 4.4％。

在化妆品中的应用 ▎--

赝靛根 50％酒精提取物 0.01％在 UVB 30mJ/cm² 照射下对纤维芽细胞凋亡的抑制率为 39％，有防晒护肤作用；50％酒精提取物 0.01％对成纤维细胞的增殖促进率为 35.1％，对谷胱甘肽的生成也有促进作用，有活肤作用，可用于抗衰化妆品。提取物还有抗菌和抗氧化作用。

第五节　晒黑剂

增加皮层中黑色素的含量，有两种方法。只对 UVB 进行阻隔而放行 UVA，即可加速皮肤晒黑，这一种称为晒黑剂；另一种是非日光晒黑剂，不需阳光帮忙，也能促进黑色素细胞的活性。

1. 巴西香可可

巴西香可可（*Paullinia cupana*）俗称瓜拉那，是无患子科的木质藤本植物泡林藤果的种子，主要分布于巴西亚马孙河流域。化妆品主要采用其果和籽的提取物，以籽提取物为主。

有效成分和提取方法 ▎--

巴西香可可籽含近 3％的咖啡因，另有可可碱、茶碱、黄嘌呤、腺嘌呤、甲基黄嘌呤等生物碱；除含 8％的鞣质外，有酚类物质如儿茶酚、儿茶酸等。巴西香可可籽可以水、酒精等为溶剂，按常规方法提取，然后浓缩至干为膏状。如用 50％酒精提取，得率在 15％左右。

在化妆品中的应用 ▎--

巴西香可可籽 33％酒精提取物有抗菌性，浓度在 0.2mg 生药/mL 时对牙齿致垢菌如变异链球菌、远缘链球菌的抑制率为 95％；对金黄色葡萄球菌、普通变形杆菌和大肠杆菌的 MIC 分别为 16μg/mL、32μg/mL 和 32μg/mL，可用于口腔卫生用品；100μg/mL 的提取物对 B-16 黑色素细胞的增殖有促进作用，可提高 12.1％，可用作皮肤晒黑剂；1.1％的浓度对 5α-还原酶活性的抑制达 95％，可促进生发；提取物尚可用作抗衰抗老剂、皮肤调理剂、抗炎剂和抑臭剂。

2. 地瓜榕

地瓜榕（*Ficus tikoua*）为桑科榕属落叶匍匐的木质藤本植物，主要分布在湖南、湖北、四川等地，化妆品可采用它们根藤茎的提取物。

有效成分和提取方法 ▎--

地瓜榕藤中含有齐墩果酸、佛手内酯、香树脂醇、香豆酸甲酯、咖啡酸甲酯、尿囊素、植物甾醇等，以齐墩果酸较为集中。地瓜榕可以水、酒精等为溶剂，按常规方法提取，然后浓缩至干为膏状。如地瓜榕藤粉用 70％酒精回流提取，得率约为 6％。

安全性

国家食药总局将地瓜榕提取物作为化妆品原料，未见它们外用不安全的报道。

在化妆品中的应用

地瓜榕藤 70％酒精提取物 1mg/mL 对酪氨酸酶活性的促进率为 64.6％，可用于晒黑、乌发类制品，要注意的是浓度再提高则表现为抑制。藤粉提取物（正丁醇：乙醇＝2：1）对表皮葡萄球菌、金黄色葡萄球菌的 MIC 分别为 1.03mg/mL、0.51mg/mL，可用作抗菌剂；根 95％酒精提取物对自由基 DPPH 的消除 IC_{50} 为 $4.6\mu g/mL$，有抗氧化作用。

3. 鸡纳树

鸡纳树（*Cinchona succirubra*）为茜草科金鸡纳属植物，原产于南美，现印度尼西亚、印度及我国云南、台湾、广东、广西均有栽培。同属植物毛金鸡纳（*C. pubescens*）原产于南美，现广泛分布于热带地区。化妆品采用它们树皮的提取物。

有效成分和提取方法

金鸡纳树的干树皮含有约 26 种生物碱，总称为金鸡纳生物碱。其中含量最多且在医药上最重要的是奎宁，其次是奎尼丁等，其余在树皮中的含量很低；除生物碱外，还含金鸡纳鞣酸、奎宁酸、金鸡纳红等。这两种鸡纳树的成分大致相似。鸡纳树可以水、酒精等为溶剂，按常规方法提取，然后浓缩至干为膏状。如以 50％酒精浸渍提取，得率约为 14％。

金鸡纳生物碱的结构式

在化妆品中的应用

鸡纳树 50％酒精提取物 $400\mu g/mL$ 对黑色素细胞生成黑色素的促进率为 34.3％，可用于晒黑剂，但浓度较大时，则是对它的抑制，转变为亮化皮肤。提取物 18mg/mL 对角质层细胞的增殖促进率为 35.4％，还可用作活肤抗衰剂；提取物 $10\mu g/mL$ 用于护发剂施用于头皮，可减少头屑生成率为 55.4％，结合抗菌祛头屑剂效果更好；酒精提取物 $5\mu g/mL$ 对金属蛋白酶-9 的抑制率为 30％，对其他金属蛋白酶也有抑制，可用作抗炎剂；提取物还可用作保湿剂和抗氧化剂。

4. 绞股蓝

绞股蓝（*Gynostemma pentaphyllum*）为葫芦科绞股蓝属草质藤本植物，广泛分布于我国秦岭和长江以南等地。化妆品用其干燥全草或叶的提取物。

有效成分和提取方法

全草含有绞股蓝总皂苷、糖类、黄酮、甾醇、各种氨基酸等。绞股蓝含有多种达玛烷皂苷，已确定的结构有 80 多个。其中有些皂苷与人参中所含皂苷相同，有些经水解后可生成人参皂苷中的相同物质。绞股蓝中皂苷的含量占干草的为 2.5% 左右。绞股蓝可采用水或浓度不等的酒精水溶液按常规方法提取，应用最多的是 50% 的酒精溶液，提取得率约为2.5%。以其总皂苷含量作质量标准。

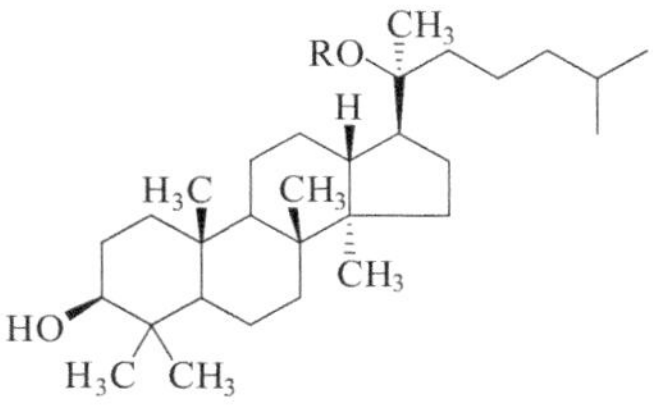

绞股蓝皂苷的结构式

在化妆品中的应用

绞股蓝含有如人参一样的皂苷化合物，并且总皂苷含量高，在活血、刺激细胞新陈代谢、抗皱等方面有作用，但与人参提取物比较仍有些差距；50% 酒精提取物 50μg/mL 对脂肪细胞分解的促进率提取 4 倍多，可用于减肥产品；丁二醇提取物 40μg/mL 对含有黑色素的表皮细胞有丝分裂的促进率为 55.3%，可使皮肤增黑，对白癜风类皮肤疾患有防治效果；提取物还可用作化妆品的抗菌剂、抗氧化剂、保湿剂、抗炎收敛剂、红血丝防治剂和祛头屑剂。

5. 菊苣

菊苣（*Cichorium intybus*）为菊科菊苣属多年生草本植物，原产于欧洲地中海沿岸，现全球广泛分布，以意大利、法国、比利时、荷兰等国种植较多。我国西北、东北、华北等地有种植。化妆品采用其根、叶、花和籽的提取物，以根提取物为主。

有效成分和提取方法

菊苣根主要含三萜成分如山莴苣素、α-山莴苣醇、野莴苣苷、鞣质、α-香树脂醇、蒲公英萜酮和 β-谷甾醇等；叶含单咖啡酒石酸、二咖啡酰酒石酸（又名菊苣酸）。此外，菊苣的肉质根含有菊粉，又称菊糖，是线型菊糖型果聚多糖，干燥菊苣根内的菊粉含量高达700g/kg。菊苣可以水、酒精等为溶剂，加热提取，最后将提取液浓缩至干为浸膏状。如干菊苣根以 30% 酒精温浸，提取得率约为 20%；干燥全草用 50% 酒精提取，得率约为 13%。

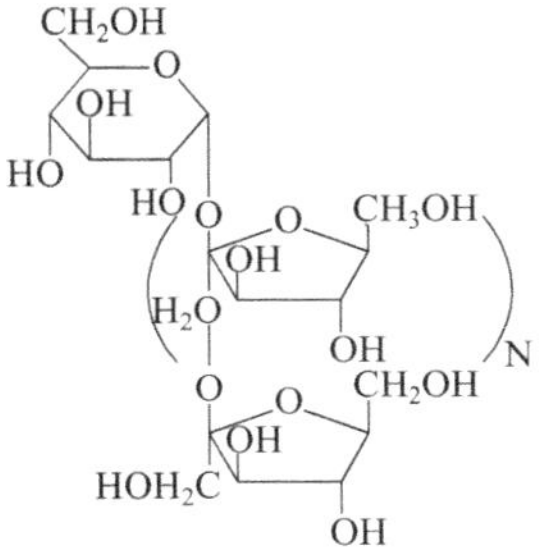

菊糖的结构式

在化妆品中的应用

菊苣 50%酒精提取物对超氧自由基的消除 IC_{50} 为 $180\mu g/mL$，对其他自由基也有程度不同的消除，可用作抗氧化剂；菊苣醇提取物对紫外线 B 区有吸收，但对 A 区吸收小，因此可用于晒黑型护肤品；菊苣根 30%酒精提取物对 NF-κB 细胞活性的抑制率为 61%，这是反映其抗炎能力的一个指标，提取物具抗炎性；提取物还可用于生发酊。

6. 毛瑞榈

毛瑞榈（*Mauritia flexuosa*）为棕榈科植物，主产于南美的亚马孙河流域等地，鲜毛瑞榈果是一种水果。化妆品主要采用毛瑞榈果/花/籽提取物和果油。

有效成分和提取方法

毛瑞榈果油是以不饱和脂肪酸为主的油脂，脂肪酸中油酸含 78.73%，亚油酸为 3.93%，棕榈酸为 17.34%；含类胡萝卜素成分，含量约 0.1%，另外维生素 E 和维生素 C 的含量也很高。毛瑞榈果可直接榨取得油，提取物可以水、酒精等为溶剂，按常规方法提取，然后浓缩至干为膏状。

在化妆品中的应用

毛瑞榈果油可用作化妆品的基础油脂，以此油脂而制得的乳状液稳定性好；皮肤涂敷毛瑞榈果油 0.1%，在 UVB $40mJ/cm^2$ 照射下，可使皮肤色泽增黑数倍而不损伤皮肤，可用作晒黑剂；在皮肤上涂敷毛瑞榈果的水提取物 0.01%，角质层的含水量增加 1.67 倍，可用作保湿剂。

7. 苏木

苏木（*Caesalpinia sappan*）为豆科云实属植物。苏木分布于我国广西、广东、台湾、贵州、云南、四川等地，以云南为主。化妆品采用它们的干燥木质部和树皮提取物。

有效成分和提取方法

苏木含有巴西苏木素、苏木酚、β-香树脂醇葡萄糖苷、鞣质、挥发油和多种氨基酸。酚性成分为其有效成分，主要为高异黄酮类及其衍生物，此外还有巴西苏木素类、原苏木素类、查耳酮类和黄酮醇，巴西苏木素约占 2%，是一个含量较为集中的成分，也是《中国药典》规定检测含量的成分。苏木的提取可以沸水或乙醇为溶剂按传统的方法操作，最后浓缩至干制成粉状产品。以水为溶剂进行 3 次提取的话，得率约为 3%；以酒精为溶剂也进行 3 次提取的话，得率约为 3.6%。

在化妆品中的应用

苏木提取物中所含巴西苏木素有防晒作用，对 UVB 有吸收，对 UVA 吸收弱，因此增加巴西苏木素的浓度或苏木提取物的浓度会增强酪氨酸酶活性，可用于晒黑类护肤品。苏木酒精提取物对大肠杆菌、绿脓杆菌、金黄色葡萄球菌和痤疮丙酸杆菌的 MIC 分别为 $10.57\mu g/mL$、$13.46\mu g/mL$、$17.67\mu g/mL$ 和 $46.13\mu g/mL$。可用于牙膏以抑制口腔病菌如黏性放线菌，可以预防和治疗齿龈炎和牙周炎；可用于防治痤疮类化妆品，与常规的杀菌剂相比，不会有引起皮肤过敏的副作用；也可在洗发水中使用抑制皮屑。苏木 30%酒精提取物 $100\mu g/mL$ 对 5α-还原酶的抑制率为 59.5%，对雄性激素导致的脱发防治有效，也有促进生发的作用。提取物还有抗氧化、抗衰、抗炎、染发的作用。

8. 无花果

无花果（*Ficus carica*）为桑科榕属植物，原产于欧洲地中海沿岸和中亚地区，现中国以长江流域和华北沿海地带栽植较多。化妆品可用无花果的树皮、叶、果和籽的提取物，主要采用其果提取物。

有效成分和提取方法

无花果含有丰富的氨基酸，鲜果为 1.0%，干果为 5.3%，有人体必需的 8 种氨基酸，尤以天门冬氨酸（1.9%干重）含量最高；无花果含有多糖，占 6.49%（干重），主要为阿拉伯糖和半乳糖，单糖主要是鼠李糖、果糖，鼠李糖含量较高是无花果的特色；无花果含有多种维生素，特别是含有较多的胡萝卜素，鲜果为 30mg/100g，干果为 70mg/100g；其他成分有没食子酸、绿原酸、丁香酸、表儿茶素、儿茶素和芦丁等。无花果的干果可以酒精、丙二醇等为溶剂，按常规方法或浸渍或回流提取，最后浓缩至干。如以 95% 酒精室温浸渍一周后浓缩，得率约为 2%。

在化妆品中的应用

无花果 95% 酒精提取物 5μg/mL 对黑色素细胞生成黑色素的促进率为 68.6%，对酪氨酸酶活性也有激活作用，适用于晒黑型化妆品。果 80% 甲醇提取物对脂质过氧化的 IC_{50} 为 3.18μg/mL，对其他自由基也有良好的消除作用，可用作抗氧化剂。果 50% 酒精提取物对脂肪分解的促进率提高 2 倍多，作用强烈，可用于减肥用化妆品；提取物还有保湿、抗菌作用。

9. 岩兰草

岩兰草（*Vetiveria zizanoides*）也称香根草，为禾本科草本植物，主产于印度、印度尼西亚、斯里兰卡等地，现也广泛栽培于我国海南、广东、福建和浙江一带。化妆品主要采用其根的提取物。

有效成分和提取方法

岩兰草含挥发成分，主要是岩兰草醇、岩兰草酮、岩兰草烯、客烯醇等。已知的非挥发成分为黄酮化合物，有刺苞菊苷、新刺苞菊苷、异荭草苷、小麦黄素和木犀草素的糖苷。可以水蒸气蒸馏法制取岩兰草挥发油，岩兰草提取物可以水、酒精等为溶剂，按常规方法提取，然后将提取液浓缩至干。如干根用甲醇回流提取，得率为 8.5%。

在化妆品中的应用

岩兰草根 50% 酒精提取物 1μg/mL 对 B-16 黑色素细胞生成黑色素的促进率为 61%，可用于晒黑类护肤剂。甲醇酒精提取物 5% 涂敷对小鼠毛发生长的促进率为 48%，可用作生发助剂。提取物还有抗菌、除螨、抗氧化和香料的作用。

10. 紫菜

脐形紫菜（*Porphyra umbilicalis*）和条斑紫菜（*P. yezoensis*）为紫球藻科紫菜属藻类生物，它们主要分布在北太平洋西部海域，中国沿海地区已进行人工栽培。紫菜有若干品种，化妆品只采用这种紫菜全草的提取物。

有效成分和提取方法 ┃---

脐形紫菜富含蛋白质，优质蛋白达 40％；并含有较多的胡萝卜素、尼克酸、多种核黄素和多糖类成分等。脐形紫菜可以水、酒精等为溶剂，按常规方法提取，然后将提取液浓缩至干。以 94％酒精提取干脐形紫菜的得率为 3.4％。

在化妆品中的应用 ┃---

脐形紫菜 94％酒精提取物 1％涂敷皮肤，对黑色素生成的促进率为 15.5％，可加深肤色，用于晒黑型护肤品；1％涂敷皮肤，对角质层含水量的促进率为 22.6％，有保湿调理作用；提取物还可用作抗炎剂。

第六节　角质层剥离

把肌肤上老旧的皮层除去，叫作角质层剥离。

剥脱老废角质层，有利于疏通毛孔，使皮肤变得光滑、柔软、健康，肤色纯净、均匀、有透明感。一般皮肤角质层只有七层细胞，因此要仔细选择那些仅祛除表面角质层、而不伤害内层的角质层剥离剂。

1. 白池花

白池花（*Limnanthes alba*）为池花科池花属草本植物，规模种植于美国西部的加利福尼亚地区，化妆品采用白池花籽的压榨油。

有效成分和提取方法 ┃---

白池花籽富含油脂，含油量达 20％～30％，其中 65％是在其他植物籽油中不常见的顺-11-二十碳烯酸和山嵛油酸；有多量植物蜕皮甾酮类成分存在，如蜕皮激素、20-羟基蜕皮激素、松甾酮 A、幕黎甾酮及其糖苷，是其主要功效成分。白池花籽用直接压榨法制取白池花籽油。

蜕皮激素的结构式

在化妆品中的应用 ┃---

白池花籽油可用作化妆品基础用油脂，在护发素或护肤品以 1％用入，提高润滑度；白池花籽油中蜕皮激素具有防止水分流失、再生皮肤的作用，是皮肤的新陈代谢活化剂；它通过改变角蛋白组织，调节水合化合物的渗出，重新吸收水分并在表皮层形成水合物从而在皮肤表皮锁住水分，并可祛除皮肤暗斑色块。

2. 菠萝

菠萝（*Ananas comosus*）属于凤梨科凤梨属，菠萝为热带、亚热带水果，别名凤梨。

菠萝是世界重要的水果之一，我国是菠萝十大主产国之一，主要分布在南方等热带区省。化妆品应用其果实提取物。

有效成分和提取方法

菠萝具有特殊的芳香物质，主要成分为酯类。菠萝含菠萝蛋白酶，属巯基蛋白酶类，其性质与木瓜酶相似，同样含有蛋白凝固酶和蛋白水解酶。此外，菠萝果皮中还含有酚类物质，如没食子酸、儿茶素、表儿茶素、阿魏酸等。菠萝可以水、酒精、1,3-丁二醇等为溶剂，按常规方法提取，然后浓缩至干为膏状。如菠萝以70%酒精提取，得率约为2.5%。

安全性

国家食药总局和CTFA都将菠萝提取物列为化妆品原料。但对菠萝果汁的应用研究发现，它提升了MIP-3a（巨噬细胞炎性蛋白-3a）值和IL-8（白介素-8）值，这二者的升高表示可能有炎症的发生。

在化妆品中的应用

菠萝提取物具很好的抗氧化性，可用作化妆品的抗氧化剂，继而有美白皮肤的作用；菠萝提取物主要是其中菠萝蛋白酶的水解蛋白作用，广泛应用于化妆品的换皮、去死皮等用品，也是祛痘祛垢产品中的有效添加物；同样此功能可用于脱毛或祛毛制品，用于减慢毛发生长的速度。

3. 雏菊

雏菊（*Bellis perennis*）是菊科雏菊属的一年生草本花卉，原产于欧洲、北非至西亚地区。化妆品采用其花提取物。

有效成分和提取方法

雏菊花含挥发油，主要成分是月桂烯、乙酸香叶酯和叶醇；提取物有黄酮类化合物如异鼠李素吡喃半乳糖苷、乙酰异鼠李素吡喃半乳糖苷和山奈酚吡喃葡萄糖苷；另有特征的三萜皂苷化合物雏菊皂苷、酚酸类化合物等。可以水蒸气蒸馏法制取，提取物可以水、酒精等为溶剂，按常规方法提取，然后浓缩至干为膏状。干花以甲醇提取，得率约为25%。

雏菊皂苷的结构式

在化妆品中的应用

雏菊花提取物 200μg/mL 对核因子 NF-κB 细胞活性的抑制率为 38%，可用作抗炎剂；提取物 0.2% 对弹性蛋白酶活性的抑制率为 50.3%，100μg/mL 对胶原蛋白生成的促进率为 29%，可用作活肤抗皱剂；提取物对角蛋白等的生成也有促进作用，涂敷可加速皮肤换皮，并有抗氧化等调理功能。

4. 刀豆

刀豆（*Canavaliae gladiata*）为豆科刀豆属一年生缠绕性草本植物。刀豆在非洲许多地区和东南亚有种植，在中国南方等地普遍作为蔬菜栽培。化妆品采用刀豆的豆子、豆荚、叶和藤茎的提取物，以豆子为主。

有效成分和提取方法

刀豆干燥的种子含蛋白质 28.75%、淀粉 37.2%、可溶性糖 7.50%、类脂物 1.36%、纤维 6.10% 及灰分 1.90%。还含有特征成分刀豆氨酸，另有刀豆四胺、刀豆球蛋白 A 和凝集素等。刀豆叶茎中含黄酮类化合物。刀豆可以水、不同浓度的酒精等为溶剂，按常规方法提取，然后浓缩至干为膏状。

L-刀豆氨酸的结构式

在化妆品中的应用

刀豆温水提取物的涂敷对皮肤角质层剥离有促进作用，剥离效果优于 2% 的羟基乙酸溶液，刺激性小，可用于换肤，与果酸等配合效果更好；刀豆提取物 1% 对黄嘌呤-黄嘌呤氧化酶体系产生的超氧阴离子清除率为 72.1%，可用作抗氧化剂；提取物尚可用作抗炎剂、生发剂（针对脂溢性脱发）和保湿剂。

5. 番木瓜

番木瓜（*Carica Papaya*）属于番木瓜科番木瓜属的多年生常绿草本果树。番木瓜原产于墨西哥南部，现在世界热带、亚热带地区均有分布。我国主要分布在南方。化妆品采用其果实和叶的提取物。

有效成分和提取方法

番木瓜含有大量的酶类，是瓜果中最丰富的，粗酶中除含木瓜蛋白酶外，还含有溶菌酶、脂肪酶、氧化酶、凝乳酶、肽酶、纤维素酶等。此外，番木瓜还含有酒石酸、苹果酸、枸橼酸、维生素、柠檬酸、皂苷、黄酮、淀粉等。番木瓜可以水、酒精等为溶剂，按常规方法提取，然后浓缩至干为膏状。如新鲜果肉用水提取，得率约为 1.5%；番木瓜干叶用甲醇提取，得率为 5%。番木瓜中的木瓜蛋白酶需用特殊工艺提取。

在化妆品中的应用

番木瓜提取物中的木瓜蛋白酶通过对皮肤角质蛋白的水解作用，而起到对角化皮肤的逐渐软化和溶化，促进衰老皮肤细胞的祛除，加速皮肤及肌体的新陈代谢，通过溶角质化作用，有清洁皮肤、嫩化肌肉、消除色斑、抗皱纹及抑制粉刺产生的功效。木瓜蛋白酶的另一作用是水解毛发角质蛋白，故可用作脱毛剂，对皮肤无副作用。果提取物 0.01% 对弹性蛋白酶活性的抑制率 78.9%，可用于抗皱抗衰化妆品；0.01% 果提取物涂敷，角质层含水量提高三倍，可用于干性皮肤的防治；叶提取物有抗炎和抗氧化作用。

6. 鸡矢藤

鸡矢藤（*Paederia scandens*）又名鸡屎藤，因味道似此，为茜草科植物鸡矢藤的全草。鸡矢藤在南亚、东南亚地区和日本均有分布，但主产于我国南方大部分地区，以长江流域为主。化妆品采用其干燥全草提取物。

有效成分和提取方法

鸡矢藤主要含环烯醚萜苷类化合物，有鸡矢藤苷、鸡矢藤次苷等；还含有 γ-谷甾醇、熊果苷、表叶绿素和脱镁叶绿素等。鸡矢藤可以水、酒精等为溶剂，按常规方法提取，然后将提取液浓缩至干。如鸡矢藤干叶以甲醇回流提取，得率约为 8%。

鸡矢藤苷的结构式

在化妆品中的应用

鸡矢藤 70% 提取物 1% 涂敷皮肤对皮肤角质层代谢速度的促进率为 26.1%，与果酸等配合效果更好；酒精提取物对自由基 DPPH 的消除 IC_{50} 为 $8.3\mu g/mL$，对其他自由基也有强烈消除，可用作抗氧化剂；提取物还有抗炎和抗菌作用，对由螨虫引起的疥疮类皮肤疾患有疗效。

7. 橘

橘的种类和品种很多，是我国广为种植的经济植物，在我国就有 30 余种。化妆品采用的是扁平橘（*Citrus depressa*）、大红橘（*C. tangemns*）、福橘（*C. tangerina*）、柑橘（*Citrus reticulata*）、广西沙柑（*C. nobilis*）、温州蜜柑（*C. unshiu*）和圆金柑（*C. madurensis*），它们同科同属性能相似，化妆品主要采用的是它们的果实和果皮。

有效成分和提取方法

柑橘果皮含有柠檬烯、γ-松油烯、β-月桂烯、α-蒎烯、芳樟醇等香气物质，果皮亦含丰富维生素 C、橙皮苷、松柏苷、丁香苷等，橙皮苷是《中国药典》对柑橘果皮规定检测含量的成分。柑橘果皮经冷榨、蒸馏、浸提法等方法可制取橘皮或柑皮油，使用最普遍的是水蒸气蒸馏法。果皮或果实也可采用水、酒精等为溶剂，按常规方法制取相应的提取物，如干柑橘皮用 50％酒精回流提取，得率一般为 2％。

在化妆品中的应用

橘类水果皮提取物有抗菌性，对枯草芽孢杆菌、痤疮棒状杆菌、金黄色葡萄球菌、大肠杆菌、绿脓杆菌、黑色弗状菌、白色念珠菌都有抑制，MIC 在 $10\sim1000\mu g/mL$；精油对螨虫和蚊虫有杀灭作用，橘皮精油 $50\mu g/mL$ 对淡色库蚊的杀灭率为 100％；提取物有抗炎性，柑橘皮提取物 $50\mu g/mL$ 对金属蛋白酶-9 活性的抑制率为 61.2％；橘皮提取物 0.001％对表皮成纤维细胞的增殖率为 50％，结合其抗菌和抗炎性，可在防治粉刺等产品中使用；扁平橘皮提取物 0.2％对表皮角质层更换的促进率为 35.1％，与果酸配合效果更好，可用于换皮制品；柑橘类提取物对多种自由基有消除作用，是一理想的化妆品用抗氧化剂和皮肤调理剂。

8. 萝藦

萝藦（*Metaplexis japonica*）为萝藦科萝藦属多年生藤绕植物，广泛分布在我国大部分地区，化妆品采用全草/籽的提取物。

有效成分和提取方法

萝藦全草含植物甾醇如 β-谷甾醇、β-胡萝卜苷等，另含异香草醛、孕烯醇酮、皮树脂醇、吐叶醇等。提取物可以水、酒精等为溶剂，按常规方法提取，最后将提取液浓缩至干。干叶以 95％酒精提取得率约为 3％。

安全性

国家食药总局将萝藦提取物作为化妆品原料，未见其外用不安全的报道。

在化妆品中的应用

萝藦嫩叶 70％酒精提取物 $75\mu g/mL$ 对胶原蛋白生成的促进率为 52％，对自由基 DPPH 的消除率为 91.8％，有活肤抗衰作用；萝藦籽 70％酒精提取物 1％涂敷对皮肤角质层代谢速度的促进率为 40％，有利于皲裂类皮肤的更新和调理，用于换皮类制品。提取物还有抗炎性。

9. 拟南芥

拟南芥（*Arabidopsis thaliana*）为十字花科拟南芥属植物，除少数地方外，拟南芥在全球都有发现，中国内蒙古、新疆、陕西、甘肃、西藏、山东、江苏、安徽、湖北、四川、云南等省区均有发现。化妆品采用其叶的提取物。

有效成分和提取方法

拟南芥叶含多酚类化合物如没食子酸衍生物或黄烷酮类的衍生物。叶可以水、酒精等为溶剂，按常规方法提取，然后将提取液浓缩至干。

在化妆品中的应用

拟南芥叶水提取物涂敷皮肤，抑制经皮水分蒸发 21.6％，也能提高皮肤角质层的含水量，可用作保湿剂；叶甲醇提取物 $0.83\mu g/mL$ 对过氧化氢的消除率为 20.2％，对其他自由基也有消除作用，有抗氧化和调理功能；叶水提取物施用于皮肤，可加速死皮的祛除，提高皮肤的柔软度。

10. 小檗

欧洲小檗（*Berberis vulgaris*）也名小檗，小檗科小檗属落叶灌木，原产于日本及中国；冬青叶小檗（*B. aquifolium*）主要分布于北太平洋东海岸。化妆品采用欧洲小檗根/茎和冬青叶小檗全草的提取物。

有效成分和提取方法 ┃ --

欧洲小檗含多种生物碱，有小檗碱、小檗胺、阿罗莫灵、黄藤素、尖刺碱和氧化小檗碱等，以小檗碱含量最高，可达 6%。冬青叶小檗的主要成分也是小檗碱。小檗可以水、酒精等为溶剂，按常规方法提取，然后浓缩至干为膏状。如欧洲小檗干果以 3 倍量的 80% 酒精室温浸渍 3 日，浓缩至干的得率约为 4%。

在化妆品中的应用 ┃ --

小檗类提取物对白色念珠菌有强烈的抑制，20mg/mL 抑菌圈直径为 14mm，特别适用于某些口腔卫生用品和粉刺的防治；80% 酒精提取物对脂肪分解的促进率为 92%，可用于减肥产品；欧洲小檗提取物 0.5% 对外皮蛋白的祛除率为 70%，可用于衰老角质层的祛除。

11. 蛛丝毛蓝耳草

蛛丝毛蓝耳草（*Cyanotis arachnoidea*）又名露水草，是鸭跖草科蓝耳草属多年生草本植物，分布于云南大部分地区，生于山坡、路旁、林边等较阴湿地带。化妆品采用其根的提取物。

有效成分和提取方法 ┃ --

蛛丝毛蓝耳草含蜕皮甾类化合物，主要含有 β-蜕皮激素及其 β-蜕皮激素-2-乙酸酯，其含量是全草干重的 1.2%，是地下部分干重的 2.9%。此外，还含有大豆卵磷脂、β-谷甾醇、胡萝卜苷、筋骨草甾醇、尖叶土杉甾酮等。干燥的蛛丝毛蓝耳草根可以水、酒精等为溶剂，按常规方法提取，然后浓缩至干为膏状。

在化妆品中的应用 ┃ --

蛛丝毛蓝耳草根酒精提取物可加速皮层的更换速度，与果酸等配合效果更好，因其含有蜕皮激素，可用作脱皮剂。50% 丁二醇提取物涂敷皮肤可提高角质层含水量约 20%，有保湿和调理作用。

第七节　活血

活血化妆品主要用于瘀血型皮肤现象的防治。

皮肤真皮层主要由结缔组织、脂肪组织及微血管所构成。如果这个区域的皮肤比较薄，只要静脉微血管充血或组织水肿造成血液瘀肿、红细胞积存在真皮层内，那么通过光线折射后，就会出现紫黑色，形成瘀血。轻者如肤色晦暗、黑眼圈，重者如冻疮，都是瘀血的表征。

解决瘀血的根本方法是加速血液的流通，即活血。对血小板凝聚的抑制、皮肤末梢血流量的测定等可用作活血效果的评判。

1. 巴西榥榥木

巴西榥榥木（*Ptychopetalum olacoides*）为铁青树科植物，俗称生育木，原产于巴西和圭亚那热带雨林，是巴西民间传统草药，化妆品采用其树皮或根的提取物。

有效成分和提取方法

巴西榥榥木树皮或根的有效成分是生物碱，主要有木兰花碱、蝙蝠葛碱等，另含黄酮类化合物如木犀草素及其糖苷；芳香酸如咖啡酸、阿魏酸等。巴西榥榥木树皮或根可以水、酒精等为溶剂，按常规方法提取，然后浓缩至干为膏状。如用酒精提取，得率约为 3.3%。

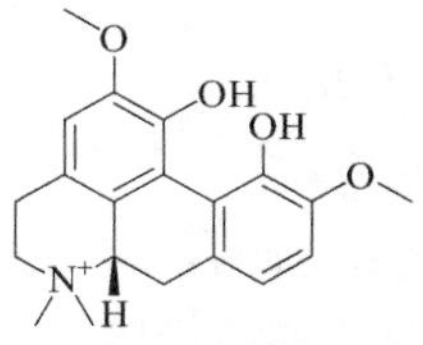

木兰花碱的结构式

在化妆品中的应用

巴西榥榥木中的生物碱能帮助刺激中央神经系统的敏觉性，提升睾丸激素水平，故名生育木。在护肤品中作调理剂用，有扩张血管和活血作用，同时具抗氧化和美白皮肤效果。

2. 波尔多树

波尔多树（*Peumus boldus*）为杯轴花科波尔多属植物，主产于智利等国。化妆品采用其叶的提取物。

有效成分和提取方法

波尔多树叶含有其特征的阿朴啡型生物碱如波尔多碱；另有酚酸类成分如阿魏酸、咖啡酸、丁香酸、绿原酸等；多酚类物质如原花青素的二聚体、三聚体和四聚体及儿茶素、槲皮素、山奈酚、异鼠李素及其糖苷。波尔多树叶可以水、酒精等为溶剂，按常规方法提取，然后浓缩至干为膏状。如其干燥茎枝以酒精提取，得率为 19.4%。

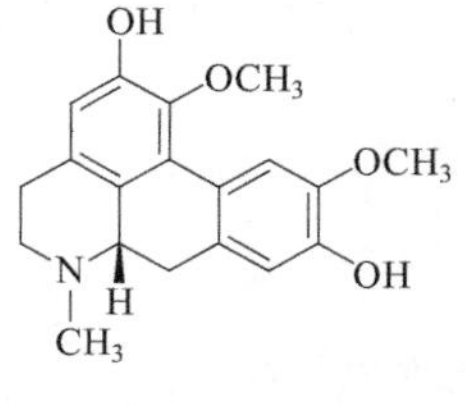

波尔多碱的结构式

在化妆品中的应用

波尔多树叶提取物 0.016% 对花生四烯酸诱发血小板凝集的抑制率为 92%，可促进血液流通，改善黑眼圈；提取物 0.01% 对芳香化酶活性促进 20 倍，对胶原蛋白酶的活性有抑制，可用于抗衰调理护肤品；提取物还可用于促进生发、保湿和减肥制品。

3. 当归

当归（*Angelica sinensis*）、东当归（*A. acutiloba*）、朝鲜当归（*A. gigas*）、圆叶当归（*A. archangelica*）和欧当归（*Levisticum officinale*）为伞形科当归属多年生草本植物，前两者主要产于我国甘肃、陕西、云南、四川等省；朝鲜当归主产于朝鲜和我国东北；欧当归产自亚洲西部和南欧；圆叶当归主产于北欧。五种当归的性能相似，化妆品主要用其干燥根的提取物。

有效成分和提取方法

当归的挥发油含量为 0.4%，主要是苯酞酯类物质如藁本内酯；富含香豆素类化合物如香柑内酯、花椒毒素、欧前胡内酯、氧化前胡素、白当归素、伞形花内酯、异欧前胡内酯、紫花前胡苷等，另有阿魏酸、香草酸、当归多糖等成分。但《中国药典》仅以阿魏酸作为检测含量的成分。可以水蒸气蒸馏法制取当归挥发油。提取物常用水和酒精作溶剂，用常规方法提取，提取产品主要规格是藁本内酯 1%、阿魏酸 0.1%～0.3%。如采用 75% 酒精提取，得率约为 32%。

在化妆品中的应用

东当归提取物 50% 酒精的提取物在使用量为 1mg 时，血流量增加了 20%，有活血化瘀、改善皮肤微循环的作用，可用于许多需要活血的化妆品如生发、调整皮肤分泌、补充营养、化解眼影等化妆品；当归提取物 1.0mg/mL 对血管内皮细胞增殖的促进率为 19%，表明它在活血同时，有固化毛细血管的作用；当归提取物有很好的 SOD（超氧化物歧化酶）样活性，抑制超氧自由基引起的膜脂质过氧化反应和自由基反应，以及与生物膜磷脂结合保护膜脂质等多种机理拮抗自由基对组织的损害，对自由基阻滞所致的面色灰暗或生疮肿，都有特效；当归提取物对荧光素酶的活化率和对干细胞的增殖作用，显示其有抗衰调理作用；提取物还可用作生发剂和助渗剂。

4. 党参

党参（*Codonopsis pilosula*）、川党参（*C. tangshen*）和羊乳（*C. lanceolata*）为桔梗科党参属植物，羊乳又名轮叶党参。党参和川党参主产于山西、甘肃、四川、辽宁等地；羊乳的产地更广。一般而言，党参的性能较川党参和羊乳略好。化妆品采用它们的根提取物。

有效成分和提取方法

党参根化学成分主要有糖类，如菊糖、果糖、党参多糖、党参炔苷、党参苷、三萜类皂苷、生物碱等，其中党参炔苷是《中国药典》规定检测含量的成分。党参根可以水、酒精等为溶剂，按常规方法提取，然后将提取液浓缩至干。如水煮提取的得率在 50% 以上，用 70% 酒精提取的得率约为 4.45%。

党参炔苷的结构式

在化妆品中的应用 --

党参50%酒精提取物可提高血通量20%，可应用于消除眼影、去除瘀斑等产品；提取物100μg/mL对成纤维细胞增殖的促进率为40.6%，50μg/mL对胶原蛋白生成的促进率为22.9%，是皮肤抗皱抗衰剂；提取物50μg/mL对IGF-1（类胰岛素生长因子）的生成促进率为20.6%，可防治遗传性脂溢性脱发；提取物还可用作抗菌剂（对白色念珠菌有特效）、抗氧化剂、抗炎剂、抗过敏剂和保湿调理剂。

5. 非洲豆蔻

非洲豆蔻（*Aframomum melegueta*）和狭叶豆蔻（*A. angustifolium*）为姜科非洲豆蔻属植物。前者又名几内亚胡椒，后者又名非洲生姜，主产于西非海岸地区如尼日利亚、南埃塞俄比亚地区。两者性能相似，化妆品用其种子的提取物。

有效成分和提取方法 ----------------------------------

非洲豆蔻籽含挥发油，主要成分是葎草烯、石竹烯、氧化石竹烯等，占挥发油的82.6%；另有生物碱如胡椒碱，酚类化合物如姜酮酚、黄酮化合物及其苷、甾类化合物等。一般认为姜酮酚是非洲豆蔻籽中含量最大的成分，可占提取物的5%。可以水蒸气蒸馏法制取非洲豆蔻籽挥发油，此外可以水、酒精等为溶剂，按常规方法提取，然后浓缩至干为膏状。干燥的非洲豆蔻籽用95%酒精提取的得率约为5%。

姜酮酚的结构式

在化妆品中的应用 --

非洲豆蔻95%酒精提取物6%涂敷外用可增加皮肤末梢血流量近一倍，有显著的活血作用，可应用于生发制品或相关皮肤用品；非洲豆蔻95%酒精提取物1%对胶原蛋白生成的促进率为15.1%，有活肤抗衰作用；非洲豆蔻95%酒精提取物对环氧合酶-2的IC_{50}为0.2mg/mL，对过氧化物酶激活受体（PPAR-δ）活化的促进率提高2.5倍，可用作化妆品的抗炎剂。

6. 广枣

广枣（*Choerospondias axiliaris*）为油漆树科南酸枣属植物，也名南酸枣，主产于我国西藏和云贵地区。化妆品采用其树皮/叶的提取物。

有效成分和提取方法 ----------------------------------

广枣树皮含多酚类化合物，有原儿茶酸、没食子酸、二甲氧基鞣花酸、鞣花酸等。树皮可以水、酒精等为溶剂，按常规方法提取，然后将提取液浓缩至干。

在化妆品中的应用 --

广枣树皮95%酒精提取物0.82mg/mL对ADP诱导血小板聚集的抑制率为27.1%，

可加速血液的流通，有活血作用；酒精提取物 5mg/mL 对超氧自由基的消除率为 31.2%，对羟基自由基的消除率为 69.5%，有抗氧化和调理皮肤功能；提取物还可用作保湿剂。

7. 红花

红花（*Carthamus tinctorius*）为菊科红花属草本植物，主产于我国河南、浙江、四川等地。中药部位为红花的干燥不带子房的管状花，化妆品主要采用的是其干花和籽提取物。

有效成分和提取方法

红花含黄酮类化合物以查耳酮类为主，主要有红花黄色素、羟基红花黄色素和红花红色素，其他有山柰酚、槲皮素、木犀草素及其糖苷、黄芩苷等，其中羟基红花黄色素 A 是《中国药典》规定检测含量的成分；含酚酸类，包括绿原酸、咖啡酸、儿茶酚等；含脂肪酸，主要为亚油酸，含量高达 80%，因此红花号称"亚油酸之王"。红花用传统低浓度酒精的水溶液加热提取。提取液为红棕色透明液体。总固体含量≥3.5%，pH 值为 4～6。采用 75% 酒精提取，得率约为 18%。

羟基红花黄色素 A 的结构式

在化妆品中的应用

从红花中提取的天然色素红花黄色素和红花红色素等，安全可食用，可作为高档化妆品的染色剂，生产高品质口红；红花 50% 酒精提取物剂量 1mg/kg，可提高血流量 20%，有活血作用；提取物 100μg/mL 对谷胱甘肽生成的促进率为 184%，0.1% 对弹性蛋白酶活性的抑制率为 20%，可促进皮肤新陈代谢，有抗皱抗衰老的功效；提取物有清除自由基、消斑脱色的美白作用；提取物对过氧化物酶激活受体的活化、对白介素生成的抑制等说明有抗炎作用；提取物 0.5mg/mL 对 5α-还原酶抑制率为 61.65%，可减少皮脂的分泌，对脂溢性皮炎和粉刺等有防治作用；红花提取物还可用作保湿剂、调理剂。

8. 三棱

三棱（*Sparganium stoloniferum*）又名黑三棱，为黑三棱科黑三棱属草本植物，野生分布于我国东北、黄河流域、长江中下游各省区及西藏。化妆品采用的是其干燥根茎提取物。

有效成分和提取方法

三棱含有黄酮类化合物如芒柄花素、山柰酚及其糖苷；含植物甾醇如 β-谷甾醇、豆甾醇及其糖苷；脂肪酸有三棱酸、十八二烯酸、十八烯酸等，三棱酸是三棱的特有成分，另有若干阿魏酸酯的衍生物。三棱可以水、酒精等为溶剂，按常规方法提取，然后将提取液浓缩至干。如以酒精室温浸渍提取，得率约为14％。

三棱酸的结构式

安全性

国家食药总局将三棱提取物作为化妆品原料。

在化妆品中的应用

三棱提取物对血液流变学指标有影响，全血黏度、血细胞压积以及血沉速率与空白对照组相比均有明显减小，有活血化瘀的作用，可将三棱提取物用于面膜、眼贴等产品，预防眼袋、眼影。酒精提取物 $100\mu g/mL$ 对脂肪分解的促进率提高4倍多，还可用于减肥剂。三棱提取物有抗菌性，其水提取物对蛀牙致病菌如变形链球菌的 MIC 为 $100\mu g/mL$，可用于口腔卫生用品。提取物还有美白皮肤、抗氧化的作用。

9. 山茶

山茶（*Camellia japonica*）和滇山茶（*C. reticulata*）为山茶科山茶属小型灌木，山茶原产地为中国南部和西南部；滇山茶主产于云南。化妆品采用它们叶/花/籽的提取物。

有效成分和提取方法

山茶籽含山茶皂苷和油脂，山茶皂苷水解后得若干山茶皂苷元，是特征性成分。山茶油脂富含不饱和脂肪酸，以油酸和亚油酸为主。山茶花含黄酮醇及其苷类，分别属于芹菜素、山奈酚、槲皮素和杨梅素与糖形成的苷。山茶籽仁含油率为40％～45％，用压榨法提油，榨油后的油茶籽饼中含皂苷10％～15％。花/叶可以水、酒精等为溶剂，按常规方法提取，然后浓缩至干为膏状。如干花用50％丁二醇提取得率为1.2％；脱脂籽饼用沸水提取得率为0.5％。

山茶皂苷元 A 的结构式

在化妆品中的应用

山茶叶甲醇提取物有抗菌性，对枯草芽孢杆菌、金黄色葡萄球菌、大肠杆菌和绿脓杆菌的 MIC 都在 $1～15\mu g/mL$，可用作抗菌剂。脱脂山茶籽提取物 $20\mu g/mL$ 对皮肤纤维芽细胞的增殖促进率为56％，山茶叶酒精提取物 $100\mu g/mL$ 对谷胱甘肽生成的促进率为66％，有抗皱和调理皮肤的作用；脱脂山茶籽水提取物 20μg/mL 对透明质酸生成的促进率为 13%，有保湿功能；花酒精提取物 21.3μg/mL 可使血管舒张，活血效果是银杏叶提取物的数倍，对循环障碍性疾患如黑眼圈有防治作用。

10. 石斛

兰科石斛属植物有几十种，但可用入化妆品的仅为铁皮石斛（*Dendrobium candidum*）茎/全草、黄草石斛（*D. chrysanthum*）全草、马鞭石斛（*D. fimbriatum*）全草、环草石斛（*D. loddigesii*）全草、金钗石斛（*D. nobile*）茎/全草和蝴蝶石斛（*D. phalaenopsis*）花。前五种石斛类植物分布在我国秦岭、淮河以南的皖、浙、云、贵、川等地的山区，从中药的角度看，这五者性能相似，可以互用。蝴蝶石斛现广泛栽种于热带地区。化妆品采用它们上述部位的提取物。

有效成分和提取方法 ▍

石斛茎含生物碱约 0.3%，除石斛碱外，其余有石斛酮碱、6-羟基石斛碱、石斛胺等，《中国药典》将石斛碱作为检测其含量的成分。石斛类植物含多糖成分，但含量和性质差别很大。石斛可采用水、酒精等为溶剂，按常规方法回流提取，最后浓缩至干。

石斛碱的结构式

安全性 ▍

国家食药总局和 CTFA 将金钗石斛和蝴蝶石斛作为化妆品原料，国家食药总局还将铁皮石斛、黄草石斛、马鞭石斛和环草石斛列入，未见它们外用不安全的报道。

在化妆品中的应用 ▍

金钗石斛 50% 酒精提取物可增加毛细血管的血流量 50%，可用于生发、抗衰等需活血的化妆品；铁皮石斛提取物 0.01% 涂敷可使角质层含水量增加 68%，并有优秀的持水效果，可在保湿性的化妆品中使用；铁皮石斛提取物 50μg/mL 对 B-16 黑色素细胞活性的抑制率为 61.4%，蝴蝶石斛花富含 β-熊果苷，可用于皮肤美白；金钗石斛水提取物 0.01% 对游离组胺释放的抑制率为 25%，有抑制过敏的作用；提取物还可用作抗氧化剂和皮肤调理剂。

11. 虾脊兰

虾脊兰（*Calanthe discolor*）为兰科虾脊兰属植物，产于江浙、福建等地，在日本也有分布。虾脊兰全草入药，化妆品采用其全草提取物。

有效成分和提取方法 ▍

虾脊兰含吲哚类生物碱虾背兰苷及其类似化合物，虾背兰苷是它的特征成分。另有色胺酮、靛玉红、靛红及其糖苷。虾脊兰可以水、酒精、1,3-丁二醇等为溶剂，按常规方法提取，然后浓缩至干为膏状。如新鲜虾脊兰根茎用酒精回流提取，得率在 2%～3.6%。

在化妆品中的应用

虾脊兰酒精提取物 0.2% 涂敷皮肤，对血液流动提高率为 13.6%，与虾脊兰传统用于活血舒筋的用法相符，可用于脸部活血、改善黑眼圈。20% 甲醇提取物对透明质酸酶活性的 IC_{50} 为 $45\mu g/mL$，对干性皮肤有防治作用。酒精提取物 2% 涂敷小鼠对其毛发生长的促进率为 52%，可用于生发制品，并有抑制头屑生成的功能；提取物还有美白皮肤、抗菌、抗炎的作用。

12. 香薷

香薷（*Mosla chinensis*）为唇形科石荠宁属草本植物，有野生与栽培之分，野生香薷主产于两广、两湖等省，药材习称"青香薷"；栽培品主产于江西，习称"江香薷"。化妆品采用它们干燥地上部分提取物。

有效成分和提取方法

香薷含挥发油，主要为麝香草酚、香荆芥酚、对聚伞花素、葎草烯等，其中麝香草酚含量最大。香薷非挥发性成分中最主要的是黄酮类化合物，为山奈酚、桑色素的糖苷；其余有 β-谷甾醇、熊果酸等。麝香草酚和香荆芥酚是《中国药典》规定检测含量的成分，两者总含量不得小于 0.16%。可用水蒸气蒸馏法或溶剂提取法制取香薷挥发油，得率约在 0.7%。提取物可以水、酒精等为溶剂，按常规方法浸渍或回流提取，然后将提取液浓缩至干。以 10 倍量的 30% 酒精温浸渍 1 周的加工为例，提取得率在 15% 左右。

麝香草酚的结构式

安全性

国家食药总局将香薷提取物作为化妆品原料，未见其外用不安全的报道。

在化妆品中的应用

香薷挥发油在皮肤上施用可增加血流量，5% 浓度的香薷挥发油中的香荆芥酚可使血流量增大 3 倍，香薷挥发油可用于按摩油等以活血。香薷挥发油对大肠杆菌、绿脓杆菌、金黄色葡萄球菌的 MIC 分别为 $0.50\mu L/mL$、$0.50\mu L/mL$、$0.125\mu L/mL$，作用强烈，可以用作化妆品和食品的防腐剂。香薷酒精提取物 $100\mu g/mL$ 对 β-氨基己糖苷酶活性的抑制率为 86.9%，水提取物 $100\mu g/mL$ 对组胺产生的抑制率为 39.4%，是较综合的皮肤抗过敏剂。提取物还有保湿、抗氧化和抗炎的作用。

13. 银杏

银杏（*Ginkgo Biloba*）又名白果树，银杏科银杏属植物，中国的银杏主要分布在山东、浙江、安徽、江苏、广西等地区，质量以偏北区域的为好。化妆品主要采用其干叶提取物。

有效成分和提取方法 ┃--

　　银杏树叶中含黄酮类化合物，有槲皮素、山柰酚、异鼠李素等，而主要代表是银杏黄酮，属双黄酮类化合物。《中国药典》仅对槲皮素等作含量检测要求。其他重要的成分是银杏苦内酯 A、银杏苦内酯 B、银杏苦内酯 C、银杏苦内酯 M、银杏苦内酯 J 和银杏新内酯，它们都具有二萜或半萜结构。银杏叶可以水、酒精等为溶剂，按常规方法提取，然后浓缩至干为膏状。如用水提取的得率约为 21%，50% 酒精提取的得率为 18%，酒精提取的得率约为 12%。

银杏黄酮的结构式

在化妆品中的应用 ┃--

　　银杏叶提取物可防止毛细管出血和毛细管过度扩张，又可增加血液流通量，银杏叶提取物在皮肤上外用时也具类似的作用，银杏叶 50% 酒精提取物对血管内皮细胞的增殖率提高 1.5 倍，可用于皮肤的活血和防止紫斑。叶 50% 酒精提取物 $100\mu g/mL$ 对毛发乳头细胞增殖率提高 1 倍多，结合它的活血功能，是很好的生发促进剂；银杏叶提取物还可用于抗衰、抗皱、抗炎、抗氧化、抗敏、抗菌、美白、紧肤化妆品。

第八节　丰乳

　　女性乳房的大小受遗传和体质因素的影响；乳房的发育受垂体前叶、肾上腺皮质和卵巢内分泌激素的影响，患相关疾病会影响乳房发育；全身性营养不良，尤其是食物中蛋白质、维生素、脂肪等营养成分缺少，是造成少数妇女乳房扁平的重要原因之一。

　　从乳房的结构分析，乳房中最大的组织是脂肪，脂肪的多少决定了乳房的大小。因此丰乳化妆品的出发点是使用植物提取物，局部提高雌激素的水平、局部提高脂肪细胞的增殖活性等。

1. 独活

　　独活（*Angelica pubescens*，也名重齿毛当归）为伞形科当归属植物，主产于我国湖北、四川等地。化妆品用部位为干其燥根提取物。同属品种白根独活（*A. polymorpha*）也可在化妆品中使用。

有效成分和提取方法 ┃--

　　独活的干燥根的有效成分为香豆素类化合物和挥发油。香豆素类化合物有二氢欧山芹醇及其乙酸酯、香柑内酯等。一般认为二氢欧山芹醇及其衍生物是独活的主要特征成分，而二氢欧山芹醇当归酸酯是《中国药典》规定检测含量的成分。挥发油成分复杂，主要有

3-蒈烯、β-水芹烯等，挥发油中也含少量香豆素类化合物，在 $1\%\sim2\%$。独活可用水或酒精提取，提取液浓缩至干，为棕黄色精细粉末。可用水蒸气蒸馏法提取挥发油，收油率为 0.22%。

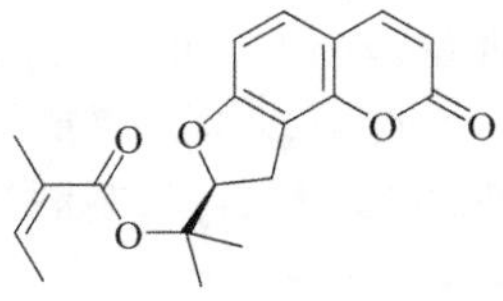

二氢欧山芹醇当归酸酯的结构式

安全性

国家食药总局和 CTFA 都将独活和白根独活根提取物作为化妆品原料。独活的香豆素类成分虽具有多种功效，但因具有光敏性，须谨慎使用。独活提取物中的香柑内酯、花椒毒素和异欧前胡素等呋喃香豆素类化合物为光活性物质，当它们进入机体后，一旦受到日光或紫外线照射，则可使受照处皮肤发生日光性皮炎，受照射部位发生红肿、色素增加、甚至表皮增厚等。

在化妆品中的应用

独活提取物除具较强的抗炎作用外，独活油可作为天然香料，也是按摩油中的配伍成分，有镇静作用；独活乙醇提取物有促进毛发生长作用，可用于生发制品；独活 95% 酒精提取物对脂肪细胞有增殖作用，$10\mu g/mL$ 时增殖 44%，可用作丰乳剂。

2. 葛根

葛根（*Pueraria lobata*，即野葛）、甘葛（*P. thomsonii*）和泰国野葛（*P. mirifica*）为豆科葛属藤蔓植物。葛根和甘葛主产于我国湖南，泰国野葛产自泰国；这三种植物的性能相似，化妆品采用它们根/藤的提取物。

有效成分和提取方法

葛根异黄酮是上述三种葛根的主要有效成分，约占葛根总量的 $5\%\sim10\%$。葛根异黄酮是葛根中黄酮类化合物的总称，主要包括黄豆苷元、黄豆苷、葛根素、芒柄花素及其糖苷，葛根素是《中国药典》规定检测含量的成分，含量不得小于 2.4%；另有二甲基香豆素、胡萝卜苷等。葛根可以水、酒精等为溶剂，按常规方法提取，提取液浓缩至粉状。如干燥葛根用酒精提取的得率为 3.5%。

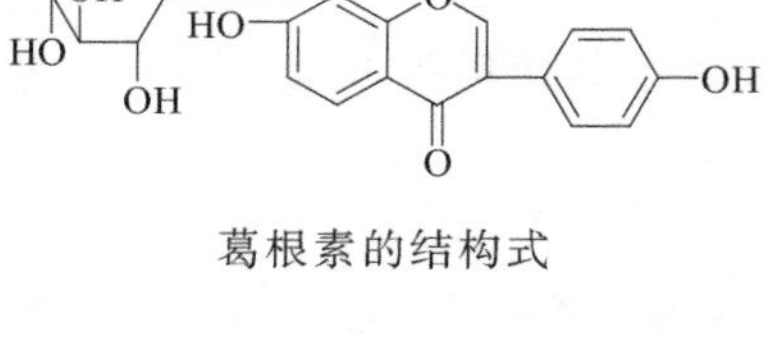

葛根素的结构式

在化妆品中的应用

葛根酒精提取物 0.5% 可使细胞内雌激素水平提高一倍，与雄性激素睾酮的结合及其抑制率为84％，具植物雌激素样作用，可用于生发类和丰乳类制品；对神经酰胺和胆固醇生成有促进作用，脑酰胺和胆固醇是皮脂的重要组成部分，它们含量的增多将改善皮肤的柔润程度，结合葛根提取物的增加皮肤角质层的含水量能力，因此葛根提取物在调理皮肤、改善油性皮肤等方面均有效果；提取物还可用作抗氧化剂、抗炎剂、皮肤过敏抑制剂、皮肤美白剂和皮肤保湿剂。

3. 何首乌

何首乌（*Polygonum multiflorum*）为蓼科植物何首乌的块根，主要产于我国河南、湖北、广西、广东、贵州、四川、江苏等省区。化妆品采用其全草、干燥根茎、愈伤组织、嫩芽等提取物，以根提取物为主。

有效成分和提取方法

何首乌的化学成分主要有蒽醌类化合物，有大黄素甲醚、大黄酚、大黄素、芦荟大黄素、大黄酸等；含二苯乙烯苷类如2,3,5,4-四羟基二苯乙烯葡萄糖苷（何首乌苷）、何首乌丙素及其结构类者，此类化合物在何首乌中含量较高，可达到2.6％以上，何首乌苷是《中国药典》规定检测含量的成分；含磷脂类卵磷脂，含量为3.7％。何首乌根可以水、酒精等为溶剂，按常规方法加热提取，然后将提取液浓缩至干。如用水提取的得率为6.5％，75％酒精提取的得率为18％，甲醇提取的得率为10.5％。

何首乌苷的结构式

在化妆品中的应用

何首乌提取物2mg/mL对5α-还原酶的抑制率为71.5％，对因雄性激素偏高而导致的脱发有防治作用，可用于生发类制品；50％酒精提取物0.5mg/mL对前驱脂肪细胞的增殖促进率为62％，结合其对雄性激素的抑制，可用作增脂丰乳剂；提取物0.2％对B-16黑色素细胞的增殖率提高一倍多，可促进乌发，也可用于晒黑类制品；50％酒精提取物110μg/mL对变异链球菌的抑制率为61.2％，对牙龈卟啉单胞菌的MIC为0.3％，可用作牙齿防蛀剂；提取物还可用作抗氧化剂、抗衰抗皱剂和抗炎剂。

4. 鸡血藤

鸡血藤（*Spatholobus suberectus*）为豆科植物密花豆的藤茎，主产于我国广西，另分布于福建、广东、云南等地。化妆品采用鸡血藤干燥的藤茎的提取物。

有效成分和提取方法

鸡血藤含甾醇类化合物，有β-谷甾醇、胡萝卜苷、豆甾醇、鸡血藤醇等；含黄酮类化合物，有芒柄花素、芒柄花苷、大豆苷元等，总黄酮含量在 5% 左右，而芒柄花素是《中国药典》规定定性检测的成分；含三萜皂苷类，有羽扇豆醇、羽扇豆酮等。鸡血藤可以水、酒精等为溶剂，按常规方法提取，最后将提取液浓缩至干。以 50% 酒精为提取溶剂，得率约为 6%。

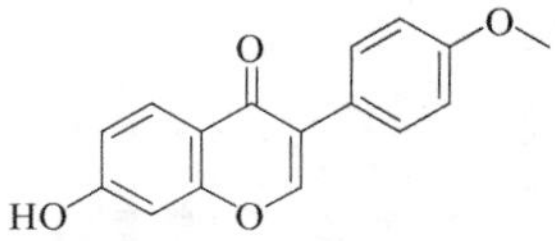

芒柄花素的结构式

安全性

国家食药总局将鸡血藤提取物作为化妆品原料，未见其外用不安全的报道。

在化妆品中的应用

鸡血藤水提取物 0.1% 对透明质酸酶的抑制率为 96.3%，可很好地维持皮层内透明质酸的含量；涂敷 30% 酒精提取物，经皮水分蒸发速度下降一半，有良好的保湿调理效果；95% 酒精提取物 10μg/mL 对脂肪细胞的增殖促进率为 44%，适用于丰乳类制品；提取物在外用中还显示美白、活血、抗氧化、抗炎、抗过敏等作用。

5. 蒺藜

蒺藜（*Tribulus terrestris*）为蒺藜科植物，主产于我国河南、河北、山东、安徽、江苏、四川、山西、陕西。化妆品采用的是其干燥果实和根的提取物，以果实提取物为主。

有效成分和提取方法

皂苷类成分是蒺藜的主要有效成分，有蒺藜苷、延龄草苷、薯蓣二葡萄糖苷、薯蓣素、纤细薯蓣苷、原薯蓣苷、原纤细薯蓣苷等。另有生物碱类如哈尔满、哈尔明和哈尔醇等；所含黄酮类化合物的苷元主要为槲皮素、山奈酚、异鼠李素及其糖苷；其余有 β-谷甾醇、豆甾醇和菜油甾醇。蒺藜果实可以水或酒精为溶剂，按常规方法提取，然后浓缩为膏状产品，如采用 75% 的酒精提取，得率约为 8.6%。

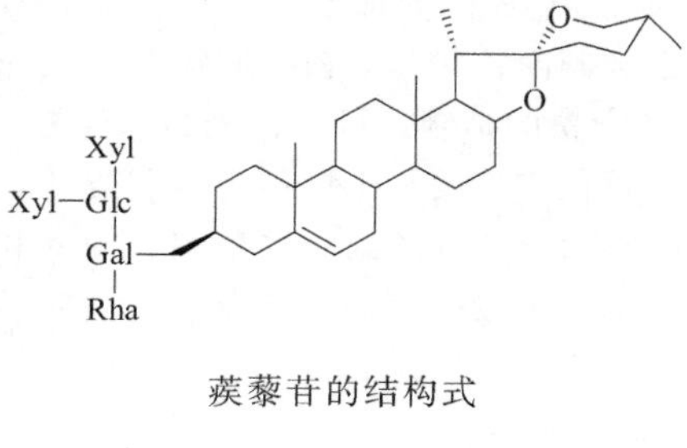

蒺藜苷的结构式

在化妆品中的应用

蒺藜 75% 酒精提取物在低浓度 10μg/mL 对脂肪细胞的增殖促进率为 25%，可用于丰乳类产品；提取物 50μg/mL 对胶原蛋白生成的促进率为 18.5%，20μg/mL 对弹性蛋白生成的促进率为 17.2%，有活肤抗皱作用；提取物在低湿度的情况下，仍吸湿增重 76%，可用作保湿剂；提取物尚可用作抗菌剂、抗氧化剂和抗炎剂。

6. 没药

没药（*Commiphora myrrha*）、印度没药（*C. mukul*）、红没药（*C. erythraea*）和埃塞俄比亚没药（*C. abyssinica*）为橄榄科没药属植物，主要分布在中东、埃塞俄比亚和印度地区。化妆品只采用这四种没药胶树脂的提取物。

有效成分和提取方法 ▌--

没药含挥发油萜类 2.5%～9%，成分复杂，变化也大，有 β-榄香烯、肉桂醛、枯茗醛、枯茗醇、丁子香酚、罕没药烯等，其中 β-榄香烯的含量最大。按常规水蒸气蒸馏法制取没药挥发油，得率约为 1%。提取物也可采用水、酒精等为溶剂，按常规方法提取。如其胶树脂用 95% 酒精提取，得率约为 9%。

β-榄香烯的结构式

在化妆品中的应用 ▌--

印度没药酒精提取物 0.01% 对脂肪积累的促进率为 41%，浓度增大效果更好，另外 0.1% 对 5α-还原酶活性的抑制率达 97.3%，可用于丰乳类制品；印度没药提取物 $10\mu g/mL$ 对黑色素细胞生成黑色素的抑制率为 54.1%，埃塞俄比亚没药树脂的精油 $1\mu g/mL$ 对酪氨酸酶活性的抑制率为 98%，没药 95% 提取物 0.001% 的抑制率为 52.7%，均有美白皮肤的作用；埃塞俄比亚没药精油有抗菌性，0.02% 浓度时对牙周炎发生菌如牙龈类杆菌、具核梭杆菌、黏性放线菌等均有强烈抑制，在漱口液、牙粉等中用入治疗牙周炎和牙龈炎，对口腔和咽部溃疡等也有效果；另三种没药精油也有抗菌性。提取物还有抗炎和抗炎作用。

7. 人参

人参（*Panax ginseng*）为五加科人参属多年生草本植物。人参主产于我国吉林、辽宁、黑龙江。鲜参洗净后干燥者称"生晒参"或白参；蒸制后干燥者称"红参"。人参的根、茎、叶、花、籽、愈伤组织、分生组织、嫩芽等的提取物均可用入化妆品，但主要用其干燥根提取物。文中所说人参均为白参，如是红参将予以指明。

有效成分和提取方法 ▌--

人参皂苷是人参的主要成分，有 40 多种人参皂苷单体，其中二醇型和三醇型皂苷占人参皂苷的大多数，被认为是人参的最主要活性成分，如人参皂苷 Rb_1 是《中国药典》规定检测含量的成分之一；含甾醇，有 β-谷甾醇、胡萝卜苷等；含黄酮类，有人参黄酮苷、山奈酚及其苷等。此外还含有人参多糖、人参胆碱、精胺、胆胺、尿嘧啶、鸟嘌呤、腺嘌呤和腺苷等生物碱。人参可以水、酒精等为溶剂，按常规方法加热回流提取，最后将提取液浓缩至干。以 50% 酒精为溶剂提取的得率在 15%～20%。

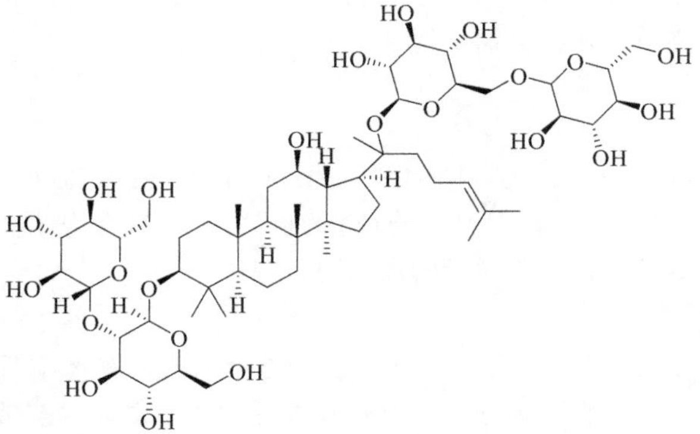

人参皂苷 Rb1 的结构式

在化妆品中的应用

人参 50％酒精提取物 400μg/mL 对表皮角质细胞的增殖促进率为 27.1％，0.005％对胶原蛋白生成的促进率为 20.3％，能促进皮层的新陈代谢，可用于抗皱防老护肤品。50％酒精提取物 12.5μg/mL 对雌激素分泌的促进率为 11.3％，90％酒精提取物 0.1％对芳香化酶的活性提高一倍，芳香化酶的活化将有助于局部地提高雌激素水平，可防治因雌激素水平偏低而引起的肌体问题如乳房的发育不良，可用作丰乳剂；提取物还可用作生发助剂、染发助剂、抗氧化剂、抗炎剂、红血丝防治剂、皮肤保湿剂、防晒剂等。

8. 砂仁

砂仁有多个品种，化妆品可用的是海南砂仁（*Amomum longiligulare*）和绿壳砂仁（*Amomun villosum* 或 *A. xanthioides*）干燥果实的提取物。海南砂仁主产于我国海南、广东和云南；绿壳砂仁又称为缩砂仁，主产于东南亚，在我国主产于云南南部。海南砂仁和绿壳砂仁属同科植物，性能相似。

有效成分和提取方法

砂仁的主要成分为挥发油类、皂苷类化合物、黄酮苷类化合物、有机酸类化合物等。如绿壳砂仁种子含挥发油在 1.7％～3％，其中含量 1％以上的有乙酸龙脑酯、樟脑、龙脑、柠檬烯、樟烯、月桂烯、蒈烯-3 和 α-松油醇等 8 个化合物，其中乙酸龙脑酯的含量最大，占挥发油的 50％左右。乙酸龙脑酯也是《中国药典》规定检测含量的成分，含量不得小于0.9％。砂仁另含皂苷约 0.69％，所含黄酮苷类有槲皮苷和异槲皮苷。可采用水蒸气蒸馏法制取砂仁挥发油，砂仁油为有特殊香气的无色透明的油状物。采用水或酒精等通过浸渍制取砂仁提取物，如采用 95％酒精提取，提取得率约为 13％。

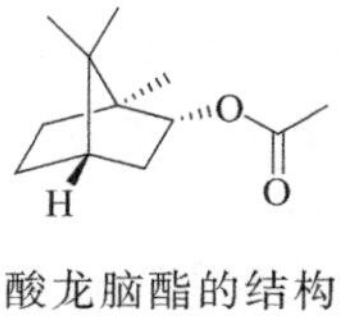

乙酸龙脑酯的结构式

安全性

国家食药总局将海南砂仁和绿壳砂仁的干燥果实的提取物作为化妆品原料，未见它们外用不安全的报道。

在化妆品中的应用

砂仁挥发油是一种香料。砂仁提取物 0.01％ 涂敷可使皮肤含水量增加一倍，有良好的保湿性，数据显示较芦荟提取物优越，可用于干性皮肤的防治；提取物对 β-半乳糖苷酶活性 IC_{50} 为 58.35μg/mL，显示可提升雌激素水平，可用于丰乳类制品；提取物还可用作抗炎剂、口腔齿龈肿胀抑制剂、抗氧化剂和生发剂。

9. 柿树

柿树（*Diospyros kaki*）是柿树科柿树属植物，原产于我国长江流域及其以南地区。柿树的果、叶、蒂、外果皮、柿饼等均可入药，化妆品常采用的原料是未熟柿果（柿涩）、果皮、柿叶、柿蒂、花萼等的提取物，以柿叶的提取物为主。

有效成分和提取方法

柿果肉里含有蛋白质、脂肪、碳水化合物、胡萝卜素、多种维生素和铁、磷等矿物元素，其中维生素 A、维生素 B、维生素 C 的含量远远高于苹果、梨、桃、杏；未熟柿果的液汁称为柿漆，含大量鞣质样物质柿漆酚；柿叶中含有黄酮类、生物碱、挥发油、鞣质、酚类、香豆素、三萜类、有机酸、植物甾醇、树脂等多种化学成分。柿子树叶可以水、酒精等为溶剂，按常规方法回流提取，然后浓缩至干。溶剂不同，提取得率也不同，如以水为溶剂的提取率为 12％～15％，50％酒精的提取率为 10％～13％。

柿叶黄酮的结构式

在化妆品中的应用

柿叶酒精提取物 0.5mg/mL 使脂肪细胞的增殖促进率为 29％，可用于需要脂肪细胞增殖的产品，如丰乳化妆品；柿叶 50％酒精提取物 20μg/mL 对透明质酸的生成促进率为 44％、提取物 5.0％涂敷皮肤，角质层含水量增长 14％，可作为保湿性的化妆品原料。叶 30％酒精提取物 30μg/mL 对 5α-还原酶活性的抑制率为 83.8％，可抑制雄性激素的分泌，对因雄性激素偏高而引起的脱发和毛发生长缓慢有很好的防治作用。提取物还有抗炎、抗衰抗皱、抑臭等作用。

10. 莴苣

莴苣（*Lactuca sativa*）和臭莴苣（*L. virosa*）为菊科一、二年生草本植物。莴苣原产于地中海沿岸，分为叶用莴苣和茎用莴苣两类。叶用莴苣又称生菜，以叶为主要食用部分，茎用莴苣又名莴笋，它们都在我国南方地区栽培普遍。化妆品主要采用其叶提取物。

有效成分和提取方法

从茎用莴苣茎和叶中已分离得到莴苣内酯、山莴苣素、山莴苣苦素、β-谷甾醇、莴苣黄质等多种有效成分。莴苣内酯、山莴苣素、山莴苣苦素都是莴苣的特征性成分。莴苣叶可以水、酒精、1,3-丁二醇等为溶剂，按常规方法提取，最后浓缩至干为膏状物。莴苣阴干的叶以50%酒精提取的得率在3%～4%。

莴苣内酯的结构式

在化妆品中的应用

莴苣提取物0.01%对表皮角质细胞的增殖促进率为28%，具抗皱抗衰功能；提取物1.0%对芳香化酶的活化促进率为33.9%，芳香化酶可使雄激素转变为雌激素，使局部雌激素出现较为集中，可用于丰乳类产品；提取物尚可用作抗炎剂、抗氧化剂和紧肤剂。

11. 樱花

樱花（*Prunus speciosa*）、东京樱花（*P. yedoensis*）、日本晚樱（*P. lannesiana*）和黑野樱（*P. serotina*）系蔷薇科李属落叶乔木，前三种主产于日本，在朝鲜和中国也广为种植，黑野樱主产于美国和墨西哥。化妆品主要采用樱花花/叶、东京樱花叶、日本晚樱花和黑野樱果/树皮的提取物。

有效成分和提取方法

樱花树皮的成分以黄酮化合物为主，有樱桃苷、儿茶素、芫花素、柚皮素等；樱花树叶富含芦丁，鲜叶的芦丁含量在55%以上，含多酚类成分，其中儿茶素占75%～80%。黑野樱叶中的成分有金丝桃、樱桃苷、熊果酸等。樱花可以水、酒精等为溶剂，按常规方法提取，然后浓缩至干为膏状。如黑野樱树皮用甲醇回流提取，得率为25%。

在化妆品中的应用

樱花叶提取物74μg/mL可使局部的芳香化酶活性增强15%，提升雌激素水平，可用作外用丰乳剂；提取物都有清除自由基的能力，可用作抗氧化剂；东京樱花提取物1μg/mL对成纤维细胞增殖的促进率为25%，有抗皱抗衰作用；东京樱花95%酒精提取物对致龋齿菌变异链球菌和牙龈卟啉单胞菌的抑菌圈直径分别为10.6mm和10.7mm，可用于口腔卫生用品；提取物还可用作皮肤美白剂、抗炎剂、保湿剂和生发剂。

第三章
皮肤状态的调理

第一节　抗衰

皮肤衰老有四个阶段，初期为皮肤干燥粗糙、汗脂及皮脂下降；前期为皮肤弹性松弛；中期为出现眼嘴细纹；后期为皮肤显现深纹。其实皮肤衰老的根本原因是皮层表皮细胞、角朊细胞、成纤维细胞等的增殖活性下降，提供构建皮肤基质材料的减少。本节重点介绍深层次抗衰老的植物提取物应用，抗皮肤衰老表象方面的内容可见其他章节，如保湿、抗皱、紧肤等。

抗衰作用评判方法是：上述细胞是否有所增殖、是否延长了这些细胞的生命周期、若干酶的作用是否加强了它们的活性、是否增加了基质材料的生成等。

1. 滨海当归

滨海当归（*Angelica keiskei*）又名明日叶，芹科多年生草本植物，原产于日本，化妆品采用其全草、根或茎的提取物。

有效成分和提取方法 |- -

滨海当归茎、叶含有多种维生素、胡萝卜素和 16 种氨基酸，另有黄酮化合物如金丝桃苷、黄当归醇和 4-羟基德里辛等，黄当归醇是其特征成分；有若干香豆素衍生物如古当归素、补骨脂素、香柑内酯、花椒毒素等。滨海当归可以水、酒精等为溶剂，按常规方法提取，然后浓缩至干为膏状。

黄当归醇的结构式

在化妆品中的应用 |- -

滨海当归叶提取物对龋齿菌（变异链球菌）的 MIC 为 $25\mu g/mL$，可用于口腔卫生用品；根提取物 $10\mu g/mL$ 对层粘连蛋白生成的促进率为 28.8%，该蛋白可影响细胞的代谢、存活、迁移、增殖和分化，有活肤作用，可用于抗衰化妆品；提取物 $50\mu g/mL$ 对 B-16 黑色素细胞生成黑色素的抑制率为 46.2%，可用于皮肤美白助剂。提取物还可用作抗炎剂和保湿剂。

2. 藏红花

藏红花（*Crocus sativus*）又名番红花，是鸢尾科番红花属球根类多年生草本植物，原产于地中海沿岸，目前伊朗番红花的产量最大。化妆品采用番红花干燥的柱头蕊花提取物、番红花花瓣提取物、花油、番红花叶细胞培养的提取物、番红花分生组织细胞培养的提取物、番红花愈伤组织培养的提取物等。

有效成分和提取方法

番红花柱头部分含类胡萝卜素及其苷类，有西红花苷Ⅰ和西红花苷Ⅱ，其他胡萝卜素类化合物有胡萝卜素、番茄红素、玉米黄质等。番红花愈伤组织的培养、分生组织细胞的培养和叶细胞培养的目的也是促进西红花苷及其类似活性物的生成，《中国药典》将西红花苷Ⅰ和西红花苷Ⅱ的含量作为检测标准，不得少于10％。番红花可以水、酒液或酒精的水溶液为溶剂，按常规方法提取，然后浓缩至干。番红花柱头部分以99％酒精提取，得率为18.9％。

西红花苷Ⅰ的结构式

在化妆品中的应用

番红花提取物可用作化妆品色素，用它可调出非常美丽的金黄色泽；番红花提取物具强烈的抗氧化作用，对能量很高的单线态氧自由基的捕获能力更强；提取物1.0mg/mL对真皮纤维芽细胞增殖促进率为17％，0.05％对胶原蛋白生成的促进率为15％，可用作皮肤抗皱抗衰添加剂；番红花提取物0.01％对透明质酸生成的促进率为53.7％，能从本质上改善皮肤的持水能力，达到长效保湿。提取物还具促进生发的功能。

3. 草木犀

草木犀（*Melilotus officinalis*）为蝶形花科草木犀属二年生草本植物，原产于欧洲，我国西藏和四川地区有野生。化妆品采用其全草提取物。

有效成分和提取方法

草木犀全草含皂苷如羽扇烷酮、羽扇豆醇、白桦脂酸、齐墩果酸等，另有酚类成分如山奈酚-3-葡萄糖苷、草木犀苷、香豆精和双羟香豆素。草木犀全草可以水、酒精等为溶剂，按常规方法提取，然后浓缩至干为膏状。如干草用30％酒精回流提取，得率约为9％。

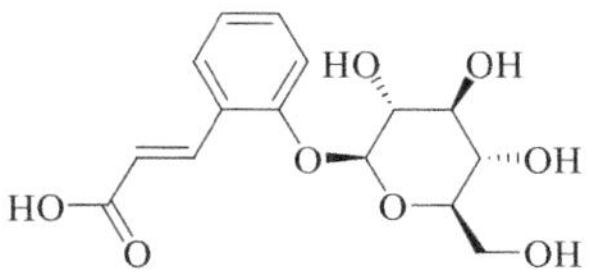

草木犀苷的结构式

安全性

国家食药总局和CTFA都将草木犀提取物作为化妆品原料，提取物中含有抗凝血物质，应慎用于伤损皮肤。

在化妆品中的应用

70％丁二醇提取物0.5％对成纤维细胞生长因子表达的促进率为50％，水提取物100μg/mL对胶原蛋白生成的促进率为83.4％，提取物1.0％对组织蛋白酶活化的促进率为87％，显示可增强皮肤细胞新陈代谢功能，有抗衰作用；提取物0.1％对血管内皮细胞增殖的促进率为13％，将有助于预防皮肤红血丝或瘀斑；提取物尚可用作抗炎剂、美白剂和保湿剂。

4. 茶

茶树（*Camellia sinensis*）是山茶科山茶属常绿植物，产地主要集中在亚洲、非洲和拉丁美洲。根据茶的不同制造方法和品质上的差异，将茶叶分为绿茶、红茶、乌龙茶（即青茶）、白茶、黄茶和黑茶六大类，红茶、乌龙茶等均经过发酵或半发酵处理。化妆品用的一般都是绿茶，即茶树的嫩叶提取物。

有效成分和提取方法

茶叶主要含有咖啡碱、茶碱、可可碱、胆碱、黄嘌呤、黄酮及其苷类化合物、茶鞣质、儿茶素、多种维生素、蛋白质和氨基酸。茶多酚又名茶单宁、茶鞣质，是茶叶中所含的一类多羟基酚类化合物的总称，在茶叶干品中的含量一般为15％～30％。茶可以常规的方法提取，以水、酒精等提取，然后浓缩至干。以水为溶剂提取的话，提取得率约为20％，以50％酒精提取的得率约为25％，以95％酒精提取的得率约为14％。

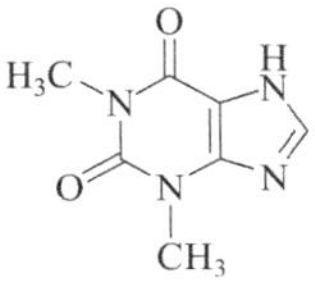

茶碱的结构式

茶提取物 $5\mu g/mL$ 对半胱天冬蛋白酶的抑制率为 77.1%，半胱天冬蛋白酶是细胞凋亡的核心分子，对它抑制意味着延长细胞的生命；提取物对自由基 DPPH 的消除 IC_{50} 为 $55.2\mu g/mL$，对超氧自由基的消除 IC_{50} 为 $88.7\mu g/mL$；酒精提取物 0.1% 对胶原蛋白酶活性的抑制率为 78.0%，综上表明茶提取物是化妆品防皱抗衰老添加剂；茶提取物尚可用作抗菌剂、抗氧化剂、皮肤美白剂、减肥剂、抗炎剂、生发剂、过敏钝化剂和抑臭剂。

5. 川芎

川芎（*Ligusticum chuanxiong*）和日本川芎（*Cnidium officinale*）都是伞形科植物藁本属植物。川芎在我国四川、贵州、云南、湖北、湖南等地均有出产，以四川为主。日本川芎主产于日本、化妆品主要采用其干燥根茎提取物。

两种川芎均含挥发油，非挥发成分以棕榈酸、欧当归内酯 A、β-谷甾醇、孕烷醇酮、胡萝卜苷、阿魏酸、原儿茶酸、咖啡酸等为主要成分，欧当归内酯 A 是《中国药典》要求检测含量的成分。川芎还含生物碱，如川芎嗪、黑麦碱、异亮氨酰缬氨酸酐等。川芎可用水蒸气蒸馏法制取。川芎提取物可以水、酒精等为溶剂，按常规方法加热回流提取，然后将提取液浓缩至干。如以水煮川芎，提取得率在 30% 以上。

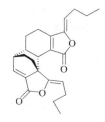

欧当归内酯 A 的结构式

川芎提取物 $1\mu g/mL$ 对谷胱甘肽还原酶活性的促进率为 16%，谷胱甘肽还原酶的作用是将谷胱甘肽的氧化型（GSSG）转化为谷胱甘肽的还原型（GSH），提高 GSH/GSSG 的值，从而有活肤作用；提取物对多种自由基都有消除能力，提取物 $5\mu g/mL$ 对角质形成细胞的增殖促进率为 32%，有很好的抗衰性能；提取物 $3.7\mu g/mL$ 对过氧化物酶激活受体（PPAR）的活化率为 40%，具抗炎作用；川芎提取物在较低浓度下可有效抑制黑色素细胞的活性，减少黑色素的生成，有亮肤功能，浓度高则表现为细胞毒性；提取物还可用作保湿剂和皮肤、头发调理剂。

6. 刺阿干树

刺阿干树（*Argania spinosa*）为山榄科植物，又名摩洛哥坚果树，这种树木目前全世界几乎只剩摩洛哥存有，刺阿干树果仁油也称作刚果油。化妆品可用的是刺阿干树提取物、刺阿干树仁提取物和刺阿干树仁油。

有效成分和提取方法

刺阿干树仁油含 80％ 非饱和脂肪酸，当中蕴含丰富的亚油酸（35％以上），其余有油酸（40％以上）、角鲨烯、十八碳三烯酸、软脂酸、硬脂酸等；甾醇有仙人掌甾醇、菠菜甾醇、豆甾二烯醇等；含 α-生育酚、δ-生育酚和 γ-生育酚；酚类物质有香草酸、丁香酸、阿魏酸和对羟基苯乙醇等。刺阿干树提取物有多种形式，刺阿干树仁油可从其果实中榨取出来；也可将其脱脂后，以水、酒精等为溶剂，按常规方法提取，然后浓缩至干为膏状。

在化妆品中的应用

刺阿干树仁油是重要的化妆品用油脂，能提供良好的滋养性和肤感；仁提取物 0.1％ 对谷胱甘肽生成的促进率为 52％，可增强皮肤细胞新陈代谢；提取物对成纤维细胞增殖有促进作用，在 UVB 或 UVA 照射下也可增殖促进 10％ 以上；提取物对 DPPH 自由基的消除 IC_{50} 为 $32.3\mu g/mL$，可用于抗氧化和抗衰化妆品。

7. 地茶

地茶（*Thamnolia vermicularis*）为地茶科植物，分布于四川、陕西、云南等省。生于高寒山地或积雪处，产于四川本部及云南高山地区的称为"雪茶"，产于陕西太白山区的称为"太白茶"。化妆品采用叶提取物，以雪茶为好。

有效成分和提取方法

雪茶含雪茶素、雪茶酸、磷片酸、羊角衣酸，另含 D-阿糖醇和甘露醇。雪茶素的含量最高，是特征成分。雪茶叶可以水、酒精等为溶剂，按常规方法提取，然后将提取液浓缩至干。如 80℃ 水提取得率约为 5％。

雪茶素的结构式

在化妆品中的应用

雪茶叶水提取物 $100\mu g/mL$ 对细胞高能物质 ATP（三磷酸腺苷）生成的促进率为 27.3％，$340\mu g/mL$ 对 $\beta 1$ 整联蛋白生成的促进率为 25％，$\beta 1$ 整联蛋白可促进肌肉的再生和修复，是皮肤抗皱抗衰剂；提取物 0.01％ 对组胺游离释放的抑制率为 74％，可用作皮肤过敏抑制剂；提取物还有美白皮肤和抑制脂肪生成的作用。

8. 红景天

红景天（*Rhodiola rosea*，也名玫瑰红景天）、大花红景天（*R. crenulata*）和全瓣红景天（*R. sacra*）为景天科红景天属植物，主要分布在中国云南、四川、西藏等高寒山区，三者性能相似。化妆品主要采用它们根的提取物。

有效成分和提取方法

红景天根含特征成分红景天苷。此外含有多种酚酸化合物如咖啡酸、没食子酸、对羟基肉桂酸、原儿茶酸等，另有黄酮化合物如山奈酚、植物甾醇如 β-谷甾醇和胡萝卜苷、酚类成分如熊果苷等存在。红景天苷是《中国药典》规定检测含量的成分，含量不得小于 0.5%。红景天根可以水、酒精等为溶剂，按常规方法提取，然后将提取液浓缩至干。如圣地红景天根用水煮 3h 提取的得率为 23.1%，用甲醇回流提取的得率为 24.2%。

红景天苷的结构式

在化妆品中的应用

由于红景天根高含量的酚类成分，显示强烈和广谱的抗氧化性，可用作化妆品的抗氧化剂；水提取物 0.05% 对胶原蛋白生成的促进率为 29.1%，1% 对三磷酸腺苷（ATP）生成的促进率为 80%，可用作抗皱抗衰剂；75% 酒精提取物 $50\mu g/mL$ 对脂肪细胞生成甘油三酯的抑制率为 38.2%，对脂肪酶的 IC_{50} 为 $40\mu g/mL$，可抑制脂肪团的生成，特别对男性有较好的减肥作用；提取物另可用作保湿剂、抗炎剂、过敏抑制剂和皮肤美白剂。

9. 黄精

黄精（*Polygonatum sibiricum*）、滇黄精（*P. kingianum*）、多花黄精（*P. cyrtonema*）和药用黄精（*P. officinale*）为百合科黄精属植物，除多花黄精产于欧洲外，其余三种均主要分布在我国的东北、华北地区，它们性能相似。化妆品主要采用它们干燥根茎的提取物。

有效成分和提取方法

黄精含甾体皂苷，有薯蓣皂苷元、西伯利亚蓼苷等；含氨基酸，有天冬氨酸、高丝氨酸、二氨基丁酸等；含多糖化合物，有黄精多糖，由葡萄糖、甘露糖和半乳糖醛酸按照摩尔比 6：26：1 缩合而成。黄精的主要有效成分是多糖和薯蓣皂苷元。黄精可以水、酒精等为溶剂，按常规方法提取，然后将提取液浓缩至干。如干黄精根用酒精提取，得率为 13.5%。

薯蓣皂苷元的结构式

安全性

国家食药总局和 CTFA 都将多花黄精提取物作为化妆品原料，国家食药总局还把其他三种黄精列入，未见它们外用不安全的报道。

在化妆品中的应用 ┃

黄精提取物 10μg/mL 对弹性蛋白的生成促进率为 26%，100μg/mL 对层粘连蛋白-5 生成的促进率为 68%，1.25% 对纤维芽细胞增殖促进率为 19%，结合它对多种自由基的消除作用，有活肤抗衰作用，可用于抗老化妆品；提取物另可用作皮肤美白剂、生发剂和红血丝防治剂。

10. 甘草

甘草（*Glycyrriza Uralensis*）和胀果甘草（*G. inflata*）为豆科植物，主产于我国内蒙古、山西、甘肃和新疆等地，两者性能相似，化妆品采用它们干燥的根茎提取物。

有效成分和提取方法 ┃

甘草的主要化学成分是三萜类化合物，有甘草酸、甘草次酸等，甘草酸的含量高达 6%～14%；黄酮化合物有二氢黄酮类的甘草素和甘草苷；查耳酮类有异甘草素和异甘草苷等。甘草苷是《中国药典》规定检测含量的成分之一。甘草可采用水、酒精、1,3-丁二醇等为溶剂，按常规方法提取，最后浓缩为膏状。如用沸水提取，得率约为 10%；用 80% 酒精提取，得率在 8% 左右。

甘草苷的结构式

在化妆品中的应用 ┃

甘草提取物 25μg/mL 对 I 型胶原蛋白生成促进率为 38.5%，100μg/mL 对 IV 型胶原蛋白生成的促进率为 71.5%，可用于活肤抗衰化妆品；甘草提取物对若干白介素生成均有抑制作用，有很好的抗炎性；提取物对 β-半乳糖苷酶活性的 IC_{50} 为 76.4μg/mL，可促进雌激素的水平，结合其抗炎性，对雄性激素水平而引发的粉刺有防治作用；提取物还可用作皮肤美白剂、保湿剂、生发剂、口腔抗菌剂、皮肤过敏抑制剂、生发剂和防晒剂。

11. 桦褐孔菌

桦褐孔菌（*Fuscoporia obliqua*）是一种生长在寒带的木腐菌，属于多孔菌科褐卧孔菌属，集中在俄罗斯的西伯利亚和远东地区、北欧的波兰和荷兰、中国的大小兴安岭和长白山地区、日本北海道，以及北美北部。化妆品采用桦褐孔菌子实体的提取物。

有效成分和提取方法 ┃

野生子实体桦褐孔菌含甾体类化合物最多，有羊毛甾醇及其衍生物、麦角甾醇、桦褐孔菌醇等，另有叶酸衍生物的蝶酰谷氨酸、香草酸、丁香酸和对羟基苯甲酸等。桦褐孔菌可以水、酒精等为溶剂，按常规方法提取，然后浓缩至干为膏状。如以沸水提取，得率约为 5%。

在化妆品中的应用 ┃

桦褐孔菌沸水提取物 1mg/mL 对表皮细胞的活性有很好的促进，对胶原蛋白的生成促进率为 180%，有活肤作用，结合其抗氧化性，可用于抗衰化妆品；沸水提取物 0.1% 对组胺游离释放的抑制率为 91%，可用作皮肤抗过敏剂；提取物 10mg/mL 涂敷对小鼠毛发生长的促进率为 40%，可用作生发助剂；提取物还可用作抗菌剂、抗炎剂、减肥剂和保湿剂。

12. 稷

稷（*Panicum miliaceum*）为禾本科作物，原产于我国北方，为古老粮食和酿造作物，列为五谷之一，在我国北方干旱地区分布较广，河北、山西、陕西北部、内蒙古、宁夏、甘肃及东北北部地区均有栽培。化妆品采用其籽及其提取物。

有效成分和提取方法

去壳稷米含灰分 2.86%、精纤维 0.25%、粗蛋白 15.86%、淀粉 59.65%、油 5.07%。其中饱和脂肪酸为棕榈酸、二十四烷酸、十七烷酸，不饱和脂肪酸主要有油酸、亚油酸、异亚油酸等。蛋白质主要有白蛋白、球蛋白、谷蛋白、醇溶谷蛋白等。可以水、酒精等为溶剂，按常规方法提取，然后浓缩至干为膏状。

在化妆品中的应用

稷米经粉碎可用作化妆品用基础粉剂。50% 酒精提取物对成纤维细胞生长因子的表达提高 2 倍多，可增殖纤维芽细胞，有活肤作用，可用于抗衰化妆品。

13. 金虎尾

红叶金虎尾（*Malpighia punicifolia*）又称西印度樱桃，为金虎尾科金虎尾属灌木，相似的品种有光滑金虎尾（*M. glabra*）和凹缘金虎尾（*M. emarginata*），前二者主产于美洲的西印度群岛，后者主产于美国，这些品种在我国台湾也有种植，是一种热带水果，其中凹缘金虎尾最常见。化妆品采用它们果实和籽的提取物。

有效成分和提取方法

红叶金虎尾果中有高含量的维生素 C，此外富含胡萝卜素类成分如 β-隐黄素、β-胡萝卜素、叶黄素等，另有黄酮成分如天竺葵素、锦葵花素、矢车菊素、槲皮素、山柰酚及其糖苷；有酚酸类成分如香豆酸、阿魏酸、咖啡酸和绿原酸。金虎尾果可以水、酒精等为溶剂，按常规方法提取，然后浓缩至干为膏状。

β-隐黄素的结构式

在化妆品中的应用

凹缘金虎尾籽提取物对表皮细胞的增殖有促进作用，其 50% 酒精的提取物浓度在 0.3% 时，促进率为 68%，有活肤作用；果提取物有较广谱的抗氧化性，并可增加角质层的含水量，可用于抗衰调理护肤品；籽提取物用作头发调理剂。

14. 金线吊乌龟

金线吊乌龟（*Stephania cepharantha*）为防己科千金藤属植物，在我国中南地区均有分布。化妆品采用的是其根的提取物。

有效成分和提取方法

金线吊乌龟根富含生物碱，含量较多的是头花千金藤碱、小檗胺、异防己碱。其余尚有木防己碱、汉防己碱、莫灵碱、罂粟碱、可待因、吗啡、小檗碱等。金线吊乌龟根可以水、酒精等为溶剂，按常规方法提取，然后将提取液浓缩至干。

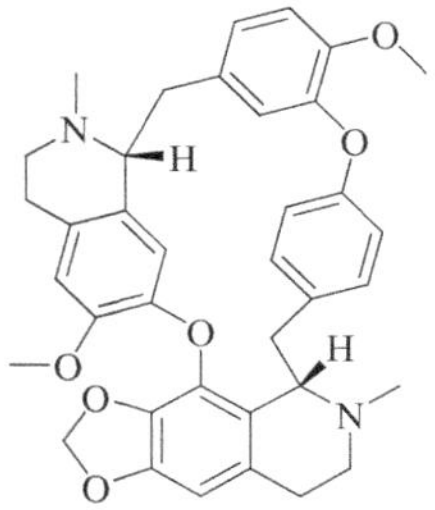

头花千金藤碱的结构式

在化妆品中的应用

根 50%酒精提取物 $40\mu g/mL$ 对人皮肤纤维芽细胞增殖的促进率为 46.9%，$5\mu g/mL$对腺嘌呤核苷三磷酸（ATP）生成的促进率为 17.2%，有活肤抗衰作用；水煎剂有抗菌性，对绿脓杆菌、大肠杆菌作用最强烈，可用作抗菌剂；沸水提取物 $33\mu g/mL$ 对白细胞介素-4 生成的抑制率为 98%，可用作抗炎剂；提取物还有抑制过敏的作用。

15. 金盏花

金盏花（*Calendula officinalis*）别名金盏菊，是一常见菊科花卉。金盏花在世界各地都有分布，以印度为最，我国主产于华南各省。化妆品采用其鲜花、干花、花/叶/茎、籽、分生组织等的提取物，以花提取物为主。

有效成分和提取方法

金盏花的主要活性成分是类胡萝卜素化合物，含量约占干花的 3%，主要为叶黄素、玉米黄素、β-胡萝卜素和大量的叶黄素酯等。金盏花另含挥发油、皂苷、黄酮醇苷和萜类。金盏花鲜花通过水蒸气蒸馏可以提取金盏花精油，提取物可以水、酒精等为溶剂，按常规方法提取，然后将提取液浓缩至干。干花采用酒精提取的得率为 7%，用 50%酒精提取的得率为 7.8%。

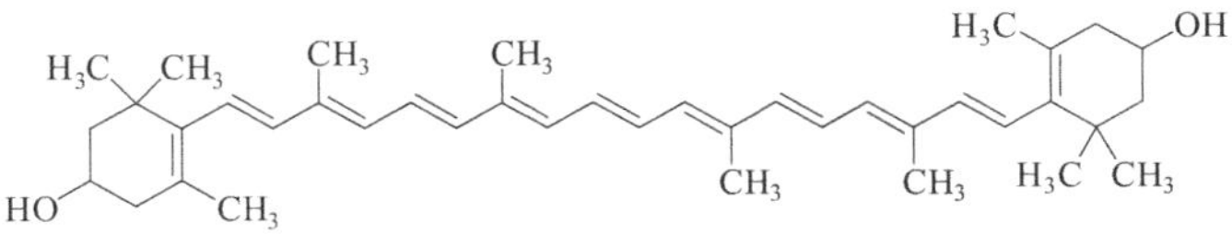

叶黄素的结构式

安全性

国家食药总局和 CTFA 都将金盏菊上述提取物作为化妆品原料。但经常性的皮肤接触金盏花可能导致皮肤过敏；同样，金盏花也被认为会影响月经周期，所以在怀孕和哺乳期内不得使用。

在化妆品中的应用

金盏花提取物的应用历史悠久，在欧洲中世纪就用于治疗静脉曲张、褥疮和皮肤病，长期以来以药膏的形式用于各种急救处理。50％酒精提取物0.25％对真皮细胞的增殖促进率为183％，10μg/mL对成纤维细胞增殖的促进率为77％，1％对胶原蛋白的生成促进率为28.9％，结合它优秀的抗氧化性，因此可增强皮肤的活性，用于抗衰抗老类化妆品；金盏花水煮提取物浓度在1.0％时对大肠杆菌和金黄色葡萄球菌的杀灭率为97.7％和97.9％，可用作抗菌剂；提取物还可用作抗炎剂、保湿剂、紧肤剂和减肥剂，对各种皮肤病如外伤、皮疹、皮肤破裂、皮肤感染以及晒斑等均有明显作用。

16. 可可

可可树（*Theobroma cacao*）和大花可可树（*T. grandiflorum*）为梧桐科植物可可属植物，前者广泛在非洲、东南亚和拉丁美洲种植，后者主产于南美亚马逊流域，二者成分类似。化妆品主要采用它们果豆的脂和提取物。

有效成分和提取方法

可可豆中50％～60％的成分是可可脂，特征成分有可可碱和咖啡因，另含有多酚类物质如矢车菊素盐酸盐、阿魏酸、芥子酸、对香豆酸、山奈酚、咖啡酸、槲皮素、芦丁等。可可脂可将可可果豆直接压榨制取；提取物可以酒精等为溶剂，按常规方法提取，然后将提取液浓缩至干。

可可碱的结构式

在化妆品中的应用

可可脂是化妆品的优秀基础油脂。酒精提取物10μg/mL对肌芽细胞的增殖促进率为17％，水提取物20μg/mL对胶原蛋白生成的促进率为16.2％，有促进皮肤新陈代谢的作用；提取物1.0％对超氧自由基的消除率为84％，可用作抗氧化剂；在皮肤上涂敷大花可可树果的30％酒精提取物0.01％，角质层的含水量增加3倍，有保湿的作用；提取物还用作过敏抑制剂、生发促进剂和抗炎剂。

17. 灵芝

灵芝是一种药用真菌，种类很多。化妆品可采用的有紫芝（*Ganoderma sinensis*，也名中国灵芝）、赤芝（*G. lucidum*）、赤盖芝（*G. neo-japonicum*）和黑芝（*G. atrum*）子实体的提取物。灵芝有野生，但现以人工栽培为主，东亚若干国家均有种植。

有效成分和提取方法

赤芝含三萜化合物，有齐墩果酸、灵芝酸及其一系列异构体、丹芝醇A、丹芝醇B、灵芝酮二醇、灵芝酮三醇、赤芝醇F等，以灵芝酸最重要，有以此为指标来判断灵芝的优劣的；甾醇有麦角甾醇和氧化麦角甾醇等；灵芝生物碱或称灵芝总碱，内含腺苷、尿嘧啶、尿嘧啶核苷等；多糖类为灵芝多糖；其余有氨基酸、甘露醇、香豆精等成分。其他灵芝也有灵芝酸、麦角甾醇等的存在。《中国药典》仅对齐墩果酸作为含量检测的成分。灵芝可以水、酒精等为溶剂，按常规方法加热提取，然后将提取液浓缩至干。如赤芝以50％酒精为溶剂回流提取，得率约为4％。

在化妆品中的应用

赤芝提取物10μg/mL对胶原蛋白的生成促进率为20％，对脑酰胺的生成促进率为25％，增强了皮肤细胞新陈代谢，结合它的抗氧化性，有抗皱作用；赤芝提取物1.0％对芳香化酶的活化促进率为54.6％，表示局部提高了雌激素的水平，在皮肤范围内适当提高雌激素的水平有助于女性维持皮肤的状态，对延缓衰老有作用；0.1％赤芝50％酒精的提取物涂敷使电导增加了3.5倍，有很好的保湿性；提取物还可用作高效皮肤抗过敏剂、抗氧化剂、皮肤美白剂、生发剂和抗炎剂。

18. 魁蒿

魁蒿（*Artemisia princes*）为菊科蒿属植物魁蒿的全草，分布于我国大部省区。同属植物南木蒿（*A. Abrotanum*）主产于欧洲，山地蒿（*A. montana*）主产于日本，伞形花序蒿（*A. umbelliformis*）主产于南欧，它们与魁蒿性质相似，化妆品均采用它们叶的提取物。

有效成分和提取方法

魁蒿叶含挥发油0.45％，从中鉴定出樟烯、香桧烯、β-松油醇、蒿酮、β-没药烯、β-榄香烯等成分。非挥发成分含有香豆素、二甲基马栗树皮素、脱肠草素、东莨菪素、异秦皮定、魁蒿内酯、4,5-二咖啡酰奎宁酸、黄酮类、糖苷类以及多糖化合物。其他蒿草的挥发油成分与魁蒿有细微的差别。魁蒿叶可以水、酒精等为溶剂，按常规方法提取，然后浓缩至干为膏状。干魁蒿叶以50％酒精回流提取的得率约在20％。

在化妆品中的应用

魁蒿叶50％酒精提取物0.01％对谷氨酰胺转氨酶活性的促进率为136.9％，1μg/mL对角质层细胞的增殖促进率为66.5％，12.5μg/mL对胶原蛋白生成的促进率为49％，显示提取物可增强皮肤细胞新陈代谢，有活肤和抗衰作用；南木蒿酒精提取物0.5％对神经酰胺生成的促进率为68％，对皮肤有调理作用；伞形花序蒿50％酒精提取物10μg/mL对小鼠毛发生长的促进率为58％，有促进生发作用；提取物尚可用作保湿、抗氧化剂、皮肤美白剂、皮肤活血剂和抗炎剂。

19. 雷丸

雷丸（*Omphalia lapidescens*）为白磨科脐蘑属真菌作物，主产于甘肃、四川、云南、贵州等地，化妆品采用其干燥菌核的提取物。

有效成分和提取方法

雷丸的主要成分是一种蛋白酶，称为雷丸素，也是《中国药典》规定检测的成分，含量不得小于0.6％。另含若干植物甾醇如β-谷甾醇、麦角甾醇、豆甾醇及其衍生物，三萜化合物齐墩果酸等和雷丸多糖。化妆品用雷丸提取物以水或酒精等为溶剂，按常规方法提取，最后将提取液浓缩至干。

安全性

国家食药总局将雷丸提取物作为化妆品原料，未见其外用不安全的报道。

在化妆品中的应用

雷丸是中国传统中药。雷丸酒精提取物对磷酸腺苷激活蛋白激酶活性的促进率提高一倍，对成纤维细胞增殖有相同效果，可加速皮肤新陈代谢，有活肤抗衰作用；酒精提取物1mg/mL 对 LPS 诱发前列腺素 E-2 生成的抑制率为 64.8%，可用作抗炎剂；水提取物对对DPPH 自由基的消除 IC_{50} 为 $40\mu g/mL$，可用作抗氧化剂。

20. 荔枝

荔枝（*Litchi chinensis*）为无患子科荔枝属常绿乔木果树，主要分布于我国西南及南部沿海各省区。化妆品采用其成熟的果实、果皮和籽核提取物。

有效成分和提取方法

荔枝的营养成分丰富。荔枝核种子含有挥发油、三萜皂苷、鞣质、有机酸、黄酮化合物等。荔枝核挥发油为淡黄色固体油状物，得率为 0.005%，含葎草烯、姜黄烯、别香橙烯、3-羟基丁酮等；三萜皂苷含量 1.12%，为齐墩果酸类衍生物；含丰富的有机酸，有棕榈酸 12%、油酸 27%、亚油酸 11%；黄酮化合物中多为聚合花色素成分，如矢车葡定-3-芒丁粉苷、矢车葡定-3-葡萄糖苷等。荔枝果或核碎末可以水、酒精、丙二醇、1,3-丁二醇等为溶剂，按常规方法加热回流提取，然后将提取液浓缩至干。如核碎末以酒精室温浸渍2 日，提取得率约为 2%。

在化妆品中的应用

荔枝核 40% 丁二醇提取物 1.0% 对组织蛋白酶等的活化促进率为 87%，果皮 50% 酒精提取物 $100\mu g/mL$ 对胶原蛋白生成的促进率为 76.8%，果皮甲醇提取物 3% 对弹性蛋白酶的抑制率为 60%，可增强皮肤细胞新陈代谢，结合其抗氧化性以及对胶原蛋白生成的促进，有抗皱抗衰作用；荔枝核提取物对酪氨酸酶有抑制作用，可阻止雀斑的形成和美白皮肤，果皮 50% 酒精提取物 1% 的脱糖化率提高一倍，也体现对皮肤色泽的淡化；对雄性激素分泌有一定的抑制，对因雄性激素偏高而引起的油性皮肤、脱发等有很好的防治作用；提取物对水通道蛋白、透明质酸的生成有促进，可用作保湿剂。

21. 龙眼

龙眼（*Euphoria longan*）为无患子科植物，主要分布在我国福建、台湾、广东、广西、云南、贵州、四川等地。化妆品采用的是龙眼干燥的假种皮和籽提取物，并不包括其外壳。

有效成分和提取方法

龙眼肉含丰富的含氮物，占 6.309%，其中有腺嘌呤、腺苷、尿嘧啶、胞苷、尿苷、胸腺嘧啶、次黄嘌呤核苷、鸟苷、胸苷和胆碱等，以腺苷含量最高；含有脑苷脂类成分，有大豆脑苷脂、龙眼脑苷脂、苦瓜脑苷脂Ⅰ以及商陆脑苷脂等；含有多酚类物质，主要为没食子酸、鞣花单宁、鞣花酸等；也含有皂苷类化合物，此成分的结构与人参皂苷相同。

龙眼肉可用水、酒精为溶剂，按常规方法提取。一般以酒精回流提取为主，如干龙眼肉用95%酒精回流提取，得率约为7.5%。

腺苷的结构式

在化妆品中的应用

龙眼肉95%酒精提取物100μg/mL对表皮细胞的增殖促进率为89%，结合它对若干种自由基的消除作用，龙眼肉提取物有良好的活肤调理、抗衰老作用，可用于相关化妆品；龙眼肉95%酒精提取物0.01%对B-16细胞生成黑色素的促进率为70%，它可增加黑色素的含量，可用于乌发类制品；龙眼籽水的提取物0.1%对胶原蛋白酶活性的抑制率为95%，也有活肤调理、抗衰老作用。

22. 螺旋藻

螺旋藻是一类低等值物。目前全世界已知螺旋藻有50余种，但化妆品可采用的是勃那特螺旋藻（*Spirulina platensis*）和极大螺旋藻（*S. maxima*）两种全藻的提取物。勃那特螺旋藻和极大螺旋藻是生产量最大的品种，前者广布于亚洲、非洲和美洲，后者主产于中美洲。

有效成分和提取方法

螺旋藻包含很多色素，如叶黄素、胡萝卜素、玉米黄素、β-隐黄素等；含丰富的不饱和脂肪酸，有γ-亚麻酸、亚油酸、十八碳四烯酸、二十碳五烯酸、二十二碳六烯酸及花生四烯酸，另有多种维生素。干螺旋藻可以水、酒精等为溶剂，按常规方法提取，然后将提取液浓缩至干。如勃那特螺旋藻以水提取，得率为13.2%；用酒精回流提取，得率为12.0%。

在化妆品中的应用

细胞培养中勃那特螺旋藻酒精提取物0.5%对腺嘌呤核苷三磷酸生成的促进率为18%，三磷酸腺苷是细胞内的一种高能化合物，它的存在为细胞活动提供能量，因此提取物可用作活肤调理剂；提取物还可用化抗氧化剂、抗菌剂和保湿剂。

23. 落地生根

落地生根（*Kalanchoe pinnata*）为景天科植物草本植物。落地生根广泛分布于我国东南各地，在非洲的尼日利亚和马达加斯加也有见。化妆品主要采用其叶提取物。

有效成分和提取方法

落地生根叶含特征成分落地生根甾醇、落地生根酮、落地生根烯酮、落地生根醇等。黄酮化合物有槲皮素、山奈酚及其多个糖苷；酚酸化合物有阿魏酸、丁香酸、咖啡酸、对羟基苯甲酸等；三萜皂苷有α-香树精和β-香树精、蒲公英甾醇等；全草还含有β-谷甾醇。落地生根叶可以水、酒精等为溶剂，按常规方法提取，然后浓缩至干为膏状。

落地生根叶 50％酒精提取物对自由基 DPPH 的消除 IC_{50} 为 $1.32\mu g/mL$，抗氧化作用强烈；水提取物 0.05％对Ⅰ型胶原蛋白生成的促进率提高 7 倍多，有很好的活肤抗衰作用；水提取物 0.01％对金属蛋白酶-1 活性的抑制率为 52.5％，对角叉菜致大鼠足趾肿胀也有抑制，具消炎作用，可用作抗炎剂；提取物尚有抗菌、调理和减肥作用。

24. 密罗木

密罗木（*Myrothamnus flabellifolia*）为折扇叶科密罗木属小型灌木，原产于南非。化妆品采用其叶/茎的提取物。

有效成分和提取方法 ┃---

密罗木叶有高含量的酚类物质，以黄酮化合物为主，如儿茶素、表儿茶素、棓酰表儿茶素及其衍生物，另有花青素、鞣质、熊果苷等，还含有高水平的多糖类。提取物可以水、酒精等为溶剂，按常规方法提取，最后将提取液浓缩至干。

在化妆品中的应用 ┃---

密罗木叶 40％丙二醇提取物 $20\mu g/mL$ 对 LEA 蛋白生成的促进率为 57.3％，LEA 蛋白具高亲水性，提取物有强烈保湿功能；50％酒精提取物 0.0011％对 ATP（三磷酸腺苷）生成的促进率为 38％，40％丙二醇提取物 $20\mu g/mL$ 对角质层细胞增殖的促进率为 48％，可用作皮肤细胞激活剂，有抗衰抗皱作用。

25. 蘑菇

双孢蘑菇（*Agaricus bisporus*）、拨拉氏蘑菇（*A. blazei*）和平地蘑菇（*Psalliota campestris*）均为蘑菇科蘑菇属菌类。双孢蘑菇又名松茸蘑；拨拉氏蘑菇又名巴西蘑菇和姬松茸，姬松茸是其日本的商品名，平地蘑菇即常见的蘑菇。此三者均已在国内外规模培植，有效成分相似。化妆品采用其子实体提取物。

有效成分和提取方法 ┃---

拨拉氏蘑菇蛋白质含量高达 40％～45％，含有多种甾体类成分如酵母甾醇、麦角甾醇衍生物等。双孢蘑菇和拨拉氏蘑菇可以水、酒精为溶剂，按常规方法提取，然后浓缩至干为膏状。以拨拉氏蘑菇为例，水提取的得率为 16％，50％酒精提取的得率为 14％，95％酒精提取的得率为 11％。

酵母甾醇的结构式

拨拉氏蘑菇提取物 0.01％对表皮细胞的增殖率为 64％，对层粘连蛋白的生成也有促进作用；0.02％时对弹性蛋白酶的抑制率为 76.2％，说明该提取物可增强皮肤细胞新陈代谢，有活肤抗衰作用；提取物可抑制前列腺素 E-2 的生成，有抗炎作用；提取物还可用作保湿调理剂和皮肤美白剂。

26. 牛膝

牛膝（*Achyranthes bidentata*）为苋科多年生草本植物，牛膝主产于我国河南。同科植物川牛膝（*Cyathula officinalis*）原产于川贵地区，两者相似。化妆品采用它们干燥根的提取物。

有效成分和提取方法 |

牛膝含甾体类化合物，有蜕皮激素和植物甾醇，蜕皮激素包括羟基促蜕皮甾酮和牛膝甾酮，β-蜕皮甾酮是《中国药典》需要检测含量的成分；另有三萜皂苷，一为齐墩果酸的若干糖苷，另一为竹节参皂苷；牛膝还含有怀牛膝多糖。牛膝和川牛膝可以水、酒精或酒精水溶液等为溶剂，按常规方法提取，最后减压浓缩得膏状产物。

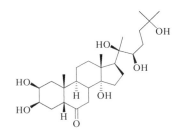

β-蜕皮甾酮的结构式

安全性 |

国家食药总局和 CTFA 都将牛膝提取物列为化妆品原料，国家食药总局还将川牛膝提取物列为化妆品原料，未见它们外用不安全的报道。

在化妆品中的应用 |

牛膝提取物 0.1％对组织蛋白酶活性的促进率为 48％，显示可增强皮肤细胞新陈代谢，结合其对自由基的消除，有抗衰调理作用；提取物还可用作皮肤美白剂、护发剂、抗炎剂和抗菌剂。

27. 欧洲水青冈

欧洲水青冈（*Fagus sylvatica*）为壳斗科水青冈属植物。欧洲水青冈又称山毛榉，主要分布在西欧、中欧和亚洲西部等国。化妆品主要采用其树皮、籽和芽的提取物。

有效成分和提取方法 |

欧洲水青冈树皮主要含（2R,3R)-(＋)-蚊母树苷和（2S,3S)-(－)-蚊母树苷，另有若干已知结构的黄酮化合物如花旗松素-3-木糖苷、松柏苷、异松柏苷、儿茶素和丁香苷等，并有类胡萝卜素成分存在。欧洲水青冈树皮可以水、酒精等为溶剂，按常规方法提取，然后浓缩至干为膏状。

在化妆品中的应用

欧洲水青冈树皮 50％酒精提取物 0.1％对Ⅳ型胶原蛋白的生成促进率为 16.2％，对Ⅶ型胶原蛋白的生成促进率为 38.3％，水提取物 40μg/mL 对角质层细胞增殖促进率为 40％，有活肤作用，结合它的抗氧化性，可用于抗氧化和抗衰化妆品；树皮水提取物 0.2mg/mL 涂敷皮肤，角质层的含水量提高 30％，有保湿作用。

28. 千屈菜

千屈菜（*Lythrum salicaria*）为千屈菜科千屈菜属草本植物，广布于西亚、欧洲和北非，我国主产于湖南和贵州。化妆品采用其干燥全草的提取物。

有效成分和提取方法

全草主含千屈菜苷和鞣质，鞣质主要为没食子酸鞣质。尚有黄酮化合物如牡荆素、荭草素、异荭草素等；酚酸有绿原酸、没食子酸、并没食子酸。千屈菜可以水、酒精等为溶剂，按常规方法回流提取，然后浓缩至干为膏状。

在化妆品中的应用

千屈菜 50％酒精提取物 0.21％对弹性蛋白酶活性的抑制率为 55.2％，水提取物 1％对Ⅰ型胶原蛋白生成的促进率为 96.6％，可减缓弹性蛋白纤维的降解，维持皮肤弹性，结合其抗氧化性，可用于抗衰化妆品；水提取物 100μg/mL 对酪氨酸酶活性的抑制率为 84.8％，可用作皮肤美白剂；提取物还可用作抗菌剂、抗氧化剂、减肥剂和抗炎剂。

29. 青秆竹

青秆竹（*Bambusa tuldoides*）、青皮竹（*B. textilis*）和大头典竹（*Sinocalamus beecheyanus*）为禾本科植物，主产于广东、海南。化妆品采用的是它们茎秆的干燥中间层（可统称为竹茹）的提取物。

有效成分和提取方法

竹茹中含有丰富的皂苷类化合物木栓酮、木栓醇、羽扇豆烯酮、羽扇豆烯醇、香树脂醇等五环三萜类化合物。另外的成分为 2,5-二甲氧基-*p*-苯醌、*p*-羟基苯甲醛、丁香醛和黄酮糖苷和香豆素内酯。竹茹可采用水、酒精为溶剂，按常规方法提取，最后浓缩为粉状制品。一般提取溶剂为 50％的酒精，提取得率在 2％左右。

木栓酮的结构式

安全性

国家食药总局将青秆竹和大头典竹的竹茹作为化妆品原料，未见竹茹提取物外用不安全的报道。

在化妆品中的应用

　　竹茹提取物中的黄酮化合物等成分 $0.5\mu g/mL$ 对皮肤细胞增殖促进率为 53.2%，并可增强皮肤细胞的抗氧化能力，竹茹提取物可作为延缓皮肤衰老的活性物应用到护肤用品中；竹茹提取物 $0.5mg/mL$ 对脂联素生成的抑制率为 53%，脂联素是一种人体内脂肪细胞激素，对它的抑制可减少和控制体内脂肪的积累，可用于减肥类化妆品；提取物 $100\mu g/mL$ 对白介素-6 生成的抑制率为 63.1%，有抗炎作用；提取物还有调理作用。

30. 箬竹

　　千岛箬竹（*Sasa kurilensis*）、维氏熊竹（*S. veitchii*）和奎尔帕特赤竹（*S. quelpaertensis*）为禾本科竹属多年生草本植物，维氏熊竹也称维氏箬竹。它们主产于日本和中国。化妆品主要采用其叶/全草的提取物。

有效成分和提取方法

　　千岛箬竹叶已知的成分主要是黄酮化合物，是以小麦黄素为苷元的若干葡萄糖的糖苷，苷元与葡萄糖之间以碳碳键连接。提取物可以水、酒精等为溶剂，按常规方法提取，然后将提取液浓缩至干。如维氏熊竹用 50% 酒精提取，得率为 0.81%。

在化妆品中的应用

　　千岛箬竹 50% 酒精提取物 0.5% 对 I 型胶原蛋白生成的促进率为 48.9%，0.25% 对真皮纤维芽细胞的增殖促进率为 19%，对皮层细胞的活性有很好的促进，有活肤作用，结合其对自由基 DPPH 的高消除，可用于抗衰抗皱化妆品；奎尔帕特赤竹 70% 酒精提取物 1% 涂敷对角质层含水量的促进率为 19.9%，有保湿作用；奎尔帕特赤竹 70% 酒精提取物 $100\mu g/mL$ 对 B-16 黑色素细胞生成黑色素的抑制率为 61.6%，可用作皮肤美白剂；提取物还有抗菌和抗炎作用。

31. 神香草

　　神香草（*Hyssopus officinalis*）是唇形科神香草属多年生草本植物。原产于欧洲，在欧洲作香味蔬菜用；我国新疆也有种植。化妆品采用其全草提取物。

有效成分和提取方法

　　神香草全株含芳香油，成分有桉油酚、β-蒎烯、松香芹酮、莰烯、异莰烯、桧烯、乙酸龙脑酯等，非挥发成分有酚酸类如咖啡酸、丹宁酸等，另有卡诺醇、卡诺醇酸、石竹酸等。可以水蒸气蒸馏法制取神香草挥发油，挥发油得率鲜时 $0.07\%\sim0.29\%$，干时 $0.3\%\sim0.9\%$。提取物可以水、酒精等为溶剂，按常规方法提取，然后浓缩至干为膏状。如干草用 50% 酒精回流提取，得率在 9.8%。

在化妆品中的应用

　　神香草 50% 酒精提取物 0.01% 对成纤维细胞增殖活性的促进率为 21.5%，提取物 0.37% 弹性蛋白酶活性的抑制率为 58.9%，有活肤抗衰作用。50% 提取物 1% 涂敷皮肤，角质层含水量增加一倍，有保湿功能；水提取物 $600\mu g/mL$ 对组胺游离释放的抑制率为 54.4%，为抗过敏剂。提取物还有抗氧化、抗炎、减肥和风味料作用。

32. 石刁柏

石刁柏（*Asparagus officinalis*）又名芦笋，为天门冬科天门冬属多年生宿根植物。原产于地中海东岸及小亚细亚，现世界各国都有栽培，以美国最多，我国多地也正大规模地发展芦笋生产。化妆品采用其根茎的提取物。

有效成分和提取方法

石刁柏含类胡萝卜素类、多种维生素等；含黄酮类化合物，主要是槲皮素、香橼素、山奈素和芦丁等；芦笋中游离氨基酸的含量相当高，种类齐全，最主要的是天门冬酰胺，含量占总量的 48％ 以上；甾体皂苷有芦笋皂苷、过氧化麦角甾醇、α-菠甾醇等。石刁柏可以水、酒精等为溶剂，按常规方法提取，然后浓缩至干为膏状。如干燥石刁柏根茎用水煮提取的得率约 17％，50％ 酒精提取的得率约 16％。

在化妆品中的应用

石刁柏 50％ 提取物对 Ⅳ 型胶原蛋白生成的促进率为 54.9％，提取物 $20\mu g/mL$ 对层粘连蛋白生成的促进率为 57.7％，提升皮肤的新陈代谢，可用于抗衰化妆品；水提取物 $500\mu g/mL$ 对脂肪酶活性的抑制率为 96.3％，有控制脂肪生成和减肥作用；50％ 酒精提取物对透明质酸生成的促进率为 31％，对干性皮肤有防治护理作用；提取物还可用作皮肤美白剂、皮肤调理剂和生发剂。

33. 蜀葵

药蜀葵（*Althaea officinalis*）和蜀葵（*Althaea rosea*）为锦葵科蜀葵属植物，主产于我国西南地区，在化妆品中，前者主要采用的是其全草、叶、根茎、愈伤组织提取物，以根提取物为主，后者采用的是其干花提取物。

有效成分和提取方法

药蜀葵主要含有黄酮类化合物，有杨梅素和槲皮素及其糖苷、金丝桃苷、木槿苷等，其余为 α-菠甾醇等植物甾醇、咖啡酸、阿魏酸、水杨酸、胡萝卜苷等。蜀葵花所含黄酮类化合物为金丝桃苷、紫云英苷等，另有银椴苷、茴香酸、肉桂酸、香豆酸、阿魏酸、β-谷甾醇、胡萝卜苷等成分。其中金丝桃苷是蜀葵花《中国药典》规定检测含量的成分，金丝桃苷的含量在 0.5％ 以上。药蜀葵和蜀葵可采用水、酒精或其他有机溶剂提取，一般以酒精提取的常见。最后浓缩为粉剂。如蜀葵干花以 10 倍量的酒精室温浸渍 1 日，将浸渍液浓缩至干，得率约为 6％。

在化妆品中的应用

药蜀葵提取物因富含黄酮类化合物，对紫外线有很好的防护作用，可作为防晒剂用于化妆品。药蜀葵根 50％ 酒精提取物 1％ 对脱糖化作用的促进率为 87％，可抑制皮肤黑色素的生成，有美白作用。药蜀葵酒精提取物 1％ 对 Ⅰ 型胶原蛋白生成的促进率为 21.1％，蜀葵花酒精提取物 $100\mu g/mL$ 对谷胱甘肽生成的促进率为 12％，显示提取物都可增强皮肤细胞新陈代谢，有抗衰调理作用；药蜀葵根 50％ 酒精提取物 1％ 涂敷皮肤，可使角质层含水量提高 3 倍多，具优秀的保湿能力。提取物还有抗氧化、抗炎和抗菌的作用。

34. 睡菜

睡菜（*Menyanthes trifoliate*）为龙胆科睡菜属草本植物，在亚洲、欧洲和北美洲的沼泽、浅水地区均有分布，我国较集中地见于东北、云南、四川、贵州等地。化妆品采用其叶的提取物。

有效成分和提取方法

叶含特征成分睡菜苦苷约 1%；并含生物碱 0.035%，从中分出龙胆宁碱、龙胆次碱、欧龙胆碱、西藏龙胆碱；另有咖啡酸、阿魏酸、三叶豆苷、芸香苷、金丝桃苷、α-菠菜甾醇、7-豆甾烯醇、当药苷、东莨菪素等。睡菜可以水、酒精等为溶剂，按常规方法提取，然后浓缩至干为膏状。

在化妆品中的应用

睡菜叶水提取物 5.0μg/mL 对纤维芽细胞增殖促进率为 28%，有活肤作用，可用于抗衰调理化妆品；提取物还有抗菌和抗炎的作用。

35. 甜菜

甜菜（*Beta vulgaris*）为藜科甜菜属两年生作物。世界甜菜产区在东欧平原和西北欧地区，中国的甜菜主产区在东北、西北和华北。栽培品种有 4 个变种：糖用甜菜、叶用甜菜、根用甜菜、饲用甜菜。化妆品一般采用根用甜菜根的提取物。

有效成分和提取方法

甜菜根含糖 10%～18%，为制绵白糖主要原料。除有特征成分甜菜红素和甜菜黄素、甜菜碱外，另有若干酚酸化合物如没食子酸、对羟基苯甲酸、原儿茶酸、丁香酸、香草酸、绿原酸、咖啡酸、香豆酸、阿魏酸等。甜菜根可以水、酒精等为溶剂，按常规方法提取，然后浓缩至干为膏状。如甜菜干根粉以 99.5% 酒精提取，提取得率约为 7%。

在化妆品中的应用

甜菜根酒精提取物 0.1mg/mL 对谷胱甘肽生成的促进率为 32%，谷胱甘肽在生物体内有十分重要的生理功能，因而有活肤作用，结合它清除自由基的能力，甜菜提取物有很好的抗衰性能。根酒精提取物 0.05% 对过氧化物酶激活受体（PPAR-δ）的活化促进率为 80%，显示具有抗炎和皮肤愈伤作用。

36. 土丁桂

土丁桂（*Evolvulus alsinoides*）为旋花科土丁桂属植物，分布在热带东非、印度、中南半岛以及中国大陆的长江以南等地。化妆品采有其花期全草提取物。

有效成分和提取方法

土丁桂全草含生物碱如旋花碱、肇花胺、旋花叶素、甜菜碱等，另含黄酮苷、酚类酸、糖类、β-谷甾醇等。土丁桂可以水、酒精等为溶剂，按常规方法提取，然后浓缩至干为膏状。

在化妆品中的应用

土丁桂 50% 酒精提取物 0.25% 可提升雌激素水平 25.4%，可使更多的雄激素转变为雌激素，对某些女性因雌激素分泌不足而引起的皮肤枯燥、弹性下降等都有防治作用，有抗衰作用；提取物也可用作抗氧化剂和皮肤红血丝防治剂。

37. 西洋参

西洋参（*Panax quinquefolium*）系五加科人参属植物，又名花旗参，原产于美国和加拿大，在我国主要引种于东北三省。西洋参的根、茎叶、果、芦头和花均有药用，化妆品主要采用其干燥根提取物。

有效成分和提取方法 ┃--

西洋参中主要活性成分为人参皂苷，有人参皂苷、西洋参皂苷、绞股蓝苷、拟人参皂苷 F11 等，而拟人参皂苷 F11 等是《中国药典》规定检测的成分；甾族化合物有胡萝卜苷、豆甾烯酸和豆甾-3,5-二烯-7-酮等；西洋参中糖类比例较高，总量达 68.2%～74.3%，有人参三糖等；含 17 种以上氨基酸，其中包括 7 种人体必需氨基酸，以精氨酸含量最高。西洋参可以水、酒精等为溶剂，按常规方法提取。用甲醇提取的得率在 10% 以上。

拟人参皂苷 F11 的结构式

在化妆品中的应用 ┃--

西洋参甲醇提取物 2.5μg/mL 对弹性蛋白生成的促进率为 19%，60% 酒精提取物对超氧自由基的消除率为 41%，可用于抗衰防皱的化妆品；提取物有很好的持水能力，可用作化妆品的保湿剂。

38. 线状阿司巴拉妥

线状阿司巴拉妥（*Aspalathus linearis*）为豆科灌木，俗称博士茶，主产于南非。化妆品采用其全草提取物。

有效成分和提取方法 ┃--

博士茶中富含黄酮化合物，主要有槲皮素、异槲皮素、木犀草素、芦丁以及博士茶中特有黄酮化合物阿司巴汀。虽为茶，但与中国茶不同的是，博士茶中咖啡因和丹宁酸含量低。博士茶可以水、酒精等为溶剂，按常规方法提取，然后浓缩至干为膏状。如干博士茶加水在 80℃ 时浸渍，提取得率约 19.8%。

在化妆品中的应用

博士茶 50％丁二醇提取物 $10\mu g/mL$ 对表皮细胞增殖的促进率提高一倍，$4\mu g/mL$ 对成纤维细胞增殖的促进率为 24％，可增强细胞的活性，有活肤抗衰作用。博士茶 50％酒精提取物 $12.5\mu g/mL$ 对水通道蛋白 3 生成的促进率为 32.8％，有利于表皮水分的保持，有保湿作用。水提取物有抗菌性，对糠秕马拉色菌有抑制，可用于祛头屑制品。提取物还有促进生发和减肥的作用。

39. 香桃木

香桃木（*Myrtus communis*）是桃金娘科香桃木属常绿大灌木或小乔木，原产于地中海地区和中东，目前我国长江以南大部分地区和新疆已有栽植。化妆品主要采用其叶的提取物。

有效成分和提取方法

香桃木叶中主要精油成分是 α-蒎烯、1,8-桉叶油素、柠檬烯、芳樟醇、反式桃金娘烷酯等，但不同地区产的香桃木精油含量和成分有差异。非挥发成分主要是黄酮化合物如杨梅黄素及其若干的糖苷，另有酚酸类成分的存在。可以水蒸气蒸馏法制取香桃木叶挥发油，提取物可以水、酒精等为溶剂，按常规方法提取，然后浓缩至干为膏状。如其干叶用甲醇提取，得率约为 20％。

在化妆品中的应用

香桃木叶水提取物 1.0％对胶原蛋白生成的促进率提高 2.5 倍，对成纤维细胞增殖的促进率为 36％，有活肤作用，可用于抗衰护肤品。叶的甲醇提取物对自由基 DPPH 的消除 IC_{50} 为 $9.54\mu g/mL$，叶的热水提取物 $0.4mg/mL$ 对羟基自由基的消除率为 33％，可用作抗氧化剂。提取物另可用作抗菌剂和驱虫剂。

40. 杏

杏（*Prunus armeniaca*）为蔷薇科植物杏树的果实。杏树原产于我国，除我国南部沿海及台湾地区外，大多数省区皆有种植，野生种和栽培品种资源都非常丰富。遍植于中亚、东南亚及南欧和北非的部分地区。化妆品采用其果、果仁和叶的提取物，以果仁提取物为主。

有效成分和提取方法

杏果实营养价值极高，含苦杏仁苷约 3％、脂肪油（苦杏仁油）约 50％，并含苦杏仁酶、苦杏仁苷酶、樱叶酶、醇腈酶等，以及可溶性蛋白质、矿物质元素、维生素 A、维生素 E、维生素 B、3,4-二羟基苦杏仁酸和氨基酸等，其中的钙、铁、钾、镁、磷、锌、硒等微量元素是人体健康和生命代谢所必需的。苦杏仁苷是《中国药典》规定检测含量的成分。

苦杏仁油从杏仁提取，其中含有大量的不饱和脂肪酸，属于不干性油，在 $-10℃$ 时仍保持澄清，$-20℃$ 时才能凝固，主要成分由油酸和亚油酸的甘油酯构成，占 90％以上。杏仁提取物可以水、酒精、丙二醇、1,3-丁二醇等为溶剂，按常规方法提取，然后将提取液浓缩至干。如以 30％酒精为溶剂提取的话，得率约为 5％。

在化妆品中的应用

苦杏仁油是化妆品常用的油性原料，天然润滑性好，能迅速被皮肤吸收，无油腻感，适合用作化妆品的护肤原料。杏仁酒精提取物 $10\mu g/mL$ 对神经酰胺生成的促进率为 37%、0.005% 对胶原蛋白生成的促进率为 21.1%，$5\mu g/mL$ 对三磷酸腺苷生成的促进率为 10.8%，表明提取物有良好的活肤、抗皱和抗衰性能，可用于因干性皮肤而引起的皮肤老化；涂敷杏仁 50% 酒精提取物 0.01%，可使角质层的含水量提高三倍，可用作保湿剂。杏仁提取物还有抗炎、皮肤美白和促进生发的作用。

41. 雪莲花

雪莲花（*Saussurea involucrata*）是菊科植物凤毛菊属多年生草本植物，主要分布在我国新疆、青藏高原和云贵高原一带，以新疆天山为多。化妆品主要采用其干燥全草、愈伤组织的提取物。

有效成分和提取方法 |--

雪莲花含黄酮及黄酮苷类，包括芹菜素、山奈素、金合欢素、木犀素、槲皮素、芦丁等 18 余种化合物，以槲皮素为主；另有生物碱如乌头碱、二氢木香内酯、绿原酸等。而《中国药典》仅将绿原酸作为检测含量的成分之一。雪莲花可以水、酒精等为溶剂，按常规方法加热提取，然后浓缩至干。如以水为溶剂提取的得率约为 18%，50% 酒精水溶液提取的得率约为 11%，酒精提取的得率约为 8%。

绿原酸的结构式

在化妆品中的应用 |--

雪莲花水提取物 $200\mu g/mL$ 对胶原蛋白生成促进率为 60.3%、50% 酒精提取物 $0.5mg/mL$ 对弹性蛋白生成促进率为 22.3%，以及对谷胱甘肽生成的促进，可用作抗衰活肤添加剂；雪莲花 50% 酒精提取物 1.0% 对酪氨酸酶的抑制率 91.1%，可用于美白类化妆品；提取物还可用于保湿、抗氧和消炎。

42. 岩蔷薇

岩蔷薇（*Cistus labdaniferus*）又名赖百当，半日花科香料植物，与同科植物聚缬岩蔷薇（*C. monspeliensis*）和灰白岩蔷薇（*C. Incanus*）都主要产于地中海沿岸各国，三者中以岩蔷薇用处最大，我国江苏、浙江等地引种了岩蔷薇。化妆品采用它们全草等提取物。

有效成分和提取方法 |--

岩蔷薇香气成分丰富复杂，主要有岩蔷薇醇、异薄荷酮、松油醇等，其余有 α-异佛尔酮、氧化芳樟醇、苯甲醛、松莰酮、菠萝酮、安息香酸乙酯等。不挥发物尚不明。岩蔷薇可以水蒸气蒸馏法制取挥发油。提取物可以水、酒精等为溶剂，按常规方法提取，然后浓缩至干为浸膏状。如聚缬岩蔷薇干叶以甲醇提取的得率约为 25%。

在化妆品中的应用 ┃ -

　　岩蔷薇油是应用广泛的香料。聚缬岩蔷薇酒精提取物 $30\mu g/mL$ 对 ATP（三磷酸腺苷）生成的促进率为 24.7%，对细胞增殖的促进率为 32.7%，ATP 是细胞增殖、代谢、修复的动力源，有活肤作用，可用于抗衰化妆品；灰白岩蔷薇提取物 $20\mu g/mL$ 对透明质酸酶的抑制率为 99.2%，可有效抑制透明质酸的分解，有皮肤保湿作用。岩蔷薇提取物有抗菌作用。

43. 阳桃

　　阳桃（*Averrhoa carambola*）为酢浆草科阳桃属植物，主产于菲律宾、马来西亚、印度尼西亚等地，也分布在我国东南部及云南。化妆品可采用阳桃果和叶的提取物。

有效成分和提取方法 ┃ -

　　阳桃果实含挥发性成分，另含胡萝卜素类化合物如六氢番茄烃、β-胡萝卜素、ζ-胡萝卜素、β-隐黄素、玉米黄素、β-阿朴-$8'$-胡萝卜醛、β-隐黄质、叶黄素和隐色素等。尚含亚油酸、γ-十二碳内酯、十六碳酸等；并槲皮素鼠李苷、草酸、枸橼酸、苹果酸等。阳桃果和叶的提取物可以水、酒精等为溶剂，按常规方法提取，然后浓缩至干为膏状。如干燥阳桃叶用热水浸渍，提取得率约为 25%；50%酒精提取的得率为 23%。

在化妆品中的应用 ┃ -

　　阳桃叶丁二醇提取物对脱糖化作用的促进率为 22%，酒精提取物对胶原蛋白酶的 IC_{50} 为 $198\mu g/mL$，对弹性蛋白酶的 IC_{50} 为 $174\mu g/mL$，作用显示提取物可改善皮肤老化状态、增强皮肤弹性，有抗皱抗衰作用。叶的水提取物对 5α-还原酶的 IC_{50} 为 $587\mu g/mL$，有促进生发和防治脱发作用。提取物尚可用作保湿剂、抗氧化剂、抗炎剂、过敏缓解剂和粉刺防治剂。

44. 玉竹

　　玉竹（Polygonatum odoratum）为百合科黄精属植物。产于我国东北者称"关玉竹"，产于江苏者称"东玉竹"，产于安徽者称"南玉竹"，产于湖南者称"湘玉竹"，尤以湘玉竹最为出名。化妆品采用它干燥根茎的提取物。

有效成分和提取方法 ┃ -

　　甾体皂苷被认为是玉竹的有效成分之一，主要有黄精螺甾醇、黄精螺甾醇苷、铃兰苦苷、铃兰苷等；多糖类化合物为玉竹的另一主要活性成分，主要有玉竹黏多糖和玉竹果聚糖组成；另有山柰酚阿拉伯糖苷、白屈菜酸等成分。玉竹根可以水、酒精等为溶剂，按常规方法加热提取，然后将提取液浓缩至干。如用 95%酒精提取的话，得率为 2.5%。

黄精螺甾醇的结构式（$R^1 = H$；$R^2 = OH$）

玉竹 30％丁二醇提取物 2.5％对纤维芽细胞增殖的促进率为 47.7％，可用于调理抗衰化妆品；玉竹水提取物对 B-16 黑色素细胞生成黑色素的抑制率为 28％，同时也能抑制黑色素的增殖，有美白皮肤作用。提取物还有抗氧化和防治脱发的作用。

第二节　抗皱

皱纹是皮肤衰老的重要表征之一。皱纹产生的原因有表皮角质层水分流失；真皮层内弹性蛋白酶的活化，引起弹性蛋白的过度降解；弹性蛋白纤维的再生能力减弱，以致真皮层胶原蛋白纤维和弹性蛋白纤维发生萎缩现象；真皮层胶原蛋白纤维和弹性蛋白纤维断裂。

因此给皮肤补水、增加角质层含水量、增加弹性蛋白的生成量、抑制弹性蛋白酶的活性、补加弹性蛋白成分均可有抗皱效果，但从本质而言，增加弹性蛋白的生成量、抑制弹性蛋白酶的活性是根本的方法。

1. 北美金缕梅

北美金缕梅（*Hamamelis virginiana*）为金缕梅科金缕梅属落叶小乔木，原产于北美洲，现主要分布在美国东部，也称金缕梅。金缕梅属植物变种极多，缘源复杂，但化妆品仅采用此种金缕梅花、叶或树皮提取物，以叶提取物为主。

有效成分和提取方法 ▮-------------------------------------

金缕梅的主要成分是金缕梅鞣质、单宁酸、金缕梅糖没食子酸酯等。金缕梅鞣质属没食子酸水解鞣质，在金缕梅叶茎中含量为 30％～40％。金缕梅糖没食子酸酯比金缕梅鞣质结构更复杂，为金缕梅糖的一、二、三和四没食子酸酯的混合物。金缕梅可以水、酒精、丙二醇、丁二醇等为溶剂，按常规方法回流提取，最后将提取液浓缩至干。以 95％酒精为溶剂，提取的得率约为 5％，酒精的浓度降低，提取的得率将提高。

金缕梅鞣质的结构式

在化妆品中的应用 ▮-------------------------------------

金缕梅提取物对弹性蛋白酶、过氧化氢酶活性的抑制，对芳香化酶的活化和对组织蛋白酶的活化作用显示，该提取物在抗氧化、提高皮层局部雌激素水平等方面可增强皮肤细胞新陈代谢，有抗衰作用，并可维持皮肤的弹性和抗皱；1.0％金缕梅提取物对荧光素酶的活化促进率 29.9％，荧光素酶活性低，说明皮肤易发特异性皮肤炎，因此提取物具有抗炎性；0.1％的金缕梅 50％酒精提取物涂敷皮肤后，电导率增加了 3.7 倍，有优秀的持水保湿能力；金缕梅提取物还可用于口腔清洁剂、抗氧化剂、防晒剂、过敏抑制剂、皮肤美白剂、防臭剂和减肥剂。

2. 菜豆

菜豆（*Phaseolus vulgaris*）为豆科菜豆属一年生植物，原产于中南美洲，现巴西和印度是主产国，我国南方各省有栽培，产量也大。同属相似品种可作为菜豆代用品，如乌头叶豇豆（*P. aconitifolius* 或 *Vigna aconitifolia*）主产于东印度；金甲豆（*P. lunatus*）主产于美洲和印度。化妆品主要采用它们籽的提取物。

有效成分和提取方法

菜豆籽含蛋白质 25%～30%、脂肪 1.5%～2.2%、碳水化合物 55.6%～70.3%，及大量维生素如胡萝卜素、维生素 C、维生素 B 类、叶酸，又含酚酸化合物如阿魏酸、对香豆酸、芥子酸，黄酮化合物如原花青素、槲皮素、山柰酚及其糖苷。菜豆籽的特征成分为菜豆亭，一种丙酮氢氰酸糖苷，种子中含量为 0.3%。菜豆籽可以水、酒精等为溶剂，按常规方法提取，然后浓缩至干为膏状。如菜豆籽粉以 99.5% 酒精提取，得率约为 9.8%。

菜豆亭的结构式

在化妆品中的应用

菜豆籽酒精提取物 $100 \mu g/mL$ 对谷胱甘肽生成的促进率为 31%，谷胱甘肽在生物体内有十分重要的生理功能，因而有活肤作用；水提取物 $100 \mu g/mL$ 对胶原蛋白生成的促进率提高一倍多，70% 酒精提取物对胶原蛋白生成的促进率为 8.4%，结合它清除自由基的能力，提取物有很好的抗衰抗皱调理性能。

3. 车轴草

白车轴草（*Trifolium repens*）和红车轴草（*T. pratense*）为蝶形花科车轴草属植物，白/红车轴草是一种优良牧草，原产于欧洲和北非，在我国新疆、甘肃等地有栽培。两者性能相近，化妆品采用其全草提取物。

有效成分和提取方法

全草含黄酮类化合物如异槲皮苷、染料木素及其糖苷；另有香豆雌酚、生育酚、亚麻子苷等。香豆雌酚和染料木素都有雌激素样作用。阴干全草可以水、含水酒精（30%）等为溶剂，按常规方法提取，然后浓缩至干为膏状。

香豆雌酚的结构式

白车轴草全草 30％酒精提取物在浓度 0.01％时对成纤维细胞的增殖促进率为 15.8％；5％配比在皮肤涂敷，一月后主皱纹深度减少 36.9％，有活肤抗皱作用；提取物可抑制经皮水分蒸发，0.01％涂敷后降低 42.0％。可用作保湿的皮肤调理剂，对更年期的妇女效果更好。

4. 刺梨

刺梨 (*Rosa roxburghii*) 为蔷薇科蔷薇属单瓣缫丝花的果实，产于我国的陕、甘、赣、皖等广大地区。化妆品采用此果的提取物。

有效成分和提取方法 ┃---

刺梨除含维生素 A、维生素 B、维生素 C、维生素 K 和维生素 E 多种维生素外，还含 β-谷甾醇、委陵菜酸、野雅椿酸、原儿茶酸、刺梨酸等有效成分。刺梨可以水、酒精等为溶剂，按常规方法提取，然后将提取液浓缩至干，也可榨取果汁减压浓缩后使用。

刺梨酸的结构式

在化妆品中的应用 ┃---

刺梨 50％酒精提取物 10μg/mL 对肌芽细胞的增殖促进率为 61％，1.0％对组织蛋白酶活性促进率为 84％，可增强皮肤细胞新陈代谢，结合其抗氧化性，有抗衰抗皱作用；提取物 0.04％对白介素 IL-6 生成的抑制率为 67.5％，对过氧化物酶激活受体 (PPAR) 也有活化促进作用，可用作抗炎剂；提取物还可用作抗菌剂和皮肤调理剂。

5. 袋鼠爪

袋鼠爪 (*Anigozanthos flavidus*) 为血皮草科鼠爪花属植物，原产于澳大利亚西南部，现在世界多地都有栽培种植。化妆品采用袋鼠爪全草的提取物。

有效成分和提取方法 ┃---

袋鼠爪提取物的主要有效成分是多羟基芪和白藜芦醇的二聚物、三聚物及其衍生物，另有植物甾醇、黄酮化合物等。提取物可以水、酒精等为溶剂，按常规方法提取，最后将提取液浓缩至干。

在化妆品中的应用 ┃---

袋鼠爪提取物 0.1％对胶原蛋白生成的促进率为 36％，对肌腱蛋白生成的促进率为 24％，可减轻皱纹的深度和缩短皱纹的长度，可用作抗衰抗皱添加剂，并对皮肤有调理作用。

6. 地榆

地榆 (*Sanguisorba officinalis*) 和长叶地榆 (*S. officinalis longifolia*) 属蔷薇科多年

生草本植物，全国大部地区均有分布，主产于江苏、浙江。长叶地榆又名长穗地榆（*Poterium officinale*）。化妆品主要采用它们干燥根的提取物。

有效成分和提取方法

地榆含多酚类成分有地榆苷Ⅰ、地榆苷Ⅱ、没食子酸和鞣花酸等；含皂苷地榆皂苷，其苷元为熊果酸；含黄酮类化合物 4.68%；没食子酸和鞣质的含量为 8.85%；原花青素的含量为 0.559%，还含少量维生素 A。《中国药典》仅对其中的没食子酸作含量检测的规定。地榆根可以水、酒精等为溶剂，按常规方法提取，然后将提取液浓缩至干。如以 95% 的酒精为溶剂，提取的得率为 6% 左右。

地榆苷Ⅰ的结构式

在化妆品中的应用

地榆提取物 $100\mu g/mL$ 对弹性蛋白酶的抑制率为 68.7%，0.01% 对神经酰胺生成促进率为 193.8%，可改善皮肤的柔润状态，对皮肤的老化有抑制，可在抗皱化妆品中使用；提取物 $50mg/kg$ 对老鼠足趾浮肿抑制率为 45%，0.5% 对由 LPS 诱发的 IgE 生成的抑制率为 64.0%，提取物具抗炎性，可预防皮肤的特异性皮炎；地榆提取物对超氧自由基和 DPPH 自由基有很强的消除，是有效的抗氧化剂；提取物还有抑臭、皮肤美白、促进生发和减肥作用。

7. 番石榴

番石榴（*Psidium guajava*）为桃金娘科番石榴属热带常绿小乔木或灌木，原产于热带美洲，现全球热带地区均有种植，我国华南等地有引种种植。化妆品采用番石榴叶和果的提取物。

有效成分和提取方法

番石榴叶含特征的番石榴素，为黄烷-鞣花鞣质；含黄酮化合物，有山奈素、槲皮素、卢丁、原儿茶素等；酚酸类有绿原酸、咖啡酸、阿魏酸、没食子酸；另有齐墩果酸、熊果酸、β-谷甾醇等。番石榴叶可以水、酒精、1,3-丁二醇等为溶剂，按常规方法提取，然后浓缩至干为膏状。叶以 50% 酒精提取的得率约为 20%，用水提取的得率约为 16%。

在化妆品中的应用

番石榴叶提取物 0.25% 对胶原蛋白酶活性的抑制率为 86%，0.1% 对弹性蛋白酶的抑制率为 82%，可减缓弹性蛋白和胶原蛋白纤维的降解，可维持皮肤弹性，结合其抗氧化性，可用作化妆品的抗皱抗衰剂；叶提取物 $5mg/mL$ 对透明质酸酶活性的抑制率为 24%，$10\mu g/mL$ 对环氧合酶 COX-2 活性的抑制率为 97%，有抗炎性，结合其对痤疮丙酸杆菌、金黄色葡萄球菌和表皮葡萄球菌等有抑制作用，用于痤疮类疾患的防治；提取物还可用作过敏抑制剂、生发剂和减肥剂。

8. 高山火绒草

高山火绒草（*Leontopodium alpinum*）为菊科火绒草属高山花卉植物，其花洁白美丽，又称雪绒花。原产于欧洲、亚洲和南美洲的高山地区，在我国西北山区都可以发现。化妆品采用其全草提取物。

有效成分和提取方法 ┃---

高山火绒草全草含酚酸化合物如绿原酸、阿魏酸、咖啡酸、绒花酸等，绒花酸是特征成分；有黄酮化合物木犀草素及其糖苷、大波斯菊苷和 β-谷甾醇。高山火绒草可以水、酒精等为溶剂，按常规方法提取，然后浓缩至干为膏状。

绒花酸的结构式

在化妆品中的应用 ┃---

提取物 0.2% 对弹性蛋白酶活性的抑制率为 35.5%，$280\mu g/mL$ 对内皮蛋白生成的促进率为 22%，显示提取物可减缓弹性蛋白的降解，可维持皮肤弹性，可用于抗皱化妆品；提取物 1% 对 B-16 黑色素细胞生成黑色素的抑制率为 43.7%，有美白皮肤效果；提取物还有抗氧化、抗菌和抗炎作用。

9. 槲寄生

白果槲寄生（*Viscum album*）和槲寄生（*V. coloratum*）为桑寄生科半寄生植物。槲寄生通常寄生于落叶树如榆、桦、柳、枫、杨等树上，分布在我国长江流域和以北地区；白果槲寄生主产于广西，与槲寄生性能相似，同等入药。化妆品采用其干燥带叶茎枝的提取物。

有效成分和提取方法 ┃---

槲寄生主要含三萜类化合物齐墩果酸、β-香树脂醇乙酸酯等；黄酮类化合物有特征的槲寄生新苷的若干衍生物，其余为鼠李素、高圣草素及其糖苷；另含紫丁香苷、磷脂、内消旋肌醇、土当归酸、β-谷甾醇、蛇麻脂醇、槲寄生毒素、果胶、槲寄生凝集素等，《中国药典》仅将紫丁香苷作为检测含量的成分。槲寄生可以水、酒精等为溶剂，按常规方法提取，然后将提取液浓缩至干。以水煮提取，得率可达 30%；二氧化碳超临界提取的得率约为 15%。

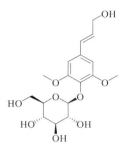

紫丁香苷的结构式

安全性

　　国家食药总局和CTFA都将白果槲寄生提取物作为化妆品原料，国家食药总局还将槲寄生提取物作为化妆品原料。口服槲寄生有毒，未见它们外用不安全的报道。

在化妆品中的应用

　　槲寄生提取物中的槲寄生凝集素是一种核糖体失活蛋白，在体内外均有细胞毒性，类似于蓖麻毒素，对弹性蛋白酶和胶原蛋白酶活性有抑制，可减少皱纹的形成，1mg/mL浓度涂敷四周后皱纹深度减少28.3%，可用于抗皱抗衰调理化妆品；提取物有抗炎性、抗氧化性，可提高皮肤免疫能力，能增强防晒性能，同时有美白皮肤的作用；提取物对指甲也有护理强化作用。

10. 鸡蛋花

　　白鸡蛋花（*Plumeria acutifolia*）和红鸡蛋花（*P. rubra*）是夹竹桃科鸡蛋花属多年生落叶小乔木，原产于南美洲，我国主要在华南等地有栽培。化妆品采用其花提取物。

有效成分和提取方法

　　白鸡蛋花的花中主要有效成分是环烯醚萜类化合物，如鸡蛋花苷及其衍生物，衍生物有咖啡酸酰鸡蛋花苷、香豆酸酰鸡蛋花苷等。鸡蛋花可以水、含水酒精等为溶剂，按常规方法提取，然后浓缩至干为膏状。风干的白鸡蛋花用50%酒精提取，得率为7%。

鸡蛋花苷的结构式

在化妆品中的应用

　　鸡蛋花是传统民间草药，白鸡蛋花酒精提取物对金黄色葡萄球菌、大肠杆菌、绿脓杆菌、黑色莆状菌和白色念珠菌的 MIC 均为 $125\mu g/mL$，有抗菌作用；水提取物对弹性蛋白酶的活性有抑制，对 TNF-α 介导的炎症反应也有遏制作用，可用作抗皱的皮肤调理剂。

11. 降香

降香（*Dalbergia odorifera*）为豆科黄檀属高大乔木，产于印度、泰国等国家，中国海南、广东、广西等地均有栽培，化妆品采用其根、树皮或心材的提取物。

有效成分和提取方法

降香含挥发油；另有黄酮类化合物，7-羟基-2,4-甲氧基黄烷酮、异甘草素、甘草素和柚皮素等，较为特征的成分是黄檀素。降香经水蒸气蒸馏可制得精油；提取物可以水、酒精等为溶剂，按常规方法加热回流提取，最后将提取液浓缩至干。

黄檀素的结构式

在化妆品中的应用

降香精油常常用作定香剂。根的甲醇提取物 $1\mu g/mL$ 对Ⅲ型胶原蛋白生成的促进率提高 1 倍、对Ⅰ型胶原蛋白生成的促进率提高 2 倍，对弹性蛋白生成的促进率为 46.6%，可避免皱纹的产生，用作抗皱剂；95% 酒精提取物 $50\mu g/mL$ 对 B-16 黑色素细胞生成黑色素的抑制率为 46.4%，有美白皮肤作用；提取物还有保湿等调理功能。

12. 锯叶棕

锯叶棕（*Serenoa serrulata*）为棕榈科锯叶棕属的一种矮小的棕榈树，主产于美国。化妆品采用其果实锯叶棕果的提取物。

有效成分和提取方法

锯叶棕果主要成分为油类物质，包括脂肪酸类和植物甾醇类。脂肪酸中以油酸为主，占 40% 以上，亚油酸在 7% 以上，其余为月桂酸和肉豆蔻酸。锯叶棕果可以水、酒精等为溶剂，按常规方法提取，然后将提取液浓缩至干。

在化妆品中的应用

锯叶棕果的酒精提取物 $1mg/mL$ 对大肠杆菌的抑制率为 100%，有抗菌性；锯叶棕果二氧化碳超临界提取物 0.75% 对成纤维细胞增殖的促进率为 27%，0.1% 对弹性蛋白生成的促进率可提高 1.9 倍，可用于抗皱制品，对妊娠纹和凹陷性瘢痕有效果；酒精提取物 $250\mu g/mL$ 对环氧合酶-1 的活性抑制率为 88.1%，显示有抗炎作用；水提取物 $0.78\mu g/mL$ 对羟基自由基的消除率为 74.7%，可用作抗氧化剂。

13. 苦瓜

苦瓜（*Momordica charantia*）为葫芦科苦瓜属植物，一般认为是原产于热带地区，但长期以来只在我国南方地区作为特殊蔬菜大量栽培。化妆品采用其果实的提取物。

有效成分和提取方法

苦瓜果含有若干结构相似的三萜皂苷苦瓜皂苷，是特征成分；富含酚酸类物质如没食子酸、对香豆酸、儿茶酸、阿魏酸、咖啡酸等；甾类成分有 β-谷甾醇、豆甾二烯醇葡萄糖苷等。苦瓜果干肉脯可以水、酒精等为溶剂，按常规方法提取，然后浓缩至干为膏状。

在化妆品中的应用

苦瓜果 50% 酒精提取物 $0.1\mu g/mL$ 对纤维芽细胞增殖的促进率为 82%，对胰蛋白酶活性的抑制率为 76.7%，有活肤和抗皱作用，结合其抗氧化性，可用于抗衰老化妆品；30% 酒精提取物 0.01% 涂敷皮肤可使经皮水分蒸发降低一半，有良好的保湿效果；沸水提取物 $0.5mg/mL$ 对小鼠毛发生长的促进率为 23.9%，可用作生发剂；提取物还可用作抗菌剂、皮肤调理剂和微血管保护剂。

14. 蜡杨梅

蜡杨梅（*Myrica cerifera*）为杨梅科杨梅属大型灌木，主产于北美洲，香杨梅主产于北欧。化妆品采用它们树皮、叶和果的提取物。

有效成分和提取方法

蜡杨梅叶含挥发油，主要成分是月桂烯、柠檬烯等。非挥发成分以三萜化合物为主，有杨梅萜二醇、蒲公英赛醇、蒲公英萜酮以及黄酮、酚酸类物质。提取物可以水、酒精等为溶剂，按常规方法提取，然后浓缩至干为膏状。如蜡杨梅干树皮以 50% 酒精提取，得率为 26.2%。

在化妆品中的应用

树皮 50% 酒精提取物对弹性蛋白酶活性的 IC_{50} 为 $192.7\mu g/mL$，$20\mu g/mL$ 对 ATP（三磷酸腺苷）生成的促进率为 10.5%，显示提取物可增加皮肤活性、减缓弹性蛋白降解而维持皮肤弹性，可用于抗皱化妆品；树皮 50% 酒精提取物对 B-16 黑色素细胞生成黑色素的抑制率为 38.5%，可用作皮肤美白剂；茎皮 50% 酒精提取物对 5α-还原酶的 IC_{50} 为 $330\mu g/mL$，$25\mu g/mL$ 对毛发毛乳头细胞的增殖促进率为 19.7%，可用作生发剂；提取物还有抗炎作用。

15. 路路通

路路通（*Liquidambar formosana*）是金缕梅科植物枫香树的干燥成熟果实。枫香树主要分布在我国中原地区。枫香树的树皮、叶、树脂、根和果实均可入药，化妆品主要采用其果和叶的提取物。同属植物胶皮枫香树（*L. styraciflua*）树脂提取的精油用作香料。

有效成分和提取方法

路路通主要成分是三萜皂苷类化合物，有路路通酸、齐墩果酸、熊果酸、桦木酮酸等，路路通酸是《中国药典》规定检测含量的成分；另有植物甾醇如 β-谷甾醇、胡萝卜苷等；酚酸类成分为没食子酸。路路通提取物可以水、酒精等为溶剂，按常规方法加热回流提取，最后将提取液浓缩至干。如路路通用 50% 酒精室温浸提，得率约为 10%。

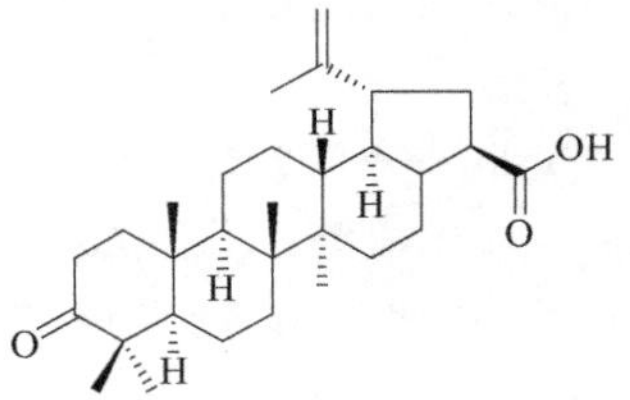

路路通酸的结构式

安全性

国家食药总局和 CTFA 都将胶皮枫香树提取物作为化妆品原料，国家食药总局还将路路通列入，未见它们外用不安全的报道。

在化妆品中的应用

路路通 95％酒精提取物 0.02％对多巴氧化酶活性的抑制率为 40.9％，显示有皮肤美白作用，而水提取物 0.02％对多巴氧化酶活性的促进率为 7.8％，有增黑作用；路路通叶 50％酒精提取物对类胰蛋白酶的 IC_{50} 为 31.1μg/mL，类胰蛋白酶对弹性蛋白有降解作用，而皮层内的肥大细胞、巨噬细胞会释放类胰蛋白酶，因此路路通提取物对类胰蛋白酶的抑制，即是对皮层弹性蛋白纤维的保护，从而避免皱纹的产生。提取物还可用作抗菌剂和抗氧化剂。

16. 毛叶香茶菜

毛叶香茶菜（*Isodon japonicus*）为唇形科香茶菜属草本植物，简称香茶菜，在我国各地均有分布。香茶菜在我国有许多变种，但化妆品可用的仅此品种干燥全草的提取物。

有效成分和提取方法

香茶菜含二萜化合物如香茶菜苦素、香茶菜醛等，香茶菜苦素是毛叶香茶菜的主要活性成分；含植物甾醇 β-谷甾醇；含三萜皂苷成分是熊果酸等；黄酮类化合物为藿香苷。香茶菜可以水、酒精等为溶剂，按常规方法提取，然后浓缩至干为膏状。如干毛叶香茶菜用水提取，得率为 19.8％。

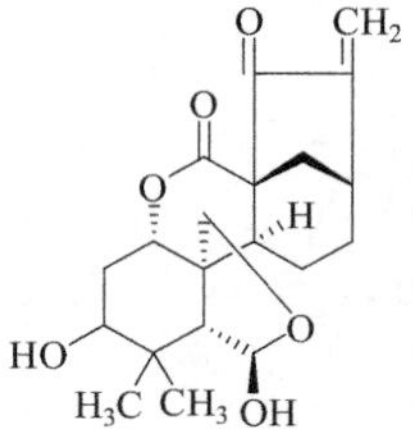

香茶菜苦素的结构式

在化妆品中的应用

香茶菜 50％丁二醇提取物 50μg/mL 在成纤维细胞培养中对胶原蛋白生成的促进率提高一倍以上，提取物 0.5％涂敷减少主皱纹深度 38.5％，可用于抗皱产品；50％酒精提取物 0.01％对 5α-还原酶活性的抑制率为 45％，水提取物 0.1％对大鼠毛发毛囊细胞增殖的促进率为 80％，可用作生发促进剂；提取物还有抑制体臭、抗氧化、防晒、抑制过敏和调理皮肤等作用。

17. 木鳖

木鳖（*Momordica cochinchinensis*）为葫芦科苦瓜属草本植物，产于中国广东、广西、台湾等地，也产于越南以及周边国家，木鳖果是一水果，化妆品采用其籽提取物。

有效成分和提取方法

木鳖籽油中含有 34％不饱和脂肪酸，主要是亚油酸；含有类胡萝卜素成分，为 β-胡萝卜素和番茄红素；另有 α-维生素 E。木鳖籽油由冷榨法制取，提取物可以水、酒精等为溶剂，按常规方法提取，然后将提取液浓缩至干。如甲醇提取的得率为 16.8％。

在化妆品中的应用

木鳖籽油 0.1％对含氧自由基的消除能力相当于相同浓度 β-胡萝卜素的 1.83 倍，可用作抗氧化剂；甲醇提取物 $10\mu g/mL$ 对胶原蛋白生成的促进率为 75.5％，对胶原蛋白酶活性的抑制率为 44.4％，有活肤抗皱作用；50％酒精 10％涂敷对阿托品引起的皮肤炎症的抑制率为 47.2％，有护肤消炎功能；提取物还有美白皮肤的作用。

18. 南美苋

南美苋（*Pfaffia Paniculata*）也称巴西人参，为苋科植物法菲亚属植物，原产地为南美洲，主产于巴西，我国在广西有引种。化妆品采用其全草的提取物。

有效成分和提取方法

南美苋根已知的主要成分是甾酮化合物，有蜕皮激素、20,22-异丙亚二氧基-β-蜕皮激素等，含超过其干重 11％的皂苷如珐菲亚苷、珐菲亚酸等，另有尿囊素、脑苷。南美苋根可以水、酒精等为溶剂，按常规方法提取，然后浓缩至干为膏状。

在化妆品中的应用

南美苋根 50％酒精提取物 $10\mu g/mL$ 对肌芽细胞增殖的促进率为 23％，沸水提取物 $100\mu g/mL$ 对胶原蛋白的生成促进率提高 1.5 倍，可用于抗衰抗皱化妆品；60％酒精提取物 $20\mu g/mL$ 对血管内皮生长因子的促进率为 65.6％，可增殖毛囊细胞和促进头发生长，用于生发制品；在 UVB $100mJ/cm^2$ 的照射下南美苋根 50％酒精提取物对表皮角质层细胞凋亡的抑制率为 27％，可用作防晒剂。

19. 山麦冬

山麦冬（*Liriope spicata prolifera*）和阔叶山麦冬（*L. muscari*）为百合科山麦冬属植物，产于我国湖北、陕西等地。这两种山麦冬可以互用，化妆品采用它们全草的提取物。

有效成分和提取方法

山麦冬主要含皂苷类成分，有山麦冬皂苷若干结构、熊果酸、齐墩果酸等，其中山麦冬皂苷 B 是《中国药典》规定检测的成分；另含甾醇、香草酸、多种黄酮化合物及糖类等。提取物可以水、酒精等为溶剂，按常规方法提取，最后将提取液浓缩至干。

安全性

国家食药总局和 CTFA 都将阔叶山麦冬提取物作为化妆品原料，国家食药总局还将山

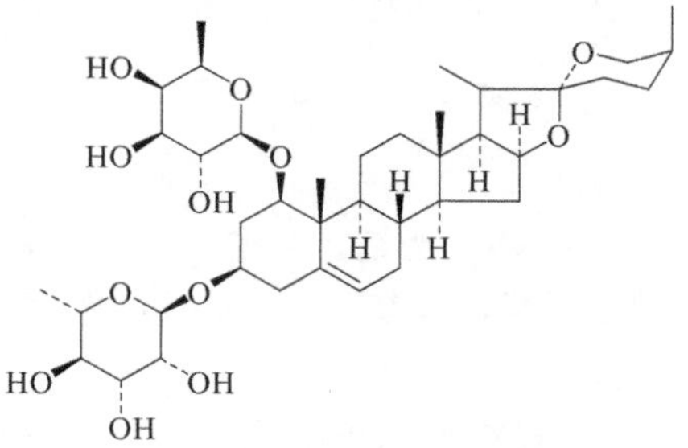

山麦冬皂苷 B 的结构式

麦冬列入，未见它们外用不安全的报道。

在化妆品中的应用 |--------------------------------

阔叶山麦冬水提取物 $10\mu g/mL$ 对胶原蛋白生成的促进率为 25.4%，对弹性蛋白酶活性的抑制率为 52.9%，可用作抗皱用的皮肤调理剂；水提取物 $100\mu g/mL$ 对 B-16 黑色素细胞生成黑色素的抑制率为 22.1%，对皮肤有美白作用；提取物还可用作抗氧化剂和抗炎剂。

20. 天葵

天葵（*Semiaquilegia adoxoides*）为毛茛科天葵属草本植物，分布于我国西南、华东、东北等地。化妆品可采用其根和籽的提取物。

有效成分和提取方法 |--------------------------------

天葵根含黄酮化合物如天葵苷和刺槐素糖苷；另有生物碱如木兰花碱、内酯成分如格列风内酯、紫草氰苷、薯蓣皂苷元、β-谷甾醇等。天葵根可以水、酒精等为溶剂，按常规方法提取，然后将提取液浓缩至干。如以 85% 酒精回流提取，得率为 8.6%。

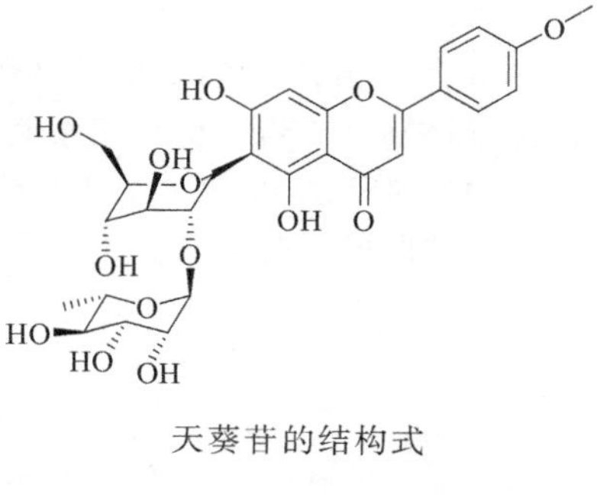

天葵苷的结构式

在化妆品中的应用 |--------------------------------

天葵块根 50% 酒精提取物涂敷皮肤，可减轻皱纹深度 18%，可用作皮肤抗皱剂。30% 酒精提取物 0.01% 涂敷皮肤，使经皮水分蒸发降低 50%，有保湿功能；天葵根 85% 酒精的提取物 0.005% 对 B-16 黑色素细胞活性的抑制为 39%，可用作皮肤美白剂。天葵籽甲醇提取物 $100\mu g/mL$ 对黄嘌呤氧化酶的抑制率为 31%，有抗氧化作用。

21. 豌豆

豌豆（*Pisum sativum*）为豆科豌豆属植物豌豆的种子，在我国广泛栽培。其嫩叶为蔬菜，其种子是杂粮。化妆品可采用豌豆幼芽、籽、愈伤组织等的提取物，以干燥的种子提取物为主。

有效成分和提取方法

豌豆种子含蛋白质、维生素、植物凝集素等。维生素有维生素 A、胡萝卜素、硫胺素、核黄素、烟酸、维生素 C、维生素 E、叶酸等；植物凝集素为止权素及赤霉素 A20；另有花色素类矢车菊素-3-槐糖-5-葡萄糖苷。豌豆种子经粉碎后可以水、酒精、1,3-丁二醇等为溶剂，室温浸渍提取，然后将提取液浓缩至干。以水为溶剂浸渍提取的得率约为 12%，30%乙醇浸渍提取的得率约为 13%。

在化妆品中的应用

豌豆水提取物 1.0%对胶原蛋白的生成促进率为 61%，50%酒精提取物 0.02%对弹性蛋白酶的抑制率为 39.7%，有活肤和抗皱作用。提取物有抗氧化、保湿、抗炎等多重作用，可用作调理剂。

22. 望春花

望春花（*Magnolia biondii*）为木兰科灌木，也名望春玉兰，其干燥花蕾称作辛夷。同属植物有荷花玉兰（*M. grandiflora*）（习称广玉兰）、紫玉兰（*M. liliflora*）、武当玉兰（*M. spaengeri*）、玉兰（*M. denudata*）、尖头木兰（*M. acuminata*）、皱叶玉兰（*M. kobus*）和天女木兰（*M. sieboldii*），它们在我国南方广为种植。化妆品主要采用它们花和叶的提取物。

有效成分和提取方法

望春花及其同属植物的主要化学成分为挥发油类和木脂素类。各地望春花挥发油的组成和含量变化较大，主要成分有乙酸龙脑酯、香叶烯、莰烯、δ-杜松烯、1,8-桉叶素、金合欢醇、β-蒎烯等；木脂素类有木兰脂素等，木兰脂素是《中国药典》要求测定的望春花主要成分，含量不得少于 0.4%。玉兰提取物可以水、酒精等为溶剂，按常规方法提取，然后浓缩至干为膏状。如干燥花蕾采用 60%的酒精提取，得率约为 6.8%；紫玉兰叶用 95%酒精室温浸渍提取的得率为 1.77%。

木兰脂素的结构式

在化妆品中的应用

上述植物的花油香气奇妙芬芳，用于高档化妆品香精的调配。望春花 60% 酒精提取物 1μg/mL 对成纤维细胞增殖的促进率为 78%，10μg/mL 对角质形成细胞增殖的促进率为 47%，10μg/mL 对胶原蛋白生成的促进率为 49%，有抑制皮肤老化和延缓皱纹的效果；荷花玉兰叶提取物 95% 酒精提取物对大肠杆菌、金黄色葡萄球菌、绿脓杆菌、白色念珠菌和黑色莃状菌的 MIC 分别是 0.5%、0.5%、1.0%、1.0% 和 0.5%，可用作抗菌防腐剂；荷花玉兰叶 50% 酒精提取物 1.0% 对花粉过敏的抑制率为 5%；紫玉兰花酒精提取物 30μg/mL 对 LPS 诱发 NO 生成的抑制率为 31.8%，有抗炎作用；提取物还有保湿、生发和美白皮肤的作用。

23. 榅桲

榅桲（*Pyrus cydonia*）又名木梨，为蔷薇科植物榅桲的果实。在我国新疆、河北、陕西和东北均有种植。化妆品采用榅桲花、果和籽的提取物，以果提取物为主。

有效成分和提取方法

榅桲成熟的果实含挥发油，气味特殊，为特征性的庚基乙基醚和壬基乙基醚等；果实中含糖 10.58%，其中以果糖为主，另有多糖类果胶和鞣质 0.66%；含有机酸苹果酸、酒石酸、柠糠酸等；含维生素 1.86%，另有儿茶素等成分。种子含黏质达 20%、苦杏仁苷 0.53%、脂肪油 8.15%；油中含肉豆蔻酸和异油酸的甘油酯。榅桲可以酒精、丙二醇等为溶剂，按常规方法提取，最后将提取液浓缩至干。如以 50% 酒精室温浸渍提取，得率可达 30%。

庚基乙基醚的结构式

在化妆品中的应用

榅桲 50% 酒精提取物 0.5% 对 I 型胶原蛋白生成的促进率为 28.1%，400μg/mL 对弹性蛋白酶的抑制率为 79%，5μg/mL 对三磷酸腺苷生成的促进率为 8.2%，有调理活肤作用，可用于抗皱化妆品；榅桲 50% 酒精提取物 500μg/mL 可完全抑制干燥棒状杆菌，干燥棒状杆菌为常存于人体腺体内的雄烯酮生成菌，雄烯酮是致臭气味之一，可用作抑臭剂。

24. 夏雪片莲

夏雪片莲（*Leucojum aestivum*）为石蒜科雪片莲属花卉植物，原产于欧洲中部及南部，现在多地均有种植。化妆品采用其鳞茎提取物。

有效成分和提取方法

夏雪片莲鳞茎含多种生物碱，最重要的已知生物碱为雪花莲胺。夏雪片莲新鲜鳞茎以水、酒精等为溶剂，按常规方法提取，然后将提取液浓缩至干。

在化妆品中的应用

夏雪片莲鳞茎提取物可增加皮肤角质层的含水量，可用作保湿性添加剂。夏雪片莲茎水提取物 2% 涂敷可改善皮肤皱纹深度，减少率为 16.3%，可用作抗皱剂。

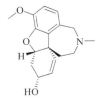

雪花莲胺的结构式

25. 徐长卿

徐长卿（*Cynanchum paniculatum*）为萝藦科草本植物，徐长卿在我国的分布范围较为广泛，山东是其主产区。化妆品采用其干燥全草的提取物。

化学成分和提取方法

徐长卿中含酚类化合物如丹皮酚和异丹皮酚，其中丹皮酚是徐长卿的主要成分，也是《中国药典》规定检测含量的成分；含甾醇如 β-谷甾醇和多种具有不同活性的多糖化合物、少量生物碱等成分。徐长卿可以水、酒精等为溶剂，按常规方法加热提取，然后将提取液浓缩至干。

丹皮酚的结构式

在化妆品中的应用

徐长卿50％酒精提取物0.05％涂敷，可使主皱纹的深度减少22.3％，可用作抗皱剂。皮肤涂敷徐长卿水提取物0.01％，角质层含水量增加三倍多，可用作保湿剂。提取物还有抗菌和抗炎作用。

26. 萱草

萱草（*Hemerocallis fulva*）为百合科萱草属植物，在全国都有种植。化妆品采用其花或全草的提取物。

有效成分和提取方法

萱草花含类胡萝卜素成分如叶黄素、玉米黄质、β-隐黄质、全反式胡萝卜素等；叶含黄酮化合物如山奈酚、槲皮素、异鼠李素糖苷等，另有蒽醌类化合物如大黄酚、甲基大黄酸等。新鲜或干燥的萱草花可以水或酒精等溶剂提取，然后浓缩至干。

在化妆品中的应用

萱草根水提取物2.5％对表皮细胞增殖的促进率提高一倍，70％酒精全草提取物 $100\mu g/mL$ 对胶原蛋白生成的促进率为38.9％，0.1％对弹性蛋白酶活性的抑制率为38.9％，有抗衰抗皱的作用。70％酒精全草提取物 $1mg/mL$ 对金属蛋白酶-1活性的抑制率

47.5%，有抗炎功能。提取物还有抗氧化和美白皮肤作用。

27. 岩白菜

腺毛岩白菜（*Bergenia ciliata*）、厚叶岩白菜（*B. crassifolia*）和舌状岩白菜（*B. ligulata*）都为虎耳草科岩白菜属多年生草本植物。腺毛岩白菜原产于中亚阿富汗和喜马拉雅地区；厚叶岩白菜主产于俄罗斯和加拿大；舌状岩白菜产于克什米尔地区。三者相似，化妆品采用它们根的提取物。

有效成分和提取方法

腺毛岩白菜的特征成分是香豆素类化合物岩白菜素，另有多酚类化合物儿茶素、没食子酸、没食子酰表儿茶精、没食子酸甲酯和白矢车菊素等。腺毛岩白菜根可以水、酒精、1,3-丁二醇等为溶剂，按常规方法提取，然后浓缩至干为膏状。如干根粉碎后用水煮提取，得率为2%；酒精提取的得率约2.8%。

岩白菜素的结构式

在化妆品中的应用

腺毛岩白菜水提取物对胶原蛋白酶的 IC_{50} 为 $15.4\mu g/mL$，厚叶岩白菜50%酒精提取物对弹性蛋白酶的 IC_{50} 为 $8.3\mu g/mL$，结合它们对多种自由基的消除，有强烈的抗皱抗衰作用，适用于皮肤的抗老化；厚叶岩白菜提取物对组胺游离释放的 IC_{50} 为 $118.7\mu g/mL$，为过敏抑制剂；舌状岩白菜丁二醇提取物 0.0125% 涂敷对皮肤毛孔口径有缩小收敛作用，缩小率为6.2%；提取物还可用作皮肤美白剂、抗炎剂和保湿剂。

28. 盐肤木

盐肤木（*Rhus semialata*）为漆树科植物盐肤木属落叶小乔木，盐肤木是中国主要经济树种，化妆品采用其全草提取物。

有效成分和提取方法

盐肤木的果实含鞣质50%～70%，也有高达80%的，主要为没食子酰基葡萄糖，尚有游离没食子酸及脂肪、树脂、淀粉；有机酸有苹果酸、酒石酸、枸橼酸等。盐肤木的茎叶富含黄酮和双黄酮化合物。盐肤木可以水、酒精等为溶剂，按常规方法提取，然后将提取液浓缩至干。

在化妆品中的应用

盐肤木根酒精提取物 $200\mu g/mL$ 对弹性蛋白酶活性的抑制率为95.9%、30%酒精提取物对组织蛋白酶 D 活性的促进率为86%，可增强皮肤细胞新陈代谢，有抗皱抗衰作用。盐肤木籽酒精提取物 $10\mu g/mL$ 对透明质酸酶活性的抑制率为64%，有保湿调理作用。提取物还有抗氧化和抗炎作用。

29. 银线草

银线草（*Chloranthus japonicus*）为金粟兰科金粟兰属植物，产于我国吉林、辽宁、河北、山西、山东、陕西、甘肃。化妆品采用其全草提取物。

有效成分和提取方法

银线草全草含三萜类化合物如熊果酸；含植物甾醇如谷甾醇及其衍生物；含黄酮化合物如芹菜素。另有特征倍半萜化合物金粟兰酮类。风干银线草全草可以水、酒精等为溶剂，按常规方法提取，然后浓缩至干。以 50％酒精提取的得率为 7.5％。

在化妆品中的应用

银线草 50％酒精提取物 100μg/mL 对I型胶原蛋白生成的促进率提高 4.5 倍，2μg/mL 对表皮角化细胞的增殖促进率为 28.3％，有良好的活肤抗皱作用。50％酒精提取物 3mg/mL 可完全抑制 5α-还原酶活性，对雄性激素有拮抗作用，可用于脂溢性脱发或痤疮的防治。提取物还有抗氧化、抗炎、皮肤美白和抗过敏作用。

30. 余甘子

余甘子（*Phyllanthus emblica*）系大戟科叶下珠属热带落叶小乔木，主产于印度，在斯里兰卡、巴基斯坦和我国云南均有种植。化妆品主要采用其果实的提取物。

有效成分和提取方法

余甘子果实含黄酮化合物如槲皮素、汉黄芩素等及其糖苷；含多酚化合物如没食子鞣质、油柑酚、没食子酸、焦性没食子酸、诃子酸、柯子裂酸、黏酸、油柑酸等，另有甾醇类物质存在。没食子酸是《中国药典》规定检测的成分，含量不得少于 1.2％。余甘子果可以水、酒精等为溶剂，按常规方法提取，然后浓缩至干为膏状。如干果用水在 80℃浸泡，提取得率为 26.3％。

在化妆品中的应用

余甘子果 50％酒精提取物 0.1μg/mL 对表皮细胞的增殖促进率为 90％，果皮水提取物 10μg/mL 对胶原蛋白生成的促进率为 42％，果皮水提取物 1mg/mL 对胶原蛋白酶的抑制率大于 95％，可用作化妆品的活肤抗皱剂。余甘子果 50％酒精 1％对金属蛋白酶-9 的抑制率为 50％，70％酒精提取物对肿瘤坏死因子 TNF-α 的抑制率为 40.9％，可用作抗炎剂。提取物还可用作抗氧化剂、保湿剂、美白剂和生发促进剂。

31. 玉米

玉米（*Zea mays*）是禾本科玉米属粮食植物，全世界玉米播种面积仅次于小麦、水稻，居第三位。玉米是重要的粮食作物。化妆品主要采用的是其干燥的种子、叶、玉米须、胚芽、胚芽蛋白等的提取物。

有效成分和提取方法

玉米籽富含蛋白质和糖类，并含有维生素 B_1、维生素 B_2、维生素 E、维生素 A、胡萝卜素、烟酸等；黄玉米中含玉米色素，玉米色素是一种混合色素，有玉米黄素、叶黄素、

β-胡萝卜素等。玉米胚芽油含 52％不饱和脂肪酸，其中亚油酸高达 50％；另富含维生素A、维生素 D、维生素 E、玉米素、卵磷脂等。玉米须含多聚戊糖、尿囊素、薏苡仁素、隐黄素、抗坏血酸、泛酸、肌醇、维生素 K、β-谷甾醇、豆甾醇等。玉米胚芽经过压榨或浸出提取的半干性油称为玉米油，又名玉米胚芽油。为淡黄液体，有特殊气味。玉米叶等可以水、酒精等为溶剂，按常规方法提取，然后将提取液浓缩至干。

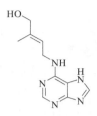

玉米素的结构式

在化妆品中的应用

玉米胚芽油是化妆品的常用油性原料。玉米胚胎 50％酒精提取物 10μg/mL 对胶原蛋白生成的促进率提高 2 倍多，可增强皮肤新陈代谢，抑制、延缓皱纹产生。玉米须水提取物 1.0％对 B-16 黑色素细胞生成黑色素的促进率为 25％，可用作乌发剂。提取物还有抗氧化、抗炎和保湿的作用。

32. 紫蜂斗菜

紫蜂斗菜（*Petasites hybridus*）为菊科蜂斗菜属多年生草本植物，主产于欧洲和亚洲北部。化妆品采用其全草的提取物。

有效成分和提取方法

紫蜂斗菜叶含挥发成分，有 α-葎草烯、γ-葎草烯、β-红没药烯、γ-红没药烯、蜂斗菜烯等；另有多种生物碱如千里光宁等。可以水、酒精等为溶剂，按常规方法提取，然后将提取液浓缩至干。如以水煮提取，得率约为 5％。

在化妆品中的应用

紫蜂斗菜 95％酒精提取物 0.01％对胶原蛋白酶活性的抑制率为 80％，可用作抗皱剂。水提取物对脂质过氧化的 IC_{50} 为 120μg/mL，可用作抗氧化剂。提取物还有抗过敏和抗炎作用。

第三节 抗氧化

抗氧化是消除含氧自由基危害的防护行为，抗氧化剂又可称为自由基消除剂。

所谓自由基，是指游离存在的，带有不成对电子的分子、原子或离子，或极易自行分解出自由基的分子。自由基的种类是相当多的，与人体有关的氧自由基主要包括以下 5 种：（1）超氧自由基（SOD，superoxide anion），是人体中最先产生也是最多的一种自由基，这种形态的自由基更会诱发其他种类的自由基；（2）过氧化氢（hydrogen peroxide），由超氧化物自由基代谢后产生，也有可能是由身体其他吞噬细胞经氧化还原作用而产生，过氧化氢的活性比其他自由基都低，但会通过细胞膜到达身体的各部位；（3）羟基自由基

（hydroxyl radical），是破坏力最强的自由基，羟基自由基的产生来源是过氧化氢的代谢以及各种辐射线，羟基自由基会攻击细胞膜造成细胞的死亡，也会造成不饱和脂肪酸油脂的过氧化而变质；（4）单线态氧（singlet oxygen），单线态氧的活性比氧气高，更容易破坏细胞；（5）过氧化脂质（hydroperxide ROOH），是自由基破坏脂质后的产物，但此物质对于细胞是具有毒性的，同时它也可以作为细胞氧化后受伤害的指标。

从自由基的来源看，人不可能处于一个没有自由基伤害的环境。体内不断产生自由基，任何环境、任何时候都有可能产生自由基。自由基对人体的攻击既有来自体内的也有来自体外的，自由基既能在最深层引起细胞的突变，也能在表层留下痕迹。自由基会对皮肤细胞造成不能修复的损伤，导致皮肤老化；自由基会作用于皮脂腺，使之发炎，产生更多的自由基；自由基会作用于基底层，激活黑色素细胞和酪氨酸酶，使分泌黑色素等。因此，避免和减少自由基对皮肤造成的损坏是化妆品的基本任务之一。

人体内有若干专门进行自由基消除的生物酶如超氧歧化酶、过氧化氢酶等，因此消除含氧自由基的危害可采取两种方法，一是在化妆品中添加自由基俘获剂，加大对它们的消除力度，为研究方便，有时可用 DPPH（二苯代苦味酰自由基）来代表自由基；二是在化妆品中加入一些成分以增强上述生物酶的活性。

1. 草莓

草莓（*Fragaria chiloensis*）、蛇莓（*F. indica*）、野草莓（*F. vesca*）和智利草莓（*F. chiloensis*）为蔷薇科草莓属植物。草莓原产于欧洲，现在我国多地有种植，有 7 个品种；蛇莓和野草莓，可食但以药用为主；智利草莓是产自智利的野草莓。化妆品可采用它们果、叶、籽、茎、果蒂、花、根等的提取物，以草莓成熟果实或它的冻干粉提取物为主。

有效成分和提取方法

草莓富含氨基酸、果糖、蔗糖、葡萄糖、柠檬酸、苹果酸、果胶、胡萝卜素、维生素 C、维生素 B_1、维生素 B_2、维生素 E、烟酸及矿物质钙、镁、磷、铁等，其他成分有鞣花酸、环阿廷醇、β-谷甾醇、黄酮化合物等，还有丰富的花青素或称为草莓红色素物质。其中鞣花酸的含量最高，或可认为是草莓的主要药效成分，每克食用冻干草莓粉中鞣花酸的含量为 $630\mu g$。草莓可以较高浓度的酒精、丙二醇或丁二醇为溶剂，按常规方法提取，或浓缩为小体积使用，或浓缩至干。

在化妆品中的应用

草莓是一常见水果，有较高的药用和医疗价值，草莓提取物具抗氧化性，对多种自由基均有良好的消除能力，草莓中的鞣花酸较黄酮化合物的抗氧化性更强，是理想的化妆品用抗氧化剂；提取物 1mg/mL 对 B-16 黑色素细胞生成黑色素的抑制率为 80.5%，为皮肤美白剂；提取物还有促进生发、抗炎、减肥、护肤护发等作用；野草莓果 70% 酒精提取物 0.05% 对金属蛋白酶-1 活性的抑制率为 80%，有抗炎功能；智利草莓可用作皮肤色斑淡化剂。

2. 草棉

草棉（*Gossypium herbaceum*）为锦葵科棉属一年生草本植物，现在地中海地区、亚洲西南部和印度广泛栽培；在我国广东、云南、四川、甘肃、新疆也有栽培。化妆品采用全草、果、籽的提取物。

有效成分和提取方法

草棉全草的主要有效成分是黄酮类化合物，有槲皮苷、金丝桃苷、异槲皮素苷、紫云英苷等，以异槲皮素苷含量最大。草棉籽的油脂组成与棉籽相似。全草可以水、酒精等为溶剂，按常规方法提取，然后浓缩至干为膏状。如70%酒精提取得率约为2%。

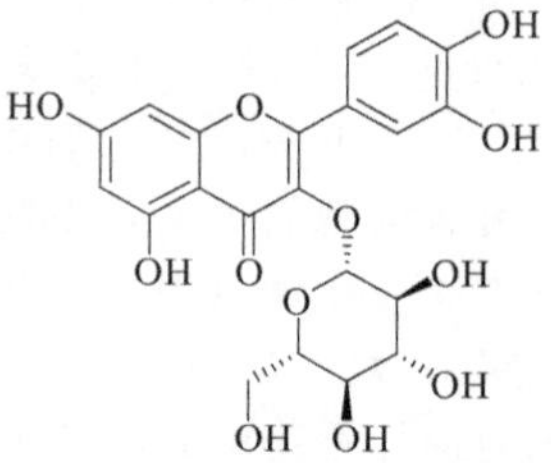

异槲皮素苷的结构式

在化妆品中的应用

草棉籽榨油作化妆品润滑油用。全草70%酒精提取物有抗菌性，对金黄色葡萄球菌、大肠杆菌和绿脓杆菌的 MIC 分别为 0.78mg/mL、6.3mg/mL 和 3.1mg/mL；全草70%酒精提取物对自由基 DPPH 的消除 IC_{50} 为 $93.2\mu g/mL$，可用作皮肤抗氧化剂和调理剂。

3. 大叶醉鱼草

大叶醉鱼草（*Buddleja davidii*）为玄参科醉鱼草属灌木状植物，分布于中国长城以南广大地区。化妆品采用其干燥全草提取物。

有效成分和提取方法

大叶醉鱼草含多种黄酮化合物和植物甾醇如豆甾醇、β-谷甾醇、胡萝卜苷等，特征成分是倍半萜类化合物醉鱼草素。大叶醉鱼草可以水、酒精等为溶剂，按常规方法提取，最后将提取液浓缩至干。

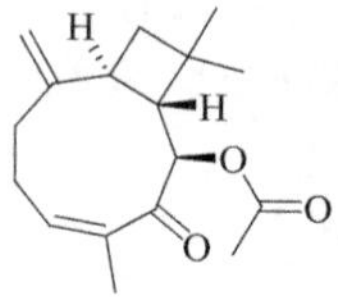

醉鱼草素 A 的结构式

在化妆品中的应用

大叶醉鱼草70%酒精提取物 $60\mu g/mL$ 对自由基 DPPH 的消除率为 77.3%，有抗氧化和调理作用；提取物还有美白皮肤的作用。

4. 倒地铃

倒地铃（*Cardiospermum halicacabum*）为无患子科倒地铃属多年生木质藤本植物，原产于美洲亚热带和热带地区，现湖北等地有分布。化妆品采用其全草提取物。

有效成分和提取方法

倒地铃种子富含不饱和脂肪酸，以二十碳-11-烯酸为主（42%），其余有花生酸、亚麻酸、亚油酸、油酸、硬脂酸等，另含氰酯如 1-氰基-2-羟甲基丙烯-2-醇-1 以及 β-谷甾醇、木犀草素-7-O-葡萄糖醛酸苷等。倒地铃可以水、酒精等为溶剂，按常规方法提取，然后浓缩至干为膏状。

在化妆品中的应用

倒地铃水和酒精提取物均有抗氧化性，特别可抑制脂肪的氧化，与空白比较，抑制率在 90% 以上；50% 酒精提取物 0.033% 对酪氨酸酶活性抑制率为 34.6%，结合它的抗氧化性，可用作肤用美白调理剂。

5. 豆薯

豆薯（*Pachyrrhizus erosus*）为豆科植物豆薯属藤本植物，产于云南等地，豆薯根肥大，生熟皆可食，化妆品采用其根的提取物。

有效成分和提取方法

豆薯根富含糖类、蛋白质、维生素，有效成分是多酚类化合物，有没食子酸、香草酸、咖啡酸和芦丁等。豆薯根可以水、酒精等为溶剂，按常规方法提取，然后浓缩至干为膏状。

在化妆品中的应用

豆薯根中多酚类提取物对 DPPH 自由基和羟基自由基消除 IC_{50} 为 4.15μg/mL 和 7.70μg/mL，脂质体过氧化 IC_{50} 为 17μg/mL，有抗氧化和调理作用。

6. 覆盆子

覆盆子（*Rubus Idaeus*）、华东覆盆子（*R. chingii*）和绒毛覆盆子（*R. villosus*）是蔷薇科悬钩子属灌木植物，前两者原产于欧洲和北亚，现在我国多地有种植；绒毛覆盆子分布于中国周边国家如缅甸等。化妆品采用它们果、叶和籽等的提取物。

有效成分和提取方法

覆盆子含覆盆子酮衍生物覆盆子酮、覆盆子酮单糖苷、覆盆子酮二糖苷等，是覆盆子的特征成分；有机酸类有柠檬酸、苹果酸等，其中柠檬酸占总酸的 90% 以上；维生素类有维生素 C、维生素 B_1、维生素 B_2、维生素 E、烟酸等；黄酮类物质为山奈酚-3-O-芸香糖苷、花青素等，花青素含量很高，达 30～60mg/100g 干果；其余有 γ-氨基丁酸、鞣花酸等。《中国药典》将山奈酚-3-O-芸香糖苷和鞣花酸作为含量测定的成分，分别不得低于 0.03% 和 0.2%。覆盆子果可以水、酒精、1,3-丁二醇等为溶剂，按常规方法提取，然后将提取液浓缩至干。如覆盆子干果以酒精室温浸渍 2 日，提取得率为 4.7%。

山奈酚-3-O-芸香糖苷的结构式

在化妆品中的应用 |

覆盆子提取物具强烈抗氧化性，覆盆子酮类衍生物的抗氧化是一方面，另一原因是覆盆子中含有大量花青素，花青素是目前所知的最高效的抗氧化自由基的清除剂，其清除能力是维生素 E 的 50 倍，是维生素 C 的 20 倍，尤其是体内活性更是其他抗氧化剂无法比拟的；提取物对 B-16 黑色素细胞活性有抑制作用，其能力与熊果苷相近，有美白皮肤的作用；提取物 0.5％皮肤涂敷对血液流通的促进率为 19.2％，可用作活血剂；提取物还可用作抗炎剂、抑臭剂、过敏抑制剂等。

7. 海茴香

海茴香（*Crithmum maritimum*）为伞形科海茴香属多年生植物，是生长在地中海和大西洋沿岸的一种可食野菜。化妆品采用其全草的提取物。

有效成分和提取方法 |

海茴香含挥发性成分，主要为 γ-松油烯、β-水芹烯和桧萜，另有柠檬烯、百里酚甲醚等。非挥发成分主要是维生素 C，每 100g 海茴香鲜叶含维生素 C 76.6mg，其余有类胡萝卜素、黄酮化合物等。可以水蒸气蒸馏法制取海茴香挥发油，挥发油得率约在 0.2％。提取物可以水、酒精等为溶剂，按常规方法提取，然后浓缩至干为膏状。

在化妆品中的应用 |

由于海茴香富含维生素 C，因此有很好的抗氧活性，抗氧活性均高于 α-生育酚和 BHT，能抑制亚油酸的过氧化作用，50％酒精对自由基 DPPH 的消除 IC_{50} 为 811μg/mL，可用作化妆品的抗氧化剂和皮肤美白剂；提取物还有美白皮肤和调理皮肤的作用。

8. 黑茶藨子

黑茶藨子（*Ribes nigrum*）、红醋栗（*R. rubrum*）和欧洲醋栗（*R. grossularia*）是茶藨子科醋栗属草本植物。黑茶藨子又名黑醋栗，与红醋栗和欧洲醋栗一样，主产于西欧和中国新疆、东北。化妆品主要采用它们果的提取物。

有效成分和提取方法 |

黑茶藨子果除富含维生素 B_6、维生素 E、胡萝卜素外，尚包含大量的黄酮化合物如花色素苷、槲皮素及其糖苷、二氢槲皮素、山柰酚葡萄糖苷、杨梅黄素芸香糖苷等。黑茶藨子籽油蕴含丰富的亚麻酸。其他两种醋栗的成分与黑茶藨子相仿。黑茶藨子果可直接榨汁，也可以水、酒精、1,3-丁二醇等为溶剂，按常规方法提取，然后将提取液浓缩至干。

在化妆品中的应用 |

提取物有强烈和广谱的抗氧化性，如黑茶藨子果丙酮提取物 500μg/mL 对羟基自由基的消除率为 83％，可用作化妆品的抗氧化剂，黑茶藨子果提取物 1％涂敷对小鼠毛发生长的促进率为 75.3％，有促进生发作用；提取物还可用作保湿调理剂、皮肤美白剂和减肥剂。

9. 红瓜

红瓜（*Coccinia indica*）为红瓜属草质藤本植物，主产于非洲热带和印度。我国也有叫作红瓜的种植，但与此差别大。化妆品采用该红瓜果实的提取物。

有效成分和提取方法 ▐┄┄┄┄┄┄┄┄┄┄┄┄┄┄┄┄┄┄┄┄┄┄┄┄┄┄┄

红瓜果实含葫芦烷型皂苷葫芦素 B，另有 β-香树素、白桦烷醇、蒲公英甾醇等。红瓜果实中含有蒲公英甾醇的报道最多。红瓜果实可以水、酒精等为溶剂，按常规方法提取，然后浓缩至干为膏状。如以 50% 酒精提取，得率约为 18%。

在化妆品中的应用 ▐┄┄┄┄┄┄┄┄┄┄┄┄┄┄┄┄┄┄┄┄┄┄┄┄┄

红瓜果酒精提取物 $100\mu g/mL$ 对自由基 DPPH 的消除率为 47.3%，对环氧合酶活性的抑制率为 63.4%，对脂质过氧化也有抑制，可用作抗氧化调理剂；提取物 0.45mg/mL 对酪氨酸酶活性的抑制率为 86.3%，也可用作化妆品的美白剂。

10. 槐树

槐树（*Sophora japonica*）为豆科落叶乔木，原产于我国及朝鲜，目前在我国广为栽培，尤以华北及黄土高原生长繁茂；越南、日本、朝鲜也有栽培。化妆品可采用其花、花蕾、叶和根的提取物。

有效成分和提取方法 ▐┄┄┄┄┄┄┄┄┄┄┄┄┄┄┄┄┄┄┄┄┄┄┄┄┄┄┄

槐树花蕾中含多种黄酮化合物，以芸香苷为主，其余有槲皮素、染料木素、山柰酚等的糖苷；所含三萜皂苷有白桦脂醇、槐花二醇等。槐花等可以水、酒精等为溶剂，按常规方法提取，然后将提取液浓缩至干。

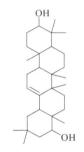

槐花二醇的结构式

在化妆品中的应用 ▐┄┄┄┄┄┄┄┄┄┄┄┄┄┄┄┄┄┄┄┄┄┄┄┄┄

槐花 50% 酒精提取物有广谱的抗氧化功能，$100\mu g/mL$ 对破坏力最大的单线态氧的消除率为 52.3%，对超氧自由基、羟基自由基、DPPH 都有消除作用，可用作抗氧化剂；槐花水提取物 0.1% 对成纤维细胞增殖的促进率为 37.4%，有活肤抗衰作用；提取物 0.01% 溶液涂敷皮肤可降低经皮水分蒸发 50% 以上，是良好的皮肤保湿剂；提取物还可用作皮肤美白剂、抗炎剂和减肥剂。

11. 鸡眼草

鸡眼草（*Kummerowia striata*）为豆科草本植物，分布于我国东北以及河北、山东、江苏、湖北、湖南、福建、广东、云南、贵州、四川等地。化妆品采用其干燥全草提取物。

有效成分和提取方法 ▐┄┄┄┄┄┄┄┄┄┄┄┄┄┄┄┄┄┄┄┄┄┄┄┄┄┄┄

鸡眼草叶含多量黄酮类化合物染料木素、异荭草素、异槲皮苷、异牡荆素、山柰酚、槲皮素、芦丁等；含甾醇化合物 β-谷甾醇、β-谷甾醇葡萄苷等。鸡眼草可以水、酒精等为溶剂，按常规方法提取，然后将提取液浓缩至干。如用 70% 酒精回流提取，得率为 15.72%。

在化妆品中的应用

鸡眼草 50% 酒精提取物 0.002% 对自由基 DPPH 的消除率为 37.7%，对其他自由基也有类似作用，可用作化妆品的抗氧化剂；提取物对酪氨酸酶活性的 $IC_{50}<100\mu g/mL$，对皮肤有美白作用；提取物 $5\mu g/mL$ 对白介素-6 生成的抑制率为 75.3%，显示其很强的抗炎功能；提取物还有抗皱和抗菌作用。

12. 金雀花

金雀花（*Cytisus scoparius*）为豆科植物金雀儿的花或枝梢。原产于地中海，我国台湾、西藏有栽培。化妆品采用它的花期全草和花的提取物。

有效成分和提取方法

金雀花的花含多量黄酮化合物，有染料木黄素、槲皮素、山奈酚、异鼠李素及其糖苷，酚酸类化合物有对香豆酸、咖啡酸等，另有类胡萝卜素、塑体醌、羟基酪胺、酪胺盐酸盐等。金雀花可以水、酒精等为溶剂，按常规方法提取，然后浓缩至干为膏状。如用水作溶剂，在 70℃ 提取，得率为 19%；用 50% 酒精提取的得率为 16%。

在化妆品中的应用

金雀花酒精提取物对超氧自由基的消除 IC_{50} 为 $4.7\mu g/mL$，对自由基 DPPH 的消除 IC_{50} 为 $1.5\mu g/mL$，有强烈的抗氧化性，可用作抗氧化剂；70% 酒精根提取物对胶原蛋白生成的促进率为 160%，可用于抗衰化妆品；酒精提取物对 LPS 诱发 NO 生成的 IC_{50} 为 $116\mu g/mL$，有抗炎作用；提取物还可用作皮肤美白剂和减肥剂。

13. 金钟柏

金钟柏（*Thuja occidentalis*）为柏科常绿针叶乔木，原产于美国东部和加拿大。化妆品可采用其叶、树皮和根的提取物。

有效成分和提取方法

金钟柏叶含挥发油，主要成分是 α-蒎烯，其余是柠檬烯、β-月桂烯、桧烯等。非挥发成分除木质素外，有异海松酸、羰基海松烯酸、去氧鬼臼脂素等。提取物可以水、酒精等为溶剂，按常规方法提取，然后将提取液浓缩至干。如金钟柏叶以 50% 酒精加热回流提取 2h，提取得率为 19%。

在化妆品中的应用

95% 丙酮叶提取物对超氧自由基的消除 IC_{50} 为 $33\mu g/mL$，对自由基 DPPH 的消除 IC_{50} 为 $31.6\mu g/mL$，可用作抗氧化剂；乙酸乙酯的提取物对 B-16 黑色素细胞活性的抑制率为 50%，为皮肤美白剂。

14. 凌霄花

凌霄花（*Campsis grandiflora*）和美洲凌霄花（*C. radicans*）为紫葳科植物，生长在

热带和亚热带，我国的广东、福建南部有产。两者相似，化妆品采用它们干燥的花蕾提取物。

有效成分和提取方法 ┃┄┄┄┄┄┄┄┄┄┄┄┄┄┄┄┄┄┄┄┄┄┄┄┄┄┄┄┄┄┄┄┄┄┄┄┄┄

　　凌霄花的花含辣椒黄素、花青素-3-芸香糖苷、三十一烷醇、α-香树脂醇、β-香树脂醇、β-谷甾醇、15-巯基-2-二十五烷酮、芹菜素、胡萝卜苷、齐墩果酸、桂皮酸等。齐墩果酸是凌霄花的主要有效成分之一。凌霄花可采用水、酒精等为溶剂，按常规方法提取，最后浓缩至粉状。以50%酒精提取为例，得率可达20%。

在化妆品中的应用 ┃┄┄┄┄┄┄┄┄┄┄┄┄┄┄┄┄┄┄┄┄┄┄┄┄┄┄┄┄┄┄┄┄┄┄┄┄┄

　　凌霄花95%酒精提取物0.13%对白介素IL-1α生成的抑制率为58%，0.04%对金属蛋白酶-1活性的抑制率为45%，显示具较好的抗炎作用；50%酒精提取物0.5mg/mL对超氧自由基的消除率为96%，对DPPH自由基的消除率为98%，对脂质过氧化也有抑制，可在抗衰化妆品中作为抗氧化剂使用；涂敷0.01%浓度的凌霄花水提取物，可大大提高角质层含水量，可用作保湿性的调理剂。提取物还有美白皮肤的功能。

15. 柳叶菜

　　柳兰（*Epilobium angustifolium*）、玫红柳叶菜（*E. roseum*）和弗来歇氏柳叶菜（*E. fleischeri*）为柳叶菜属草本植物。柳兰广布于我国的西北地区；玫红柳叶菜在我国产于新疆天山与阿尔泰地区；弗来歇氏柳叶菜产自欧洲，三者性能相似。化妆品采用它们开花时全草的提取物。

有效成分和提取方法 ┃┄┄┄┄┄┄┄┄┄┄┄┄┄┄┄┄┄┄┄┄┄┄┄┄┄┄┄┄┄┄┄┄┄┄┄┄┄

　　柳兰全草主要含有黄酮、酚酸、鞣质等。黄酮化合物存在十几种，主要有槲皮素及其糖苷、金丝桃苷、扁蓄苷等；鞣质为月见草鞣质型；酚酸化合物有绿原酸、没食子酸以及没食子酸酰化的一些葡萄糖成分。柳兰等全草可以水、酒精等为溶剂，按常规方法提取，然后浓缩至干为膏状。

在化妆品中的应用 ┃┄┄┄┄┄┄┄┄┄┄┄┄┄┄┄┄┄┄┄┄┄┄┄┄┄┄┄┄┄┄┄┄┄┄┄┄┄

　　柳兰70%酒精提取物100μg/mL对胶原蛋白生成的促进率为49.3%，0.1%对弹性蛋白酶活性的抑制率为38.9%，是皮肤抗皱抗衰剂；柳兰提取物对单线态氧的消除IC$_{50}$为25μg/mL，对其他自由基也有强烈的消除，可用作抗氧化调理剂；柳兰提取物有抗菌性，对金黄色葡萄球菌和白色念珠菌抑制能力强，对大肠杆菌的抑制一般。提取物还可用作皮肤美白剂和抗炎剂。

16. 芦苇

　　芦苇（*Phragmites communis*）系禾本科芦苇属草本植物，在我国南北各地均有分布。化妆品主要采用其干燥根和叶等的提取物。

有效成分和提取方法 ┃┄┄┄┄┄┄┄┄┄┄┄┄┄┄┄┄┄┄┄┄┄┄┄┄┄┄┄┄┄┄┄┄┄┄┄┄┄

　　芦苇根主要含酚酸类成分，有阿魏酸、香草酸等；含三萜皂苷如苜蓿皂苷；含有的氨基酸中以天冬酰胺含量最高；有机酸类化合物如薏苡素，还有大量不饱和脂肪酸及其酯如亚麻酸、9,12-十八二烯酸、9,12,15-十八三烯酸等。芦苇可以水、酒精等为溶剂，按常规方法提取。

在化妆品中的应用

芦根 50％酒精提取物 $20\mu g/mL$ 对超氧自由基的消除率 44.4％，对其他自由基也有良好的消除，可用作化妆品的抗氧化剂；对酪氨酸酶的活性有一定的抑制作用，可用于皮肤的美白；提取物还具抗炎性能、调理性能、抗菌性能和抗过敏性能。

17. 罗汉果

罗汉果（*Momordica grosvenorii*）为葫芦科多年生的藤本植物，主产于中国广西。化妆品采用罗汉果果实的提取物。

有效成分和提取方法

罗汉果果实含多种罗汉果皂苷、罗汉果新苷、11-氧化罗汉果苷、光果木鳖皂苷、赛门苷等，另有多糖成分、维生素 C、维生素 E、甘露醇、法尼醇等。其中罗汉果皂苷Ⅴ是《中国药典》规定检测的成分，含量不得小于 0.5％。罗汉果可以水、酒精等为溶剂，按常规方法提取，然后浓缩至干为膏状。

罗汉果皂苷Ⅴ的结构式

在化妆品中的应用

罗汉果水提取物对超氧自由基的消除 IC_{50} 为 $920\mu g/mL$，对羟基自由基的消除 IC_{50} 为 $570\mu g/mL$，可用作抗氧化剂；水提取物 $10\mu g/mL$ 对胶原蛋白生成的促进率为 34.4％，$100\mu g/mL$ 对纤维芽细胞增殖促进率为 10％，有活肤作用，结合其抗氧化性，可用于抗衰化妆品；罗汉果提取物对变异链球菌具有很强的抑菌活性，对蛀齿有防治作用。

18. 马缨丹

马缨丹（*Lantana camara*）为马鞭草科马缨丹属植物，原产于美洲热带，我国南北都有引种栽培，化妆品采用其叶的提取物。

有效成分和提取方法

马缨丹叶含挥发油，其中主要物质为 α-子丁香烯和 β-子丁香烯，分别占挥发油含量的 16.29％ 和 22.29％。不挥发成分主要是三萜烯类如马缨丹烯、谷甾醇等。可用水蒸气蒸馏法制取马缨丹挥发油。提取物可以水、酒精等为溶剂，按常规方法提取，最后将提取液浓缩至干。

在化妆品中的应用

马缨丹叶甲醇提取物对 DPPH 的消除 IC_{50} 为 $32\mu g/mL$，有较强烈的抗氧化效果；马缨丹叶精油对枯草芽孢杆菌、大肠杆菌、绿脓杆菌、普通变形杆菌、黑色葡状菌、白色念珠菌都有强烈的抑制作用，可用作抗菌剂。

19. 玫瑰

玫瑰（*Rosa rugosa*）、突厥玫瑰（*R. damascena*）、麝香玫瑰（*R. moschata*）和杂交玫瑰（*R. hybrid*）是蔷薇科蔷薇属的落叶丛生灌木。玫瑰原产于亚洲中部和东部干燥地区，现在世界许多国家均有种植。种植的地区不同，玫瑰的品质也有变化。突厥玫瑰也称突厥蔷薇，主产于中东，麝香玫瑰主产于西欧，杂交玫瑰在全世界都有种植。它们性能相似，化妆品主要采用玫瑰花、花蕾和叶的提取物。

有效成分和提取方法

玫瑰花中的挥发成分约占总量的1%，含量较大的有香茅醇、香叶醇、苯乙醇、橙花醇等，起重要作用的微量成分有玫瑰醚、玫瑰呋喃、α-二氢大马酮、β-大马酮等。玫瑰花中非挥发性成分有没食子酸、单宁酸、红色素、黄色素、花青素、槲皮素、异槲皮素、β-胡萝卜素等。玫瑰花挥发油可以水蒸气蒸馏法或溶剂提取法进行制作。玫瑰非挥发成分的提取可以水、酒精等为溶剂，按常规方法操作。如玫瑰干叶50%酒精提取的得率为9%；干花瓣30%丁二醇提取的得率为7%左右。

在化妆品中的应用

玫瑰花挥发油主要用于高档香精的配制。花提取物具广谱的并且较强的抗氧化性和清除自由基作用，花乙酸乙酯提取物1mg/mL对脂氧合酶的抑制率为96%，可用作化妆品的抗氧化剂；花50%酒精提取物250μg/mL对真皮纤维芽细胞的赋活增殖率为59%，63μg/mL对ATP生成的促进率为48%，增强细胞活性，有活肤抗衰作用；叶50%酒精提取物10μg/mL对皮肤皮脂分泌的抑制率为24%，水提取物0.1%对5α-还原酶活性的抑制率为75.3%，对油性皮肤有防治作用，并可消除皮肤油光；花提取物还有抗炎、保湿、美白皮肤等作用。

20. 母菊

母菊（*Chamomilla recutita*）也称德国洋甘菊，为菊科母菊属植物，主要产地在埃及、法国、德国和摩洛哥。化妆品采用母菊的全草/花/叶的提取物，以其干花的提取物为主。

有效成分和提取方法

母菊花含挥发油，成分有菊薁、没药醇氧化物、红没药醇、桉叶油醇、桉叶烯醇、金合欢烯等，以没药醇氧化物含量最高。不挥发成分有黄酮类化合物如芹菜素的葡萄糖苷。可用水蒸气蒸馏法制取母菊精油；提取物可以水、酒精等为溶剂，按常规方法提取，然后将提取液浓缩至干。如以50%酒精回流提取干花为例，得率约为7.5%；热水提取得率为11%。

没药醇氧化物的结构式

在化妆品中的应用 ┃ --

　　母菊花 50％酒精提取物对 B-16 黑色素细胞生成黑色素的抑制率为 35％，可用作皮肤美白剂；水提取物 0.1％对黄嘌呤氧化酶活性的抑制率为 89.2％，0.01％对自由基 DPPH的消除率为 59.2％、对羟基自由基的消除 IC_{50} 为 470μg/mL，有广谱的抗氧化性，可用作抗氧化调理剂；提取物还有抗菌和减肥的作用。

21. 木贼

　　木贼（*Equisetum hyemale*）为木贼科多年生草本野生植物，在中国大部分地区都有分布。同属植物巨木贼（*E. giganteum*）主产于中南美洲。化妆品采用它们地上部分的提取物。

有效成分和提取方法 ┃ --

　　木贼所含黄酮类成分主要为山柰素、槲皮素、芹菜素、木犀草素的糖苷等，山柰素是《中国药典》规定检测含量的成分；含生物碱犬问荆碱、烟碱等；含酚酸类成分，有咖啡酸、阿魏酸、延胡索酸、对羟基苯甲酸、香草酸、对甲氧基肉桂酸、间甲氧基肉桂酸等。木贼可以水、酒精等为溶剂，按常规方法提取，最后浓缩至膏状。一般以酒精或酒精水溶液为主，95％乙醇回流提取木贼的得率在 2％～3％。

山柰素的结构式

在化妆品中的应用 ┃ --

　　木贼酒精提取物 50μg/mL 对 NO 生成的抑制率为 75％，500μg/mL 对自由基 DPPH 的消除率为 35％，提取物具有抗氧化抗衰老作用；皮肤涂敷木贼水提取物 0.01％，角质层含水量提高 3 倍，较芦荟有更优异的持水能力，可用于化妆品的保湿。巨木贼酒精提取物对B-16 黑色素细胞生成黑色素的抑制率为 56％，是皮肤美白剂。

22. 水红花子

　　水红花子（*Polygonum orientale*）为蓼科蓼属桃叶蓼组植物红蓼的干燥成熟果实。水红花子的资源较丰富，广泛分布于全国各地。化妆品主要采用其干燥成熟籽的提取物。

有效成分和提取方法 ┃ --

　　水红花子所含化合物主要有黄酮类，有槲皮素、花旗松素和山柰酚及其糖苷等，是水红花子的主要有效成分，其中含量较高是花旗松素和槲皮素，花旗松素是《中国药典》规定检测含量的成分；含香豆素类化合物如 β-对-香豆酸-对羟基苯乙醇酯等。水红花子可以水、酒精等为溶剂提取。水红花子黄酮类成分的提取可以石油醚先处理后再加乙酸乙酯回流提取，浓缩至干得水红花子总黄酮。

花旗松素的结构式

安全性

国家食药总局将水红花子提取物作为化妆品原料，虽口服可致植物一日光性皮炎，但未见外用不安全的报道。

在化妆品中的应用

水红花子甲醇提取物 4mg/mL 对自由基 DPPH 的消除率为 35.5%，对其他自由基也有消除作用，可用作化妆品的抗氧化剂。提取物还可用于皮肤美白。

23. 十大功劳

阔叶十大功劳（*Mahonia bealei*）和细叶十大功劳（*M. fortunei*）为小檗科十大功劳属植物，均主产于我国东南部各省。十大功劳有诸多变种，但化妆品主要采用这两种植物根和叶的提取物。

有效成分和提取方法

这三种十大功劳的主要成分都是生物碱小檗碱。细叶十大功劳尚有氧基刺檗碱、小檗胺、药根碱、掌叶防己碱、木兰碱等生物碱。提取物可以水、酒精等为溶剂，按常规方法提取，然后浓缩至干为膏状。

安全性

国家食药总局将阔叶十大功劳和细叶十大功劳提取物作为化妆品原料，未见它们外用不安全的报道。

在化妆品中的应用

十大功劳水提取物对自由基 DPPH 的消除 IC_{50} 为 60.4μg/mL，水提取物 500μg/mL 对超氧自由基的消除率为 71.2%，可用作抗氧化剂；细叶十大功劳酒精提取物 1.0mg/mL 对烟色葚状菌和白色念珠菌的抑制率分别为 93% 和 7%，有抗菌性；提取物还有抗炎和减肥作用。

24. 睡莲

睡莲为莲属植物，有许多品种，化妆品采用的是白睡莲（*Nymphaea alba*）、巨睡莲（*N. gigantea*）、齿叶睡莲（*N. lotus*）、香睡莲（*N. odorata*）和埃及蓝睡莲（*N. coerulea*）的花、叶、根和籽的提取物。白睡莲生长于我国大部分地区的池沼湖泊中；巨睡莲产于澳洲；齿叶睡莲产于西伯利亚；香睡莲生长于南美洲埃，以及蓝睡莲原产于非洲北部及中部地区，国内主要分布于云南南部地区。

有效成分和提取方法

白睡莲根含氨基酸、黄酮化合物及生物碱。氨基酸为丙氨酸、酪氨酸、苯丙氨酸、缬氨酸、苏氨酸、精氨酸、亮氨酸、异亮氨酸和天冬氨酸；黄酮化合物为花青素、杨梅黄素及其糖苷；生物碱为萍蓬碱和睡莲碱。埃及蓝睡莲花主要含黄酮化合物，富含木犀草素、槲皮素、异槲皮素、槲皮素的葡萄糖苷等。上述睡莲可以水、酒精等为溶剂，按常规方法提取，然后浓缩至干。如埃及蓝睡莲花提取物为棕黄色粉末。

在化妆品中的应用

埃及蓝睡莲花提取物对多种超氧自由基有强烈的消除作用，用于抗衰性皮肤调理；白睡莲根提取物对弹性蛋白酶活性有抑制，用于皮肤抗皱护理；巨睡莲花提取物有抗炎作用，可抑制金属蛋白酶的活性。其余睡莲提取物都有调理皮肤的作用。

25. 桃金娘

桃金娘（*Rhodomyrtus tomentosa*）为桃金娘科桃金娘属植物，产于中国南方各省。化妆品采用其成熟干果提取物。

有效成分和提取方法

果实含黄酮类成分，主要是花青素及其糖苷；含多酚类成分如白皮杉醇；含多糖类成分如木聚糖、阿拉伯半乳聚糖等。桃金娘果可以水、酒精等为溶剂，按常规方法提取，再将提取液浓缩至干。如干果以 50% 酒精提取的得率为 5.8%。

在化妆品中的应用

桃金娘果丁二醇提取物对自由基 DPPH 的消除 IC_{50} 为 $11\mu g/mL$，作用强烈；80% 酒精提取物 0.03% 对自由基诱发皮层细胞 DNA 损伤的修复促进率为 59.1%，可用作皮肤护理剂。80% 酒精提取物 $200\mu g/mL$ 对谷胱甘肽生成的促进率为 52.7%，$50\mu g/mL$ 对纤维芽细胞的增殖促进率为 33.6%，可用作活肤抗衰剂。果提取物有雌激素样作用，也可用于皮肤保湿、缓解过敏和皮炎防治。

26. 香豌豆

香豌豆（*Lathyrus odoratus*）和沿生香豌豆（*L. palustris*）为豆科香豌豆属一、二年生攀性草本花卉植物，原产于南欧，现分布于北温带、非洲热带及南美高山区，我国也广有种植。两者可以互用，化妆品采用其花的提取物。

有效成分和提取方法

香豌豆花含挥发成分，主要是 E-β-罗勒烯和芳樟醇。非挥发成分主要为若干花青苷和黄酮醇类化合物的糖苷。香豌豆花可以水、酒精等为溶剂，按常规方法提取，然后将提取液浓缩至干。如以水煮，得率为 4.87%。

在化妆品中的应用

香豌豆花酒精提取物 0.1% 对超氧自由基的消除率为 100%，0.1% 对单线态氧的消除率为 67%，作用强烈，可用作化妆品的抗氧化剂。水提取物对成纤维细胞增殖的促进率为 20%，对弹性蛋白酶的活性也有抑制，有活肤调理和抗皱作用。

27. 悬钩子

黑莓即越南悬钩子（*Rubus fruticosus*）、兴安悬钩子（*R. chamaemorus*）和美味悬钩子

（*R. deliciosus*）为蔷薇科悬钩子属植物。黑莓主产于东南亚地区，兴安悬钩子原产于北欧，美味悬钩子产于我国华东地区。悬钩子的种类很多，化妆品仅采用这三种的果/籽的提取物。

有效成分和提取方法

黑莓果含丰富的维生素 C、维生素 E、维生素 K、维生素 B_1、维生素 B_2 和叶酸；含有 γ-氨基丁酸；其余有没食子酸、鞣花酸、鞣质、鞣花鞣质；黄酮化合物有槲皮素、花色苷和花青素等。悬钩子干果或籽可以水、酒精等为溶剂，按常规方法加热提取，然后将提取液浓缩至干。

在化妆品中的应用

兴安悬钩子醇提取物 $500\mu g/mL$ 对自由基 DPPH 的消除率为 97%，有很强的抗氧化性，可用作抗氧化调理剂；悬钩子非极性溶剂的提取物 0.001% 对 5α-还原酶的抑制率为 58%，显示对因睾丸激素偏高的头发生长缓慢或脱发有防治作用，可用作生发剂。

28. 椰子

椰子（*Cocos nucifera*）在我国种植已有 2000 多年的历史，现主要集中分布于我国海南各地、台湾南部、广东雷州半岛，云南等地也有少量分布。化妆品主要应用果肉、汁和果壳的提取物。

有效成分和提取方法

椰子含油 35%～45%，果肉含油量为 60%～65%，主要是游离脂肪酸如羊油酸、棕榈酸、羊脂酸、油酸、月桂酸等；含植物甾醇如豆甾三烯醇、豆甾醇、岩藻甾醇、α-菠菜甾醇及 β-谷甾醇，以 β-谷甾醇含量最大；含蛋白质如清蛋白、球蛋白、醇溶蛋白等；含维生素主要有维生素 B_1、维生素 B_5、α-生育酚、γ-生育酚、维生素 C 等。椰子胚乳用水煮等方法可制得椰子油；果肉、果壳等可采用酒精为溶剂，按常规方法提取，最后浓缩至膏状，果肉提取的得率大于 10%。

在化妆品中的应用

椰子油是制造香皂用的基础油脂，在化妆品中也有大量使用。椰子外果皮 50% 酒精提取物对自由基 DPPH 的消除力是同等质量 BHT 的 1.74 倍，对其他多种含氧自由基也有较好的消除效果，可用作抗氧化剂。水提取物 0.01% 涂敷皮肤，可使角质层含水量提高近一倍，可用作保湿剂。提取物还有抗炎性。

29. 银荆树

银荆树（*Acacia dealbata*）和绿荆树（*Acacia decurrens*）为豆科金合欢属常绿乔木，原产于澳大利亚，中国有多地种植。两种植物性能相似，化妆品采用它们的花、花蜡和树皮的提取物。

有效成分和提取方法

银荆树花含挥发油。它们的树皮富含鞣质，含量在 37%～40%，鞣质属于原花青素类鞣质。采用水蒸气蒸馏法可制取银荆树花油，即金合欢油；提取物可以水或酒精提取，然后浓缩至干。树皮用沸水提取，得率为 30%。

银荆树花油用于香精的调配；花蜡可作为调理剂、润肤剂、润滑剂使用；树皮水提取物对超氧自由基有强烈的消除作用，能力是同等浓度的维生素 C 的五倍，可用作抗氧化剂；提取物还有美白皮肤的作用。

30. 羽衣草

羽衣草（*Alchemilla vulgaris*）为蔷薇科斗篷草属草本植物，又名斗篷草，主产于欧洲如德国、瑞士，在北美洲也有种植。化妆品采用此植物全草的提取物。

有效成分和提取方法 ▎

有关羽衣草成分的研究不多，已知的成分为鞣花单宁、槲皮素及其苷类和水杨酸及其苷类化合物。羽衣草可以水、酒精、丁二醇等为溶剂，按常规方法提取，然后浓缩至干为膏状。如以 50％丁二醇提取得率为 8.7％。

在化妆品中的应用 ▎

羽衣草 70％酒精提取物对自由基 DPPH 的消除 IC_{50} 为 $21.5\mu g/mL$，对其他自由基也有良好抑制，可用作抗氧化剂。50％丁二醇提取物 1％对胶原蛋白生成的促进率为 25％，50％酒精提取物 0.47％对弹性蛋白酶活性的抑制率为 69.8％，可用于化妆品的抗皱和抗衰。提取物还有美白皮肤、抑制齿垢和抗炎作用。

31. 雨生红球藻

雨生红球藻（*Haematococcus pluvialis*）是一种单细胞微藻，隶属绿藻门团藻目红球藻科红球藻属。由于该藻能大量累积虾青素而呈现红色，故取名红球藻，是一可食用藻类。雨生红球藻为淡水藻，在世界温带地区均可生长，现主产地是西欧。化妆品采用其提取物。

有效成分和提取方法 ▎

特定条件下，雨生红球藻可累积至占干重的 1％以上的虾青素。虾青素主要以其酯化（单酯和双酯）形式存在。干雨生红球藻可以酒精、己烷等为溶剂，按常规方法或特殊提取，然后浓缩至干为膏状。如干藻以 50％酒精回流提取，得率约为 10％。

虾青素的结构式

在化妆品中的应用 ▎

雨生红球藻提取物对单线态氧、羟基自由基等都有强烈的消除作用，也可抑制脂肪过氧化，可用作化妆品的抗氧化剂。二甲亚砜提取物 $0.15\mu g/mL$ 对金属蛋白酶-1 活性的抑制率为 84.3％，有抗炎作用；雨生红球藻酒精提取物对大肠杆菌、金黄色葡萄球菌、白色念珠菌和黑色莆状菌有抑制，对黑色莆状菌作用最强，对白色念珠菌作用稍差。

32. 紫薇

紫薇（*Lagerstroemia indica*）和大花紫薇（*L. speciosa*）是千屈菜科紫薇属的木本植物。原产于东南亚、大洋洲和我国中部与南部，在东南亚大花紫薇叶作茶叶泡食。化妆品采用它们花和叶的提取物。

有效成分和提取方法 ▐

大花紫薇叶含多种多酚类物质，有龙胆酸、没食子酸、鞣花酸等；三萜酸有科罗索酸、山楂酸、熊果酸和23-羟基熊果酸等；另有 β-谷甾醇。大花紫薇和紫薇叶可以水、酒精等为溶剂，按常规方法提取，然后浓缩至干为膏状。如紫薇干叶加 50 倍水煮沸 0.5h，提取得率约为 10%。

在化妆品中的应用 ▐

大花紫薇叶水提取物对超氧自由基的消除 IC_{50} 为 $9\mu g/mL$，紫薇叶 70% 酒精提取物 $75\mu g/mL$ 对自由基 DPPH 的消除率为 92.3%，均表现为强烈的抗氧化性；大花紫薇叶提取物 0.1% 对弹性蛋白酶活性的抑制率为 62.8%；紫薇叶提取物 $150\mu g/mL$ 对胶原蛋白生成的促进率为 84.1%，可减缓弹性蛋白纤维的降解，可维持皮肤弹性，用于抗衰化妆品；大花紫薇叶提取物 $0.1mg/mL$ 对组胺游离释放的抑制率为 99.7%，可用作抑制过敏剂；提取物还有保湿、美白、抗炎和调理的作用。

第四节　油性皮肤的防治

油性皮肤的人，皮脂腺的分泌功能比较旺盛，面部感觉油腻，不易清洁，有影响美观的油光，同时还容易衍生一些相应的皮肤疾病，如寻常痤疮、脂溢性皮炎等。采用洁面剂可暂时去除或吸附多余的皮脂，但是控制皮脂分泌、减少出油、改变皮脂腺的组成等是这类皮肤保持健康、美观的关键。

1. 白扁豆

白扁豆（*Dolichos lablab*）为豆科植物，也称扁豆，主要分布在辽宁、河北、江苏、浙江、安徽、江西、湖南等省。化妆品采用其干燥成熟种子的提取物。

有效成分和提取方法 ▐

白扁豆种子中主要含有蛋白质、蔗糖、葡萄糖、麦芽糖、水苏糖、棉子糖、L-哌可酸、植物凝集素等。白扁豆可以水、含水酒精等为溶剂，按常规方法提取，然后浓缩至干为膏状。

安全性 ▐

白扁豆是食用的豆料作物。国家食药总局将白扁豆提取物作为化妆品原料，未见其外用不安全的报道。

在化妆品中的应用 ▐

白扁豆是传统中药。白扁豆 70% 酒精的提取物在浓度 2% 涂敷可增加皮肤的含水量

25%，有保湿作用；2%的提取物涂敷可减少皮脂分泌量6%，并使毛孔收缩3%，有收敛作用。

2. 苍耳

苍耳（*Xanthium sibiricum*）和欧洲苍耳（*X. strumarium*）为菊科苍耳属植物。苍耳主产地是北美和印度，中国各地均有野生分布。化妆品采用的是苍耳的成熟带总苞果实，即苍耳子的提取物。

有效成分和提取方法 ┃--

脂肪油成分是苍耳子的主要组成部分，其含量在干燥果实中达到了9.2%，脂肪酸中含亚油酸、油酸、棕榈酸等，不皂化物中含有蜡醇、植物甾醇；酚酸类化合物有若干咖啡酰奎宁酸类化合物，以及胡萝卜苷、咖啡酸和阿魏酸；含黄酮化合物；萜类化合物有苍耳苷。苍耳苷被认为是苍耳子中的有毒成分，但是专属性的。苍耳挥发成分主要是柠檬醛。可用水蒸气蒸馏法提取苍耳子挥发油；苍耳子提取物用水、酒精等为溶剂，按常规方法提取，然后将提取液浓缩至干。如欧洲苍耳干燥果实粉碎后，以水煮沸提取，得率为19.9%。

苍耳苷的结构式

在化妆品中的应用 ┃--

苍耳子挥发油或称苍耳子油是一种香料，也可用于提取香料柠檬醛。欧洲苍耳子80%酒精提取物0.01%对5α-还原酶活性的抑制率为93.5%，可抑制皮脂分泌，对油性皮肤有防治作用；苍耳子提取物对皮肤有抗氧化、保湿、抗炎等多重调理作用。

3. 草绿盐角草

草绿盐角草（*Salicornia herbacea*）为苋科海蓬子属海滩植物，也称海蓬子。主产于欧洲和韩国的西海岸，我国也有引种。化妆品采用它全草的提取物。

有效成分和提取方法 ┃--

草绿盐角草的主要成分是3-咖啡酰氧基-4-二氢咖啡酰氧基喹啉酸，另外发现的成分有β-谷甾醇、豆甾醇、尿嘧啶和异鼠李素葡萄糖苷。草绿盐角草全草可以水、酒精、乙酸乙酯等为溶剂，按常规方法提取，然后将提取液浓缩至干。阴干全草以70%酒精提取，得率约为20%。

在化妆品中的应用 ┃--

盐角草水提取物100μg/mL涂敷对皮脂分泌的抑制率为38.0%，可用于油性皮肤的防治。70%酒精提取物0.1%对纤维芽细胞增殖的促进率为7%，也可促进胶原蛋白的生成，有活肤作用，结合其抗氧化性，可用于抗衰调理化妆品；提取物5%对酪氨酸酶活性的抑制率为68%，可用作皮肤美白剂。

4. 草莓树

草莓树（*Arbutus unedo*）为杜鹃花科植物，原产于美国中部和西北部，以及欧洲西部到地中海地区，因果实像草莓不可食用而命名。化妆品采用其果实的提取物。

有效成分和提取方法

草莓树果实中含有丰富的花青素，主要的是矢车菊素及其多种糖苷，其中矢车菊素半乳糖苷的含量最高。另有维生素C、维生素E、胡萝卜素、鞣花酸、黄酮化合物等。草莓树新鲜果实可以较高浓度的酒精、丙二醇或丁二醇为溶剂，按常规方法提取，或浓缩为小体积使用，或浓缩至干。如酒精提取得率约为10%。

矢车菊素半乳糖苷的结构式

在化妆品中的应用

草莓树果酒精提取物对DPPH的消除IC_{50}为$21.2\mu g/mL$，可用作抗氧化剂；其超临界提取物0.01%对脂肪分解的促进率为56%，可降低皮脂的分泌、消除皮肤油光，对油性皮肤有防治作用。

5. 大麦

大麦（*Hordeum vulgare*）和栽培二棱大麦（*H. distichon*）为禾本科大麦属谷类植物。大麦在我国广泛种植，在国外主产于英国；栽培二棱大麦是一杂交品种，在我国青藏地区种植，应用与大麦相同。大麦的叶、种子、麦芽提取物均可用入化妆品。

有效成分和提取方法

大麦除含丰富的蛋白质、碳水化合物外，还有丰富的生育三烯酚、维生素B、烟酸、卵磷脂、尿囊素等。大麦的碳水化合物中有β-葡聚糖、糊精等成分。大麦籽经粉碎后可直接以水、酒精等为溶剂，按常规方法提取，然后将提取液浓缩至干。如以50%酒精室温浸渍提取的得率约为7%。也可经发酵后，离心过滤出清液，浓缩至干。

在化妆品中的应用

大麦提取物对B-16黑色素细胞有一定的抑制作用，对皮肤有美白效果；提取物0.01%对表皮角质细胞的增殖促进率为23%，可用于抗皱抗衰化妆品；大麦籽50%酒精提取物$10\mu g/mL$对神经酰胺生成的促进率为82%，可改善皮脂的组成，有柔润调理油性皮肤的效果；大麦芽酒精提取物对透明质酸生成的促进率为41%，大麦籽水提取物涂敷后可明显降低经皮水分蒸发量，可用作皮肤保湿剂；提取物还有抗氧化和抗炎功能。

6. 大枣

大枣（*Ziziphus jujuba*）为鼠李科落叶灌木或小乔木植物枣树的成熟果实。大枣在我国栽培范围极广，其同科同属植物酸枣（*Z. jujube spinosa*）与大枣性能相似。同属植物洋枣（*Z. joazeiro*）产于巴西东北部。化妆品主要采用的是大枣和酸枣的干燥成熟果实提取物，以及洋枣树皮的提取物。

有效成分和提取方法 ┃

干枣果肉含丰富维生素，有维生素B类成分、维生素P、腺苷类等；黄酮类物质主要是芦丁，其余如斯皮诺素；腺苷类化合物有环磷酸腺苷（cAMP）和环磷酸鸟苷（cGMP）等；皂苷类有酸枣仁皂苷。《中国药典》将斯皮诺素和酸枣仁皂苷作为酸枣仁规定检测含量的成分，斯皮诺素的含量在干枣中不得少于0.080%。枣可以水、酒精、丙二醇、1,3-丁二醇等为溶剂，按常规方法提取，可浓缩至小体积或至浸膏状使用。如以80%甲醇提取，得率约为5.1%。

斯皮诺素的结构式

在化妆品中的应用 ┃

枣提取物10μg/mL对神经酰胺生成促进率为62%，对胶原蛋白生成的促进率为21%，提取物1%对水通道蛋白生成的促进率为87.3%，可很好地柔润和调理油性皮肤；枣提取物的抗菌性并不强，但0.5mg/mL对干燥棒状杆菌即完全抑制，干燥棒状杆菌长存于人体表皮分泌腺体内，生成睾丸酮类性气息的菌种，可用于抑臭产品；枣提取物1%对黑色素细胞的增殖促进率为36%，结合对毛发生长的促进，可用于生发、乌发制品；枣提取物和洋枣树皮提取物还有抗炎作用，如洋枣树皮水提取物1.0%对照射紫外线而诱发前列腺素E-2生成的抑制率为92%。

7. 冬瓜

冬瓜（*Benincasa hispida*）为葫芦科植物。起源于中国和印度，广泛分布于亚洲的热带、亚热带及温带地区，化妆品主要采用其干燥的果肉和干燥的种子提取物。

有效成分和提取方法 ┃

冬瓜果肉含β-胡萝卜素和维生素A，所含氨基酸主要为精氨酸、天门冬氨酸、谷氨酸、谷酰胺、羟基脯氨酸、异白氨酸、半胱氨酸、瓜氨酸，以瓜氨酸含量最高；另含葫芦素B、羽扇豆醇、β-谷甾醇和甘露醇等。冬瓜子含有丰富的不饱和脂肪酸，以亚油酸为主，其余成分有皂苷、葫芦巴碱、腺嘌呤等。冬瓜干片可用水或乙醇提取，以酒精提取为主，提取物浓缩后冷冻干燥，得率约为 15％。冬瓜子可采用相似方法提取，30％酒精提取的得率约为 4％。

瓜氨酸的结构式

在化妆品中的应用

冬瓜子 30％酒精提取物 $1.0\mu g/mL$ 对脂腺细胞活性的抑制率为 88％，抑制其分泌油脂，有效地减少皮脂的分泌，对粉刺的预防和对油性皮肤的护理均有作用；冬瓜提取物 $1\mu g/mL$ 对胶原蛋白生成的促进率为 10.1％，对弹性蛋白酶的 IC_{50} 为 3.57mg/mL，有抗皱调理作用；冬瓜子提取物对酪氨酸酶活性的 IC_{50} 为 0.1％，冬瓜水提取物 $100\mu g/mL$ 对 B-16 黑色素细胞活性抑制率为 94％，可用于皮肤美白。

8. 豆瓣菜

豆瓣菜（*Nasturtium officinale*）系十字花科豆瓣菜属多年生水生草本植物，豆瓣菜原产于地中海东部，现在我国华南、西南、华北等地均有栽培，为一种蔬菜，也全草入药。化妆品采用其干燥全草提取物，花期全草提取物效果更好。

有效成分和提取方法

豆瓣菜的药用成分主要为糖苷类，含数种硫苷，其中含量最大的是葡萄糖苯乙基异硫氰酸酯（又称豆瓣菜苷）；其余有软脂酸、亚油酸、硬脂酸等脂肪酸。豆瓣菜可以水、酒精等为溶剂，按常规方法提取。如其干燥全草用 50％酒精提取，得率约为 20％。

豆瓣菜苷的结构式

在化妆品中的应用

在人体额部皮脂分泌的测定试验中，涂敷豆瓣菜 0.01％的提取物，并和空白相比较，抑制皮脂分泌 16％，可用于油性皮肤的防治，对由于皮脂分泌过多而引发的粉刺等皮肤疾患也有预防作用；提取物 0.005％对 Ⅳ 型胶原蛋白生成的促进率为 44％，0.05％对 Ⅶ 型胶原蛋白生成的促进率为 27％，可用作抗皱抗衰剂；提取物还可用作抗氧化剂、减肥剂和保湿剂。

9. 广金钱草

广金钱草（*Desmodium styracifolium*）为豆科山蚂蝗属草本植物，主要分布在我国广东和广西，化妆品采用其干燥全草或茎叶的提取物。

有效成分和提取方法

广金钱草的主要成分是黄酮类化合物，有芹菜素和木犀草素及其糖苷、夏佛塔苷、异荭草苷、异牡荆苷等，其中夏佛塔苷是《中国药典》规定检测含量的成分，夏佛塔苷的含量不得低于 0.13%；另有甾醇类化合物 β-谷甾醇、β-胡萝卜苷、豆甾醇；三萜皂苷有大豆皂苷、22-酮基大豆皂苷等。广金钱草可以水、酒精等为溶剂，加热提取，最后将提取液浓缩至干。

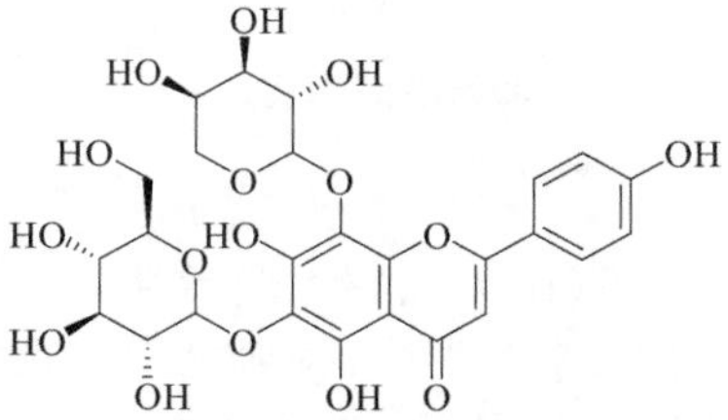

夏佛塔苷的结构式

安全性

国家食药总局将广金钱草提取物作为化妆品原料，未见外用不安全的报道。

在化妆品中的应用

广金钱草提取物 0.5% 对雌激素受体结合活性的促进率为 66.4%，对油性皮肤皮脂的分泌有抑制作用，可用于油性皮肤的防治；50% 酒精提取物 50μg/mL 对脂肪酶活性的抑制率为 50%，可预防脂肪的积累，有减肥作用；10μg/mL 提取物对血管紧张素转化酶的活性的抑制率为 39%，可缓解血管的收缩，减少红血丝的生成；提取物还可用作抗氧化剂。

10. 莲

莲（*Nelumbo nucifera*）为睡莲科水生植物，广布于我国南北各地。莲的根茎称为藕，其叶为荷叶，花为荷花，它的果实为莲子，莲子由外果皮、莲子果肉和莲子胚芽三部分组成，莲子胚芽又名莲子芯，化妆品一般采用其莲子芯、花、叶、茎、根藕等的提取物，以莲子芯的应用最多。

有效成分和提取方法

莲子芯中主要含生物碱，为双苄基异喹啉类化合物，有莲心碱、异莲心碱、甲基莲心碱、荷叶碱、前荷叶碱、牛角花素、甲基紫堇杷灵、去甲基乌药碱等，莲心碱是《中国药典》规定检测含量的成分；又含水犀草苷、金丝桃苷、芸香苷等黄酮类。莲子芯等均可以水、酒精等为溶剂，按常规方法提取，最后将提取物浓缩至干。如干燥莲子芯以水为溶剂加热提取，得率约 30%；以 50% 酒精提取，得率约 25%；以酒精提取，得率约 15%。

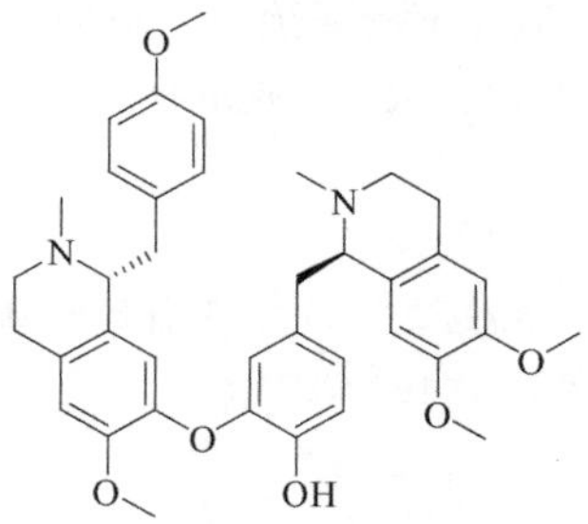

莲心碱的结构式

在化妆品中的应用

莲子芯酒精提取物 $50\mu g/mL$ 对胶原蛋白生成的促进率提高一倍，50％酒精提取物 $12.5\mu g/mL$ 对弹性蛋白的生成促进率为 35％，显示增强皮肤活性的能力，可用于抗衰防皱性化妆品；荷叶 70％酒精提取物 $50\mu g/mL$ 对皮肤皮脂分泌的抑制率为 53.5％，可用于油性皮肤调理和防治；莲藕酒精提取物 $100\mu g/mL$ 对 β-氨基己糖苷酶释放的抑制率为 22.9％，有抑制过敏作用；莲芯 70％酒精提取物 $1mg/mL$ 对自由基 DPPH 的消除率为 94.3％，对其他自由基也有强烈消除，可用作抗氧化剂；提取物还有美白皮肤、保湿、促进生发、抗炎、抗菌等作用。

11. 龙胆

龙胆（*Gentiana scabra*）为龙胆科龙胆属植物，龙胆与若干同属植物如黄龙胆（*G. lutea*）、条叶龙胆（*G. manshurica*）、坚龙胆（*G. rigescens*）和三花龙胆（*G. triflora*）的作用相似，均可在化妆品中应用，用其干燥根的提取物。黄龙胆主产于中南欧，其余的主产于我国江浙和东北地区。

有效成分和提取方法

龙胆的根及根茎都含有环烯醚萜、裂环环烯醚萜及其苷类如龙胆苦苷、獐牙菜苦苷、獐牙菜苷等，含量在 2％～4.5％，龙胆苦苷是《中国药典》规定检测含量的成分，含量不得小于 3.0％；含生物碱龙胆碱，含量约 0.15％；其余有角鲨烯、β-谷甾醇、胡萝卜苷、豆甾醇、菜油甾醇以及三萜皂苷化合物。龙胆可以水、酒精等为溶剂，按常规方法提取，然后浓缩至干为膏状。如龙胆用水为溶剂提取的得率约 30％，用 50％酒精提取的得率为 28％，用 95％酒精提取的得率为 18％。

安全性

国家食药总局和 CTFA 都将龙胆和黄龙胆提取物作为化妆品原料，此外中国食药总局还将条叶龙胆、坚龙胆和三花龙胆提取物作为化妆品原料，未见它们外用不安全的报道。

在化妆品中的应用

龙胆 50％酒精提取物 $10\mu g/mL$ 对表皮细胞胆甾醇的分泌促进率为 12％，提取物 1.0％对芳香化酶的活化率为 59.4％，可改善油性粗糙皮肤的状态；龙胆提取物 0.01％对表皮细胞增殖的促进率为 38％，0.005％对胶原蛋白生成的促进率为 13％，可在抗衰的化妆品中采用；龙胆类提取物均有抑菌作用，提取物 0.2％对 β-防卫素的生成率提高 2 倍，与其他草药配合可治疗急性湿疹、接触性皮炎等；提取物还可用作生发剂、抗氧化剂、减肥剂和收敛剂。

12. 芦荟

芦荟（*Aloe vera*）是百合科芦荟属多年生常绿多肉质草本植物，主产于我国华南地区。除芦荟外，化妆品可采用的芦荟品种有库拉索芦荟（*A. barbadmsis*），又称美国芦荟；好望角芦荟（*A. ferox*）又称开普芦荟，主产于南非开普州；安东芦荟（*A. andongensis*），产于美国加利福尼亚；东非芦荟（*A. perryi*），产自东非；木立芦荟（*A. arborescens*），原产于南非。这六种芦荟品种性能相似，化妆品主要采用其新鲜茎叶等的提取物。

有效成分和提取方法

芦荟茎叶中富含蒽醌类化合物，其他有维生素、多糖化合物、必需氨基酸等。蒽醌类化合物有芦荟苷、芦荟大黄素、异芦荟苷、大黄素、大黄根酸等。其中芦荟苷是《中国药典》规定检测含量的成分，按干品计算，芦荟苷的含量不得小于18%；维生素有维生素B_1、叶酸、维生素B_2、维生素C、烟酰胺、维生素E、维生素B_6、维生素胆碱和β-胡萝卜素；还含有芦荟宁、芦荟多糖等。芦荟类的制品主要有芦荟原汁、浓缩汁、结晶粉、芦荟多糖等。可以水、酒精等为溶剂提取，然后浓缩至干。

芦荟苷的结构式

安全性

国家食药总局和CTFA都将上述芦荟列为化妆品原料，芦荟提取物中的芦荟苷类蒽醌化合物在食品中使用存有异议，但未见芦荟类提取物外用不安全的报道。

在化妆品中的应用

芦荟提取物显示了多方面的生物活性，是化妆品的重要添加剂。从芦荟提取物对纤聚蛋白增长的促进作用、对弹性蛋白酶的抑制、对胶原蛋白合成的促进作用以及对自由基DPPH等的清除作用，说明芦荟提取物有明显的活肤和抗老作用；提取物涂敷皮肤，可使皮肤角质层含水量增加一倍以上，是高效的保湿剂；提取物$28\mu g/mL$时对胆甾醇合成的促进率为28%，有助于改变皮肤皮脂的分泌组成，可减少油光和增加皮肤的柔润程度；提取物对环氧合酶、金属蛋白酶的活性均有抑制，显示有抗炎性，也可抑制过敏；提取物对干细胞转化为脂肪细胞有促进作用，预示可用于丰乳类制品；提取物尚可用作皮肤晒黑剂、调理剂和抗氧化剂。

13. 木苹果

木苹果（*Limonia acidissima*）为芸香科柑橘属植物，原产于斯里兰卡和印度，其果实是水果。化妆品主要采用其叶茎的提取物。

有效成分和提取方法

木苹果叶富含多酚类物质如黄酮化合物，含柠檬苦素类化合物如尼洛替星，有香豆素类衍生物的存在。提取物可以水、酒精等为溶剂，按常规方法提取，然后将提取液浓缩至干。如干叶用丙酮提取，得率约为3%。

在化妆品中的应用

皮肤涂敷木苹果叶70%酒精提取物$220\mu g/cm^2$，对油性皮肤皮脂分泌的抑制率为12.7%，对中性皮肤皮脂分泌的抑制率为22.7%，提取物可用于油性皮肤的防治；对毛孔也有收缩作用，对油性皮肤毛孔的收缩率为2.2%，对中性皮肤毛孔的收缩率为6.7%；

50%酒精提取物 2mg/mL 对酪氨酸酶活性的抑制率为 83.4%，可用于美白类制品。

14. 枇杷

枇杷（*Eriobotrya japonica*）系蔷薇科枇杷属植物常绿果树，我国南方特产，主产于广东、江苏、浙江、福建、湖北等地。枇杷的果实、叶、花、根、核和树皮均有药用，化妆品主要采用的是干燥枇杷叶的提取物。

有效成分和提取方法

枇杷叶中的三萜酸类化合物有十几种，是枇杷叶的主要有效成分，主要是熊果酸、齐墩果酸和委陵菜酸为母体的衍生物等，熊果酸是《中国药典》规定检测含量的成分之一；枇杷叶中含有的黄酮类化合物苷元主要为山柰酚、槲皮素，糖苷由 1~3 单糖组成。枇杷叶还含皂苷类物质，如枇杷苷、苦杏仁苷等。枇杷叶可以水、酒精等为溶剂，按常规方法提取，然后将提取物浓缩至干。以水为溶剂提取的得率为 12%，50%酒精提取的得率为17%，而 95%酒精提取的得率为 9%。

在化妆品中的应用

枇杷叶 50%酒精提取物 0.1%对细胞有丝分裂驱动蛋白活性的抑制率为 33.5%，可防治雀斑的活跃和扩展；叶 90%丁二醇提取物 0.001%对神经酰胺生成的促进率为 60.9%，有助于改善皮肤皮脂的组成，起减油柔肤作用；叶酒精提取物对弹性蛋白酶的 IC_{50} 为5.9μg/mL、17μg/mL 对角质层细胞的增殖促进率提高 1.5 倍，可抑制皮肤的老化和抗皱；叶 50%酒精提取物 0.0125%可完全抑制透明质酸酶活性，为干性皮肤防治的添加剂，并有抗炎的作用；提取物对 β-半乳糖苷酶活性的抑制表示可提高雌激素水平，对 5α-还原酶活性有抑制，对睾丸激素偏高所致脱发有防治作用，并可刺激生发；提取物还有减肥、抗氧化、抗炎的作用。

15. 蒲黄

水烛蒲黄（*Typha angustifolia*）和东方香蒲（*T. orientalis*，又名蒲黄）为香蒲科草本植物，我国各地均产，以长江流域居多。它们性能相近，化妆品采用它们叶、茎、花粉等的提取物，以花粉提取物为主。

有效成分和提取方法

水烛蒲黄和东方香蒲花粉都含有丰富的黄酮类物质，有槲皮素、山柰酚、柚皮素、鼠李素、异鼠李素及其糖苷；相对而言黄酮类化合物的苷成分的比例远大于其苷元，黄酮类物质含量的高低可作为花粉质量的内在标准，香蒲新苷是《中国药典》规定检测含量的成分。另有 β-谷甾醇、胡萝卜苷、赤藓醇、多糖类化合物、维生素 B 成分。蒲黄可以水、酒精、1,3-丁二醇等为溶剂，按常规方法提取，然后将提取液浓缩至干。如水烛蒲黄花粉用水提取的得率为 12%，50%酒精提取的得率为 10.3%。

在化妆品中的应用

蒲黄花粉提取物 0.01%对神经酰胺的生成促进率为 31.3%，皮层中脑酰胺含量的增加将改善皮肤的油脂状态，对油性皮肤有防治作用；酒精提取物对白介素类的生成有较广谱的抑制作用，对特异性皮炎有防治作用；提取物另可用作皮肤美白剂、抗氧化剂和皮肤调理剂。

香蒲新苷的结构式

16. 忍冬

忍冬（*Lonicera japora*）是忍冬科忍冬属植物，其花名金银花。同科同属的毛花柱忍冬（*L. dasystyla*）、红腺忍冬（*L. hypoqlauca*）和山银花（*L. confusa*）与忍冬性能相似，时有互用；它们广布于全国各省区，以西南部种类最多；同科同属的蔓生盘叶忍冬（*L. caprifolium*）主产于南欧如意大利。化妆品主要采用它们花和叶的提取物，以忍冬花提取物为主。而蓝果忍冬（*L. caerulea*）采用的是其果汁。

有效成分和提取方法

忍冬和其他品种花含挥发油，主成分为芳樟醇、香叶醇等。酚酸类是忍冬花的非挥发主要活性成分，有绿原酸、异绿原酸、新绿原酸、咖啡酸等，另有黄酮类物质如木犀草素、槲皮素及其糖苷，也有皂苷类化合物如常春藤苷元、石竹素苷元等成分存在。绿原酸含量是金银花质量的重要指标，也是《中国药典》规定检测含量的成分之一，以干花计，绿原酸含量不得小于 1.5%。忍冬花可以水、酒精等为溶剂，按常规方法浸渍或加热回流提取，提取液最后浓缩至干。如用 50% 酒精提取的话，得率在 $10\% \sim 12\%$。

安全性

国家食药总局和 CTFA 都将忍冬、蔓生盘叶忍冬和蓝果忍冬的提取物作为化妆品原料，国家食药总局又将毛花柱忍冬、红腺忍冬和山银花提取物列入，未见它们外用不安全的报道。

在化妆品中的应用

忍冬花精油为上等香料，可用于香精的调配；忍冬花酒精提取物 $10\mu g/mL$ 对神经酰胺生成的促进率为 22%，0.01% 涂敷皮肤对皮脂分泌的抑制率为 18%，有调理皮肤油性和柔肤效果；提取物 0.01% 对表皮角质细胞的增殖促进率为 28%，$200\mu g/mL$ 对胶原蛋白生成的促进率为 35%，有活肤抗皱功能；蓝果忍冬果水提取物 $100\mu g/mL$ 对透明质酸酶活性的抑制率为 36.4%，有保湿效果；提取物还可用作抗氧化剂、抗菌剂、痤疮防治剂、除口臭剂、皮肤美白剂和抗炎剂。

17. 天冬

天冬（*Asparagus cochinchinensis* 或 *A. lucidus*）和总序天冬（*A. racemosus*）为百合科天门冬属植物。天冬又名天门冬，主产于我国贵州、湖北等地；总序天冬产于印度，两者作用相近。化妆品采用它们新鲜或干燥根、全草的提取物，以天冬根提取物为主。

有效成分和提取方法 ▎--

天冬的主要成分是皂苷，有菝葜皂苷元、异菝葜皂苷元、薯蓣皂苷元及这些皂苷元的糖苷；所含甾醇类有 β-谷甾醇、豆甾醇和胡萝卜苷；氨基酸类主要有天冬酰胺，另有瓜氨酸、丝氨酸、苏氨酸、脯氨酸、甘氨酸等 19 种氨基酸；尚有天冬多糖、多糖蛋白等成分。总序天冬的主要成分也是皂苷，与天冬相似，也有多糖等成分。天冬可用水、酒精等为溶剂按常规方法提取。如以新鲜天冬为原料，以酒精为提取剂，浓缩干燥的得率约为 4%；干燥天冬根用 70% 酒精提取，得率为 15.4%。

天冬酰胺的结构式

在化妆品中的应用 ▎--

天冬根 80% 酒精提取物 0.1% 对皮脂腺细胞分泌皮脂的抑制率为 31.3%，可控制皮脂的过量分泌，并能改善皮脂的组成，对脂溢性粉刺有防治作用。50% 酒精提取物 0.005% 对胸腺素（β）10 生成的促进率为 49%，有利于血管的新生和促进、内皮细胞的游走和接着，结合其对白介素抑制的数据，提取物有利于皮肤创伤的愈合；提取物尚可用作皮肤和头发的调理剂、抗氧化剂、皮肤老化防治剂、皮肤美白剂和保湿剂。

18. 天竺葵

香叶天竺葵（*Pelargonium graveolens*）和头状天竺葵（*P. capitatum*）为牻牛儿苗科天竺葵属植物，它们原产于南非和南美洲的热带和亚热带地区，我国仅对香叶天竺葵在西南和华东地区引种。化妆品主要采用它们叶的提取物。

有效成分和提取方法 ▎--

香叶天竺葵叶含挥发油，其主要成分为香叶醇、香茅醇、芳樟醇和苯乙醇等，次要成分有薄荷酮、异薄荷酮、薄荷醇、甲酸香茅酯、喇叭烯、荜澄茄烯、库贝醇和愒各酸香叶酯等。可以水蒸气蒸馏法制取香叶天竺葵叶挥发油，提取物可以水、酒精等为溶剂，按常规方法提取，然后浓缩至干为膏状。

在化妆品中的应用 ▎--

天竺葵叶有似玫瑰花的香味，天竺葵叶油广泛用于化妆品香精的调配。香叶天竺葵 70% 酒精提取物 50μg/mL 对皮脂分泌的抑制率为 50.6%，可用于油性皮肤的防治。香叶天竺葵精油对蜡状芽孢杆菌、枯草芽孢杆菌、大肠杆菌和金黄色葡萄球菌均有很好的抑制作用；香叶天竺葵花油对致头屑的糠秕马拉色菌也有较好的抑制作用，可用作祛头屑助剂；香叶天竺葵油和头状天竺葵油在试验管中加入 0.125mg 时，对屋尘螨和粉尘螨的杀灭率均为 100%，可用作除螨剂。水提取物对羟基自由基的消除 IC_{50} 为 10μg/mL，可用作抗氧化剂。

19. 羊栖菜

羊栖菜（*Sargassum fusiforme*）和大叶海藻（*S. pallidum*）为多年生褐藻。羊栖菜也

名小叶海藻，都主产于我国浙江、福建、广东沿海等地，两者性能相似。化妆品采用它们干燥藻体的提取物。

有效成分和提取方法

多糖类成分是上述海藻的主体成分，约占干重的 20％～70％，其中海藻酸含量最高，在羊栖菜中海藻酸的含量为 20.8％，在大叶海藻中海藻酸的含量为 19.0％。羊栖菜中还有羊栖菜多糖 A、羊栖菜多糖 B、羊栖菜多糖 C 及褐藻淀粉（即海带淀粉）；羊栖菜蛋白质中含有丰富的人体必需氨基酸，如精氨酸、赖氨酸、组氨酸、蛋氨酸等。《中国药典》的检测所含海藻多糖以岩藻糖（$C_6H_{12}O_5$）计，不得少于 1.70％。羊栖菜等可以水、碱水、酒精等为溶剂，按常规方法提取，最后浓缩至干。羊栖菜以 95％酒精提取的得率为 6.5％，50％酒精的提取得率为 16.5％。

L(－)-岩藻糖的结构式

在化妆品中的应用

羊栖菜 50％酒精提取物 0.01％对神经酰胺酶活性的抑制率为 10.8％，0.05％对脂肪细胞分解脂肪的促进率为 16.8％，可用于改善和调理油性皮肤。70％酒精提取物 1％对水通道蛋白-3 生成的促进率提高近 2 倍，5mg/mL 对透明质酸酶活性的抑制率为 27％，有保湿作用，用于干性皮肤的防治。提取物还有抗氧化、抗炎、美白皮肤和抑臭作用。

20. 薏苡

薏苡（*Coix lacryma-jobi*）为禾本科植物薏苡的种仁，主产于我国华东和华中各省，品种以苏浙一带的更好。同科植物川谷（*C. lacryma-jobi* ma-yuen）为薏苡的变种植物，可替代薏苡仁入药。化妆品主要采用它们干燥的种仁的提取物。

有效成分和提取方法

薏苡仁所含成分丰富，脂肪酸及脂类成分含有薏苡仁酯、薏苡内酯、十八碳一烯酸、十八碳二烯酸、肉豆蔻酸及软脂酸、硬脂酸、棕榈酸的甘油酯等，而甘油三油酸酯是《中国药典》规定检测含量的成分，含量不得小于 0.5％；甾醇类化合物有阿魏酰豆甾醇、α,β-谷甾醇及豆甾醇等；另含生物碱如四氢哈尔明碱和多糖类化合物如薏苡多糖。薏苡仁可采用水、酒精等为溶剂按常规方法提取，以酒精提取物为多。如以 50％酒精回流提取，得率为 2.0％。

在化妆品中的应用

薏苡仁提取物 0.001％对神经酰胺的生成促进率为 78.1％，表明它可明显改变皮脂的组成，从而减少皮肤的油蜡性，改善皮肤的柔润程度；提取物 100μg/mL 对纤维芽细胞增殖有促进，可提高皮肤的活性，减少皱纹；提取物 50μg/mL 对脂肪细胞的分解促进提高一倍，适用于减肥类化妆品；提取物还可用作抗炎剂、抗氧化剂、保湿剂和血管强化剂。

21. 泽泻

泽泻（*Alisma orientalis*）为泽泻科泽泻属植物。野生于全国许多地区的沼泽边缘，人工栽培泽泻产区主要集中在福建等地，产于福建的称为"建泽泻"。化妆品采用其干燥的块茎提取物。

有效成分和提取方法

泽泻含泽泻醇 A、泽泻醇 B 及单乙酸酯，以表泽泻醇 A 等多种三萜类成分，另含挥发油、生物碱、胆碱、有机酸、天门冬素、谷甾醇等。泽泻醇是泽泻的特征成分，23-乙酰泽泻醇 B 是《中国药典》规定检测含量的成分，含量不得小于 0.05％。泽泻可以水、酒精等为溶剂，按常规方法提取，然后浓缩至干为膏状。如泽泻干燥块茎用 95％的酒精室温浸渍，提取得率约 4％。

23-乙酰泽泻醇 B 的结构式

在化妆品中的应用

泽泻 50％酒精提取物 0.01％对神经酰胺生成的促进率提高 1.5 倍，丁二醇提取物 0.5mg/mL 对脂肪细胞降解的促进提高一百多倍，可用于处理、预防、改善、减少或消除皮下脂肪及由皮脂过量累积衍生的症状如痤疮、油腻皮肤、泛油头发。80％甲醇提取物对自由基 DPPH 的消除 IC_{50} 为 $104\mu g/mL$，可用作抗氧化剂。

第五节　减肥

减少特定部位脂肪细胞的体积或数量的肤用品称为减肥化妆品。

脂肪组织占人体体重的 35％～45％，正常人体中含脂肪细胞 10 亿个。脂肪组织和细胞遍布全身，如肌肉纤维旁、血管、皮下组织、结缔组织等，人如没有必要的脂肪组织和细胞将无法生存。从外表来说，有的区域的脂肪组织还是挺需要的，如女性的胸部，脸颊处的脂肪组织也应有相当的保留；但脂肪组织经常出现在讨厌的位置如腰部、平肚、大腿、下颚、眼袋等。

可从脂肪消耗的角度出发来减肥，但人体消耗能量的次序是先碳水化合物、血糖，然后是蛋白质，最后才是脂肪。各部位脂肪细胞消退的次序是脸部先于胸部、又先于腿部、最后才是我们的目标腰部。

减肥化妆品采用涂敷的方法加速分解特定部位的脂肪，或抑制脂肪细胞的合成脂肪的能力，局部降低雌激素的水平等。

1. 白茅

白茅（*Imperata cylindrica*）为禾本科植物，广泛分布于全国各地，为中医传统常用中药。化妆品主要用白茅的干燥根提取物。

有效成分和提取方法

白茅根的化学成分以三萜类化合物为主，另外还含有内酯、甾醇、有机酸等成分。三萜类化合物有木栓酮、羊齿烯醇、乔木萜醇、乔木萜酮等；酚酸类化合物为绿原酸，在干燥的白茅根中，绿原酸含量在 $0.2\%\sim0.8\%$，是主要有效成分。白茅根可以水、酒精等为溶剂，按常规方法提取，然后浓缩至干为膏状。干根如用甲醇回流提取，得率约 7.5%；用水提取得率为 8.9%。

在化妆品中的应用

白茅根提取物对脂肪细胞有很好的促进分解的作用，$10\mu g/mL$ 时分解速度提高了一倍多，可用于减肥瘦身类的护肤品；提取物对芳香化酶有活化作用，对成纤维细胞等有增殖促进作用，可用于改善因局部雌激素水平偏低而导致的皮肤老化，加上提取物的抗氧化性，可用于抗衰调理化妆品；对大鼠毛发生长促进的试验中，白茅根提取物 1% 涂敷，促进率为 88.55%，可用于生发制品。

2. 草豆蔻

草豆蔻（*Alpinia katsumadai*）为姜科山姜属多年生草本香料植物，分布于我国海南、广东、广西、云南等地，化妆品用其干燥种子的提取物。

有效成分和提取方法

草豆蔻含挥发油，主要化合物有 1,8-桉叶素、金合欢醇、对-聚伞花素、蛇麻烯、β-丁香烯、α-水芹烯等。已知的非挥发成分有黄酮类成分，主要为山姜素（约 $1.1\%\sim1.5\%$）和小豆蔻明（$0.36\%\sim0.93\%$），有研究认为小豆蔻明是草豆蔻的主要有效成分，也是《中国药典》规定检测含量的成分之一。可以水蒸气蒸馏法制取草豆蔻挥发油，得率约 0.85%；提取物可以水、酒精等为溶剂，按常规方法提取，然后将提取液浓缩至干。

小豆蔻明的结构式

在化妆品中的应用

草豆蔻挥发油可作为化妆品和食品香料；提取物 $50\mu g/mL$ 对人套膜蛋白生成的促进率为 260%，人套膜蛋白可促进角蛋白膜蛋白的形成，提高皮肤的屏障功能，可用作皮肤调理护理剂；50%酒精提取物 $10\mu g/mL$ 对脂肪分解速度提高 10 倍，是高效的减肥剂；提取物还可用作皮肤美白剂、抗炎剂、抗菌剂和保湿剂。

3. 大蕉

大蕉（*Musa sapientum*）是芭蕉科芭蕉属的植物，分布在印度、东南亚以及我国广东、云南、福建、广西、台湾等地，化妆品主要采用它们果实和花的提取物。

有效成分和提取方法

大蕉果实含多巴胺、肾上腺素、去甲肾上腺素、5-羟色胺、β-谷甾醇等。大蕉提取物可以水、酒精等为溶剂，按常规方法提取，然后浓缩至干为膏状。如干燥大蕉果用 50％酒精提取，得率约为 35％。

多巴胺的结构式

在化妆品中的应用

大蕉果 50％酒精提取物对脂肪分解的促进率提高 8 倍，可用作减肥剂；大蕉果酒精提取物对Ⅰ型胶原蛋白生成的促进率提高 5 倍，对纤维连接蛋白生成的促进率为 31％，对黏附斑激酶表达的促进率提高 1.5 倍，黏附斑激酶在细胞周期调控、黏附、迁移、生成等多方面发挥重要的作用，可用于抗衰调理护肤品。

4. 黑种草

栽培黑种草（*Nigella sativa*）和腺毛黑种草（*N. glandulifera*）属毛茛科黑种草属草本植物，广泛分布在地中海、中欧、西亚等地，我国新疆有产，是当地的传统草药；化妆品主要采用其籽的提取物。

有效成分和提取方法

栽培黑种草籽含挥发油，主要含有反-对丙烯基茴香醚、对伞花烃、柠檬烯和香芹酮。栽培黑种草籽中油脂含量可达 35％～40％，且其中不饱和脂肪酸的含量可占到 84％，主要为亚油酸和油酸；含皂苷类化合物如常春藤皂苷；含黄酮类物质如山柰酚、槲皮素的糖苷；含生物碱如毛茛苷、黑种草碱等，另有 β-谷甾醇、胡萝卜苷等。栽培黑种草籽可以水蒸气蒸馏法制取黑种草籽挥发油，提取物可以水、酒精等为溶剂，按常规方法提取，然后浓缩至干为膏状。如栽培黑种草干籽用 50％酒精提取，得率为 21％。

安全性

国家食药总局和 CTFA 将栽培黑种草提取物作为化妆品原料，国家食药总局还将腺毛黑种草列入，未见它们外用不安全的报道。

在化妆品中的应用

栽培黑种草籽 90％酒精提取物对金黄色葡萄球菌、大肠杆菌、白色念珠菌和黑色莆状菌的 MIC 分别为 0.1％、0.4％、0.125％和 0.1％，可用作抗菌防腐剂；对致齿垢的变异链球菌有强烈抑制，浓度在 50μg/mL 时，抑制率在 80％以上，用于口腔卫生用品。栽培黑种草籽 50％酒精提取物 100μg/mL 对脂肪分解的促进率提高二倍以上，可用作减肥剂。提取物还有皮肤美白、抗衰调理和抗氧化作用。

5. 葫芦巴

葫芦巴（*Trigonella foenum-graecum*）系豆科蝶形花亚科一年生草本植物。目前以印度、法国、黎巴嫩、摩洛哥等地产量最大，我国也有多地种植。化妆品主要采用其籽的提取物。

有效成分和提取方法

葫芦巴种子含龙胆宁碱、番木瓜碱、胆碱、胡芦巴碱等生物碱，葫芦巴碱是《中国药典》规定检测的成分，含量不得小于 0.45％。所含皂苷元主要是薯蓣皂苷元和雅姆皂苷元；尚含牡荆素、牡荆素-7-葡萄糖苷等黄酮类。葫芦巴籽可以水、酒精等为溶剂，按常规方法提取，然后将提取液浓缩至干。如以 99.5％酒精回流提取，得率约 8.7％。

葫芦巴碱的结构式

在化妆品中的应用

腹腔脂肪细胞培养中，葫芦巴籽 50％酒精提取物对脂肪分解速度提高 5 倍，为高效减肥剂；酒精提取物 100μg/mL 对谷胱甘肽生成的促进率为 30％，有活肤调理作用；提取物 0.1％对毛发生长的促进率为 25％，可用作生发助剂；提取物还可用作抗氧化剂、抗炎剂、抗菌剂和保湿剂。

6. 胡桃

胡桃（*Juglans regia*）、黑胡桃（*J. nigra*）和野核桃（*J. cathayensis*）是同科同属植物，主要产于我国河北、山东和山西，它们之间的亲缘关系相近，具有类似的化学成分和相似的临床疗效。化妆品采用的是它们仁/叶/壳/外果皮的提取物。

有效成分和提取方法

胡桃仁含丰富的不饱和脂肪酸的甘油酯，油脂含量在 50％左右，其中主要是亚油酸甘油酯，伴存少量的亚麻酸和油酸的甘油酯。其他成分有 β-谷甾醇等。胡桃叶含有黄酮类、萜类、萘醌及其苷、多酚、有机酸多糖等多种成分，萘醌类化合物的代表是胡桃醌。胡桃壳含酚酸类化合物，主要有没食子酸和并没食子酸，其余是阿魏酸、丁香酸、咖啡酸、香兰酸等。胡桃叶、未成熟果实的外果皮、胡桃壳等材料可采用水或不同浓度的乙醇水溶液提取。胡桃仁采用己烷提取可制取胡桃仁油，也可用乙醇等溶剂提取。

胡桃醌的结构式

在化妆品中的应用

胡桃仁油因含有丰富的多价不饱和脂肪酸油脂，对皮肤有很好的柔润作用。胡桃仁 50％酒精提取物 10μg/mL 对脂肪分解促进率提高 15 倍，可用于瘦身和减肥类的化妆品；胡桃多部位的提取物对自由基都有良好的消除作用，可用作化妆品的自由基俘获剂；胡桃叶水提取物在 280～400nm 有强烈的吸收，浓度在 100μg/mL 时各波段的吸光度都在 1.2 以上，效果优于对甲氧基肉桂酸辛酯，对 UVB 的 SPF 值为 17.31，可用作防晒剂。提取物还可用作生发助剂、抗衰抗皱剂、抗炎剂、染发助剂和抗菌剂。

7. 蓟

小蓟 （Cirsium setosum） 和大蓟 （C. japonicum） 为菊科蓟属植物。此二者在我国大部分地区均有分布，化妆品采用它们干燥全草的提取物。

有效成分和提取方法

小蓟含有的化学成分有酚酸，分别是原儿茶酸、咖啡酸、绿原酸等；三萜类化合物有 β-谷甾醇、豆甾醇、φ-乙酰蒲公英甾醇、蒲公英甾醇；主要成分黄酮类有芦丁、刺槐素、蒙花苷等，以芦丁和蒙花苷为主，蒙花苷是《中国药典》规定检测含量的成分（小蓟）。而大蓟的《中国药典》规定检测含量的成分是大蓟苷（柳穿鱼叶苷）。小蓟和大蓟提取常用的溶剂是水或酒精的水溶液，按常规方法浸渍提取，最后浓缩为粉剂。如以 90% 酒精提取大蓟全草，得率为 2.7%。

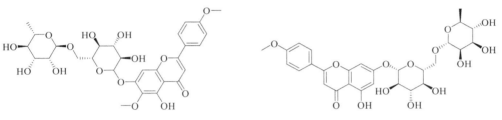

大蓟苷 （柳穿鱼叶苷） 的结构式　　　　　　　　蒙花苷的结构式

安全性

国家食药总局将小蓟和大蓟提取物作为化妆品原料，未见外用不安全的报道。

在化妆品中的应用

小蓟和大蓟的提取物对表皮纤维芽细胞、胶原蛋白等的增殖作用显示，它具活肤作用，结合它们对自由基的消除，可用于化妆品的抗衰；小蓟提取物对紫外线和可见光有强烈的吸收，这是内含芦丁类黄酮化合物的原因，小蓟提取物在 UVB 和 UVA 段均有强烈的吸收，可作防晒霜的主要成分；提取物尚可用作皮肤调理剂、皮肤美白剂、抗菌剂、抗炎剂和粉刺防治剂。小蓟水提取物 100μg/mL 对脂肪水解促进率提高一倍，可外用于减肥化妆品。

8. 荆芥

荆芥 （Schizonepeta tenuifolia） 为唇形科荆芥属多年生草本植物，我国大部分地区均有分布。化妆品采用其干燥地上部分提取物。

有效成分和提取方法

荆芥全草含挥发油 1%～2%，穗含 4.11%。油中主要成分为右旋薄荷酮、消旋薄荷酮，占总油的 77%，其余为少量右旋柠檬烯。右旋薄荷酮是《中国药典》规定检测含量的成分。荆芥花穗含有特征成分荆芥苷，另含黄酮化合物有橙皮苷、木犀草素、芹菜素及其糖苷；含皂苷类化合物如α-羟基齐墩果酸、熊果酸等；酚酸类如咖啡酸、迷迭香酸、胡萝卜苷等。一般认为，荆芥的有效成分是它的挥发油。荆芥主要采用水蒸气蒸馏法提取挥发油，得率约为0.89%～1.10%；荆芥提取物可以水、酒精等为溶剂，按常规方法操作，最后浓缩至干。

右旋薄荷酮的结构式

在化妆品中的应用

荆芥挥发油的主要成分是薄荷酮和胡薄荷酮，具有特殊的香气，可用作香料；另外这两个成分具镇静作用，有局部止痒功能，荆芥挥发油对被动型皮肤过敏反应有一定的抑制作用。水提取物0.1%对5α-还原酶的抑制率为56%，它可用于因雄性激素偏高而引起的头发生长缓慢或脱发；荆芥50%酒精提取物10μg/mL对腹腔脂肪细胞分解促进率提高十多倍，是减肥化妆品的有效添加剂；50%酒精提取物对组织蛋白酶D的活化促进率为98%，可加强皮层细胞的新陈代谢，有活肤调理作用；皮肤涂敷50%酒精的荆芥提取物，减少经皮水分蒸发75%，可用作保湿剂；提取物还有抗菌、抗炎和抗氧化功效，可用于治疗粉刺。

9. 决明

决明（*Cassia obtusifolia*，又名钝叶决明）、小决明（*C. tora*）、含羞草决明（*C. mimosoides*）和翅荚决明（*C. alata*）为豆科决明属植物。决明和小决明主产于我国安徽、江苏、浙江、四川等地；含羞草决明广布于日本、印度等国家，我国华南地区有分布；翅荚决明原产于美洲热带地区，我国云南南部地区有种植。化妆品采用它们干燥的种子或叶的提取物。

有效成分和提取方法

决明子主要成分为蒽醌类，含量约占1%，有大黄素、橙黄决明素、大黄酸、大黄酚、大黄素葡萄糖苷、大黄素蒽酮、大黄素甲醚等，其中橙黄决明素是《中国药典》规定检测含量的成分之一，含量不得低于0.08%。决明子可以水或酒精等溶剂采用常规方法提取。如决明子以水煮提取物，得率约为0.5%。

橙黄决明素的结构式

在化妆品中的应用

决明子提取物1%对α-甘油磷酸脱氢酶的抑制率为58%，对脂肪酶的IC_{50}为1.25mg/mL，说明提取物对脂肪细胞中脂肪的积累有抑制作用，可用于瘦身用化妆品；决明子中含有的大黄酸、大黄酚等蒽醌类化合物具有抗菌和消炎作用，配合其他成分可用于祛痘类化妆品。提取物 1.0％ 对荧光素酶的活化促进率为 27.1％，说明对特异性皮肤炎和皮肤过敏有作用，可在抑制刺激的化妆品中使用；提取物 0.001％ 对丝聚蛋白的生成促进率为 63％，皮肤中丝聚蛋白的减少和缺失是引起特应性皮炎等干燥性皮肤病的主要原因；提取物 0.01％ 涂敷经皮水分蒸发减少一半，可用作保湿剂；提取物尚可用作抗氧化剂和皮肤美白剂。

10. 李

　　蔷薇科李属植物众多，化妆品可采用的有郁李（*Prunus japonica*），产于我国华北、日本和朝鲜；李（*P. salicina*）产于我国全国；欧李（*P. humilis*）产于我国东北；欧洲李（*P. domestica*）和非洲李（*P. africana*）。化妆品采用郁李、李、欧李和欧洲李的果及非洲李树皮的提取物，以郁李仁为主。

有效成分和提取方法 ┃

　　郁李仁含油 58.3％～74.2％，其中不饱和脂肪酸占总脂肪酸组成的 95％～97％，主要为油酸和亚油酸，饱和脂肪酸组成为 3％～5％；含皂苷类化合物，占 0.96％，有熊果酸等；含黄酮类化合物如山奈苷等；含酚酸类化合物如原儿茶酸、香草酸等。郁李仁苷 A 是郁李仁和欧李仁的共有成分，在郁李仁中的含量为 0.96％，在欧李仁中含量为 0.74％，对黄酮化合物来说，这是相当高的含量。而《中国药典》仅将苦杏仁苷作为郁李含量检测的成分，含量不得低于 2.0％。郁李果仁可以水、酒精等为溶剂，按常规方法加热提取，最后将提取液浓缩至干；果仁可经榨取制作果仁油。如郁李仁以 30％ 酒精为溶剂提取的得率在 5％ 左右；以 95％ 乙醇提取的得率约 8％。

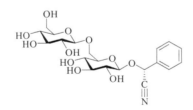

苦杏仁苷的结构式

安全性 ┃

　　国家食药总局和 CTFA 都将欧李、欧洲李和非洲李上述提取物作为化妆品原料，国家食药总局还将郁李提取物列入，未见它们外用不安全的报道。

在化妆品中的应用 ┃

　　郁李仁油的作用与杏仁油相似。由于郁李仁含有多量的多酚类化合物，因此郁李仁提取物对黑色素细胞活性有抑制作用，对多种自由基具清除功能，可在美白类化妆品中采用；在大鼠腹腔脂肪细胞的培养分解试验中，欧李仁提取物 10μg/mL 对脂肪分解的促进率提高 16 倍，可用于减肥用化妆品；提取物 10μg/mL 对 11β-羟基类固醇脱氢酶 1 表达的抑制率为 50％，显示可抑制皮脂的分泌，因此也可用于粉刺类疾患的防治。欧李和欧洲李果提取物、非洲李树皮的提取物都可用作皮肤调理剂。

11. 马齿苋

马齿苋（*Portulaca oleracea*）和大花马齿苋（*P. grandiflora*）是马齿苋科马齿苋属一年生肉质草本植物。马齿苋在我国除了高寒地区外均有分布；大花马齿苋原产于南美洲，现在我国有栽培种植。化妆品采用其全草提取物，花期的茎/花/叶水烫后晒干。

有效成分和提取方法

马齿苋所含生物碱类有 L-去甲基肾上腺素、多巴胺和少量的多巴胺等神经递质类成分，以及甜菜碱类成分马齿苋碱 I 和马齿苋碱 II，L-去甲基肾上腺素的含量较大；香豆素类化合物有东莨菪亭等；黄酮类化合物主要是异黄酮、染料木素及其糖苷；萜类有马齿苋单萜 A、马齿苋单萜 B 等；甾醇类物质有谷甾醇类植物甾醇；三萜皂苷有 4α-甲基-3α-羟基木栓烷、α-香树脂醇、β-香树脂醇等。马齿苋可以水、酒精等为溶剂，按常规方法提取，然后将提取液浓缩至干。如马齿苋以 30％酒精提取，得率约为 15％。

L-去甲基肾上腺素的结构式

在化妆品中的应用

马齿苋 50％酒精提取物 $10\mu g/mL$ 对脂肪分解的促进率提高五倍多，有极好的脂肪分解促进活性，也许与其含有活性强的左旋去甲肾上腺素有关，可用于减肥化妆品；马齿苋提取物有广谱的抗菌性，又具有消炎作用，可用于防治皮肤湿疹、过敏性皮炎、接触性皮炎、丹毒、脓疮等皮肤病；马齿苋提取物对氧自由基有良好的清除能力，说明其具有较明显有抗氧化延缓衰老的作用；提取物尚可用作抗炎剂和保湿调理剂。

12. 泡叶藻

泡叶藻（*Ascophyllum nodosum*）为褐藻类泡叶藻属生物，俗称挪威海藻，为岩藻的一种，生长在北大西洋沿岸如挪威沿岸、美国东北部沿海。化妆品采用其干燥全藻提取物。

有效成分和提取方法

泡叶藻的主要成分是岩藻多糖。经结构分析发现，此岩藻糖单元主要在 2 号位上连有硫酸基团，而 3 号位上很少，4 号位上几乎没有，这与其他来源的岩藻多糖不同。干燥全藻可以水、酒精等为溶剂，按常规方法提取，然后浓缩至干为膏状。如以 10％酒精、50％酒精和酒精为溶剂提取，得率分别是 24％、22％和 2.2％。

在化妆品中的应用

泡叶藻 50％酒精提取物 $50\mu g/mL$ 对脂肪酶活性的抑制率为 67.7％，涂敷皮肤可减小皮下脂肪团体积，可用于肥胖症的治疗；甲醇提取物 4％对成纤维细胞增殖的促进率为 81％、对弹性蛋白酶活性的抑制率为 93％，可提高皮肤弹性，用作皮肤抗皱抗衰剂；提取物还有保湿调理、抗菌和抑臭作用。

13. 平铺白珠树

平铺白珠树（*Gaultheria procumbens*）是杜鹃花科白珠树属多年生芳香常绿植物，分布于加拿大和美国东北部，我国没有分布。化妆品采用平铺白珠树叶油和叶提取物。

有效成分和提取方法

平铺白珠树叶含挥发油，挥发油含量占鲜重的 $0.5\%\sim0.8\%$，其中水杨酸甲酯占 95% 以上。非挥发成分有白珠树苷、熊果苷、花青素和多种脂肪酸。平铺白珠树叶可以水、酒精等为溶剂，按常规方法提取，然后浓缩至干为膏状。如以甲醇回流提取，得率约为 37%。

在化妆品中的应用

平铺白珠树叶挥发油可用作香料；平铺白珠树叶水提取物对芳香化酶活性的 IC_{50} 为 $26.9\mu g/mL$，作用强烈，对它的抑制有利于抑制局部脂肪团的生成，有减肥作用；叶甲醇提取物对自由基 DPPH 的消除 IC_{50} 为 $16.4\mu g/mL$，可用作抗氧化剂；提取物还有抗菌作用。

14. 荠菜

荠菜（*Capsella bursa-pastoris*）为十字花科草本植物，广泛分布在我国各地。同科植物水田荠（*Cardamine lyrata*）多生长于我国海拔 $800\sim2000m$ 的地区。化妆品应用它们全草的提取物。

有效成分和提取方法

荠菜全株含生物碱如胆碱、乙酰胆碱、育亨宾、芥子碱、麦角克碱等；含黄酮类化合物如二氢非瑟素、山奈酚-4′-甲醚、槲皮素-3-甲醚、芦丁、木犀草素-7-芸香糖苷等；含氨基酸如精氨酸、天冬氨酸、脯氨酸、蛋氨酸、亮氨酸、胱氨酸、半胱氨酸等人体必需氨基酸。干燥荠菜全株可以水、酒精等为溶剂提取。取晒干荠菜以 50% 酒精提取，得率约为 19%。

安全性

国家食药总局和 CTFA 都将荠菜提取物作为化妆品原料，国家食药总局还把水田荠提取物列入，未见它们外用不安全的报道。

在化妆品中的应用

荠菜 50% 酒精提取物对脂肪分解的促进率为 60%，可用作减肥剂；荠菜 50% 酒精提取物对自由基 DPPH 的消除 $IC_{50}<10\mu g/mL$，作用强烈，可用于抗氧化调理；水提取物对二甲苯所致耳肿胀、蛋清所致足肿胀 2 个急性炎症模型具有明显的抑制作用，具有良好的抗炎效果。

15. 特纳草

特纳草（*Turnera diffusa*）为特纳草科特纳草属草本植物，原产于中南美洲如墨西哥等地。化妆品采用其叶提取物。

有效成分和提取方法

特纳草叶含挥发油，主要成分是石竹烯、氧化石竹烯、杜松萜烯、榄香烯和桉叶油素。非挥发成分以黄酮化合物为主，有木犀草素、芹黄素、牡荆素等及其糖苷，另含有熊果苷、紫锥花素等。可以水蒸气蒸馏法制取特纳草挥发油，提取物可以水、酒精等为溶剂，按常规方法提取，然后将提取液浓缩至干。如以甲醇室温浸渍，提取得率为21.5%。

在化妆品中的应用

特纳草叶甲醇提取物250μg/mL对芳香化酶活性的抑制率为91%，有利于抑制局部脂肪团的生成，有减肥作用；50%酒精提取物96μg/mL对金属蛋白酶-1活性的抑制率为92%，有抗炎性，可用于皮炎的防治。提取物还有抗皱和抗氧化的作用。

16. 药用球果紫堇

药用球果紫堇（*Fumaria officinalis*）也名蓝堇，荷包牡丹科球果紫堇属一年生草本植物，主产于中西欧，是欧洲的传统草药，在我国新疆也有发现。化妆品采用其花期全草提取物。

有效成分和提取方法

药用球果紫堇的地上部分主要含生物碱，有前鸦片碱、原阿片碱。欧洲药典规定的前鸦片碱的含量不得小于0.4%（干植物）。另有苦味素、鞣酸、黏液质和富马酸等。药用球果紫堇可以水、酒精等为溶剂，按常规方法提取，然后浓缩至干为膏状。如用水在70℃浸渍提取的得率为28%，用50%酒精的提取得率为20%。

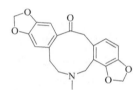

前鸦片碱的结构式

在化妆品中的应用

药用球果紫堇50%酒精提取物100μg/mL对脂肪的分解促进率提高三倍多，可用于减肥制品；25%丁二醇提取物1%对前列腺素E-2生成的抑制率为48%，水提取物对角叉菜致大鼠足趾肿胀也有抑制作用，可用作抗炎剂。30%酒精的提取物0.01%涂敷皮肤，角质层的含水量可提高二倍多，可用作保湿剂。提取物还有抗氧化、促进生发和抗菌作用。

17. 栀子

栀子（*Gardenia florida* 或 *G. jasminoides*）和塔希提栀子（*G. tahitensis*）为茜草科栀子属植物。栀子在世界多地均有栽培，我国主要种植于华东和华中地区；塔希提栀子主产于塔希提岛，两者性能大致相似。栀子花、果实均入药，化妆品可采用其花、果、籽的提取物。

有效成分和提取方法

栀子中含有环烯醚萜类、色素、甾醇、糖类蛋白质等。环烯醚萜类化合物有栀子苷、羟栀子苷（京尼平苷）、山栀子苷、栀子酮苷、京尼平龙胆二糖苷等，是栀子的主要成分，栀子苷是《中国药典》规定检测含量的成分；色素有栀子黄素、微量的藏红花素和藏红花酸等；甾醇为 β-谷甾醇；其余的成分为胡萝卜素、甘露醇、山梨醇、鞣质等。采用石油醚浸渍栀子花，可制备栀子花浸膏；提取物可以水、酒精、丁二醇等为溶剂，按常规方法提取，然后浓缩至干为膏状。

栀子苷的结构式

在化妆品中的应用

栀子果 50％酒精提取物 $10\mu g/mL$ 对脂肪细胞的分解促进率提高十倍，作用强烈，在天然提取物中并不多见，可用于减肥类化妆品。果 50％酒精提取物 0.1％对透明质酸生成的促进率提高 1.3 倍，并有保湿能力，可用于干性皮肤的防治。提取物有很好的广谱抗氧化性，除上述的自由基消除外，栀子提取物对单线态氧也有消除作用；有抗炎作用，对上皮组织的修复有促进作用，可舒缓抗敏；提取物还可用作色素、皮肤美白剂、抗衰调理剂等。

第六节　保湿

可增加和维持皮肤水分和湿度的化妆品添加剂称为保湿剂。

皮肤所含水分占全身的 18％～20％。皮肤的水分主要集中于真皮层，在正常情况下，妇女角质层的含水量占皮肤的约 20％以上，其余在真皮层。角质层含水量高低决定其肤感和光泽等，但真皮层的含水量是提供角质层含水量的可靠来源，两者密不可分。角质层含水量较低时，即可能转化为干性皮肤。

皮肤的保湿验证可用下列方法进行，如可用电导率测定来反映角质层的含水量、称重法来测定提取物的吸湿能力、经皮水分蒸发速度的测定等。

1. 巴尔干苣苔

巴尔干苣苔（*Haberlea rhodopensis*）为苦苣苔植物，主产于巴尔干地区保加利亚和希腊交界的干燥山区。巴尔干苣苔也被称为"复苏植物"，对干燥有极强的耐受性。当受到严重干旱胁迫时，它还能表现出维持其光合器官结构完整性的能力，这种能力在再水合后很容易重新激活。化妆品采用其叶的提取物。

有效成分和提取方法

巴尔干苣苔富含黄酮化合物，主要是高车前素及其糖苷；另有特征成分糖苷类化合物 Myconoside 及其咖啡酰化的衍生物，是巴尔干苣苔的主要功效成分。巴尔干苣苔叶可以水、酒精、70％酒精等为溶剂，按常规方法提取，然后浓缩至干为膏状。干燥了的巴尔干苣苔叶提取得率在 30％。

Myconoside 的结构式

在化妆品中的应用

巴尔干苣苔叶提取物有抗氧化性，对多种自由基均有消除作用；在浓度 5μg/mL 时，在纤维芽细胞培养中对胶原蛋白生成的促进率为 200%，有抗皱调理作用；可提高皮肤角质层的含水量，持续时间长，可用作高效保湿剂。

2. 巴西果

巴西果（*Bertholletia excelsa*）又名巴西栗，是玉蕊科巴西栗属植物，原产于南美洲巴西、圭亚那、委内瑞拉等地，是营养丰富的食用坚果。化妆品采用巴西果果皮提取物、巴西果籽提取物和巴西果籽油。

有效成分和提取方法

巴西果种子可食用，含蛋白质 14%、碳水化合物 11%、脂肪 67%，脂肪中饱和脂肪占 25%，单元不饱和脂肪为 41%，多元不饱和脂肪有 34%，以及丰富的硒、镁、维生素 B_1。巴西果果皮含有植物甾醇。巴西果籽油可经压榨法制取；巴西果果皮和巴西果籽可以水、酒精等为溶剂，按常规方法提取，然后浓缩至干为膏状。

在化妆品中的应用

巴西果籽油油质轻柔，常用于肥皂、洗发水、护发养发产品，改善发质，手感润滑；成纤维细胞培养中，提取物在低浓度（1μg/mL）对胶原蛋白的生成促进率为 45%，也可消除氧自由基，有调理保湿作用。

3. 白术

白术（*Atractylodes macrocephalae*）为菊科苍术属植物，主产于我国浙江嵊州市、湖南平江等地，化妆品主要采用其干燥根的提取物。

有效成分和提取方法

白术的主要化学成分为挥发油，油中成分复杂，主要是萜类化合物，含量最多的是苍术酮（约 43.7%），其他成分有苍术醇、石竹烯等，苍术酮是《中国药典》规定定性检测的成分；此外，白术的乙醇提取物中含有白术内酯类化合物、杜松脑、棕榈酸、β-香树素乙酸酯、γ-谷甾醇、β-谷甾醇等。可以水蒸气蒸馏法制取白术挥发油，提取物可以水、酒精等为溶剂，按常规方法提取，然后浓缩至干为膏状。

苍术酮的结构式

在化妆品中的应用

白术提取物在低浓度时有促进黑色素细胞活性的作用，在高浓度时，则为抑制，可分别用于不同制品；白术提取物对层粘连蛋白-5的增殖作用和对Ⅳ型胶原蛋白生成的促进，以及对胶原蛋白酶的抑制，显示该提取物可增强皮肤细胞新陈代谢，有抗衰调理作用；白术水提取物有较好的持水功能。在恒温保湿箱中以称重法分别测定低湿度20%环境和湿度为43%时的保持水分的能力，并与甘油作对照。试验显示，在低湿度下，时间稍长后白术水提取物的持水能力较甘油为好，可用作保湿剂；提取物另有抗菌和抗炎功能。

4. 北枳椇

北枳椇（*Hovenia dulcis*）为鼠李科枳椇属高大乔木，简称枳椇，遍布中国西南地区，印度和缅甸也有种植。化妆品只采用其果的提取物。

有效成分和提取方法

枳椇的特征成分是枳椇皂苷，有若干个同类物，枳椇皂苷D是其中含量较多的一个。另含黄酮化合物如山奈酚、根皮苷、牡荆素葡萄糖苷、异牡荆素葡萄糖苷、杨梅素葡萄糖苷等。枳椇果可以水、酒精、丁二醇等为溶剂，按常规方法提取，然后浓缩至干。如30%酒精提取，得率为4.5%。

枳椇皂苷D的结构式

安全性

国家食药总局将枳椇果提取物列为化妆品原料，未见其外用不安全的报道。

在化妆品中的应用

枳椇果提取物有抗菌性，对表皮葡萄球菌、痤疮丙酸杆菌均有抑制，也抑制5α-还原酶的活性，可用于对痤疮的防治。5%枳椇果丁二醇提取物对经皮水分蒸发的抑制率为44.6%，可用作保湿剂；1%枳椇果热水提取物对胶原蛋白生成的促进率为18%，有抗皱调理作用。提取物有抗氧化性，对脂质过氧化、DPPH自由基都有消除作用。

5. 扁核桃

扁核桃（*Prinsepia utilis*）为蔷薇科扁核木属常绿落叶灌木的果实，也称青刺果，主要分布在我国云南省。化妆品采用扁核桃籽的提取物。

有效成分和提取方法

扁核桃籽中富含多不饱和脂肪酸，如亚油酸、亚麻酸等占 35%～44%，另含有脂溶性维生素如维生素 A、维生素 D 和维生素 E 等。扁核桃籽油可经压榨法制取；提取物可以己烷、酒精等为溶剂，按常规方法提取，最后将提取液浓缩至干。

在化妆品中的应用

扁核桃籽油在护肤品中用入，可使角质层含水量升高 39.8%，有保湿调理作用，也可用于头发护理；扁核桃籽提取物还有收敛和防晒功能。

6. 玻璃苣

玻璃苣（*Borago officinalis*）为紫草科琉璃苣属 1 年生草本植物，也名琉璃苣，主产于欧洲与非洲北部地区，化妆品中可采用的是玻璃苣提取物、玻璃苣籽油和玻璃苣籽提取物。

有效成分和提取方法

玻璃苣籽油含较多的亚油酸、γ-亚麻酸、花生酸、芥子酸、神经酸和油酸，其中亚油酸 35%～38%，γ-亚麻酸为 17%～28%，另是棕榈酸和硬脂酸，玻璃苣是少数含有神经酸的植物。玻璃苣全草含酚酸类成分，有迷迭香酸、丁香酸和芥子酸等，并有若干生物碱。玻璃苣可以水、酒精等为溶剂，按常规方法提取，然后浓缩至干为膏状。

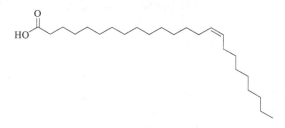

神经酸的结构式

在化妆品中的应用

玻璃苣籽油与月见草油的性能相似，可以代替月见草油，在化妆品中的应用可参考月见草油；玻璃苣的甲醇提取物有抗菌性，但只对白色念珠菌具抑制作用；玻璃苣提取物 1μg/mL 时对自由基 DPPH 的消除率为 89%；涂敷玻璃苣 30% 酒精提取物后可明显降低皮肤表面水分的蒸发，可用作化妆品的保湿剂和调理剂。

7. 菖蒲

菖蒲和藏菖蒲（*Acorus calamus*）、石菖蒲（*A. tatarinowii*）和细叶菖蒲（*A. gramineus*）均为天南星科菖蒲属草本植物。上述菖蒲分布在我国长江流域及其以南各地，主产于四川、浙江、江苏等地。这四种菖蒲的作用和成分差别并不大，化妆品主要用其干燥根或根茎的提取物。

有效成分和提取方法

菖蒲主要有效物质为挥发油，含油率随产地不同差异较大，在 $0.5\%\sim3.27\%$。挥发油主要成分为 β-细辛醚、α-细辛醚，其次为石竹烯、欧细辛醚、石菖醚等。此外，石菖蒲还含有糖类、有机酸、氨基酸等多种化学成分。可以水蒸气蒸馏提取菖蒲挥发油；提取物包括以水、低碳醇或其他溶剂作提取剂，按常规方法处理后浓缩至干的产品。如采用 90% 酒精提取得率约 2%。

β-细辛醚的结构式

在化妆品中的应用

菖蒲挥发油是一种很好的香料，在各种薰香、精油以及化妆香水中都有应用，对各种细菌都有不同程度的抑制作用。50% 酒精提取物 0.1% 浓度涂敷使角质层的含水量提高几倍，是很好的保湿剂；提取物 0.005% 对胶原蛋白生成的促进率为 14.85%，提取物 1.0% 对组织蛋白酶D的活化促进率为 65%，显示对真皮层新陈代谢功能的促进，有抗衰调理作用；提取物 $3.13\mu g/mL$ 对毛发毛乳头细胞增殖的促进率为 19.8%，可用于生发制品；提取物还可用作抗炎剂、抗氧化剂、美白剂和减肥剂等。

8. 川续断

川续断（$Dipsacus\ asper$）又名续断，只产于我国四川、湖南、湖北、贵州等地，同科同属的野续断（$D.\ sylvestris$）主产于北非埃及和欧洲。化妆品用的是其根提取物。

有效成分和提取方法

川续断根所含生物碱有喜树次碱和坎特莱因碱；植物甾醇有胡萝卜苷、β-谷甾醇；三萜皂苷有齐墩果酸和川续断皂苷；环烯醚萜类化合物有马钱子苷等，另有酚酸类化合物咖啡酸、香草酸、2,6-二羟基肉桂酸、咖啡酰奎宁酸等。川续断皂苷是《中国药典》规定检测含量的成分，含量不得小于 2.0%。川续断可以水、酒精等为溶剂，按常规方法提取，然后浓缩至干为膏状。如以水煮提取的得率约为 4.9%，用甲醇回流提取的得率约为 21%。

川续断皂苷的结构式

安全性

国家食药总局和 CTFA 都将野续断提取物作为化妆品原料，国家食药总局还把川续断列入。有特殊患者服用川续断后可发生过敏性红斑。

在化妆品中的应用

川续断提取物 0.01% 涂敷可使皮肤含水量提高两倍，有优秀的持水效果，可在保湿性的化妆品中使用；提取物 10mg/mL 对酪氨酸酶的抑制率为 48%，结合它广谱的抗氧化性，可用作美白化妆品的添加剂；水提取物 1mg/mL 对 IGF-1（类胰岛素生长因子）生成的促进率为 8%，即对促进毛发的生长有辅助作用。

9. 灯台树

灯台树（*Cornus controversa*）为山茱萸科梾木属落叶乔木，在朝鲜和中国广为分布，化妆品采用其木质部的提取物。

有效成分和提取方法

灯台树木质部含鞣质、黄酮化合物、三萜皂苷和酚类化合物。黄酮化合物已知的成分是山奈酚及其糖苷。可以水、酒精等为溶剂，按常规方法提取，然后将提取液浓缩至干为膏状；如以水煮提取的得率约为 4%，70% 酒精提取得率为 5.5%。

在化妆品中的应用

灯台树木质部 50% 酒精 0.1% 涂敷对皮肤角质层含水量的提高率为 27.7%，可用作保湿剂；提取物 0.15% 对自由基 DPPH 的消除率为 76.3%，1.0% 对超氧自由基的消除率为 61%，有抗氧化作用；提取物 1.0% 对 LPS 诱发 NO 生成的抑制率为 40%，对前列腺素 E-2 生成的抑制率为 52%，可用作抗炎剂；提取物还有美白皮肤作用。

10. 鳄梨

鳄梨（*Persea gratissima*）属樟科鳄梨属常绿乔木，是一种著名的热带水果。原产于中美洲，现全世界热带和亚热带地区均有种植，但以美国南部、危地马拉、墨西哥及古巴栽培最多。化妆品主要采用鳄梨果和鳄梨果仁的提取物。

有效成分和提取方法

鳄梨果含有丰富的维生素 E、氨基酸、叶酸、叶酸钾、胚芽脂醇、不饱和脂肪和 β-谷甾醇，另有黄酮化合物如槲皮素、山奈酚和异鼠李素的糖苷。鳄梨果仁油含大量重要的不饱和脂肪酸，如 ω-9-油酸（66%）、亚麻油酸（12%）和亚麻酸（5%），另含维生素 A、维生素 B_1、维生素 B_2 和维生素 D。鳄梨果可以水、酒精、1,3-丁二醇等为溶剂，按常规方法提取，然后浓缩至干为膏状。鳄梨果仁油可将果仁直接榨取得到。

在化妆品中的应用

鳄梨油可用作化妆品基础油脂。在皮肤上涂敷 30% 酒精鳄梨果的提取物，角质层含水量可提高三倍多，保湿性能优异；提取物 0.1% 对组织蛋白酶的活化促进率为 12%，可增强皮肤细胞新陈代谢，有抗衰作用；提取物另可用作抗炎剂和减肥剂。

11. 风轮菜

风轮菜（*Clinopodium chinense*）为唇形科风轮菜属多年生草本植物，分布于我国华北及湖北、湖南、广东、广西、云南等地，化妆品采用全草提取物。

有效成分和提取方法

全草含三萜皂苷，有特征的风轮菜皂苷 A。黄酮类有香蜂草苷、橙皮苷、异樱花素、芹菜素等。此外，还含有熊果酸等。全草可以水、酒精等为溶剂，按常规方法提取，然后浓缩至干为膏状。

风轮菜皂苷 A 的结构式

安全性

国家食药总局将风轮菜提取物作为化妆品原料，未见它们外用不安全的报道。

在化妆品中的应用

风轮菜提取物 50mg/mL 对 β-己糖胺酶活性的抑制率为 26.7%，可用于抗过敏的化妆品；水提取物涂敷皮肤，电导法测定，皮肤含水量提高一倍以上，有保湿作用；提取物有抗菌性，对金黄色葡萄球菌、大肠杆菌、绿脓杆菌和白色念珠菌的 MIC 分别是 60mg/mL、80mg/mL、100mg/mL 和 125mg/mL；提取物也有抗氧化作用。

12. 浮萍

浮萍（*Spirodela polyrrhiza*）属浮萍科紫萍属水面浮生植物，我国各地沼泽均有产，以湖北、江苏、浙江、福建、四川等省产量大。化妆品采用其干燥全草提取物。

有效成分和提取方法

浮萍含黄酮类化合物如木犀草素、芹菜素、芹菜素-7-O-葡萄糖苷、木犀草素-7-O-葡萄糖苷等；浮萍多糖中富含 D-洋芫荽糖；维生素有维生素 B_1、维生素 B_2 和维生素 C。浮萍可以水或酒精为溶剂，按常规方法提取，采用酒精水溶液提取的较为多见，然后浓缩至干。以 95% 酒精提取的得率在 15%～18%；30% 酒精提取的得率在 12%～14%。

木犀草素-7-O-葡萄糖苷的结构式

在化妆品中的应用

浮萍 30% 酒精提取物涂敷能减少经皮水分蒸发 50%，可用作保湿剂；提取物 25μg/mL

对胶原蛋白生成的促进率为98.9％，对胶原蛋白酶和弹性蛋白酶的活性也有抑制，可用于减缓皮肤衰老的化妆品；提取物 $250\mu g/mL$ 可抑制 5α-还原酶活性70％，对睾丸激素水平偏高的脱发有防治作用，也可用作生发剂；提取物还可用作过敏抑制剂、抗菌剂、抗氧化剂和皮肤美白剂。

13. 甘蔗

甘蔗（*Saccharum officinarum*）为禾本科甘蔗属糖料作物，我国是世界三大甘蔗生产国之一。化妆品主要采用其地上部分的提取物。

有效成分和提取方法

甘蔗地上部分除主含蔗糖外，尚含黄酮化合物如柚皮素、苜蓿素、芹菜素和木犀草素的糖苷衍生物，另有若干酚酸成分如对羟基肉桂酸、咖啡酸等。甘蔗可以水、酒精等为溶剂，按常规方法提取，然后将提取液浓缩至干；也可从甘蔗制糖的残液中提取。

在化妆品中的应用

5％甘蔗水提取物（非糖部分）涂敷皮肤，皮肤含水量提高16％；10％甘蔗提取物（非糖部分）涂敷皮肤，可减少经皮水分蒸发28％，可用作化妆品的保湿剂。提取物还有抗氧化的调理作用。

14. 黑麦

黑麦（*Secale cereale*）为禾本科黑麦属植物，原产于中欧和北欧，现在中国北部有小规模种植。化妆品主要采用其籽或籽的提取物。

有效成分和提取方法

黑麦蛋白质含量约为17％，氨基酸含量普遍高于普通小麦，其中苯丙氨酸约是普通小麦的6倍，色氨酸含量约是普通小麦的15倍。另含阿魏酸或阿魏酸的聚合物，如双聚的阿魏酸，木酚素的含量也较高；另含甾醇、β-葡聚糖等。黑麦籽的细粉可以直接使用，提取物可以水、酒精等为溶剂，按常规方法加热提取，然后将提取液浓缩至干。

在化妆品中的应用

黑麦籽的细粉可作填充剂或磨蚀料。黑麦籽粉提取物 $2mg/mL$ 对自由基DPPH的消除率为36％，黑麦麸皮粉提取物的消除率为60％，有抗氧化调理作用；在皮肤涂敷测定，黑麦籽酒精提取物的保湿能力与同浓度的透明质酸钠相同，可用作保湿剂。

15. 黄瓜

黄瓜（*Cucumis sativus*）为葫芦料一年生草本植物，其果实可食，目前在世界各地均有栽培，是大棚蔬菜的主要品种之一。黄瓜按外形划分，可分为刺黄瓜、鞭黄瓜和秋黄瓜三类，但性能均相似。化妆品可采用黄瓜全草提取物、鲜黄瓜、鲜黄瓜提取物、鲜黄瓜汁、黄瓜愈伤组织细胞培养提取物、黄瓜籽提取物、黄瓜籽压榨不挥发油等，以鲜黄瓜提取物为主。

有效成分和提取方法

黄瓜果实含葡萄糖、鼠李塘、半乳糖、甘露糖、木糖、果糖以及芸香苷、异槲皮苷、绿原酸、磷脂、多种游离氨基酸、维生素 A、维生素 B、维生素 PP、维生素 C，并含挥发油，其中以黄瓜醇（黄瓜油中主要的成分）为黄瓜特有的香味，它还含有显著生物活性的黄瓜酶；黄瓜头部多苦味，苦味成分为葫芦素。种子含脂肪油，其中油酸 58.49％、亚油酸 22.29％、棕榈酸 6.79％、硬脂酸 3.72％。鲜黄瓜的提取方法为组织粉碎后，滤出液汁，浓缩至干，然后以酒精、丙二醇、1,3-丁二醇等为溶剂提取，将提取液再浓缩至干。干黄瓜可以酒精、丙二醇、1,3-丁二醇等为溶剂，按常规方法提取处理。

在化妆品中的应用

黄瓜 50％酒精的提取物涂敷皮肤，角质层的含水量提高 3 倍多，有很好的保湿作用；提取物 0.1％对芳香化酶的活化促进率为 19％，芳香化酶活性提高反映局部的雌激素的水平有了提升，对因雄性激素偏高而引起的脱发等一些疾患有防治作用，可用于生发、防治粉刺等制品；70％酒精提取物 500μg/mL 对胶原蛋白生成的促进率为 35％，可用作活肤抗衰剂；提取物还可用作皮肤美白剂、减肥剂。

16. 枯茗

枯茗（*Cuminum cyminum*）为伞形科孜然芹属香料作物，原产于埃及、埃塞俄比亚，现我国新疆有栽培，俄罗斯、地中海地区、伊朗、印度及北美也有种植。化妆品采用枯茗籽提取物及其籽油。

有效成分和提取方法

枯茗籽含挥发油，成分受地区的影响大。主要成分是枯茗醛，占 35％～40％，其余有枯茗酸、二氢枯茗醛、对伞花烃、α-松油烯醇、β-蒎烯、γ-松油烯、2-蒈烯-10-醛和 3-蒈烯-10-醛等。可以水蒸气蒸馏法制取枯茗籽挥发油，提取物可以水、酒精等为溶剂，按常规方法提取，然后浓缩至干为膏状。如干籽以 50％酒精浸渍提取，得率约为 1.6％。

枯茗醛的结构式

在化妆品中的应用

枯茗籽 50％酒精提取物 0.05％涂敷皮肤，角质层的含水量增加了约 2.5 倍，有保湿调理作用；提取物 0.1mg/mL 对白血球细胞接着的抑制率为 54％，可用作抗炎剂；枯茗籽的甲醇提取物有抗菌性，对大肠杆菌和金黄色葡萄球菌有很强的抑制，对表皮葡萄球菌的抑制能力一般，但对绿脓杆菌和白色念珠菌无效。提取物还有抗氧化和美白皮肤的作用。

17. 昆布

昆布（*Ecklonia kurome*）和腔昆布（*E. cava*）为翅藻科昆布属植物。昆布产于我国辽宁、山东、浙江、福建等沿海地区；腔昆布主产于日本海。二者相似，化妆品采用它干燥叶状体的提取物。

有效成分和提取方法 ┃---

昆布所含多糖化合物有海藻酸、昆布多糖、半乳聚糖等，其中海藻酸是主要成分；所含氨基酸有谷氨酸、天冬氨酸、脯氨酸、丙氨酸、甘氨酸、别异亮氨酸、海带氨酸等；所含维生素有维生素 B_1、维生素 C、维生素 P、胡萝卜素；所含甾醇有岩藻甾醇、大褐马尾藻甾醇、无羁萜等。昆布可以水、酒精等为溶剂，按常规方法加热提取，然后将提取物浓缩至干。如用 40% 酒精提取，得率在 2%～3%。

海藻酸的结构式

在化妆品中的应用 ┃---

皮肤涂敷 40% 酒精的 0.25% 昆布提取物，在 UVB 照射下皮肤的含水量仍提高 31.3%，显示提取物在 UVB 照射下可减少细胞凋亡、降低皮层厚度、提高含水量，可用于保湿和防晒制品；昆布酒精提取物对尿酸酶的 IC_{50} 为 6.28μg/mL，可用于抑制体臭用品；提取物还可用作抗氧化剂。

18. 龙舌兰

龙舌兰（*Agave Americana*）、暗绿龙舌兰（*A. atrovirens*）、剑麻（*A. rigida*）和太匮龙舌兰（*A. tequilana*）都是龙舌兰科龙舌兰属大型多年生草本植物。龙舌兰原产于墨西哥，我国的引种栽培多分布在华南和西南各省；我国剑麻栽培主要集中在两广、福建及海南等地。龙舌兰属植物有 300 多种，品种之间极易混淆，化妆品可采用的仅是如上四种叶茎的提取物。

有效成分和提取方法 ┃---

龙舌兰的叶含多种甾体皂苷，水解得的主要皂苷元为海柯皂苷元和 9-去氢海柯皂苷元，其余为绿莲皂苷元、曼诺皂苷元、替告皂苷元、芰脱皂苷元、洛柯皂苷元、12-表洛柯皂苷元等，苷元的含量为 0.14%。剑麻叶的成分与龙舌兰相似。它们可以水、50% 酒精、1,3-丁二醇等为溶剂，按常规方法提取，然后浓缩至干为膏状。

海柯皂苷元的结构式

在化妆品中的应用

0.5％的龙舌兰或剑麻的提取物对透明质酸酶活性的抑制率为31.2％，可有效抑制透明质酸的分解；另外它们的涂敷可增加角质层的含水量，显示可用作化妆品的保湿剂；0.5％的提取物对弹性蛋白酶和胶原蛋白酶活性的抑制率分别为73.1％和31.9％，可用作活肤抗皱剂；0.1％的浓度对游离组胺生成的抑制率为86.3％，可有效抑制过敏；提取物还可用作减肥剂和抗炎剂。

19. 迈因葶苈

迈因葶苈（*Lepidium meyenii*）为十字花科独行菜属植物，习称玛咖，是南美安第斯山区栽培的药食两用作物。化妆品采用其根的提取物。

有效成分和提取方法

玛咖根的脂肪酸中不饱和脂肪酸含量较高，占已知脂肪酸总量的56％以上，主要是亚麻酸和亚油酸；富含植物甾醇，如β-谷甾醇、菜子甾醇、麦角甾醇、豆甾醇、13-蜕皮激素等；以及玛咖生物碱如玛咖酰胺。玛咖根可以水、酒精等为溶剂，按常规方法提取，然后浓缩至干为膏状。如干根用酒精室温浸渍1日，提取得率约为12％。

在化妆品中的应用

玛咖根30％酒精提取物0.01％涂敷皮肤，其经皮水分蒸发速度降低50％，可用作保湿剂；50％酒精提取物100μg/mL对胶原蛋白生成的促进率为99.5％，10μg/mL对肌芽细胞的增殖促进率为24％，有活肤作用，可用于抗衰化妆品；提取物另外可用作抗氧化剂。

20. 密蒙花

密蒙花（*Buddieja officinalis*）为马钱科醉鱼草属植物，主要产于湖北、四川、陕西，陕西汉中为全国著名产区。化妆品采用其花期干燥全草提取物。

有效成分和提取方法

密蒙花含有黄酮化合物和苯乙醇苷类化合物。黄酮化合物及其苷类有蒙花苷、芹菜素及其糖苷、木犀草素-7-O-葡萄糖苷、新蒙花苷等，以蒙花苷为主，蒙花苷也是《中国药典》规定检测含量的成分，含量不得小于0.5％；苯乙醇苷类有毛蕊花苷、异洋丁香苷等；三萜皂苷化合物有密蒙花苷A、密蒙花苷B等。密蒙花可采用水、酒精为溶剂，按常规方法提取，较常用的是95％乙醇渗漉提取，将提取液浓缩至干。

蒙花苷的结构式

在化妆品中的应用

密蒙花70％酒精提取物0.01％涂敷，角质层的含水量可提高三倍，可用作皮肤保湿剂；70%酒精提取物100μg/mL对B-16黑色素细胞生成黑色素的抑制率为25.4%，有美白皮肤作用；提取物还可用作防晒剂、抗菌剂和抗氧化剂。

21. 伸筋草

伸筋草（*Lycopodium japonicum*）和欧洲石松（*L. clavatum*），为石松科石松属多年生草本植物，伸筋草主产于浙江、江苏、湖北；欧洲石松在世界各地均有发现，我国主产于浙江、江苏、湖南、四川。两者相似，化妆品采用其全草提取物。

有效成分和提取方法 ┃┈┈┈┈┈┈┈┈┈┈┈┈┈┈┈┈┈┈┈┈┈┈┈┈┈┈┈┈┈┈┈┈┈┈

伸筋草含石松碱、棒石松宁碱等生物碱；石松三醇、石松四醇酮等萜类化合物；β-谷甾醇等甾醇；及香草酸、阿魏酸等。伸筋草干燥全草可以水、酒精等为溶剂，按常规方法提取，然后浓缩至干为膏状。如以95%酒精浸渍欧洲石松提取的得率在10%～11%。

石松碱的结构式

安全性 ┃┈┈

国家食药总局和CTFA都将欧洲石松提取物作为化妆品原料，国家食药总局还将伸筋草列入，未见其外用不安全的报道。

在化妆品中的应用 ┃┈┈┈┈┈┈┈┈┈┈┈┈┈┈┈┈┈┈┈┈┈┈┈┈┈┈┈┈┈┈┈┈┈┈┈

欧洲石松50%酒精提取物1.0%涂敷皮肤，角质层的含水量增加16%，有保湿作用；欧洲石松提取物95%酒精提取物0.05%对表皮细胞的增殖促进率提高2倍，70%酒精提取物1mg/mL对胶原蛋白生成的促进率为84%，可用作皮肤抗衰调理剂；欧洲石松70%酒精提取物1%对B-16黑色素细胞生成黑色素的抑制率为35.65%，有美白皮肤作用；提取物还可用作抗炎剂。

22. 前胡

白花前胡（*Peucedanum praeruptorum*）、黄花前胡（*P. graveolens*）、紫花前胡（*P. decursivum*）和欧前胡（*P. ostruthium*）为伞形科草本植物。前三种前胡广泛栽培或野生于我国黄河以南各省；欧前胡产于中南欧。它们性能相似，化妆品采用它们干燥根、叶的提取物。

有效成分和提取方法 ┃┈┈┈┈┈┈┈┈┈┈┈┈┈┈┈┈┈┈┈┈┈┈┈┈┈┈┈┈┈┈┈┈┈┈

香豆素类化合物是前胡的主要成分，含量在2%～4%，主成分有白花前胡甲素、白花前胡乙素、白花前胡丙素、白花前胡丁素等多个结构，白花前胡甲素是《中国药典》规定检测含量的成分之一，其含量不得小于0.9%；另有甾醇为β-谷甾醇；挥发油中的主要成分为异茴香醚及柠檬烯。前胡可以水、酒精等为溶剂，按常规方法提取，然后将提取液浓缩至干。用水提取白花前胡的得率为6.8%，用80%甲醇提取的得率为6.5%。

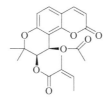

白花前胡甲素的结构式

安全性

国家食药总局和 CTFA 将黄花前胡全草和欧前胡叶提取物作为化妆品原料，国家食药总局还将白花前胡和紫花前胡列入，未见它们外用不安全的报道。

在化妆品中的应用

前胡提取物在电导测定和吸湿试验中均显示良好的保湿能力，0.01％涂敷提高皮肤含水量 40％，可用作化妆品的保湿剂；对自由基有消除作用，可抑制油脂的氧化，可用作化妆品的抗氧化剂；提取物对血管内皮生长因子生成有高效促进，0.5％浓度提高 370％，可加强新陈代谢，对活肤和生发均有作用；欧前胡叶 50％酒精提取物对 B-16 黑色素细胞生成黑色素的抑制率为 25.7％，有美白皮肤效果；提取物另可用作抗炎剂、抗菌剂、过敏抑制剂和减肥剂。

23. 青葙

青葙（*Celosia argentea*）为苋科草本植物，别名野鸡冠花，种子称作青葙子，我国大部分地区均有野生或栽培。化妆品采用其干燥种子的提取物。

有效成分和提取方法

青葙子含脂肪油约 25％，以不饱和脂肪酸为多，以亚油酸含量为多，其余是亚麻酸、油酸和花生酸，尚含烟酸、β-谷甾醇、棕榈酸胆甾烯酯、3,4-二羟基苯甲醛、对羟基苯甲酸、3,4-二羟基苯甲酸、齐墩果酸型的皂苷如青葙子苷等。青葙子苷是特有成分，含量在 0.5％以上。青葙子常以较高浓度酒精为溶剂提取，减压浓缩获得醇提浸膏。如以水煮提取，得率约 2.5％.

青葙子苷的结构式

安全性

国家食药总局将青葙子提取物作为化妆品原料，未见其外用不安全的报道。

在化妆品中的应用 ┠-----------------------------------

青葙子酒精提取物对金黄色葡萄球菌、大肠杆菌和链球菌的 MIC 分别为 $600\mu g/mL$、$650\mu g/mL$ 和 $750\mu g/mL$，可用作化妆品的抗菌剂；青葙子 30%酒精提取物 0.01%涂敷，使经皮水分蒸发降低一半，有很好的持水保湿的能力，可用于干性皮肤的防治；水提取物对胶原蛋白生成率提高 1.5 倍，可用作活肤抗皱剂；提取物还可用作抗炎剂和过敏抑制剂。

24. 蠕虫叉红藻

蠕虫叉红藻（*Furcellaria lumbricalis*）是叉状红藻中的一种，主产于加拿大东部沿海，化妆品采用其全藻的提取物。

有效成分和提取方法 ┠-----------------------------------

蠕虫叉红藻富含多糖成分硫酸半乳聚糖达 33.7%。该多糖由 3,6-内醚半乳糖和 4-硫酸半乳糖以及半乳糖组成，属于一种低硫酸化的卡拉胶。另含藻胆蛋白质。蠕虫叉红藻一般采用水、酒精溶液按常规方法提取，然后将提取液浓缩至干。

在化妆品中的应用 ┠-----------------------------------

蠕虫叉红藻 70%酒精提取物 5%涂敷皮肤，角质层含水量提高 68.7%，也可降低经皮水分蒸发，有保湿调理作用。

25. 蛇床子

蛇床子（*Cnidium monnieri*）为伞形科植物蛇床的干燥成熟果实。蛇床子在我国各地广有分布，化妆品采用其干燥的果、籽的提取物。

有效成分和提取方法 ┠-----------------------------------

蛇床子果实含挥发油 1.3%，主要成分为蒎烯、莰烯、异戊酸龙脑酯、异龙脑。果实中除含香豆素类化合物如蛇床子素、7-甲氧基欧芹酚外，尚有棕榈酸、β-谷甾醇、香柑内酯、花椒毒酚、圆白芷素、白芷素、异虎耳草素等。蛇床子素是《中国药典》规定检测含量的成分，含量不得少于 1.0%。可用水蒸气蒸馏法制取蛇床子挥发油；蛇床子提取物的制备是采用水、酒精等为溶剂，按常规方法提取，最后浓缩至干。

蛇床子素的结构式

在化妆品中的应用 ┠-----------------------------------

蛇床子 75%酒精的提取物对金黄色葡萄球菌、石膏样毛癣菌、红色毛癣菌和絮状表皮癣菌的 MIC 分别为 1.25%、0.091%、0.039%和 0.039%，用于治疗皮肤湿疹等疾患。蛇床子 30%酒精提取物 0.01%涂敷，经皮水分蒸发速度降低一半，可用作保湿剂；蛇床子提取物还有抗氧化和美白皮肤的作用。

26. 松口蘑

松口蘑（*Tricholoma matsutake* 或 *Armillaria matsutake*）是赤松、台湾松等树木的活体共生菌，属于口蘑科口蘑属真菌，又称松茸、松蕈。松茸是亚洲地区的特有品种，主要分布在日本、朝鲜半岛以及我国东北、西南和台湾地区，是一种名贵的食用菌，化妆品采用其子实体的提取物。

有效成分和提取方法

松茸子实体的粗蛋白含量达 17%，其游离氨基酸以丝氨酸、丙氨酸为主。富含 RNA 的组成成分为 5-鸟苷酸，松茸的 5-鸟苷酸含量可达 64.6mg/100g（干品）。松茸含多糖成分，松茸多糖主要由戊聚糖、海藻糖、甘露糖醇组成。另外它还含有甲基桂皮酸、甲基黑苔酚、5-鸟苷酸等。松茸子实体可以水、酒精等为溶剂，按常规方法提取，然后浓缩至干为膏状。如以甲醇提取的得率约为 7%。

在化妆品中的应用

松茸 30% 酒精提取物 7mg/mL 涂敷，皮肤角质层含水量提高两倍，可用作保湿剂。水提取物 50μg/mL 对弹性蛋白酶活性的抑制率为 77.9%，有抗皱功能。沸水提取物 50μg/mL 对游离组胺生成的抑制率为 29.7%，有抗过敏作用；提取物还可用作抗炎剂和抗氧化剂。

27. 酸豆

酸豆（*Tamarindus indica*）是豆科植物，酸豆又名罗望子，分布于福建、广东、广西、贵州、云南、四川等省。化妆品采用其干燥的果实的提取物。

有效成分和提取方法

酸豆果肉中的有机酸含量高达 13.86%，有机酸主要是酒石酸，约 8%，其次是草酸，约 2%，其余含量甚微；所含糖类有葡萄糖、果糖、蔗糖等多种单糖和罗望子多糖胶，总糖含量约 34.68%，其中还原糖占 33.33%，还原糖中 70% 为葡萄糖、30% 为果糖；含有的原花青素类为其多聚体，如四聚、五聚、六聚原花青素，另有少量的原花青素 B_2 和表儿茶素。酸豆可以水、酒精等为溶剂，按常规方法提取，最后浓缩至干。如以温水浸渍提取，得率约为 18%。

在化妆品中的应用

酸豆提取物中的罗望子多糖是一种中性多糖，它是从酸豆种子中提取出来的一种带浅棕色的灰白色粉末，易分散于冷水中，加热则形成黏稠状液体，具有胶黏、增稠、稳定、凝胶、分散、乳化、锁水、成膜等作用，可以说是一种多功能的食品添加剂。30% 酒精提取物 0.01% 涂敷皮肤，可使角质层含水量提高 4 倍，50% 酒精提取物对透明质酸酶活性的 IC_{50} 为 0.8μg/mL，有优秀的保湿性；50% 酒精提取物 0.001% 对金属蛋白酶-1 活性的抑制率为 89%，有抗炎作用。提取物还有抗氧化、抑制体臭、抑制过敏的作用。

28. 藤黄

柬埔寨藤黄（*Garcinia cambogia*）和印度藤黄（*G. indica*）为藤黄科藤黄属植物，它们都原产于印度，现在东南亚和南亚有种植。化妆品采用它们籽的提取物。

有效成分和提取方法 |--------

柬埔寨藤黄果的主要成分是羟基柠檬酸。其余成分有羟基柠檬酸的内酯、山竹子素、异山竹子素、矢车菊素及其糖苷。柬埔寨藤黄可以水、酒精等为溶剂，按常规方法提取，然后浓缩至干为膏状。50%酒精提取得率约为14%。

羟基柠檬酸的结构式

在化妆品中的应用 |--------

柬埔寨藤黄提取物对透明质酸酶的 IC_{50} 为 $5.0\mu g/mL$，1.0% 浓度提取物涂敷皮肤使皮肤含水量增加 4 倍，有皮肤保湿作用；70%酒精提取物 $10\mu g/mL$ 对 B-16 黑色素细胞生成黑色素的抑制率为 73.2%，对酪氨酸酶活性的 IC_{50} 为 $18.4\mu g/mL$，有美白皮肤作用；提取物还可用作抗氧化剂和抗炎剂。

29. 甜瓜

甜瓜 (*Cucumis melo*) 为葫芦科甜瓜属植物，又称甘瓜或香瓜，在我国北方许多地区有大面积种植。化妆品主要用干燥了的或新鲜的果片、根、胎座组织和籽的提取物。

有效成分和提取方法 |--------

甜瓜富含维生素类，有胡萝卜素、核黄素、维生素 E、硫胺素、维生素 A、维生素 B_3、维生素 C 等，新鲜的果肉含有丰富的超氧歧化酶和过氧化氢酶等。甜瓜籽含脂肪油约27%，其中含亚油酸、油酸、棕榈酸、硬脂酸及肉豆蔻酸的甘油酯、卵磷脂、胆甾醇；尚含球蛋白及谷蛋白约 5.78% 和半乳聚糖、葡萄糖、树胶、树脂等。新鲜甜瓜可均质后滤出汁液后直接使用；也可将新鲜的果肉或干燥果片用丙二醇、酒精或 1,3-丁二醇萃取，然后浓缩至干。如新鲜的果肉采用十倍量的95%酒精提取，得率约为2.7%。

在化妆品中的应用 |--------

甜瓜水提取物 0.01% 涂敷皮肤，可使经皮水分蒸发速度降低15%，甜瓜果汁 $1mg/mL$ 对皮肤纤维芽细胞增殖的促进率为15%，适合用于皮肤的抗老和保湿；甜瓜提取物具超氧歧化酶和过氧化氢酶样活性，前者能消除超氧自由基，后者能将过氧化氢再还原为无害物质，对其他自由基也有消除作用，可用作抗氧化剂。甜瓜95%酒精提取物 0.01% 对 B-16 黑色素细胞生成黑色素的抑制率为 41.6%，有美白皮肤的作用。

30. 土木香

土木香 (*Inula helenium*) 为菊科旋覆花属植物，土木香主产于我国西北及新疆等地，也可见于欧洲和西亚；总状土木香主产于我国西藏和克什米尔地区。化妆品主要采用它们根的提取物。

有效成分和提取方法 |--------

土木香根含挥发油，主要是倍半萜类化合物如土木香内酯、异土木香内酯、土木香酸、土木香醇等，非挥发成分有无羁萜、豆甾醇、β-谷甾醇、β-谷甾醇葡糖苷等，含菊糖达 40% 左右。总状土木香挥发油也以土木香内酯、异土木香内酯为主。可以水蒸气蒸馏法制取土木香挥发油；提取物可以水、酒精等为溶剂，按常规方法提取，然后浓缩至干为膏状。如热水提取得率为 9.2%。

在化妆品中的应用 ▌

土木香精油可用作化妆品香料，香气持久；精油有抗菌性，对金黄色葡萄球菌、表皮葡萄球菌、蜡状芽孢杆菌、大肠杆菌、绿脓杆菌和白色念珠菌的 MIC 分别为 0.6mg/mL、3.7mg/mL、0.3mg/mL、14.8mg/mL、14.8mg/mL 和 0.07mg/mL。30% 酒精提取物 0.01% 涂敷皮肤，可使经皮水分蒸发速度降低一半，可用作保湿剂。甲醇提取物 200μg/mL 对自由基 DPPH 的消除率为 34.8%，有抗氧化作用。提取物还可用作抗炎剂。

31. 野大豆

大豆、黑大豆（*Glycine max*）和野大豆（*G. soja*）为豆科蝶形花亚科种大豆属植物，原产于我国和巴西。野大豆为我国二级濒危保护植物，分布于我国东北和东部地区。化妆品主要采用其干燥种子提取物，功效方面的作用以野大豆为主。

有效成分和提取方法 ▌

与栽培大豆相比，野大豆的粗蛋白含量和质量明显较高，含 20.48%，而粗脂肪的含量仅 1.98%。野大豆含有丰富的异黄酮化合物，异黄酮含量为（7065±91）μg/g，而栽培大豆为（1222±78）μg/g。异黄酮化合物有大豆黄素、染料木黄酮、黄豆黄苷及其苷类。野大豆可以水、酒精等为溶剂，按常规方法提取，提取液浓缩至粉状。

大豆黄素的结构式

在化妆品中的应用 ▌

野大豆水提取物 0.01% 涂敷，可使角质层的含水量提高 4 倍，是高效的保湿剂；提取物对胶原蛋白生成、表皮细胞的增殖都有促进作用，结合提取物对多种自由基的消除，可用作活肤抗衰剂；提取物也有抑制过敏、调理皮肤和促进毛发生长功能。

32. 银柴胡

银柴胡（*Stellaria dichotoma*）为石竹科植物，野生于我国陕西北部、甘肃、宁夏、内蒙古，俄罗斯西伯利亚也有分布。现在银柴胡有野生与家种两种，家种银柴胡的有效成分与野生相差很大，银柴胡商品主要来源于野生资源。化妆品采用其干燥根的提取物。

有效成分和提取方法 ▌

银柴胡富含甾醇和酚酸类化合物。酚酸类化合物有阿魏酸、香草酸等；甾醇有 α-菠甾醇和豆甾醇等，是银柴胡的主要成分，含量在 0.4% 以上；另有 5,7-二羟基黄酮、3,4-二甲氧基苯丙烯酸、7-烯豆甾醇-3-棕榈酸酯等成分。银柴胡可以水、酒精等为溶剂,按常规方法提取,然后将提取液浓缩至干为浸膏状产品。

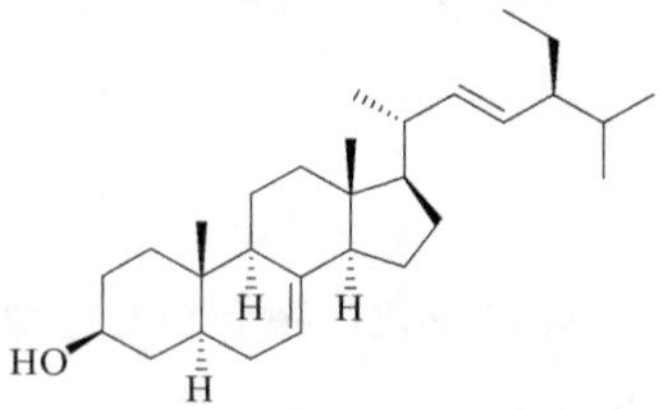

α-菠甾醇的结构式

安全性

国家食药总局将银柴胡提取物作为化妆品原料,未见其外用不安全的报道。

在化妆品中的应用

银柴胡30%酒精提取物0.01%涂敷皮肤,角质层含水量提高2.5倍,有相当不错的保湿能力,可用于干性皮肤的防治和护理。50%酒精提取物0.5%对酪氨酸酶的抑制率为62%,对皮肤色泽沉着有美白作用。提取物还有抗氧化作用。

33. 淫羊藿

淫羊藿(*Epimdeium brevicornum*)为小檗科植物,主产于我国陕西、辽宁、山西、湖北、四川、浙江等地。同科属植物长距淫羊藿(*E. grandiflorum*)、箭叶淫羊藿(*E. sagittatum*)、柔毛淫羊藿(*E. Pubescens*)、巫山淫羊藿(*E. wushanense*)和朝鲜淫羊藿(*E. koreanum*)也称作为淫羊藿并与淫羊藿同等使用。化妆品采用它们全草提取物。

有效成分和提取方法

淫羊藿类植物的化学成分主要是黄酮类化合物,最重要的成分为淫羊藿苷,如淫羊藿中含淫羊藿苷4.25%,柔毛淫羊藿中含4.04%,朝鲜淫羊藿中含2.12%,箭叶淫羊藿中含1.93%,淫羊藿苷是《中国药典》规定检测含量的成分,含量不得小于0.5%。另含有木脂素、蒽醌类、花青素、多糖、植物甾醇、亚麻酸、生物碱和挥发油等。淫羊藿可以水、酒精等为溶剂,按常规方法提取,然后将提取液浓缩至干。如以25%酒精提取为例,提取得率约为15%。

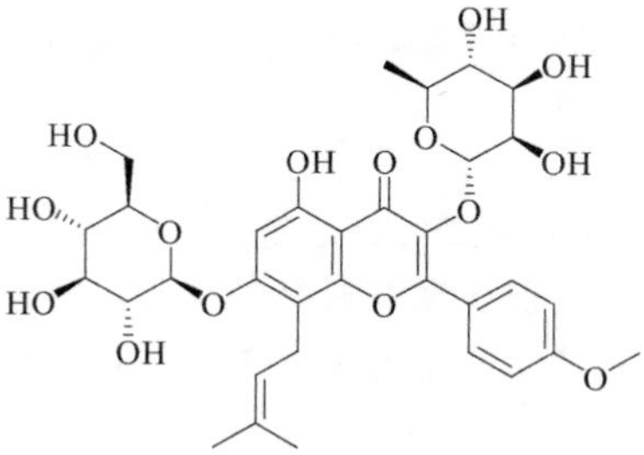

淫羊藿苷的结构式

在化妆品中的应用

淫羊藿水提取物 0.01% 涂敷能使皮肤角质层的含水量提高 2 倍以上，可用作皮肤保湿剂；朝鲜淫羊藿提取物的美白作用几乎与氢醌相同，可用作高效的皮肤美白剂，但无细胞毒性；朝鲜淫羊藿提取物 0.1% 涂敷使皮肤毛孔缩小 10%，用作毛孔收敛剂；提取物还可用作抗菌剂、抗氧化剂和皮肤调理剂。

34. 疣柄魔芋

疣柄魔芋（*Amorphophallus campanulatus*）为天南星科魔芋属植物，野生分布于东南亚和我国的云南、广西、广东、海南、香港等地区。化妆品采用其根茎提取物。

有效成分和提取方法

疣柄魔芋根茎含淀粉 77%，与其他魔芋不同的是不含葡甘聚糖，因此疣柄魔芋淀粉凝胶的硬度、黏性、弹性、内聚性较其他淀粉高。其他成分不详。疣柄魔芋根粉可以直接应用，也可将其用己烷脱脂后使用。用甲醇提取疣柄魔芋根粉则制成魔芋根粉的提取物，得率为 2.8%。

在化妆品中的应用

疣柄魔芋根粉具吸水性、增稠性、稳定性、黏结性和成膜功能，可用于面膜、保湿、调理等化妆品，疣柄魔芋根粉甲醇提取物 5% 涂敷，对小鼠毛发生长的促进率为 55.6%，可用作生发助剂。

35. 圆锥石头花

圆锥石头花（*Gypsophila paniculata*）又名满天星，属于伞形科，主产于东欧地区，原产于地中海沿岸和秘鲁。化妆品主要采用其根提取物。

有效成分和提取方法

圆锥石头花的根富含皂苷，如丝石竹苷元及其糖苷。另有多种酚酸类化合物存在，如对香豆酸、二氢阿魏酸、丁香酸、香草酸等。提取物可以水、酒精等为溶剂，按常规方法提取，然后浓缩至干为膏状。

在化妆品中的应用

圆锥石头花根 30% 酒精提取物 0.01% 涂敷皮肤可使皮肤角质层含水量增加两倍，较芦荟有更好的皮肤保湿作用，可用于化妆品对干性皮肤的防治。根丁二醇提取物 10μg/mL 对成纤维细胞增殖的促进率为 93%，有活肤作用。提取物还有抗菌作用。

第七节　干性皮肤的防治

引起皮肤干化的内在原因有：真皮层内透明质酸量的减少、皮层细胞内降解透明质酸酶活性的增大、天然保湿因子的含量降低、皮脂腺分泌量的减少等。因此在细胞层面促进透明质酸的生成、对透明质酸酶活性的抑制、促进水通道蛋白的生成等是防治干性皮肤的根本。

1. 奥氏海藻

奥氏海藻又名冈村枝管藻（*Cladosiphon okamuranus*），和海星枝管藻（*C. novae-caledoniae*）

是索藻科枝管藻属的亚热带性海藻，主要生长在日本冲绳列岛和汤加沿海，在日本是食用海藻。化妆品采用其全藻提取物。

有效成分和提取方法

奥氏海藻的主要成分是多糖化合物，以褐藻酸和岩藻多糖及其衍生物为主，如乙酰化的岩藻多糖。干奥氏海藻可以水、低浓度（0.05mol/L）盐水、酒精等为溶剂，按常规方法提取，然后浓缩至干为膏状。

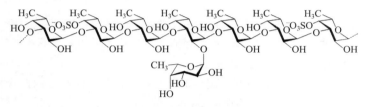

奥氏海藻多糖的结构式

在化妆品中的应用

奥氏海藻提取物对脯氨酰内肽酶有抑制，对血管紧张素、神经紧张素等有很好的抑制作用；对超氧自由基和 DPPH 自由基有消除，可用于皮肤的调理；提取物对透明质酸酶有抑制，IC_{50} 为 25.6μg/mL，可有效抑制透明质酸的分解，因而有皮肤保湿和干性皮肤的调理作用。海星枝管藻提取物 200μg/mL 对弹性蛋白酶的抑制率为 17.1%，有抗老的效果。

2. 白花油麻藤

白花油麻藤（*Mucuna birdwoodiana*）为豆科鲎豆属藤蔓植物，原产于亚洲的热带和亚热带地区，可见于我国广东、广西、云南等省。化妆品采用其藤茎的提取物。

有效成分和提取方法

白花油麻藤的已知酚类成分有 9-甲氧基香豆雌酚、芒柄花素、染料木素、8-甲雷杜辛、7,3′-二羟基-5′-甲氧基异黄酮、大黄酚、丁香脂素等，皂苷化合物有表木栓醇、羽扇豆醇，另有若干香豆精类化合物。白花油麻藤可以水、酒精等为溶剂，按常规方法提取，然后浓缩至干为膏状。如其干茎以 50% 酒精回流提取，得率为 18%。

在化妆品中的应用

白花油麻藤水提取物 0.1% 对透明质酸酶活性的抑制率达 97.7%，有保湿作用，可用于对干性皮肤的防治；其 50% 酒精提取物 1.0% 对组胺游离释放的抑制率为 95.4%，可抗过敏；其超临界提取物对致蛀牙菌如粘放线菌、具核梭杆菌、牙龈卟啉单胞菌、产黑普氏菌均有抑制作用，对牙周炎和蛀牙龋齿有防治效果。提取物还有抑臭、皮肤美白、皮肤调理和减肥的作用。

3. 叉珊藻

叉珊藻（*Jania rubens*）为叉珊藻科叉珊藻属的一种红藻，主产于大西洋海岸，化妆品采用其全藻的提取物。

有效成分和提取方法

叉珊藻富含胡萝卜素类成分如 α-隐黄素、β-隐黄素和岩藻黄素等，含有以半乳糖为主的酸性多糖。晒干全藻可以水、酒精等为溶剂，按常规方法提取，然后将提取液浓缩至干。如用甲醇回流提取，得率为 0.75%。

在化妆品中的应用

叉珊藻甲醇提取物（4mg/disc）对金黄色葡萄球菌、大肠杆菌、表皮葡萄球菌、枯草芽孢杆菌和绿脓杆菌的抑菌圈直径分别为 21mm、10mm、11mm、11mm 和 8mm，可用作抗菌防腐剂。丁二醇提取物 0.01% 对水通道蛋白-8 生成的促进率为 58%，0.2% 对透明质酸合成酶活性的促进率为 68%，对干性皮肤有防治作用。提取物还有抗衰活肤功能。

4. 大叶藻

大叶藻（*Zostera marina*）为眼子菜科大叶藻属藻类植物，广泛分布在北半球温带沿海水域，我国主要分布于辽宁、河北、山东等省沿海。化妆品可采用其叶的提取物。

有效成分和提取方法

大叶藻内富含多糖成分如支链化的聚半乳糖醛酸，含有多量的叶黄素，另有黄酮化合物如芹菜素、木犀草素、金圣草素及其糖苷。大叶干藻可以水、酒精等为溶剂，按常规方法提取，然后将提取液浓缩至干。如以 25% 酒精室温浸渍，提取得率为 6.7%。

在化妆品中的应用

大叶藻 50% 酒精提取物对透明质酸酶活性的 IC_{50} 为 0.08%，可作保湿剂用于干性皮肤的防治。10% 酒精提取物 1% 对大鼠毛乳头细胞增殖的促进率为 66%，可用作生发助剂。25% 酒精提取物 $30\mu g/mL$ 对酪氨酸酶活性的抑制率 68.7%，可用作皮肤美白剂。提取物还有皮肤调理、抗氧化和抗炎作用。

5. 可乐果

光亮可乐果（*Cola nitida*）和苏丹可乐果（*C. acuminate*）为梧桐科常绿乔木，原产于非洲热带，我国广州、海南、云南的西双版纳有少量栽培，两者可以互用。化妆品采用其籽提取物，以光亮可乐果为主。

有效成分和提取方法

光亮可乐果种子的主要成分为咖啡碱，约占 2%；此外尚有可可碱、栎鞣红、丹宁、花青素苷、原花青素 B_{21}、原花青素 B_2、（＋)-儿茶素和(－)-表儿茶素等。可乐果种子可以水、酒精等为溶剂，按常规方法提取，然后浓缩至干为膏状。

在化妆品中的应用

可乐果水提取物 1% 对透明质酸酶的抑制率为 100%，表明可有效抑制透明质酸的分解，有皮肤保湿和抗炎作用，对干性皮肤有防治作用；光亮可乐果提取物 $100\mu g/mL$ 对弹性蛋白酶的抑制率为 88.7%，可用作皮肤抗皱剂；提取物还可用作过敏抑制剂和抗氧化剂。

6. 桂竹

桂竹（*Phyllostachys bambusoides*）、毛金竹（*P. nigra*）和楠竹（*P. pubescens*）为禾

本科刚竹属植物。桂竹和毛金竹广泛分布于黄河流域至长江以南各省区，日本也有大量种植；楠竹主产于中国南方。化妆品主要采用其叶提取物。

有效成分和提取方法

桂竹的叶主要含酚类化合物，有木质素酚和黄酮化合物。桂竹叶可以水、酒精等为溶剂，按常规方法提取，然后浓缩至干为膏状。如干叶以 99.5％酒精室温浸渍 1 日，提取得率约为 5％。

桂竹叶黄酮的结构式

在化妆品中的应用

桂竹叶提取物 100μg／mL 对谷胱甘肽生成的促进率为 130％，可用作活肤抗衰剂；毛竹枝叶 30％丁二醇提取物 1.0％对水通道蛋白-3 生成的促进率为 82.8％，桂竹叶提取物 0.5％涂敷皮肤可使角质层含水量提高 3 倍，都可用作干性皮肤的保湿剂；提取物还有抗氧化、美白皮肤、抗炎和促进生发的作用。

7. 胡桃楸

胡桃楸（*Juglans mandshurica*）为胡桃科胡桃属落叶乔木，产于黄河流域以北和东北地区，另见于俄罗斯和朝鲜。化妆品一般采用种仁、果壳的提取物。

有效成分和提取方法

胡桃楸青果中含有胡桃醌，外果壳中含有苷类及大量鞣质。胡桃楸种仁可以水、酒精等为溶剂，按常规方法提取，最后将提取液浓缩至干。采用 95％酒精提取，得率为 5.5％。

在化妆品中的应用

胡桃楸果壳粉可用作化妆品中的磨蚀料和填充料；籽 50％酒精的提取物对水通道蛋白-3 生成的促进率为 230％，可用作保湿剂，对干性皮肤有防治作用；籽酒精提取物对自由基 DPPH 的消除 IC_{50} 为 12.2μg／mL，有抗氧化作用；提取物对酪氨酸酶活性的 IC_{50} 为 40μg／mL，有美白皮肤功能。

8. 灰树花

灰树花（*Grifola frondosa*）又名具叶状多孔菌，为多孔菌科树花属真菌，在日本、俄罗斯、北美及中国长白山区、广西、四川、河北等地广泛分布。化妆品采用其子实体的提取物。

有效成分和提取方法

灰树花含灰树花多糖，一类为葡聚糖，以 β-1,3 和 β-1,6 方式连接；另一类是高度分支化的葡聚糖组成的蛋白聚糖，蛋白含量约为 30％。还有黄烷醇类物质存在。灰树花可以水、酒精等为溶剂，按常规方法提取，然后浓缩至干为膏状。新鲜的灰树花用水在 90℃温浸 1h，得率约为 2.5％。

灰树花葡聚糖的结构式

在化妆品中的应用

灰树花水提取物 20μg/mL 对皮肤纤维芽细胞的增殖促进率为 138％，40μg/mL 对表皮角质细胞的增殖促进率为 14％，可增强皮肤细胞新陈代谢，结合它的抗氧化性，有活肤抗衰作用；酒精提取物 25μg/mL 对透明质酸生成的促进率为 61.7％，有皮肤保湿调理和干性皮肤的防治作用；提取物还可用作抗氧化剂、抗炎剂和活血剂。

9. 董菜

香堇菜（*Viola odorata*）、东北堇菜（*V. mandshurica*）和三色堇菜（*V. Tricolor*）是堇菜科堇菜属草本植物，分布于欧洲、非洲北部、亚洲各地，我国各大城市多有栽培。化妆品主要采用它们全草和花的提取物。

有效成分和提取方法

三色堇花含 β-胡萝卜素、番茄烃、六氢番茄烃、叶黄素等类胡萝卜素；黄酮化合物有槲皮素、木犀草素、山奈酚及其糖苷；酚酸类成分有原儿茶酸、咖啡酸、对香豆酸、香草酸、龙胆酸和阿魏酸等；另有多糖存在。提取物可以水、酒精等为溶剂，按常规方法提取，然后将提取液浓缩至干。如干燥三色堇全草以酒精回流提取，得率为 14.7％。

在化妆品中的应用

三色堇水提取物 0.5％ 对水通道蛋白-3 生成的促进率为 44％，1.0％ 对透明质酸生成的促进率为 23％，香堇 30％ 酒精提取物涂敷后可降低经皮水分蒸发近 50％，均显示有良好的皮肤保湿作用，对干性皮肤有防治作用；东北堇菜花水提取物对胶原蛋白酶活性的 IC_{50} 为 42μg/mL，有抗皱作用；提取物另可用作抗菌剂、抗炎剂、皮肤美白剂和调理剂。

10. 锦葵

锦葵（*Malva sinensis*）、欧锦葵（*M. sylvestris*）和冬葵（*M. verticillata*）为锦葵科锦葵属植物，在世界多地均有分布，在我国也见于东北、华北、西北、新疆至江南各省。化妆品可采用它们全草的提取物。

有效成分和提取方法

欧锦葵花含酚酸如阿魏酸、对羟基肉桂酸、香兰酸等。锦葵花含黏液质，紫色花含一种花色苷如锦葵花苷。锦葵可以水、酒精等为溶剂，按常规方法提取。采用酒精提取的话，药效好，提取率也高。如锦葵花以 99.5％ 酒精提取，得率约为 15％。

锦葵花苷的结构式

安全性

国家食药总局和 CTFA 将欧锦葵和冬葵提取物作为化妆品原料，国家食药总局还把锦葵列入，未见它们外用不安全的报道。

在化妆品中的应用

锦葵花 50％酒精提取物涂敷皮肤，角质层的含水量提高仅 4 倍；欧锦葵提取物 0.2％对透明质酸生成的促进率为 187.1％，显示对干性皮肤的防治保湿功能；锦葵花提取物 0.01％对弹性蛋白酶活性的抑制率为 28.5％，欧锦葵提取物 $10\mu g/mL$ 对层粘连蛋白-5 生成的促进率为 7.3％，可用于抗衰化妆品；欧锦葵提取物 0.01％对角质化细胞生长因子分泌的促进率为 188％，意味着可促进生发；提取物还可用作抗菌剂、抑臭剂和抗炎剂。

11. 菊蒿

菊蒿 （*Tanacetum vulgare*） 为菊科植物菊蒿属草本植物，分布于我国东北以及内蒙古、新疆等省区；欧美许多国家均有规模种植。化妆品采用其全草的提取物。

有效成分和提取方法

菊蒿全草含挥发油，主要成分是反式-氧化黄樟醇，其他为菊烯酮、橙花醇乙酸酯、橙花醚、桉树脑等，随产地变化较大；不挥发成分有黄酮化合物如槲皮素、木犀草素、金合欢素-7-葡萄糖苷，另有菊蒿酸、没食子酸等。可以水蒸气蒸馏法制取菊蒿挥发油，提取物可以水、酒精等为溶剂，按常规方法提取，然后将提取液浓缩至干。

在化妆品中的应用

菊蒿水提取物 1％对透明质酸合成酶的活性促进率为 160％，可增加透明质酸的生成，有保湿调理、干性皮肤的防治作用；菊蒿精油有广谱的抗菌性，对绿脓杆菌、枯草芽孢杆菌和金黄色葡萄球菌的抑制能力最强。对昆虫和螨虫均有显著的驱除作用；提取物还可用作抗氧化剂。

12. 咖啡

茜草科咖啡属植物咖啡豆主要分为两大类，小果咖啡 （*Coffea arabica*） 和罗布斯塔咖啡 （*C. robusta*）。两种咖啡都原产于非洲，小果咖啡在我国云南地区有种植。化妆品主要采用小果咖啡的未成熟和成熟豆籽的提取物。

有效成分和提取方法

咖啡豆的主要活性成分有咖啡因、可可碱、茶碱、咖啡酸、咖啡醇等，其余为蛋白质、粗纤维、矿物质、脂肪和单宁酸。这两种咖啡成分相似。咖啡豆成分提取常采用水或酒精、丙二醇、异丙醇、1,3-丁二醇的溶液为溶剂，按常规方法处理。如采用50%的丁二醇提取，得率约为9%。

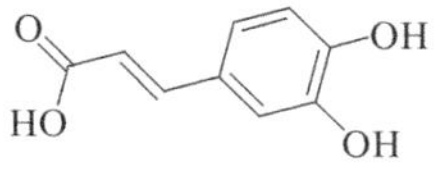

咖啡酸的结构式

在化妆品中的应用

咖啡青豆30%酒精提取物1μg/mL对超氧自由基的消除率为41%，60%异丙醇提取物50μg/mL对DPPH的消除率为60%，可用作化妆品抗氧化抗衰剂；咖啡青豆50%丁二醇提取物1%对水通道蛋白生成的促进率提高5倍，显示有强烈的对干性皮肤的防治作用；咖啡豆提取物在外用时对人肤的成纤维细胞的生长有促进作用，局部施用可防治皮炎；有抑制过敏的功能，可减少组胺的释放；可调节低密度脂蛋白和极低密度脂蛋白受器的功能，减慢这些受器将三甘酯在脂肪细胞中的储存，可用作减肥剂。

13. 辽东楤木

辽东楤木（*Aralia elata*）是五加科楤木属的植物。分布于日本、朝鲜、俄罗斯以及我国东北等地。化妆品采用楤木根的提取物。

有效成分和提取方法

辽东楤木根含多种齐墩果酸的糖苷、辽东楤木皂苷、竹节参皂苷、人参皂苷，另有β-胡萝卜苷、豆甾醇、β-谷甾醇等。楤木根可以水、酒精等为溶剂，按常规方法提取，然后浓缩至干为膏状。如辽东楤木根以50%酒精于室温浸渍，提取得率约为8.7%。

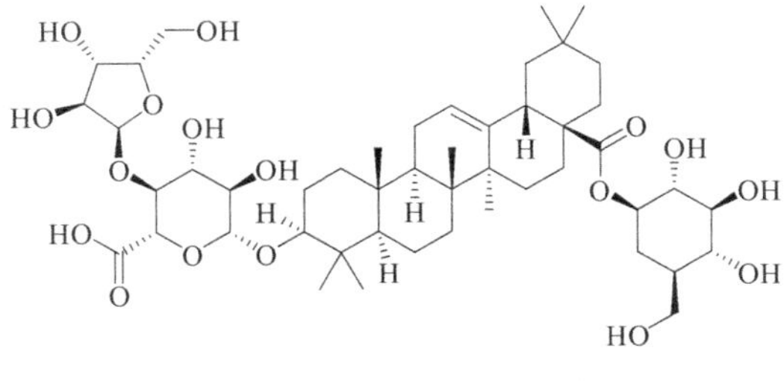

辽东楤木皂苷 A 的结构式

在化妆品中的应用

辽东楤木根50%酒精提取物对透明质酸酶的IC_{50}为90μg/mL，可有效抑制透明质酸的分解，因而有皮肤保湿作用，兼之它在低湿度下具吸湿作用，可用于干性皮肤的防治；高压热水提取物100μg/mL对自由基DPPH的消除率为74.6%，有抗氧化作用；提取物有抗炎性，对痤疮丙酸杆菌有强烈抑制，可用于痤疮的防治。

14. 络石藤

络石藤（*Trachelospermum jasminoides*）是夹竹桃科络石属常绿木质藤本植物，原产于中国山东、山西、河南、江苏等地。化妆品采用其茎提取物。

有效成分和提取方法

络石藤茎含丰富的木脂素类成分如牛蒡苷、络石苷、牛蒡苷元、络石苷元等；含黄酮类化合物如芹菜素及其糖苷、木犀草素及其糖苷等；另含有生物碱、植物甾醇和三萜皂苷等。络石藤茎提取物可以水、酒精等为溶剂，按常规方法提取，最后将提取液浓缩至干。如干藤茎经70%酒精提取，得率为17.4%。

络石苷的结构式

安全性

国家食药总局将络石藤提取物作为化妆品原料，未见外用不安全的报道。

在化妆品中的应用

络石藤茎酒精提取物 $100\mu g/mL$ 对自由基 DPPH 的消除率为80.9%，$200\mu g/mL$ 对脂质过氧化的抑制率为24.9%，有抗氧化作用；络石藤茎70%酒精提取物0.5%对透明质酸生成的促进率为43%，0.1%对水通道蛋白-3生成的促进率提高三倍多，可用于干性皮肤的保湿护肤品；提取物还有抗炎、美白皮肤和抗菌的作用。

15. 马铃薯

马铃薯（*Solanum tuberosum*）为茄科茄属草本植物，原产于南美洲，现在世界各地都有生长，我国是马铃薯种植的大国。化妆品采用其淀粉和块茎的提取物。

有效成分和提取方法

马铃薯块茎富含淀粉，尚有维生素 A、胡萝卜素、抗坏血酸、核黄素、维生素$_3$等；有少量的生物碱如茄碱和毛壳霉碱存在；酚酸的含量很高，有咖啡酸、绿原酸、新绿原酸、隐绿原酸、阿魏酸、没食子酸等。马铃薯块茎可以水、酒精等为溶剂，按常规方法提取，然后将提取液浓缩至干。

在化妆品中的应用

马铃薯块茎70%酒精提取物对透明质酸酶活性的 IC_{50} 为0.05%，可用作干性皮肤的保湿剂；70%酒精提取物还有活肤抗衰、抗氧化、皮肤美白和抗炎作用。马铃薯淀粉用作吸附剂、黏结剂、填充剂和水相增黏剂。

16. 麦冬

麦冬（*Ophiopogon japonicus*）和沿阶草（*O. bodinieri*）为百合科沿阶草属多年生草

本植物。麦冬主产于我国四川绵阳等地区；沿阶草与麦冬性能相似，可互用。化妆品采用它们干燥块根的提取物。

有效成分和提取方法

麦冬多糖在麦冬中所占比例大，含量在 $70\%\sim90\%$，是一种菊淀粉型的多糖。所含甾体皂苷有麦冬皂苷、慈溪麦冬苷 A 和慈溪麦冬苷 B 等，它们的水解物为鲁斯可皂苷元。鲁斯可皂苷元是《中国药典》规定检测含量的成分，含量不得小于 0.12%。另含高异黄酮类主要有甲基麦冬二氢黄酮 A 等；其他成分主要有 β-谷甾醇及其糖苷、豆甾醇、龙脑苷、天师酸等。麦冬可以水、酒精等为溶剂，按常规方法提取，最后将提取液浓缩至干。以 50% 酒精提取，得率约为 9%。

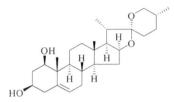

鲁斯可皂苷元的结构式

在化妆品中的应用

麦冬水提取物 0.01% 对精氨酸酶活性的促进率为 95%，皮肤持水的能力与其精氨酸酶的活性呈正比关系，提取物有助于干性皮肤的防治；50% 酒精提取物在低湿度下具吸湿能力，可用作保湿添加剂；水提取物 0.5% 对紧密连接蛋白的生成促进率为 23%，紧密连接蛋白可增强皮肤屏障功能，减少日光性角化病，有护肤作用；50% 酒精提取物 $5\mu g/mL$ 对酪氨酸酶活性的抑制率为 58%，可用作皮肤美白剂；提取物尚可用作活肤抗衰、抗氧化、抗炎、抗菌等作用。

17. 柠檬

柠檬 (*Citrus limon*)、来檬 (*C. aurantifolia*) 和黎檬 (*C. limonium*) 为芸香科柑橘属常绿果树。柠檬在我国栽培数量不多，主要分布在长江以南；来檬原产于印度；黎檬常见于广东。化妆品主要采用其鲜果、果皮、花和籽的提取物。

有效成分和提取方法

柠檬果实和果皮中均含有挥发成分柠檬油，果实中含油量在 0.4% 以上。柠檬油的主要化学成分是苧烯（柠檬烯，约 40%）。鲜果中含橙皮苷、圣草次苷、圣草酚葡萄糖苷等黄酮苷以及柠檬酸、苹果酸和奎宁酸等有机酸，其中柠檬酸量达 $6\%\sim7\%$。可用冷榨法或水蒸气蒸馏法从鲜果或果皮中提取柠檬油。提取物一般以柠檬的干果为原料，以酒精等为溶剂，按常规方法提取，然后浓缩至干为膏状。如其干果用 50% 丁二醇提取，得率为 12%。

苧烯的结构式

国家食药总局和CTFA都将柠檬和来檬提取物作为化妆品原料，国家食药总局还将黎檬列入。柠檬油会使某些人的皮肤过敏和瘙痒，柠檬油中的柠檬醛属于过敏性日用香料，即洗的化妆品中含量最好少于0.01%，滞留皮肤的化妆品含量最好少于0.001%；柠檬果皮中的香豆精类成分可致光敏。

在化妆品中的应用

柠檬油是一种食用精油，产量及用途都是果类精油里面最多的，具有柠檬的清香气味，在化妆品、牙膏等行业应用广泛；柠檬精油可以软化及清洁皮肤，并可深层洁净及增加脸部弹性，去除老死细胞使黯沉的肤色明亮，改善破裂的微血管，对油腻的发质有净化的功效；柠檬精油与基底油混合后适用于油性肌肤、毛孔粗大的调理。柠檬果50%酒精提取物100μg/mL对成纤维细胞生长因子FGF生成的促进率提高两倍以上，可在生发制品中应用；柠檬果50%丁二醇提取物1%对水通道蛋白生成的促进率提高三倍，具保湿和干性皮肤防治功能；柠檬果50%酒精提取物1.0%对组织蛋白酶活性的促进率为48%，可增强皮肤细胞新陈代谢，有抗衰调理作用；提取物还有抗氧化、抗菌等作用。

18. 茄

茄子（*Solanum Melongena*）为茄科茄属草本植物。茄子在中国、印度和埃及大规模栽培，化妆品可采用茄子果实的提取物。

有效成分和提取方法

茄子果实含维生素C、维生素E和维生素P，生物碱有胆碱、胡芦巴碱、水苏碱、龙葵碱等，另含花青素类成分如茄色苷。茄子可以水、酒精等为溶剂，按常规方法提取，然后将提取液浓缩至干。干果以50%酒精提取得率为5%。

在化妆品中的应用

茄子果汁提取物1%对中间丝相关蛋白生成的促进率为28%，5%涂敷皮肤对角质层含水量的促进率为84.7%，可用于干性皮肤的防治和皮肤保湿；果汁提取物1%对胶原蛋白生成的促进率为20.5%，有活肤作用，结合其抗氧化性，可用于抗衰化妆品。提取物还有美白皮肤的作用。

19. 青牛胆

心叶青牛胆（*Tinospora cordifolia*）和宽筋藤（*T. sinensis*）为防己科青牛胆属木本蔓藤植物，宽筋藤也名中华青牛胆。二者产于我国云南西双版纳至西藏一带，印度、中南半岛至马来群岛也有分布，它们性能相似，化妆品采用它们块茎/藤茎的提取物。

有效成分和提取方法

青牛胆属植物富含生物碱，以小檗碱型为主，多为季铵盐型；其余如青牛胆碱等；另含苯丙素类化合物如丁香苷等。青牛胆块茎可以水、酒精等为溶剂，按常规方法提取，然后将提取液浓缩至干。如用甲醇室温浸渍，得率在2%左右。

安全性

国家食药总局和CTFA都将心叶青牛胆提取物作为化妆品原料，国家食药总局还将宽筋藤列入，未见它们外用不安全的报道。

在化妆品中的应用 |┄┄┄┄┄┄┄┄┄┄┄┄┄┄┄┄┄┄┄┄┄┄┄┄┄┄┄┄

心叶青牛胆沸水提取物 0.0125％对透明质酸酶活性的抑制率为 98.2％，可用作保湿性的干性皮肤调理剂；心叶青牛胆 50％酒精提取物 1mg/mL 对自由基 DPPH 的消除率为91.7％，可用作抗氧化剂；宽筋藤提取物有抗炎和抗氧化作用。

20. 肉苁蓉

肉苁蓉（*Cistanche deserticola*）为列当科多年生寄生草本，主产于我国内蒙古、甘肃、新疆、青海等地沙漠附近，生于湖边、沙地梭梭林中，寄生于藜科植物梭梭（盐木，*Haloxylon ammodendron Bunge*）的根上。化妆品采用其干燥的肉茎提取物。

有效成分和提取方法 |┄┄┄┄┄┄┄┄┄┄┄┄┄┄┄┄┄┄┄┄┄┄┄┄┄┄

肉苁蓉含苯乙醇苷类成分，是肉苁蓉特有的成分，有松果菊苷（肉苁蓉苷 A）、B、C和 D，麦角甾苷等，松果菊苷是《中国药典》规定检测含量的成分之一；含环烯醚萜类及其苷类如 8-表马钱子酸、8-表去氧马钱子酸、京尼平酸等；另有松脂酸、肉苁蓉多糖等。肉苁蓉一般采用水、酒精溶液按常规方法提取，然后将提取液浓缩至干。如以水煮提取，得率在 20％左右。

松果菊苷的结构式

在化妆品中的应用 |┄┄┄┄┄┄┄┄┄┄┄┄┄┄┄┄┄┄┄┄┄┄┄┄┄┄┄┄

肉苁蓉 30％酒精提取物 0.01％涂敷皮肤，经皮水分蒸发速度降低一半；甲醇提取物1mg/mL 对透明质酸酶活性的抑制率为 65.4％，具优秀的持水能力，可在保湿化妆品中使用，用于干性皮肤的防治。50％酒精提取物 2.9mg/mL 对酪氨酸酶活性的抑制率为72.1％，有增白皮肤的作用，可在美白化妆品中使用。提取物对胶原蛋白酶和弹性蛋白酶的活性有抑制，可用于抗衰抗皱类调理护肤品；提取物还有抗氧化和抗炎作用。

21. 藤茶

藤茶（*Ampelopsis grossedentata*）为葡萄科蛇葡萄属植物显齿蛇葡萄的嫩茎叶，主要分布于我国长江流域以南的两广、两湖、江西、福建等省区。化妆品采用其茎叶提取物。

有效成分和提取方法

在藤茶中，粗蛋白含量为 13.94%，水溶性蛋白质含量为 0.55%，氨基酸总含量为 2.3%，总灰分为 6.0%，总多酚为 18.5%。春、夏幼嫩茎叶的水浸出物含量高（近 50%），其中水溶性糖含量约为 10%；氨基酸含量约为 5%；多酚类化合物含量约为 20%；黄酮化合物含量在 41.2% 左右，其中二氢杨梅树皮素含量在 30% 左右，是主要有效成分。藤茶可以热水或酒精水溶液按常规提取后浓缩至干，如藤茶阴干的叶采用 95% 酒精浸渍提取，提取的得率在 20% 以上。

二氢杨梅树皮素的结构式

在化妆品中的应用

藤茶 95% 酒精提取物 0.001% 对天然保湿因子之一的吡咯烷酮羧酸钠生成促进率为 37%，0.001% 对丝集蛋白生成的促进率为 6%，丝集蛋白的减少和缺失可能是引起特应性皮炎等干燥性皮肤病的主要原因，可用于干性皮肤的防治。藤茶水提取物对各类致腐菌如细菌、酵母菌、霉菌和各类革兰氏阳性及革兰氏阴性致病菌均有一定的抗菌效果，抗菌效果与盐酸黄连素相当或略强，可用作抗菌防腐剂。提取物还可用作抗氧化剂和生发助剂。

22. 细花含羞草

细花含羞草（*Mimosa tenuiflora*）为豆科含羞草属植物，主产于中南美洲如巴西。化妆品主要采用它们叶的提取物。

有效成分和提取方法

细花含羞草含类似肌凝蛋白的收缩性蛋白质外，有特征成分含羞草碱及其糖苷，另含黄酮化合物为异荭草素的苷及若干双黄酮类物质、三磷腺苷、番红花酸、酚类、氨基酸和有机酸。含羞草等可以水、酒精等为溶剂，按常规方法提取，然后浓缩至干为膏状。如干燥细花含羞草叶以甲醇提取，得率约为 5.6%。

在化妆品中的应用

细花含羞草甲醇提取物有抗菌性，对枯草芽孢杆菌、大肠杆菌、表皮葡萄球菌、藤黄微球菌、酿酒酵母菌、热带假丝酵母、黏质红酵母的 MIC 均小于 4mg/mL，可用作抗菌防腐剂。细花含羞草水提取物对透明质酸酶活性的 IC_{50} 为 150μg/mL，对干性皮肤有保湿调理作用。

23. 绣球菌

绣球菌（*Sparassis crispa*）为绣球菌科绣球菌属菌菇。主要分布在国内的吉林省、黑龙江省、云南省等地高山的云杉、冷杉林林区。化妆品采用其子实体提取物。

有效成分和提取方法

绣球菌子实体所含氨基酸有精氨酸、色氨酸、亮氨酸等，其中色氨酸的含量很高。另含维生素 C、维生素 E 和维生素 P、多糖等。绣球菌子实体可以水或酒精提取，然后浓缩至干。如干的绣球菌子实体以水煮提取得率为 25%。

在化妆品中的应用

绣球菌子实体水提取物 $1.22\mu g/mL$ 对纤维芽细胞增殖促进率为 60%，水提取物 1% 对弹性蛋白酶活性的抑制率为 73.5%，有促进皮肤新陈代谢和抗皱作用。水提取物 $10\mu g/mL$ 对透明质酸生成的促进率为 44.6%，可用作保湿剂，用于干性皮肤的防治。提取物还有抗氧化、抗炎的作用。

24. 荨麻

荨麻（*Urtica thunberiana*）、异株荨麻（*U. dioica*）和欧荨麻（*U. Urens*）为荨麻科荨麻属多年生草本植物。荨麻和异株荨麻在亚洲中部与西部、欧洲、北非和北美广为分布，我国产于西藏西部、青海和新疆西部；欧荨麻的分布和性能与上述荨麻相似。荨麻有很多品种，但请注意化妆品仅采用这三种荨麻叶的提取物。

有效成分和提取方法

异株荨麻叶含黄酮醇类成分如山柰酚、异鼠李黄素、槲皮素及其糖苷；酚类化合物有香草酸、香草醛、水杨醇、高香草醇和七叶内酯等；另有谷甾醇、豆甾醇、菜子油醇、绿原酸、齐墩果酸、熊果酸、乙酰胆碱、组胺、羟色胺、鞣质等。异株荨麻叶可以水、酒精等为溶剂，按常规方法提取，然后将提取液浓缩至干。如干叶以沸水提取，得率在 20% 左右。

在化妆品中的应用

异株荨麻叶 50% 丁二醇提取物 0.1% 对 NF-κB 细胞活性的抑制率为 41.8%，可提高皮肤免疫功能，可用作抗炎剂；异株荨麻叶 50% 酒精提取物 0.1% 对透明质酸生成的促进率为 192.1%，对干性皮肤有防治作用；荨麻叶 50% 酒精提取物 $100\mu g/mL$ 对 I 型胶原蛋白生成的促进率为 44.8%，有抗皱护肤作用；提取物还可用作抗氧化剂、抗菌剂、减肥剂和皮肤美白剂。

25. 鸭跖草

鸭跖草（*Commelina communis*）为鸭跖草科草本植物，主产于我国东南地区。化妆品采用其干燥全草提取物，以花期的全草为佳。

有效成分和提取方法

鸭跖草含黄酮化合物如飞燕草苷、鸭跖黄酮苷、鸭跖草花色苷等；含甾醇如谷甾醇和胡萝卜苷；另有羟基桂皮酸、木栓酮、D-甘露醇等。鸭跖草可以水、酒精等为溶剂，按常规方法加热提取，最后将提取液浓缩至干。以水为溶剂提取的得率约为 10%，以 50% 酒精提取的得率约为 8%，以 80% 酒精提取的得率约为 5%。

在化妆品中的应用

鸭跖草水提取物 $25\mu g/mL$ 对透明质酸生成的促进率为 86.7%，可用作皮肤保湿剂，对干性皮肤有护理作用。50%酒精提取物对 5α-还原酶的 IC_{50} 为 $1704\mu g/mL$，可用于因睾丸激素偏高而引起粉刺等的防治，也可抑制由此而引起的脱发。95%酒精提取物 $250\mu g/mL$ 对 B-16 黑色素细胞生成黑色素的抑制率为 85%，作用强烈，用作皮肤美白剂。提取物还有抗氧化、抗衰、抗菌和抗炎作用。

鸭跖黄酮苷的结构式

26. 疑拟香桃木

疑拟香桃木（*Myrciaria dubia*）是桃金娘科疑拟香桃木属小乔木，原产于南美洲如巴西、秘鲁等国。化妆品采用其果和籽的提取物。

有效成分和提取方法

籽种皮含酚类物质如没食子酸、鞣花酸、咖啡酸、丁香酸、阿魏酸等，以阿魏酸含量最高；另有黄酮类化合物如槲皮素、芦丁、儿茶素、白藜芦醇等。提取物可以水、酒精等为溶剂，按常规方法提取，然后浓缩至干为膏状。疑拟香桃木籽以 30%丁二醇提取，得率为 4%。

在化妆品中的应用

疑拟香桃木籽 30%丁二醇提取物 $500\mu g/mL$ 对透明质酸酶活性的抑制率为 80.9%，可用作干性皮肤的保湿剂。果的水提取物 0.01%对 5α-还原酶活性的抑制率为 40%，对脂氧合酶活性的抑制率为 58.3%，可用于痤疮类疾患的防治。果的丁二醇提取物 1%对脱糖化作用的促进率为 40%，可用于调理老化的皮肤。提取物还有抗氧化、活肤抗衰的作用。

27. 银耳

银耳（*Tremella fuciformis*）是真菌下属银耳科银耳属的子实体，大部分腐生于木材，少数寄生于其他真菌。主要生长在热带、亚热带地区，我国大部分地区有种植。化妆品采用其子实体的提取物。

有效成分和提取方法

银耳子实体的主要成分是多糖，有酸性杂多糖、中性杂多糖、酸性低聚糖、胞壁多糖、胞外多糖等。如酸性杂多糖由岩藻糖、木糖、甘露糖、葡萄糖和葡萄糖醛酸组成，均为多分支复杂结构。银耳子实体可以水、酒精等为溶剂，按常规方法提取，然后将提取液浓缩至干。如以热水浸渍提取，得率在 10%；50%酒精浸渍提取的得率为 6%。

在化妆品中的应用

银耳提取物 30%酒精提取物 $10\mu g/mL$ 对天然保湿因子生成的促进率为 83%，可用于干性皮肤的防治。50%酒精提取物对胶原蛋白酶活性的抑制率为45.9%，热水提取物10μg/mL对神经酰胺生成的促进率为25%，有活肤抗皱作用，可用作皮肤调理剂。水提取物1mg/mL对LPS诱发NO生成的抑制率为30.4%，有抗炎作用。提取物还可用作皮肤美白剂和皮肤过敏抑制剂。

28. 远志

远志（*Polygala tenuifolia*）和美远志（*P. senega*）为远志科远志属草本植物。远志主产于我国的西南和华南地区，资源较丰富；美远志主产于北美和欧洲。化妆品采用其干燥根的提取物。

有效成分和提取方法

远志富含三萜皂苷类化合物，有远志皂苷A、远志皂苷B、远志皂苷C、远志皂苷D、远志皂苷E、远志皂苷F和远志皂苷G等几种异构体；另有生物碱哈尔满类、远志𠮿酮类化合物、远志醇、3,4,5-三甲氧基桂皮酸、豆甾醇、菠甾醇等，远志𠮿酮3是《中国药典》要求检测含量的成分。远志可以水、酒精等为溶剂，按常规方法提取，最后将提取液浓缩至干。如以20%酒精为溶剂，经室温浸渍一周后的提取得率约为9%。

远志𠮿酮3的结构式

在化妆品中的应用

远志和美远志20%酒精提取物0.001%对透明质酸酶降解的抑制率分别为93.7%和94.9%，95%酒精远志提取物对透明质酸生成的促进率为26%，可提高皮层中透明质酸的含量，对干性皮肤有防治作用，适于保湿性化妆品；远志70%酒精提取物20μg/mL对β-氨基己糖苷酶活性的抑制率为87%，对组胺释放也有抑制，有抑制过敏作用；美远志50%酒精提取物对外皮蛋白生成的促进率为33%，可提高皮肤的屏障功能；提取物还可用作抗炎剂、抗衰活肤剂、皮肤美白剂、抗菌剂、抗氧化剂和生发剂。

第八节　调理

皮肤的调理是对正常皮肤的维护过程，并不需要太过强势的某些功能。皮肤调理剂的特点是功能比较多重而作用相对平和。

1. 阿月浑子

阿月浑子（*Pistacia vera*）为漆树科黄连木属植物，产于叙利亚、伊拉克、伊朗、俄罗斯的西南部及南欧。其果实也名开心果，化妆品主要采用其籽果的提取物。

有效成分和提取方法

阿月浑子籽果中含有单宁较多，有邻苯二酚、没食子酸、儿茶素、香豆酸和邻苯三酚，以及花青素半乳糖苷、花青素葡萄糖苷、叶黄素等；籽压榨油多为不饱和脂肪酸酯。阿月浑子籽果可以水、酒精等为溶剂，按常规方法提取，然后浓缩至干为膏状。

在化妆品中的应用 ┃----------------------------------

阿月浑子籽果酒精提取物具抗菌性，对大肠杆菌、绿脓杆菌、金黄色葡萄球菌和白色念珠菌的 MIC 分别为 $128\mu g/mL$、$128\mu g/mL$、$16\mu g/mL$ 和 $16\mu g/mL$，可用作抗菌剂；提取物对脂质过氧化有强烈抑制，1.0% 浓度时抑制率为 80.8%，用作抗氧化剂，并有皮肤调理作用。

2. 巴氏抱罗交

巴氏抱罗交（*Borojoa patinoi*）为茜草科林果属植物，是一种生长在南美洲热带雨林的水果，也称博罗霍果，主要产地在沿太平洋海岸的中南美洲。化妆品采用其成熟水果的果汁。

有效成分和提取方法 ┃----------------------------------

博罗霍果富含小分子的糖（主要是果糖及葡萄糖）、水溶性的维生素 B 类、高质量的氨基酸（人体必需氨基酸，其中精氨酸等碱性氨基酸含量相当高）和水溶性的蛋白质。博罗霍果榨汁后灭菌可直接应用，是一酸性的高黏度流体。

在化妆品中的应用 ┃----------------------------------

在护肤护发制品中博罗霍果果汁用作调理剂，并有营养护理保湿作用，配方中用入 $5\%\sim20\%$。

3. 白头翁

白头翁（*Pulsatilla chinensis*）和朝鲜白头翁（*P. koreana*）为毛茛科白头翁属植物，主要分布于东北、华北、西北、华东等地区；朝鲜白头翁主产于朝鲜半岛和我国东北，二者性能相似。化妆品采用它们干燥根的提取物。

有效成分和提取方法 ┃----------------------------------

白头翁根含白头翁皂苷，是其特征成分，其中白头翁皂苷 B4 是《中国药典》规定检测的成分，含量不得小于 4.6%。另含齐墩果酸型及羽扇豆烷型三萜皂苷、植物甾醇等。白头翁根可以水、甲醇和酒精为溶剂，按常规方法提取，然后浓缩至干为膏状。

白头翁皂苷 B4 的结构式

　　白头翁根提取物可促进胶原蛋白的生成，浓度 $1.0\mu g/mL$ 时增效 22%，对皮肤有抗皱调理作用。95% 酒精的提取物低浓度（$10\mu g/mL$）能将人骨髓间质干细胞转化为脂肪细胞，促进率为 19%，有利于脂肪的堆积，有丰乳效果。提取物有抗菌性，对金黄色葡萄球菌、绿脓杆菌最为敏感，可用于对痤疮类疾患的防治。

4. 百金花

　　百金花（*Centaurium erythraea*）为龙胆科植物百金花属植物，在世界各地均有分布，较集中的地区有中国北方、日本、爱尔兰、北非。百金花有许多亚种，化妆品只采用这种植物全草的提取物。

有效成分和提取方法 ┃

　　百金花含苦味素类成分，有当药苷、龙胆苦苷、獐牙菜苦苷等；生物碱有龙胆碱、龙胆次碱、龙胆黄碱、呫吨酮；酚酸化合物有阿魏酸、咖啡酸、丁香酸、香草酸、对香豆酸等；植物甾醇有 β-谷甾醇、菜油甾醇和豆甾醇等。龙胆苦苷是较集中的成分。百金花可以水、酒精等为溶剂，按常规方法提取，然后浓缩至干为膏状。

在化妆品中的应用 ┃

　　百金花提取物有抗菌性，对枯草芽孢杆菌、大肠杆菌、绿脓杆菌和金黄色葡萄球菌的 MIC 都小于 $0.1mg/mL$；百金花是一种效用十分广泛的药用植物，化妆品现将它作抗菌和抗炎用，针对粉刺等皮肤疾患的防治；0.21% 的 50% 酒精提取物对弹性蛋白酶活性的抑制率为 69.7%，该提取物可减缓弹性蛋白的降解，有利于维持皮肤弹性，是抗衰皮肤调理剂。

5. 败酱草

　　白花败酱（*Patrinia villosa*）和黄花败酱（*P. scabiosaefolia*）为败酱科败酱属草本植物，在全国大部分地区均有分布。二者性能相似，化妆品采用它们干燥带根全草的提取物。

有效成分和提取方法 ┃

　　败酱草成分复杂，代表性化合物主要有败酱烯、异败酱烯、七叶苷元、槲皮素、莨菪亭、齐墩果酸、2α-羟基乌苏酸、阿魏酸、3,4-二羟基苯甲酸、β-谷甾醇、β-胡萝卜苷等。其中齐墩果酸是《中国药典》要求检测的成分。提取物可以水、酒精等为溶剂，按常规方法提取，然后将提取液浓缩至干。如干黄花败酱以 70% 甲醇回流提取，得率为 10.7%；干白花败酱以热水提取，得率为 9.6%。

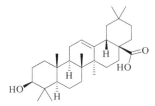

齐墩果酸的结构式

安全性

国家食药总局和 CTFA 都将白花败酱提取物作为化妆品原料，国家食药总局还将黄花败酱提取物作为化妆品原料，未见它们外用不安全的报道。

在化妆品中的应用

败酱水提取物对金黄色葡萄球菌、链球菌、绿脓杆菌、大肠杆菌等均有抑制作用，可用作抗菌剂；可抑制白介素 IL-6 分泌及脂氧合酶、透明质酸酶和 β-氨基己糖苷酶的活性，有抗炎和抗过敏性能；1.0% 浓度对成纤维细胞培养可促进增殖 15.4%，30μg/mL 对自由基 DPPH 的消除率达 92.8%，可用作皮肤调理剂。

6. 扁桃

甜扁桃（*Prunus amygdalus dulcis*）、苦扁桃（*P. amygdalus amara*）和长柄扁桃（*P. pedunculata*）是蔷薇科桃属植物。甜扁桃也名甜巴丹杏，主产于美国和地中海沿岸国家，我国在陕西、甘肃、新疆等地有栽培；长柄扁桃分布于我国内蒙古、宁夏。化妆品主要采用上述三种扁桃果仁的油和提取物。

有效成分和提取方法

甜扁桃种子含油量在 60% 左右，以不饱和脂肪酸为主，有油酸、亚油酸、花生烯酸等；有杏仁球蛋白、天冬氨酸、谷氨酸、亮氨酸等氨基酸和油溶性维生素，另有少量的苦杏仁苷存在。而苦扁桃种子含苦杏仁苷 2.4%，含油量为 50% 左右。长柄扁桃的成分与之相似。扁桃种子可以水、酒精等为溶剂，按常规方法提取，然后浓缩至干为膏状。扁桃果仁先经水蒸气蒸馏除去苦杏仁苷，可用溶剂浸提等方法出油。如甜扁桃种子以 50% 酒精室温浸渍一周，提取的得率为 0.74%。

在化妆品中的应用

甜扁桃果仁油是一优质的化妆品基础用油，有良好的柔润性，适用于各种肤质和头发。甜扁桃果仁酸性水提取物 1% 对弹性蛋白酶活性的抑制率为 76.3%，50% 酒精提取物对纤维芽细胞增殖的促进率为 11%，可用作活肤抗衰剂；水提取物剂量 0.8g/kg 对前列腺素 E-2 生成的抑制率为 35%，有抗炎作用；因此提取物能有效地减轻皮肤干痒现象，消除红肿、干燥和发炎。

7. 伯尔硬胡桃

伯尔硬胡桃树（*Sclerocarya birrea*）是漆树科大型树种，主要生长在南部非洲赤道的周边地区。化妆品可采用其果、籽和叶的提取物。

有效成分和提取方法

伯尔硬胡桃果富含维生素 C 和酚酸类化合物，有儿茶素、绿原酸、咖啡酸、单宁酸和鞣花酸等；籽油以油酸、肉豆蔻酸和硬脂酸为主，另含 β-谷甾醇和氨基酸，其中精氨酸的含量很高。伯尔硬胡桃可以水、酒精等为溶剂，按常规方法提取，然后将提取液浓缩至干。

在化妆品中的应用

伯尔硬胡桃籽油对皮肤和头发有柔润作用，可用作化妆品的基础油脂；伯尔硬胡桃树叶和外果皮具很好的抗菌性，叶的丙酮提取物对金黄色葡萄球菌、绿脓杆菌和大肠杆菌的 MIC 分别为 1.15mg/mL、1.27mg/mL 和 3.0mg/mL；外果皮丙酮提取物的 MIC 分别为 0.15mg/mL、0.37mg/mL 和 1.33mg/mL；果 50％酒精提取物具抗氧化性，5μg/mL 时对自由基 DPPH 的消除率为 89％；对脂质过氧化的 IC_{50} 为 $2μg/mL$，可用作皮肤调理剂。

8. 大胶草

大胶草（*Grindelia robusta*）为菊科植物，产于北美洲如加利福尼亚等地。化妆品采用其全草或叶的提取物。

有效成分和提取方法

大胶草含挥发油，主要成分是龙脑、α-蒎烯、松香芹醇、乙酸龙脑酯和柠檬烯。已知非挥发成分以黄酮类化合物为主，有山柰酚和山柰酚的单甲醚和双甲醚、槲皮素和槲皮素的单甲醚和双甲醚、六羟基黄酮的糖苷。可以水蒸气蒸馏法制取大胶草挥发油，挥发油得率为 0.2％。提取物可以水、酒精等为溶剂，按常规方法提取，然后浓缩至干为膏状。

在化妆品中的应用

大胶草中的黄酮类化合物对弹性蛋白酶活性有抑制作用，可减缓弹性蛋白纤维的降解，维持皮肤弹性；大胶草挥发油对自由基 DPPH 的消除 IC_{50} 为 $358μg/mL$，可用于抗衰调理化妆品。

9. 大麻

大麻（*Cannabis sativa*）系桑科大麻属一年生草本植物，也称火麻。大麻是地球上大部分温带和热带地区都能生长的一种强韧、耐寒、生命力很旺盛的草本植物，我国传统种植的大麻为农用低毒作物。化妆品可采用的是大麻籽油或提取物、叶的提取物。

有效成分和提取方法

大麻籽含有 25％～35％的油脂、20％～25％的蛋白质。油脂中不饱和脂肪酸的含量约为 90％，其中必需脂肪酸的含量约 80％，ω-6 与 ω-3 多不饱和脂肪酸的比例约为 3:1，是理想的人体脂肪酸摄入比例，并且还含有 γ-亚麻酸以及丰富的生育酚和植物甾醇。籽油中含一定量的四氢大麻酚。大麻籽可直接榨出油，也可以水、酒精等为溶剂，按常规方法提取，然后浓缩至干。

四氢大麻酚的结构式

安全性

国家食药总局和 CTFA 将大麻仁果和籽油作为化妆品原料，未见它们外用不安全的报道。鉴于四氢大麻酚的吸入毒性，欧盟的标准是化妆品用大麻籽油的最终制品中四氢大麻酚的最高含量为 $10\mu g/mL$。

在化妆品中的应用 ┃--

大麻籽油与月见草油的作用相似，有很好的柔润皮肤、毛发和护发的调理作用；酒精提取物 0.1mg/mL 对谷胱甘肽生成的促进率为 9%，有活肤作用，可用于抗衰调理化妆品；大麻籽油 $50\mu g/mL$ 对组胺释放的抑制率为 3.7%，有抑制过敏的作用。70% 酒精提取物对致龋齿菌变异链球菌和远缘链球菌的抑菌圈直径分别为 19mm 和 14mm，可用于口腔卫生制品。大麻叶的提取物也有抗菌作用。

10. 灯油藤

灯油藤（*Celastrus paniculatus*）为卫矛科南蛇藤属植物。分布在印度、我国台湾、海南、广东、云南、贵州、广西等地，目前尚未由人工引种栽培。化妆品采用其全株提取物。

有效成分和提取方法 ┃--

灯油藤茎含雷公藤内酯甲、β-香树脂醇、β-香树脂醇棕榈酸酯、丁香酸、对羟基苯甲醛、香草酸、β-谷甾醇、胡萝卜苷等；叶有生物碱西那潘金以及二氢沉香呋喃型倍半萜类化合物。灯油藤可以水、酒精等为溶剂，按常规方法提取，然后浓缩至干为膏状。

在化妆品中的应用 ┃--

灯油藤水提取物 $100\mu g/mL$ 对谷胱甘肽生成的促进率为 6.5%，谷胱甘肽在生物体内有十分重要的生理功能，因而有活肤作用，结合它清除自由基的能力，灯油藤提取物有很好的抗衰调理性能。

11. 番茄

番茄（*Solanum lycopersicum*）是茄科茄属番茄亚属的多年生草本植物番茄的果实，又称西红柿，现作为食用蔬果在全世界范围内广泛种植。番茄的果、叶、茎、籽、愈伤组织、分生组织、花萼等的提取物都可用于化妆品，一般采用成熟番茄为原料。

有效成分和提取方法 ┃--

番茄含多种维生素，有胡萝卜素、维生素 B_1、维生素 B_2、维生素 A、维生素 C、维生素 D、番茄红素等，番茄红素是番茄的特征成分；有机酸主要有柠檬酸和苹果酸；生物碱为番茄碱；黄酮类化合物有芦丁和槲皮素。将鲜番茄经组织粉碎后滤出汁液，减压浓缩至干后，再以水、酒精、丙二醇、异丙醇、1,3-丁二醇等为溶剂溶出，滤清后浓缩至干。

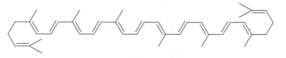

番茄红素的结构式

在化妆品中的应用 ┃--

番茄水提取物 0.1% 对芳香化酶的抑制率为 16%，芳香化酶抑制剂常用于女性乳腺癌的治疗，在这里可用于防治因激素使用不当或化妆品使用不当而出现雌激素异常升高的情况，有调理作用；提取物 0.01% 对表皮角质细胞的增殖促进率为 9%，0.02% 对胶原蛋白生成的促进率为 22%，可增强皮肤细胞新陈代谢，结合其多方面的对自由基的消除，有抗衰作用；60% 酒精提取物 200μg/mL 对组胺游离释放的抑制率为 79.8%，具抗过敏性；提取物还有抗炎、抑毛发生长和抑臭作用。

12. 佛手瓜

佛手瓜（*Sechium edule*）为葫芦科佛手瓜属植物，原产于墨西哥和中美洲，现在我国长江以南广大区域均有规模种植，果实可作蔬菜。化妆品采用其果的提取物。

有效成分和提取方法

佛手瓜果实中含维生素 A、维生素 B_1、维生素 B_2、维生素 B_6、维生素 C、维生素 K 和维生素 E，另有泛酸和凝集素存在。佛手瓜可以水、酒精为溶剂，按常规方法提取，然后将提取液浓缩至干。如经真空干燥的佛手瓜条以 30% 甲醇提取，得率为 66%。

在化妆品中的应用

佛手瓜籽 96% 酒精的提取物对金黄色葡萄球菌的 MIC 为 8.32μg/mL，有抗菌作用；提取物 0.1% 对内皮素-1 生成的抑制率为 50%，可控制黑色素的生成，可用作皮肤美白剂；提取物还有防晒、抗氧化和调理作用。

13. 海带

海带（*Laminaria japonica*）为海带科海带属的一种褐藻，我国辽宁至广东省北部沿海及日本沿海均有养殖。性能相似的同科同属植物克氏海带（*L. cloustoni*）和糖海带（*L. saccharina*）主产于大西洋；掌状海带（*L. digitata*）主产于地中海；北方海带（*L. hyperborea*）主产于太平洋北部；楔基海带（*L. ochroleuca*）主产于印度洋。化妆品采用上述海带的提取物。

有效成分和提取方法

海带主要含藻胶酸、昆布素、半乳聚糖等多糖类，另有海带氨酸、谷氨酸、天门冬氨酸、脯氨酸等氨基酸，以及维生素 B_1、维生素 B_2、维生素 C、维生素 P 及胡萝卜素。掌状海带和糖海带除藻胶酸外，另有藻氨酸、藻氨酸二草酸盐、赖氨酸甜菜碱、甘氨酸甜菜碱、γ-丁基甜菜碱和胆碱等。海带可以水、酒精等为溶剂，按常规方法提取，然后浓缩至干为膏状。如用温水浸渍提取，得率约为 12.8%。

藻胶酸的结构式

在化妆品中的应用

200μg/mL 海带水提取物对内皮蛋白生成的促进率为 46%，0.5% 时对成纤维细胞的增殖促进率为 15.2%，100μg/mL 时对胶原蛋白生成的促进率为 25.4%，有活肤抗衰调理皮肤的作用；提取物尚有抑制体臭、防晒、抗炎、减肥的功能。

14. 海红豆

海红豆（*Adenanthera pavonina*）为豆科海红豆属乔木，原产于南亚，中国海南有种植。化妆品采用其全草提取物，以籽为主。

有效成分和提取方法 |--

籽含植物甾醇如豆甾醇及其豆甾醇葡萄糖苷、多糖和若干生物碱如毛果芸香碱及其衍生物、毒扁豆碱等。生物碱是主要药效成分。籽粉可以水、酒精等为溶剂，按常规方法提取，然后浓缩至干为膏状。籽胚芽粉以水提取得率约为 14%。

毛果芸香碱的结构式

在化妆品中的应用 |--

海红豆籽水提取物 0.3% 对弹性蛋白酶活性的抑制率为 29%，有抗衰调理作用；酒精提取物 100μg/mL 对脂肪酶活性的抑制率为 25.2%，可用作减肥剂。

15. 海枣

海枣（*Phoenix dactylifera*）为棕榈科刺葵属植物，也名伊拉克枣，原产于中东、北非，是当地的重要经济作物，我国福建、广西、云南、广东等地有栽种。化妆品采用其果提取物。

有效成分和提取方法 |--

海枣果富含多种维生素如维生素 C、维生素 B_1、维生素 B_2、核黄素、维生素 B_5、维生素 A 原、β-胡萝卜素等，另含若干甾类化合物，如油菜素内酯和粟甾酮等。海枣果可以水、酒精等为溶剂，按常规方法提取，然后浓缩至干为膏状。

在化妆品中的应用 |--

海枣果有抗氧化性，对自由基 DPPH 的消除每克干果相当于 8.2μmol 的维生素 E，可用作抗氧化剂；水提取物 5% 对转化生长因子-β 活性的促进率为 32%，转化生长因子-β 可以影响多种细胞的生长、分化、细胞凋亡及免疫调节等功能，可用作抗衰调理剂。

16. 含生草

含生草（*Anastatica hierochuntica*）为十字花科含生草属植物，又称复活草，原产于亚洲西部如卡塔尔、北非埃及的沙漠地区。化妆品采用其干燥全草提取物。

有效成分和提取方法 |--

含生草提取物含多种黄酮化合物，有水飞蓟宾、水飞蓟素、圣草酚、木犀草素、山柰酚、槲皮素等，另有酚类物质去氢松柏醇、苯并二氢呋喃新木脂素等。含生草可以水、酒精、1,3-丁二醇等为溶剂，按常规方法提取，然后浓缩至干为膏状。

　　在埃及，含生草是使用很久的草药。含生草甲醇的提取物有抗氧化性，对自由基 DPPH 的消除 IC_{50} 为 $100\mu g/mL$；$200\mu g/mL$ 对超氧自由基的消除率为 36.5%，可用作抗氧化剂；40% 丙二醇的提取物对人角质细胞增殖的促进率为 45.1%，有抗皱调理作用；提取物还可用作抗菌剂、收敛剂和皮肤美白剂。

17. 猴面包树

　　猴面包树（*Adansonia digitata*）为木棉科猴面包树属植物，是非洲的大型落叶乔木。除了非洲，地中海、大洋洲和印度洋的一些岛屿，也都可以看到猴面包树。我国广东、云南有引种，但与原作物差别大。化妆品可用的是猴面包树果、叶、籽的提取物。

有效成分和提取方法 ▌---

　　猴面包树果含有丰富的原花青素类成分，有（—）-表儿茶精以及以表儿茶精与原花青素 B_2、原花青素 B_5、原花青素 A_2 等聚合的多酚类成分；猴面包树果籽含有 15% 的油脂，并富含丰富的维生素 A、维生素 D、维生素 E 以及维生素 F。猴面包树果和叶可以水、酒精、1,3-丁二醇等为溶剂，按常规方法提取，然后浓缩至干为膏状；猴面包树种子可直接榨油，榨出的油为淡黄色，是上等食用油。

在化妆品中的应用 ▌---

　　猴面包树种子油可柔润调理皮肤，易与乳化剂配伍，可作为高级的油基材料；每克干叶相当于 $7.7\mu mol/L$ 的维生素 E，果和叶提取物都有良好的抗氧化性，可用于抗衰化妆品；叶酒精提取物 2.5% 对 5-脂肪氧合酶活性的抑制率为 23%，$100\mu g/mL$ 对由 LPS 诱发 NO 生成的抑制率为 25.9%，对 β-氨基己糖苷酶释放的抑制率为 16.7%，有抗炎性，也有抑制皮肤过敏的作用。

18. 葫芦

　　葫芦（*Lagenaria siceraria*）为葫芦科葫芦属爬藤植物，在我国、印度、埃及有久远的种植历史。化妆品采用其果实的提取物。

有效成分和提取方法 ▌---

　　葫芦果含葡萄糖、戊聚糖、β-胡萝卜素，维生素 B、核黄素、维生素 B_5、维生素 C、胆碱、脂肪、蛋白质等成分，另有特征成分葫芦素若干衍生物。葫芦果可以水、酒精等为溶剂，按常规方法提取，然后浓缩至干为膏状。鲜果也可直接榨汁。

葫芦素的结构式

在化妆品中的应用 ┃┄┄┄

葫芦果籽 70％酒精提取物对酪氨酸酶活性的抑制率为 67.8％，可用于美白类护肤品；干果乙酸乙酯提取物 $10\mu g/mL$ 对自由基 DPPH 的消除率为 50.6％，可用作抗氧化剂；鲜果汁 30％涂敷对被动皮肤过敏反应的抑制率为 36.4％，并有抗炎、活肤、保湿和调理作用。

19. 花榈木

花榈木（*Pterocarpus marsupium*）为蝶形花科红豆属乔木，主产于印度和周边地区，为珍贵树种，化妆品采用其树皮/心材的提取物。

有效成分和提取方法 ┃┄┄

花榈木树皮主要含黄酮类化合物如儿茶素、表儿茶素、异甘草素及其苷，以及结构较少见的芪类成分。花榈木树皮可以水、酒精等为溶剂，按常规方法提取，最后将提取液浓缩至干。以 50％酒精提取的得率为 11.6％。

在化妆品中的应用 ┃┄┄┄

人皮肤成纤维细胞培养中，水提取物 0.6％对谷胱甘肽生成的促进率为 34％，谷胱甘肽不仅能消除人体自由基，还可以提高人体免疫力，延缓细胞老化，可用于皮肤和头发的调理；50％酒精提取物 $100\mu g/mL$ 对白介素 1β 的生成抑制率为 60％，有抗炎作用。

20. 火棘

火棘（*Pyracantha fortuneana*）为蔷薇科苹果亚科火棘属常绿野生灌木果树，分布于我国东南和西南各省，化妆品主要采用其果实的提取物。

有效成分和提取方法 ┃┄┄

火棘果中含有黄酮类成分如芦丁、槲皮素、异槲皮苷、北美圣草素、花青素如矢车菊素等，富含磷脂类成分，另有胡萝卜素、维生素 E、β-谷甾醇等。火棘果可以水、酒精为溶剂，按常规方法提取，然后浓缩至干为膏状。如干果用 95％酒精室温超声提取，得率为 26.9％。

在化妆品中的应用 ┃┄┄┄

火棘果 70％酒精提取物对大肠杆菌、金黄色葡萄球菌和青霉具较强的抑制能力，可用作抗菌剂；95％酒精提取物 $1.8mg/mL$ 对羟基自由基的消除率 ＞60.0％，对其他自由基有消除作用，有抗氧化和调理作用。

21. 霍霍巴

霍霍巴（*Simmondsia chinensis*）系黄杨科多年生常绿灌木，主产于美国的西海岸地区。化妆品采用其籽和叶的提取物。

有效成分和提取方法 ┃┄┄

霍霍巴籽仁中含有 17％～62％油脂，化学成分与抹番鲸油十分接近，室温下呈液态。主要是由 38～44 个碳的蜡酯组成，而构成这些蜡酯则是 18～22 碳的长链饱和酸和不饱和酸。18～22 碳的长链饱和醇和不饱和醇，占总脂的 70％以上。另含有清蛋白、球蛋白及命名为希蒙得木素的多糖若干衍生物。霍霍巴籽油可将其籽仁用溶剂提取法萃取制备。霍霍巴叶可以水、酒精等为溶剂，按常规方法提取，然后将提取液浓缩至干。如叶以50％酒精保温浸渍，提取得率为8.5％。

在化妆品中的应用

霍霍巴油不易被氧化，耐高温、高压，黏度变化小，其触觉和延展性也比其他植物油好，对皮肤有柔软弹性感，且易被皮肤吸收，是化妆品中出色的油剂、滋润剂和保湿剂；霍霍巴叶50％酒精提取物0.25％对弹性蛋白生成的促进率为49.1％，1mg/mL对胶原蛋白酶活性的抑制率为53.9％，可用作活肤抗皱剂；叶提取物对透明质酸酶活性的IC_{50}为50μg/mL，有保湿调理作用。

22. 腊肠树

腊肠树（*Cassia fistula*）为豆科决明属落叶大乔木，原产于印度、缅甸和斯里兰卡，我国南部和西南部的傣族地区久有栽培。化妆品中主要采用腊肠树果的提取物。

有效成分和提取方法

腊肠树果有特殊芳香气味，主要成分是苯甲醛等风味成分；不挥发物质有大黄素、大黄酸、强心苷和皂苷。腊肠树可以水、酒精等为溶剂，按常规方法提取，然后浓缩至干为膏状。如腊肠树皮用90％甲醇回流提取，得率约为23.0％；腊肠树叶用90％酒精室温浸渍，得率约为8％。

在化妆品中的应用

腊肠树果50％甲醇提取物对自由基DPPH的消除IC_{50}为480μg/mL，对超氧自由基也有消除作用，可用作抗氧化的调理剂；腊肠树果的甲醇提取物仅对金黄色葡萄球菌有很好的抑制，对其他一些常见菌却无作用。

23. 辣木

辣木（*Moringa oleifera*）和翼籽辣木（*M. Pterygosperma*）为辣木科辣木属植物，原产于印度北部，我国两广、海南和云南如今都有种植。两者性能相同，化妆品采用其籽的油和提取物。

有效成分和提取方法

辣木种子富含油脂，成分与橄榄油类似，可以食用。另有胡萝卜素类成分，如β-胡萝卜素、原维生素A等。辣木种子经冷榨得油。提取物可以水、酒精等为溶剂，按常规方法提取，然后浓缩至干。

在化妆品中的应用

辣木籽50％酒精提取物0.1mg/mL对脂质过氧化的抑制率为70％、对超氧自由基的消除率为34％，翼籽辣木籽甲醇提取物对自由基DPPH的消除IC_{50}为30μg/mL，可用作抗氧化剂。辣木籽70％酒精提取物50μg/mL对胶原蛋白生成的促进率为11.6％，有调理皮肤作用。籽油都有良好的润滑性能。

24. 榄仁树

榄仁树（*Terminalia catappa*）、阿江榄仁树（*T. arjuna*）、法地榄仁树（*T. ferdinandiana*）

和绢毛榄仁树（*T. sericea*）为使君子科榄仁树属落叶乔木，榄仁树原产于亚洲热带地区，我国广东、云南、台湾等地有分布；阿江榄仁树主产于印度；法地榄仁树主产于澳洲；绢毛榄仁树主产于非洲，它们性能相似。化妆品主要采用其树皮、叶、果等的提取物。

有效成分和提取方法

榄仁树叶富含酚酸类化合物，有对羟基苯甲酸、对羟基肉桂酸、间香豆酸、对香豆酸、龙胆酸、没食子酸等，另有多种木脂素类成分，而其主要特征成分是阿江榄仁酸。榄仁树叶可以水、酒精等为溶剂，按常规方法提取，然后将提取液浓缩至干。如榄仁树叶以酒精回流提取，得率为 6.4%。

阿江榄仁酸的结构式

在化妆品中的应用

榄仁树叶提取物有抗菌性，对金黄色葡萄球菌、表皮葡萄球菌和绿脓杆菌的 MIC 均小于 20mg/mL，提取物可用作抗菌剂；对多种自由基有强烈消除，如 $100\mu g/mL$ 时对超氧自由基的消除率为 77%，可用作抗氧化剂；有较广谱的抗炎性，用作多功能的皮肤调理剂，并可美白皮肤。榄仁树叶精油对头发有护理作用。

25. 栗

欧洲栗（*Castanea sativa*）和日本栗（*C. crenata*）为山毛榉科栗属落叶乔木。欧洲栗和日本栗是世界栗树栽培的主要品种，这两种在北半球各洲包括我国均有广泛引种。化妆品采用它们树叶、树皮、果仁和果内皮的提取物。

有效成分和提取方法

栗子果仁含淀粉 51%～60%，蛋白质 5.7%～10.7%，脂肪 2%～7.4%，另有胡萝卜素、维生素 A、维生素 B、维生素 C 等物质，可供人体吸收和利用的养分高达 98%。果内皮富含多酚类的鞣质类成分，已知的成分为 2′,5-二没食子酰基金缕梅糖。可以水、酒精为溶剂，按常规方法提取，然后浓缩至干为膏状。如干日本栗果内皮以水室温浸渍一周，得率约为 4%。

在化妆品中的应用

欧洲栗叶 20% 甲醇提取物对自由基 DDPH 的消除 IC_{50} 为 $20\mu g/mL$，日本栗果内皮水提取物 0.015% 对自由基 DDPH 的消除率为 69.9%，对其他自由基也有强烈消除，可用作抗氧化剂；日本栗籽壳酒精提取物 0.01% 对透明质酸合成酶活性的促进率为 35%，可用于皮肤保湿调理；日本栗果内皮水提取物 0.015% 对酪氨酸酶的抑制率为 88.2%，欧洲栗叶

20％甲醇提取物对黑色素细胞活性的抑制率为38％，有皮肤美白作用；提取物还有减缓弹性蛋白的降解、维持皮肤弹性的抗衰作用。

26. 量天尺

量天尺（*Hylocereus undatus*）为仙人掌科量天尺属植物，其果实称为火龙果，量天尺原产于中美洲，现在世界各地广泛栽培。化妆品采用火龙果/果皮的提取物。

有效成分和提取方法

火龙果主要营养成分有蛋白质、膳食纤维、维生素 B_2、维生素 B_3、维生素 C、铁、磷、钙、镁、钾等，另有高浓度的天然色素花青素。火龙果可以水、酒精等为溶剂，按常规方法提取，最后将提取液浓缩至干。火龙果皮用酒精提取得率为1.4％。

在化妆品中的应用

火龙果水提取物 $200\mu g/mL$ 对Ⅰ型胶原蛋白生成的促进率提高一倍，对成纤维细胞增殖的促进率为30.4％，有活肤抗衰作用；火龙果皮70％酒精提取物0.5％对酪氨酸酶活性的抑制率为38.3％，可用作皮肤美白剂；火龙果水提取物 $100\mu g/mL$ 对超氧自由基的消除率为74.15％，对其他自由基也有消除作用，有抗氧化功能；提取物还有保湿调理作用。

27. 柳杉

柳杉（*Cryptomeria japonica*）为柏科柳杉属植物，主产于日本，化妆品采用其幼芽和叶的提取物。

有效成分和提取方法

叶的主要成分是黄酮化合物，有柚皮素、芹菜素、木犀草素、穗花杉双黄酮、槲皮素等，另含降木脂素类化合物如日本柳杉醇。柳杉叶可以水、酒精等为溶剂，按常规方法提取，然后浓缩至干为膏状。

在化妆品中的应用

皮肤涂敷柳杉幼芽丁二醇提取物，可使皮肤经皮水分蒸发降低12％，有保湿作用；柳杉叶酒精提取物 $500\mu g/mL$ 对胶原蛋白生成的促进率为22％，有活肤调理作用；柳杉叶水提取物 $1mg/mL$ 对酪氨酸酶活性的抑制率为31％，可用作皮肤美白剂。提取物还有抗菌作用。

28. 茅香

茅香（*Hierochloe odorata*）为禾本科茅香属植物，分布在我国山西、山东、甘肃、云南、广东、广西、浙江、福建等地；北美洲也有生长。化妆品采用其全草的提取物。

有效成分和提取方法

全草含香豆素、对-香豆酸、阿魏酸、草木犀酸、果聚糖、香豆酸-β-葡萄糖苷等，其中香豆素的含量最高。干燥全草可以水、酒精等为溶剂，按常规方法提取，然后浓缩至干为膏状。用80％甲醇提取得率为16.9％。

在化妆品中的应用

茅香丙酮提取物 $2.5mg/mL$ 对自由基 DPPH 的消除率为84.1％，可用作抗氧化剂；

50％酒精提取物1.0％涂敷皮肤，角质层含水量增加21％，有保湿调理作用；50％酒精提取物1.0％在 UVB 50mJ/cm² 照射下对前列腺素 E-2 生成的抑制率为36.9％，有抗炎性，可用于皮肤保健。

29. 美国山核桃

美国山核桃（*Carya Illinoensis*）属胡桃科山核桃属，又名薄壳山核桃或长山核桃。原产于北美大陆的美国和墨西哥北部，现已成为世界性的干果类树种之一。化妆品采用美国山核桃外皮提取物和果仁油。

有效成分和提取方法

美国山核桃果仁富含蛋白质和不饱和脂肪酸，不饱和脂肪酸中以 Ω-6 不饱和脂肪酸为主，Ω-6 不饱和脂肪酸的含量占胡桃果仁的一半。果仁含挥发成分，有库贝醇、阿魏烯、荜澄茄油萜、β-红没药烯、啤酒花烯、β-石竹烯和 α-檀香萜烯等。美国山核桃外皮可以水、酒精等为溶剂，按常规方法提取，然后浓缩至干为膏状。如水煮提取的得率约为 6.5％、50％酒精提取的得率约为 7％。

在化妆品中的应用

Ω-6 脂肪酸是一个多元不饱和脂肪酸系列，属人体必需脂肪酸，山核桃果仁油对肌肤有良好的柔润调理效果。美国山核桃外皮 50％酒精提取物 25μg/mL 对超氧自由基的消除率为 96.9％、对羟基自由基的消除率为 60.2％、对脂质过氧化的抑制率为 66.7％，有广谱的抗氧化性，可用作化妆品的抗氧化剂。

30. 牛油果树

牛油果树（*Butyrospermum parkii*）是山榄科的一种木本油料植物，原产于非洲中西部，现我国云南有栽培。化妆品采用的是牛油果树果提取物和果脂油。

有效成分和提取方法

牛油果树果油的油脂含量达到 45％～55％，基本由甘油酯组成。甘油酯为甘油硬脂酸二油酸酯、甘油油酸二硬脂酸酯、甘油棕榈酸硬脂酸酯、甘油三油酸酯、甘油油酸橡榈酸硬脂酸酯等。果提取物还含豆甾醇、燕麦甾醇、24-甲基-7-胆甾烯醇、α-菠甾醇、丁酰鲸鱼醇、β-香树素、α-香树素和羽扇醇等活性成分。牛油果树可以水、酒精等为溶剂，按常规方法提取，然后浓缩至干为膏状。

在化妆品中的应用

牛油果树果油的组成与可可脂相似，是化妆品理想的优质油脂原料；牛油果树果 50％丁二醇提取物 1％对胶原蛋白降解的抑制率为 51％，3％对弹性蛋白降解的抑制率为 70％，有活肤作用，可用于抗衰化妆品；牛油果树果 50％丁二醇提取物 1％对透明质酸降解的抑制率为 44％，对皮肤有保湿调理作用；提取物还有抗氧化和抗炎作用。

31. 欧洲花楸

欧洲花楸（*Sorbus aucuparia*）属蔷薇科花楸属落叶乔木，原产于欧洲，几乎遍布欧洲，我国在西北地区有种植。化妆品采用它们果、枝叶的提取物。

有效成分和提取方法 ▮

　　欧洲花楸果的特征成分是花楸酸、花楸酸葡萄糖苷和花楸酸半乳糖苷，另含维生素 C、胡萝卜素、花青素、槲皮素和山奈酚及其糖苷、熊果酸和 β-谷甾醇。花楸叶的成分以三萜类化合物为主，有羽扇醇、羽扇烯酮、熊果酸等。欧洲花楸果可以水、酒精等为溶剂，按常规方法提取，然后将提取液浓缩至干。

花楸酸的结构式

在化妆品中的应用 ▮

　　欧洲花楸果 70% 丙酮提取物 $500\mu g/mL$ 对羟基自由基的消除率为 98%，可用作抗氧化调理剂；水提取物 1% 对 B-16 黑色素细胞生成黑色素的抑制率为 23.7%，有美白皮肤的作用。

32. 苹果

　　苹果（*Pyrus malus*）是蔷薇科苹果属植物。苹果是我国和世界种植数量最大的水果，品种之间变异较大。化妆品采用苹果的果实、果皮、籽、叶和根的提取物。

有效成分和提取方法 ▮

　　苹果果肉含蔗糖约 4%，还原糖 6%～9%；未成热果实含淀粉，随着果实的成熟而消失；苹果含有机酸约 0.5%，主要为苹果酸，此外有奎宁酸、柠檬酸、酒石酸、绿原酸、咖啡酸等；所含原花青素物质主要有原花青素 B_2、原花青素 B_5 以及原花青素的三聚体，约占 0.04%；含黄酮化合物儿茶素、根皮苷、根皮素、槲皮素等，以槲皮素类物质含量最大。苹果果皮中原花青素和黄酮化合物的含量是苹果果肉的一倍以上。苹果鲜果经组织粉碎后可直接滤出汁液，减压浓缩至干后再用酒精、丙二醇、丁二醇等萃取，滤去不溶物，浓缩去溶剂后用；或直接以酒精、丙二醇、丁二醇等溶剂浸渍，将浸渍液减压浓缩至干。

原花青素 B_2 的结构式

在化妆品中的应用 ▮

　　苹果酒精提取物 $10mg/mL$ 对羟基自由基的消除率为 73.4%，对其他自由基也有消除作用，可用作化妆品的抗氧化剂，这与它内含的若干原花青素物质有关；果乙酸乙酯提取物 $20\mu g/mL$ 对谷胱甘肽的生成率提高 1.5 倍，苹果籽 50% 酒精提取物 0.1% 对Ⅳ型胶原蛋白酶的抑制率为42.6%，可用作活肤抗皱剂；苹果50%酒精提取物0.1%对水通道蛋白-3生成的促进率为72%，可用于干性皮肤的防治；提取物还有抗炎、调理和减肥作用。

33. 荞麦

荞麦（*Polygonum fagopyrum*）为蓼科荞麦属草本植物，欧亚大陆包括我国各地均有种植。化妆品采用荞麦叶和籽的提取物。

有效成分和提取方法 ▌┈┈┈┈┈┈┈┈┈┈┈┈┈┈┈┈┈┈┈┈┈┈┈┈┈┈┈┈┈┈

除常见的蛋白质、淀粉和脂肪外，荞麦籽含酚酸化合物如丁香酸、对羟基苯甲酸、香草酸、对香豆酸，另有多种黄酮化合物如槲皮素、金丝桃苷、芦丁、儿茶素等。荞麦叶和籽可以水、酒精等为溶剂，按常规方法提取，然后浓缩至干为膏状。

在化妆品中的应用 ▌┈┈┈┈┈┈┈┈┈┈┈┈┈┈┈┈┈┈┈┈┈┈┈┈┈┈┈┈┈┈┈

荞麦籽甲醇提取物1mg/mL对自由基DPPH的消除率为70%，荞麦籽壳甲醇提取物对超氧自由基的消除IC_{50}为886μg/mL，对其他自由基也有消除作用，有抗氧化调理作用；荞麦籽壳甲醇提取物0.2%对弹性蛋白酶的抑制率为55%，荞麦叶50%酒精提取物10μg/mL对肌芽细胞的增殖促进率为12%，可减缓弹性蛋白的降解，维持皮肤弹性，可用作活肤抗衰剂；荞麦籽粉甲醇提取物0.1mg/mL对组胺释放的抑制率为66.3%，可用作抗过敏剂。

34. 日本紫珠

日本紫珠（*Callicarpa japonica*）为马鞭草科紫珠属落叶灌木，广泛分布于中国大部分地区、朝鲜和日本。化妆品采用其果的提取物。

有效成分和提取方法 ▌┈┈┈┈┈┈┈┈┈┈┈┈┈┈┈┈┈┈┈┈┈┈┈┈┈┈┈┈┈┈

果中含黄酮类化合物如5,6,7-三甲氧基黄酮等，另有植物甾醇和三萜类物质。提取物可以水、酒精等为溶剂，按常规方法浸渍或加热回流提取，提取液最后浓缩至干。采用70%酒精提取的得率为7.0%。

在化妆品中的应用 ▌┈┈┈┈┈┈┈┈┈┈┈┈┈┈┈┈┈┈┈┈┈┈┈┈┈┈┈┈┈┈┈

日本紫珠果70%酒精提取物1.0%对超氧自由基的消除率为55%，80%酒精提取物对自由基DPPH的消除IC_{50}为37.44μg/mL，可用作抗氧化剂；70%酒精提取物1.0%对LPS诱发前列腺素E-2生成的抑制率为55%，有抗炎性；30%酒精提取物0.01%涂敷皮肤，角质层的含水量提高两倍，有保湿调理功能。

35. 石栗

石栗（*Aleurites moluccana*）属于大戟科常绿大乔木，原产地为马来西亚及夏威夷群岛，我国广东、海南、广西及云南等地多有栽培。化妆品主要采用其全草、树皮、叶、果实、果壳、籽的提取物。

有效成分和提取方法 ▌┈┈┈┈┈┈┈┈┈┈┈┈┈┈┈┈┈┈┈┈┈┈┈┈┈┈┈┈┈┈

石栗种仁占种子全重的32%，含油54.77%（棕榈酸8.17%、硬脂酸3.38%、油酸39.52%、亚麻酸38.29%、甘油8.68%、不皂化物0.96%）。去油的残渣含蛋白质45.15%、糖31.47%、谷氨酸7.05%。石栗树皮含丰富的鞣质。叶中含丰富的黄酮化合物，其中以当药黄素最多。晒干的石栗种子粉碎蒸后榨取油。其树皮、茎叶等可以水或酒精等为溶剂提取，然后浓缩至干。

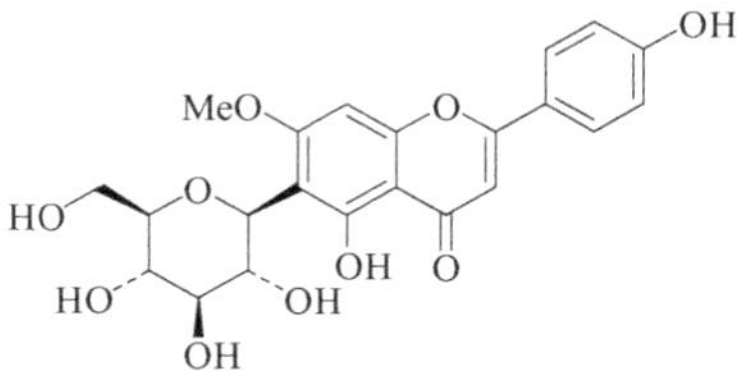

当药黄素的结构式

在化妆品中的应用

石栗油是一种十分珍贵的化妆品用基础油，油质黏滞度不高，含有丰富的多元不饱和必需脂肪酸，可被皮肤迅速吸收，对于健康肌肤的新陈代谢很重要，能够减缓水分流失，并且具有抗老化特性。特别著名的效用是治疗表皮烫伤、烧伤、干裂、擦伤。夏威夷当地人常用它来保养肌肤。石栗果酒精提取物对自由基 DPPH 的消除 IC_{50} 为 $30.47\mu g/mL$，可用作抗氧化剂；石栗油有促进生发和护发功能；石栗叶提取物可用作抗菌剂和抗炎剂。

36. 水黄皮

水黄皮（*Pongamia pinnata*）和无毛水黄皮（*P. glabra*）为豆科水黄皮属乔木，广泛分布于印度、马来西亚及我国南部的广东、广西、海南。化妆品采用它们全株和籽的提取物。

有效成分和提取方法

水黄皮中分离得到的化合物主要为黄酮化合物如牡荆素、水黄皮素、$3,3',4',7$-四甲氧基黄酮，另有三萜化合物如蒲公英萜醇和植物甾醇如豆甾醇。水黄皮的种子为油料作物，种子可榨油，以多烯不饱和脂肪酸为主。水黄皮籽可直接压榨出油；提取物可以水、酒精等为溶剂，按常规方法提取，然后浓缩至干为膏状。如水黄皮根以 70% 酒精温浸，提取得率约为 10%。

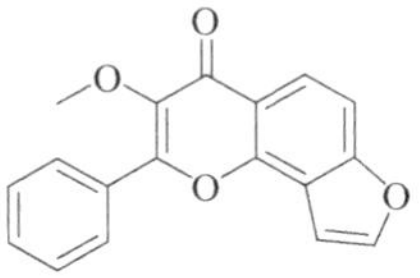

水黄皮素的结构式

在化妆品中的应用

水黄皮籽油施用于头发，手感柔润，可用作头发或皮肤的调理剂。水黄皮籽油有抗菌性，水黄皮籽甲醇提取物 $100\mu g/mL$ 对变异链球菌的抑制率大于 80%，可用于口腔卫生制品作齿垢防止剂。提取物还有抗氧化和抗炎作用。

37. 太子参

太子参（*Pseudostellaria heterophylla*）系石竹科孩儿参属草本植物，为我国常用传统中药，于福建、山东、江苏和安徽等省有栽培。化妆品采用其干燥根茎的提取物。

有效成分和提取方法

太子参提取物中含植物甾醇如 β-谷甾醇、α-菠菜甾醇-β-D-吡喃葡萄糖苷、豆甾烯-3-醇等；含黄酮类化合物金合欢素、木犀草素、刺槐苷等；含多糖成分，太子参多糖是其主要成分，占干根重的 7%～10%；含太子参环肽 B，是太子参的特征成分，也是《中国药典》规定检测的成分。太子参可以水、酒精等为溶剂，按常规方法提取，再将提取液浓缩至干。如水煮提取的得率在 21%，甲醇回流提取的得率约为 5%。

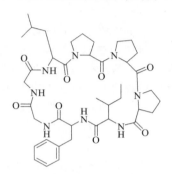

太子参环肽 B 的结构式

安全性

国家食药总局将太子参根提取物作为化妆品原料，未见外用不安全的报道。

在化妆品中的应用

太子参正丁醇提取物 $100\mu g/mL$ 对脂质过氧化的抑制率为 83.4%，对其他自由基也有消除作用，可用作抗氧化调理剂；正丁醇提取物 $0.5mg/mL$ 对酪氨酸酶活性的抑制率为 39.7%，可以用于皮肤的美白。提取物还有抗菌和抗炎作用。

38. 屋顶长生草

屋顶长生草（*Sempervivum tectorum*）是景天科长生草属多年生常绿草本，主要分布在法国、意大利、西班牙等欧洲国家，化妆品采用其全草的提取物。

有效成分和提取方法

屋顶长生草主要含黄酮化合物如山奈酚，山奈酚-3-葡萄糖苷、表儿茶素的衍生物、棓酰表儿茶素衍生物等。屋顶长生草可以水、乙醇等为溶剂，按常规方法提取，然后将提取液浓缩至干。

在化妆品中的应用

屋顶长生草甲醇提取物 5% 对金黄色葡萄球菌和蜡状芽孢杆菌的抑制率都在 90% 以上，可用作抗菌剂。全草 94% 酒精提取物对过氧化物酶激活受体（PPAR）有很好的活化作用，0.1% 对 PPAR-α 活化的促进率为 57.6%，显示提取物除抗炎外，还有皮肤保湿和抗干化的作用。提取物还有皮肤美白的作用，效果比熊果苷稍差。

39. 西瓜

西瓜（*Citrullus vulgaris* 或 *C. lanatus*）是葫芦科一种原产于非洲的藤蔓植物，现在世界各地均有栽培种植。化妆品采用西瓜果实和籽的提取物。

有效成分和提取方法

西瓜汁富含氨基酸，有瓜氨酸、α-氨基-β-吡唑基丙酸、丙氨酸、α-氨基丁酸、γ-氨基丁酸、谷氨酸、精氨酸等，其余有苹果酸、甜菜碱、腺嘌呤、γ-胡萝卜素、番茄烃、六氢番茄烃等；西瓜籽以脂肪酸棕榈酸、硬脂酸、油酸和亚油酸为主，其中不饱和脂肪酸占70%以上。西瓜籽冷榨得西瓜籽油。果提取物可以榨汁，或以水、酒精等为溶剂，按常规方法提取，然后浓缩至干为膏状。

在化妆品中的应用

西瓜籽油可用作化妆品用油，在皮肤上润滑和铺展性好；西瓜汁冻干物 $100\mu g/mL$ 对羟基自由基的消除率为 90.9%，对脂质过氧化的抑制率为 39.5%，对其他自由基也有消除作用，可用作抗氧化剂。西瓜籽 50% 酒精提取物对 B-16 黑色素细胞生成黑色素的抑制率约为 70%，有美白皮肤作用，果提取物也有白肤作用，但不如籽提取物。果提取物还有皮肤增湿保湿功能。

40. 小米草

小米草（*Euphrasia officinalis*）为玄参科小米草属一年生或多年生草本植物，广布于全球各地，我国主产于西南、西北及东北，本属植物常寄生于禾本科植物的根上。化妆品采用其全草地上部分提取物。

有效成分和提取方法

小米草全草主要含环烯醚萜苷类化合物，有桃叶珊瑚苷、梓醇、小米草糖、京尼平苷、7,8-二氢京尼平苷、龙船花苷等。小米草可以水、酒精等为溶剂，按常规方法提取，然后浓缩至干为膏状。如用水在室温浸渍提取的得率为 4.2%，50% 酒精提取的得率为 2.2%。

在化妆品中的应用

小米草甲醇提取物 0.1% 对脂质过氧化的抑制能力与 1% 的 α-维生素 E 相当，有很好的抗氧化性；提取物对前列腺素 E-2 分泌有抑制作用，可用作调理剂。

41. 油茶

油茶（*Camellia oleifera*）、小叶油茶（*C. meiocarpa*）和落瓣油茶（*C. kissi*）为山茶科山茶属小型灌木。油茶和小叶油茶在长江流域及以南各省区分布，是我国特有品种；落瓣油茶分布于我国广东、广西、云南及越南、缅甸和尼泊尔，这三种植物的叶和籽提取物性能相似，均可在化妆品中采用。

有效成分和提取方法

油茶叶含茶氨酚、L-谷氨酸-γ-甲酰胺等，并有多量鞣质，有可水解鞣质和复合鞣质以及这些鞣质的前体儿茶素类和酚酸化合物；种子含油茶皂苷和脂肪。油茶籽仁用压榨法提油。叶可以水、酒精等为溶剂，按常规方法提取，然后浓缩至干为膏状。油茶叶采用50%酒精提取的得率为17.4%。

在化妆品中的应用 ┠--

油茶籽油可用作基础油脂原料，又具油茶籽的特征香味，在护肤品或发制品中使用，可给予柔顺润滑的手感；叶50%酒精提取物100μg/mL对Ⅰ型胶原蛋白生成的促进率为31%，可用作皮肤调理剂。

42. 药用层孔菌

药用层孔菌（*Fomes officinalis*）为多孔菌科层孔菌属真菌，该真菌分布极广，在我国的河北、山西、云南、四川、吉林、黑龙江、内蒙古、甘肃、新疆、福建等地都有分布，主要生长于落叶松树干上。化妆品采用其子实体的提取物。

有效成分和提取方法 ┠---

药用层孔菌含有齿空醇、阿里红酸等萜烯类成分及皂苷类和多糖等化学成分，其中多糖为其主要有效成分之一。药用层孔菌子实体可以水、酒精等为溶剂，按常规方法提取，最后将提取液浓缩至干。

在化妆品中的应用 ┠--

药用层孔菌子实体酒精提取物250μg/mL对自由基DPPH的消除率为31%，对羟基自由基的消除IC_{50}为29.9mg/mL，有抗氧化作用。提取物还有保湿、调理功能。

43. 印加果

印加果（*Plukenetia volubilis*）为大戟科藤本植物，原生长在南美洲亚马孙河流域的热带雨林，中国西双版纳地区有引种。化妆品采用其籽的油或提取物。

有效成分和提取方法 ┠---

印加果籽油脂部分主要由多元不饱和脂肪酸组成，以Ω-脂肪酸为主。ω-3、ω-6、ω-9三种不饱和脂肪酸高达92%以上，其中ω-3含量高达48%～54%，含量明显高于其他所有油料植物。另含高浓度的维生素E、甾醇等生物活性物质。印加果籽经冷榨得油。提取物可以酒精等溶剂提取。

在化妆品中的应用 ┠--

印加果籽油易被皮肤吸收，印加果籽油0.5%对胶原蛋白生成的促进率为15.3%，可用来滋养和修复皮肤。印加果籽油可抑制脂质过氧化，对自由基有消除作用，有抗氧化功能。

44. 羽扇豆

白羽扇豆（*Lupinus albus*）和黄羽扇豆（*L. luteus*）为豆科羽扇豆属植物。白羽扇豆产于地中海区域；黄羽扇豆产于地中海区域和中南美洲，我国有栽培。化妆品主要采用这两种羽扇豆籽的提取物。

有效成分和提取方法 ┠---

羽扇豆籽的主要成分以生物碱为主，白羽扇豆有羽扇豆碱、羟基羽扇豆烷、羽扇豆定、二氧化无叶豆碱等；黄羽扇豆的成分与它相似。羽扇豆碱是羽扇豆的特征成分。羽扇豆可以水、酒精等为溶剂，按常规方法提取，然后浓缩至干为膏状。

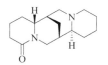

羽扇豆碱的结构式

在化妆品中的应用

提取物在 1％浓度时对胶原蛋白酶和弹性蛋白酶活性的抑制率在 65％和 70％，可减缓胶原蛋白和弹性蛋白纤维的降解，可维持皮肤弹性，用于抗衰调理化妆品；对酪氨酸酶的 IC_{50} 为 5％，有一定的美白皮肤作用。

45. 榛子

榛子为桦木科榛属的坚果树种，世界约有 20 个种，广泛分布在亚洲、欧洲、北美洲的温带地区。在化妆品中可用的是榛子（*Corylus rostrata*）和毛榛（*C. mendshurica*）的叶和籽提取物，它们主产于我国北方；欧洲榛（*C. avellana*，即智利榛）的花蕾、叶、籽、籽油和壳粉提取物，主产于欧洲的土耳其和意大利；美洲榛（*C. americana*）的叶、籽和籽油提取物，主产于美国东北部。就可食性而言，欧洲榛最重要，产量也最大。

有效成分和提取方法

欧洲榛果仁中的蛋白质含人体所需的全部 8 种氨基酸。富含油脂，脂肪中油酸占 80％以上，亚油酸 9％～12％，十六酸 5％左右。其余有胡萝卜素、维生素 B_1、维生素 B_2、维生素 E、β-谷甾醇、角鲨烯等。榛子可以水、酒精等为溶剂，按常规方法提取，然后浓缩至干为膏状。榛子籽油为直接榨得或溶剂法提取。

在化妆品中的应用

欧洲榛籽油有良好的润滑性，可用作化妆品的基础油脂；欧洲榛籽油 0.01％对表皮角质细胞的增殖促进率为 24％，可增强皮肤细胞新陈代谢，有抗衰作用；欧洲榛籽壳 80％酒精提取物对 DPPH 的消除 IC_{50} 为 $673\mu g/mL$，有抗氧化作用；皮肤涂敷欧洲榛叶 30％酒精提取物 0.01％，角质层含水量提高 17.7％，有皮肤保湿功能。

46. 帚石楠

帚石楠（*Calluna vulgaris*）又名欧石楠，杜鹃花科常绿灌木，为世界著名的观赏植物，主要分布于西欧和西北欧，以及北美的少数地方。化妆品采用其全草的提取物。

有效成分和提取方法

帚石楠全草富含鞣质、黄酮化合物和酚类化合物，已知化合物有山奈酚-3-半乳糖苷、地衣酚、氢醌和熊果苷等。干燥帚石楠全草可以水、酒精等为溶剂，按常规方法提取，然后浓缩至干为膏状。如以 96％酒精室温浸渍，提取得率为 20％～25％。

在化妆品中的应用

帚石楠水提取物对金黄色葡萄球菌和大肠杆菌的最小抑菌浓度分别为 0.2％和 0.4％，

可用作防腐剂和抗菌剂。水提取物 1mg/mL 对前列腺素生成的抑制率为 65%，有抗炎作用；80%甲醇提取物对氧自由基的消除率为 95%，可用作抗氧化调理剂。

47. 紫球藻

紫球藻（*Porphyridium cruentum*）是紫球藻科紫球藻属的一种单细胞藻类，分布于海水、咸水、淡水及潮湿的土壤之中，广泛分布于世界各地。化妆品采用其全藻的提取物。

有效成分和提取方法 ┃--

紫球藻含丰富的胡萝卜素类物质如 β-胡萝卜素等，另有藻红蛋白、高不饱和的脂肪酸和紫球藻多糖等。紫球藻可以水、酒精等为溶剂，按常规方法提取，最后浓缩至干。

在化妆品中的应用 ┃--

紫球藻 70%酒精提取物 $100\mu g/mL$ 对 TNF-α 生成的抑制率为 36%，对荧光素酶活性的促进率为 22.6%，对白介素 IL-6 生成的抑制率为 13.8%，有抗炎性，对特异性皮肤炎有防治作用；提取物对组胺释放有抑制，可缓解皮肤过敏。提取物还有抗菌和抗氧化作用。

第四章
毛发用化妆品

第一节　生发

　　生发化妆品是有关促进头发生长或使头发发质强壮的化妆品。

　　头发生长缓慢或停止生长，从头发稀疏至最终秃顶的原因很复杂，有真菌感染型、精神压力型、微量元素失调型、雄激素失调型、微循环失调型等，雄激素失调型和微循环失调型秃顶应为主体。

　　解决方法有添加微循环活化剂，以扩张头皮毛细血管，促进血液循环；添加酶活动异常的抑制剂，以平衡雄激素水平；添加毛根赋活剂以改善与毛发有关的活化头皮组织，增殖毛母细胞数量；添加局部刺激剂以轻微刺激头皮，对神经系统起兴奋作用；添加营养剂供，给毛发再生营养剂等。

1. 巴戟天

　　巴戟天（*Morinda officinalis*）和海巴戟（*M. citrifolia*）为茜草科巴戟天属植物。药用巴戟天产地主要分布在我国两广，海巴戟原产于南洋海岛。巴戟天均是取其肉质根部干燥后作为药材使用，化妆品采用其干燥根部的提取物。

有效成分和提取方法

　　巴戟天根均含有众多蒽醌类成分，以甲基异茜草素、大黄素甲醚含量较多；其余为多糖类（如耐斯糖）、氨基酸、环烯醚萜及其苷类、甾体化合物和丰富的挥发性成分（主要为有机酸及其酯）及多种微量元素等。耐斯糖是《中国药典》规定检测的成分，含量不得小于2.0%。巴戟天可以水、酒精等为溶剂，按常规方法加热提取，最后将提取液浓缩至干。如干燥巴戟天根用50%酒精提取，得率为5.38%。

耐斯糖的结构式

在化妆品中的应用

巴戟天提取物对 5α-还原酶有很好的抑制作用，$2mg/mL$ 时的抑制率为 79.5%，说明该提取物对于因睾丸激素偏高的头发脱落和头发生长缓慢有防治和刺激效果，可用于生发制品；结合其酒精提取物对黑色素生成的促进，有乌发作用，也有助于晒黑皮肤；但其水提取物却对黑色素的生成有抑制作用，用于美白制品；提取物具抗菌性，0.2% 浓度对自由基的消除率在 70% 以上，有抗氧化性；对金属蛋白酶-1 和白介素的抑制，显示有抗炎性能，可用作化妆品的抗炎剂，对皮肤具多重调理作用。海巴戟果 70% 酒精提取物 0.1% 对透明质酸合成酶活性的促进率为 85.1%，可用作保湿调理剂。

2. 白豆蔻

白豆蔻（*Amomum kravanh*）为双子叶植物药姜科多年生草本植物。主要分布于东南亚、斯里兰卡、危地马拉以及南美洲等地，我国广东、广西、云南亦有栽培。化妆品采用它们干燥成熟果实的提取物。

有效成分和提取方法

白豆蔻含挥发油，主要成分有 1,8-桉树脑、β-蒎烯、α-蒎烯、对伞花烯、α-乙酸松油醇酯、α-松油醇、乙酸芳樟酯等。不挥发部分有特征的白豆蔻醇等。可采用传统的水蒸气蒸馏法制取白豆蔻挥发油，得油率为 2.6%。白豆蔻提取物可采用浓度不等的酒精水溶液或其他有机溶剂按常规方法提取。如用乙酸乙酯提取，得率为 2.5%。

白豆蔻醇的结构式

在化妆品中的应用

白豆蔻挥发油由于具有独特的香气，可用于香水。白豆蔻籽提取物可用于生发制品，50% 酒精提取物以 1.0% 涂敷小鼠，毛发生长加速 86%。提取物有一定的抗氧化性，结合其对黑色素细胞的抑制，可用于美白类制品。

3. 薜荔

薜荔（*Ficus pumila*）为桑科榕属灌木藤本植物，产于我国和日本，以野生为主，在我国的云南、广西、两湖、江西、四川、海南和台湾等地均有分布。化妆品主要采用其干燥茎藤的提取物。

有效成分和提取方法

黄酮类化合物为薜荔茎藤的主要成分，有橘皮苷、芸香苷、芹菜素的糖苷、山柰酚的糖苷，以橘皮苷含量较高；另有内消旋肌醇、β-谷甾醇、蒲公英赛醇乙酸酯及 β-香树脂醇乙酸酯等。薜荔茎藤可以水、酒精等为溶剂，按常规方法提取，最后将提取物浓缩至干。

以 95％酒精提取为例，提取得率在 4％～5％。

橘皮苷的结构式

在化妆品中的应用

薜荔提取物可高效地促进大鼠毛发的生长，5％浓度的提取物涂敷的促进率为 141％，可用于生发制品；1.0mg/mL 的提取物对组胺游离释放的抑制率达 99.7％，可抑制皮肤过敏；提取物还可用作抗菌剂、抗氧化剂、抗炎剂和皮肤调理剂。

4. 栎树

栎树（*Quercus serrata*）、白栎（*Q. alba*）、夏栎（*Q. robur*）、麻栎（*Q. acutissima*）、欧洲栓皮栎（*Q. suber*）都是壳斗科栎属落叶乔木。栎树又名橡树，主要分布于北温带和热带高山，许多品种在我国南北各省均有种植，欧洲栓皮栎主产于南欧和北非。化妆品主要采用栎树、白栎、夏栎和欧洲栓皮栎的树皮/叶、麻栎果的提取物。

有效成分和提取方法

上述树皮的有效成分均以鞣质类成分为主，如栎树树皮富含的鞣质类主要成分是鞣红鞣质、鞣花单宁、白栎鞣酸、鞣酸、没食子酸等，另有槲皮素、槲皮苦素、槲醇等。栎树等可以水、酒精等为溶剂，按常规方法提取，然后浓缩至干为膏状。如栎树皮以酒精回流提取 3h，提取得率为 6.3％。

在化妆品中的应用

栎树叶 60％丙酮提取物 40μg/mL 的提取物对 5α-还原酶活性的抑制率为 98％，显示对雄性激素分泌的强烈抑制作用，对因雄性激素偏高而引起的脱发、粉刺等疾患有很好的防治作用；树皮提取物对毛发毛母细胞的增殖有促进，1μg/mL 加速 72.4％，可用于生发制品；提取物尚可用作皮肤调理剂、过敏抑制剂、皮肤美白剂、抗菌剂、抗氧化剂和收敛剂。

5. 峨参

峨参（*Anthriscus sylvestris*）为伞形科峨参属一年生草本植物，原产于欧洲和西亚，现在我国分布于江苏、浙江、四川等地。化妆品采用其全草提取物。

有效成分和提取方法

峨参含峨参内酯和异峨参内酯等特征成分，另含木犀草素葡萄糖苷、还原糖、蔗糖、淀粉等。峨参含挥发油，气味似欧芹而浓。峨参可以水、酒精等为溶剂，按常规方法提取，然后浓缩至干为膏状。如峨参干草以 50％酒精提取得率为 19.5％。

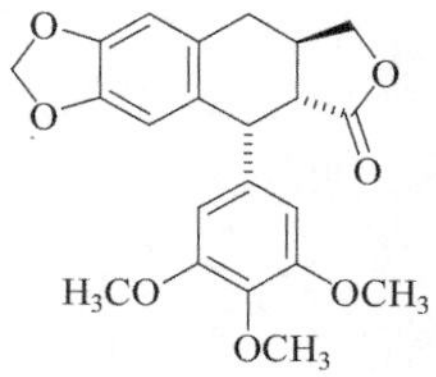

峨参内酯的结构式

在化妆品中的应用

峨参 70％酒精提取物 0.001％涂敷对大鼠毛发生长的促进率为 22.3％，可用作生发剂，对脱发也有防治作用；提取物 $10\mu g/mL$ 对纤维芽细胞增殖促进率为 25％，可用于抗皱和抗衰化妆品；提取物还有抗炎功效。

6. 鹅不食草

鹅不食草（Centipeda minima）为双子叶药菊科植物，主产于我国浙江、湖北、江苏、广东等地。化妆品用其干燥全草提取物。

有效成分和提取方法

鹅不食草含丰富的萜类成分，有山金车内酯 C、齐墩果烯、蒲公英甾醇的若干衍生物等；黄酮类化合物有芹菜素、槲皮素及其糖苷；另有豆甾醇、谷甾醇。鹅不食草可采用水、酒精等为溶剂提取，然后浓缩至干。如以 95％酒精室温浸渍提取，得率为 0.76％；70％酒精提取得率为 1.99％；沸水提取的得率为 5.1％。

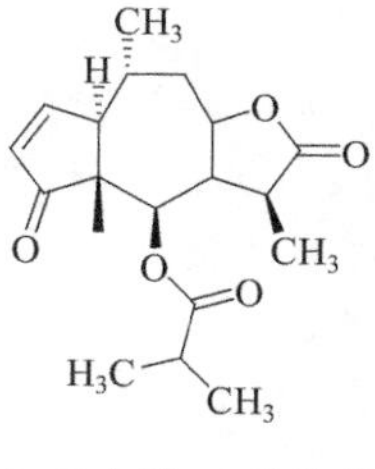

山金车内酯 C 的结构式

安全性

国家食药总局将鹅不食草提取物作为化妆品原料，未见外用不安全的报道。

在化妆品中的应用

鹅不食草 95％酒精提取物 $40\mu g/mL$ 对表皮角化细胞增殖率提高 3 倍，有使毛发刚性增强、粗壮作用，用于护发和睫毛制品；提取物 $0.3\mu g/mL$ 对表皮细胞的增殖促进率为 46.4％，$500\mu g/mL$ 对弹性蛋白酶活性的抑制率为 49％，有抗皱抗衰作用；大鼠试验中，提取物对诱发瘙痒时的搔挠频度下降 58.4％，显示它具抗过敏的作用；皮肤涂敷鹅不食草 50％酒精的提取物，经皮水分蒸发下降 70％，有保湿作用；提取物还可用作抗炎剂、抗氧化剂和抗菌剂。

7. 榧子

榧子（*Torreya grandis*）别名香榧，为红豆杉科榧属常绿大乔木，为我国特有经济树种之一，主要分布于浙江全省。同属植物日本榧树（*T. nucifera*）主产于日本和韩国。化妆品主要采用其种子的提取物。

有效成分和提取方法

榧子种仁富含油脂，油脂脂肪酸主要为亚油酸，占总脂肪酸的80％以上，不饱和脂肪酸有亚油酸、油酸、二十碳烯酸、二十二碳烯酸等，饱和脂肪酸有棕榈酸、硬脂酸等。总脂肪酸含量占榧子种仁的50％以上。榧子种仁油以压榨法制取；榧子种仁可以酒精的水溶液为溶剂，按常规方法提取，最后将提取液浓缩至干。以70％的酒精提取的得率约为4％。

安全性

国家食药总局和CTFA都将日本榧树果油作为化妆品原料，国家食药总局还将榧子列入，未见它们外用不安全的报道。

在化妆品中的应用

亚油酸有维生素F样功能，榧子果提取物也可用作化妆品的营养性助剂，有保湿、抗刺激过敏、调理作用；榧子酒精提取物1％涂敷小鼠背部，对其毛发生长的促进率为14.7％，日本榧子提取物对毛发毛囊细胞增殖的促进率为23.1％，可用作头发强壮剂、生发剂；日本榧子提取物0.5mg/mL对成纤维细胞增殖的促进率为22.8％，0.3mg/mL对弹性蛋白酶活性的抑制率为86.3％，具有保持皮肤弹性的作用；提取物还可用作抗氧化剂、抗炎剂、皮肤美白剂和抑臭剂。

8. 瓜子金

瓜子金（*Polygala japonica*）为远志科远志属植物，主产于我国安徽、浙江、江苏，化妆品采用其全草的提取物。

有效成分和提取方法

瓜子金全草含三萜皂苷，主要是有瓜子金皂苷，是它的特征成分；另含黄酮化合物山奈酚的若干糖苷、紫云英苷等。全草提取物可以水、酒精等为溶剂，按常规方法提取，然后浓缩至干为膏状。以50％酒精提取得率为13.5％。

瓜子金皂苷的结构式

安全性

国家食药总局将瓜子金提取物作为化妆品原料，未见其外用不安全的报道。

瓜子金提取物 $25\mu g/mL$ 对毛发乳头细胞增殖的促进率为 39.8%，对 5α-还原酶活性的 IC_{50} 为 $1029\mu g/mL$，$200\mu g/mL$ 对表皮角质层细胞增殖的促进率为 18.1%，可促进毛发生长，用作生发剂；提取物 $100\mu g/mL$ 对胶原蛋白生成的促进率为 65.7%，有活肤抗皱作用；提取物还有抗氧化、活血和保湿调理作用。

9. 桂花

桂花（*Osmanthus fragrans*）为木犀科木犀属常绿灌木或小乔木，桂花在我国栽培历史悠久，在四川、云南、广东、广西、湖北等省区均有野生；淮河流域至黄河下游以南各地普遍栽种。化妆品主要采用其花提取物。

有效成分和提取方法 |

桂花的花含挥发成分，主要成分可能是：紫罗兰酮、芳樟醇、芳樟醇氧化物、7-癸内酯、桂花烷等。它的非挥发成分有苯丙素苷。可以冷吸附法或溶剂浸提法提取桂花挥发油，提取物可以水、酒精等为溶剂，按常规方法提取，然后浓缩至干为膏状。以 95% 酒精提取得率约为 25%。

在化妆品中的应用 |

桂花精油为高档香料。桂花 30% 酒精提取物 $500\mu g/mL$ 对双氢睾酮生成的抑制率为 13.8%，即对雄性激素分泌有抑制，对雄性激素偏高而引起的脱发、粉刺等有很好的防治作用；桂花酒精提取物 1% 施用，对小鼠毛发生长的促进率提高 2 倍，可用作生发剂。提取物还有抗氧化、抗炎、加速愈合伤口等作用。

10. 旱金莲

旱金莲（*Tropaeolum majus*）为金莲花科草本植物，原产于南美的秘鲁，今世界各地均作观赏植物栽培。化妆品采用其全草的提取物，最好是花期时的全草。

有效成分和提取方法 |

旱金莲全草含黄酮化合物，主要是异檞皮苷及其糖苷，其余有山柰酚葡萄糖苷等，含绿原酸。叶尚含硫氰酸苄酯，为一挥发成分。旱金莲可以水、酒精等为溶剂，按常规方法提取，然后将提取液浓缩至干。如以 50% 丙二醇浸渍提取，得率在 8% 左右。

在化妆品中的应用 |

旱金莲叶提取物由于含有硫氰酸苄酯而具抗菌性，对金黄色葡萄球菌、链球菌、大肠杆菌、枯草芽孢杆菌及部分真菌有抑菌作用，可用作抗菌剂；水提取物 0.01% 对胶原蛋白生成的促进率为 12.5%，3% 涂敷对小鼠毛发生长的促进率为 72%，可用作生发剂；提取物 0.01% 对透明质酸合成酶活性的促进率为 13%，能增加透明质酸的生成而具皮肤保湿作用；提取物还有抗氧化、抗炎和美白皮肤的效果。

11. 红球姜

红球姜（*Zingiber zerumbet*）、香姜（*Z. aromaticus*）和卡萨蒙纳姜（*Z. cassumunar*）为姜科姜属植物，前二者产于我国台湾、广东、广西、云南和亚洲热带地区，后二者产于泰国；化妆品采用它们根/茎/叶的提取物。

有效成分和提取方法

红球姜含挥发油，主要特征成分是球姜酮、葎草烯及其氧化物、对羟基苯甲醛和香兰素等；非挥发成分已知的是黄酮化合物，如若干山奈酚的糖苷。可以水蒸气蒸馏法制取红球姜挥发油，提取物可以水、酒精等为溶剂，按常规方法提取，然后将提取液浓缩至干。干红球姜以酒精室温浸渍，提取得率为 13.8%。

球姜酮的结构式

在化妆品中的应用

红球姜和香姜根油可作调和香精的原料。红球姜甲醇提取物 1μg/mL 对毛发毛囊细胞的增殖促进率为 33.9%，5% 涂敷对小鼠毛发生长的促进率提高一倍，可用作生发剂；红球姜酒精提取物 1μg/mL 对酪氨酸酶活性的抑制率为 90%，可用作皮肤美白剂；提取物还有促进弹性蛋白生成和抗炎的作用。

12. 胡枝子

胡枝子（*Lespedeza bicolor*）和头状胡枝子（*L. capitata*）为豆科胡枝子属植物。胡枝子分布于东亚至澳大利亚东北部及北美，我国分布于东北、内蒙古等地；头状胡枝子主产于美国东南部。化妆品主要采用其树皮提取物。

有效成分和提取方法

胡枝子树皮主含黄酮化合物，有荭草素、异荭草素、槲皮素、三叶豆苷、山奈酚和一些异黄酮化合物。头状胡枝子的成分与胡枝子相似，也以黄酮化合物为主。胡枝子树皮可以水、酒精等为溶剂，按常规方法提取，然后浓缩至干为膏状。如干树皮用 30% 酒精提取，得率为 4.2%。

在化妆品中的应用

胡枝子树皮 30% 酒精提取物 0.05% 对 5α-还原酶的抑制率为 60%，95% 酒精提取物 10mg/mL 涂敷对小鼠毛发生长的促进率为 50%，对因雄性激素偏高而引起的脱发有很好的防治作用，可用于生发、粉刺制品；水提取物 0.1% 对黄嘌呤氧化酶活性的抑制率为 91.1%，对其他自由基也有消除作用，可用作抗氧化调理剂；提取物还有抗炎功能。

13. 金纽扣

金纽扣（*Spilanthes acmella* 或 *Acmella oleracea*）也名千日菊，系菊科金纽扣属草本植物，除主产地印度外，分布在我国的华南、台湾等地。同属植物小麻药（*S. callimorpha*）也名美形金纽扣，产于云南南部，性能与金纽扣类似。化妆品主要采用它们花或花期全草的提取物。

有效成分和提取方法

金纽扣花的特征成分是千日菊酰胺及其同构型的若干同系物。此外尚有 α-香树脂醇、β-香树脂醇、豆甾醇、蜂花醇和胡萝卜苷等。金纽扣干花可以水、酒精等为溶剂，按常规方法提取，然后将提取液浓缩至干。如以 50％酒精回流提取，得率为 8.5％。

千日菊酰胺的结构式

安全性

国家食药总局和 CTFA 都将金纽扣花提取物作为化妆品原料，国家食药总局还将小麻药列入，未见它们外用不安全的报道。

在化妆品中的应用

金纽扣花提取物有抗菌性，对枯草芽孢杆菌、绿脓杆菌和金黄色葡萄球菌的 MIC 分别为 0.25mg/mL、0.50mg/mL 和 0.25mg/mL，可用作抗菌剂；50％酒精全草提取物 3％涂敷小鼠对其毛发生长的促进率为 84％，可用作生发剂和头发调理剂；提取物还可用作抗氧化剂、抗炎剂、皮肤美白剂和减肥剂。

14. 孔叶藻

孔叶藻（*Agarum cribrosum*）为孔叶藻属的一种褐藻，主产于加拿大北部海岸。化妆品采用其全藻的提取物。

有效成分和提取方法

孔叶藻含海藻酸、海藻多糖、岩藻多糖、果胶等，蛋白质含量较高，有牛磺酸存在。干燥孔叶藻可以水、酒精等为溶剂，按常规方法提取，然后将提取液浓缩至干。

在化妆品中的应用

孔叶藻 20mmol/L 的磷酸缓冲生理盐水提取物 5mg/mL 对毛发根鞘细胞增殖的促进率为 27％，可用作生发助剂。酒精提取物 0.5mg/mL 对弹性蛋白酶活性的抑制率为 38.2％，可用于皮肤抗皱调理制品。提取物还有抗氧化、美白皮肤和提高免疫功能的作用。

15. 蔓胡颓子

蔓胡颓子（*Elaeagnus glabra*）为胡颓子科胡颓子属常绿蔓生或攀援灌木，主产于中国、朝鲜和日本，我国产地是河南及长江流域以下各省。化妆品采用它们茎皮叶的提取物。

有效成分和提取方法

蔓胡颓子茎皮含生物碱、黄酮苷、酚类、糖类、氨基酸、有机酸。以酚类成分为主，已知的成分是（—）-表儿茶素和（—）-表没食子儿茶素。蔓胡颓子茎叶可以水、酒精等为溶剂，按常规方法提取，然后浓缩至干为膏状。如以 70％酒精回流 2h，提取的得率为 11.2%。

在化妆品中的应用

蔓胡颓子茎叶 70% 酒精提取物对小鼠毛发生长的促进率为 73%，可用作生发剂；甲醇提取物 $100\mu g/mL$ 对金属蛋白酶-9 的抑制率为 84.4%，对金属蛋白酶-2 的抑制率为 42.0%，可抑制前列腺素 E-2 的生成，对普通变形杆菌的 MIC 为 $12.5\mu g/mL$，对绿脓杆菌为 $100\mu g/mL$，对表皮葡萄球菌为 $50\mu g/mL$，抗炎性和抗菌性结合，可用于相关皮肤疾病的治疗；提取物还有活肤抗衰和抗氧化作用。

16. 梅

梅（*Prunus mume*）为蔷薇科李属植物，原产于中国，是亚热带特产果树，分布地域涵盖全国。梅的近成熟果实，经烟火熏制成乌梅。晒干则成梅干，其种子为梅仁。化妆品主要采用鲜果、花、梅干和梅仁的提取物。

有效成分和提取方法

梅含有多种有机酸，主要有枸橼酸，占总酸的 40.5%，其余有苹果酸、柠檬酸、草酸、乙醇酸、乳酸、琥珀酸、焦精谷氨酸等，以前二种含量最高。植物甾醇有 β-谷甾醇、菜油甾醇、豆谷甾醇、燕麦甾醇等；另有熊果酸、山奈酚、鼠李素和槲皮素及其苷类等，熊果酸是《中国药典》要求检测的成分。梅果仁中主要为中性脂类，如甘油三酸酯、游离甾醇酯、甾醇酯、甘油二酸酯及游离脂肪酸。梅干和梅仁可以水、酒精等为溶剂，按常规方法提取，然后浓缩至干。鲜梅可先榨汁，滤清后经真空低温脱水至干。如梅干采用 30% 的丁二醇提取，提取得率约为 10%。

在化妆品中的应用

鲜梅汁对 5α-还原酶的 IC_{50} 为 $482\mu g/mL$，这对因雄性激素偏高而引起的脱发症有防治作用，可在生发剂中使用；梅干水提取物 0.5% 对成纤维细胞的增殖促进率为 14%，有很好的活肤性能，结合它的抗氧化性，可用于抗衰调理化妆品；皮肤涂敷梅干丁二醇提取物 1.0%，可使经皮水分蒸发降低 13.2%，有保湿作用；梅提取物还可用于皮肤美白、抗氧化、抗炎、抑菌和抑制体臭制品。

17. 挪威云杉

挪威云杉（*Picea excelsa*）为松科云杉属树种。挪威云杉也称欧洲云杉，在欧洲北部的分布十分广泛，我国大多数地区可以种植，广泛用作圣诞树。化妆品采用云杉针叶的提取物。

有效成分和提取方法

挪威云杉针叶含挥发油，主要成分有 β-蒎烯、莰烯、柠檬烯、乙酸龙脑酯、龙脑和檀萜烯。非挥发成分主要是木脂素，含量约为 49%；有酚类成分如 （＋）-儿茶素、（－）-表儿茶精、山奈酚葡萄糖苷和 4-羟基苯乙酮存在。可以水蒸气蒸馏法制取云杉挥发油，提取物可以水、酒精等为溶剂，按常规方法提取，然后浓缩至干为膏状。

在化妆品中的应用

挪威云杉精油可用于化妆品香精的调香。挪威云杉的精油有抗菌性，对金黄色葡萄球菌的 MIC 为 0.061%，可用作抗菌剂；云杉二氯甲烷和甲醇混合溶剂的提取物 10mg/mL 对毛发毛囊细胞增殖的促进率为 38%，可用作促进生发剂；提取物还有抗氧化和抗炎作用。

18. 欧丁香

欧丁香（*Syringa vulgaris*）别名洋丁香，为木犀科丁香属香料植物，原产于欧洲东南部，是欧洲栽培最普遍的花木，我国东北等地有规模种植。化妆品主要采用其花/叶的提取物。

有效成分和提取方法

欧丁香含挥发油，成分主要是丁子香酚，占 70%～85%，其余是丁子香酚醋酸酯和 β-石竹烯。已知的非挥发成分为黄酮化合物如丁香宁、山奈酚、鼠李素等，另有齐墩果酸、豆甾醇、菜油甾醇等。可以水蒸气蒸馏法制取欧丁香挥发油，干花蕾的精油得率在 15%；提取物可以水、酒精等为溶剂，按常规方法提取，然后将提取液浓缩至干。

在化妆品中的应用

从欧丁香花蕾提取的丁香油，为名贵化妆品香料。花 50% 酒精提取物对 5α-还原酶活性的 IC_{50} 为 10μg/mL，可用作生发剂；全草的酒精提取物对绿脓杆菌、白色念珠菌和黑色莠状菌都有抑制，可用作抗菌剂；叶 50% 酒精提取物 100μg/mL 对 NF-κB 活性的抑制率为 62%，有抗炎作用。

19. 萍蓬草

日本萍蓬草（*Nuphar japonicum*）和欧亚萍蓬草（*N. luteum*）为睡莲科萍蓬草属多年生水生植物。日本萍蓬草原产于中国、朝鲜和日本；欧亚萍蓬草主产于欧洲和美国。化妆品采用它们根茎的提取物。

有效成分和提取方法

日本萍蓬草根茎主要含生物碱，已知成分是（一）-7-表去氧萍蓬汀、脱氧萍蓬草素、（一）-萍蓬胺、（一）-海狸胺等。日本萍蓬草根可以水、酒精、丁二醇等为溶剂，按常规方法提取，然后浓缩至干为膏状。其干根用水煮提取，得率为 8.8%；以甲醇回流提取，得率为 5.2%。

在化妆品中的应用

日本萍蓬草 50% 酒精提取物 1μg/mL 对碱性成纤维细胞生长因子表达的促进率为 460%，丁二醇提取物 1.0% 对组织蛋白酶的活化促进率为 93%，可加速细胞的分裂和增殖，可用于生发制品；甲醇提取物 50μg/mL 对超氧自由基的消除率为 52.3%，对其他自由基也有消除作用，可用作抗氧化剂；提取物尚可用作活肤抗衰剂、皮肤美白剂、抑臭剂和抗炎剂。

20. 珀希鼠李

珀希鼠李（*Rhamnus purshiana*）为鼠李科鼠李属灌木样植物，习名药鼠李，主要分布于美国西部和欧洲的西部。化妆品采用它树皮的提取物。

有效成分和提取方法

药鼠李树皮富含蒽醌类化合物，已知的成分有大黄素、大黄酚、芦荟苷、芦荟大黄素、黄鼠苷等；另有2%的鞣质以及高含量的鞣质前体化合物如儿茶素。药鼠李树皮可以水、酒精等为溶剂，按常规方法提取，然后浓缩至干为膏状。如用水煮2小时，提取的得率近10%。

在化妆品中的应用

药鼠李树皮水提取物1%涂敷小鼠，对其毛发生长的促进率为64.6%，可用作生发剂；30%酒精提取物0.01%涂敷皮肤，使经皮水分蒸发速度降低一半，有保湿功能；提取物还有抗菌和抗氧化作用。

21. 羌活

羌活（*Notopterygium incisum*）和宽叶羌活（*N. forbesii*）为伞形科植物，主要分布于我国青海、四川、甘肃和云南一带。两者性能相似，化妆品主要采用它们干燥根茎的提取物。

有效成分和提取方法

羌活含有挥发油，主要含有柠檬烯、α-蒎烯、乙酸龙脑酯等。非挥发性成分有香豆素类化合物如异欧前胡素、佛手柑内酯、羌活醇等，羌活醇和异欧前胡素是《中国药典》指定检测含量的成分，两者之和不得小于0.4%；酚酸类成分有阿魏酸、香豆酸、香草酸、反阿魏酸等；甾醇类有β-谷甾醇、β-谷甾醇-β-D-吡喃葡萄苷、胡萝卜苷等。羌活挥发油可用水蒸气蒸馏法制取，得率约为2.7%。羌活提取物可以水、酒精等为溶剂，按常规方法提取，然后浓缩至干。

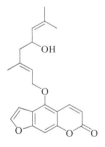

羌活醇的结构式

安全性

国家食药总局将羌活和宽叶羌活薄荷提取物作为化妆品原料，未见它们外用不安全的报道。

在化妆品中的应用

羌活50%酒精提取物0.5mg/mL对5α-还原酶活性的抑制率为64.3%，对于因睾丸激素偏高而引起的脱发有防治作用，可用于生发产品；羌活50%酒精提取物在低湿度下仍有较好的吸湿能力，吸湿增重70%，可用于保湿类化妆品；羌活挥发油具抗菌性，浓度为2μL/mL时对大肠杆菌、绿脓杆菌均有抗菌作用；浓度大于2μL/mL时对金黄色葡萄球菌也有抑菌效果；提取物还可用作抗炎剂、减肥剂和抗氧化剂。

22. 青叶胆

青叶胆（*Swertia mileensis*）为龙胆科草本植物，为我国云南民间药，产地红河，化妆品采用其干燥全草提取物，花期最好。

有效成分和提取方法

青叶胆主要含环烯醚萜类成分，有獐牙菜苦苷等，是《中国药典》规定定性测定的成分；含内酯类成分青叶胆内酯、红白金花内酯等；三萜皂苷化合物是齐墩果酸；含生物碱龙胆碱、龙胆宁碱、次龙胆碱、龙胆黄碱等，龙胆碱占总生物碱的30％。青叶胆可以热水、酒精等为溶剂，按常规方法提取，然后浓缩至干。以70％酒精提取为例，得率在25％～28％。

獐牙菜苦苷的结构式

安全性

国家食药总局将青叶胆提取物作为化妆品原料，未见外用不安全的报道。

在化妆品中的应用

青叶胆70％酒精提取物510μg/mL 对雄激素受体结合活性的抑制率为12.2％，涂敷对大鼠毛发生长的促进率7％，对于因雄性激素偏高而引起的毛发生长缓慢有促进作用；与营养性和活血性好的提取物配合（如人参提取物）使用才有更好的效果。提取物还有抗氧化、抗菌和抗炎作用。

23. 矢车菊

矢车菊（*Centaurea cyanus*）是菊科植物矢车菊属植物。原产于欧洲，现主要分布在伊朗、亚美尼亚等地区，我国新疆、青海、甘肃等地普遍栽培。化妆品主要采用其花的提取物。

有效成分和提取方法

矢车菊中的黄酮化合物是其主要成分，有花青素及其糖苷，其余有槲皮素、山柰酚、异鼠李素、芹菜素、木犀草素、泽兰黄酮及其糖苷；酚酸类化合物有咖啡酸、绿原酸、新绿原酸、异绿原酸等，另含蓟苦素。矢车菊可以水、酒精等为溶剂，按常规方法提取，然后浓缩至干为膏状。如干矢车菊花用99.5％的酒精室温浸渍，提取得率约为15％。

在化妆品中的应用

矢车菊花50％酒精提取物2.0mg/mL 对芳香化酶活性促进率为27％，可使更多的雄激素转变为雌激素，女性皮肤和乳房等部位也需要雌激素稍多一些，有调理作用；对雄性激素偏高的脱发也有疗效，矢车菊30％丁二醇提取物1％涂敷大鼠试验，对其毛发生长有促进率为 42%，可用作生发剂；提取物尚可用作化妆品抗皱抗衰剂、保湿剂、抗氧化剂、皮肤美白剂和抗炎剂。

24. 松树

松科松属植物有 80 多种，主要分布于北半球。化妆品仅采用马尾松（*Pinus massoniana*）、油松（*P. tabulaeformis*）、赤松（*P. densiflora*）、欧洲赤松（*P. sylvestris*）、长叶松（*P. palustris*）、海岸松（*P. pinaster*）、糖松（*P. lambertiana*）、偃松（*P. pumilio*）和辐射松（*P. radiate*）的树皮或针叶的提取物，北美乔松（*P. strobes*）、红松（*P. koraiensis*）、具五叶松（*P. pentaphylla*）和意大利松（*P. pinea*）的果仁或籽的提取物。

有效成分和提取方法

马尾松树皮主要含鞣质和树脂酸：新松香酸、松香酸、左松脂酸、右松脂酸等。马尾松树皮的主要活性成分是原花青素，另有紫杉叶素、表儿茶素、表没食子儿茶素没食子酸酯等。松树皮等可以水、酒精等为溶剂，按常规方法提取，然后浓缩至干为膏状。如马尾松树皮采用 60% 的酒精提取，得率约为 22%。

松香酸的结构式

安全性

国家食药总局将马尾松提取物作为化妆品原料，国家食药总局和 CTFA 则将其余的松树提取物都列为化妆品原料。要注意的是高剂量偃松精油会刺激敏感性皮肤，在低剂量时是安全的。未见其他树种提取物外用不安全的报道。

在化妆品中的应用

抑制，0.1% 马尾松提取物对 5α-还原酶活性的抑制率为 62.9%，欧洲赤松松脂提取物 $500\mu g/mL$ 时的抑制率为 78.2%，表明它可作用于与雄性激素偏高而引起的一些皮肤疾患如粉刺的防治和脱发；对 B-16 黑色素细胞生成黑色素的抑制率，北美乔松树皮提取物 $200\mu g/mL$ 为 25.9%，欧洲赤松树皮提取物 0.05% 为 73.86%，均有美白皮肤的作用；红松籽、欧洲赤松树皮、马尾松树皮提取物都可促进角蛋白形成细胞的增殖、胶原蛋白的生成、抑制胶原蛋白酶和弹性蛋白酶活性，对皮肤有抗老抗皱调理作用；提取物还有抗氧化（消除氧自由基）、抗菌（包括口腔龋齿菌）、抗炎等作用。

25. 甜菊

甜菊（*Stevia rebaudiana* 或 *Eupatorium rebaudianum*）为菊科斯台比亚属多年生草本植物，又名甜叶菊。甜菊原产地在南美巴拉圭东北部，现在我国东部如安徽、江苏等地广有种植。化妆品采用其干燥全草、叶和叶/茎的提取物。

有效成分和提取方法

甜菊中的甜味成分均属苷类，约占干重的 6%。现已确定的甜菊甜味成分有 6 种：甜菊素、莱包迪苷 A、莱包迪苷 D、莱包迪苷 C、莱包迪苷 E、杜尔可苷 A，它们具有相同苷元甜菊醇，以甜菊素的含量最高。甜菊素也是《中国药典》要求检测含量的成分。甜菊还含有水溶性多糖、蛋白质、色素及胶质类等物质，但结构未明。甜菊可以水或酒精为溶剂，按常规方法加热提取，最后将提取液浓缩至干。以水为溶剂是工业上制取甜菊苷类的方法。如地上部分以 50% 酒精室温提取，得率为 3.35%；用水煮提取，得率为 8%。

甜菊素的结构式

在化妆品中的应用

甜叶菊水提取物 0.1% 对大鼠毛囊细胞的增殖促进率为 90%，50% 酒精提取物 1% 涂敷对大鼠毛发生长的促进率为 33%，其促进率与现用的生发合成品长压定（minoxidil）相似，可用作生发助剂；甜菊苷类具甜味，已广泛用于食品工业和医药工业中作为甜味剂、添加剂和矫味剂，化妆品工业则用作牙膏中的甜味剂。甜叶菊提取物还有皮肤美白、皮肤调理、抗炎和抗氧化作用。

26. 香荚兰

香荚兰（*Vanilla planifolia*）和塔希提香草兰（*V. tahitensis*）为兰科香荚兰属植物，产地目前主要集中在马达加斯加、印度尼西亚、科摩罗、留旺尼和塔希提等热带海洋地区，我国引种到云南、广西、广东等地。两者可以互用，化妆品主要采用其果实即香荚兰豆的提取物。

有效成分和提取方法

市售香荚兰豆荚所含挥发成分主要是香兰素。鲜香荚兰豆荚含酚类成分如香兰酸、香兰醇、对羟基苄醇等，以香兰酸占大部分。可以水蒸气蒸馏法制取陈化香荚兰豆挥发油，即精油；用酒精提取，然后将提取液浓缩至干，即香树脂。未陈化香荚兰豆一般用酒精提取。

在化妆品中的应用

香荚兰豆精油和香树脂是高档的化妆品用香料，香荚兰精油 0.2% 对小鼠毛发生长的促进率为 75.2%，作用明显，可用于生发制品。香荚兰酒精提取物 $200\mu g/mL$ 对自由基 DPPH 的消除率为 43%，塔希提香草兰酒精提取物对超氧自由基的消除 IC_{50} 为 0.6%，可用作抗氧化剂。提取物还有活肤抗衰和抗炎作用。

27. 小豆蔻

小豆蔻（*Elettaria cardamomum*）又名印度豆蔻，为姜科多年生草本植物，原产印度，现主产越南、斯里兰卡和印度南部。化妆品采用小豆蔻籽的提取物和小豆蔻籽油。

有效成分和提取方法

小豆蔻籽含有挥发油，含量为 2%～10%，挥发油的主要成分为 d-龙脑、d-樟脑及桉油素和对伞花烃。另有少量不挥发成分如皂苷、色素和淀粉等。可以水蒸气蒸馏法制取小豆蔻籽挥发油，提取物可以水、酒精等为溶剂，按常规方法提取，然后浓缩至干为膏状。如以甲醇回流提取，得率为 8.1%。

在化妆品中的应用

小豆蔻籽 50%酒精提取物 1.0%涂敷，对小鼠毛发生长的促进率为 86%，可用作生发剂。籽甲醇提取物 $500\mu g/mL$ 对变异链球菌的抑制率大于 80%，用于口腔卫生制品可以除齿垢；小豆蔻精油对金黄色葡萄球菌、枯草芽孢杆菌和大肠杆菌抑制的 MIC 都为 3mg/mL，对螨虫也有杀灭作用。小豆蔻籽酒精提取物 $100\mu g/mL$ 对游离组胺释放的抑制率为 66%，可用作抗过敏剂。提取物还有抗氧化、抗炎、减肥、香料和皮肤美白作用。

28. 樱桃

樱桃（*Prunus pseudocerasus* 或 *Ceraseus pseudocerasus*）、细齿樱桃（*P. serrulata*）、欧洲甜樱桃（*P. avium*）和欧洲酸樱桃（*P. cerasus*）为蔷薇科樱属植物。前两种产在中国，后两种产在欧洲。全世界的樱桃品种有 600 多个，化妆品只采用这四种樱桃的果、籽、叶和树皮的提取物，以果和籽的提取物为主。

有效成分和提取方法

这四种樱桃果的有效成分大致相同，区别的是其风味。樱桃营养丰富，含有多种维生素、胡萝卜素、柠檬酸、酒石酸、烟酸以及 18 种氨基酸，其中有 8 种是人体不能合成，但又必需的氨基酸，以天冬氨酸含量最高。樱桃是维生素 C 含量十分丰富的水果，也含有丰富的花青素类物质。提取物可以水、酒精、丁二醇等为溶剂，按常规方法提取，然后浓缩至干为膏状。如樱桃籽用 50%酒精室温浸渍，提取得率约为 4%。

花青素的结构式

安全性

国家食药总局和 CTFA 将后三樱桃提取物作为化妆品原料，国家食药总局还将樱桃列入，未见它们外用不安全的报道。

在化妆品中的应用

樱桃果丁二醇提取物 0.5%涂敷大鼠，与空白相比较，相对毛发生长加速 17%，可用作生发制品和防脱发制品；欧洲酸樱桃果甲醇提取物 $25\mu g/mL$ 对脂质过氧化的抑制率大于

90％，樱桃籽 50％酒精提取物 2mg/mL 对 DPPH 自由基的消除率为 89％，均可用作抗氧化调理剂；欧洲甜樱桃籽提取物对表皮细胞有很好的促进增殖作用，结合它的抗氧化性，可用于抗衰化妆品；细齿樱桃花 30％酒精提取物 1mg/mL 涂敷对皮肤伤口愈合速度的促进率为 40％，可用于愈伤。取自这四种樱桃的花青素有强烈的抗炎和抗氧化功能。

29. 虞美人

虞美人（*Papaver rhoeas*）为罂粟科罂粟属一年生草本植物，原产欧洲和西亚，北美也有分布，我国南方有栽培。化妆品采用其花瓣提取物。

有效成分和提取方法

虞美人花瓣中含黄酮化合物花青素如矢车菊素、木犀黄定等，有若干生物碱如丽春花定碱、丽春花宁碱、原阿片碱、黄连碱等。虞美人花瓣可采用水或酒精等溶液作溶剂，按常规方法提取。如干花瓣以 80％甲醇提取得率为 8.8％。

在化妆品中的应用

虞美人花瓣 80％甲醇提取物 0.25％对由 LPS 诱发前列腺素 PGE-2 生成的抑制率为 30.2％，对皮肤有消炎和调理保护作用。30％丁二醇提取物 1％涂敷，对小鼠毛发生长的促进率为 45.5％，可用作生发促进剂。

30. 獐芽菜

獐芽菜（*Swertia bimaculata*）、日本獐芽菜（*S. japonica*）和印度獐芽菜（*S. chirata*）为龙胆科獐芽菜属多年生草本植物。獐芽菜主要分布在我国东北等地，日本獐芽菜主要分布在日本、朝鲜和我国青海；印度獐芽菜主产于印度。三者主要有效成分相似，化妆品采用其干燥全草提取物。

有效成分和提取方法

獐芽菜主要含环烯醚萜类成分，是獐芽菜中主要有效成分，有当药苷、龙胆苦苷、獐芽菜苷等，獐芽菜苷的含量最高，占干药的 4％～5％。另有黄酮化合物异荭草苷等；三萜皂苷有齐墩果酸、乌苏酸等。獐芽菜可以热水、酒精等为溶剂，按常规方法提取，然后浓缩至干。如獐芽菜以 80％酒精提取，得率在 6％以上。

獐芽菜苷的结构式

安全性

国家食药总局和 CTFA 将日本獐芽菜和印度獐芽菜提取物作为化妆品原料，国家食药总局还把獐芽菜提取物列入，未见其外用不安全的报道。

在化妆品中的应用

獐芽菜 50％酒精提取物 2％涂敷大鼠对其毛发生长的促进率为 26％，有很好的促进毛发生长能力，可用于生发产品。50％酒精提取物 2.0μg/mL 对纤维芽细胞的增殖促进率为 50％，70％酒精提取物 20μg/mL 对谷胱甘肽生成的促进率为 69％，有抗衰活肤功能，可用于抗衰化妆品；提取物还有抗菌、抗氧化作用。

31. 猪苓

猪苓（*Polyporus umbellatus*）系真菌多孔菌科多孔菌属猪苓的菌核，为名贵药材，子实体为珍肴蔬菜。猪苓在我国分布较广，主要分布在海拔 1100～2300m 的山区，以云南省产量最大。化妆品采用其干燥菌核提取物。

有效成分和提取方法

猪苓主要含生物素、多糖类、蜕皮激素类、蛋白质、纤维素和麦角甾醇及微量猪苓甾酮等，其中的主要有效成分之一是猪苓多糖（主要是多聚糖，如聚 6-支链-β-1,3-葡萄聚糖等）。此外还有猪苓酮 A～G 和一些有机酸成分，如二羟基-二十四烷酸。麦角甾醇是《中国药典》规定检测含量的成分，含量不得小于 0.070％。猪苓可以水、酒精等为溶剂，按常规方法提取，最后将提取液浓缩至干。水提取物以多糖类成分为主。

在化妆品中的应用

猪苓水提取物 1mg/cm² 对毛发的生长促进率为 60％，可用于非雄性激素水平增高而引发的脱发或头发生长缓慢的产品；酒精提取物 10μg/mL 对未成熟树状细胞的活性促进率为 86％，水提取物 1％ 对由 LPS 诱发的前列腺素 E-2 生成的抑制率为 66.8％，可提高免疫功能，也有抗炎作用；猪苓酒精提取物对脂肪的水解促进率提高数十倍，可用于减肥类化妆品；提取物也可用作化妆品的保湿剂、抗菌剂和抗氧化剂。

32. 竹节参

竹节参（*Panax japonicus*）为五加科人参属植物，主要分布于我国西南各省。化妆品采用其干燥根的提取物。

有效成分和提取方法

竹节参主要含有皂苷化合物，但其皂苷化合物的组成随产地的不同而有变异，有竹节参皂苷、人参皂苷（如人参二醇、人参三醇）、三七皂苷 R_2 及伪人参皂苷 F_{11} 等皂苷类。人参二醇是《中国药典》规定定性检测的成分之一。竹节参中的皂苷既有齐墩果烷型五环三萜皂苷，也有达玛烷型四环三萜皂苷，以及甾体皂苷，并以齐墩果烷型五环三萜皂苷为主；另还含有竹节参多糖。竹节参可以水、酒精等为溶剂，按常规方法提取，最后将提取液浓缩至干。

人参二醇的结构式

在化妆品中的应用 ┃╌╌╌╌╌╌╌╌╌╌╌╌╌╌╌╌╌╌╌╌╌╌╌╌╌╌╌╌╌╌╌╌╌╌╌

竹节参50%酒精提取物0.01%对5α-还原酶活性的抑制率为56%，70%酒精提取物1.94mg/mL对雄性激素受体结合的抑制率为18.8%，表明提取物有抑制雄性激素水平的作用，对于因雄性激素偏高而导致的疾患如脱发、粉刺等有防治效果，可在生发产品中使用；提取物还有抗炎、保湿和抗衰调理的作用。

33. 紫菀

紫菀（*Aster tataricus*）为菊科多年生草本植物，主产于我国河北、安徽，此外东北、内蒙古、山西、陕西和甘肃等地亦产，紫菀的药用部位主要是其干燥根及根茎，化妆品采用的是其干燥根部提取物。

有效成分和提取方法 ┃╌╌╌╌╌╌╌╌╌╌╌╌╌╌╌╌╌╌╌╌╌╌╌╌╌╌╌╌╌╌╌╌╌╌

三萜及其苷类为紫菀的主要特征性成分，有紫菀皂苷、表紫菀酮、紫菀酮、木栓酮、表木栓醇、β-香树脂和蒲公英赛醇等，其中紫菀酮是《中国药典》规定检测含量的成分，紫菀酮的含量不得小于0.15%；另含东莨菪素、大黄素、大黄酚、大黄素甲醚、槲皮素、山奈酚、对羟基苯甲酸、咖啡酸、阿魏酸、豆甾醇、β-谷甾醇、胡萝卜苷、菠菜甾酮等。干燥紫菀根粉碎后可用水、浓度不等的酒精水溶液为溶剂用常规方法提取，产品形式有水剂、粉状和浸膏。如用80%酒精回流提取，得率为6.8%。

紫菀酮的结构式

在化妆品中的应用 ┃╌╌╌╌╌╌╌╌╌╌╌╌╌╌╌╌╌╌╌╌╌╌╌╌╌╌╌╌╌╌╌╌╌╌╌

紫菀70%酒精提取物100μg/mL对真皮乳头细胞的增殖促进率为26%，对成纤维细胞增殖促进率为34.4%，有促进毛发生长、防止脱发的作用，可用于生发制品。水提取物0.01%对组胺游离释放的抑制率为79%，可用作过敏抑制剂。提取物还有抗菌和抗氧化作用。

34. 棕榈

棕榈（*Trachycarpus fortunei*）为棕榈科棕榈属长绿乔木，它原产中国中部和西南山地，是最耐寒的棕榈，除中国以外，世界上许多国家已有引种。棕榈的果实、叶、花、根都可入药，化妆品主要采用其干燥叶及柄和果的提取物。

有效成分和提取方法 ┃╌╌╌╌╌╌╌╌╌╌╌╌╌╌╌╌╌╌╌╌╌╌╌╌╌╌╌╌╌╌╌╌╌╌

棕榈叶含酚酸类成分没食子酸、对羟基苯甲酸、原儿茶醛、原儿茶酸等；含黄酮类化合物葡萄糖木犀草素、木犀草素-7-O-芸香苷等；含皂苷化合物如薯蓣皂苷、甲基原棕榈皂苷等。《中国药典》仅将原儿茶醛作为其含量检测的成分。棕榈叶可以水、酒精等为溶剂，按常规方法浸渍或加热提取，然后将提取液浓缩至干。如以70%的酒精提取为例，得率为近10%。

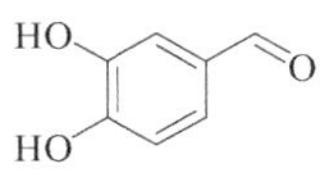

原儿茶醛的结构式

在化妆品中的应用

棕榈叶 70％酒精提取物 5％涂敷大鼠背部，毛发生长速度增加 83％，可用于生发制品。叶 50％酒精提取物对 B-16 黑色素细胞生成黑色素的 IC_{50} 为 $160\mu g/mL$，有美白皮肤的作用。果提取物对蛋氨酸酶活性有抑制，在口腔卫生用品中使用，可减少口臭。

第二节　防脱发

如 1 次梳洗脱落头发 100 根以上可以考虑成为脱发症。

脱发的原因至今尚不十分清楚，但已发现脱发与遗传、内分泌、某些疾病或药物、精神心理等许多因素有关。通常，脱发症大致可分为遗传性脱发、脂溢性脱发、病理性脱发和损伤性脱发几种，其余有精神性脱发、营养不良性脱发、食盐性脱发、食糖性脱发、维生素 A 过多脱发、药物型脱发、季节性脱发、环境性脱发等。另外洗发产品、烫发产品、饰发产品使用不当，使发丝受损而引起脱发也不在少数。

脱发的防治机理有一大部分与生发产品类似，以生发来掩盖脱发。但两者的着眼点是不同的，防脱化妆品的研究重点是如何维护现有发丝的健康和安全。

1. 斑叶钟花树

斑叶钟花树（*Tabebuia impetiginosa*）为紫薇科蚁木属植物，产于中南美洲从墨西哥至阿根廷的广大区域，化妆品采用它们叶和树皮的提取物。

有效成分和提取方法

斑叶钟花树皮成分复杂，主要含有植物甾醇如豆甾烷醇葡萄糖苷，其余是醌类成分，如拉帕醌、2-羟甲基蒽醌、蒽醌-2-甲酸等；另有若干木脂素类化合物。可以水、酒精等为溶剂，按常规方法提取，然后将提取液浓缩至干。如褐色钟花树木皮用酒精回流提取，得率为 4.25％。

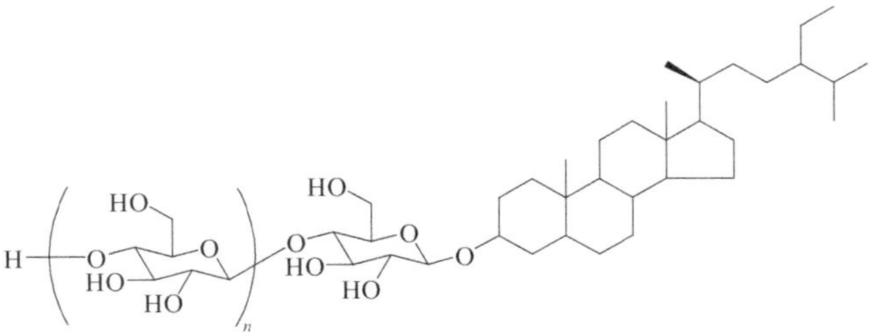

豆甾烷醇葡萄糖苷的结构式

在化妆品中的应用

提取物对微生物有选择性地抑制或促进增殖，对痤疮丙酸杆菌、表皮葡萄球菌有抑制，但对长双歧杆菌（Bifidobacterium longum）有促进作用，有利于在皮肤表面形成有益微生物菌丛；0.1%的提取物对5α-还原酶的抑制率为95.6%，对因雄性激素偏高而引起的脱发等疾患有很好的防治作用，可用于生发、粉刺等制品；1μg/mL的提取物对表皮细胞的增殖促进率为18%，有活肤抗皱作用；另可用作皮肤调理剂、抗炎剂和减肥剂。

2. 丹参

丹参（Salvia miltiorrhiza）和欧丹参（S. sclarea）系唇形科鼠尾草属植物。丹参主产于我国安徽、江苏、山西、河北、四川等地；欧丹参主产于南欧。化妆品可采用丹参干燥根、叶或花期全草的提取物，以根提取物为主。

有效成分和提取方法

丹参根的主要成分为菲醌衍生物，有丹参酮Ⅰ、丹参酮Ⅱ-A、丹参酮Ⅱ-B、隐丹参酮、丹参素、原儿茶醛、原儿茶酸等。丹参酮Ⅱ-A的含量是丹参药材的质量控制指标，是《中国药典》规定检测含量的成分，含量不得小于0.2%。丹参根可以水、酒精等为溶剂，或浸渍或回流提取，最后将提取液浓缩至干。如以90%酒精回流提取的得率约为3.5%。

丹参酮Ⅱ-A的结构式

在化妆品中的应用

在纤维芽细胞培养中，丹参提取物20μg/mL对胶原蛋白生成的促进率为26%，可增强皮肤真皮层的新陈代谢，可在活肤抗皱化妆品中使用；提取物对多种自由基也有消除作用，具抗氧化性；丹参提取物10μg/mL对脂肪分解能力的促进率为92%，可以用于减肥化妆品；提取物0.04%对5α-还原酶的抑制率为80.2%，对因雄性激素偏高而导致的脱发有防治作用，可用于生发类制品，对染发的牢度和光泽也有帮助；提取物还可用作抗菌剂、助渗剂和保湿剂等。

3. 杜鹃

杜鹃花科杜鹃花属植物为常绿小灌木，种类庞大。化妆品仅采用树形杜鹃（Rhododendron arboreum）花和高山玫瑰杜鹃花（R. ferrugineum）全草提取物。前者分布在中国各地，后者分布于欧洲阿尔卑斯山区。

有效成分和提取方法

高山玫瑰杜鹃花叶含黄酮类化合物如原花青素、槲皮素、山奈酚、紫杉叶素、杨梅黄素及其糖苷，另有熊果苷、槟榔素等酚类成分。杜鹃花的花和叶可以水、酒精等为溶剂，按常规方法提取，然后将提取液浓缩至干。如树形杜鹃花以酒精提取，得率为

18.2%。

在化妆品中的应用

树形杜鹃花提取物对透明质酸酶活性的 IC_{50} 为 196mg/mL，高山玫瑰杜鹃花水提取物 0.1mg/mL 对 NF-κB 细胞活性的抑制率为 9%，树形杜鹃花提取物对组胺游离的 IC_{50} 为 124mg/mL，有一定的抗炎和抑制过敏的作用；树形杜鹃花 80% 酒精提取物对 5α-还原酶活性的 IC_{50} 为 12.5mg/mL，可抑制脱发和促进生发；提取物还有抗氧化和皮肤调理作用。

4. 狗脊

狗脊（*Cibotium Barometz*）为蚌壳蕨科金毛狗属植物，也称金毛狗脊，以我国浙江、福建、四川等地产量较大，药用其根。化妆品采用其根提取物，即金毛狗脊油。

有效成分和提取方法

狗脊根含 β-谷甾醇、胡萝卜甾醇、豆甾-4-烯-3-酮、金粉蕨素、交链孢酚、咖啡酸、原儿茶酸、去-*O*-甲基毛色二孢素、原儿茶醛等，《中国药典》仅以原儿茶醛和原儿茶酸为检测含量的成分。狗脊根可以水、酒精等为溶剂，按常规方法提取，然后浓缩至干为膏状。

原儿茶酸的结构式

在化妆品中的应用

狗脊根水提取物对 DPPH 自由基的消除 IC_{50} 为 20μg/mL，有抗氧化调理作用；水提取物 50μg/mL 用入护发剂，可较大程度地抑制脱发，也有祛头屑作用；酒精提取物 1mg/mL 对 LPS 诱发的前列腺素 E-2 生成的抑制率为 72.7%，可用作抗炎剂；提取物还可用作抗菌剂和皮肤美白剂。

5. 黄花贝母

黄花贝母（*Fritillaria verticillata*）为百合科贝母属植物，其干燥鳞茎也称川贝，原产于新疆北部，现在浙江、江苏、安徽、湖南等地有大量栽培。化妆品采用黄花贝母鳞茎的提取物。

有效成分和提取方法

黄花贝母鳞茎主含生物碱，有西贝母碱、浙贝母碱、去氢沥贝母碱等，尚含胆碱及若干中性甾类化合物：贝母醇、β-谷甾醇、胡萝卜苷等。西贝母碱是《中国药典》规定检测的成分，含量不得小于 0.05%。黄花贝母鳞茎可以水、酒精等为溶剂，按常规方法提取，然后浓缩至干为膏状。如以甲醇回流提取，得率约为 12%。

西贝母碱的结构式

在化妆品中的应用

黄花贝母鳞茎水提取物 $10\mu g/mL$ 对胶原蛋白生成的促进率为 89.8%，对弹性蛋白酶生成的抑制率为 49%，1% 对人纤维芽细胞增殖的促进率为 17%，有抗老化作用；50% 酒精提取物 0.05% 对 5α-还原酶的抑制率为 76.2%，对因雄性激素偏高而引起的脱发有很好的防治作用，可用于生发、粉刺制品；提取物还可用作抗氧化剂和皮肤美白剂。

6. 幌伞枫

幌伞枫（*Heteropanax fragrans*）为五加科幌伞枫属常绿乔木，主产于印度、孟加拉国和印度尼西亚，也分布于中国广东、云南等地，化妆品采用其叶的提取物。

有效成分和提取方法

叶含多种黄酮化合物如槲皮素及其糖苷、山柰酚及其糖苷、原儿茶酸等。提取物可以水、酒精等为溶剂，按常规方法提取，最后将提取液浓缩至干。如干叶经 50% 酒精提取得率为 18.5%。

在化妆品中的应用

幌伞枫叶 50% 酒精提取物对 5α-还原酶活性的 IC_{50} 为 $2309\mu g/mL$，对雄性激素受体的 IC_{50} 为 $26.7\mu g/mL$，对男性因雄性激素而致脱发或脂漏性皮炎有防治作用；提取物 0.2% 洗涤头发，与空白比较头发脱落减少约 20%；提取物对超氧自由基的消除 IC_{50} 为 $71\mu g/mL$，可用作抗氧化剂；对 β-氨基己糖苷酶游离的 IC_{50} 为 $226\mu g/mL$，有抑制皮肤过敏的作用；提取物还可用作皮肤调理剂和保湿剂。

7. 姜

姜（*Zingiber officinale*）为姜科姜属植物，我国南北各地常见姜栽培。化妆品一般采用的是其新鲜或干燥的姜根茎的提取物，以后者居多。

有效成分和提取方法

姜含挥发油，成分主要有 β-水芹烯、α-姜烯、β-红没药烯等。姜辣素是姜中的辣味成分，是多种物质构成的混合物，其中 6-姜辣素是《中国药典》规定检测含量的成分之一；另含天门冬素、2-呱啶酸、天门冬氨酸等。生姜的产品有生姜精油、生姜油树脂和生姜提取物。生姜提取物常以高浓度的酒精为溶剂提取，以姜酚作为质量检测标准。

6-姜辣素的结构式

在化妆品中的应用

姜提取物对皮肤癣菌、白色念珠菌和口腔致病菌有一定的抑制作用，但对较常见霉菌等的抑制效果不佳；生姜精油有抗菌性，如对白色念珠菌的 MIC 为 0.15mg/mL；对齿周病菌如牙龈卟啉单胞菌、变异链球菌、具核梭杆菌和产黑色素拟杆菌的 MIC 在 0.1% 左右，可用于口腔卫生用品。姜 50% 酒精提取物 1% 对弹性蛋白酶的抑制率为 52.6%，可促进生成神经酰胺和胶原蛋白等，显示可增强皮肤的活性，可用作皮肤抗衰抗皱剂；甲醇提取物对 β-半乳糖苷酶活性的 IC_{50} 为 77.3μg/mL，说明能促进雌激素的水平，与对 5α-还原酶活性抑制一致，可防治因雄性激素偏高而引起的脱发，也可促进头发的生长；提取物还可用作抗氧化剂、抗炎剂、保湿剂和抑臭剂。要注意的是姜提取物外用浓度稍大时有刺激，对伤损型皮肤的刺激更大。

8. 楝树

楝树（*Lansium domesticum*）为楝科榔色木属乔木或灌木，也称栽种榔色木，主要分布于印度、马来西亚和菲律宾等，整个热带地区都有种植，我国海南和云南有种植。其果实称为龙贡果、兰撒果、芦菇和榔色果，一种进口热带水果。化妆品采用其成熟果实或其果皮的提取物。

有效成分和提取方法

榔色果含三萜类化合物榔色木酸、榔色木酸葡萄糖苷等，是榔色果的主要活性成分，在榔色果果实皮层中占 2.5% 左右；含维生素硫胺素、核黄素、烟酸、维生素 C，其中维生素 C 的含量特别高。干燥的榔色果果皮可以水、酒精等为溶剂，按常规方法提取，然后将提取液浓缩至干。以酒精室温浸渍提取，得率约为 5.7%。

榔色木酸的结构式

在化妆品中的应用

榔色果果皮酒精提取物 500μg/mL 可完全抑制 5α-还原酶活性，对睾丸激素引起的皮脂腺过多分泌、粉刺、男性脱发症有疗效，并且榔色果果皮提取物对遗传类的脱发也有防治作用，可用于相关产品；涂敷榔色果果皮 30% 酒精提取物 0.01%，角质层含水量增加 3 倍，有很好的持水能力，适合用于干性皮肤防治和调理的化妆品；提取物还可用作抗氧化剂。

9. 蔓荆

蔓荆（*Vitex trifolia*）为马鞭草科牡荆属落叶灌木，本种的变种单叶蔓荆（*V. trifolia simplicifolia*）与蔓荆性能相似，可以互用。蔓荆在我国主要分布在山东、江西一带。化妆品采用它们干燥成熟果子的提取物。

有效成分和提取方法

蔓荆子内含挥发油，主要成分为莰烯和蒎烯；非挥发物有黄酮类化合物，为木犀草素、紫花牡荆素、蔓荆子黄素等，以蔓荆子黄素的含量最高，是《中国药典》规定检测的成分，含量不得小于0.03%；另含微量生物碱（0.01%），如蔓荆子碱等；另有 β-谷甾醇和胡萝卜苷。蔓荆子和单叶蔓荆子可以水、酒精等为溶剂，按常规方法提取，最后浓缩至干。如蔓荆子采用70%的酒精提取，得率约为2.4%。

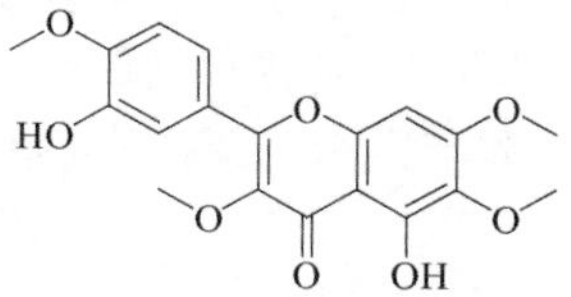

蔓荆子黄素的结构式

在化妆品中的应用

单叶蔓荆子提取物对胶原蛋白酶活性的 IC_{50} 为 0.324mg/mL，对弹性蛋白酶活性的 IC_{50} 为 1.07mg/mL，可用于抗衰抗皱化妆品；单叶蔓荆子30%酒精提取物能消除过氧化氢对头发的氧化作用，加入1%单叶蔓荆子提取物的洗发液可减少氨基酸的流失22%，它对头发有保护作用，可在防脱洗发液中使用。提取物还有抗氧化、保湿、调理等作用。

10. 毛蕊花

毛蕊花（*Verbascum thapsus*）是玄参科毛蕊花属草本植物，原产于中国新疆，现分布于云南、四川、新疆、西藏等地。化妆品采用其全草提取物。

有效成分和提取方法

全草主要含环烯醚萜苷类化合物如毛蕊花糖苷、哈巴俄苷、京尼平等，另有甾酮如鱼藤酮；甾醇如 β-谷甾醇和麦角甾醇过氧化物；黄酮化合物如穗花杉双黄酮；三萜皂苷如齐墩果酸。特征成分为毛蕊花糖苷。毛蕊花全草可以水、酒精等为溶剂，按常规方法提取，然后将提取液浓缩至干。如以甲醇室温浸渍，提取得率为7.4%。

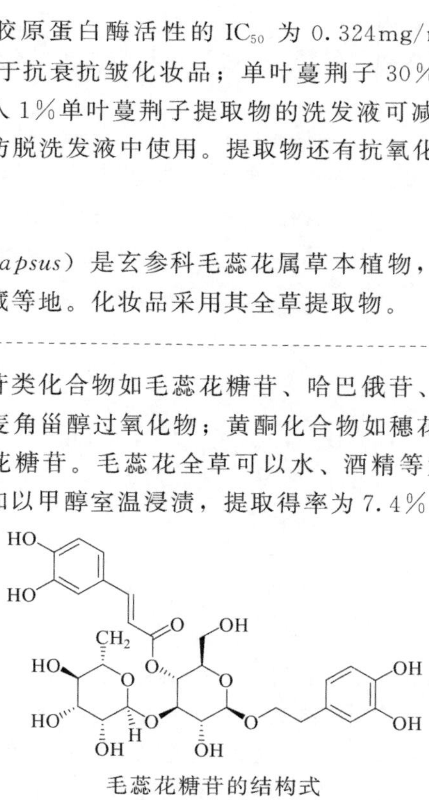

毛蕊花糖苷的结构式

在化妆品中的应用

毛蕊花全草50%酒精提取物0.5%可完全抑制5α-还原酶活性，可抑制雄性激素分泌，对因雄性激素偏高而引起的脱发、粉刺等疾患有很好的防治作用；50%酒精提取物1%对毛发根鞘细胞的增殖促进率提高一倍，可用作生发剂；30%酒精提取物0.01%涂敷皮肤，经皮水分蒸发速度降低一半，可用作保湿剂；提取物还有抗炎和抗氧化作用。

11. 木蝴蝶

木蝴蝶（*Oroxylum indicum*）为紫葳科植物，主产于我国福建、广西、云南、贵州、四川、广东等地。化妆品主要采用的是其根、全草和籽的提取物。

有效成分和提取方法

木蝴蝶地上部分的化学成分以黄酮及其苷类为主，主要有黄芩苷、木蝴蝶苷A、木蝴蝶苷B等，木蝴蝶苷B为其特有，也是《中国药典》规定定性检测的成分；其他成分主要为鞣花酸、对羟基肉桂酸、拉帕醇、β-拉帕醌、β-谷甾醇、芦荟大黄素等。木蝴蝶地上部分皮和叶可以水、酒精等为溶剂，按常规方法提取，然后浓缩至干。水提取的得率约为20%，50%乙醇提取的得率约为21%，95%乙醇提取的得率约为18%。木蝴蝶籽用甲醇提取的得率为3%。

木蝴蝶苷B的结构式

在化妆品中的应用

木蝴蝶50%酒精提取物100μg/mL对胶原蛋白的增殖率提高1.8倍，结合它的抗氧化性，可用于抗衰化妆品；水提取物6.25μg/mL对毛发毛乳头细胞的增殖促进率为22.3%，50%酒精提取物对5α-还原酶的IC_{50}为1.1mg/mL，显示提取物对因雄性激素偏高而引起的脱发有很好的防治作用，并可促进生发；提取物还可用作抗菌剂、抗炎剂和保湿剂。

12. 柠檬过江藤

柠檬过江藤（*Lippia citriodora*）又名防臭木，为马鞭草科多年生灌木，土生土长于热带南美洲。化妆品采用柠檬过江藤的花和叶的提取物。

有效成分和提取方法

柠檬过江藤含挥发油，在花期时精油的质量最好，成分主要有柠檬醛、柠檬烯、香茅醛、橙花醛、匙叶桉油烯醇、大根香叶烯、α-姜黄烯等；非挥发成分有黄酮化合物如三裂鼠尾草素、半齿泽兰素、木犀草素及其糖苷；生物碱有麦角甾苷。可以水蒸气蒸馏法制取柠檬过江藤挥发油，提取物可以水、酒精等为溶剂，按常规方法提取，然后浓缩至干为膏状。如干叶以50%酒精提取，得率约为10%。

在化妆品中的应用 |--

防臭木精油是化妆品常用的香精原料。50%酒精叶提取物0.5%可完全抑制5α-还原酶活性，显示对雄性激素偏高而引起的脱发或生发缓慢有很好的防治作用，可用于生发、粉刺制品；甲醇叶提取物0.175%对脂肪过氧化的抑制率为100%，对其他自由基也有良好的消除作用，可用作抗氧化剂。

13. 槭树

槭树科槭树属有200多种植物，遍布世界各地，化妆品中可采用的仅是鸡爪槭（*Acer palmatum*）、红花槭（*A. rubrum*）和糖槭（*A. saccharinum*）三种叶/树皮的提取物。鸡爪槭又名红枫，广泛分布在我国中南地区，朝鲜和日本也有种植；糖槭原产自美国东部，我国也有栽培；红花槭也名美国红枫，产于美国。三种性能类似，应用以鸡爪槭为主。

有效成分和提取方法 |--

糖槭的叶含黄酮类化合物，有杜荆素、肥皂草苷、荭草素、合模荭草素、矢车菊素单糖苷、飞燕草素单糖苷、芍药素单糖苷等，另有没食子酸甲酯、氨基酸、糖、皂苷、香豆素、有机酸、鞣质等有效成分。可以水、酒精等为溶剂，按常规方法提取，然后将提取液浓缩至干。以鸡爪槭叶为例，用酒精室温浸渍，得率为13.4%的膏状提取物。

在化妆品中的应用 |--

槭树叶提取物均有抗菌活性，对金黄色葡萄球菌和大肠杆菌的最小抑菌浓度均为0.5%；鸡爪槭叶50%酒精提取物对5α-还原酶活性的IC_{50}为320μg/mL，12.5μg/mL对雌激素样水平的促进率为20.2%，对雄性激素偏高而导致的脱发有防治效果；提取物0.05%对皮肤表皮经皮水分蒸发的抑制率为42%，对透明质酸酶活性的IC_{50}为237.5μg/mL，可用于保湿性护肤品；提取物还可用作抗氧化剂、抗皱调理剂和皮肤过敏抑制剂。

14. 薯蓣

薯蓣（*Dioscorea opposite*）为薯蓣科植物薯蓣的块茎，俗称山药。该科植物全世界有6属约650种，广泛分布于全球热带和亚热带地区。我国山药资源丰富，产量大，质量好。但化妆品仅采用山药（主产中国）、长柔毛薯蓣（*D. villosa*，野生于北美洲的东部）、菊叶薯蓣（*D. composite*，原产于墨西哥）、日本薯蓣（*D. japonica*，主产于日本）、墨西哥薯蓣（*D. mexicana*，野生于墨西哥）、黄山药（*D. panthaica*，主产于中国）和广山药（*D. persimilis*，主产于我国广西）干燥的块茎提取物，它们的性能相似。

有效成分和提取方法 |--

山药块茎主要化学成分含薯蓣皂苷元、甘露聚糖、山药多糖、尿囊素、多巴胺、山药碱、植酸、多种氨基酸以天冬氨酸含量丰富，还含有淀粉、鞣质、黏液汁、糖蛋白、多酚氧化酶、胆甾醇、麦角甾醇、谷甾醇、油菜甾醇等成分。其他四种薯蓣的主成分与薯蓣相似，如都含有薯蓣皂苷元及其糖苷。山药可以水、酒精等为溶剂，按常规方法回流提取，然后浓缩至干。以50%酒精为溶剂的话，提取得率约为2.3%。

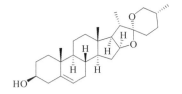

薯蓣皂苷元的结构式

安全性

国家食药总局和CTFA都将前五种山药提取物作为化妆品原料，国家食药总局还将黄山药和广山药提取物作为化妆品原料，未见它们外用不安全的报道。

在化妆品中的应用

山药30%酒精提取物能消除过氧化氢对头发的氧化作用，1%的提取物可减少氨基酸的流失13%，对头发有保护作用，可在防脱洗发液中使用；山药提取物对弹性蛋白酶活性的IC_{50}为1.5mg/mL，$10\mu g/mL$对胶原蛋白生成的促进率为25%，可减缓弹性蛋白的降解，维持皮肤弹性，结合其保湿性能，可用于抗衰活肤类护肤品；日本薯蓣提取物对β-氨基己糖苷酶活性的抑制率为20.7%，有抗过敏作用。提取物还可用作保湿剂、抗氧化剂和抗炎剂。

15. 石莼

石莼（Ulva lactuca）为石莼科石莼属中的大型海洋经济藻类，广泛分布于西太平洋沿海地区，是我国野生海藻类中极为丰富的药食两用海藻之一，主要分布于长江以南浙江沿海。化妆品采用其全藻的提取物。

有效成分和提取方法

石莼干品含丰富的植物甾醇如β-谷甾醇、麦角固醇、豆甾环氧烯醇、豆甾二烯醇；含酚酸成分如阿魏酸、香兰酸、对香豆酸、对羟基苯甲酸、水杨酸等。石莼可以水、酒精等为溶剂，按常规方法提取，然后将提取液浓缩至干。

在化妆品中的应用

石莼70%酒精提取物对枯草芽孢杆菌、金黄色葡萄球菌、大肠杆菌和绿脓杆菌的MIC分别为$12.5\mu g/mL$、$100\mu g/mL$、$12.5\mu g/mL$和$200\mu g/mL$，可用作抗菌剂和防腐剂。甲醇提取物$500\mu g/mL$对脂肪氧合酶活性的抑制率为39%，对角菜胶致大鼠足趾肿胀有抑制作用，可用作抗炎剂；水提取物2%施用于洗发水洗涤头发，与空白试验比较减少毛发破损约25%，可用作护发剂。提取物还有抗氧化调理的作用。

16. 蔬食埃塔棕

蔬食埃塔棕（Euterpe oleracea）为棕榈科埃塔棕属植物，是生长在南美洲亚马孙流域的一种羽状叶的南美洲棕榈树。果实在当地可作蔬菜食用。化妆品采用它们果实的提取物。

有效成分和提取方法

蔬食埃塔棕果实含多量的花青素和黄酮化合物，花青素有矢车菊素-3-葡萄糖苷、矢车菊素-3-芸香糖苷、飞燕草色素-芸香糖苷、原花青素多聚物等；黄酮化合物有芦丁、异荭草苷、荭草素、异牡荆素、金雀花素等，另有 β-谷甾醇、菜油甾醇、豆甾醇，并有多量的不饱和脂肪酸。埃塔棕果可以水、酒精等为溶剂，按常规方法提取，然后浓缩至干为膏状。

在化妆品中的应用

埃塔棕果酒精提取物对 5α-还原酶的 IC_{50} 为 $1mg/mL$，对因雄性激素偏高而引起的脱发或其他疾患有很好的防治作用，可用于生发、头发调理、粉刺防治等制品。果 50% 丁二醇提取物 $200\mu g/mL$ 对表皮角质层细胞增殖的促进率为 25.6%，对 IV 型胶原蛋白生成的促进率为 35.6%，有活肤抗衰作用。提取物还有抗氧化、皮肤保湿、抑制皮肤角质层糖化、防晒等作用。

17. 笋瓜

笋瓜（*Cucurbita maxima*）为葫芦科南瓜属瓜果蔬菜，我国各地普遍有栽培，原产地是印度。化妆品一般采用其果和籽的提取物。

有效成分和提取方法

笋瓜果中含蛋白质、多种维生素如胡萝卜素、硫胺素、核黄素、维生素 E 等。笋瓜籽富含油脂，不饱和酸占 30% 以上，以亚油酸和油酸为主，其余有脱落酸、二氢红花菜豆酸、葫芦素、叶黄素、胡萝卜素、没食子酸、黄酮化合物等。笋瓜籽油可直接榨取。提取物一般以干燥了的果肉为原料，可以酒精等为溶剂，按常规方法提取，然后浓缩至干为膏状。

在化妆品中的应用

笋瓜籽油可以用作化妆品的油脂原料；笋瓜籽油 20% 对 5α-还原酶活性的抑制率为 44.3%，对因雄性激素偏高而引起的脱发等有很好的防治作用；果甲醇提取物对自由基 DPPH 的消除 IC_{50} 为 $155\mu g/mL$，对其他自由基也有消除作用，可用作抗氧化剂。提取物还有抗炎作用。

18. 铁线蕨

铁线蕨（*Adiantum capillus-veneris*）是铁线蕨科铁线蕨属植物，在全球温暖地区均有分布，广泛见于我国的华中、华南和华北等地。化妆品采用其全草提取物。

有效成分和提取方法

铁线蕨含有特征成分铁线蕨酮、羟基铁线蕨酮、铁线蕨素等，另有黄酮类化合物如紫云英苷、烟花苷、异槲皮素等；另有鞣质、挥发油和糖类成分。铁线蕨和掌叶铁线蕨可以水、酒精等为溶剂，按常规方法提取，然后将提取液浓缩至干。如干燥铁线蕨叶以 30% 酒精室温浸渍，提取得率为 1.49%。

在化妆品中的应用

铁线蕨 50% 酒精提取物 0.25% 对雌激素水平的提升促进率为 18.7%，对 5α-还原酶的 IC_{50} 为 $7.2mg/mL$，显示提取物对因雄性激素偏高而引起的脱发或粉刺等有很好的防治作用，可用于生发、粉刺治疗制品；30% 酒精提取物对超氧自由基的消除 IC_{50} 为 $68.3\mu g/mL$，

50μg/mL 对胶原蛋白生成的促进率为 23.7%，可用作抗氧化抗衰剂。提取物还有抑制皮肤过敏和美白皮肤的作用。

19. 菟丝子

菟丝子（*Cuscuta chinensis*）、南方菟丝子（*C. australis*）和日本菟丝子（*C. japonica*）为旋花科寄生植物，前二者多分布于我国华南地区；日本菟丝子也称金灯藤，在我国产地广泛，在日本也有分布。三者性能相似。化妆品采用它们干燥的种子提取物。

有效成分和提取方法

菟丝子中主要含有木脂素化合物，有新芝麻脂素；含黄酮化合物山柰酚及其糖苷、槲皮素、金丝桃苷等，金丝桃苷是《中国药典》要求检测含量的成分，含量不得小于 0.1%。其余的活性物质有 β-谷甾醇、胡萝卜苷、紫云英苷、虫漆醋酸、南菟丝子苷 A、胸腺嘧啶脱氧核苷咖啡酸、对羟基桂皮酸、咖啡酸-β-D-吡喃葡萄糖酯苷和菟丝子多糖等。菟丝子可采用水、酒精为溶剂，按常规方法提取。以水提取需加热，提取得率一般在 4%～5%。

在化妆品中的应用

南方菟丝子热水提取物 0.1% 对 5α-还原酶的抑制率为 73.5%，金灯藤酒精提取物 0.1% 对 5α-还原酶的抑制率为 81.5%，对因雄性激素过高而脱发者有刺激生发的作用，可在防脱和生发制品中应用；菟丝子水提取物 10mg/mL 对酪氨酸酶活性的抑制率为 45.9%，金灯藤 50% 酒精提取物对 B-16 细胞生成黑色素的抑制率为 27%，这与中医认为菟丝子在皮肤科中可用于色素性皮肤病如肝斑、黑变病相符，可用于美白类化妆品；提取物还可用作抗氧化剂和抗炎剂。

20. 乌木

乌木（*Diospyros ebenum*）为柿树科植物，主产于斯里兰卡及印度南部，我国广东、海南岛、广西、福建和台湾有种植。化妆品主要采用其树皮的提取物。

有效成分和提取方法

乌木的茎皮中含有多羟基的醌类色素，如 1,8,5'-三羟基-3,2'-二甲基-6,6'-二聚萘-1',4'-醌等。叶中含多酚类化合物，甲醇的提取物中，黄酮化合物约含 2.2%，多酚化合物约含 17%。乌木树皮可以水、酒精等为溶剂，按常规方法提取，然后浓缩至干为膏状。如以 30% 酒精在 40℃ 时温浸 2h，提取得率为 1.47%。

在化妆品中的应用

乌木树皮 30% 酒精提取物 0.05% 对 5α-还原酶活性的抑制率为 75.6%，显示对雄性激素的分泌有抑制，对雄性激素偏高而引起的脱发有很好的防治作用。提取物还有抗菌作用。

21. 西葫芦

西葫芦（*Cucurbita pepo*）为葫芦科南瓜属藤蔓食用瓜果。原产于北美洲南部，今在世界各地广泛栽培，品种随产地而小有变异。化妆品采用西葫芦果实、籽的提取物。

有效成分和提取方法

西葫芦果实含有较多维生素 C、葡萄糖等营养物质，其余有脑苷、13（18）-齐墩果烯-

3-醇、胡萝卜苷、β-谷甾醇、豆甾醇。西葫芦籽中蛋白质和油脂含量均在 40% 左右，氨基酸中以精氨酸比例最高，油脂中大部分为不饱和脂肪酸，以油酸和亚油酸为主，另有若干甾醇的糖苷，如胆甾醇的糖苷、菠菜甾醇糖苷等。西葫芦籽可以直接榨取油，西葫芦果和籽的提取物可以水、酒精等为溶剂，按常规方法提取，然后浓缩至干为膏状。

在化妆品中的应用

西葫芦胎座组织 50% 酒精提取物 $50\mu g/mL$ 对细胞雌激素样水平的提升促进率为 70%，对 5α-还原酶活性的抑制率为 51.2%，可促进毛发生长和防治脱发。西葫芦籽 50% 酒精提取物 0.1% 对 B-16 黑色素细胞生成黑色素的抑制率为 70%，果提取物的效果不如籽提取物，可用作皮肤美白剂。提取物还有调理皮肤作用。

22. 豨莶草

豨莶草（*Siegesbeckia orientalis*）、毛梗豨莶草（*S. glabrescens*）和腺梗豨莶草（*S. pubescens*）为菊科一年生草本植物，它们性能相似，常被互用。豨莶草分布于我国东北、华北、华东、中南、西南等地，毛梗豨莶草主要分布在长江以南及云南地区，腺梗豨莶草主要分布在东北和华北等地。化妆品采用它们干燥地上部分的提取物。

有效成分和提取方法

豨莶草的特征化学成分主要有奇任醇（豨莶四醇）、豨莶苷（是奇任醇的葡萄糖苷）、豨莶醚酸、豨莶苦味醇酸等，其中奇任醇含量最高，是豨莶草特征成分，也是《中国药典》要求检测的成分，含量不得小于 0.05%。尚含黄酮化合物和豆甾醇等。豨莶草可以水、酒精等为溶剂，按常规方法提取，然后浓缩为浸膏形式。如毛梗豨莶草的地上部分用 70% 的酒精提取，得率为 9.7%。

奇任醇的结构式

在化妆品中的应用

毛梗豨莶草 70% 酒精提取物对 5α-还原酶活性的 IC_{50} 为 $229.4\mu g/mL$，豨莶草酒精提取物对大鼠毛发生长的促进率为 140%，提取物可预防脱毛、脱发、促进毛发再生，可用于治疗斑秃和药物性皮炎；毛梗豨莶草的酒精提取物对蜡状芽孢杆菌、枯草芽孢杆菌、大肠杆菌、绿脓杆菌、金黄色葡萄球菌、表皮葡萄球菌、白色念珠菌和痤疮丙酸杆菌均有抑制作用，MIC 在 0.15%～0.3%，可用作抗菌剂；提取物还有抗氧化、调理和皮肤美白作用。

23. 香附

香附（*Cyperus rotundus*）和油莎草（*C. esculentus*）为莎草科莎草属植物，两者可以互用。香附又称莎草，主产于我国的山东、浙江、湖南、河南等地，其中产于山东的又称东香附，产于浙江者又称南香附，品质较佳。化妆品一般采用它们根的提取物和根油。

有效成分和提取方法 ┃--

香附主要含有挥发油类成分，主要是 α-香附酮、香附醇、香附子烯、古巴烯、β-榄香烯、β-石竹烯等，其中 α-香附酮是《中国药典》规定检测含量的成分。其余有生物碱、黄酮类及其苷类、三萜类化合物和糖类成分。油莎草根含油率为 $20\%\sim30\%$，挥发成分主要是 α-蒎烯和 α-侧柏烯，又含维生素 A。可以水蒸气蒸馏法制取香附挥发油，提取物可以水、酒精等为溶剂，按常规方法提取，然后浓缩至干为膏状。如用酒精提取，得率约为 5.4%。

α-香附酮的结构式

在化妆品中的应用 ┃--

香附酒精提取物对 5α-还原酶活性的 IC_{50} 为 $296\mu g/mL$，0.25% 对雌激素水平提升的促进率为 13.3%，可用于预防和治疗因睾丸激素旺盛而引起头皮脂溢的脱发和毛发生长缓慢。皮肤涂敷香附 50% 酒精提取物 0.01%，可强烈提高角质层含水量，可用作保湿剂。提取物还可用作抗菌剂、抗炎剂、粉刺防治剂、皮肤美白剂和抗氧化剂。油莎草根油用于香料和香疗。

24. 玄参

玄参（*Scrophularia ningpoensis*）、林生玄参（*S. nodosa*）和北玄参（*S. buergeriana*）为玄参科玄参属草本植物。玄参有野生和家种两种，野生玄参和林生玄参主要分布于云贵一带。家种玄参主要分布于浙江等地，北玄参主产于东北。化妆品采用它们全草或根的提取物。

有效成分和提取方法 ┃--

玄参含苯丙素苷类成分 $0.02\%\sim0.4\%$，是玄参的主要有效成分之一；另有熊果酸、肉桂酸、对羟基肉桂酸、胡萝卜苷、β-谷甾醇、去氧磺酸基穿心莲内酯、哈巴苷、哈巴俄苷等。哈巴苷和哈巴俄苷是《中国药典》规定检测含量的成分，两者含量不得小于 0.45%。玄参可以水、酒精等为溶剂，按常规方法提取，然后浓缩至干。如以 70% 酒精室温浸渍，提取得率为 2.9%。

哈巴苷的结构式

安全性

国家食药总局和CTFA都将北玄参提取物作为化妆品原料，国家食药总局还将玄参和林生玄参提取物作为化妆品原料，未见它们外用不安全的报道。

在化妆品中的应用

玄参水提取物剂量1mg/kg可明显地提高血流量30％；70％酒精提取物300μg/cm^{2}涂敷小鼠背部，对其毛发的生长促进率为24.2％，可用于生发和防脱发制品；玄参酒精提取物具广谱的抗菌性，对金黄色葡萄球菌、绿脓杆菌、表皮葡萄球菌、白色念珠菌等的MIC分别为31.25mg/mL、125mg/mL、31.25mg/mL和500mg/mL，可用于与此相关的产品如粉刺的防治；提取物还可用作皮肤调理剂和抗氧化剂。

25. 野牡丹

野牡丹（*Melastoma candidum*）为野牡丹科野牡丹属植物，产于中国云南、广西、广东、福建、台湾。化妆品采用其全草或叶的提取物。

有效成分和提取方法

野牡丹叶含多种黄酮化合物，有槲皮素、异槲皮素、槲皮苷和芦丁。另有原花青素B-2、栗木鞣花素和蜡菊苷等。野牡丹提取物可以水、酒精等为溶剂，按常规方法提取，最后将提取液浓缩至干。如50％酒精提取的得率为6.0％。

在化妆品中的应用

野牡丹50％酒精提取物对5α-还原酶的IC$_{50}$为758μg/mL，提取物12.5μg/mL对雌激素样水平的促进率为15.6％，对睾丸激素偏高的头发生长缓慢或脱发有防治作用。95％酒精提取物对枯草芽孢杆菌和金黄色葡萄球菌的MIC分别为80μg/mL和320μg/mL，可用作抗菌剂。

26. 圆叶茅膏菜

圆叶茅膏菜（*Drosera rotundifolia*）为茅膏菜科茅膏菜属植物，分布于我国黑龙江、吉林、广东、福建、浙江、湖南等省区；亚洲大部地区、欧洲、北美也有栽培。化妆品采用它全草的提取物。

有效成分和提取方法

圆叶茅膏菜全草含多种萘醌衍生物，有茅膏醌、白花素、氢化白花丹素葡萄糖苷等。还含槲皮素、杨梅树皮素、山奈酚、金丝桃苷等黄酮类成分。可以水、酒精等为溶剂，按常规方法提取，然后浓缩至干为膏状。如干圆叶茅膏菜全草以酒精提取，提取得率为3.0％。

在化妆品中的应用

圆叶茅膏菜全草酒精提取物0.1％对5α-还原酶活性的抑制率为72％，对雄性激素的分泌有抑制，对因雄性激素偏高而引起的脱发等疾患有很好的防治作用，可用于生发、粉刺等制品；水煮物对金黄色葡萄球菌、大肠杆菌和枯草芽孢杆菌有较好的抑制，可用作抗菌剂。提取物还有美白皮肤作用。

第三节　乌发

防止头发变白、变灰，或使头发黑化的护发品称为乌发化妆品。

头发黑是因为头发中有黑色素。黑色素是由存在于毛发根部的黑色素细胞所合成，合成黑色素需要酪氨酸、维生素 C 等物质的参与，同时还要有充足的血液供应与正常功能的黑色素合成系统存在，才能最终合成黑色素，使头发变黑，其中任何一个环节发生问题都会造成黑色素合成障碍而出现白发。白发与遗传、精神紧张、肥胖、某些疾病等有关。

乌发需采用黑色素细胞活化剂，使黑色素细胞增殖，或采用酪氨酸酶活化剂，辅以生发、营养、渗透、血液循环刺激而成。

1. 赤豆

赤豆（*Phaseolus angularis*）和赤小豆（*P. calcaratus*）为豆科豇豆属植物，是我国重要的杂粮作物之一，在我国南部均有栽培。两者性能相似，化妆品主要采用它们干燥种子的提取物。

有效成分和提取方法

赤豆主要含氨基酸、维生素和三萜皂苷化合物。氨基酸中人体必需氨基酸含量丰富，精氨酸、赖氨酸、苏氨酸、天冬氨酸、苯丙氨酸、亮氨酸等的含量很高；维生素有维生素 A、胡萝卜素、维生素 B、维生素 E 等；三萜皂苷有赤小豆皂苷，是一若干结构相似的皂苷混合物。赤豆粉碎后可以水为溶剂，按常规方法提取。如采用 50％丁二醇提取，提取得率约为 6％；赤豆种皮用 30％酒精提取，得率为 12.7％。

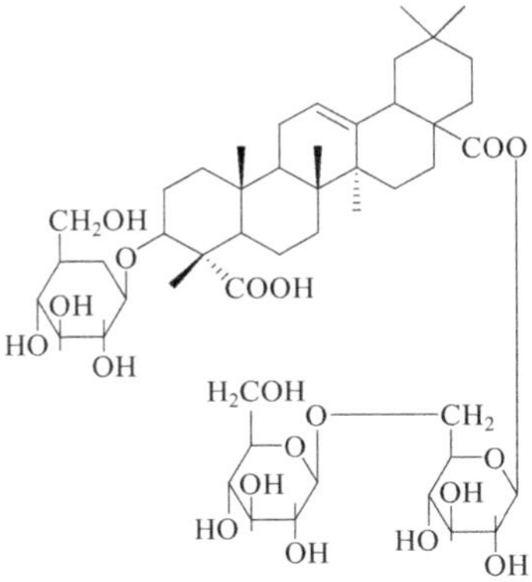

赤小豆皂苷的结构式

在化妆品中的应用

赤豆水提取物 0.01％对环磷酸腺苷（cAMP）的生成促进率提高八倍，cAMP 则能催化细胞中蛋白激酶，进而可影响细胞的分泌，可促进蛋白质、RNA 的合成等，在洗发水或发乳中用入可促进黑色素的生成，防止和控制白发，并有刺激生发作用；70％酒精提取液 1.0mg/mL 对弹性蛋白酶活性的抑制率为 74.5％，2％对胶原蛋白生成的促进率为 9.4％，可用作抗皱剂；50％丁二醇提取物 1％对雌激素样作用的促进率为 26.3％，有调理作用；提取物尚可用作减肥剂、助乳化剂、保湿剂和抗氧化剂。

2. 杜仲

杜仲（*Eucommia ulmoides*）是杜仲科杜仲属灌木样植物，原产于我国，主产于我国西南地区。化妆品采用其干燥全草、树皮和叶的提取物，以树皮提取物为主。

有效成分和提取方法 ┃--

杜仲含多种木脂素类化合物，有单环氧木脂素、双环氧木脂素、环木脂素和新木脂素等，其中的松脂醇二葡萄糖苷是《中国药典》规定检测的成分；环烯醚萜类化合物有桃叶珊瑚苷等；三萜类化合物为熊果酸，酚酸类成分有咖啡酸、绿原酸等；黄酮化合物有杜仲苷 A、杜仲苷 B 等。杜仲可以水、酒精等为溶剂，按常规方法提取，最后浓缩至干。如杜仲叶以 99.5% 酒精提取，得率约为 5%。

松脂醇二葡萄糖苷的结构式

在化妆品中的应用 ┃--

杜仲叶提取物 2mg/mL 对酪氨酸酶的活化促进率为 128%，可明显地增强黑色素细胞的活性；提取物 20mg/mL 对外毛根鞘细胞的增殖促进率为 134%，1.0% 对 5α-还原酶的抑制率为 93%，对因雄性激素偏高而引起的脱发有很好的防治作用，可在脱发防治、生发类产品中使用，以减少白发或灰发的生成；杜仲提取物 1.0mg/mL 对血管内皮细胞的增殖促进率为 3%，有强化毛细血管的作用，对皮肤毛细管出血症等有防治效果；提取物尚可用作抗氧化剂、抗过敏剂、抗炎剂、皮肤调理剂和减肥剂。

3. 虎耳草

虎耳草（*Saxifraga stolonifera*）和草莓虎耳草（*S. sarmentosa*）为虎耳草科虎耳草属的多年生常绿草本植物，它们在我国长江流域、华南、西南、华东、陕西等省区均有分布，二者性能相似，化妆品采用其干燥全草提取物。

有效成分和提取方法 ┃--

虎耳草含异香豆素类化合物如虎耳草素、岩白菜素等，虎耳草素是虎耳草的特征成分。黄酮化合物有槲皮素、槲皮素-3-鼠李糖苷等；酚酸性物质有原儿茶酸、没食子酸等。

虎耳草可以水、酒精等为溶剂，按常规方法提取，最后浓缩至干。以50%酒精为溶剂提取为例，得率约为10%。

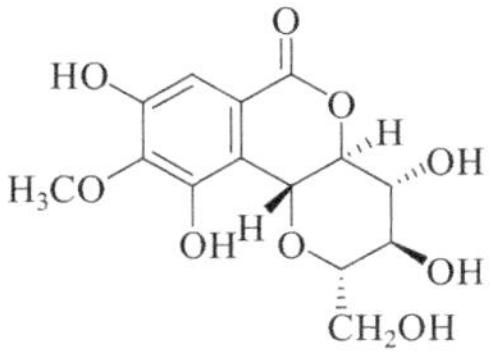

虎耳草素的结构式

安全性

国家食药总局和CTFA都将虎耳草和草莓虎耳草作为化妆品原料，虎耳草中岩白菜素有引起光敏的案例，但未见虎耳草提取物外用不安全的报道。

在化妆品中的应用

虎耳草50%酒精提取物1μg/mL对弹性蛋白酶的抑制率为89%，1.0%对Ⅰ型胶原蛋白酶的抑制率为88.7%，结合它的抗氧化性，可作为抗衰抗氧添加剂；在表皮细胞培养中，虎耳草提取物对脑酰胺酶有抑制作用，这将意味着增加了皮脂中神经酰胺的量，加上虎耳草提取物优秀的保湿能力，可改善皮肤的水油比，保持柔润状态；水提取物0.1%对5α-还原酶的抑制率为75%，对因雄性激素水平偏高的脱发或头发生长缓慢有防治作用，可用于生发制品；提取物10μg/mL对盐基性纤维芽细胞增殖因子表达的促进率为99%，显示可防治白发；虎耳草提取物对蛋氨酸酶的抑制和对尿酸酶的抑制说明，它能有效地减少人体分泌气息中氨气和硫化氢的含量，有助于抑制体臭；提取物尚可用作抗菌剂、皮肤美白剂、减肥剂、抗炎剂、紧肤剂和保湿剂。

4. 假叶树

假叶树（*Ruscus aculeatus*）为百合科假叶树属常绿草状小灌木。原产于西欧和地中海沿岸地区，现在我国各地都有小规模栽培，或作盆景。化妆品采用的是假叶树干燥根的提取物。

有效成分和提取方法

假叶树的成分有螺旋甾烷类和黄酮类化合物等。螺旋甾烷类是假叶树中主要活性成分，有鲁斯可皂苷元（也称为假叶树皂苷元）、新鲁斯可皂苷元以及鲁斯可皂苷元的若干糖苷。假叶树可以水、酒精等为溶剂，按常规方法加热提取，最后将提取液浓缩至干，如以50%酒精为溶剂，提取得率约为12%。

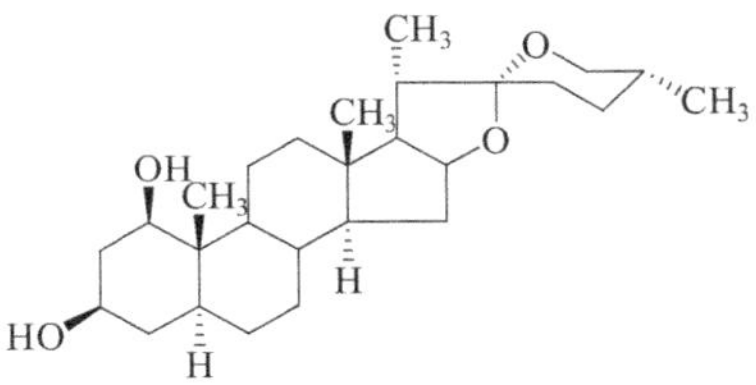

假叶树皂苷元的结构式

在化妆品中的应用

假叶树提取物的活性功能很大部分来源于内含的假叶树皂苷元。假叶树 50％酒精提取物 0.1％对组织蛋白酶的活化促进率为 32％，5μg/mL 对 ATP 生成的促进率为 12％，可增强皮肤细胞新陈代谢，对皮肤有抗衰作用，适用于抗老的调理性化妆品；提取物 1％对黑色素细胞的增殖促进率为 26％，可用于乌发产品防治灰发；提取物另可用作抗炎剂、抗菌剂、抗氧化剂和保湿剂。

5. 接骨木

接骨木（*Sambucus nigra*）和美洲接骨木（*S. canadensis*）为忍冬科接骨木属落叶灌木或小乔木。接骨木也名西洋接骨木，在我国分布广泛，主产于江苏；美洲接骨木主产于北美洲。化妆品大多采用接骨木全草、幼芽、果和花的提取物，以果和花的提取物为主。

有效成分和提取方法

接骨木果含有接骨木苷、接骨木苷的糖苷、接骨木苷脂以及与接骨木苷类似结构的若干个氰苷化合物，是其特征成分；又有黄酮类化合物如槲皮素、山奈酚、芹菜素、木犀草素、花青素等及其糖苷；另有维生素 C、维生素 B_1、维生素 B_2、类胡萝卜素、α-亚麻酸等。干燥的接骨木成熟果实可以浓度不等的酒精为溶剂，按常规方法提取，以 50％的酒精为多，最后浓缩至膏状物。接骨木花用 50％ 1,3-丁二醇提取，得率约为 8％。

接骨木苷的结构式

在化妆品中的应用

接骨木果 50％酒精提取物 1％对黑色素细胞的增殖促进率为 52％，在发用品中用入，可增加毛囊细胞黑色素的分泌量，减少白发和灰发的生成；接骨木果 50％酒精提取物 0.1％对弹性蛋白酶的抑制率为 27.1％，0.625％时对纤维芽细胞的增殖促进率为 21％，对维持皮肤的弹性和抗衰有效；花提取物 1.0％对水通道蛋白生成的促进率提高 6 倍，皮肤涂敷果提取物角质层的含水量提高 3.9 倍，有优异的保湿性能；提取物还可用作抗氧化剂、抗炎剂和抗菌剂。

6. 卡瓦胡椒

卡瓦胡椒（*Piper methysticum*）为胡椒科胡椒属多年生四季常青灌木类药用植物，主产于南太平洋诸岛，以根和根茎入药。化妆品主要采用其根的提取物。

有效成分和提取方法

卡瓦胡椒的主要特征成分是卡瓦内酯，即 4-甲氧基-2-吡喃酮，在卡瓦胡椒的根和根茎中可达到 5.5％～8.8％。另有卡瓦酸、胡椒酸、麻醉椒碱、黄醉椒素等。卡瓦胡椒可以水、酒精等为溶剂，按常规方法提取，然后浓缩至干为膏状。如用酒精提取，得率为 13.6％。

卡瓦内酯的结构式

在化妆品中的应用

卡瓦胡椒根丙酮提取物对枯草芽孢杆菌、大肠杆菌、绿脓杆菌有抑制，MIC 均为 4mg/mL，对黑曲霉生长有明显的抑制作用，可用于口腔卫生用品；50％酒精提取物 0.1％ 对 B-16 细胞生成黑色素的促进率为 94.7％，2mg/mL 对 5α-还原酶活性的抑制率为 62.3％，可用作生发剂并有乌发作用；50％丁二醇提取物 50μg/mL 对胶原蛋白生成的促进率为 27.8％，可用于皱纹的防治；提取物还有减肥作用。

7. 萝卜

萝卜（*Raphanus sativus*）是十字花科萝卜属植物，作为蔬菜在全国各地普遍栽培，化妆品可采用萝卜根、叶和籽的提取物，以籽提取物为主。萝卜籽的中药名为莱菔子。

有效成分和提取方法

莱菔子含微量挥发油、脂肪油、植物甾醇、维生素类、生物碱等。莱菔子挥发油中含甲硫醇、己烯醛和己烯醇等，气味强烈；脂肪油的含量为 30％～45％，是一干性油，碘值 100.8，脂肪油中含多量芥酸、亚油酸、亚麻酸及芥子酸甘油酯等；植物甾醇有 γ-谷甾醇及 β-谷甾醇等；维生素类有维生素 C、维生素 B_1、维生素 B_2、维生素 E 及辅酶 Q；生物碱为芥子碱；另有植物抗生素莱菔子素，是莱菔子的特征成分。而《中国药典》规定莱菔子的检测成分是芥子碱，含量不得小于 0.4％。将莱菔子压碎后可以水、酒精等为溶剂，按常规方法提取，然后浓缩至干，如以 50％酒精作提取溶剂的得率为 14％左右；以沸水提取，得率约为 10％。

芥子碱的结构式

在化妆品中的应用

莱菔子提取物具有良好的抗菌作用，在化妆品中添加适量莱菔子提取液，即有比较好的抑菌作用，可用于与抑菌有关的化妆品如粉刺的防治等；50％酒精提取物 3.2mg/mL 对酪氨酸酶活性的促进率为 62.7％，可用于预防白发和灰发生成的化妆品；50％酒精提取物 0.005％对胸腺素 β-10 生成的促进率为 35％，可增强机体的免疫功能，也可用作抗炎剂。

8. 女贞

女贞（*Ligustrum lucidum*）为木犀科女贞属常绿乔木。化妆品主要采用它们成熟籽的提取物。

有效成分和提取方法

女贞子富含不饱和脂肪酸，主要是油酸和亚油酸；含女贞子多糖，它由鼠李糖、阿拉伯糖、葡萄糖、岩藻糖四种单糖组成；另有齐墩果酸和黄酮化合物如芹菜素、木犀草素、槲皮素及其糖苷。女贞子可以水、酒精等为溶剂，按常规方法提取，然后浓缩至干为膏状。如用甲醇提取，得率约为 1.5%；用水在 80℃浸渍提取，得率为 3.5%。

在化妆品中的应用

女贞子水提取物 0.2%对黑色素细胞生成黑色素的促进率为 95%，用于灰发的防治；女贞子水提取物对金黄色葡萄球菌、白色葡萄球菌、绿脓杆菌、变形杆菌和大肠杆菌都有不错的抑制，对枯草芽孢杆菌的 MIC 为 50μg/mL，可作抗菌剂；水提取物涂敷对经皮水分蒸发的速度可降低 31%，为皮肤保湿剂；提取物还有抗氧化作用。

9. 鞘蕊花

毛喉鞘蕊花（*Coleus forskohlii*）、髯毛鞘蕊花（*C. barbatus*）和五彩苏（*C. scutellarioides*）为唇形科鞘蕊花属花卉植物。原见于东南亚和南亚，分布于印度，现在全国苗圃均有栽培。化妆品主要采用它们的根、茎叶的提取物。

有效成分和提取方法

毛喉鞘蕊花根含丰富的三萜化合物，有白桦脂酸、α-香树脂醇、α-雪松醇、去甲基柳杉树脂酚、β-谷甾醇、豆甾醇、胡萝卜苷等，其余有黄酮化合物芫花素、酚酸化合物咖啡酸等。毛喉鞘蕊花根的特征成分是二萜化合物佛司可林和异佛司可林等。毛喉鞘蕊花可以水、酒精等为溶剂，按常规方法提取，然后浓缩至干为膏状。如干毛喉鞘蕊花根加 90%酒精在 50℃温浸 3h，提取得率约为 8.5%；五彩苏干叶茎以水在 95℃煮提 2h，得率约为 13%。

佛司可林的结构式

在化妆品中的应用

毛喉鞘蕊花提取物对金黄色葡萄球菌、表皮葡萄球菌、痤疮丙酸杆菌和糠秕孢子菌都有不错的抑制效果，对头屑、痤疮的生成有防治作用。五彩苏叶热水提取物 25μg/mL 对黑色素细胞增殖的促进率提高一倍，对白发或皮肤色素异常症有防治作用；五彩苏水提取物 0.1mg/mL 对胶原蛋白酶的抑制率为 61%，1mg/mL 对胶原蛋白生成的促进率为 70%，0.5mg/mL 对超氧自由基的消除率为 95%，显示该提取物可减缓弹性蛋白和胶原蛋白纤维的降解，维持皮肤弹性，结合它的抗氧化性，可用于抗衰抗皱化妆品；提取物还有抑制过敏和保湿的作用。

10. 裙带菜

裙带菜（*Undaria pinnatifida*）是翅藻科裙带菜属的一种大型经济褐藻，世界各地均有分布，在我国主要分布在辽宁、山东、江苏、浙江等地。化妆品采用其全藻提取物。

有效成分和提取方法

裙带菜含核黄素、维生素、丙氨酸、脯氨酸、甘氨酸、异亮氨酸、岩藻黄质、多糖和有机酸等物质。裙带菜多糖为其特征成分，由岩藻糖、半乳糖、3,6-脱氢半乳糖等组成。裙带菜可以水、酒精等为溶剂，按常规方法提取，然后将提取液浓缩至干。如以甲醇于室温浸渍2日，提取得率约为22%。

在化妆品中的应用

干裙带菜50%酒精提取物0.01%对黑色素细胞的分化增殖率为34%，可用于护发制品防治灰发，也对毛发的生长有促进作用。80%酒精提取物12.5μg/mL对表皮角质化细胞增殖的促进率为8.3%，对胶原蛋白生成也有促进作用，可用作活肤抗皱剂；提取物还有抗氧化、抗炎、保湿调理的作用。

11. 肉豆蔻

肉豆蔻（*Myristica fragrans*）为肉豆蔻科肉豆蔻属植物肉。主产于我国广东、云南和台湾，印度也是肉豆蔻的主产区。肉豆蔻成熟果实可分成假种皮和种仁（果核），前者称为肉豆蔻皮，后者标为肉豆蔻。化妆品一般采用的是肉豆蔻干燥种仁的提取物。

有效成分和提取方法

肉豆蔻种仁含有2%～9%挥发油。非挥发成分有去氢二异丁香酚、肉豆蔻木酚素、二氢愈创木脂酸、旋愈创木脂酸、肉豆蔻酸、肉豆蔻醚、异香草醛、原儿茶酸、异甘草素等，其中去氢二异丁香酚含量较高，是《中国药典》规定检测含量的成分，含量不得小于0.1%。可以水蒸气蒸馏法制取肉豆蔻精油，肉豆蔻提取物可以水、酒精等为溶剂，按常规方法提取，然后将提取液浓缩至干。如肉豆蔻种仁以50%酒精提取的得率为21%。

去氢二异丁香酚的结构式

在化妆品中的应用

肉豆蔻皮50%酒精提取物1μg/mL对B-16黑色素细胞生成黑色素的促进率提高1.5倍，可用于乌发类和晒黑类制品。种仁75%甲醇提取物20μg/mL对组胺游离释放的抑制率为42%，5μg/mL对β-氨基己糖苷酶活性的抑制率为41.7%，可用于防治皮肤过敏。肉豆蔻提取物有抗菌性，作为抗菌防腐助剂已有悠久历史；肉豆蔻水提取物对变异链球菌的MIC为0.0048%，提取物浓度0.02%时，对牙周炎发生菌如龈拟杆菌、产黑色素拟杆菌、黏性放线菌等的抑制率均为100%，可用于防治龋齿。提取物另有抗氧化、抗炎、驱虫和减肥等作用。

12. 丝瓜

丝瓜（*Luffa cylindrica*）为葫芦科植物。丝瓜在我国各地均有种植，其成熟果实、果络、叶、藤、根及种子均可入药，化妆品主要采用的是丝瓜的果实以及其茎叶提取物。

有效成分和提取方法

丝瓜含蛋白质、脂肪、碳水化合物、维生素、三萜皂苷等。维生素有维生素 C、维生素 B；三萜皂苷化合物有丝瓜皂苷、葫芦素 B 等，丝瓜皂苷是丝瓜的主要成分，由十多个异构体组成；其余还有丝瓜苦味质、多量黏液、瓜氨酸等成分。新鲜丝瓜和丝瓜的茎叶可用酒精、丙二醇、1,3-丁二醇溶剂，按常法进行，然后将提取液减压浓缩至干。如鲜丝瓜以 10％酒精提取，得率约为 7％。

丝瓜皂苷的结构式

在化妆品中的应用

丝瓜 10％酒精提取物 1％对 B-16 黑色素细胞的增殖促进率为 77％，也有促进生发的功效，可用以防治灰发；水提取物 2％施用于头发，对毛发有护理作用，可减少洗涤中断发 27.7％。丝瓜 50％酒精提取物 0.1％涂敷皮肤，角质层含水量提高 4 倍，丝瓜茎叶 50％酒精提取物 50μg/mL 对水通道蛋白生成的促进率为 30.6％，可用作保湿剂，对干性皮肤有防治作用。丝瓜提取物还有抗氧化、抗炎、活肤抗衰等多方面调理的作用。

13. 天麻

天麻（*Gastrodia elata*）为兰科天麻属多年生草本植物，主要分布在我国黑龙江、贵州、广西、吉林、湖北等省。化妆品采用天麻干燥根茎的提取物。

有效成分和提取方法

天麻中主要含酚类物质天麻素、香荚兰醇、香荚兰醛、对羟基苯甲醇等，其余有 β-谷甾醇、胡萝卜苷、维生素 A 类物质、天麻多糖类化合物等。天麻素是天麻的特征成分，也是《中国药典》要求测定的成分，天麻素和对羟基苯甲醇两者的总含量不得小于 0.25％。对羟基苯甲醇可能是天麻素在加工过程中天麻素的水解产物。天麻可以水、酒精等为溶剂，按常规方法提取，然后将提取液浓缩至干。如以水煮提取，得率为 1％；以甲醇回流提取，得率约为 4％。

天麻素的结构式

在化妆品中的应用

天麻酒精提取物 0.2％对 B-16 黑色素细胞生成黑色素的促进率为 85％，可用于皮肤色泽异常的防治和使灰白头发转黑的护发产品；50％酒精提取物 2mg/mL 可完全抑制 5α-还原酶活性，有促进生发作用。75％酒精提取物对谷胱甘肽的生成促进率为 70％，对多种自由基有消除作用，可用于皮肤的抗衰和调理。提取物还有保湿和抗炎作用。

14. 夏枯草

夏枯草（*Prunella vulgaris*）和长冠夏枯草（*P. asiatica*）为唇形科夏枯草属草本植物，在我国主要产于湖南、安徽、浙江、江苏。二者性能相似，花期时采收，化妆品采用其干燥全草提取物。

有效成分和提取方法

夏枯草含有多种特征的三萜类成分，如夏枯草皂苷 A、夏枯草皂苷 B、齐墩果酸、熊果酸、山楂酸等；甾醇类化合物有 β-谷甾醇、豆甾醇-7-烯醇、α-菠甾醇等；黄酮类物质主要有芦丁、芸香苷、金丝桃苷、木犀草素、异荭草素和木犀草苷、槲皮素等；而迷迭香酸是夏枯草中含量最高的多酚类物质，也是《中国药典》要求检测的成分，含量不得小于 0.2％。夏枯草可以水、酒精等为溶剂，按常规方法提取，然后将提取液浓缩至干。如以水煮提取，得率约为 18％。

在化妆品中的应用

夏枯草酒精提取物 0.01％对 5α-还原酶活性的抑制率为 43％，对于因雄性激素偏高而产生的脱发有防治作用，可刺激头发的生长；50％酒精提取物 2mg/mL 对酪氨酸酶活性促进率提高一倍多，可用于乌发制品；50％酒精提取物 1.0％对花粉过敏的钝化率 54.5％，可抗花粉过敏。提取物还可用作抗氧化剂、抗菌剂、抗炎剂、抗皱剂、保湿剂和抑臭剂。

15. 小球藻

小球藻（*Chlorella vulgaris*）为绿藻门小球藻属普生性单细胞藻类，是第一种人工培养的微藻。和同类生物浮水小球藻（*C. emersonii*）和极微小球藻（*C. minutissima*）的提取物都可用于化妆品，以小球藻为主。

有效成分和提取方法

小球藻的蛋白质主要以短链蛋白、多肽存在；氨基酸的总含量为 42.59％，有 7 种为人体必需氨基酸，如精氨酸、脯氨酸、赖氨酸等；核苷酸的总含量达 6.8％，包括腺嘌呤核苷酸、次黄嘌呤核苷酸、胞嘧啶核苷酸、脱氧腺嘌呤核苷酸等；含有多种维生素如维生素 A、维生素 B 以及生物素等，维生素含量 1.7％；小球藻多糖由 D-岩藻糖、D-鼠李糖、

D-氨基葡萄糖等组成；另有含量较高的叶黄素。小球藻可以水、酒精等为溶剂，按常规方法提取，然后浓缩至干为膏状。如干小球藻以水温浸，提取得率约为7％。

在化妆品中的应用

小球藻类水提取物0.1％对酪氨酸酶活性的促进率提高一倍，可增加黑色素的生成，可用作乌发剂或晒黑剂。小球藻50％酒精提取物1.0％对组织蛋白酶活性的促进率为65％，可增强皮肤细胞新陈代谢，有抗衰作用。提取物还有抗氧化、抗炎和保湿作用。

16. 榆叶梧桐

榆叶梧桐（*Guazuma ulmifolia*）为锦葵科榆叶梧桐属中小型树种，原产于加勒比海、南美、中美洲和墨西哥等地区，叶子为动物饲料。化妆品采用其树皮和叶的提取物。

有效成分和提取方法

榆叶梧桐树皮的主要成分是黄酮类化合物，有原花青素、儿茶素、表儿茶素及其衍生物如表没食子儿茶素没食子酸酯（EGCG）等，叶含绿原酸、咖啡酸、芦丁、槲皮素等多酚类成分。提取物可采用水或酒精溶液作溶剂，按常规方法提取，最后浓缩至干。树皮以50％酒精提取得率为2.9％。

在化妆品中的应用

榆叶梧桐叶酒精提取物对B-16黑色素细胞生成黑色素的促进率为30％，可用于护发素防治灰发的生成。叶酒精提取物对自由基DPPH的消除IC_{50}为119.85μg/mL，树皮50％酒精提取物10μg/mL对脂质过氧化的抑制率为84％，可用作抗氧化剂。叶酒精提取物有抗菌性，如对白色念珠菌的MIC为1mg/mL。提取物还有抗炎护肤作用。

第四节　染发和色素

头发的染色是将有色物质通过化学键等形式与头发纤维相连。植物提取物中存在一些色素，它们通过吸附的方式与头发纤维结合，并赋予色泽。

1. 采木

采木（*Haematoxylon campechianum*）为苏木科墨水树属乔木，产自西印度群岛和中美洲，在我国台湾也有种植，也称墨水树和洋苏木。化妆品采用其木质提取物。

有效成分和提取方法

采木的主要成分是苏木素，另有鞣质、没食子酰鞣质、没食子酸、没食子酸甲酯、没食子酸乙酯，黄酮化合物有槲皮素、山奈酚及其糖苷。采木木质部分可以水、酒精等为溶剂，按常规方法提取，然后浓缩至干为膏状。

苏木素的结构式

采木提取物是一化妆品可用的天然色素。提取物 0.1% 对组织蛋白酶 D 活性的促进率为 53%，该酶活性的增强表示皮肤细胞新陈代谢改善，结合它的抗氧化性，有护肤抗衰调理作用；提取物尚可用作抑狐臭剂。

2. 蝶豆

蝶豆（*Clitoria ternatea*）为豆科植物，俗称蓝蝴蝶，原产于印度，现分布于我国台湾、福建、广东、广西、云南。化妆品采用其花提取物。

有效成分和提取方法 ▌

蝶豆花含花青素成分如锦葵花素葡萄糖苷、飞燕草糖苷等。蝶豆花可以水、酒精等为溶剂，或浸渍或回流提取，最后将提取液浓缩至干。以 70% 酒精和 1% 乙酸的混合溶剂提取效果更好。

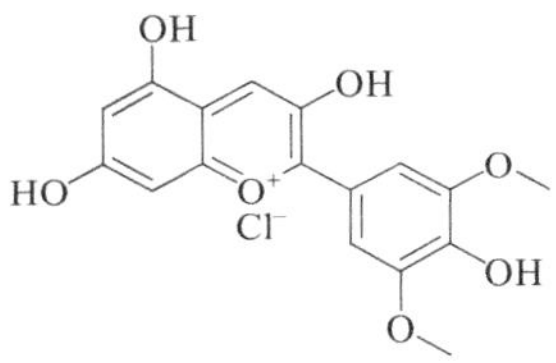

锦葵花素的结构式

在化妆品中的应用 ▌

蝶豆花提取物为蓝色素，可在食品和化妆品中赋予蓝色。水提取物对自由基 DPPH 消除的 IC_{50} 为 1mg/mL，可用作抗氧化剂和皮肤调理剂。

3. 儿茶

儿茶（*Acacia catechu*）为豆科合欢属植物，主产于印度和印度尼西亚，在我国云南、广西、海南岛等地有栽培。要注意的是，此儿茶不要与茜草科钩藤属植物的儿茶混淆。化妆品采用儿茶胶和其茎叶的提取物。

有效成分和提取方法 ▌

儿茶的主要有效成分是儿茶酚类化合物，有儿茶素、表儿茶素、儿茶酚、儿茶酸、焦儿茶酚、根皮酚、原儿茶酸、槲皮素等，含儿茶鞣质约 20.5%。另有若干儿茶酚胺类成分。儿茶素和表儿茶素是《中国药典》规定检测的成分，二者总量不得小于 21%。儿茶可以水、酒精等为溶剂，按常规方法提取，然后将提取液浓缩至干。以 50% 酒精提取，得率为 17.9%。

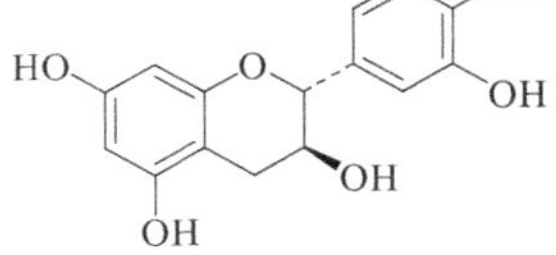

儿茶素的结构式

　　儿茶提取物和儿茶胶可用作植物性的染发料，它在不同的金属离子的作用下显示不同的色泽；儿茶提取物有抑菌作用；提取物对环氧合酶（COX-1 和 COX-2）活性的抑制 IC_{50} 分别为 $6.25\mu g/mL$ 和 $2.5\mu g/mL$，0.001% 可完全抑制透明质酸酶活性，有很好的抗炎性；提取物还可用作抗氧化调理剂和生发剂。

4. 凤仙花

　　凤仙花（*Impatiens balsamina*）为凤仙花科凤仙花属一年生草本植物，在我国各地均有生长。化妆品采用其全草和花的提取物。

有效成分和提取方法 |

　　凤仙花花瓣含 1,4-萘醌类化合物如特征成分指甲花醌，另有酚酸化合物如咖啡酸、阿魏酸等。凤仙花全草含香豆精化合物如东莨菪素、异白蜡树定、6,8-二甲氧基-7-羟基香豆素、6-甲氧基-7-羟基香豆素等，还有多种黄酮如山柰酚、槲皮素、杨梅素及其糖苷。凤仙花可以水、酒精等为溶剂，按常规方法提取，然后浓缩至干为膏状。如干燥凤仙花全草以 50% 酒精提取，得率约为 2%。

指甲花醌的结构式

在化妆品中的应用 |

　　凤仙花提取物可用作发用染料。花提取物 $7.82\mu g/mL$ 对纤维芽细胞增殖促进率为 22%，$250\mu g/mL$ 对胶原蛋白生成的促进率提高两倍，结合它的抗氧化性，有活肤作用，可用于抗衰化妆品；叶提取物对透明质酸酶的 IC_{50} 为 0.404%，可有效抑制透明质酸的分解，有皮肤保湿作用；花酒精提取物对痤疮丙酸杆菌的 MIC 为 $1700\mu g/mL$，花乙酸乙酯提取物对 5α-还原酶的 IC_{50} 为 $52.9\mu g/mL$，面颊涂敷对油脂分泌的抑制率为 15%，可抑制皮肤油光、抑制皮脂分泌、收缩毛孔、痤疮防治等作用；提取物有促进生发、抗过敏和抗氧作用。

5. 红木

　　红木（*Bixa orellana*）为胭脂树科植物，又名胭脂树。在热带及亚热带地区广为种植，如亚马孙河流域与西印度群岛，我国分布在广东、云南等地。化妆品采用其籽的提取物。

有效成分和提取方法 |

　　胭脂树种子外层假种皮中含有胭脂树橙、降胭脂树橙、胡萝卜素和藏红花酸等色素，后二者含量低微，碱提取液中主要成分是降胭脂树橙和胭脂树橙。红木提取物中还含有生物碱、黄酮化合物、皂苷以及多酚成分。红木可以水、酒精等为溶剂，按常规方法提取，然后浓缩至干为膏状。如干叶以 70% 的酒精温浸 1 周，提取液浓缩至干的得率约为 8%。

红木提取物如红木籽油是传统的化妆品用色素。水提取物 $100\mu g/mL$ 对 B-16 黑色素细胞活性的抑制率为 32.1%，兼之对自由基的消除作用，可用作化妆品中的美白剂；提取物还可用作抗炎剂和生发剂。

6. 鸡冠花

鸡冠花 (*Cetera cristoto*) 系苋科青葙属一年生草本植物，原产于印度，现全国各地均有分布。化妆品采用其干燥的花提取物。

有效成分和提取方法 ▍

鸡冠花含有丰富的营养物质，如蛋白质、脂肪和叶酸、泛酸、维生素 B_1、维生素 B_2、维生素 B_1、维生素 B_{12}、维生素 C、维生素 D、维生素 E、维生素 K、21 种氨基酸、13 种微量元素和 50 种以上的天然酶。含有黄酮类的生物活性成分和一些红色素，以及皂苷类成分青葙苷，青葙苷是鸡冠花的特征成分。鸡冠花采用浓度较大的酒精溶液作溶剂，按常规方法提取，最后浓缩至粉状。如采用沸水提取，得率为 14.4%；95% 酒精提取，得率为 20.24%。

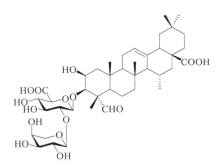

青葙苷的结构式

在化妆品中的应用 ▍

鸡冠花提取物呈现深红的色泽，鸡冠花中色素的结构并不明了，但可用于头发的染色。鸡冠花水提取物对自由基 DPPH 的消除 IC_{50} 为 $31\mu g/mL$，对其他自由基也有强烈的消除，有很强的抗氧化性，可用于抗老护肤化妆品；鸡冠花提取物与芦荟提取物持水能力相比较，前者的作用要好许多，因鸡冠花提取物在细胞培育中可以增加细胞分泌透明质酸的量，增加了它的保湿能力；鸡冠花提取物也有美白皮肤的作用。

7. 蓼蓝

蓼蓝 (*Polygonum tinctorium*) 又名蓝实，是一种一年生的蓼科草本植物。蓼蓝在欧洲生长，是当地的主要蓝色的植物染料，我国主要分布在辽宁、河北、山东、陕西等地，化妆品采用其干燥全草提取物。

有效成分和提取方法 ▍

蓼蓝的叶子中含有靛苷、靛蓝等天然的蓝色色素，靛苷是蓼蓝的特征性成分，水解产物是羟基吲哚和葡萄糖，羟基吲哚在空气中氧化缩合为靛蓝，靛蓝是《中国药典》要求检测的成分。此外还含 β-谷甾醇、黄色素、虫漆蜡醇、4(3H)喹唑酮等。蓼蓝可以水、酒精等为溶剂，按常规方法提取，然后将提取物浓缩至干。

靛蓝的结构式

在化妆品中的应用

蓼蓝提取物与其他植物染料配合，加以调节 pH，可产生深蓝色到浅蓝色、微黄色、微绿色、微棕色等色调，可用于头发的染色。蓼蓝提取物对真菌和红色癣菌、紫色癣菌、羊毛状小孢子菌、断发癣菌、絮状表皮癣菌等，均有较强的抑制作用；蓼蓝水提取物对牙周炎致病菌如变异链球菌、中间普氏菌和远缘链球菌的 MIC 分别是 3.84mg/mL、1.74mg/mL 和 3.84mg/mL，可用于口腔卫生制品。蓼蓝水提取物 3.2μg/mL 对血管紧张素转化酶的活性抑制率为 77%，可防治皮肤红血丝等疾患；提取物还可用作抗炎剂、皮肤抗衰抗皱调理剂等。

8. 马蓝

马蓝（*Baphicacanthus cusia*）也称大青叶，为爵床科板蓝属草本植物，分布于我国浙江、江西、湖南等省区，化妆品主要采用其干燥的根叶提取物。

有效成分和提取方法

马蓝叶的主要成分为靛玉红及靛苷，另含异靛蓝、异甲靛、色胺酮、大黄酚等；马蓝根含蒽醌类成分、黑芥子苷、吲哚苷、靛玉红、β-谷甾醇、γ-谷甾醇、精氨酸、谷氨酸、酪氨酸、脯氨酸、缬氨酸和 γ-氨基丁酸，还含有腺苷。靛玉红是《中国药典》规定检测的成分。马蓝可以水、酒精等为溶剂，按常规方法提取，然后将提取液浓缩至干。如干马蓝叶用甲醇回流提取，得率为 8.8%。

靛玉红的结构式

安全性

国家食药总局将马蓝提取物作为化妆品原料，未见其外用不安全的报道。

在化妆品中的应用

马蓝叶提取物可用于染发，色泽为微灰青色；叶甲醇提取物 10μg/mL 对毛发毛囊母细胞的增殖促进率为 38.9%，可用作生发促进剂；提取物还有抗菌和抗氧化作用。

9. 木蓝

木蓝（*Indigofera tinctoria*）为蝶形花科木蓝属植物。木蓝广布于我国东南各省，化妆品主要采用木蓝叶的提取物。

有效成分和提取方法 ▌

木蓝全草含靛苷，水解后生成 3-羟基吲哚，此成分氧化生成色素靛蓝，是特征成分，其余有鱼藤素、去氢鱼藤素、鱼藤醇、鱼藤酮等；黄酮类化合物有芹菜素、山奈酚、木犀草素和槲皮素及其糖苷；酚酸成分为没食子酸和咖啡酸。木蓝叶可以水、酒精等为溶剂，按常规方法提取，然后浓缩至干为膏状。

在化妆品中的应用 ▌

木蓝叶 20％酒精的提取物在 UVB 和 UVA 区域有强烈的吸收。木蓝叶提取物是应用久远的植物染料，化妆品中一般用于发用染料，着色牢固，结合它的抗氧化性和对紫外线的吸收，除染色外，对头发有保护作用；木蓝 20％酒精提取物对表皮葡萄球菌、金黄色葡萄球菌、干燥棒状杆菌和藤黄微球菌有强烈的抑制作用，可用作抗菌剂。95％酒精提取物对黑色素细胞增殖的抑制率为 71％，还可用作皮肤增白剂。

10. 麒麟竭

麒麟竭（*Daemonorops draco*）又名血竭，为棕榈科植物。麒麟竭分布于印度、印度尼西亚、马来西亚等地，我国台湾、广东有栽培。化妆品采用麒麟竭的提取物。

有效成分和提取方法 ▌

麒麟竭含红色树脂物约 75％，分离出的结晶形红色素有血竭红素、血竭素等。另含松脂酸、异松脂酸、去氢松香酸等。血竭素是《中国药典》规定检测的成分，含量不得小于 1.0％。麒麟竭提取物可以水、酒精等为溶剂，按常规方法提取，然后浓缩至干为膏状。

血竭素的结构式

在化妆品中的应用 ▌

麒麟竭提取物可用作化妆品用色素。50％酒精提取物 1.0％可完全抑制黄嘌呤氧化酶活性，0.0050％对自由基 DPPH 的消除率为 71％，作用强烈，可用作抗氧化剂。50％酒精提取物 100μg/mL 对 5α-还原酶活性的抑制率为 40.5％，对因雄性激素偏高而引起的脱发有很好的防治作用，可用于生发、粉刺制品。

11. 茜草

茜草（*Rubia cordifolia*）和欧茜草（*R. tinctorum*）为茜草科茜草属多年生草质攀援藤

木，我国大部分地区均有分布，主产于安徽、河北、陕西、河南、山东；欧茜草产于欧美。化妆品采用它们干燥根提取物。

有效成分和提取方法

茜草根内含多量羟基蒽醌类物质，是茜草的主要成分，有茜草素、异茜草素、羟基茜草素、伪羟基茜草素、茜草酸、茜草苷、大黄素甲醚等，以及茜根定、茜草色素等，萘醌衍生物有大叶茜草素等。以大叶茜草素和羟基茜草素为主，也是《中国药典》要求检测的特征成分，大叶茜草素的含量不得小于 0.4%。茜草根可以热水、酒精等为溶剂，按常规方法提取，然后将提取液浓缩至干。如水为溶剂提取茜草根的得率为 5.6%。

茜草素的结构式

在化妆品中的应用

茜草提取物可在唇膏中使用，作为色泽的增强剂，可使颜色鲜艳而有光泽；也可直接作发用赤褐色染料，也可与多元酚、苯胺衍生物配合，用作无刺激性的氧化发用染料助剂，可使色泽柔和和持久；70% 酒精根提取物对 β-氨基己糖苷酶活性的抑制率为 63.3%，具抗过敏性，在染发料中使用，可防治合成染料的过敏刺激性；提取物还有抗氧化、抗炎、抗菌、减肥等作用。

12. 菘蓝

菘蓝（*Isatis indigotica*）和欧洲菘蓝（*I. tinctoria*）为十字花科菘蓝属两年生草本植物。菘蓝根的药材商品名称为"板蓝根"，叶为"大青叶"。主要分布在我国华东各省、河南、山西等地。欧洲菘蓝原产于欧洲，现栽培于全国各地，也作板蓝根用。二者性能相似，化妆品分别利用它们的根部和叶部的提取物。

有效成分和提取方法

菘蓝的化学成分有靛苷、靛红、靛蓝、靛玉红、黑芥子苷、葡萄糖芸薹素、新葡萄糖芸薹素、β-谷甾醇、γ-谷甾醇、表古碱等。表古碱又名表告依春，是《中国药典》要求检测的特征成分，含量不得小于 0.02%。菘蓝可以水、酒精等为溶剂，按常规方法提取，然后将提取物浓缩至干。如菘蓝根以酒精室温浸渍 1 夜，提取得率为 7.5%；干叶采用 80% 酒精提取的得率为 16%。

表古碱的结构式

在化妆品中的应用

菘蓝中靛玉红和靛蓝是植物色素，与其他植物染料配合，加以调节 pH，可产生深蓝色到浅蓝色、微灰青色、微黄色、微绿色、微棕色等色调，可用于头发的染色；菘蓝根酒精提取物对痤疮丙酸杆菌的 MIC 为 $1200\mu g/mL$，0.01% 对皮脂分泌的抑制率为 52%，可用于脂溢性粉刺类皮肤疾患的防治；菘蓝根酒精提取物 $100\mu g/mL$ 对层粘连蛋白 5 生成的促进率为 76%、对表皮细胞增殖的促进率为 10%，有活化皮层细胞的作用，可用于抗衰；菘蓝提取物有较广谱的抗菌作用，还可用作抗氧化和皮肤美白剂。

13. 紫草

紫草（*Lithospermum erythrorhizon*）和白果紫草（*L. officinale*）为紫草科紫草属多年生草本植物，又名硬紫草，前者主产于我国东北、华北等地，后者主产于新疆、甘肃等地。另有新疆紫草（*Arnebia euchroma*）和内蒙紫草（*A. guttata*）称为软紫草，分别生长在新疆和内蒙古，性能与硬紫草相似，可以互用，化妆品采用这四者干燥的根提取物。

有效成分和提取方法

紫草中含有萘醌类、酚酸类、生物碱类、苯酚及苯醌类、三萜酸及甾醇类、黄酮类以及多糖类等成分。紫草中的主要活性成分是萘醌类及其衍生物，其母核都为 5,8-二羟基萘醌，有左旋紫草素、乙酰紫草素等，左旋紫草素是《中国药典》规定检测含量的成分。紫草可以水、酒精等为溶剂，按常规方法提取，最后将提取液浓缩为膏状。采用 CO_2 临界的萃取物药效优于常规提取方法。

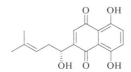

左旋紫草素的结构式

在化妆品中的应用

紫草色素作为天然色素已广泛应用于医药、化妆品的着色剂。紫草提取物有抗皮肤真菌病毒作用，对白色念珠菌和红色毛发癣菌的 MIC 分别为 $100\mu g/mL$ 和 $25\mu g/mL$，结合它的抗炎性，皮肤科临床用于治疗扁平疣、银屑病、皮炎、湿疹等；1.0% 紫草提取物对组织蛋白酶活性的促进率为 10%，表示该提取物可增强皮肤细胞新陈代谢，结合其保湿性和抗氧化性，有抗衰、调理、抗过敏等多重作用。

14. 紫檀

紫檀（*Pterocarpus santalinus*）为豆科紫檀属珍贵树种。紫檀主产于印度，我国的湖广和云南有少量分布，化妆品采用其心材的提取物。

有效成分和提取方法

紫檀木心材含安哥拉紫檀素、紫檀素、高紫檀素等特征物质，另有若干异黄酮化合物如刺芒柄花素、异甘草素及其糖苷，亦含 α-桉叶醇和 β-桉叶醇等。紫檀木可以水、酒精等为溶剂，按常规方法提取，然后浓缩至干为膏状。如紫檀木采用甲醇提取，得率为 11.69%。

　　紫檀木提取物早被用作染料，也可用于头发染色。酒精提取物 $10\mu g/mL$ 对 β-氨基己糖苷酶活性的抑制率为 51.2%，有抗过敏作用；30%酒精提取物对 5α-还原酶活性的抑制率为 62.7%，可用作生发助剂；酒精提取物 0.04% 对金属蛋白酶-1 活性的抑制率为 62%，可用作抗炎剂。此外提取物还有抗氧化、皮肤美白、保湿和抑臭作用。

第五节　头屑的祛除

　　一般认为头皮屑的形成是因为头皮的真皮细胞分裂加快，从而导致头皮表皮层的加速脱落。微生物特别是糠秕马拉色菌（$P.ovale$）的感染被认为是导致真皮细胞分裂加快的主要原因。

　　糠秕马拉色菌是人体皮肤的正常菌群，主要位于躯干上部、面部和头皮，也就是皮脂腺丰富的部位，青春期前后比较活跃，另外的细菌感染也会促进头屑的发生，如糖疹癣菌属、丙酸菌属、葡萄球菌属、表皮癣菌属和念珠菌属等。

　　皮肤的干燥、头皮油脂分泌过多、不当的洗涤行为、精神因素等也可加速皮屑的形成。这里主要是对致头屑菌的抑制。

1. 葛缕子

　　葛缕子（$Carum\ carvi$）为伞形科葛缕子属二年生草本芳香植物，分布于欧洲、北美、北非和亚洲，我国产于东北、华北、西北、西藏及四川西部。化妆品采用其籽提取物和油。

有效成分和提取方法 ┣┈┈┈┈┈┈┈┈┈┈┈┈┈┈┈┈┈┈┈┈┈┈┈┈┈┈┈┈┈┈┈┈┈┈┈┈┈┈┈

　　葛缕子籽中含挥发油，精油含量约5%，并分离出香芹酮、芋烯、糠醛等成分。产地不同，葛缕子的挥发成分差别较大。可以水蒸气蒸馏法制取葛缕子挥发油，也可以水、酒精等为溶剂，按常规方法提取，然后将提取液浓缩至干。

在化妆品中的应用 ┣┈┈┈┈┈┈┈┈┈┈┈┈┈┈┈┈┈┈┈┈┈┈┈┈┈┈┈┈┈┈┈┈┈┈┈┈┈┈┈

　　葛缕子籽油是一食用香料。葛缕子提取物有抑菌性，对表皮葡萄球菌和白色念珠菌有较好的抑制作用，但对大肠杆菌、绿脓杆菌等无效；葛缕子精油对头屑生成菌如糠秕马拉色菌有抑制，在培养皿中使用量20mg，抑菌斑的直径为18mm，可用于祛头屑洗发水；葛缕子精油对螨虫有杀灭作用，在试验箱中加入1mg，对屋尘螨的杀灭率为100%，对粉尘螨的杀灭率为64%。葛缕子籽热水提取物 $50\mu g/mL$ 对毛发生长的促进率为61%，可用作生发剂；提取物还可用作抗氧化剂和减肥剂。

2. 枸骨叶

　　枸骨叶（$Ilex\ cornuta$）和枸骨叶冬青（$I.aquifolium$）为冬青科植物，分布在我国广东连南、连山等瑶胞聚居区，当地称为"大叶茶""苦丁茶"，是当地的饮用茶。枸骨叶冬青则广泛分布于西南欧、西亚和北非地区。化妆品采用其干燥的叶作原料。

有效成分和提取方法 ┣┈┈┈┈┈┈┈┈┈┈┈┈┈┈┈┈┈┈┈┈┈┈┈┈┈┈┈┈┈┈┈┈┈┈┈┈┈┈┈

　　枸骨叶的化学成分主要为三萜类化合物，包括冬青苷类和苦丁茶苷类，有羽扇豆醇、11-酮基-α-香树脂醇棕榈酸酯、α-香树脂醇棕榈酸酯、3,28-乌索酸二醇、熊果酸、30-醛基羽扇豆醇、30-酮基降羽扇豆醇等，熊果酸是枸骨叶中含量最大的三萜类化合物，可达1%左右。黄酮类成分包括槲皮素、异鼠李素、金丝桃苷等；其余有糖脂素类和腺苷类等成分。上述冬青可以水、酒精等为溶剂，按常规方法提取，然后浓缩至干为膏状。如干叶以60%酒精提取，得率约为6%。

在化妆品中的应用

枸骨叶水提取物有抗真菌作用，水提取物对白色念珠菌和光滑念珠菌的MIC分别是1.856mg/mL和4.833mg/mL，对真菌的效果更显著；枸骨叶乙醇提取物对脂酰胆固醇脂酰转移酶的IC_{50}为1%，脂酰胆固醇脂酰转移酶是人体中促使脂肪沉积的酶，对其活性的抑制将有利于减少脂肪的积累，有助于减肥；提取物尚可用作抗氧化剂和过敏缓解剂。

3. 钩藤

儿茶钩藤（*Uncaria gambir*）、大叶钩藤（*U. macrophylla*）、华钩藤（*U. sinensis*）和绒毛钩藤（*U. tomentosa*）为茜草科钩藤属植物。儿茶钩藤主产于印度尼西亚群岛；大叶钩藤产于我国两广；华钩藤产于我国四川、广西、云南等地；绒毛钩藤产于南美亚马孙地区热带雨林。化妆品采用它们枝叶的提取物。

有效成分和提取方法

上述四种钩藤的主要成分有相同之处，均含有特征的吲哚类生物碱如钩藤碱、异钩藤碱、去氢钩藤碱、异去氢钩藤碱等。儿茶钩藤还富含儿茶素30%～35%、儿茶鞣酸约24%及槲皮素、东莨菪素等。上述钩藤可以水、酒精等为溶剂，按常规方法提取，然后将提取液浓缩至干。如大叶钩藤茎皮用50%酒精热浸渍，提取得率为1.43%；儿茶钩藤叶枝用酒精室温浸渍提取的得率约为4%。

钩藤碱的结构式

安全性

国家食药总局和CTFA都将儿茶钩藤、华钩藤和绒毛钩藤提取物作为化妆品原料，国家食药总局还将大叶钩藤列入，未见它们外用不安全的报道。

在化妆品中的应用

儿茶钩藤水提取物0.1%对5α-还原酶活性的抑制率为79%，提取物10μg/mL施用可减少头屑生成率为55.4%，结合抗菌祛头屑剂效果更好；儿茶钩藤提取物0.01%对神经酰胺生成的促进率为93.8%，对改善油性皮肤有防治作用；绒毛钩藤30%酒精提取物涂敷可降低经皮水分蒸发近50%，可用作保湿剂；提取物还有抗衰调理、抗氧化、皮肤美白和抗炎功能。

4. 谷精草

谷精草为谷精草科植物谷精草（*Eriocaulon buergerianum*），主产于我国江苏、浙江、安徽、湖北、湖南、四川、贵州、云南等地。化妆品采用的是其干燥的带花茎的提取物。

有效成分和提取方法

谷精草中主要含有挥发油、黄酮类化合物和多酚类化合物等成分，其中挥发油的主要成分是软脂酸；黄酮类化合物有藤菊黄素、槲皮万寿菊素及其糖苷衍生物、粗毛豚草素、粗毛豚草素-7-葡萄糖苷等，其余有乙酸生育酚酯。谷精草可以水、酒精等为溶剂，按常规方法提取，最后将提取液浓缩至干。

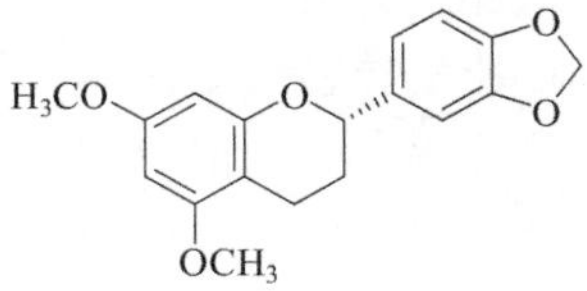

藤菊黄素的结构式

在化妆品中的应用

谷精草水浸剂对某些皮肤真菌如絮状表皮癣菌、羊毛状小芽孢癣菌、须孢癣菌石膏状小芽孢癣菌有抑制作用，可用它的提取物制造各种治疗皮肤病的医疗性膏药；在洗发或护发制品中用入，可减少头屑的生成；水提取物对自由基 DPPH 的消除 IC_{50} 为 0.192mg/mL，对其他自由基也有良好的清除，可用作抗氧化剂；在皮肤上涂敷谷精草提取物 0.01%，可使角质层的含水量提高数倍，有保湿调理皮肤作用。

5. 黄连

黄连（*Coptis chinensis*）、日本黄连（*C. japonica*）和云南黄连（*C. teeta*）同为毛茛科黄连属植物，这三者性能相似，可以互用。黄连主产于四川、云南、湖北、陕西；云南黄连主产于云南，日本黄连产于日韩。化妆品采用它们干燥根的提取物。

有效成分和提取方法

黄连主要含异喹啉型生物碱。生物碱有小檗碱、巴马汀、黄连碱、甲基黄连碱、药根碱、木蓝碱等，其中小檗碱含量最高，占 5%～8%，黄连碱次之。另有酚酸类物质，有阿魏酸、绿原酸等。黄连碱是黄连的特征成分，也是《中国药典》规定检测的成分之一，含量不得小于 1.6%。黄连可以水、酒精等为溶剂，按常规方法提取，最后将提取液浓缩至干。如以 50%酒精加热提取，得率约为 15%。

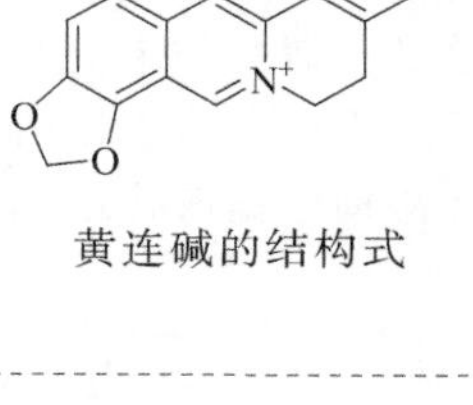

黄连碱的结构式

在化妆品中的应用

黄连具抗微生物作用，其 70%酒精提取物对枯草芽孢杆菌、金黄色葡萄球菌、大肠杆菌、绿脓杆菌、白色念珠菌和黑色弗状菌的 MIC 分别是＞1.0%、1.0%、1.0%、＞1.0%、0.05% 和 0.04%。对致头屑菌如糠秕马拉色菌也有强烈抑制，效果相当于同浓度唾液酸的 37.4%，有助于祛除头屑，并有促进毛发生长的作用。日本黄连 50% 酒精提取物 $5\mu g/mL$ 对胶原蛋白的生成速度提高 3 倍，有活肤作用，结合它们的抗氧化性，可用于抗衰抗皱化妆品；黄连提取物 0.1% 涂敷使皮肤角质层含水量提高 3 倍，有良好的持水和吸湿性能，可用于保湿化妆品；提取物还可用作抑臭剂、过敏抑制剂和抗氧化剂。

6. 姜黄

姜黄（*Curcuma longa*）又称郁金，为姜科姜黄属植物，产于东南亚和我国四川省岷江河流域沿岸各区县；与同属植物温郁金（*C. wenjujin*）性能相似，化妆品均采用它们干燥的根茎提取物。

有效成分和提取方法

姜黄含姜黄素类化合物，是姜黄的主要活性成分，有姜黄素、去甲氧基姜黄素等，其中姜黄素含量最高，是《中国药典》要求检测含量的成分，含量不得小于 1.0%；另含倍半萜类化合物姜黄新酮、原莪术二醇、去氢莪述二酮等；甾醇有菜油甾醇、豆甾醇、β-谷甾醇、胆甾醇等；挥发油占 5.2%～14.5%，成分有姜黄酮、姜油烯等。可用水蒸气蒸馏法从姜黄中提取总挥发油。姜黄提取物可以水、酒精等为溶剂，加热回流提取，然后将提取液浓缩至干。姜黄用甲醇回流提取的得率约为 2.2%。

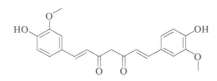

姜黄素的结构式

安全性

国家食药总局和 CTFA 都将姜黄提取物作为化妆品原料，国家食药总局还将温郁金列入，未见它们外用不安全的报道。

在化妆品中的应用

姜黄水提取物对糠秕孢子菌有很好的抑制作用，糠秕孢子菌是最主要的致头屑真菌，姜黄提取物的使用将有助于头屑的减少，可用于祛头屑洗发水；甲醇提取物对 β-半乳糖苷酶活性的 IC_{50} 为 $85.18\mu g/mL$，意味着可提高雌激素的水平，对因雄性激素偏高而引起的脱发或头发生长缓慢有防治作用；姜黄 50% 丁二醇提取物对转化生长因子 β 的表达提高一倍，显示可加速皮肤伤口的愈合，并有抑制过敏作用；水提取物 $100\mu g/mL$ 对 I 型胶原蛋白生成的促进率为 60.6%，0.01% 对弹性蛋白酶活性的抑制率为 59%，有活肤抗皱作用；提取物还可用作保湿剂、防晒剂和抗氧化剂。

7. 苦木

苦木（*Picrasma quassioides*）为苦木科苦木属植物，主要分布于我国广东、广西，其余地区也产。化妆品采用的是苦木干燥的树皮和心材提取物。

有效成分和提取方法 ┃--

苦木所含化学成分主要为生物碱，有苦木酮、苦木素、异苦木素、苦树素等几十种，是特征成分；其次有三萜皂苷、植物甾醇、香豆素、醌类等。苦木树皮可以水、酒精等为溶剂，加热回流提取，然后将提取液浓缩至膏状。以酸性水提取或先用酒精提取后再以酸性水萃取，可制取苦木总生物碱。

苦木酮的结构式

在化妆品中的应用 ┃--

苦木甲醇提取物 0.1% 对 5α-还原酶活性的抑制率为 46.3%，对于因雄性激素偏高而引起的头发脱落或粉刺有防治作用，苦木提取物有抗菌性，在生发制品中使用兼有减少头屑的功能；酒精提取物 $25\mu g/mL$ 对自由基 DPPH 的消除率为 70.6%，对其他自由基也有良好的消除作用，可用作抗氧化护肤剂；苦木提取物对组织蛋白酶 D 活性的促进率为 45%，对白介素等炎症因子有抑制，提取物有抗炎性，也可一定程度地抑制皮肤过敏；提取物还可用作减肥剂。

8. 玫瑰木

玫瑰木（*Aniba rosaeodora*）为唇形科植物，又称巴西玫瑰木。主要产于巴西，野生于亚马孙河盆地，在南美洲的其他国家如哥伦比亚等也有分布。化妆品采用的是玫瑰木提取物和玫瑰木油。

有效成分和提取方法 ┃--

玫瑰木精油主要成分有右旋体芳樟醇、松油醇、香叶醇、橙花醇、桉叶素、甲基庚烯醇、甲基庚烯酮、对甲基苯乙酮、对甲基四氢苯乙酮等。用水蒸气蒸馏法从玫瑰木树干、树根提取精油，得率为 0.7%～1.6%。

在化妆品中的应用 ┃--

玫瑰木油用于各种香精，特别是皂用香精可大量使用；玫瑰木精油对霉菌、糠秕马拉色菌的抑菌斑的直径分别是 15mm 和 23mm，糠秕马拉色菌是头屑的主要生成菌，可用于祛头屑制品。

9. 伞形梅笠草

伞形梅笠草（*Chimaphila umbellata*）为鹿蹄草科喜冬草属植物，又名伞形喜冬草，产于我国吉林、辽宁、内蒙古，在日本、俄罗斯、欧洲、北美也有分布。化妆品采用其干燥全草的提取物。

有效成分和提取方法 ┃--

全草含熊果苷、高熊果苷、异高熊果苷、熊果酸、没食子酸、奎宁酸、梅笠草素（喜冬草素）、金丝桃苷、桹木毒素。此外，尚含鞣质、树脂和树胶。梅笠草素是其特征成分。伞形梅笠草提取物可以水、酒精等为溶剂，按常规方法提取，然后浓缩至干为膏状。如以50％酒精提取的得率约为 13％，用水提取的得率约为 11％。

梅笠草素的结构式

在化妆品中的应用

伞形梅笠草提取物有抗菌性，其中的梅笠草素对致头屑菌如球形马拉色菌和限定马拉色菌的 MIC 分别为 0.39mg/mL 和 0.55mg/mL，这两个菌为致头屑菌，可用于祛头屑洗发水等产品；50％酒精提取物 0.1％对弹性蛋白酶活性的抑制率为 79％，有皮肤抗皱作用；提取物还可用作皮肤美白剂和保湿剂。

10. 沙参

沙参（*Adenophora stricta*）和轮叶南沙参（*Adenophora tetraphylla*）为橘梗科草本植物，均主要分布于我国贵州、湖南、四川等地区，两者性能相似，化妆品采用它们根的提取物。

有效成分和提取方法

轮叶南沙参根含蒲公英萜酮、β-谷甾醇、胡萝卜苷、沙参苷及紫丁香苷、亚麻仁油酸、硬脂酸甲酸、β-谷甾醇棕榈酸酯、羽扇豆烯酮、山梗菜酸-3-氧-异戊酸酯、二十八烷及磷脂等有效成分。沙参可采用水、酒精为溶剂，回流提取数小时，然后浓缩提取液至粉状。以50％酒精为例，提取得率约为 1.5％；沸水提取得率可达 7％～8％。

沙参苷 I 的结构式

安全性

国家食药总局将轮叶南沙参和沙参提取物列为化妆品原料；而 CTFA 仅将沙参提取物作为化妆品原料，未见它们外用不安全的报道。

在化妆品中的应用

沙参提取物具广谱抑菌作用，特别是对致头屑真菌也具抑制作用，可在祛除头屑的化妆品中使用，使祛屑效果更好；沙参 80％酒精提取物 $1\mu g/mL$ 对角质形成细胞增殖的促进率为 20％，具活肤作用，可用于化妆品的抗衰；甲醇提取物对 β-半乳糖苷酶活性的 IC_{50} 为 $873\mu g/mL$，可局部提高雌激素水平，用于丰乳类制品；提取物另可用作抗炎剂和抗菌剂。

11. 玉桂

玉桂即众香树（*Pimenta officinalis*）和香叶众香树（*P. acris*）为桃金娘科多香果树植物，主要产于牙买加和墨西哥等地，两者可以互用。我国的广东、海南及福建省已有多年引种历史，但尚未形成大规模生产。化妆品主要采用它们叶的提取物。

有效成分和提取方法 ┃ --

香叶众香树叶的挥发油成分以 α-松油醇、乙酸-α-松油醇酯和甲基丁香酚为主。非挥发物质有酚酸、儿茶素、没食子酸的葡萄糖苷、槲皮素的葡萄糖苷等。可以水蒸气蒸馏法制取众香树挥发油，挥发油得率在 2%～3%，提取物可以水、酒精等为溶剂，按常规方法提取，然后浓缩至干为膏状。

在化妆品中的应用 ┃ --

香叶众香树叶油对蜡状芽孢杆菌、枯草芽孢杆菌、金黄色葡萄球菌的 MIC 分别为 $200\mu g/mL$、$200\mu g/mL$、$500\mu g/mL$，可用作抗菌剂。对致头屑菌如糠秕马拉色菌的 MIC 为 $25\mu g/mL$，作用强烈，可用于祛头屑剂。对螨虫有杀死作用，在测试管中加入 1mg，对屋尘螨的杀死率为 100%。香叶众香树精油具多种芳香气味，可用于化妆品香精的配制。叶提取物有抗氧化性，对皮肤有调理作用。

第六节　汗毛生长抑制

有些女性汗毛生长过多，或毛发生长部位异常，这在医学上称为多毛症。多毛是严重的潜在性内分泌功能异常的象征，或是某些疾病的先兆症状，或由药物服用引起。这三者都有一个特点：体内雄激素水平明显增高。多毛症往往引起人们的焦虑，有碍美观感。

化妆品处理多毛的一般方法是：加速毛发的水解脱除；抑制毛囊细胞的增殖，或降低其生长活性；局部提高雌性激素水平等。

1. 白薇

白薇（*Cynanchum atratum*）和蔓生白薇（*C. versicolor*）为萝藦科植物，主产于安徽、湖北、辽宁等省，此两者性能相似，化妆品采用它们干燥根茎的提取物。

有效成分和提取方法 ┃ --

白薇含有 C_{21} 甾体皂苷，是白薇的主要药效化学成分，有蔓生白薇苷 G、白前苷 C、蔓生白薇苷 A 等；另有酚类成分如白薇素、2,4-二羟基苯乙酮、间二苯酚、4-羟基-3-甲氧苯乙酮、4-羟基苯乙酮等。白薇可以水、酒精等为溶剂，加热回流提取，然后将提取液浓缩至干。如以 50% 酒精提取，得率约为 11.0%。

蔓生白薇苷的结构式

　　国家食药总局将白薇根提取物作为化妆品原料，未见其外用不安全的报道。

在化妆品中的应用 ▌

　　白薇提取物对白介素等的抑制显示有明显的抗炎性，这与传统白薇使用性能相同，可用作化妆品的抗炎助剂；白薇提取物对 B-16 黑色素细胞活性有较强的抑制作用，结合其抗氧化性，可用于美白化妆品；提取物对小鼠毛发的生长有显著的迟缓作用，$1\mu g/mL$ 时减慢 74%，可用于多毛症的防治；对血管内皮生长因子生成的促进表明其可防治毛细血管的过度扩张。

2. 柴胡

　　柴胡（*Bupleurum chinense*）、狭叶柴胡（*B. scorzonerifolium*）和阿尔泰柴胡（*B. falcatum*）为伞形科柴胡属植物。柴胡在我国除海南省外所有省区都有种植；狭叶柴胡又名南柴胡，分布于我国东北和西北等地。阿尔泰柴胡原产于日本和朝鲜等地。这三种柴胡可以互用，化妆品主要用它们干燥根部提取物。

有效成分和提取方法 ▌

　　柴胡根中主要成分为柴胡皂苷，有柴胡皂苷 a、柴胡皂苷 b 等几十个成分，以柴胡皂苷 a、柴胡皂苷 d 的含量较多。柴胡皂苷 a 和柴胡皂苷 d 也是《中国药典》要求测定的成分，两者总量不得小于 0.3%。另含有植物甾醇，以及少量挥发油和多糖成分。柴胡干燥根可以水、酒精、1,3-丁二醇等为溶剂，按常规方法提取，然后将提取液浓缩至干。

柴胡皂苷 a 的结构式

安全性 ▌

　　国家食药总局和 CTFA 都将柴胡和阿尔泰柴胡提取物作为化妆品原料，国家食药总局还将狭叶柴胡列入，未见它们外用不安全的报道。但要注意的是柴胡提取物中的柴胡皂苷 d 有明显的溶血作用；然而在一定范围内，其溶血作用能为腺嘌呤、肌酐所抑制。

在化妆品中的应用 ▌

　　柴胡 50% 酒精提取物 0.01% 涂敷，与空白比较，毛发生长的速度降低 60%，可用于脱毛化妆品；柴胡 30% 酒精提取物对 NF-κB 细胞活性的抑制率为 46.6%，50% 酒精提取物 1% 对虫荧光素酶活性促进率为 39.5%，有抗炎收敛作用。提取物还有保湿、抗氧化和减肥的功能。

3. 侧柏

侧柏（*Biota orientalis*）为柏科侧柏属常绿乔木植物，我国大部分地区均有分布。化妆品主要采用其干燥叶的提取物。

有效成分和提取方法 ┃--

侧柏叶的主要成分为黄酮化合物，有扁柏双黄酮、槲皮素、槲皮苷、杨梅黄素、山奈酚等，其中槲皮苷的含量最高，槲皮苷也是《中国药典》要求检测的成分，含量不得小于0.1%；所含鞣质为单宁酸；侧柏叶还含丰富的挥发油成分，含量最高的是 2,2-四甲基-3,7-环癸二烯-1-甲醇和雪松醇，此外还含有柏木脑、侧柏酮等。可采用水蒸气蒸馏法制取侧柏挥发油。侧柏叶提取物的制取可以水、酒精等为溶剂，加热回流提取，然后将提取液浓缩至干。以酒精回流提取为例，得率在 14% 左右。

槲皮苷的结构式

在化妆品中的应用 ┃--

侧柏挥发油可用于香精调配；侧柏叶提取物对大鼠足趾浮肿的抑制试验、对尿刊酸酶的抑制等均是对其抗炎作用的一些研究，侧柏提取物可用作化妆品的抗炎剂；酒精提取物 $0.5mg/cm^2$ 涂敷，对大鼠毛发生长的抑制率为 34%，可用于多毛症的防治；细胞培养 $10\mu g/mL$ 对透明质酸生成的促进率为 21%，可用作保湿剂；提取物另可用作抗衰抗皱剂、抗菌剂、牙垢防治剂、抗氧化剂、抑臭剂和减肥剂。

4. 稻

稻（*Oryza sativa*）为禾本科植物，种子经加工即为大米，种子外皮为稻糠，也称米糠。我国南方是盛产水稻的地区。化妆品可采用稻茎叶、米糠、稻胚、稻芽、稻米等的提取物，以米糠提取物为主。

有效成分和提取方法 ┃--

稻糠含甾体类化合物、维生素、类脂化合物、多糖等。甾体类化合物有 β-谷甾醇、7-氧代谷甾醇、豆甾醇、7-氧代豆甾醇等以及它们与阿魏酸的酯（米谷醇）；维生素有维生素 B_6、维生素 PP、烟酰胺等；类脂化合物中含中性类脂 75.2%，糖脂为 16.71%，磷脂为8.09%。米糠可以水、酒精等为溶剂，按常规方法提取，然后将提取液浓缩至干为膏状；如以水加热提取的得率在 3%～4%。白米以 80% 的酒精提取，得率约为 1.3%。

米糠提取物 $10\mu g/mL$ 对胆固醇生成的促进率为 12%，对神经酰胺生成的促进率为 10%，可提高皮肤的柔润度；米糠酒精提取物 0.01% 对毛发毛囊母细胞活性的抑制率为 21%，减慢毛发的生长，可用于皮肤多毛症的防治；涂敷米糠水提取物，其经皮水分蒸发值降低至 30%，可用作保湿剂；稻芽提取物对多种自由基有消除作用；稻叶/茎提取物 0.5% 对白介素 IL-6 生成的抑制率为 93%，有抗炎作用，可用于粉刺类疾患的防治。

5. 红芒柄花

红芒柄花 （$Ononis\ spinosa$） 为豆科芒柄花属草本植物，红芒柄花主产于欧洲西北部，化妆品采用它根的提取物。

有效成分和提取方法

红芒柄花根含特征的三萜化合物如 α-芒柄花萜醇；另有若干异黄酮化合物如芒柄花苷及其衍生物、三叶豆紫檀苷等。红芒柄花根可以水、酒精等为溶剂，按常规方法提取，然后浓缩至干为膏状。如干根用 50% 酒精室温浸渍，提取得率约为 8%。

α-芒柄花萜醇的结构式

在化妆品中的应用

红芒柄花根 50% 酒精提取物 0.08% 涂敷小鼠，对其毛发生长的抑制率为 28.4%，可用于多毛症的防治；提取物 0.01% 对层粘连蛋白-5 生成的促进率为 51%，具促进皮肤新陈代谢和抗衰作用；提取物涂敷皮肤，可使角质层含水量增加 4 倍，有保湿调理作用；提取物 $1\mu g/mL$ 对 B-16 黑色素细胞增殖的促进率约为 10%，可用于晒黑类制品；提取物还有抗炎作用。

6. 黄檗

黄檗 （$Phellodendron\ amurense$） 和川黄柏 （$P.\ chinense$） 都是芸香科黄檗属植物，二者可以互用，它们主要分布于我国四川、湖北、贵州、云南等地。化妆品采用它们干燥的树皮的提取物。

有效成分和提取方法

黄檗富含小檗碱，其余的生物碱有药根碱、木兰花碱、黄柏碱等多种生物碱，小檗碱的含量最高，也是《中国药典》规定测定的成分之一，含量不得小于 0.6%。另含黄柏酮、黄柏内酯、白鲜交酯、黄柏酮酸、青荧光酸、7-脱氢豆甾醇、β-谷甾醇、菜油甾醇等多种成分，并富含黏液质。黄檗可以水、酒精等为溶剂，按常规方法提取，然后将提取物浓缩至干。如川黄柏以 70% 酒精浸渍提取，得率在 $9\%\sim10\%$；热水提取的得率约为 6.5%。

小檗碱的结构式

在化妆品中的应用

提取物 0.01% 对大鼠毛囊母细胞增殖的抑制率为 22%，有抑制毛发生长的作用，结合提取物对芳香化酶的活化作用，可用于皮肤多毛症的防治；提取物对多种致病菌均有抑制作用，也可用于痤疮的防治；提取物 0.1% 对载脂蛋白活性完全抑制，可减少汗腺中脂肪的含量，结合它的抗菌性，可减少体臭的程度，适用于抑汗抑臭化妆品；提取物 20μg/mL 对胶原蛋白的生成速度增加一倍，具抗皱抗衰功能；提取物也可用作抗氧化剂、减肥剂、头屑祛除剂、抗炎剂和过敏抑制剂等。

7. 藿香

藿香（*Agastache rugosa*）为唇形科藿香属草本植物，在我国各地均有分布，化妆品采用它们干燥全草的提取物。应避免与广藿香搞混。

有效成分和提取方法

藿香全草含挥发油约 0.28%，产地不同，品质有很大差别，油中主要成分为甲基胡椒酚、柠檬烯等；非挥发性成分有刺槐黄素、蒙花苷、藿香苷、异藿香苷、藿香素等，并含有微量的鞣质及苦味质等。藿香可采用传统的水蒸气蒸馏提取挥发油。非挥发物可采用水、酒精溶液等为溶剂，按常规方法提取，最后浓缩至干。如采用 80% 甲醇回流提取，得率为 3.15%。

藿香苷的结构式

在化妆品中的应用

藿香挥发油可用于香水和香精（东方香型）的调配；藿香 70% 酒精的提取物对金黄色葡萄球菌、大肠杆菌、绿脓杆菌、白色念珠菌和黑色莆状菌的 MIC 分别为 0.5%、0.5%、0.5%、0.05% 和 0.05%；对许兰氏毛癣菌、趾间毛癣菌及足跖毛癣菌等多种致病性真菌也有抑制作用，可用作抗菌剂。酒精提取物 0.5mg/cm² 涂敷大鼠，对其毛发生长的抑制率为 74%，可望在防治多毛症的制品中使用；提取物 4μg/mL 对白介素 IL-4 生成的抑制率为 70%，有抗炎和收敛作用；提取物还有抗氧化、抗过敏和减肥等作用。

8. 两色高粱

两色高粱（*Sorghum bicolor*）为禾本科高粱属一年生草本植物，主产于北非和周边地区。化妆品主要采用其茎叶/籽的提取物。

有效成分和提取方法

两色高粱茎叶富含多酚类成分如没食子酸的衍生物和黄酮类化合物。可以水、酒精等为溶剂，按常规方法提取，然后将提取液浓缩至干。

在化妆品中的应用

两色高粱籽 50％酒精提取物 0.5％涂敷对小鼠毛发生长的抑制率为 51％，可用作腿部的抑毛剂；茎叶酒精提取物对自由基 DPPH 的消除 IC_{50} 为 37.1μg/mL，可用作抗氧化剂和调理剂；酒精提取物有抗菌性，对金黄色葡萄球菌等常见菌的 MIC 均在 1mg/mL 左右。

9. 鹿蹄草

鹿蹄草（*Pyrola calliantha*）、红花鹿蹄草（*P. incarnata*）和普通鹿蹄草（*P. decorata*）为鹿蹄草科鹿蹄草属多年生常绿草本植物。鹿蹄草以我国浙江产量最大，红花鹿蹄草主产于东北，普通鹿蹄草产于中国大部分地区，三者性能相似。化妆品采用其干燥全草提取物。

有效成分和提取方法

鹿蹄草含丰富的水晶兰苷，是《中国药典》要求检测的成分，含量不得小于 0.1％。另主要含酚苷类化合物，有熊果苷、高熊果苷、异高熊果苷等；黄酮类化合物主要包括斛皮素类和鼠李素类糖苷；还有熊果酸、蒲公英赛醇、β-谷甾醇、没食子酸、原儿茶酚等；鹿蹄草尚含有丰富的氨基酸，其中谷氨酸、天冬氨酸、亮氨酸、脯氨酸、甘氨酸、丙氨酸、异亮氨酸、苯丙氨酸含量较高。鹿蹄草可以水、酒精等为溶剂，按常规方法提取，然后将提取液浓缩至干。

水晶兰苷的结构式

在化妆品中的应用

鹿蹄草 30％酒精提取物对大鼠毛发毛囊母细胞活性抑制率为 37％，可减少毛发生长的速度，降低毛发的密度，可用于祛除毛发过多的化妆品；提取物对 B-16 黑色素细胞活性有抑制作用，其抑制能力与曲酸相当，鹿蹄草提取物中的熊果苷及其衍生物能够有效抑制黑色素的产生并对紫外线照射引起的色素沉着有抑制作用，常用于美白护肤品及防晒祛斑性化妆品；提取物尚可用作抗氧化剂、抗炎剂和抗菌剂。

10. 射干

射干（*Belamcanda chinensis*）是鸢尾科射干属植物，主要分布于我国湖北、湖南、陕西、江苏、河南、安徽、浙江、云南等省。化妆品主要采用其干燥根部。

有效成分和提取方法

黄酮类化合物是射干的主要有效成分，属异黄酮的有野鸢尾黄素、次野鸢尾黄素、鸢尾黄素、鸢尾苷、射干异黄酮、甲基尼泊尔鸢尾黄酮、鸢尾黄酮新苷元 A、鸢尾甲黄素 A 等，其中次野鸢尾黄素含量最大，是《中国药典》规定测定的成分，含量不得小于 0.1%。另含三萜化合物、甾类、挥发性成分。射干一般采用水或浓度不等的乙醇水溶液为溶剂按常规方法提取，以 50% 的乙醇溶液为多，以总黄酮的含量作标准。

次野鸢尾黄素的结构式

在化妆品中的应用

射干 50% 酒精提取物 0.01% 对毛乳头细胞生长因子（HGF）表达的抑制率为 65%，动物试验对大鼠毛发生长的抑制率为 40.9%，有抑制毛发生长的作用，可用于脱毛化妆品；提取物有雌激素样作用，可以帮助改善和减少皮肤分泌过多油脂。射干提取物具抗菌性，尤其对绿脓杆菌表现为极强的抑制作用，MIC 为 31.25ng/mL；射干 75% 酒精的提取物对金黄色葡萄球菌、石膏样毛癣菌、红色毛癣菌、絮状表皮癣菌、黑曲霉菌和白色念珠菌的 MIC 分别为 1.25%、0.039%、0.039%、0.078%、0.625% 和 0.312%，可用作抗菌剂。提取物还有抗氧化、抗炎和皮肤美白作用。

11. 升麻

升麻（Cimicifuga foetida）、大三叶升麻（C. heracleifolia）、兴安升麻（C. dahurica）、单穗升麻（C. simplex）和总状升麻（C. racemosa）为毛茛科升麻属植物，主产于我国东北和西北地区。这五者性能区别不大，化妆品采用的是它们干燥根茎的提取物，以升麻为主。

有效成分和提取方法

升麻根茎的化学成分非常复杂，主要含三萜皂苷类，有升麻醇、7,8-二脱氢-27-脱氧升麻亭、24-O-乙酰升麻醇-3-O-β-D-木糖苷、升麻醇-3-O-β-D-木糖苷等；所含色原酮类化合物有升麻素，其余还含有 β-谷甾醇、咖啡酸、阿魏酸、异阿魏酸等。异阿魏酸在升麻根中含量较高，是《中国药典》要求检测的成分，含量不得小于 0.1%。升麻一般采用浓度稍大的酒精溶液按常规方法回流提取，最后浓缩至粉或膏状。以 95% 酒精提取，得率约为 8%。

异阿魏酸的结构式

在化妆品中的应用

传统将升麻提取物用于镇静、祛痛的场合，对牙病和牙痛有效。升麻提取物对透明质酸酶活性的 IC_{50} 为 $70\mu g/mL$，提取物 $10\mu g/mL$ 对金属蛋白酶的抑制率为 46.4%，显示其抗炎性；升麻提取物涂敷 $0.5mg/cm^2$ 对小鼠毛发生长的抑制率为 27%，它可在脱毛产品中使用；升麻提取物 $2mg/mL$ 对酪氨酸酶的活化促进率为 37%，可在乌发制品中使用；提取物还可用作抗菌剂、抗氧化剂、抗皱剂、红血丝防治剂等。

12. 水仙

水仙（*Narcissus tazetta*）和黄水仙（*N. pseudonarcissus*）为石蒜科水仙属植物，原产于法国，现在我国作为观赏性花卉普遍种植。化妆品采用它们鳞茎和花的提取物。

有效成分和提取方法

水仙和黄水仙花含挥发油；不挥发的有效成分主要为生物碱如伪石蒜碱、石蒜碱、多花水仙碱等。可用溶剂提取水仙挥发油。提取物可以水、酒精等为溶剂，按常规方法提取，最后将提取液浓缩至干。

石蒜碱的结构式

在化妆品中的应用

水仙鳞茎 70% 酒精提取物对毛发乳头细胞增殖的抑制率为 73.3%，可减少或延缓毛发的生长，可用作抑毛剂；70% 酒精提取物 $100\mu g/mL$ 对脂质过氧化的抑制率为 41%，对其他自由基也有消除作用，可用作抗氧化调理剂；提取物还有保湿、抗炎等作用。水仙和黄水仙花油是高档的香原料。

13. 檀香

檀香（*Santalum album*）属药檀香科檀香属常绿寄生小灌木，原产于印度、印度尼西亚、马来西亚等地，我国广东、海南、云南等南方地区也有引进栽培。檀香是一种集药用、香料、工艺雕刻材料于一身的经济植物，化妆品采用其干燥的木质部分和籽提取物，以木质部分为主。

有效成分和提取方法

檀香的挥发油即檀香油，其主要成分为倍半萜类化合物，α-檀香醇与 β-檀香醇约占 90% 以上。檀香的非挥发成分有二氢檀香酸、檀油酸、姜黄酮、香榧醇、β-谷甾醇等。檀香醇是《中国药典》规定定性检测的成分。采用水蒸气蒸馏法可提取檀香精油，根部心材产油率达 10%。也可以酒精的水溶液加热提取，然后将提取液浓缩至干。如以 50% 酒精回流提取，提取率约为 20%。

α-檀香醇的结构式

在化妆品中的应用

檀香木酒精提取物 0.5mg/mL 对 11β-类固醇脱氢酶活性的抑制率为 36.7%，0.5mg/cm² 涂敷大鼠使毛发生长的速度下调 26%，对毛发生长有抑制，也可用于多毛症的防治。檀香油具有抗菌和杀菌作用，对各种体臭发生菌如枯草芽孢杆菌、痤疮杆菌、腐生葡萄球菌、金黄色葡萄球菌等有很好的抑制作用，对螨虫有杀死作用。50% 酒精提取物对 B-16 黑色素细胞黑色素生成的促进率提高两倍，可用作晒黑剂。提取物还有抗皱、减肥、香料和保湿作用。

14. 桃

桃（*Prunus persica*）、香蜜桃（*P. persica nectarina*）和山桃（*P. davidiana*）为蔷薇科梅属植物。桃和香蜜桃原产于我国西北地区，是我国最古老的果树之一。我国除黑龙江省外，其他各省、市、自治区都有桃树栽培，主要经济栽培地区在华北、华东各省。山桃主要分布于我国黄河流域、内蒙古及东北南部。三个品种性能接近，应用上可以互用，化妆品采用它们桃仁、果实、花瓣和叶等的提取物，以桃仁为主。

有效成分和提取方法

桃是一种营养价值很高的水果，含有蛋白质、脂肪、糖、钙、磷、铁和维生素 B、维生素 C 等成分。桃仁含油量 45%，桃仁油富含不饱和脂肪酸，主要为油酸和亚油酸；桃仁含有苦杏仁苷，是《中国药典》规定要测定的成分，含量不得小于 2.0%；甾醇类化合物有 β-谷甾醇、菜油甾醇及其糖苷；酚酸类化合物有绿原酸、3-咖啡酰奎宁酸等。桃花的成分主要以黄酮化合物为主。桃仁可经榨取制作桃仁油。桃仁提取物可以水、酒精等为溶剂，按常规方法加热提取，最后将提取液浓缩至干。以 30% 酒精为溶剂提取的得率在 6%～7%；以 95% 乙醇提取的得率约为 10%。

在化妆品中的应用

桃仁酒精提取物 0.01% 对大鼠毛发毛囊母细胞生长的抑制率为 23%，可用于多毛症的防治。桃仁酒精提取物 0.001% 对肌动蛋白-肌凝蛋白作用的收缩率为 6%，肌动蛋白-肌凝蛋白是模拟皮肤真皮构造的模型，有紧肤的效果。桃仁提取物对表皮角质细胞有增殖作用，对 NO 的生成有抑制，对多种自由基有消除作用，能较明显地提高皮质层的含水量，表明桃仁提取物有不错的活肤调理和抗衰性能，可用于防治因干性皮肤而引起的皮肤老化。提取物还有抗炎、皮肤美白的作用。

15. 紫苜蓿

紫苜蓿（*Medicago sativa*）为豆科苜蓿属草本饲料植物，分布于地中海区域、西南亚、中亚和非洲，我国有引种。化妆品采用其全草的提取物。

有效成分和提取方法

紫苜蓿富含黄酮化合物，有芹菜素、苜蓿素、木犀草素、金圣草黄素、刺芒柄花素和大豆素等及其多种糖苷，另有皂苷如大豆皂苷、大豆甾醇、常春藤皂苷、苜蓿皂苷等。紫苜蓿可以水、酒精等为溶剂，按常规方法提取，然后浓缩至干为膏状。干草用酒精室温浸渍，提取得率为 2.5%。

苜蓿素的结构式

在化妆品中的应用

紫苜蓿叶 95% 酒精提取物 30μg/mL 可降低毛发生长的速度 61%，可用于多毛症的防治。叶的水提取物 4μg/mL 涂敷可使角质层含水量增加 40%，有保湿作用。叶 50% 酒精提取物 0.1% 对胶原蛋白生成的促进率提高一倍，可用作化妆品抗老化剂。提取物还有抗炎和皮肤美白作用。

第五章
口腔卫生用品

口腔卫生用品有牙膏、漱口液等，植物提取物在口腔卫生用品中的作用主要是防止龈炎和牙周炎等相关的炎症，或抑制齿垢的生成，这主要与它们的抗菌性和抗炎性有关。需注意的是，此处所用原料都应是食品级安全的。

1. 八角茴香

八角茴香（*Illicium verum*）为木兰科植物，主产于我国南方，化妆品采用成熟的八角茴香果实的提取物。

有效成分和提取方法

八角茴香含挥发油，主要成分为反式茴香脑，反式茴香脑是《中国药典》规定检测含量的成分。非挥发成分有黄酮类成分、木脂素类成分（八角醇）、磷脂（包括卵磷脂、磷脂酰丝氨酸和磷脂酰基肌醇）、植物甾醇（β-谷甾醇和胡萝卜苷）和莽草酸。可以水蒸气蒸馏法制取八角茴香挥发油，提取物可以水、酒精等为溶剂，按常规方法提取，然后浓缩至干为膏状。如干果用甲醇提取，得率约为 11.5%；用 70% 酒精提取，得率约为 15.7%。

反式茴香脑的结构式

在化妆品中的应用

八角茴香挥发油是一常用食用和牙膏用香料，对牙周炎致病菌具核梭杆菌、产黑色素拟杆菌、牙龈卟啉单胞菌和变异链球菌的 MIC 均小于 0.2%，用于防治蛀牙和牙周炎。提取物对谷胱甘肽的生成有促进作用，有活肤作用，并可抑制弹性蛋白酶活性，结合它的抗氧化性，可用于抗衰抗皱化妆品；提取物对若干 MMP 的抑制显示有抗炎作用；提取物 $100\mu g/mL$ 对组胺释放的抑制率为 66%，对抑制皮肤过敏有效；提取物还可用作抗菌剂和减肥剂。

2. 薄荷

薄荷（*Mentha haplocalyx*）为唇形科薄荷属植物，在我国多地均有规模种植，中国是薄荷产品薄荷油、薄荷脑的主要输出国之一。其同属植物有辣薄荷（*M. piperita*）、水薄荷（*M. aquatica*）、唇萼薄荷（*M. pulegium*）、圆叶薄荷（*M. rotundifolia*）和香薄荷（*M. suaveolens*），它们原产于欧洲。六者的性能有相似，化妆品采用的是它们干燥的茎叶提取物。

有效成分和提取方法

干薄荷茎叶含油 1.3%～2%。油中主要含 1-薄荷醇（薄荷脑）77%～87%，其次含

1-薄荷酮约 10％，薄荷脑是《中国药典》规定检测含量的成分。另含非挥发成分苏氨酸、丙氨酸、谷氨酸、天冬酰胺等多种游离氨基酸；尚含有树脂及少量鞣质和迷迭香酸，以及多种黄酮类化合物。可用水蒸气蒸馏法制取薄荷挥发油。提取物可以水、酒精等为溶剂，按常规方法提取，最后将提取液浓缩至干。如干叶经酒精提取，得率为 1.79％。

薄荷脑的结构式

在化妆品中的应用

薄荷和辣薄荷挥发油为一传统香原料。薄荷油具有抗菌和杀菌作用，对枯草芽孢杆菌、痤疮杆菌、腐生葡萄球菌、金黄色葡萄球菌等有很好的抑制作用，如对枯草芽孢杆菌的 MIC 为 0.5mg/mL；薄荷甲醇提取物在浓度 0.5％时对致头屑菌糠秕孢子菌的抑菌圈直径为 7mm，有祛头屑作用；辣薄荷 50％酒精的提取物在浓度 1％时对致牙周炎菌（戈登链球菌和牙龈卟啉单胞菌混合菌）的抑制率为 94％，可作龋齿防治剂。0.1％提取物对黑色素细胞有活化作用，对黑色素生成的促进率为 123.5％，可用于皮肤晒黑剂；薄荷和水薄荷提取物有收缩毛孔作用；圆叶薄荷提取物可用于消炎和驱虫。薄荷类提取物还可用作抗氧化剂、抗炎剂、过敏抑制剂、血管增强剂、生发促进剂、皮肤调理剂和保湿剂。

3. 草果

草果（*Amomum tsao-ko*）为姜科豆蔻属多年生草本植物，在我国云南、广西、贵州、四川等地有栽培，云南是主产地。化妆品用其干燥果实的提取物。

有效成分和提取方法

挥发油是草果的主要有效成分，也称为草果精油，主要存在于果仁（种子）之中，果皮中的精油含量较少。草果精油除主含 1,8-桉油素 33.94％外，另含反-2-十一烯醛 11.78％，尚有特征成分异草果素、草果酮等。草果的非挥发成分主要是一些肉桂酸的酯类衍生物。可以水蒸气蒸馏法提取草果挥发油，得率约为 1.6％。草果也可以水、酒精为溶剂提取。

异草果素的结构式

安全性

国家食药总局将草果提取物列为化妆品原料，未见草果挥发油和草果提取物外用不安全的报道。

在化妆品中的应用

草果挥发油主要用作化妆品和食用香料。草果水提取物对牙周炎致病菌如具核梭杆菌、牙龈卟啉单胞菌、变异链球菌的最小发育阻止浓度在 500μg/mL 左右，可用于口腔卫生制品；可作为天然防晒剂，防治皮肤因短波紫外光 UVB 和长波紫外光 UVA 照射引起的损害；提取物也可用作抗氧化剂和防腐剂。

4. 草珊瑚

草珊瑚（*Sarcandra glabra*）为金粟兰科多年生常绿亚灌木，主产于中国南方和东南亚地区，化妆品采用其叶的提取物。

有效成分和提取方法

草珊瑚含 0.15％～0.20％的挥发油。全株含左旋类没药素甲、异秦皮啶、延胡索酸、琥珀酸、黄酮苷及香豆精衍生物。其中异秦皮啶是《中国药典》规定检测含量的成分。草珊瑚可以水、甲醇、乙醇等为溶剂，按常规方法提取，或浓缩为小体积使用，或浓缩至干。采用甲醇提取的得率为 5.2％。

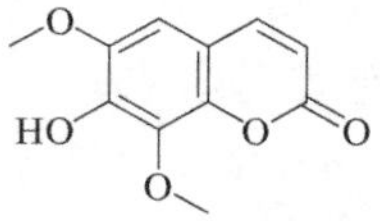

异秦皮啶的结构式

安全性

国家食药总局将草珊瑚提取物作为化妆品原料，未见它们外用不安全的报道。

在化妆品中的应用

草珊瑚酒精提取物有抗菌性，浓度 1.0mg/mL 时对金黄色葡萄球菌和绿脓杆菌的抑制率分别为 98％和 53％，可用于口腔卫生制品；提取物 0.01％对 DPPH 自由基的消除率为 88.6％，可用作抗氧化剂；人皮肤纤维芽细胞在 UVA（$7J/cm^2$）照射下，提取物 0.0001％对细胞损伤的抑制率为 5.6％，有护肤和调理作用。

5. 齿瓣延胡索

齿瓣延胡索（*Corydalis turtschaninovii*）为罂粟科紫堇属植物，主产于浙江省东阳。称作延胡索的植物品种很多，但化妆品仅采用这种延胡索根提取物。

有效成分和提取方法

齿瓣延胡索含多种生物碱，有延胡索甲素、延胡索乙素、延胡索丙素、延胡索丁素、四氢小檗碱等，延胡索甲素是特征性的；另含豆甾醇、油酸、亚油酸、亚油烯酸、皂苷等。齿瓣延胡索可以水、酒精、稀乙酸等为溶剂，按常规方法提取，然后浓缩至干为膏状。如以 30％的酒精提取，得率约为 8％。

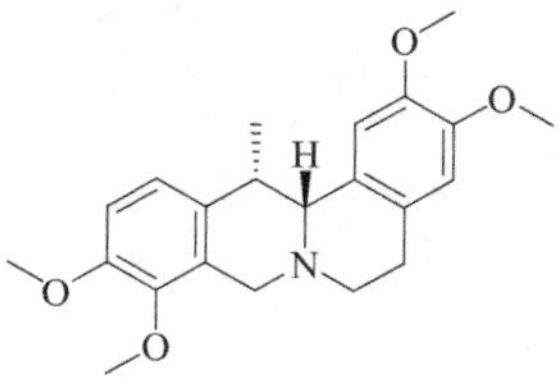

延胡索甲素的结构式

在化妆品中的应用

齿瓣延胡索根 5％乙酸提取物对致龋齿菌变异链球菌的 MIC 为 $250\mu g/mL$，对痤疮丙酸杆菌抑菌圈直径为 27.5mm，可用于口腔卫生用品；50％酒精提取物 0.1％对荧光素酶活性的促进率为 29.8％，酒精提取物 0.5mg/mL 对自由基 DPPH 的消除率为 46.4％，可用作抗氧化剂和皮肤调理剂。

6. 刺五加

五加（*Acanthopanax gracilistylus*）和刺五加（*A. senticosus*）为五加科五加属植物，五加主要分布于我国黄河以南，刺五加主要分布在我国东北。化妆品采用它们干燥根皮的提取物，以刺五加提取物为主。

有效成分和提取方法

五加和刺五加根皮中的主要成分为酚苷类化合物，如胡萝卜苷、紫丁香苷等，以紫丁香苷为主，紫丁香苷是《中国药典》规定检测的成分，含量不得小于 0.05％。五加和刺五加的根中均含有水溶性多糖、β-谷甾醇、芝麻素、白桦脂酸、苦杏仁苷等。五加皮一般采用水、酒精水溶液按常规方法提取，最后浓缩为粉剂。以得率来看，酒精的浓度越高，提取的得率越低。30％酒精的提取得率约为 8.5％，60％酒精的提取得率约为 7.2％。以提取物成分分析，酒精的浓度越高，内含的五加皮总苷量越低。

安全性

国家食药总局和 CTFA 都将刺五加提取物列为化妆品原料，国家食药总局还将五加提取物列为化妆品原料。未见它们外用不安全的报道。

在化妆品中的应用

五加水提取物有抗菌性，对致牙周炎菌如牙龈卟啉单胞菌、中间普雷沃菌、变黑普氏菌等的 MIC 为 156～625μg/mL，可在口腔等卫生用品中使用。刺五加提取物 0.1％对胶原蛋白生成的促进率为 112％，10μg/mL 对神经酰胺生成的促进率为 29％，兼之对超氧自由基等的消除，提取物有调理抗衰抗老的作用；提取物还可用作保湿调理剂和抗炎剂。

7. 倒捻子

倒捻子（*Garcinia mangostana*）又名山竺，为藤黄科藤黄属常绿小乔木，作为水果现盛产于南洋热带地区，以泰国最多。化妆品采用的是倒捻子果壳的提取物。

有效成分和提取方法

倒捻子果壳含有特征成分 α-倒捻子素、β-倒捻子素、γ-倒捻子素、倒捻子烯醇、倒捻子醇等，另有酚类成分如（一）-表儿茶素、阿魏酸、咖啡酸、香草酸、香豆酸、对羟基苯甲酸等。倒捻子果壳可以水、酒精等为溶剂，按常规方法提取，然后浓缩至干为膏状。如干果壳粉用酒精提取，得率约为 15％，用热水浸渍提取，得率约为 14％。

α-倒捻子素的结构式

　　倒捻子果壳提取物对牙周炎致病菌变异链球菌、远源链球菌和牙龈卟啉单胞菌均有抑制，其酒精提取物的 MIC 都小于 $2\mu g/mL$，可用于口腔卫生制品；提取物 $100\mu g/mL$ 对胶原蛋白酶活性的抑制率为 80.9%，可减缓胶原蛋白纤维的降解，可维持皮肤弹性，结合它的抗氧化性，可用于抗衰化妆品；提取物对透明质酸酶活性的 IC_{50} 为 $2.5\mu g/mL$，有抗炎和抗过敏作用；提取物还有皮肤美白、保湿、促进生发。

8. 风信子

　　风信子（*Hyacinthus orientalis*）又名洋水仙，风信子科风信子属植物，原产于东南亚和西亚，现主产于东南欧、非洲南部、地中海东部沿岸及土耳其小亚细亚一带。化妆品采用其花和叶的提取物。

有效成分和提取方法 |

　　风信子花的已知成分主要是生物碱，有二羟甲基二氢吡咯烷、1-去氧野芜霉素、1-脱氧甘露糖野尻霉素、α-高野尻霉素、β-高野尻霉素等。用溶剂法可制取风信子花浸膏和净油。提取物可以水、酒精等为溶剂，按常规方法提取，然后浓缩至干为膏状。

在化妆品中的应用 |

　　风信子花精油可用作化妆品香料。花提取物 $20\mu g/mL$ 对齿根膜纤维芽细胞增殖的促进率为 57.3%，对齿肉纤维芽细胞增殖的促进率为 33.8%，对齿龈有保健作用，用于口腔卫生制品。

9. 广西莪术

　　广西莪术（*Curcuma kwangsiensis*）和蓬莪术（*C. phaeocaulis*）为姜科植物姜黄属植物，主产于中国广西一带，是中药莪术中的一种，两者可以互用。化妆品采用其干燥根的提取物。

有效成分和提取方法 |

　　广西莪术根茎含挥发油 1%～1.5%，油的主成分为莪术酮、莪术二酮、莪术烯醇、异莪术烯醇、姜黄酮、芳姜酮等；非挥发成分有姜黄素、去甲氧基姜黄素、双去甲氧基姜黄素、β-谷甾醇、胡萝卜苷。可以水蒸气蒸馏法制取广西莪术挥发油；提取物可以水、酒精等为溶剂，按常规方法提取，然后浓缩至干为膏状。如用 50% 酒精提取，得率约为 2.5%。

莪术酮的结构式

安全性 |

　　国家食药总局将广西莪术和蓬莪术提取物作为化妆品原料，未见其外用不安全的报道。

在化妆品中的应用 |

　　广西莪术酒精提取物 1% 涂敷，对齿龈浮肿的抑制率为 48.6%；30% 酒精的提取物对牙周炎致病菌有很好的抑制作用，浓度在 $1.67\mu g/mL$ 时对变异链球菌的抑制率为 74.4%，对远缘链球菌的抑制率为 92.5%；可用于口腔卫生用品；提取物还有增白皮肤、促进生发和抗炎的作用。

10. 诃子

诃子（*Terminalia chebula*）、毛诃子（*T. bellerica*）和绒毛诃子（*T. chebula tomentella*）为使君子科落叶乔木。诃子原产于印度、马来西亚、缅甸等地，现主产于我国云南、广东、广西等地；毛诃子也名毗黎勒，和绒毛诃子都主产于我国云南西双版纳。三者性能相似，化妆品一般采用其果提取物。

有效成分和提取方法

诃子果实含鞣质类物质 23.6%～37.3%，为其中的主要成分，有诃子酸、诃黎勒酸、三没食子酰葡萄糖、五没食子酰葡萄糖、鞣云实素、原诃子酸、诃子素、葡萄糖没食子鞣苷等。其余有莽草酸、没食子酸、胡萝卜苷等。诃子可以水、酒精为溶剂，按常规方法加热回流提取，然后浓缩至干。如 30% 的酒精水溶液为溶剂的提取得率约为 35%。

诃子酸的结构式

在化妆品中的应用

诃子 30% 酒精提取物 25μg/mL 对胶原蛋白生成的促进率为 162.4%，具有活肤、抗衰的作用；诃子提取物对油脂过氧化的抑制，以及对超氧自由基的消除显示，诃子提取物有优秀的抗氧化性，可用作抗氧化剂；诃子提取物 0.1mg/mL 对白血球细胞接着的抑制率为 88%，对可溶性细胞间黏附分子的抑制率为 91%，说明其有抗炎作用，前者的数据可以判明其对皮肤皮炎的治疗作用，后者则说明该提取物对牙周炎患者治疗有效，可用于口腔卫生用品；提取物还可用作抗菌剂。

11. 黄杞

黄杞（*Engelhardtia chrysolepis*）为胡桃科黄杞属植物半常绿乔木，分布在我国长江流域以南地区，资源十分丰富。黄杞以叶或茎皮入药，化妆品采用其叶提取物。

有效成分和提取方法

黄杞叶含多种黄酮化合物，有槲皮苷、阿福豆苷、花旗松素及其糖苷、落新妇苷、异落新妇苷、新异落新妇苷等；另有 β-谷甾醇、3-表白桦脂酸、狗脊蕨酸等。黄杞叶可以水、酒精等为溶剂，按常规方法提取，然后浓缩至干为膏状。如用水煮，提取的得率为 32%。

在化妆品中的应用

黄杞叶水提取物 1.0% 对花粉过敏变应原的抑制率为 95.9%，可用作抗过敏剂；提取物 0.04% 对牙周炎致病菌牙龈卟啉单胞菌的抑制率为 91%，可用于口腔卫生用品。提取物还可用作生发剂、保湿剂和皮肤调理剂。

12. 灰毛豆

灰毛豆（*Tephrosia purpurea*）为豆科灰毛豆属植物，中国的主产地在福建、海南、广东、广西、云南及湖南的江永县。化妆品采用其籽的提取物。

有效成分和提取方法

灰毛豆籽含丰富的异黄酮类化合物，已知的如 $3'$-甲氧基大豆素、高丽槐素、红紫素、水黄皮籽素、披针灰叶素等，另含多糖类成分。灰毛豆籽可以水、酒精等为溶剂，按常规方法提取，然后将提取液浓缩至干。如灰毛豆籽先经石油醚脱脂后，以酒精回流提取，得率约为 2.5%。

在化妆品中的应用

灰毛豆籽甲醇提取物 0.5mg/mL 对致龋齿菌变异链球菌的抑制率在 80% 以上，提取物 $200\mu g/mL$ 对脂氧合酶-5 活性的抑制率为 81.8%，提取物 $50\mu g/mL$ 对磷酸二酯酶活性的促进率为 85%，对脂氧合酶-5 活性的抑制和对磷酸二酯酶活性的促进等均显示提取物的抗炎和抗过敏性。提取物用于口腔卫生用品，可减少齿垢的生成，又能抑制齿痛。

13. 茴香

茴香（*Foeniculum vulgare*）即小茴香，原产地是南亚和南欧，现在世界各地都有栽种，中国主产地是山西、甘肃、内蒙古和辽宁。印度是小茴香的主要生产国。小茴香有甜和苦两个品种，前者是规模种植，后者是野生，以甜的品种为好。化妆品用其干燥种子的提取物。

有效成分和提取方法

小茴香内含挥发油，主要成分为反式-茴香脑，其次有小茴香酮等，还含豆甾醇、伞形花内酯、β-谷甾醇、花椒毒素、α-香树脂醇、欧前胡内酯、香柑内酯等。反式-茴香脑是《中国药典》规定检测含量的成分，含量不得小于 1.4%。以小茴香子为原料，经水蒸气蒸馏可以制取小茴香精油，得率在 0.8%～1%。提取物可以水、酒精等为溶剂，按常规方法加热提取，然后将提取液浓缩至干。如用酒精浸渍提取，得率为 16%。

在化妆品中的应用

茴香挥发油是应用广泛的香料，对致牙周炎菌如具核梭杆菌、产黑色素拟杆菌、牙龈卟啉单胞菌和变异链球菌的 MIC 为 $500\mu g/mL$，可防治龋齿。水提取物 $25\mu g/mL$ 对 IV 型胶原蛋白生成的促进率为 13.7%，$100\mu g/mL$ 对谷胱甘肽生成的促进率为 70%，可用作皮肤的抗老化剂；提取物还可用作抗皮肤过敏剂、抗炎剂、保湿剂、抗菌剂和祛头屑剂。

14. 两面针

两面针（*Zanthoxylum nitidum*）为芸香科花椒属常绿木质藤本植物，主产于广西、福建、湖南、广东、云南及台湾等地，化妆品用两面针干燥根的提取物。

有效成分和提取方法

两面针根皮、茎皮中含有生物碱，含量约占 0.7%，但成分十分复杂，有两面针碱、氧化两面针碱、氯化两面针碱等几十个成分，氯化两面针碱是《中国药典》规定检测含量的成分，含量不得小于 0.13%；另含木脂素类有新棒状花椒酰胺、香叶木苷等；所含黄酮类化合物有牡荆素等。两面针可以水、酒精等为溶剂，按常规方法提取，然后将提取液浓缩至干。

氯化两面针碱的结构式

安全性

国家食药总局将两面针提取物作为化妆品原料，未见其外用不安全的报道。

在化妆品中的应用

两面针的 50% 乙醇提取液对溶血性链球菌及金黄色葡萄球菌有较强的抑制作用，正丁醇提取物对白色念珠菌的 MIC 为 $375\mu g/mL$，两面针提取物对角叉胶致大鼠足趾肿胀和对二甲苯致小鼠耳廓肿胀有明显抑制作用，由于两面针的抗菌和抗炎作用，可用作牙膏的添加物；两面针 50% 酒精提取物对胶原蛋白酶活性的抑制率为 53.85%，具一定的皮肤抗衰防皱功能；提取物还有抗氧化性。

15. 蒌叶

蒌叶（*Piper betle*）为胡椒科胡椒属草本植物，蒌叶原产于阿拉伯南部和东南亚地区，广泛分布于泰国各地。化妆品主要采用其叶的提取物。

有效成分和提取方法

蒌叶富含挥发油，内含胡椒酚、蒌叶酚、烯丙基焦性儿茶酚、香荆芥酚、丁香油酚、对聚伞花素、1,8-桉叶素、丁香油酚甲醚、石竹烯、荜澄茄烯等；非挥发成分为多种游离氨基酸、抗坏血酸、苹果酸、草酸、葡萄糖、果糖、麦芽糖、葡萄糖醛酸等。可以水蒸气蒸馏法制取蒌叶挥发油，提取物可以水、酒精等为溶剂，按常规方法提取，然后浓缩至干为膏状。如以水煮提取，得率约为 30%。

在化妆品中的应用

蒌叶水或酒精的提取物对齿周致病菌如具核梭杆菌、产黑色素拟杆菌、牙龈卟啉单胞菌、变异链球菌均有很好的抑制，MIC 在 $500\mu g/mL$ 左右，可在牙膏中使用防治龋齿和齿垢；蒌叶油对金黄色葡萄球菌和白色念珠菌有强烈的抑制，可用作抗菌剂；蒌叶甲醇提取物 0.1% 对超氧自由基的消除率为 61.5%，对其他自由基也有良好的消除作用，可用作抗氧化剂；提取物还可用作过敏抑制剂。

16. 马鞭草

马鞭草（*Verbena officinalis*）为马鞭草科多年生草本植物，广泛分布于我国中南、西南地区，化妆品采用其干燥全草提取物。

有效成分和提取方法

马鞭草含有挥发性成分，主要成分为马鞭草酮等。马鞭草含有环烯醚萜苷类化合物马鞭草苷、3,4-二氢马鞭草苷和 5-羟基马鞭草苷等，是马鞭草的特有成分。另有糖类化合物如水苏糖等；含三萜皂苷类化合物如齐墩果酸、熊果酸等；黄酮类化合物如木犀草素、山奈酚、槲皮素等。齐墩果酸和熊果酸在马鞭草中含量高，是《中国药典》要求检测的成分，两者总量不得小于0.30%。可以水蒸气蒸馏法制取马鞭草挥发油，提取物可以水、酒精等为溶剂，按常规方法提取，然后将提取液浓缩至干。如以沸水煮取的提取得率为16.5%。

在化妆品中的应用

马鞭草44%酒精的提取物具抗菌性，对金黄色葡萄球菌、表皮葡萄球菌、变异链球菌、化脓性链球菌的MIC分别为6.25%、6.25%、25%和12.5%，可在口腔卫生用品中使用预防牙病，又可用于控制口臭；酒精提取物$1\mu g/mL$对纤维芽细胞的增殖促进率为20.6%，水提取物1%对胶原蛋白的生成促进提高一倍，有活肤作用，可用于抗衰化妆品；提取物还有抗炎、抗过敏和防治脱发的作用。

17. 欧夏至草

欧夏至草（*Marrubium vulgare*）为唇形科欧夏至草属药用植物，西欧多栽培，以地中海地区为多，我国新疆伊犁地区有产。化妆品采用其全草提取物。

有效成分和提取方法

欧夏至草全草含特征成分夏至苦素、夏至草醇、欧夏至草素-3-酮等，另有苯丙素苷和苯丙素苷类物、连翘酯苷和熊果酸等。欧夏至草可以水、酒精等为溶剂，按常规方法提取，然后浓缩至干为膏状。如干叶先用氯仿脱去叶绿素后，再用甲醇回流提取，得率为16.8%。

在化妆品中的应用

欧夏至草甲醇提取物有抗菌性，对枯草芽孢杆菌、表皮葡萄球菌、金黄色葡萄球菌、大肠杆菌的MIC分别为$100mg/mL$、$200mg/mL$、$100mg/mL$、$400mg/mL$，但对绿脓杆菌无效，可用作抗菌剂，结合他对蛋氨酸酶活性的抑制，可用于口腔卫生制品以抑制口臭；甲醇提取物对自由基DPPH的消除IC_{50}为$1.65\mu g/mL$，对其他自由基也有强烈消除作用，可用作抗氧化剂；提取物还有皮肤美白和抗炎作用。

18. 山楂

山楂为蔷薇科苹果亚科山楂属植物，化妆品可采用的是山里红（*Cralaegus pinnatifida*，也即山楂）、野山楂（*C. cuneata*）、锐刺山楂（*C. oxyacantha*）和单子山楂（*C. monogyna*）果/叶提取物，前两种山楂分布在我国东北、江苏、浙江、安徽、河南、四川等地，单子山楂和锐刺山楂主产于欧美。

有效成分和提取方法

山楂果富含苷类、黄酮类化合物、山楂酸、齐墩果酸、熊果酸、维生素C、维生素B_2、胡萝卜素、鞣质、蛋白质、果糖、脂肪油等，山楂酸是山楂果的特征成分。单子山楂叶以黄酮类化合物和酚酸类化合物为主，黄酮类化合物有槲皮素、金丝桃苷、牡荆素、表儿茶素等，酚酸以绿原酸为主。欧山楂花的成分与单子山楂叶类似，主要有金丝桃苷、牡荆素和绿原酸。可以采用水、酒精等为溶剂，按常规方法提取。如以30%酒精作溶剂提取，山楂干果提取得率在14%左右；野山楂果采用50%酒精提取得率约为6%。

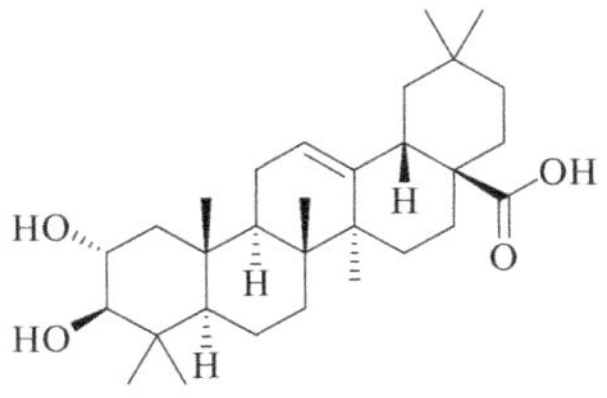

山楂酸的结构式

安全性

国家食药总局将山里红提取物作为化妆品原料，国家食药总局和 CTFA 都将其余的三种山楂提取物作为化妆品原料，未见上述山楂提取物外用不安全的报道。

在化妆品中的应用

野山楂果提取物 $7.82\mu g/mL$ 对胶原蛋白生成的促进率为 140%，$12\mu g/mL$ 对角质层细胞的增殖促进率为 38.3%，可用于抗皱化妆品；山里红提取物 $10\mu g/mL$ 对神经酰胺生成的促进率为 30%，可改变分泌的皮脂组成，对改善皮肤的柔润程度和油性程度有效；山里红果 75% 酒精提取物对大肠杆菌、枯草芽孢杆菌、金黄色葡萄球菌、绿脓杆菌和白色念珠菌的 MIC 分别为 1.0%、0.5%、0.4%、0.7% 和 1.0%，临床上可用作植物型消毒剂；野山楂提取物在浓度 1% 时对牙周炎致病菌如牙龈卟啉单胞菌和戈登链球菌混合菌的抑制率达 93%，对龋齿有防治作用；提取物还有抗氧化、抗炎、美白皮肤、缓解过敏和红血丝防治等作用。

19. 匙羹藤

匙羹藤（*Gymnema sylvestre*）为萝藦科匙羹藤属植物，主产于我国华南、台湾，东南亚，印度尼西亚，澳大利亚和非洲，化妆品采用其叶的提取物。

有效成分和提取方法

匙羹藤叶的主要活性成分匙羹藤酸，在植物中的含量为 $3.9\%\sim9.6\%$，其余成分有森林匙羹藤皂苷、芸苔甾醇、β-谷甾醇、牛弥菜醇、槲皮素糖苷、山柰酚糖苷和生物碱等。可以水、酒精等为溶剂，按常规方法提取，然后浓缩至干为膏状。如干叶以 50% 酒精室温浸渍提取，得率为 16.3%。

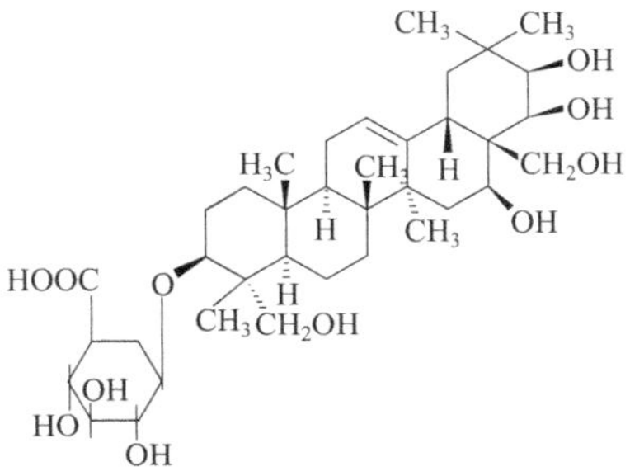

匙羹藤酸的结构式

在化妆品中的应用

匙羹藤叶提取物对金黄色葡萄球菌、大肠杆菌、变形杆菌、绿脓杆菌的 MIC 分别为

0.625mg/mL、1.25mg/mL、1.25mg/mL、2.5mg/mL，匙羹藤酸 1mg/mL 对齿垢生成菌的抑制率为 75%，可用于口腔卫生用品防治龋齿。叶 50%酒精提取物对透明质酸酶的 IC_{50} 为 $170\mu g/mL$，可有效抑制透明质酸的分解，因而有皮肤保湿作用；匙羹藤提取物也可用作抗氧化剂、皮肤美白剂和减肥剂。

20. 鼠尾草

鼠尾草（*Salvia japonica*）、药鼠尾草（*S.officinalis*）、西班牙鼠尾草（*S.hispanica*）和薰衣草叶鼠尾草（*S.lavandulaefolia*）为唇形科鼠尾草属草本植物，原产于地中海北岸国家。前两种现在我国南方许多地区都有种植。四者相似，化妆品采用它们干燥全草、花期全草、叶、根的提取物，以全草提取物为主。

有效成分和提取方法

鼠尾草含挥发油，主要成分有桉树脑、β-石竹烯等。鼠尾草挥发油成分与产地关系很大。非挥发成分主要是一些多酚类化合物如鼠尾草酚，另有齐墩烷型三萜、羽扇豆烷三萜类的皂苷、黄酮苷和一些迷迭香酸的衍生物。可以水蒸气蒸馏法制取鼠尾草挥发油，挥发油得率在 1%以上。鼠尾草还可以水、酒精等为溶剂，按常规方法提取，然后将提取液浓缩至干。如鼠尾草以 50%酒精回流提取，得率约为 5%。

鼠尾草酚的结构式

在化妆品中的应用

鼠尾草挥发油具强烈清新香气，可用于调配食品和化妆品香精，也可作熏香剂及药物使用，其作用有镇静与舒缓双重功能。药鼠尾草提取物有抑菌性，对白色念珠菌、霉菌和酵母菌有较强的抑制作用；鼠尾草油树脂浓度在 0.02%时对牙周炎发生菌如产黑色素拟杆菌、中间普氏菌、具核梭杆菌等的抑制率都在 90%以上；1%浓度的鼠尾草提取物对牙周炎发生菌如戈登链球菌和牙龈卟啉单胞菌的抑制率在 81%，用于口腔卫生用品防治龋齿和口腔炎。鼠尾草 30%丁二醇提取物 $1\mu g/mL$ 对成纤维细胞增殖的促进率为 59%，$10\mu g/mL$ 对神经酰胺生成的促进率为 17%，可用作活肤抗衰剂。提取物还有防晒护理、抗氧化、抗炎、皮肤美白、皮肤收敛等作用。

21. 乌药

乌药（*Lindera aggregata*）为樟科山胡椒属植物，主产于我国浙江、湖南、安徽和两广与日本。化妆品采用其干燥块根的提取物。

有效成分和提取方法

乌药根含挥发油 0.1%～0.2%，油中含有乌药烯醇、乌药烯、乌药根烯、乌药内酯、异乌药内酯、环氧乌药内酯、氧化乌药烯、异氧化乌药烯、异呋喃牻牛儿烯、乌药醚内酯、新乌药内酯等十几种呋喃倍半萜烯化合物，其中乌药醚内酯是《中国药典》要求检测的成分之一，含量不得小于 0.03％；非挥发成分含月桂木姜碱、乌药醇、乌药酸以及 β-谷甾醇。乌药根可以水、酒精等为溶剂，按常规方法提取，然后浓缩至干为膏状。如干根用 30％的酒精在 50℃时温浸 5h，提取得率约为 4.0％。

乌药醚内酯的结构式

在化妆品中的应用

乌药根酒精提取物对金黄色葡萄球菌、枯草芽孢杆菌、黑色弗状菌、酵母菌、甲型溶血链球菌、伤寒杆菌、变形杆菌、绿脓杆菌、大肠杆菌均有抑制作用，MIC 均在 1mg/mL 以下，可用作抗菌剂；水提取物对痤疮丙酸杆菌的 MIC 为 0.8mg/mL，可用于痤疮的防治；30％酒精提取物对牙周炎致病菌牙龈卟啉单孢菌的 MIC 为 10mg/mL，对变异链球菌、远缘链球菌也有很好的抑制作用，在口腔卫生制品中使用防治齿垢；50％酒精提取物 1.0％对组胺游离释放的抑制率为 99％。作用强烈，可用作抗过敏剂。提取物还有皮肤美白和抗衰调理的作用。

22. 益母草

益母草（*Leonurus artemisia*）和细叶益母草（*L. sibiricus*）为唇形科益母草属植物，在全国各地都有生长，且性能相似。我国叫益母草的植物有十几种，但化妆品仅采用这两种干燥全草、籽的提取物。

有效成分和提取方法

益母草的组成非常复杂，生物碱是益母草的主要有效成分，主要有益母草碱和水苏碱，其余有益母草定、益母草碱甲、益母草碱乙、益母草素甲、益母草素乙和益母草丙等；此外，还含有 4-胍基丁醇、4-胍基丁酸、精氨酸、豆甾醇、谷甾醇等成分。其中益母草碱是《中国药典》规定检测的特征成分，盐酸益母草碱的含量不得小于 0.05％。益母草可以水、酒精等为溶剂，按常规方法提取，然后浓缩至干后用。如以甲醇提取的得率约为 5％；用酒精提取的得率在 3％～4％。

益母草碱的结构式

在化妆品中的应用

益母草酒精提取物对牙周炎病原菌如牙龈卟啉单胞菌、中间普氏菌等的最小抑制浓度

（MIC）为 0.5～2.0mg/mL，可在口腔卫生用品中使用，结合它的抗炎性能，可预防牙周炎。细叶益母草酒精提取物 10μg/mL 对天然保湿因子的促进率为 45%，对皮肤有保湿作用。细叶益母草水提取物 0.001% 对前列腺素 E-2 生成的抑制率为 97.7%，作用强烈，可作抗炎剂用于痤疮防治。提取物还有抗氧化、活肤抗衰、美白皮肤等作用。

23. 月桂

月桂树（*Laurus nobilis*）为樟科月桂属常绿小乔木，原产于地中海一带，也产于我国广东、广西、四川、湖南和安徽。化妆品采用月桂树叶的挥发油和提取物。

有效成分和提取方法

月桂树叶含挥发油，成分主要有松油醇、芫荽油醇、香叶醇、丁香酚、甲基丁香酚、桉油醇等；非挥发成分主要是黄酮化合物，有山奈酚、川陈皮素、橘皮素及其糖苷，另有木香烃内酯、中美菊素等。可以水蒸气蒸馏法制取月桂树叶挥发油，提取物可以水、酒精等为溶剂，按常规方法提取，然后浓缩至干为膏状。

在化妆品中的应用

月桂树叶挥发油对牙周炎发生菌如牙龈拟杆菌、中间普氏菌、产黑色素拟杆菌、具核梭杆菌、伴放线放线杆菌、黏性放线菌等均有强烈的抑制作用，浓度在 0.02% 时，对它们的抑制率都在 88% 以上，可用于口腔卫生用品。月桂树叶 70% 酒精提取物 25μg/mL 对痤疮丙酸杆菌的抑制率为 88.2%，50μg/mL 对肿瘤坏死因子 TNF-α 生成的抑制率为 74.7%，可用于痤疮类疾患的防治。月桂树叶提取物可用作抗菌剂、驱螨剂、抗氧化抗衰剂、抗炎剂和美白剂。

24. 黏胶乳香树

黏胶乳香树（*Pistacia lentiscus*）为漆树科黄连木属常绿灌木，主产于地中海沿岸至伊朗。化妆品主要采用其胶提取物。

有效成分和提取方法

黏胶乳香树胶含挥发油，成分有 α-蒎烯、苧烯、大根香叶烯 D、4-松油醇等；富含多酚类物质，有没食子酸、对香豆酸、杨梅黄酮及其糖苷等。提取物可以水、酒精等为溶剂，按常规方法提取，然后浓缩至干为膏状。如用酒精提取的得率为 16%，沸水提取的得率为 9.5%。

在化妆品中的应用

黏胶乳香树胶已烷脱脂后水提取物对牙周炎致病菌牙龈卟啉单胞菌、具核梭杆菌、中间普氏菌、黏性放线菌和变异链球菌的 MIC 分别为 500μg/mL、250μg/mL、125μg/mL、500μg/mL 和 4000μg/mL，可用于口腔卫生用品防治牙周炎和抑制齿垢。甲醇提取物对自由基 DPPH 的消除 IC_{50} 为 5μg/mL，对其他自由基也有消除，作用强烈，可用作抗氧化剂。提取物还有抗菌作用。

第六章
其他功能

第一节　乳化

大多数化妆品为乳状液体系，植物天然提取物由于含有许多皂苷、糖苷、黏液质等成分，与各种表面活性剂复配性能良好，或可稳定各种乳状液，或可生成致密的泡沫，或可使手感柔滑，或可去除油脂。

1. 阿拉伯胶树

阿拉伯胶树（*Acacia senegal*）为豆科金合欢属植物常绿乔木，原产于热带非洲和阿拉伯地区，巴基斯坦至印度均有分布，我国台湾也有栽培。树干分泌的树脂叫阿拉伯胶（简称 ASG），化妆品用其花/茎的提取物、阿拉伯树胶或阿拉伯树胶的提取物。

有效成分和提取方法 ▮

阿拉伯胶为酸性多糖，含碳水化合物＞94％，其中半乳糖为 35％～44％，阿拉伯糖 27％～30％，鼠李糖 13％～16％，葡萄糖醛酸 14％～18％。蛋白质约 2.7％，矿物质 3.3％。阿拉伯胶是以阿拉伯半乳聚糖为主的、多支链的复杂分子结构，分子量在 20 万以上，水溶液的 pH 值为 4.5～5.5。

在化妆品中的应用 ▮

阿拉伯胶在水中溶解度在 10％以上，温度变化时仍保持稳定状态，不凝胶、无沉淀，pH 变化对其水溶液的黏度无影响。阿拉伯胶是目前国际上最为廉价而又广泛应用的亲水胶体之一，是工业上用途最广的水溶性胶，广泛用作乳化剂、稳定剂、悬浮剂、增黏剂、黏合剂、成膜剂等，对皮肤有调理作用。阿拉伯胶对香气有较好的保持能力。

2. 白及

白及（*Bletilla striata*）和紫蓝花白及（*B. hyacinthina*）为兰科多年生草本植物，在我国分布广泛，资源丰富，主产于贵州、四川、湖南等省。化妆品用部位为白及的干燥块茎提取物，也可用新鲜白及块茎。

有效成分和提取方法 ▮

新鲜白及块茎含挥发油和丰富的黏液质（白及胶）。白及胶的主要成分白及多糖为中性杂多糖，由 β-1,4-甘露糖、β-1,4-葡萄糖和 α-1,6-葡萄糖残基组成。此外白及中含有多种联苄类、菲类、联菲醚类、二氢菲并吡喃类、菲葡萄糖苷类等化合物，如 $3',3$-二羟基-5-甲氧基联苄等。白及胶可以水提取后再经酒精处理，浓缩至干，提取率为 22％。白及可以常规方法采用不同浓度的酒精水溶液提取，然后回收酒精制成浸膏或粉末。

在化妆品中的应用 ┃--

白及提取物还是一效果明显的抗氧化剂；白及提取物具有特殊的黏度特性，其理化性能与阿拉伯胶和黄蓍胶类似，可作为增稠剂、悬浮剂、保湿剂和助乳化剂应用于化妆品中，具有良好的效果；白及作为收敛、止血药应用由来已久，且止血效确切可靠，其作用机理也与其所含的大量的白及胶有关；能改善局部血液循环，促进上皮细胞修复，能止血、敛疮、润肤和生肌；对白介素等的抑制显示提取物有良好的抗炎性；0.5mg/mL 提取物对 5α-还原酶的抑制率为 57.6%，对因雄性激素偏高而引起的脱发会有很好的防治作用，可用于生发、粉刺制品；提取物还可用作皮肤调理剂和美白剂。

3. 刺云实

刺云实（*Caesalpinia spinosa*）为豆科的一种灌木，秘鲁主产。化妆品采用的是刺云实果荚提取物和刺云实胶。

有效成分和提取方法 ┃--

刺云实胶的化学结构主要是由半乳甘露聚糖组成的高分子量多糖类，主要组分是由直链（1—4）-β-D-吡喃型甘露糖单元与 α-D-吡喃型半乳糖单元以（1—6）键构成，刺云实胶中甘露糖对半乳糖的比是 3∶1。刺云实胶由刺云实种子的胚乳（一般只含 25%～28% 的胚乳），经研磨加工而成，加工方式与其他豆胶相似。刺云实果荚可以水、酒精等为溶剂，按常规方法提取，然后浓缩至干为膏状。

在化妆品中的应用 ┃--

刺云实胶的性能与其他半乳甘露聚糖非常相似，同时，刺云实胶可与其他水溶胶产生相互作用，特别与卡拉胶、黄原胶和琼脂的协同作用，可以形成弹性胶冻或凝胶；提取物 0.5% 涂敷对小鼠毛发生长的促进率为 38%，可用作生发剂；提取物还可用作抗氧化剂、头发护理剂和烫发助剂。

4. 肥皂草

肥皂草（*Saponaria officinalis*）为石竹科肥皂草属植物，主产于欧洲地中海沿岸，我国东北地区有栽培。化妆品主要采用其叶的提取物。

有效成分和提取方法 ┃--

肥皂草叶的主要成分是皂苷类化合物。肥皂草皂苷的苷元有两种，一是皂树酸，另一种是皂草精醇，与数目不等的糖组成一复杂的混合物。有多酚类化合物的存在，但结构不详。肥皂草叶可以水、酒精等为溶剂，按常规方法提取，然后将提取液浓缩至干。

皂树酸的结构式

肥皂草叶提取物有表面活性，可作表面活性剂使用，用于洗面奶可更好地祛除深层油脂，可用于清洗黑头痤疮的病患部位。提取物 0.001％对表皮角质细胞增殖的活性促进率为 12％，提取物 0.01％对神经酰胺生成率提高两倍，可很好地改善油性皮肤状况；提取物另可用作抗菌剂、保湿剂和减肥剂。

5. 菊薯

菊薯（*Polymnia sonchifolia*）又名雪莲果，是一种菊科多年生草本植物，原产于南美洲的安第斯山脉。化妆品采用其根汁和根的提取物。

有效成分和提取方法 |

菊薯根茎含果糖、葡萄糖、蔗糖、菊糖和低聚果糖，其中菊糖和低聚果糖占其干物质的 67％。菊薯根茎可直接榨汁使用；或可以酒精等为溶剂，按常规方法提取，最后浓缩至膏状。

在化妆品中的应用 |

菊薯根汁能稳定乳状液，并有很好的分散性、铺展性和增稠作用，可抑制泡沫，容易清洗，肤感好；能柔滑皮肤；提取物能经皮吸收，有一定的抗氧化性和营养作用。菊薯根茎 50％酒精提取物 0.01％对弹性蛋白酶活性的抑制率为 22.5％，有抗皱和调理作用。

6. 巨藻

巨藻（*Macrocystis pyrifera*）为巨藻科巨藻属海草，主产于北美洲大西洋沿岸、澳大利亚和新西兰等地，我国已在大连、山东长岛等海域养殖成功。化妆品采用其全草的提取物。

有效成分和提取方法 |

巨藻的主要成分是藻朊酸，多糖有褐藻酸、岩藻依聚糖、昆布多糖；含多种甾醇，有豆甾醇、胆甾醇和麦角甾醇。巨藻可以水、酒精等为溶剂，按常规方法提取，然后浓缩至干为膏状。

在化妆品中的应用 |

巨藻中藻朊酸具有独特的悬浮性、乳化性、凝胶性，可用作化妆品中的稠厚剂、助乳剂和稳定剂；巨藻酸性水提取物 0.25％对表皮细胞增殖的促进率为 47％，有皮肤抗衰和调理作用；水提取物 5mg/mL 对脂肪酶活性的促进率为 40.4％，可用于减肥产品。

7. 美丽金合欢

美丽金合欢（*Acacia concinna*）为豆科植物合欢属植物，原产于中亚和印度炎热干燥的地区。化妆品采用其果及果荚的提取物。

有效成分和提取方法 |

美丽金合欢果荚富含皂苷类成分，如羽扇豆醇、菠菜甾醇等，另含生物碱如烟碱、有机酸、多糖类物质。提取物可以水、酒精等为溶剂，按常规方法提取，最后将提取液浓缩至干。提取物呈酸性。

美丽金合欢果荚的提取物含有多量皂苷而有表面活性剂样作用，泡沫虽不丰富但对头发洗涤效果好，仍可保留头发原有的油脂，对头发损伤也小；50％丁二醇提取物0.1％对自由基DPPH的消除率为29％，有一定的抗氧化能力。

8. 木通

木通（*Akebia quinata*）和三叶木通（*A. trifoliate*）为木通科木通属植物，原产于中国、朝鲜和日本，现广布于我国长江流域各省。木通的干燥近成熟果实称作预知子，化妆品采用茎及其成熟种子的提取物。

有效成分和提取方法 ▌

木通茎、枝含多种糖苷，如木通苯乙醇苷B和木通皂苷，木通皂苷为常春藤皂苷元、齐墩果酸的葡萄糖苷与鼠李糖苷，并含多量钾盐；木通苯乙醇苷B是《中国药典》要求检测含量的成分，含量不得小于0.15％。预知子的主要有效成分为三萜及其皂苷类化合物，如α-常春藤皂苷和木通皂苷，另含油酸甘油酯、亚麻酸甘油酯等。木通茎和三叶木通茎可以水、酒精等为溶剂，按常规方法提取，然后浓缩至干为膏状。如干燥木通茎以水提取的得率为29％；用酒精提取的得率为7.5％。预知子可用浓度较大的低碳醇（如92％～96％乙醇）溶液热提取数小时，提取液滤清后回收溶剂即可，如95％酒精提取的得率为27.5％。

木通苯乙醇苷B的结构式

在化妆品中的应用 ▌---

预知子提取物中富含皂苷糖苷类化合物，在乳状液中有促进凝胶化作用，可用作乳化剂；预知子热水提取物10μg/mL对透明质酸生成的促进率为34.6％，有保湿作用；木通茎70％酒精提取物150μg/mL对B-16黑色素细胞生成黑色素的抑制率为80％，可用作皮肤美白剂；三叶木通茎50％酒精提取物2％对小鼠前驱脂肪细胞分解的促进率为70％，可用于减肥制品；提取物还有抗炎、抗菌、生发、调理、抗衰、抗皱等效果。

9. 七叶树

七叶树（*Aesculus chinensis*）、浙江七叶树（*A. chinesis chekiangensis*）、天师栗（*A. wilsonii*）和欧洲七叶树（*A. hippocastanum*）为七叶树科七叶树属的落叶乔木。前三种七叶树在我国分布很广，欧洲七叶树现广泛分布于西欧和美洲。它们成分和作用相似。化妆品主要采用上述七叶树的树皮、种子及其干燥树叶的提取物。

有效成分和提取方法 ▌

七叶树种子中的主要有效成分为七叶皂苷。七叶皂苷由多个皂苷组成，其中七叶皂苷A的含量较高，是《中国药典》需要检测的特征成分，含量不得小于0.70％。七叶树叶也含抗氧化活性成分，主要有酚类及鞣质、黄酮类、有机酸、植物甾醇及萜类等。七叶树种子或树叶可采用水或酒精水溶液提取，浓缩至干后成浸膏或粉状产品。树叶以水为提取溶剂制得的浸膏为棕色，得率为 8.08%；以 70% 酒精为提取溶剂制得的浸膏为褐绿色，得率为 11.8%。

七叶皂苷 A 的结构式

安全性

国家食药总局和 CTFA 都将七叶树和欧洲七叶树提取物列为化妆品原料，国家食药总局还将另两种七叶树提取物列入。须注意的是，七叶树皂苷有较强的溶血作用。

在化妆品中的应用

七叶树提取物富含皂苷类化合物，七叶树皂苷温和且具有生物活性，渗透能力好，是化妆品中理想的皂苷原料，利用其良好的渗透力和乳化作用去除多余油脂，此类产品加入量一般在 0.1%；叶 50% 酒精提取物 1.0% 对组织蛋白酶的活化促进率为 46%，籽 90% 酒精提取物 50 μg/mL 对胶原蛋白生成促进率提高一倍，提取物可增强皮肤细胞新陈代谢，有抗衰作用；籽 80% 酒精提取物 1.0% 对血管紧张素 I 转换酶活性的抑制率为 49.8%，表示可提高血液的循环，有助于消除眼影；提取物对转化生长因子-β 表达的促进以及七叶皂苷的抗炎性，可加速伤口的愈合和提高皮肤的免疫功能；提取物还可用作抑臭剂、皮脂分泌抑制剂和皮肤保湿剂。

10. 七叶一枝花

七叶一枝花（*Paris polyphylla chinensis*）为百合科重楼属植物，又名重楼，主要分布在我国南方的云南、贵州、四川、广西。云南重楼（*Paris polyphylla smith yunnanensis*）与七叶一枝花同属，性能相似，都可在化妆品中使用。化妆品采用它们干燥根茎的提取物。

有效成分和提取方法

七叶一枝花的主要有效成分为重楼皂苷，是一甾体皂苷，为薯蓣皂苷元的 3-鼠李糖、阿拉伯糖、葡萄糖的苷的混合物。重楼皂苷是《中国药典》要求测定的特征成分，其总量不得小于 0.6％。提取物还含有蚤休皂苷甲和蚤休皂苷乙、蜕皮激素、氨基酸、甾酮、黄酮苷等化合物。七叶一枝花可以水、酒精为溶剂，按常规方法提取，将提取液浓缩至干。

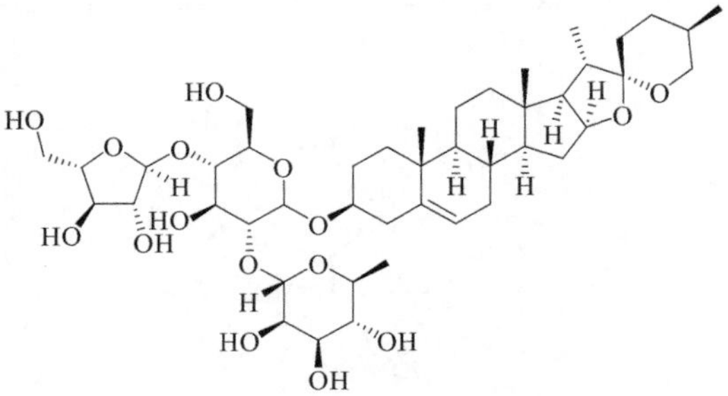

重楼皂苷的结构式

安全性

国家食药总局将七叶一枝花和云南重楼的提取物作为化妆品原料，未见它们外用不安全的报道。

在化妆品中的应用

七叶一枝花提取物含有多量的甾体皂苷，具表面活性剂样活性，有稳定泡沫、稳定乳状液、增加洗涤能力的作用；七叶一枝花水提取物对白色念珠菌的 MIC 为 1.5mg/mL，酒精提取物 1.0mg/mL 对金黄色葡萄球菌的抑制率为 99％，可用作抗菌剂；七叶一枝花挥发油对致牙周炎菌如变形链球菌、牙龈卟啉单胞菌、放线菌都能有效抑制，用于口腔卫生用品。提取物还有抗氧化、抗炎、保湿等作用。

11. 丝兰

龙舌兰科丝兰属植物丝兰主产于北美洲西海岸的沙漠地区，是印第安人传统的外用草药。化妆品采用西地格丝兰（*Yucca schidigera*）根/茎/叶、佛拉丝兰（*Y.vera*）全草、芦荟叶丝兰（*Y.aloifolia*）叶/根、短叶丝兰（*Y.brevifolia*）根、柔软丝兰（*Y.filamentosa*）全草和小丝兰（*Y.glauca*）根的提取物。以西地格丝兰为主。

有效成分和提取方法

西地格丝兰的主要成分是甾体皂苷类化合物，如螺旋甾烷醇、洋菝葜皂苷元、异菝葜皂苷、吗尔考皂苷元、沙漠皂苷元、支脱皂苷元等；另含芪类化合物如白藜芦醇。西地格丝兰可以水、酒精等为溶剂，按常规方法提取，然后将提取液浓缩至干。根以沸水提取得率约为 22％。

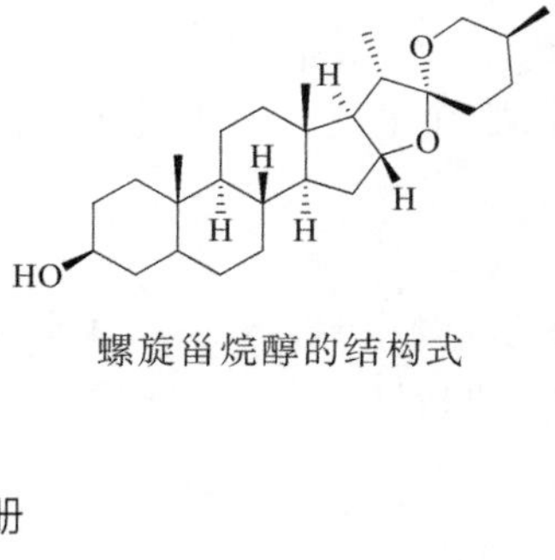

螺旋甾烷醇的结构式

西地格丝兰提取物有表面活性，有乳化、起泡等作用，与吐温-20 配合稳定乳状液的效果更好。提取物 0.1％对 5α-还原酶活性的抑制率为 57.2％，可抑制皮脂分泌和改善油性皮肤；提取物 100μg/mL 对脂肪水解的促进率为 64.5％，有利于减肥；对超氧自由基的消除 IC_{50} 为 20μg/mL，有抗氧化调理作用；提取物还有对螨过敏原的抑制、抗炎和抗菌等功能。

12. 无患子

无患子（*Sapindus mukorossi*）、毛瓣无患子（*S. rarak*）、南亚无患子（*S. emarginatus*）和三叶无患子（*S. trifoliatus*）为无患子科落叶乔木。无患子主要产于我国长江流域以南地区、印度和日本；三叶无患子和南亚无患子主产于南亚；毛瓣无患子产于云南。四者性能相似。化妆品主要采用其果或果皮的提取物。

有效成分和提取方法 ┃

无患子果主要成分是皂苷，果皮含皂苷约 24.2％。皂苷统称为无患子皂苷，是以常春藤皂苷元为核心的若干糖苷。另含黄酮化合物如芦丁、抗坏血酸以及 4％的鞣质。无患子可以水、酒精等为溶剂，按常规方法提取，然后将提取液浓缩至干。如三叶无患子果皮用70％酒精回流提取，得率为 36％。

无患子皂苷 A 的结构式

在化妆品中的应用 ┃

无患子果皮水提取物有表面活性，可使水的表面张力显著下降，可用作天然表面活性剂，有增溶、乳化、稳泡等作用。三叶无患子 70％酒精的提取物有抗菌性，对皮肤表皮细菌如絮状表皮癣菌、须（毛发）癣菌、红色（毛发）癣菌和犬小孢子菌的 MIC 在 100μg/mL，提取物可用作抗菌抗癣剂；毛瓣无患子 70％酒精的提取物对白色念珠菌的 MIC 为 0.06％，对卟啉牙龈单胞菌的 MIC 为 3.1％，可用于漱口水防治龋齿；无患子果皮 50％酒精提取物对黑色素细胞生成黑色素的抑制率为 78％，有皮肤美白作用；提取物还有抗炎、活肤抗衰和保湿作用。

13. 皂荚

皂荚（*Gleditsia sinensis*）、小果皂荚（*G. australis*）和三刺皂荚（*G. triacanthos*）为

豆科皂荚属落叶乔木。皂荚又名皂角刺，主产于我国四川、河北、陕西、河南等地；小果皂荚产地是两广地区；三刺皂荚见于新疆。三者相似，化妆品采用它们果实籽的提取物。

有效成分和提取方法

三萜皂苷是皂荚的主要成分，有皂荚苷、皂荚苷元、皂荚皂苷等；含甾醇如豆甾醇、β-谷甾醇等；另含多糖成分，为线性的半乳甘露聚糖。皂荚可以水、酒精等为溶剂，按常规方法提取，然后浓缩至干为膏状。如采用80％甲醇提取，得率为3.75％。

皂荚皂苷的结构通式

安全性

国家食药总局和CTFA将小果皂荚和三刺皂荚提取物作为化妆品原料，国家食药总局还把皂荚列入。误食及注射用药均可致毒性反应，但未见他们外用不安全的报道。

在化妆品中的应用

皂荚提取物富含皂荚皂苷而有表面活性剂性质，有良好的稳定乳状液、稳定泡沫作用；50％酒精提取物0.01％对DPPH自由基的消除率91.6％，对其他自由基均有消除用，效果优于BHT，可用作化妆品的抗氧化剂，也可在漂白或烫发过程中消除残留过氧化氢的影响，防止脱发；皂荚50％酒精提取物对B-16黑色素细胞活性的IC_{50}为6.4$\mu g/mL$，作用强烈，可用于皮肤的美白；提取物还有保湿、抗菌的作用。

14. 皂树

皂树（*Quillaja saponaria*）为皂皮树科皂树属小乔木或灌木，主产于南美的玻利维亚、秘鲁、智利等地。化妆品采用其树皮和根的提取物。

有效成分和提取方法

皂树树皮的主要成分是皂树皂苷，是苷元为皂皮酸的一些糖苷的混合物；另含若干酚类和鞣质类成分。皂树树皮可以水、酒精等为溶剂，按常规方法提取，然后浓缩至干为膏状。如用60％酒精提取，得率为5％。

在化妆品中的应用

皂树皂苷有很大的降低表面张力效果，降低表面张力效果与食品中使用的亲水性高的蔗糖脂肪酸酯和聚甘油脂肪酸酯等同或以上；皂树皂苷有优良的乳化稳定性，并有良好的起泡和稳泡性能，乳化力与稳定性比蔗糖脂肪酸酯和聚甘油脂肪酸酯同等或略优，提取物可用作增溶剂、稳泡剂和乳化剂。树皮60％酒精提取物500$\mu g/mL$对脂质过氧化的抑制率为84.5％，可用作抗氧化调理剂。树皮50％酒精提取物1％对角蛋白酶活性的抑制率为72％，有护肤和护理指甲的作用。

15. 长角豆

长角豆（*Ceratonia siliqua*）为豆科长角豆属常绿小乔木，现分布于地中海东部以及中国大陆的广东等地，目前已由人工引种栽培。化妆品主要采用长角豆荚提取物和豆胶。

有效成分和提取方法 ▎

长角豆含多酚化合物，有没食子酸、没食子单宁、没食子酸甲酯、儿茶酚等；黄酮化合物有异夏佛塔苷、新夏佛塔苷、杨梅素、槲皮素、阿福豆灵、原花青素等，另有 β-谷甾醇和胡萝卜苷。长角豆胶是一种水溶性天然树胶，属于半乳甘露聚糖。长角豆果荚可以水、酒精等为溶剂，按常规方法提取，然后浓缩至干为膏状。以水煮熬可得长角豆胶；以96%酒精提取，得率约为30%。

在化妆品中的应用 ▎

长角豆胶具黏凝性，可作为化妆品乳化助剂；长角豆水提取物0.25%对成纤维细胞增殖的促进率为16.5%，0.5%对角质细胞增殖的促进率为83.7%，可增强皮肤细胞新陈代谢，有抗衰作用。水提取物0.01%涂敷皮肤，使角质层含水量增加37.8%，促使皮肤的水合能力加强，有保湿作用；水提取物0.01%对 5α-还原酶活性的抑制率为59.8%，可减少皮脂的分泌，对油性皮肤有调理作用。

16. 长心卡帕藻

长心卡帕藻（*Kappaphycus alvarezii*）为红藻门红翎菜科麒麟菜属热带和亚热带海藻，在我国只见于海南岛、西沙群岛和台湾等地。化妆品采用长心卡帕藻全藻提取物。

有效成分和提取方法 ▎

长心卡帕藻的主要成分是卡拉胶即半乳甘露聚糖，是生产卡拉胶的最重要原料。另含较丰富的氨基酸，其中甘氨酸、谷氨酸、亮氨酸比例最高，而蛋氨酸、组氨酸等的比例最低；有多酚类物质存在，含量为0.7%～2.0%。长心卡帕藻可以水、酒精等为溶剂，按常规方法提取，然后浓缩至干为膏状。

在化妆品中的应用 ▎

长心卡帕藻仅作为提取卡拉胶的良好材料，卡拉胶被普遍用于食品、医药及化妆品等工业生产上，主要用作凝固剂、增稠剂、黏合剂、悬浮剂、乳化剂、成膜剂和稳定剂等；长心卡帕藻水提取物1mg/mL对B-16黑色素细胞生成黑色素的抑制率为67%，可用作皮肤增白剂。提取物还有抗氧化和缓解皮肤过敏的作用。

17. 中国旌节花

中国旌节花（*Stachyurus chinensis*）为旌节花科旌节花属植物，分布于我国西南及西北多地。它干燥的茎髓称为中药小通草。化妆品采用其干燥的茎髓即小通草的提取物。

有效成分和提取方法 ▎

多糖类成分是小通草的主要成分，占28.04%，为聚 β-D-半乳糖醛酸，另含可溶于NaOH溶液的多糖，其水解产物中含半乳糖醛酸、半乳糖、葡萄糖和木糖；所含蛋白质中有天冬氨酸、苏氨酸、缬氨酸、苯丙氨酸等13种氨基酸；含皂苷类化合物有通脱木皂苷、通脱木皂苷元和原通脱木皂苷元；已知的黄酮类化合物为槲皮苷。小通草可以水、低浓度酒精等为溶剂，按常规方法提取，提取液浓缩至干。

在化妆品中的应用

小通草提取物中的聚半乳糖醛酸可溶于水，不溶于醇、酸类、碱类，不被人体吸收，持水能力强，吸水后膨胀作用大，在化妆品中主要起保湿和皮肤活化作用，结合小通草提取物的抗氧化性，因此可刺激皮肤的代谢，加速伤口的愈合；在发用品中用入后，发丝呈柔软状而无黏性；用它配制的乳状液甚至在低温和高温情况下，也可显示出好的流动性；提取物还可用作抗炎剂。

18. 皱波角叉菜

皱波角叉菜（*Chondrus crispus*）又名爱尔兰海藻，属红藻类杉藻科角叉菜属，产于北大西洋沿岸。化妆品采用其全草的提取物。

有效成分和提取方法

皱波角叉菜的重要成分是多糖角叉菜胶，此外有黏液质、含硫化合物、蛋白质、维生素 A 和维生素 B_1。干燥的皱波角叉菜可以水、酒精、1,3-丁二醇等为溶剂，按常规方法提取，然后浓缩至干为膏状。

在化妆品中的应用

皱波角叉菜提取物的水溶液有良好的稠度，可用作化妆品的增稠剂，对乳状液也有稳定作用；甲醇提取物 25mg/mL 对弹性蛋白酶的抑制率为 30.9%，水提取物 0.1% 对胶原蛋白生成的促进率为 62%，有活肤抗皱作用。水提取物对自由基 ABTS 有消除作用，0.78% 相当于 $200\mu mol/L$ 的水溶性维生素 E，可用作抗氧化调理剂。

第二节　渗透

化妆品是与人体皮肤紧密接触的产品，为了更好地发挥功能性成分的作用，有时需要透皮吸收促进剂（penetration enhancers，PE）的帮助。

化妆品常见的透皮促进剂包括：二甲基亚砜及其类似物、月桂氮卓酮及其类似物、萜烯类化合物、表面活性剂（脂质体）以及其他有关类型的化合物，如脂肪酸类、脂类、醇类、烷类以及角质保湿剂等。目前使用最多的是氮酮（azone），对亲水性或疏水性药物都能显著增强透皮速率，但它的透皮吸收或渗透也是化妆品安全性上争议较多的领域之一。植物提取物型助渗剂则很少有此方面的问题。

1. 白丁香

紫丁香（*Syringa oblata*）和白丁香（*S. oblata affinis*）为木犀科丁香属植物。紫丁香主产于我国华北，白丁香主要产于我国河南省，沈阳、长春等地区有栽培。两者花色不同、香味小有差别，其余均相似，化妆品主要采用其新鲜或干燥花蕾或树皮的提取物，以花提取物为主。

有效成分和提取方法

白丁香含挥发性成分，主要为苯乙醛、丁香醛等；非挥发性成分有丁香苦苷、没食子酸、三萜皂苷类和黄酮类等。白丁香挥发油可用无水乙醇浸渍其鲜花，在低温下减压蒸去乙醇后而得白丁香净油。白丁香的非挥发成分可以水、酒精为溶剂，按常规方法提取。

丁香苦苷的结构式

在化妆品中的应用

白丁香鲜花油是高档的香精加香原料。提取物具有强抗氧化作用，可用作抗氧化剂和皮肤调理剂；50％酒精提取物可用作经皮渗透的促进剂，对多糖、多肽或黄酮类等化合物有效，如1％浓度对海藻糖经皮渗透的促进率为65.5％。

2. 白千层

白千层（*Melaleuca leucadendron*）是桃金娘科白千层属灌木树种，主产于澳大利亚，我国广东、台湾、福建、广西有栽种。性能相似的同科同属植物互生叶白千层（*M. alternifolia*）、石南叶白千层（*M. ericifolia*）和绿花白千层（*M. viridiflora*）也主产于澳洲，是当地的传统草药。化妆品采用它们叶/茎/花的提取物。

有效成分和提取方法

白千层叶含挥发油，主要成分为4-松油醇、1,8-桉叶素等。非挥发成分主要为皂苷，有熊果酸、2-α-羟基熊果酸、白千层素等，另有多种类黄酮化合物。可以水蒸气蒸馏法制取白千层叶挥发油，挥发油得率在1％～1.5％。可以水、酒精等为溶剂，按常规方法提取，然后浓缩至干为膏状。如干的互生叶白千层叶以90％酒精提取，得率为0.9％。

在化妆品中的应用

白千层类精油有驱螨性，低浓度即完全杀灭屋尘螨和粉尘螨。互生叶白千层精油对大肠杆菌、金黄色葡萄球菌、黑色弗状菌、痤疮丙酸杆菌、毛发癣菌和白色念珠菌的MIC分别为0.4mg/mL、0.2mg/mL、0.1mg/mL、0.11mg/mL、0.1mg/mL和0.1mg/mL，可用作抗菌剂。互生叶白千层精油5％对试验药物经皮渗透的促进率提高4倍，可用作助渗剂；白千层叶酒精提取物0.5mg/mL对透明质酸酶活性的抑制率为56.77％，对脂氧合酶-5活性的IC_{50}为48.7μg/mL，可用作抗炎剂；提取物还可用作抗氧化调理剂、抑臭剂和生发剂。

3. 菠菜

菠菜（*Spinacia oleracea*）为藜科草本植物，原产于伊朗，现在世界各国均以蔬菜规模种植。化妆品采用其带根全草的提取物。

有效成分和提取方法 ┃----------

菠菜除含常见的各种维生素、叶类银萝卜素外，含黄酮化合物如芸香苷、金丝桃苷、紫云英苷等，另有植物甾醇如 α-菠菜甾醇、豆甾醇、豆甾烷醇、菠菜皂苷等，并有昆虫变态激素如水龙骨素、β-蜕皮甾酮的存在。菠菜可以水、酒精等为溶剂，按常规方法提取，然后将提取液浓缩至干。

在化妆品中的应用 ┃----------

菠菜提取物对自由基有消除作用；提取物 $20\mu g/mL$ 对三磷酸腺苷生成的促进率为 117%，可增强皮肤的新陈代谢；提取物 0.001% 对整联蛋白-β1 水平的促进率为 43%，结合其抗氧化性，可用作化妆品的抗衰抗皱调理剂；50% 酒精的提取物有良好的助渗功能，$5mg/mL$ 对膜透过量的促进率为 370%，可用作渗透剂。

4. 冬虫夏草

冬虫夏草（*Cordyceps sinensis*）又称虫草，它是麦角菌科真菌冬虫夏草寄生在幼虫蛾科昆虫幼虫上的子座及幼虫尸体的复合体。冬虫夏草主要生长在我国四川、云南、甘肃、西藏、青海。化妆品采用其干品的提取物。

有效成分和提取方法 ┃----------

冬虫夏草含生物碱虫草素、腺嘌呤、核苷、尿嘧啶等，虫草素为腺苷的衍生物，药理作用显著，它含量的高低是冬虫夏草质量的依据，也是《中国药典》规定检测的成分，含量不得小于 0.01%；含氨基酸有天门冬氨酸、苏氨酸、丝氨酸、组氨酸、精氨酸等十八种主要氨基酸；含甾醇如麦角甾醇及其氧化物；含维生素如维生素 B_1、维生素 B_2 等。冬虫夏草可以水、酒精等为溶剂，按常规方法制取，最后将提取液浓缩至干。以水提取的得率约为 23%，甲醇提取的得率约为 9%。

腺苷的结构式

在化妆品中的应用 ┃----------

以肠黏膜为模拟，检测冬虫夏草提取物对荧光物质经膜渗透的促进作用，冬虫夏草 50% 酒精提取物 $5mg/mL$ 的渗透促进率提高两倍多，可用作渗透助剂；提取物 $50\mu g/mL$ 对 ATP 的生成的促进率为 10.3%，ATP 是生化系统的核心，与多种生化循环有联系，有活肤抗衰调理作用；水提取物 $2mg/mL$ 对自由基 DPPH 的消除率为 80%，对其他自由基也有消除作用，可用作抗氧化剂；提取物还可用作抗菌剂、保湿剂、抗炎剂和抑臭剂。

5. 佛手

佛手（*Citrus medica*）为芸香科柑橘属香橼的变种，为常绿小乔木或灌木，在我国浙江、江西、福建、广东、广西、四川、云南等地有栽培，其中浙江金华佛手最为著名。化妆品主要采用其果实提取物。

有效成分和提取方法

佛手含挥发油。非挥发物的主要化学成分为香豆素类化合物，有柠檬油素、佛手内酯等；黄酮化合物有橙皮苷、香叶木苷等，橙皮苷是《中国药典》规定佛手需检测含量的成分，干物质中含量不得小于 0.03%；此外还含有三萜类如柠檬苦素和诺米林，还含有胡萝卜苷、β-谷甾醇；佛手多糖主要由鼠李糖、甘露糖、葡萄糖、半乳糖和木糖组成。可以水蒸气蒸馏法制取佛手果挥发油，佛手油为淡黄至黄色挥发性精油；佛手提取物可用水、酒精等为溶剂，按常规方法提取，然后将提取液浓缩至干，产品为棕色粉末。

橙皮苷的结构式

在化妆品中的应用

佛手挥发油是一种名贵的天然香料，用于化妆品香精，在芳香疗法中具有增加皮肤的通透性从而促进皮肤对营养物质的吸收的功效；提取物对大肠杆菌、粉刺杆菌、金黄色葡萄球菌、枯草芽孢杆菌、绿脓假单胞菌、黑色弗状菌和白色念珠菌的 MIC 分别为 $20\mu g/mL$、$100\mu g/mL$、$10\mu g/mL$、$20\mu g/mL$、$1000\mu g/mL$、$800\mu g/mL$ 和 $800\mu g/mL$，可用作抗菌剂；提取物对脂质过氧化的 IC_{50} 为 $3.5\mu g/mL$，有抗氧化作用。但佛手提取物含有较高浓度的香豆素类化合物，鉴于香豆素类化合物有潜在的光敏作用危险，应低浓度用于肤用化妆品。

6. 高良姜

高良姜（*Alpinia officinarum*）和大高良姜（*A. galanga*）都是姜科山姜属植物，主产于我国福建、台湾、广东、广西、海南、云南等地。大高良姜的果实称为红豆蔻。化妆品采用其干燥根茎的提取物。

有效成分和提取方法

高良姜和大高良姜主要含黄酮类化合物，有高良姜素、山奈素、槲皮素、山奈素-4-甲醚及其苷类，以高良姜素为其特征成分，也是《中国药典》规定检测含量的成分，含量不得小于 0.70%；另含有姜黄素。高良姜中挥发油含量较高，香气辛辣，其中主要的成分是1,8-桉油素。可用水蒸气蒸馏法制取挥发油；可以水、50%酒精和95%酒精等为溶剂，按常规方法制取它们的提取物。

高良姜素的结构式

在化妆品中的应用

大高良姜水提取物对致齿周病病菌如具核梭杆菌、产黑色素拟杆菌、牙龈卟啉单胞菌和变异链球菌均有抑制，MIC 在 $500\mu g/mL$ 左右，可用于口腔卫生制品；大高良姜 90% 酒精提取物对痤疮丙酸杆菌和金黄色葡萄球菌的 MIC 分别为 $5.0\mu g/mL$ 和 $7.2\mu g/mL$，结合其抗炎性，对痤疮有防治作用；提取物均有强烈的抗氧化作用，可以根据需消除的自由基的类型选择用作化妆品的抗氧化剂；高良姜提取物有促进渗透作用，在皮肤施用时可很快使肤温升高，有暖肤效应；高良姜精油 1% 可使其他药效成分的经皮渗透提高数倍；高良姜提取物 $10\mu g/mL$ 对毛细血管的收缩作用为 23%，表现为对血管的强化作用，可减少毛细管出血；提取物尚可用作生发助剂、皮肤美白剂、皮肤保湿剂和皮肤调理剂。

7. 胡椒

胡椒（*Piper nigrum*）为胡椒科胡椒属攀援状藤本植物，多年生常绿热带植物，原产于东亚，现广泛栽培于热带国家，在我国福建、广东、海南、广西、云南等省均有种植。其未成熟果实干后，去皮皱缩为黑，称之为黑胡椒；成熟果脱皮而白，称之为白胡椒。调味与药用，均以白胡椒为佳。化妆品主要采用黑胡椒提取物。

有效成分和提取方法

胡椒的主要成分是生物碱，有胡椒碱、胡椒脂碱、胡椒新碱等几十个成分，胡椒碱含量最高，是《中国药典》规定检测的成分，含量不得小于 3.3%；胡椒挥发油为胡椒的重要组分之一，主要有胡椒醛、二氢香芹醇、氧化石竹烯、隐酮等。胡椒可经溶剂萃取提取，制成胡椒油树脂，然后再从中制胡椒精油。胡椒也可以酒精等为溶剂浸渍提取，然后将浸渍液浓缩至干，95% 酒精如此操作的得率在 7%～8%。

胡椒碱的结构式

在化妆品中的应用

胡椒酒精提取物对药效成分的经皮渗透的促进率为 59%，可用作化妆品的助透剂；50% 酒精提取物 $105\mu g/mL$ 对透明质酸合成酶活性的促进率为 60%，因而有保湿作用；提取物另可用作抗菌剂、活肤剂、抗氧化剂和皮肤美白剂。醇提取物 $100\mu g/mL$ 对游离组胺的释放的抑制率为 74.9%，但涂敷高浓度胡椒提取物对皮肤有刺激作用。

8. 韭菜

韭菜为百合科蔬菜作物，全国各地有栽培，化妆品主要采用其干燥的种子韭菜籽（*Allium tuberosum*）提取物。

有效成分和提取方法

韭菜籽的主要化学成分为生物碱、皂苷、硫化物、苦味质、氨基酸、维生素和微量元素等，以维生素中的维生素 B_5 含量较高。韭菜籽可以用水、乙醇等溶剂加热回流提取，然后将提取液浓缩至干。如以 80％ 甲醇提取，得率为 6.5％。

维生素 B_5 的结构式

在化妆品中的应用

韭菜籽 50％ 酒精提取物对药效物质经膜渗透有促进作用，效果提高 4 倍，有很好的促进渗透的作用，可在生发、防脱发等产品中应用；韭菜籽提取物有强烈的抗菌性，对多种病毒均有杀灭作用；对致头屑菌如糠秕孢子菌有抑制作用，甲醇提取物 0.5％ 抑菌圈直径为 6mm，与其他抗头屑剂配合效果更好；50％ 酒精提取物 $1\mu g/mL$ 对胶原蛋白生成的促进率为 77％，可用作抗衰活肤剂；提取物还有皮肤美白和抗氧化作用。

9. 茉莉

茉莉（*Jasminum sambac*）、素馨花（*J. grandiflorum*）和素方花（*J. officinale*）为木犀科茉莉花属植物，三者性能相似。茉莉花原产于印度、巴基斯坦，中国早已引种，并广泛地种植。现我国广东、福建、四川及江南一带都有栽培。化妆品主要采用它们鲜花和干花提取物。

有效成分和提取方法

茉莉花含挥发油性物质 2％～3％，主要成分为苯甲醇、芳樟醇、乙酸芳樟醇、吲哚、邻氨基苯甲酸甲酯、顺式茉莉酮、茉莉酮酸甲酯等，后两个成分都是茉莉的特征成分。茉莉花可用溶剂法提取茉莉花浸膏和精油。茉莉花提取物可用水、酒精等为溶剂，按常规方法浸渍提取，然后将提取液浓缩至干。如干素馨花用 80℃ 水热提，得率为 7％。

顺式-茉莉酮的结构式

安全性

国家食药总局和 CTFA 都将茉莉花和素馨花提取物作为化妆品原料。茉莉花净油对香料过敏者而言具普遍致敏性，对正常人群而言，10％ 的茉莉花净油溶液可使 10％ 的人致敏。

在化妆品中的应用 ┃------------------------------------

　　茉莉花精油、素馨花精油和素方花精油是调配化妆品香精的重要香原料，适合调配一切化妆品香精；茉莉花 50％酒精提取物 0.01％对超氧自由基的消除率为 76.7％，对其他自由基也有良好的消除作用，可用作化妆品的抗氧化剂；素馨花甲醇提取物 200μg/mL 对 B-16 黑色素细胞生成黑色素的抑制率为 78.3％，作用优于熊果苷，有淡化皮肤色泽的作用，可用于美白护肤品；素方花 50％酒精提取物 5mg/mL 对药效成分膜透过量的促进率可提高 4 倍，可用作助渗剂；提取物还有减肥、抗炎等作用。

10. 肉桂

　　肉桂（*Cinnamomum cassia*）和锡兰肉桂（*C. zeylanicum*）为樟科樟属植物，肉桂的干燥树皮称桂皮，是常用的烹调香料。肉桂主产于我国两广地区和越南北方，锡兰肉桂产于斯里兰卡，两者性能相似，化妆品主要采用它们全株的挥发油、树皮的提取物等。

有效成分和提取方法 ┃

　　肉桂含挥发油，油中主要成分为肉桂醛，也是《中国药典》规定检测含量的成分。此外还有乙酸肉桂酯、丁香酚、肉桂酸、苯乙酸乙酯等成分。肉桂中的非挥发成分有鞣质及黏液质，黄酮化合物有山柰酚及其糖苷、莶草苷等。可用水蒸气蒸馏法制取肉桂油，得率约为 0.7％；肉桂提取物可按照传统方法用水或酒精提取后再浓缩至干。如干肉桂皮用 50％酒精室温浸渍，提取得率约为 0.8％。

肉桂醛的结构式

在化妆品中的应用 ┃------------------------------------

　　桂皮 50％酒精提取物 1％对其他药效成分经皮渗透的促进率为 17.2％，可用作助渗剂。50％酒精提取物 0.01％可完全抑制 5α 还原酶活性，可防治因睾丸激素偏高而致的脱发和头发生长缓慢。肉桂提取物有很好的抗菌性，可用作防腐剂；对蛋氨酸酶活性有抑制，用于口腔用品中可抑制口臭。提取物还可用作香料、活肤抗衰剂、抗炎剂、保湿剂和过敏抑制剂。

11. 吴茱萸

　　吴茱萸（*Euodia rutaecarpa*）是芸香科吴茱萸属植物，主产于我国贵州、广西、湖南、云南、陕西、浙江、四川等地。化妆品采用其近成熟的果实提取物。

有效成分和提取方法 ┃

　　吴茱萸果实含挥发油吴茱萸烯、罗勒烯、吴茱萸内酯、吴茱萸内酯醇等。非挥发成分有生物碱如吴茱萸碱、吴茱萸次碱、吴茱萸因碱、羟基吴茱萸碱、吴茱萸卡品碱等，吴茱萸碱和吴茱萸次碱是《中国药典》规定检测的成分；另有吴茱萸苦素、吴茱萸酸、绿原酸、黄酮化合物等。吴茱萸可以水、酒精等为溶剂，按常规方法提取，然后浓缩至干为膏状。如干吴茱萸果用 50％酒精回流提取，得率在 40％以上。

吴茱萸碱的结构式

在化妆品中的应用

吴茱萸果 50％酒精提取物 1％对外源药物经皮渗透的促进率为 35.3％，可用作助渗剂。吴茱萸果丁二醇提取物 1％涂敷，可使皮层血流量增加 1.5 倍，有活血效应。水提取物 0.01％涂敷皮肤，角质层含水量增加 54％，50％酒精提取物对透明质酸生成的促进率为 35％，是一种内外皆可的保湿剂。提取物还有美白皮肤、抗菌、抗炎、缓解过敏等作用。

12. 亚麻

亚麻（*Linum usitatissimum*）和高山亚麻（*L. alpinum*）为亚麻科亚麻属植物，主产于我国内蒙古、东北、新疆等地，加拿大、阿根廷等国产量亦很大。化妆品主要采用它干燥种子油和提取物。

有效成分和提取方法

亚麻子中存在大量的不饱和脂肪酸，得油率为 38.97％，其中 α-亚麻酸的含量最高，是《中国药典》规定检测含量的成分，含量不得小于 13％。亚麻子中还含有生氰葡糖苷类、苯丙素葡糖苷类等化合物；还有黄酮类化合物如草棉黄素等。亚麻子可常温压榨制取亚麻子油；提取物可以水、酒精为溶剂，按常规方法提取亚麻子，然后浓缩至干；也可以水、酒精为溶剂处理脱脂亚麻子制取。如亚麻子用水温浸提取，得率约为 5％。

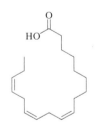

α-亚麻酸的结构式

在化妆品中的应用

亚麻子提取物含有多量黏性油，所以对皮肤有润滑作用，可用作化妆品基础油脂，也有助渗透作用，促进率为 10％；亚麻子提取物具有很好的亲水和憎水结构平衡，在化妆品中用作载体，或用以制备脂质体，可减少经皮水分蒸发量 40％，有保湿作用。提取物对含氧自由基有俘获作用，可用于防止皮肤的老化；亚麻子提取物对核因子 NF-κB 受体活化有相当不错的抑制效果，这是反映其皮肤抗炎能力的一个指标，显示亚麻子提取物具抗炎性，也有抑制过敏的作用。

第三节　香料和香疗

香料是一种能被嗅觉嗅出香气或被味觉尝出香味的物质。本节选用的是那些有护肤作用又能用作香料的品种，略去纯粹用作香精的香料植物。

以气味或者有气味的物品对人体身心健康起到帮助的一种方法称为香疗。香疗基本是以天然香料作原料。

1. 安息香

安息香（*Styrax benzoin*）和越南安息香（*S. tonkinensis*）为安息香科香料植物。前者主产于印度尼西亚的苏门答腊及爪哇，后者主要分布在泰国。这两种安息香在我国的南方地区也有种植，作用相似。化妆品采用它们分泌树脂的提取物。

有效成分和提取方法 ┃--

安息香主含挥发油，成分有苯甲酸、肉桂酸、香草醛、苯甲醛以及苯甲酸和肉桂酸的若干酯类成分，称为总香脂酸，其中以苯甲酸含量最高，苯甲酸是《中国药典》规定检测的成分。安息香还含有甲基罗汉松脂素、罗汉松脂糖苷、丁香酚葡萄糖苷等非挥发性成分。安息香树脂可以水、酒精等为溶剂，按常规方法提取，然后将提取液浓缩至干。如30％酒精室温浸渍提取，得率为2.5％。

苯甲酸的结构式

在化妆品中的应用 ┃--

安息香是常用的化妆品香原料，对神经有兴奋作用。提取物浓度在0.5％或更低，可促进黑色素的生成，用作皮肤晒黑和乌发剂，但浓度大时则有抑制黑色素生成和美白皮肤的作用；提取物对膜联蛋白-5的活性有促进，表示可提高皮肤多方面的生理功能，有调理作用；提取物还可用作抗菌剂、抗炎剂、生发剂和减肥剂。

2. 沉香

沉香（*Aquilaria agallocha*）或白木香（*A. sinensis*）为瑞香科沉香属植物，前者主产于东南亚等国（我国台湾已引种栽培）；后者主产于我国海南、台湾、广东、广西等省区。化妆品主要采用其木质部提取物。

有效成分和提取方法 ┃--

沉香含沉香螺旋醇，α-沉香呋喃、β-沉香呋喃、沉香醇等倍半萜类成分；白木香的许多香气成分与沉香相同，如沉香螺旋醇，同时又多了白木香酸、白木香醛、白木香醇等特征成分。可以水蒸气蒸馏法制取沉香和白木香挥发油，挥发油得率不到1％。沉香和白木香还可以水、酒精等为溶剂，按常规方法提取，然后将提取液浓缩至干。如沉香以甲醇室温浸渍，提取得率为3.72％。

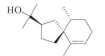

沉香螺旋醇的结构式

安全性

国家食药总局和 CTFA 都将沉香提取物列为化妆品原料，国家食药总局还将白木香提取物作为化妆品原料，未见它们提取物外用不安全的报道。

在化妆品中的应用

沉香挥发油香气浓郁，是上等的香料，可用来制作高级香水和香精，香气有镇静平和作用；沉香醇提取物 0.01% 对透明质酸生成的促进率提高 41%，有皮肤保湿调理作用；沉香提取物对毛发生长有促进，可用于生发制品；提取物对透明质酸酶活性有抑制，有抗炎作用。

3. 旱芹

旱芹（*Apium graveolens*）即芹菜，为伞形科植物。原产于地中海沿岸，在我国栽培历史悠久，分布广泛，产于全国大部分地区。旱芹可分为本芹（中国类型）和洋芹（欧洲类型）两种，这两种籽的提取物在化妆品中均可应用，一般以洋芹籽提取物为主。

有效成分和提取方法

旱芹主要含黄酮类如芹菜素和芹菜苷等黄酮化合物，另有环己六醇、维生素、烟酸、芫荽苷、甘露醇等。旱芹菜籽挥发油香气强烈，含有众多内酯类化合物如芹菜甲素、3-丁烯基苯酞、瑟丹内酯、藁苯内酯、蛇床肽内酯等。旱芹菜籽挥发油可由水蒸气蒸馏法制取。旱芹籽提取物采用溶剂提取法，一般为酒精溶液。

芹菜苷的结构式

安全性

国家食药总局和 CTFA 将都旱芹提取物作为化妆品原料，旱芹籽的挥发油可能具有刺激性和光敏性，但未见旱芹提取物外用不安全的报道。

在化妆品中的应用

旱芹籽挥发油用作食品香料，也可在化妆品按摩油中使用。挥发油中的芹菜甲素具有很好的抗惊厥活性，还具有前列腺素 F2a 抑制作用及其他生理活性，如降低血液黏度、提高血流量，可治疗由微循环紊乱引起的脑局部缺血疾病，也可作为血流促进剂用于促进皮肤的新陈代谢、治疗脱发症等。旱芹籽提取物 1% 涂敷可使皮肤含水量提高 3.5 倍，12.5μg/mL 对透明质酸合成酶活性的促进率为 27.4%，50μg/mL 对水通道蛋白-3 生成的促进率为 35%，可用作保湿剂；提取物还可抑制皮脂的过度分泌、抗炎、抗菌抑臭和美白皮肤等作用。

4. 金松

金松（*Sciadopitys verticillata*）为杉科金松属中小型乔木，原产于日本，我国多地均有栽培。化妆品采用其根的提取物。

有效成分和提取方法

金松根含挥发油。另含若干二萜化合物，已知结构的有贝壳杉萘甲酸、二十碳三烯酸甲酯和日金松定等。金松根可以水、酒精等为溶剂，按常规方法提取，然后将提取液浓缩至干。如以 30% 酒精回流提取，得率为 1.88%。

贝壳杉萘甲酸的结构式

在化妆品中的应用

金松精油在空气中浓度为 0.8μg/L 吸入时，对脑电波中的 β 波增强 59%，可促进大脑的注意力，有提神作用；30% 酒精提取物 2% 对 β-氨基己糖苷酶活性的抑制率为 43.8%，显示对过量组胺释放而导致的皮肤过敏有缓和和消除作用，可用于抗过敏的化妆品；提取物对痤疮丙酸杆菌、绿脓杆菌和金黄色葡萄球菌有很好的抑制，可用于痤疮的防治；提取物尚可用作抗氧化剂、抗皱剂和皮肤美白剂。

5. 灵香草

灵香草（*Lysimachia foenum-graecum*）为报春花科珍珠菜属植物，又名零陵香，主要产于广西、广东、云南等地。化妆品采用其全草的提取物。

有效成分和提取方法

灵香草含挥发油，主要是香叶烯醇，百里香酚等；不挥发成分已知的是植物甾醇如豆甾醇、豆甾醇葡萄糖苷、菠甾醇等。以水蒸气蒸馏法可制取灵香草精油；提取物可以水、酒精等为溶剂，按常规方法提取，然后浓缩至干为膏状。

在化妆品中的应用

灵香草精油是一高档香料。70% 酒精提取物对 β-氨基己糖苷酶活性的抑制率为 43.5%，有抑制过敏的作用；甲醇提取物对超氧自由基的消除 IC_{50} 为 49μg/mL，对其他自由基也有良好的消除作用，可用作抗氧化调理剂；提取物还有抗菌、驱虫、抗炎等作用。

6. 香茅

柠檬香茅（*Cymbopogon citratus*）、亚香茅（*C. nardus*）和蔺花香茅（*C. schoenanthus*）

是禾本科香茅属多年生草本植物。柠檬香茅简称香茅，原本分布于非洲和南亚等热带亚热带地区，我国南方地区广东、广西等地有种植；亚香茅也称斯里兰卡香茅，主产于斯里兰卡；蔺花香茅主产于南亚各国。化妆品主要采用的是它们的挥发油及其全草的提取物，其中香茅的应用是主要的。

有效成分和提取方法

香茅叶含挥发油 $0.2\%\sim0.5\%$，其中主要成分柠檬醛含量达 $75\%\sim85\%$，其余为月桂烯、柠檬烯、橙花醇、金合欢醇等。可以水蒸气蒸馏法制取香茅油；非挥发部分可以酒精等为溶剂，按常规方法提取，然后将提取液浓缩至干。

在化妆品中的应用

香茅油可用作香料或药用，是按摩油中常用的芳香材料；香茅油具有广谱的抗菌性，对各种体臭发生菌如枯草芽孢杆菌、痤疮杆菌、腐生葡萄球菌、金黄色葡萄球菌等有很好的抑制作用，对白色念珠菌抑制的 MIC 为 $0.03mg/mL$；香茅油 1% 可抑制异戊酸的生成量 40.2%，异戊酸是狐臭的主要成分，可用于消除体臭的用品；香茅热水提取物对成纤维细胞生长的促进率提高一倍，有活肤作用；50% 丁二醇提取物 1% 对水通道蛋白-3 生成的促进率提高 2.5 倍，对干性皮肤有防治作用；提取物还有皮肤美白、抗氧化和抗炎调理等作用。

7. 甜橙

甜橙（*Citrus sinensis*）、雪橙（*C. aurantium sinensis*）和箭叶橙（*C. hystrix*）为芸香科柑橘亚科柑橘属果树，主产于我国四川、广东、台湾、广西、福建、湖南、江西、湖北等地。它们作用相似，化妆品采用它们的果实、果皮、花、叶、籽、愈伤等组织的提取物。

有效成分和提取方法

甜橙果皮含挥发油 $1.5\%\sim2\%$，即甜橙油，不同产地的甜橙油的主要化学成分大致相同，主要化学成分是 d-苧烯、月桂烯、蒎烯、癸醛、辛醛、芳樟醇、柠檬醛、香茅醛、松油醇等。甜橙果实含黄酮苷，有橙皮苷、柚皮芸香苷、柚皮苷等，橙皮苷是《中国药典》要求检测的成分；内酯成分有柠檬苦素等；含生物碱如那可汀。甜橙油可由冷榨、冷磨法或水蒸气蒸馏法制取，提取物可以水、酒精等为溶剂，按常规方法提取，然后浓缩至干为膏状。

橙皮苷的结构式

安全性

国家食药总局和 CTFA 都将甜橙上述提取物作为化妆品原料。甜橙油会引起光敏感，使用后肌肤勿直晒太阳。长期使用或高剂量使用都可能刺激敏感皮肤，或许也会引起光毒反应。

在化妆品中的应用

甜橙油是少数被证明有镇静作用的精油之一，有甜橙香味，用作香料，可以驱离紧张情绪和压力，改善焦虑所引起的失眠；甜橙精油也可用作驱虫成分和抗菌剂；甜橙花甲醇提取物 0.1％对透明质酸生成的促进率为 60％，适用于干性皮肤的护理；果皮 70％丁二醇提取物 0.1％对半胱天冬蛋白酶-14 的生成促进率为 34.4％，该酶主要分布于皮肤表皮，对表皮细胞的分化及对皮肤屏障有重要作用，结合其抗氧化性，可改善皮肤的干燥度，减少皱纹，促进皮肤新陈代谢；提取物还可用作减肥剂和晒黑助剂。

8. 晚香玉

晚香玉（*Polianthes tuberosa*）为石蒜科植物。晚香玉原产于墨西哥及南美，我国很早就引入栽培，现各地均有栽培，作香料植物和观赏植物。化妆品主要采用其全草、鲜花或干花提取物。

有效成分和提取方法

晚香玉花含挥发油 0.08％～0.14％，其中主成分为牻牛儿醇、橙花醇、金合欢醇、丁香酚、邻-氨基苯甲酸甲酯等。花期采集晚香玉鲜花，以溶剂法提取晚香玉挥发油，得率在 0.1％～0.14％。晚香玉非挥发性提取物可以水、酒精为溶剂提取。

在化妆品中的应用

晚香玉精油可用于高档香水和化妆品香精的调配。晚香玉花水提取物 0.01％涂敷，可提高角质层含水量 2.5 倍，可用于保湿调理化妆品；花的甲醇提取物对自由基 DPPH 的消除 IC_{50} 为 $12\mu g/mL$，也可用作抗氧化剂。

9. 鸢尾

化妆品采用鸢尾科属植物香根鸢尾（*Iris florentina*）、德国鸢尾（*I. germanica*）、白鸢尾（*I. pallid*）和变色鸢尾（*I. versicolor*）根的提取物，以及玉蝉花（*I. ensata*）全草的提取物。香根鸢尾主要分布在北美洲、北非和中东地区，德国鸢尾主产于中欧，变色鸢尾产于北美和中国，白鸢尾则可见于世界各地，玉蝉花（也名紫花鸢尾）主产于中国。

有效成分和提取方法

鸢尾根含挥发油，主要成分为鸢尾酮，鸢尾酮是若干结构相似化合物的总称，其含量多少可以评判鸢尾根的优劣。非挥发成分以黄酮化合物为主，其中有异黄酮化合物，有野鸢尾苷、德鸢尾苷、当药黄酮、芹菜素等及其糖苷。鸢尾根可以水、酒精等为溶剂，按常规方法提取，然后浓缩至干为膏状。如香根鸢尾以 50％酒精提取，得率约为 13％。

鸢尾酮的结构式

在化妆品中的应用

香根鸢尾挥发油是一高档的化妆品用香料,其香气有催眠作用,能加速从浅睡眠至深睡眠的转变,并延长深睡眠的时间。提取物均是皮肤调理剂,如香根鸢尾提取物对组织蛋白酶活性的促进和对胰蛋白酶的抑制作用显示,该提取物可增强皮肤细胞新陈代谢,有抗衰作用;白鸢尾提取物对人永生化表皮细胞的增殖也有促进作用;白鸢尾提取物对酪氨酸酶活性有抑制,浓度0.01%时抑制率为52%,可用于皮肤美白;德国鸢尾提取物可抑制前列腺素E-2的合成,有抗炎作用。玉蝉花茎叶50%酒精提取物对自由基DPPH的消除IC_{50}为89.6μg/mL,可用作抗氧化调理剂。

10. 香双扇草

香双扇草(*Dipteryx odorata*)为豆科香豆属植物,其种子俗称零陵香豆和黑香豆,主产于南美的委内瑞拉、圭亚那和巴西。化妆品采用黑香豆的提取物。

有效成分和提取方法

黑香豆内含多量的香豆素,豆中占3%。非挥发成分中有黄酮化合物,如异甘草素、紫铆素、圣草酚、7-羟基色原酮、6,4′-二羟基-3′-甲氧基噢哢等,另有黑香豆酸、硫黄菊素、苯并二氢呋喃新木脂素、(一)-落叶松脂醇等,成分复杂。黑香豆可以酒精为溶剂浸渍,制成酊剂,然后浓缩至浸膏或香树脂状。也可以水等为溶剂,按常规方法提取,然后浓缩至干为膏状。

香豆素的结构式

在化妆品中的应用

黑香豆酊剂、黑香豆浸膏有类似香草、杏仁、肉桂、丁香样香气,大量用于烟草香精,但不能食用。黑香豆酒精提取物31μg/mL对纤维芽细胞增殖的促进率为20%,有活肤作用,可用于抗衰化妆品;水提取物10μg/mL对B-16黑色素细胞生成黑色素的抑制率为48.9%,有美白皮肤的功能。

11. 缬草

缬草(*Valeriana officinalis*)为败酱科缬草属草本植物。缬草原产于中国东北至西南的广大山区,现欧洲和亚洲西部也广为分布;化妆品主要采用它们根/茎的提取物。

有效成分和提取方法

缬草根含挥发油成分,主要是龙脑及其乙酸酯和异戊酸酯。非挥发成分有β-谷甾醇、熊果酸;生物碱有猕猴桃碱、缬草碱和缬草宁碱;另有槲皮素、芹菜素、山奈醇、金合欢素、腾黄菌素等黄酮类成分。可以水蒸气蒸馏法制取缬草根挥发油,提取物可以水、酒精等为溶剂,按常规方法提取,然后将提取液浓缩至干。如阔叶缬草根以水提取,得率约3%;以酒精提取,得率约15%。

在化妆品中的应用

缬草挥发油可用作香料,有较好的镇静催眠效果,可用于香疗。缬草提取物有抗菌作用，特别是对革兰氏阳性菌效果较好。缬草 30％酒精提取物对过氧化物酶激活受体的活化促进率为 61％，显示有抗炎作用，并能提高皮肤的屏障功能。

12. 芫荽

芫荽（*Coriandrum sativum*）为伞形科草本植物，原产于中亚和地中海一带，今在中国各地均有栽培，以华北地区最多。化妆品采有芫荽全草或籽提取物，以籽为主。

有效成分和提取方法

芫荽籽含挥发油，其中，芳樟醇相对含量最高，占 73％。地上部分的非挥发部分有芫荽异香豆精、二氢芫荽异香豆精、芫荽异香豆酮、香柑内酯、欧前胡内酯、伞形花内酯、花椒毒酚和东莨菪素等，此外，尚含有槲皮素-3-葡萄糖醛酸苷、异槲皮苷、芸香苷等。可采用水蒸气蒸馏生产芫荽籽精油。提取物可以水、酒精等为溶剂，按常规方法提取，然后浓缩至干为膏状。

在化妆品中的应用

芫荽精油是一香料，对致头屑菌糠秕马拉色菌有强烈的抑制，可作抗菌剂用于头屑的防治。芫荽籽丁二醇提取物 0.05％涂敷对副交感神经的活动抑制 6.7％，使人有舒缓和镇静效果。芫荽籽酒精提取物 100μg/mL 对谷胱甘肽生成的促进率为 56％，有活肤抗衰作用。提取物还有减肥和抗氧化功能。

13. 月季

月季（*Rosa chinensis*）、香水月季（*R. odorata*）和大花香水月季（*R. odorata gigantea*）都为蔷薇科植物，我国是月季的原产地之一，现各地普遍栽培，并且几乎遍及亚、欧两大洲。化妆品主要采用它们干燥花的提取物。

有效成分和提取方法

月季花含挥发油，含量较大的组分与玫瑰花相似，不同之一是缺少玫瑰中的一些微量香成分如玫瑰醚、突厥酮等。含酚酸类化合物如没食子酸、没食子酸乙酯、原儿茶酸、香草酸；含黄酮化合物金丝桃苷、异槲皮苷、槲皮苷、槲皮素、山奈酚及其糖苷，金丝桃苷含量较高，是《中国药典》要求定性检测的成分。可用水蒸气蒸馏法制取鲜月季花挥发油。干月季花可以水、酒精等为溶剂，按常规方法提取，最后将提取液浓缩至干。如干花用酒精提取，得率在 25％左右。

安全性

国家食药总局和 CTFA 都将香水月季提取物作为化妆品原料，国家食药总局还将月季提取物作为化妆品原料，未见它们外用不安全的报道。

在化妆品中的应用

月季挥发油的成分和玫瑰油成分有明显差异，但香气不同，各有不同的用途，香水月季油中的 3,5-二甲氧基甲苯是一个十分有用的成分，它具有镇静作用，可以广泛用于芳香治疗、皮肤护理和化妆品；月季花提取物 0.4％对胶原蛋白酶的抑制率为 85.1％，在化妆品中用入有抗皱的效果；ICAM-1（细胞间黏附分子-1）的水平可作为评价牙周炎症状态的一项较为敏感和客观的实验指标，月季花 50％酒精提取物 0.1mg/mL 对它的抑制率为

44%，可用于防治牙周炎；提取物还可用于抗氧化剂、抗炎收敛剂、生发剂和皮肤保湿剂。

第四节　抑臭

人体体臭有两个方面：汗臭（狐臭）和口臭。

狐臭发生的原因是大汗腺分泌物的组成和局部细菌的作用，也称臭汗症。臭汗症与不卫生的生活习惯、遗传因素、身体内的某些酶特别活跃有关。因此化妆品中对臭汗症的防治方法是抑制酶和细菌的活动。

口臭是指呼吸时出现的令人不愉快的气体，不仅导致社交和心理障碍，同时还预示着口腔疾病和全身疾病的发生。口臭的87%的病因是来源于口腔，与口腔内因素有关，如牙周病、舌苔、龋病、食物嵌塞、不良修复体等。口腔内微生物对滞留于口腔的物质分解代谢，口腔分泌物内的某些酶特别活跃，产生了令人不愉快的气味。因此对口臭的防治也是抑制酶和细菌的活动。

1. 百里香

百里香（*Thymus serpyllum*，即欧百里香）、柠檬百里香（*T. citriodorus*）、乳香色百里香（*T. mastichina*）和洋百里香（*T. zygis*）为唇形科百里香属芳香植物。百里香原产地为南欧的地中海沿岸国家和埃及等地，我国多产于黄河以北地区，特别是西北地区如内蒙古、甘肃、陕西、东北等地。柠檬百里香原产于新西兰，乳香色百里香和洋百里香来自葡萄牙。四者相似，化妆品采用其干燥全草提取物。

有效成分和提取方法 |--

百里香含挥发油0.8%～1.35%，其中主要化学成分有百里香酚（占挥发油的53%），其余为对伞花烃、γ-松油烯、α-松油烯、姜烯等；非挥发成分有伞花-9-基-β-D-葡萄糖苷、5-β-D-葡萄糖苷百里氢、2-β-D-葡萄糖苷百里氢醌、黄芩素葡萄糖苷、木犀草素-7-葡萄糖苷、芹菜素、熊果酸和鞣质。可采用水蒸气蒸馏法制取欧百里香挥发油。干草可用水、酒精或其他溶剂，按常规方法提取，最后浓缩至干。如以酒精为溶剂提取的话，得率约为15%。

在化妆品中的应用 |--

百里香精油是常用的食用和化妆品用香料。提取物1mg/mL对尿酸酶的抑制率达95%，对许多体臭发生菌也有强烈的抑制，可用于臭汗症的防治；百里香70%酒精提取物6.25μg/mL的提取物对纤聚蛋白生成的促进率为95.3%，兼之对弹性蛋白酶、胶原蛋白酶等的强烈抑制，对表皮细胞的增殖，都显示有活肤抗衰抗皱性能；提取物还可用作抗炎剂、抗菌剂、保湿剂和生发剂。另柠檬百里香叶50%酒精提取物50μg/mL对游离组胺的抑制率为64%，可用作过敏抑制剂；乳香色百里香提取物对皮肤也有舒缓、镇静作用，也有部分抗菌效果；洋百里香油有很好的抗菌性。

2. 常春藤

常春藤（*Hedera nepalensis*）、菱叶常春藤（*H. rhombea*）和洋常春藤（*H. helix*）为五加科常春藤属植物。常春藤和菱叶常春藤主产于我国陕西、甘肃及黄河流域以南至华南和西南地区，洋常春藤（*H. helix*）产于日本和朝鲜，三者性能相似。常春藤以全株入药，它的果实（常春藤子）亦供药用，化妆品主要采用它们的干燥茎叶提取物。

有效成分和提取方法

常春藤的主要成分是三萜皂苷，统称为常春藤皂苷，常春藤皂苷是若干不同糖苷的混合物；另外含有肌醇、胡萝卜素、糖类；还含29.4%的鞣质。洋常春藤的主要成分也是常春藤皂苷，另有多种植物甾醇如豆甾醇、β-谷甾醇等；酚酸类有绿原酸、咖啡酸。常春藤可以水、酒精、丙二醇、1,3-丁二醇等为溶剂，按常规方法提取，然后将提取液浓缩至干。常春藤干燥茎叶采用70%酒精提取，得率为12%。

常春藤皂苷的结构式

安全性

国家食药总局和CTFA都将洋常春藤提取物作为化妆品原料，国家食药总局还把常春藤和菱叶常春藤提取物作为化妆品原料。常春藤口服有毒，但未见它们外用不安全的报道。

在化妆品中的应用

洋常春藤提取物0.1%对载脂蛋白活性的抑制率为41%，载脂蛋白在脂蛋白代谢中具有重要的生理功能，但在汗腺中活性过大的话，则易产生臭味，形成腋臭；洋常春藤提取物0.05%可完全抑制干燥棒状杆菌，干燥棒状杆菌是人体雄烯酮的生成菌，也是臭味之一，因此常春藤提取物可用于抑臭用品；菱叶常春藤提取物0.01%涂敷对皮脂分泌率为60%，适用于油性皮肤的护理。提取物还可用作护发调理剂、祛头屑剂、灰发防治剂、抗氧化剂、抗衰剂和保湿剂。

3. 大血藤

大血藤（*Sargentodoxa cuneata*）为木通科大血藤属落叶木质藤本，为我国特有的古老物种，主产于湖北、四川、江西、河南、江苏。化妆品采用其干燥去叶的茎提取物。

有效成分和提取方法

大血藤茎含鞣质约7%，与其相关的木脂素类有（＋）-二氢愈创木脂酸等，是大血藤的主要成分；含蒽醌类化合物如大黄素、大黄素甲醚和大黄酚等；含甾醇类化合物如β-谷甾醇、胡萝卜苷等；含酚酸类化合物如香荚兰酸、原儿茶酸、香豆酸对羟基苯乙醇酯、毛柳苷等。大血藤可以水、酒精等为溶剂，按常规方法提取。如以50％酒精为溶剂，室温浸渍一周后将提取液浓缩至干，得率约为20％。

（十）-二氢愈创木脂酸的结构式

安全性

国家食药总局将大血藤提取物作为化妆品原料，未见其外用不安全的报道。

在化妆品中的应用

大血藤提取物对葡萄球菌、乙型链球菌等有较强的抗菌作用；大血藤甲醇提取物对尿酸酶的 IC_{50} 为 $800\mu g/mL$，尿酸酶是将尿酸分解而释放出氨的人体生物酶，氨是体臭的组成之一，因此对尿酸酶的抑制将可减少体臭，可用于除臭类化妆品；提取物对弹性蛋白酶活性的 IC_{50} 为 $24.5\mu g/mL$，可用作抗皱剂；提取物还有保湿、抗炎和抗氧化作用。

4. 聚合草

聚合草（*Symphytum officinale*）为紫草科聚合草属丛生型多年生草本植物，原产于俄罗斯高加索和西伯利亚，现还分布于朝鲜、日本、澳大利亚以及我国各地。化妆品采用其干燥地上部分提取物。

有效成分和提取方法

聚合草含有丰富的蛋白质和各种维生素，营养期刈割干物质中含粗蛋白为 $23.42％ \sim 26.43％$。每千克含胡萝卜素200mg、核黄素13.8mg。蛋白质中富含赖氨酸、精氨酸和蛋氨酸等家畜必需氨基酸。还有多量的尿囊素和维生素 B_{12}。其茎叶含吡咯双烷类生物碱，干茎叶中总生物碱含量为0.04％。聚合草可以水、酒精等为溶剂，按常规方法提取，然后将提取液浓缩至干。如以热水浸渍提取，得率在8％左右。

尿囊素的结构式

在化妆品中的应用

50％酒精提取物1.0％对 β-D-葡糖苷醛酸酶活性的抑制率为97.4％，可用于抑制体臭的用品；70％酒精提取物对半胱天冬蛋白酶-9活性的抑制率为60.8％，对半胱天冬蛋白酶-8活性的抑制率为44.7％，半胱天冬蛋白酶是细胞凋亡的核心因子，对它的抑制即意味着延长细胞的生命，结合提取物对弹性蛋白酶的抑制率为42.1％，提取物可用于抗衰抗老化妆品；提取物还可用作生发剂、抗过敏剂、保湿剂和抗炎剂。

5. 老鹳草

老鹳草（*Geranium wilfordii*）、斑点老鹳草（*G. maculatum*）、纤细老鹳草（*G. robertianum*）和童氏老鹳草（*G. thunbergii*）为牻牛儿苗科老鹳草属植物。老鹳草分布于我国各地，在俄罗斯、朝鲜和日本也有分布；斑点老鹳草产于北美；纤细老鹳草分布于世界各地；童氏老鹳草主产于日本。上述老鹳草与另一种中草药牻牛儿苗（*Erodium stephanianum*）性能相似。化妆品采用它们全草的提取物。

有效成分和提取方法

老鹳草是一类富含鞣质的草药，其许多药理活性与鞣质密切相关，同时富含黄酮化合物、酚酸类、有机酸和挥发油等。鞣质有老鹳草素、短叶苏木酚、鞣花酸、诃子酸、诃黎勒鞣花酸以及脱氢老鹳草素等，老鹳草素为老鹳草的特征化学成分，其水解产物为没食子酸和六羟联苯二甲酸。老鹳草可以水、酒精等为溶剂，按常规方法提取，然后浓缩至干为膏状。如老鹳草用50％酒精室温浸渍，提取得率为1.76％。

老鹳草素的结构式

安全性

国家食药总局将老鹳草和牻牛儿苗提取物作为化妆品原料，未见它们外用不安全的报道。

在化妆品中的应用

0.05％的提取物对干燥棒状杆菌的抑制率为97.2％，干燥棒状杆菌是人体雄烯酮的生成菌；200μg/mL的提取物对蛋氨酸酶的抑制率为62％，蛋氨酸酶是分解蛋氨酸产生甲硫醇的人体酶，雄烯酮和甲硫醇均是人体致臭气息，因此提取物有抑制体臭的作用；老鹳草提取物对核因子NF-κB受体活化有抑制，对它的抑制力也是反映其抗炎能力的一个指标，也有抑制过敏的作用；提取物对表皮角质细胞有增殖作用，结合它对超氧自由基的消除，老鹳草提取物具有抗氧化和活肤活性，可用于抗衰化妆品；0.1％的提取物涂敷可使角质层的含水量提高3.6倍，可用作保湿剂；提取物还有减肥和皮肤美白等作用。

6. 拳参

拳参（*Polygonum bistorta*）为蓼科蓼属植物，主产于我国华北、西北和河南。化妆品采用拳参干燥根茎的提取物。

有效成分和提取方法

拳参的主要活性物质为酚酸类化合物，有阿魏酸、没食子酸、绿原酸等，其中绿原酸是《中国药典》规定检测的成分；另含三萜皂苷类木栓酮、3β-木栓醇等；黄酮类成分有山奈酚和槲皮素及其糖苷、儿茶酚、表儿茶酚等；此外还含有 β-谷甾醇等植物甾醇。拳参可以水、酒精等为溶剂，按常规方法提取，最后浓缩至干。以水为溶剂，煎煮提取后的得率在 20%～25%。

在化妆品中的应用

拳参水提取物 0.5% 对紧密连接蛋白-5 生成的促进率为 35%，紧密连接蛋白对维系内皮和上皮细胞之间重要的连接有重要作用，结合它强烈的抗氧化作用，可用于皮肤的抗衰、抗老和抗皱。拳参提取物具抑菌性，水提取物 200μg/mL 对蛋氨酸酶活性的抑制率为 34%，可在口腔卫生用品中使用以抑制口臭；提取物还有促进脂肪分解的减肥作用。

7. 山鸡椒

山鸡椒（*Litsea cubeba*）为樟科木姜子属落叶灌木或小乔木，广泛分布于我国南方诸省。山鸡椒干燥的果实称为荜澄茄，化妆品主要采用的是山鸡椒干燥的果实提取物。

有效成分和提取方法

山鸡椒果实含挥发油，成分主要是柠檬醛，占油的 60%～70%，其余是柠檬烯、香茅醛、莰烯、甲基庚烯酮、α-蒎烯等；有 36.4%～64.4% 的油脂，油的主要成分为月桂酸、癸酸、十二碳烯酸等；另有生物碱如山鸡椒碱等。可以水蒸气蒸馏法制取挥发油，提取物可以水、酒精、1,3-丁二醇等为溶剂，按常规方法提取，然后浓缩至干为膏状。

在化妆品中的应用

山鸡椒精油具有较好的抗菌作用，对金黄色葡萄球菌、大肠杆菌、伤寒杆菌和痢疾杆菌有较高的抑菌活性，为抗菌剂和防腐剂；精油不仅对浅部和深部的致病性真菌有明显的抑制作用，而且对非致病性真菌有同样的效果，系一较强的广谱性抗真菌药物。山鸡椒精油 3mg/mL 对体臭发生菌的抑制率为 41%，可以用作除臭剂。山鸡椒叶提取物对自由基有消除作用，有抗氧化功能。

8. 中亚苦蒿

中亚苦蒿（*Artemisia absinthium*）为菊科蒿属的植物，分布于欧洲、印度、巴基斯坦、阿富汗、伊朗、中国新疆等地。同属植物大籽蒿（*B. sieversiana*）也产于中亚。两者相似，化妆品采用它们全草提取物和精油。

有效成分和提取方法

中亚苦蒿叶含挥发油，有薄荷醇呋喃、罗勒烯等，不挥发成分有莽草酸、苦味素、黄酮、倍半萜、苯丙素等化合物。用水蒸气蒸馏制取中亚苦蒿叶精油。提取物采用水、酒精溶液按常规方法提取，然后将提取液浓缩至干。

在化妆品中的应用

中亚苦蒿叶精油按标准方法测定，对金黄色葡萄球菌、表皮葡萄球菌、白色念珠菌和黑色菌状菌的抑菌圈直径分别为 25mm、20mm、13mm 和 18mm，可用作防腐抗菌剂。叶的酒精提取物 7% 对沙门氏菌的抑制率为 96.9%。叶甲醇提取物对自由基 DPPH 的抑制每克相当于 76.2mmol/L 的维生素 E，有抗氧化调理作用。

第五节　除虫螨

本节主要介绍提取物除有护肤方面的应用外，对螨虫或蚊虫等也有去除和杀灭作用。

1. 阿魏

阿魏（*Ferula assafoetida*）、香阿魏（*F. foetida*）和古蓬阿魏（*F. galbaniflua*）为伞形科草本香料作物，主产于印度、土耳其和伊朗，在中国分布于新疆，以北疆为多。用小刀从茎干上部往下斜斜割开口子，收集渗出的乳状树脂，阴干以后就是块状的棕黄色"阿魏"，可以直接保存，也可以磨成粉末。化妆品采用这三种阿魏根或树脂的提取物。

有效成分和提取方法▐

这三种阿魏均含挥发油，成分相似，如古蓬阿魏精油的主要成分有香荆芥酮，占 50% 以上，另有松油烯、柠檬烯、松脂烯、杨梅烯和杜松烯等。此外，阿魏根含有阿魏酸以及香豆素类化合物如阿魏内酯等。可以水蒸气蒸馏法制取上述三种阿魏的挥发油，挥发油得率在 1% 以上。提取物可以水、酒精等为溶剂，按常规方法提取，然后浓缩至干为膏状。

在化妆品中的应用▐

这三种阿魏根精油均可用作香料。阿魏精油有抗菌性，对革兰氏阳性菌如金黄色葡萄球菌、表皮葡萄球菌和枯草芽孢杆菌等，对革兰氏阴性菌如大肠杆菌等均有很好的抑制。古蓬阿魏精油对螨虫有杀灭作用，在试验箱中加入 0.250mg，对屋尘螨和粉尘螨的杀灭率均为 100%。此外，它们可用作抗氧化剂、皮肤调理剂和皮肤美白剂。

2. 地中海柏木

地中海柏木（*Cupressus sempervirens*）是柏科柏属植物。地中海柏木原产于地中海沿岸，化妆品可采用它们的树皮、叶、球果和籽的提取物。

有效成分和提取方法▐

对地中海柏木成分研究并不多，已知它的挥发油中含 β-蒎烯、松油醇、雪松醇、雪松樟脑和一些酸性化合物，以 β-蒎烯为主。可以水蒸气蒸馏法制取地中海柏木挥发油，提取物可以水、酒精等为溶剂，按常规方法提取，然后浓缩至干为膏状。

在化妆品中的应用▐

地中海柏木精油对昆虫有趋避和杀灭作用，50μg/mL 对淡色库蚊的杀灭率为 99%，也可用作驱虫剂；木质部 30% 丁二醇提取物 1% 涂敷对小鼠毛发生长促进率为 92.1%，对毛发生长有促进调理作用，可用于生发用品；提取物也可用作化妆品防腐剂和抗氧化剂。

3. 广藿香

广藿香（*Pogostemon cablin*）是唇形科刺蕊草属植物，多年生草本，原产于菲律宾，东南亚各地栽培较多，现也分布于我国广东、海南、广西、台湾和云南等省区。化妆品采用其干燥全草、叶/茎提取物。

有效成分和提取方法

广藿香挥发油的主要成分有广藿香烯、反-法呢醇、δ-愈创木烯、α-愈创木烯等，以百秋李醇（广藿香醇）和广藿香酮为其特征成分，百秋李醇是《中国药典》规定含量检测的成分；不挥发成分有三萜皂苷如木栓酮、表木栓醇、齐墩果酸等；黄酮化合物为 3,3,7-三甲氧-4,5-二羟基黄酮、3,3,4,7-四甲氧-5-羟基黄酮；甾醇化合物有 β-谷甾醇和胡萝卜苷。广藿香挥发油可用水蒸气蒸馏法制取。广藿香提取物可以水、酒精等为溶剂，加热回流提取，最后将提取物浓缩至干。如以甲醇回流提取，得率为 4.6%；沸水提取的得率为 8.5%。

百秋李醇的结构式

在化妆品中的应用

广藿香挥发油是香原料，常用于香精和香水的调配。广藿香挥发油能完全抑制浅部皮肤真菌如红色藓菌、犬小孢菌和絮状表皮癣等癣菌的生长繁殖，MIC 分别为 $50\mu g/mL$、$200\mu g/mL$ 和 $80\mu g/mL$。对金黄色葡萄球菌、微球菌、大肠杆菌、霉菌、枯草芽孢杆菌及汉逊氏醇母菌也有较强的抑制作用，可用于防治此类皮肤疾患；对螨虫有杀死作用，试验管中加入 1mg，对屋尘螨的杀死率为 98%；浓度 $50\mu g/mL$ 时，对淡色库蚊的杀死率为 (81 ± 2.3)%；提取物还可用作抗氧化剂、抗炎剂、皮肤调理剂和减肥剂。

4. 红花除虫菊

红花除虫菊（*Chrysanthemum coccineum*）为菊科多年生草本植物，原产于高加索，现在世界多地由人工引种栽培。化妆品采用的其花或根的提取物。

有效成分和提取方法

除虫菊含除虫菊素Ⅰ、除虫菊素Ⅱ、瓜叶除虫菊素Ⅰ、瓜叶除虫菊素Ⅱ、茉酮菊素Ⅰ和茉酮菊素Ⅱ等杀虫活性物质，除虫菊素Ⅰ和除虫菊素Ⅱ是上述 6 种杀虫成分中的主要成分。此外，还含有箭色素、芹菜素及其糖苷、木犀草素等成分。除虫菊可以酒精等为溶剂，按常规方法提取，然后浓缩至干为膏状。

除虫菊素Ⅰ的结构式

除虫菊提取物对多种昆虫如蚊、蝇、臭虫和蟑螂等有毒杀作用。昆虫接触除虫菊素后1～2分钟内即出现过度兴奋，运动失调，迅速被击倒和麻痹。但亦有部分昆虫可于1天后复苏。除虫菊是典型的昆虫神经毒素。对冷血脊椎动物也产生接触性中毒。除虫菊提取物可加工成乳油、气雾剂、蚊香、酊剂等用作杀虫剂，用于驱除疥癣、蚊、蝇、跳蚤、虱和臭虫。

5. 蜡菊

蜡菊（*Helichrysum bracteatum*）、白叶蜡菊（*H. angustifolium*）、沙生蜡菊（*H. arenarium*）、意大利蜡菊（*H. italicum*）和法国蜡菊（*H. stoechas*）为菊科蜡菊属植物，前三种分布在俄罗斯、欧洲地中海沿岸、蒙古以及我国新疆等地，后两种见于各自的国家，四种蜡菊性能相似，化妆品采用它们叶、花的提取物。

有效成分和提取方法 ┣--

蜡菊含挥发油，如法国蜡菊挥发油的主要成分是 α-蒎烯、苧烯、α-红没药醇和 β-石竹烯。蜡菊的非挥发成分以黄酮类化合物为主，如沙生腊菊叶含山柰酚、木犀草素、黄芩素、芹菜素、槲皮素及其若干糖苷；另有酚酸化合物如绿原酸、咖啡酸等。可以水蒸气蒸馏法制取蜡菊挥发油。蜡菊提取物可以水、酒精等为溶剂，按常规方法提取，然后浓缩至干为膏状。如沙生腊菊干叶以水煮提取，得率为 0.54%。

安全性 ┃--

国家食药总局和 CTFA 将后四种蜡菊的提取物作为化妆品原料，国家食药总局还把蜡菊列入，未见它们外用不安全的报道。

在化妆品中的应用 ┃--

上述五种蜡菊精油都有良好的除螨作用，白叶蜡菊精油在浓度 0.125mg/mL 时对螨虫的杀灭率 100%；法国蜡菊花 95% 酒精的提取物 0.5% 时对内皮素反应的抑制率为 38%，显示较好的美白皮肤作用；意大利蜡菊 70% 酒精的提取物 0.01% 时对成纤维细胞增殖的促进率为 21.6%，有抗皱调理作用；提取物还可用作抗菌剂、抗氧化剂和抗炎剂。

6. 柠檬巴毫

柠檬巴毫（*Backhousia citriodora*）是桃金娘科植物，主产于澳大利亚昆士兰地区。化妆品采用的是柠檬巴毫叶的提取物和叶油。

有效成分和提取方法 ┣--

柠檬巴毫是香料作物，含挥发油。柠檬巴毫主要含柠檬醛，占挥发油的 90% 左右，其余是香茅醛和异胡薄荷醇。可以水蒸气蒸馏法制取柠檬巴毫挥发油，挥发油得率在 1%～3%。提取物可以水、酒精等为溶剂，按常规方法提取，然后浓缩至干为膏状。

在化妆品中的应用 ┣--

柠檬巴毫精油是香料和风味料；精油 1% 对金黄色葡萄球菌、大肠杆菌和白色念珠菌的抑制率均为 75%，对黑色莆状菌的抑制率为 100%，可用作抗菌防腐剂；5% 对蚊虫的驱除率为 86%，可用作驱蚊剂；柠檬巴毫叶水提取物 0.15% 对酪氨酸酶活性的抑制率为

90％，对黑色素细胞生成黑色素也有不错的抑制，可以用作化妆品的美白剂。

7. 牛至

牛至（*Origanum vulgare*）和甘牛至（*O. majorana*）为唇形科牛至属芳香性植物，主要分布于地中海地区至中亚、北非各地、北美及我国的河南、陕西、甘肃等地区。两者性能相似，化妆品采用其干燥全草提取物。

有效成分和提取方法 ▌

牛至含三萜皂苷化合物乌索酸、齐墩果酸等；含甾醇胡萝卜苷、β-谷甾醇、豆甾醇等；含酚酸类化合物原儿茶酸、香草酸、异香草酸、迷迭香酸等；牛至挥发油主要组成为麝香草酚、香茅醇等，其中麝香草酚在挥发油中的含量最高，在 7％。牛至和甘牛至提取物可以水、酒精等为溶剂提取，按常规方法操作，最后浓缩至干。牛至干叶以 50％酒提取的得率约为 12％，酒精提取的得率约为 9％；甘牛至干叶的得率为 23.8％。

安全性 ▌

国家食药总局和 CTFA 都将牛至和甘牛至提取物作为化妆品原料。在皮肤上施用较高浓度的（＞100μg/mL）牛至或甘牛至挥发油和提取物，可能引起皮肤刺激、红肿或过敏。

在化妆品中的应用 ▌

牛至油为一芳香油，除供调配香精外，亦作药用。牛至油和甘牛至油对金黄色葡萄球菌、白色念珠菌等都有高度的抗菌活性。牛至油对螨虫有杀灭作用，试验管中用入 1mg，对屋尘螨和粉尘螨的杀灭率为 100％，甘牛至油的效率更高。甘牛至 50％酒精提取物 0.025％对透明质酸生成的促进率为 180％，用于皮肤保湿；提取物还可用作广谱抗氧化剂、皮肤美白剂、抗炎剂和生发剂。

8. 欧芹

欧芹（*Carum petroselinum* 或 *Petroselinum sativum*）为伞形科欧芹属的二年生草本，产于地中海地区多岩石的海边，是当地的风味料植物，化妆品采用的是欧芹全草提取物及其籽油。

有效成分和提取方法 ▌

欧芹叶含挥发成分，主要有 1,3,5-孟三烯、β-水芹烯、异松油烯、肉豆蔻醚、芫荽醚、芹菜醛等。另有黄酮化合物，主要是芹菜素及其糖苷。欧芹全草水蒸气蒸馏法制取精油，提取物可以水、酒精等为溶剂，按常规方法提取，然后浓缩至干为膏状。如干欧芹全草以 50％酒精室温浸渍，提取得率约为 3％。

在化妆品中的应用 ▌

欧芹精油 2.4μg/cm³ 对粉尘螨的杀灭率为 100％、对屋尘螨的杀灭率为 95％，可用作除螨剂；干欧芹全草酒精提取物 5％对大鼠足趾浮肿抑制率为 25％，对荧光素酶的活性促进率可提高三倍，显示提取物可用作化妆品的抗炎剂；提取物也有保湿和皮肤美白作用。

9. 圆柏

圆柏（*Juniperus chinensis*）和北美圆柏（*J. virginiana*）为柏科圆柏属植物。圆柏原

产于中国东北，北美圆柏主产于美国东北部。化妆品采用它们木质部的提取物和挥发油。

有效成分和提取方法

圆柏的木质部含挥发油，如北美圆柏的成分有桧萜、柠檬烯、α-蒎烯、γ-异松油烯、萜品油烯、3-蒈烯、月桂烯、α-松油醇、香茅醇、榄香醇、β-桉叶醇以及结构复杂的倍半萜化合物等。难挥发成分有柏木脑、柏木醇、弥罗松酚、扁柏酚等，柏木脑是其特征成分。可以水蒸气蒸馏法制取圆柏挥发油，提取物可以水、酒精等为溶剂，按常规方法提取，然后浓缩至干为膏状。

柏木脑的结构式

在化妆品中的应用

圆柏类精油可用作化妆品香精。圆柏精油有抗菌性，对枯草芽孢杆菌、金黄色葡萄球菌、大肠杆菌、普通变形杆菌都有很好的抑制。圆柏酒精提取物对金黄色葡萄球菌、表皮葡萄球菌、大肠杆菌、绿脓杆菌和白色念珠菌的抑菌圈直径分别为 14mm、15mm、11mm、11mm 和 15mm。圆柏精油对螨虫有杀灭作用，对粉尘螨、屋尘螨和腐食酪螨的 LD_{50} 分别为 $21.60\mu g/cm^2$、$19.89\mu g/cm^2$ 和 $38.10\mu g/cm^2$。圆柏酒精提取物 $5\mu g/mL$ 对成纤维细胞增殖的促进率为 36.3%，在 UVB 照射下对半胱天冬酶-3 活性的促进率提高两倍，有促进皮肤新陈代谢和调理作用。提取物还可用作抗氧化剂和抑臭剂。

参 考 文 献

［1］国家食品药品监督管理总局. 已使用化妆品原料名称目录. 2015.

［2］CTFA. International cosmetic ingredient dictionary and handbook（dictionary）. Sixteenth Edition. 2016.

［3］国家药典委员会. 中华人民共和国药典. 北京：中国医药科技出版社，2015.

［4］中国科学院中国植物志编辑委员会. 中国植物志. 北京：科学出版社，2004.

［5］秦钰慧. 化妆品管理及安全性和功效性评价. 北京：化学工业出版社，2007.

植物中文名称索引

(按汉语拼音排序)

植物拉丁名称索引

（按首字母排序）

植物拉丁名称索引　**423**